Inhaltsverzeichnis

Vorwort   7

I. Einleitung   9

1. Forschungsgegenstand und Zielsetzung   9
2. Forschungsstand   13
3. Fragestellung und Methode   25
4. Die theoretische Grundlage   29
5. Quellenlage und Arbeitsweise   40
6. Aufbau der Untersuchung   46

II. Die Chinabilder im Abendland bis ins 19. Jahrhundert   49

1. Früheste Erkenntnisse der Europäer über China   51
2. Die Beschreibung der chinesischen Kultur durch die Jesuiten   56
3. Die Sinophilie der frühen und mittleren Aufklärung   63
4. "Paradigmenwechsel" bei der Wahrnehmung von China im Abendland   69

III. Geschichte der deutschen protestantischen Mission in China im 19. Jahrhundert   79

1. Anfänge der protestantischen überseeischen Mission   81
2. Die protestantische Missionsbewegung in Deutschland im 19. Jahrhundert   85
3. Ankunft der deutschen protestantischen Missionare in China   94
4. Die missionarischen Tätigkeiten der deutschen protestantischen Missionare in China   102
5. Die Antimissionskämpfe der chinesischen Bevölkerung   119

IV. Chinaberichte der Missionare   125

1. Die Berichte von Missionaren der Basler Mission   129
2. Die Berichte von Missionaren der Rheinischen Mission   145

3. Die Berichte von Missionaren der Berliner Mission	159
4. Die Berichte von Missionaren des Allgemeinen Evangelisch-Protestantischen Missionsvereins	166

V. China im Spiegel der Berichte der deutschen protestantischen Missionare — 171

1. China: "Nacht des Heidentums" und das größte Missionsfeld der Welt	174
2. Zur chinesischen Geschichte: glanzvolle Vergangenheit versus schlechte Gegenwart	180
3. Zur chinesischen Sprache: "Einzigartig" und "unvollkommen"	191
4. Zur chinesischen Literatur: Eindringen in den "Gedanken des Chinesentums"	200
5. Zur chinesischen Religion: "Aberglauben" und "Götzendienste"	209
6. Zur chinesischen Erziehung: "China ist das Land der Examina"	243
7. Zur chinesischen Medizin: "Agglomerat von Aberglauben, Vermutung und Richtigem"	250
8. Zur politischen Situation in China: Korruption und Schwäche	256
9. Zur chinesischen Wirtschaft: "Rückständigkeit" und "Armut"	282
10. Zum gesellschaftlichen Leben der Chinesen: "Andere Länder, andere Sitten"	288

VI. Zusammenfassung — 315

Anhang — 323

1. Namensliste der Chinamissionare der Basler, der Rheinischen und der Berliner Missionsgesellschaft im 19. Jahrhundert	323
2. Abkürzungsverzeichnis	333
3. Quellen- und Literaturverzeichnis	235

Vorwort

Beim vorliegenden Buch handelt es sich um eine Untersuchung, die im Wintersemester 2000/01 von der Philosophischen Fakultät II der Universität Augsburg als Promotionsleistung anerkannt wurde.

Ohne Unterstützung und Hilfe von vielen Seiten wäre die Realisierung dieser Arbeit nicht denkbar gewesen. Ein achtmonatiges Stipendium des Instituts für Europäische Geschichte Mainz ermöglichte meinen zweiten Aufenthalt in Deutschland; Prof. Dr. Gerhard May, Prof. Dr. Rolf Decot und allen Mitarbeiterinnen und Mitarbeitern am Mainzer Institut danke ich für die Unterstützung und die Anregungen, die ich in der Zeit in Mainz erhalten habe. Prof. Dr. Dr. h. c. Josef Becker hat im Rahmen eines Kooperationsabkommens zwischen der Universität Shandong in Jinan und der Universität Augsburg die anschließende Förderung meiner Arbeit aus Stipendienmitteln der Universität Augsburg veranlaßt und mir umfasende Fürsorge zuteil werden lassen. Ihm wie Prof. Dr. Mechthild Leutner, die in Fortführung einer seit längerem bestehenden fruchtbaren wissenschaftlichen Zusammenarbeit meine Arbeit von den Anfängen bis zum Ende stets kritisch und konstruktiv begleitet hat und als Hauptgutachterin bei meiner Promotion mitwirkte, danke ich herzlich. Eine Fülle wertvoller Anregungen bekam ich auch von Prof. Zhu Maoduo, Prof. Dr. Hans-Otto Mühleisen, Prof. Dr. Johannes Burkhardt, Prof. Dr. Hubert Mordek, Prof. Dr. Walter Demel, Prof. Dr. Hans-Jürgen Cromm, Prof. Dr. Ulrich K. Schittko, Privatdozentin Dr. Gita Dharampal-Frick, Dr. Günther Kronenbitter, Dr. Jing Dexiang, Dr. Klaus Mühlhahn und Dr. Thoralf Klein.

Ich danke den Leitern und Mitarbeitern in den Archiven der Basler und der Berliner Mission sowie der Vereinigten Evangelischen Mission, wo ich umfangreiche Quellenmaterialien gesammelt habe. Auch in vielen Bibliotheken wurden meine Fragen und Wünsche stets sorgfältig bearbeitet. Sehr dankbar bin ich für die stilistischen Korrekturarbeiten, deren Mühe sich die Mitarbeiterinnen und Mitarbeiter im Institut für Sinologie der Freien Universität Berlin, besonders Dr. Klaus Mühlhahn, Dr. Nicola Spakowski, Dr. Tim Trampedach, Andreas Steen, M.A., sowie Professorin Mechthild Leutner unterzogen haben. Sabine und Stefan Heinrich schulde ich wiederum Dankbarkeit für ihre großzügige Hilfe beim letzten Schliff des Manuskripts. Frau Agnes Kies danke ich für Ihre Hilfe beim Erstellen der Druckvorlage.

Mein Dank gilt des weiteren deutschen und chinesischen Freunden: Familie Ortegel, Familie Gade, Herbert Bauer, Familie Hu, Familie Luo, Jing Chunxiao,

Huang Ning, Wang Song, Hou Junpei und viele anderen, die mir auf verschiedene Weise geholfen haben. Meine Eltern haben meinem Studium große geistige Unterstützung gegeben. Meine Frau Sun Hong und unsere Tochter Mengyin haben meine lange Abwesenheit von der Familie mit Geduld ertragen.

Zu Beginn meines Promotionsstudiums wurde ich durch Forschungsmittel der Universität Augsburg unterstützt. Darüber hinaus erhielt ich von Missio-Aachen eine zusätzliche finanzielle Hilfe. Ab April 1998 hatte die Friedrich-Naumann-Stiftung mir ein Begabtenförderungsstipendium bewilligt, das bis zum Ende meines Studiums dauerte. Friedrich-Naumann-Stiftung hat schließlich den Druck des Buches bezuschusst. Mit voller Dankbarkeit möchte ich in Zukunft zum wissenschaftlichen Austausch zwischen China und Deutschland einen größeren Beitrag leisten.

Lixin Sun

Stadtbergen, den 17. Mai 2001

Transkription des Chinesischen:

Für die Transkription des Chinesischen verwendet diese Arbeit das Pinyin-System. Die alte Schreibweise in den Zitaten bleibt aber unverändert.

I. Einleitung

1. Forschungsgegenstand und Zielsetzung

Das 19. Jahrhundert ist "ein protestantisches Missionszeitalter"[1]. Eine große "Missionseuphorie"[2], die sich von England aus verbreitete, erfaßte den gesamten westlichen Protestantismus und führte zu einer groß angelegten Überseemissionsbewegung. Auch das deutsche protestantische Missionswesen wurde davon beeinflußt. Seit Anfang des 19. Jahrhunderts wurde eine Reihe von Missionsgesellschaften in Deutschland gegründet, die im Verlauf des Jahrhunderts die Hauptträger der deutschen protestantischen Überseemission wurden. Unter dem Einfluß des "Ersten Opiumkrieges" und aufgrund einer Anregung Karl Gützlaffs (1803-1851), der 1831 als erster deutscher protestantischer Missionar in China tätig war, entsandten die Basler Missionsgesellschaft und die Rheinische Missionsgesellschaft im Jahre 1846 je zwei Missionare nach China. In der Folge nahmen die "Deutsch-Chinesische Stiftung" in Kassel, der Stettiner und Berliner Hauptverein für China, der Frauenverein für chinesische Mission (Berlin), die Berliner Missionsgesellschaft, der Allgemeine Evangelisch-Protestantische Missionsverein und einige andere Missionsorganisationen nacheinander ihre Tätigkeit in China auf. Bis zum Ende des 19. Jahrhunderts arbeiteten mehr als 100 protestantische Missionare aus Deutschland in China.

Einerseits betrieben die Missionare in China ihre Tätigkeit durch Predigt, Pflege der chinesischen Christen-Gemeinden, Verteilung von Bibeln und religiösen Traktaten, Veröffentlichung von Aufsätzen und Büchern über westliche Gesellschaft und Kultur, Errichtung von Schulen und Krankenhäusern u.a. Andererseits schrieben die Missionare zahllose Briefe an die Verwandten, Freunde und Missionsgesellschaften in der Heimat, hielten in Europa Vorträge, veröffentlichten Aufsätze in verschiedenen Zeitschriften und brachten Bücher, Tagebücher und Memoiren über ihre Zeit in China heraus, in denen sowohl die missionarische Arbeit, deren Notwendigkeit und Erfolg wie auch Themen über Land und Leute, Gesellschaft und Kultur sowie über die damaligen politischen und wirtschaftlichen Verhältnisse behandelt wurden. Die Missionare appellierten aktiv an das christliche Publikum um Unterstützung für und Teilnahme an dem Werk der "Evangelisierung" Chinas. Sie zeichneten auch ein

---

[1] Warneck Die evangelische Mission 1900, S. 3.
[2] Gründer 1982, S. 21.

spezielles Bild von China, das auf das gesellschaftliche Leben Europas bzw. Deutschlands wirken sollte.

Über die deutsche protestantische Mission im China des 19. Jahrhunderts gibt es bereits einige Darstellungen; über die Chinaberichte und das Chinabild der Missionare existiert aber bislang keine spezielle Untersuchung. Die Berichte der Missionare können als eine Art Reiseberichte angesehen werden. In der heutigen Diskussion zum Problem der interkulturellen Begegnung und Wahrnehmung werden Rolle und Funktion von Reiseberichten unter einem neuen Aspekt berücksichtigt.[3] Die Reiseberichte werden nicht nur als Informationsquelle über eine fremde Gesellschaft und Kultur, sondern auch als "eine unfreiwillige kulturelle Selbstdarstellung der Ausgangskultur des Verfassers und seines Publikums im Spiegel der jeweiligen 'anderen'" angesehen.[4] Sie waren "ein Kulturspiegel, in dem sich die fremde und die eigene Kultur widerspiegeln"[5], und reflektierten nicht nur "das Image anderer Völker oder Länder", sondern auch "gewisse mentalitätsgeschichtliche Befindlichkeiten des jeweiligen Heimatlandes des Autors"[6]. Man spricht von "kulturellen Selbstverständlichkeiten"[7]. Harbsmeier ist der Meinung, daß man die Reisebeschreibungen als Quellen zu den kulturellen Selbstverständlichkeiten eines Autors und damit zu seiner heimatlichen Kultur verwerten könne.[8] Diese Auffassung wird von Jacobs weiterentwickelt. Jacobs behauptet, daß die Wahrnehmung bzw. das "Image" der Reisenden über eine fremde Gesellschaft und Kultur geprägt nicht nur durch die "tatsächliche Wirklichkeit" sei, sondern auch durch "bestimmte geistige, soziale, kulturelle etc. Vorgaben ihrer jeweiligen Heimat". Der kulturelle und geistige Hintergrund erzeuge eine besondere "Mentalität", die die Wahrnehmung der Reisenden bestimme. "Image und Mentalität hängen zusammen: das Image wird von der Mentalität geprägt, was im Umkehrschluß bedeutet, daß sich die Mentalität im Image widerspiegelt. Über eine Analyse des Image im Reisebericht kann die heimatliche Mentalität der Reisenden - oder genauer gesagt, können Teile davon - rekonstruiert werden."[9]

Meines Erachtens waren die Chinaberichte der Missionare neben denen der deutschen Kaufleute, Diplomaten, Forschungsreisenden, Korrespondenten und "Touristen"[10], die sich im Laufe des 19. Jahrhunderts in China aufhielten

---

[3] Siehe Mączak 1982, S. 315f.; Jacobs 1995, S. 12ff.
[4] Harbsmeier 1982, S. 7.
[5] Jacobs 1995, S. 12.
[6] Jacobs 1995, S. 15.
[7] Harbsmeier 1982, S. 6.
[8] Harbsmeier 1982, S. 7ff.
[9] Jacobs 1995, S. 14f.
[10] Nach Jacobs 1995, S. 108ff., werden die Chinareisenden im 19. Jahrhundert in fünf Kategorien eingeteilt: 1. "Diplomaten und Soldaten" (als "Diplomaten" bezeichnet); 2. "Geographen als Länderforscher" (bezeichnet als "Geographen"); 3. "Private als Kurzbesucher" (bezeichnet als "Touristen"); 4. "Missionare, Missionsinspektoren und andere Geistliche" (bezeichnet als "Geistliche"); 5. "Händler, Wirtschaftslegaten etc." (bezeichnet als "Händler"). Hier sind Korrespondenten bzw. Journalisten nicht genannt. Vgl. Leutner/Yü-Dembski Exotik und Wirklichkeit 1990.

und etwas über das Land berichteten, ein weiterer wichtiger Kanal, wodurch das europäische und deutsche Publikum in der gleichen Zeit Informationen über China bekommen konnte. Ebenso wie in anderen Berichten sind die Beobachtungen und Beschreibungen der Missionare auch "Demonstrationen des Umgangs mit einer anderen Kultur"[11]. Sie spiegeln die Begegnung der Missionare mit einem anderen und fremden Land, die Darstellung und die Wahrnehmung anderer und fremder Verhältnisse wider. Sie sind Dokumente des Lebens und Arbeitens der Missionare in China und daher auch Dokumente der interkulturellen Begegnung, der Annäherung an bzw. der Distanz der Missionare gegenüber China. Aber wegen unterschiedlicher Berufe und Erfahrungen weichen die Beschreibungen der Missionare, Kaufleute, Diplomaten, Forschungsreisenden, Korrespondenten und "Touristen" zu einem bestimmten Grad voneinander ab. Sowohl hinsichtlich des Motivs und des Erkenntnisinteresses als auch der Herangehensweise und der Beurteilung zeichnen sich die Beschreibungen der Missionare durch ihre Besonderheiten aus. Es ist deshalb notwendig, anhand der Aufzeichnungen der Missionare ihre Begegnungen und Wahrnehmungen des Landes und der Bewohner von China, ihr Chinabild, einer Untersuchung zu unterziehen.

Ziel der Untersuchung ist es, die Hauptinhalte und -züge der Beschreibungen von China durch die Missionare herauszuarbeiten und die wesentlichen Elemente, die die Herausbildung des Chinabildes der Missionare bestimmten, zusammenzufassen und zu analysieren. Es geht vor allem um die Aussagen und Bewertungen der Missionare über die chinesische Gesellschaft und Kultur, ihre Charakteristika und Tendenzen, ihre Position in den abendländischen Chinavorstellungen. Die vorliegende Arbeit widmet sich insbesondere der Entstehungsgeschichte des Chinabildes der Missionare. Sie wird die Bedingungen und Vorstrukturierungen der Missionare untersuchen. Weiterhin werden deren Sozialbindung, Welterfassung und -auffassung, deren Handlungs-, Wahrnehmungs- und Denkschemata und deren Bewertungen und Beurteilungen der chinesischen Gesellschaft und Kultur angesprochen. Die Arbeit soll die Wechselwirkungen der Wahrnehmung von China durch die Missionare mit der geistesgeschichtlichen Entwicklung der damaligen europäischen bzw. deutschen Heimatkultur sowie deren Rolle und Funktion beim ost-westlichen Kulturaustausch zwischen Osten und Westen genauer fassen.

Die Beschäftigung mit dem Chinabild der Missionare kann vor allem einen Beitrag zur Missionsgeschichte leisten. Durch die Untersuchung des Chinabildes der Missionare kann deren Missionsweise und -methode, die in großem Umfang durch ihre Beurteilung der chinesischen Gesellschaft und Kultur bestimmt war, besser begriffen werden. Ihr Chinabild spiegelt die Position, Haltung und Einstellung der Missionare gegenüber China und den Chinesen wider. Durch die Untersuchung des Chinabildes der Missionare können die Erfolge bzw. Mißerfolge der Missionsarbeit, die Missionszwischen-

---

[11] Leutner/Yü-Dembski Exotik und Wirklichkeit 1990, S. 8.

fälle und die Kulturkonflikte, die aus der missionarischen Tätigkeit hervorgingen, klarer bestimmt werden.

Die Beschäftigung mit dem Chinabild der Missionare ist auch für den heutigen Kulturaustausch zwischen verschiedenen Ländern und Nationen von großer Bedeutung. "Das Zusammenleben der Menschen verschiedener Kulturen erzeugt Probleme."[12] Gerade heutzutage bringt der Globalisierungsprozeß "gravierende Probleme des Selbstverständnisses und der Zukunftsorientierung der betroffenen Länder und Kulturen"[13] mit sich. Die wichtigste Herausforderung des Globalisierungsprozesses ist jedoch, "den Horizont der eigenen Kultur zu überschreiten und die Differenz zu den anderen neu auszuloten und verstehend zu erschließen"[14]. Deshalb muß nach Möglichkeiten und Wegen zum Verständnis anderer Kulturen und zur Vermittlung zwischen den Kulturen gesucht werden. Die Untersuchung des Chinabildes der deutschen protestantischen Missionare im 19. Jahrhundert kann auch als eine Fallstudie zum Problem der interkulturellen Begegnung und Wahrnehmung dienen. Durch systematische Erschließung der Chinaberichte der Missionare und die Erörterung ihrer historischen Zusammenhänge kann man nicht nur den Vorgang einer speziellen interkulturellen Begegnung rekonstruieren, sondern auch zur Lenkung des Prozesses der interkulturellen Verständigung und zu einem "friedliche[n], tolerante[n] und bereichernde[n] Zusammenleben der Kulturen"[15] beitragen. Es ist zum einen eine wissenschaftliche Forschungsarbeit, zum anderen stellt sie sich auch den aktuellen Herausforderungen der Gegenwart.

---

[12] Freytag 1994, S. 13.
[13] Rüsen Die Vielfalt der Kulturen 1998, S. 10.
[14] Rüsen Die Vielfalt der Kulturen 1998, S. 10.
[15] Freytag 1994, S. 13.

2. Forschungsstand

Spezielle Untersuchungen zu Chinaberichten und zum Chinabild der deutschen protestantischen Missionare des 19. Jahrhunderts existieren zwar noch nicht, es gibt aber nicht wenige Arbeiten zur Missionsgeschichte, die den Handlungsraum der Missionare bestimmt und in gewisser Weise den historischen Hintergrund für das Chinabild der Missionare gebildet hat. Darüber hinaus gibt es auch einige Arbeiten zu den Berichten deutscher Chinareisenden, wobei die Chinaberichte der Missionare auch erwähnt, aber nur am Rande und unsystematisch behandelt werden. Für eine spezielle Untersuchung des Chinabildes der Missionare sind diese Werke zur Missionsgeschichte und die neuen Forschungsergebnisse zu den Reiseberichten zu berücksichtigen.

2.1. Missionsgeschichtsschreibung in der deutschen und chinesischen Geschichtswissenschaft

Fast von Anfang an wird die Mission von Missionsbeschreibungen begleitet. Allerdings stand die Beschäftigung mit der Missionsgeschichte lange und besonders in Deutschland "im Zeichen einer Selbstdarstellung der Mission vor ihrer Missionsgemeinde und einer begrenzten, an ihrer Arbeit interessierten Öffentlichkeit"[16]. Sie hat daher einen stark apologetischen Charakter. Auch Arbeiten mit wissenschaftlichem Anspruch sind häufig eng mit der Missionsidee verbunden. Die weltanschauliche Annäherung ließ keine Distanz zu ihrem Forschungsgegenstand zu. Mission wurde als "die auf die Pflanzung des Christentums unter nichtchristlichen Völkern gerichtete Arbeitsorganisation"[17] definiert und die Missionsgeschichte hatte demnach aufzuzeigen, "wie Gott die Weltgeschichte so gestaltet hat und fort und fort so gestaltet, daß sie die christliche Mission bedingt"[18]. Die meisten Darstellungen beschränkten sich auf die Schilderung der Leistungen, Charakterstärken und Glaubensfestigkeit der Missionare, auf die konkreten Bekehrungsmethoden der einzelnen Missionen

---

[16] Bade Einführung 1984, S. 24. Die Hamburger Missionswissenschaftler E. Kamphausen und W. Ustorf charakterisieren die alte deutsche protestantische Missionsgeschichtsschreibung als "eine gravierende Fehlentwicklung" und fordern Umdenken und Bruch "mit vertrauten Denkformen". Kamphausen/Ustorf 1977, S. 54.
[17] Warneck 1889, S. 397. Zitat nach Kamphausen/Ustorf 1977, S. 6f.
[18] Warneck 1892, S. 273. Zitat nach Kamphausen/Ustorf 1977, S. 8.

und die organisatorischen und institutionellen Aspekte der Missionsarbeit.[19] Das Geschichtsverständnis dieser Missionswissenschaftler und -historiker ließ keine grundsätzliche Kritik am Zusammenhang zwischen Mission und Kolonialismus zu.

Erst in den 70er und 80er Jahren des 20. Jahrhunderts erschien in der deutschen Missionsgeschichtsschreibung eine revisionistische Tendenz.[20] Klaus J. Bade analysiert in seiner "imposanten Arbeit" über Friedrich Fabri, der leitender Inspektor der Rheinischen Missionsgesellschaft (1857-1884) war, die "Harmonie zwischen Missionsgedanken und konservativem Gesellschaftsmodell".[21] Bade zeigt mit überzeugenden Argumenten die individuellen Motivationen und Verhaltensweisen Fabris und deren Bezug zu den sozialökonomischen Strukturen und Vorgängen jener Zeit auf. Damit wurde das missionarische Denken Fabris in einen geschichtlichen Kontext, der durch die europäische Kolonialexpansion geprägt war, eingefügt. Bade weist daraufhin, daß für Fabri die Mission ein "unentbehrliches" Instrument kommerzieller und kolonialer Expansion war. Fabri befürworte eine Auswanderermission und wolle einen Teil des Proletariats und der damit verbundenen sozialen Problematik in zu gründende deutsche Kolonien transportieren. Er versuche dadurch die Sozialrevolution zu verhindern und an der bürgerlichen Herrschaft festzuhalten. Die "Heidenmission" werde als ein Mittel kolonialer Expansion verstanden. Sie solle ebenfalls dem Interesse der herrschenden Klasse dienen. Für Fabri seien "Innere" und "Äußere" Mission im wesentlichen "antirevolutionäre Instrumente der besitzenden Klasse"[22].

Zur "Neuorientierung in der deutschen Missionsgeschichtsschreibung"[23] trägt Lothar Engel bedeutend bei. Er setzt sich in seiner Arbeit über die Tätigkeit der deutschen Missionare in Namibia[24] intensiv mit dem gängigen Interpretationsmodell der traditionellen Missionsgeschichtsschreibung auseinander und erschließt mit Hilfe seiner ideologiekritischen Methode neue Perspektiven der Christentumsgeschichte. Auch das Selbstverständnis der Missionare und die politische Funktion der Mission werden anhand eines breiten Quellenmaterials aufgezeigt. Nach Engel beeinflußte eine auf der "Synthese von Mission und westlichem Kolonialismus" basierende Ideologie seit langer Zeit die Missionsgeschichtsschreibung. Das Selbstverständnis der Missionare sei "das allgemeine Bewußtsein bürgerlicher Religiosität im Zeitalter des Kolonialismus" und der

---

[19] Wie z.B. Warnecks "Abriß einer Geschichte der protestantischen Missionen. Von der Reformation bis auf die Gegenwart" (10. Aufl. Berlin 1913); Richters "Evangelische Missionsgeschichte" (Leipzig 1927).
[20] Siehe Kamphausen/Ustorf 1977, S. 45ff.
[21] Der Titel des Buches von Bade: "Friedrich Fabri und der Imperialismus in der Bismarckzeit. Revolution – Depression – Expansion" (Freiburg i. Br. 1975).
[22] Kamphausen/Ustorf 1977, S. 46.
[23] Siehe Kamphausen/Ustorf 1977, S. 49ff.
[24] Der Titel des Buches lautet: "Kolonialismus und Nationalismus im deutschen Protestantismus in Namibia 1907 bis 1945. Beiträge zur Geschichte der deutschen evangelischen Mission und Kirche im ehemaligen Kolonial- und Mandatsgebiet Südwestafrika" (Bern/Frankfurt a. M. 1976).

Kolonialismus "konstitutives Element christlicher Mission selbst"[25]. Die Mission stelle dem kolonialen System eine "politische Religion" an die Seite, "die dieses zur Rechtfertigung seiner eigenen Existenz und zum Funktionieren der von ihm ausgeübten Herrschaft benötigte. [...] Gesellschaftlich wurde die Mission nicht eigentlich dadurch, daß sie sich einzelnen Zielvorstellungen der Kolonialverwaltung unterordnete, sondern weil sie aufgrund der politischen Theologie, die sie teilte, Vorentscheidungen getroffen hatte, auf deren Basis die Solidarisierung mit den weißen Kolonialherren ermöglicht wurde."[26]

In der europäischen Kolonialgeschichte spielte die christliche Mission eine sehr wichtige Rolle. Eine kritische Analyse des Verhältnisses von christlicher Mission und deutschem Imperialismus wird von Horst Gründer unternommen.[27] Gründer analysiert u.a. "die Zusammenhänge zwischen der Renaissance christlicher Mission und dem Verlauf und der Vehemenz imperialistischer Expansion seit der ersten Hälfte des 19. Jahrhunderts", den "Prozeß der Umwandlung von christlichem Universalismus der Mission zur 'nationalen Mission' (Kolonialmission) im Zeitalter des Nationalismus und Imperialismus", "die Manipulation und Instrumentalisierung der Mission durch die Kolonialregierung" sowie den "Zusammenprall und die Interaktion zwischen einer herrschenden europäischen Minderheit (einschließlich der Missionare) und reagierenden indigenen Gesellschaften". Er bezeichnet die Rolle der Mission als "Kulturimperialismus"[28], denn die christliche Mission ging im 19. Jahrhundert "grundsätzlich von der Einheit von Christentum und europäischer Zivilisation, von Mission und Kolonisation" aus. Die Missionare hatten ein starkes Überlegenheitsgefühl gegenüber den außereuropäischen, nichtchristlichen Völkern. Sie sahen in dem Ausgreifen der westlichen Mächte auf Afrika und China eine großartige "Heilsveranstaltung" und beanspruchten einen "Zivilisierungsauftrag". In den Kolonien arbeiteten sie in der Regel Hand in Hand mit der staatlichen Kolonialverwaltung. Gründer ist überzeugt, daß die Mission "ein konstitutiver Bestandteil des westlichen Kolonialexpansionismus" gewesen sei: "Die christliche Mission war integraler und zugleich integrierender Teil der Kolonialbewegung und übte eine wichtige Funktion im kolonialen Herrschaftsapparat aus."[29] Widerstand und Kritik richteten sich nie gegen das Kolonialsystem als solches, sondern nur gegen Auswüchse und einzelne Personen in der Kolonialregierung. Und der Einfluß der Mission auf die Humanisierung der Kolonialpraxis war relativ gering, gleichwohl beflügelte die höhere Volksbildung durch die Missionsschulen die nationale Emanzipation der

---

[25] Siehe Kamphausen/Ustorf 1977, S. 49f.
[26] Engel 1976, S. 16. Zitat nach Kamphausen/Ustorf 1977, S. 49f.
[27] Siehe Gründers Arbeiten: "Christliche Mission und deutscher Imperialismus 1884-1914. Eine politische Geschichte ihrer Beziehungen während der deutschen Kolonialzeit (1884-1914) unter besonderer Berücksichtigung Afrikas und Chinas" (Paderborn 1982) und "Welteroberung und Christentum. Ein Handbuch zur Geschichte der Neuzeit" (Gütersloh 1992).
[28] Gründer 1982, S. 336ff.
[29] Gründer 1992, S. 597.

Völker Afrikas und Asiens. Die medizinischen und philanthropischen Betätigungen waren allerdings nur bedingt hilfreich für die einheimische Bevölkerung.[30]

Die Reflexion über und die Kritik an der christlichen Mission im Zeitalter des Kolonialismus und Imperialismus geschahen aber hauptsächlich auf politischer Ebene. Jüngst wird zunehmend eine Überwindung der Beschränkung auf politische Aspekte der Mission gefordert. Die Interaktionen zwischen Mission und der einheimischen Bevölkerung werden betont.[31] Bezüglich der Anfänge der deutschen protestantischen Mission in China 1846-1880 weist Thoralf Klein darauf hin: "Die Anfänge der deutschen protestantischen Mission in China sind nicht einfach eine Geschichte von westlicher Einflußnahme und chinesischer Reaktion. Vielmehr fand eine Interaktion statt, die das Gesicht beider Seiten veränderte."[32] An den Auseinandersetzungen und Konflikten in der Chinamission waren nicht nur die wechselseitigen Mißverständnisse zwischen den Missionaren, den chinesischen Christen und der nichtchristlichen chinesischen Bevölkerung, sondern auch die Bindung beider Seiten an die Normen und Ordnungen des jeweils eigenen Kulturkreises schuld.[33]

Bei der Untersuchung der Steyler Mission während der Zeit der deutschen Kolonialherrschaft in Shandong betont Klaus Mühlhahn ebenfalls die Interaktionen zwischen der katholischen Mission und der chinesischen ländlichen Gesellschaft. Seiner Meinung nach stellte die christliche Mission zwar einen integralen Bestandteil der kolonialen Expansion dar, verfolgte jedoch andere Ziele als der koloniale Staat durch die "Zivilisierung". Ihre Motivation war stark geprägt durch die Leitvorstellung des missionstheologischen Diskurses. Die Chinesen sahen die religiöse Durchdringung des Hinterlandes durch die Evangelisierung als einen weitreichenden Eingriff. Daher setzten sie sich mit der Mission intensiv im kolonialen Raum auseinander.[34] Sowohl auf seiten der Missionare als auch auf seiten der chinesischen Bevölkerung dominierte in diesen Interaktionen die "Exklusion". Mühlhahn vertritt die Auffassung: "Die religiöse Orientierung der jeweils anderen Seite wurde als Häresie und 'Heidentum' beurteilt. Die Mitglieder der ländlichen Gesellschaft sollten daher zwischen den Religionen wählen und eine definitive, exklusive Entscheidung für eine Religionsgemeinschaft treffen. In den Interaktionen ging es jedoch nur vordergründig um die Frage des richtigen Glaubens, tatsächlich aber um die Verwendung überschüssiger Ressourcen in der dörflichen Ökonomie. Die Vermischung von materiellen und sakralen Aspekten zeichnete daher die Interaktionen aus. Auf chinesischer Seite nahm der Widerstand zwei Formen an. Zum einen kam es zur religiösen Mobilisierung immaterieller Ressourcen im Zuge der Boxerbewegung. Zum anderen

---

[30] Siehe Gründer 1982, S. 347ff. und Gründer 1992, S. 595ff.
[31] Mühlhahn 1998, S. 20.
[32] Klein 1995, S. 110.
[33] Klein 1995, S. 113.
[34] Mühlhahn 1998, S. 33.

leitete der chinesische Staat eine Politik der Säkularisation ein, die die religiöse Welt der Dörfer revolutionierte."[35] Die Arbeiten von Klein und Mühlhahn berühren zwar einige Probleme in der Wahrnehmung der chinesischen Gesellschaft und Kultur, sie haben aber nicht nach dem Chinabild der Missionare gefragt.

Eine spezielle Untersuchung des Chinabildes der deutschen protestantischen Missionare des 19. Jahrhunderts fehlt noch. Allerdings ist eine ähnliche Fragestellung bereits von Mirjam Freytag gestellt worden.[36] Freytag versucht, anhand von 15 Arbeitsberichten von ledigen evangelischen China-Missionarinnen, die im Zeitraum von 1900 bis 1930 in China tätig waren, die Faktoren, die "die Wahrnehmung anderer Kulturen prägen und die Art und Weise der Vermittlung bewußt oder unbewußt beeinflussen"[37], herauszufinden. Freytag führt aus: "Die Missionarinnen beschränkten den christlichen Glauben und dessen Verbreitung nicht nur auf die geistliche Komponente, sondern gaben der alltäglichen Lebensführung und Lebenssituation, also der konkreten Umsetzung des Glaubens, ein großes Gewicht. Allerdings wirkte sich ihre Distanzlosigkeit zu der eigenen Arbeitsintention auf die Wahrnehmung der chinesischen Gesellschaft nachteilig aus. Das Selbstverständnis, geprägt durch die Arbeitsintention und die mitgebrachten kulturellen Denkmuster, beeinflußte und verengte die Wahrnehmung und verhinderte das Verstehen der chinesischen Gesellschaft und die Anerkennung der fremden Lebensweisen."[38] Für die folgende Untersuchung ist Freytags Arbeit in methodologischer Hinsicht von großem Interesse.

In der historischen Forschung in den ersten Jahrzehnten nach der Gründung der chinesischen Volksrepublik wurden die Missionare fast ausschließlich als "Vorläufer und Agenten des westlichen Imperialismus" auf politischem, wirtschaftlichem und kulturellem Gebiet angesehen. Sie wurden angeklagt, daß sie "neben Opium und Kanonen zum Rüstzeug der westlichen Aggression gegen China" gehörten. Auch die von Missionaren gegründeten karitativen Einrichtungen und Bildungsinstitute wurden als "unblutig tötende Investition" des Imperialismus angegriffen.[39] Diese Beurteilung hing eng mit der "revolutionären" Ideologie der Kommunistischen Partei Chinas zusammen. Damals war die Geschichtsschreibung zur christlichen Mission, wie überhaupt die Geschichtsschreibung zur "Aggressionsgeschichte der imperialistischen Mächte gegen China", in großem Maßstab "politisiert". Im Gegensatz dazu gab es in Hongkong und Taiwan Arbeiten zur Missionsgeschichte, die hauptsächlich von

---

[35] Mühlhahn 1998, S. 33.
[36] Siehe Freytag: "Frauenmission in China. Die interkulturelle und pädagogische Bedeutung der Missionarinnen untersucht anhand ihrer Berichte von 1900 bis 1930" (Münster/New York 1994).
[37] Freytag 1994, S. 19.
[38] Freytag 1994, S. 143.
[39] Wirth 1968, S. 11f.; Mühlhahn 1998, S. 19.

Personen im Dienst der Mission und der Kirche verfaßt wurden und eine positive Einschätzung der Missionsgeschichte vornahmen.[40]

Erst seit dem Beginn der "Öffnungs- und Reformpolitik" in den 80er Jahren ist in der VR China eine stärker wissenschaftlich geprägte Forschung zur Missionsgeschichte entstanden. Das aggressive Wesen der christlichen Mission und die Kooperation von Mission und Imperialismus werden zwar weiterhin kritisiert, die Rolle der Missionare bei der Einführung westlicher Wissenschaft und Kultur und ihre Förderung der Modernisierung Chinas werden aber allmählich positiv bewertet. Xing Yuezhi stellt in seiner Arbeit "The Dissemination of Western Learning and the Late Qing Society"[41] (Shanghai 1994) ausführlich die wichtigsten Bücher zur westlichen Wissenschaft, Erziehung, Politik und Gesellschaft dar, die von Missionaren, insbesondere den protestantischen, in Chinesisch geschrieben und in China veröffentlicht wurden. Auch die Anstrengungen der Missionare im Verlags-, Presse- und Schulwesen sowie auf medizinischem Gebiet werden lobend erwähnt. Darüber hinaus analysiert Xing systematisch die Haltung der chinesischen Behörden und Gelehrten dem "neuen Wissen" gegenüber und dessen Reaktion bzw. Rezeption. Seiner Auffassung nach fand die Absorbierung westlichen Wissens in China in drei Stufen statt: von der materialen Kultur über die institutionelle bis zur geistigen.[42] Das sei ein Prozeß allmählicher Vertiefung. Aber im Kulturaustausch könne China aufgrund seines inhaltlich reichen Kulturerbes niemals ganz verwestlicht werden, sondern es könne nur in einer widersprüchlichen Bewegung von Widerstand und Aufnahme verlaufen.[43]

Tao Feiya und Liu Tianlu heben in einer Darstellung zur protestantischen Mission in Shandong[44] ebenfalls deren kulturelle Bedeutung (u.a. in den Bereichen Erziehung, Medizin, Wissenschaft und der Herausgabe von Zeitschriften) für die chinesische Gesellschaft hervor. Auch die Predigttätigkeit der Missionare, die Etablierung der chinesischen Kirche und ihre "Indigenisierung" werden ausführlich diskutiert. Die Beteiligung der chinesischen Christen an der Missionspraxis, der Widerstand der nichtchristlichen, chinesischen Bevölkerung gegen die Mission sowie die Beziehungen zwischen Mission und chinesischen Behörden von Konflikten bis zur Kooperation (vor 1949) werden geschildert und analysiert. Dem Chinabild der protestantischen Missionare, die im 19. Jahrhundert in Shandong tätig waren, wird auch ein Kapitel gewidmet.[45]

---

[40] Z. B. das Werk von Lin Zhiping, Jidujiao yu Zhongguo [Das Christentum und China], Taipei 1975.
[41] So heißt der englische Titel des Buchs von Xing Yuezhi, das in Chinesisch geschrieben ist.
[42] Xing 1994, S. 735.
[43] Xing 1994, S. 736.
[44] Tao, Feiya/Liu, Tianlu, Jidu jiaohui yu jindai Shandong shehui [Christliche Kirche und die Gesellschaft Shandongs in der modernen Zeit], Jinan 1994.
[45] Tao/Liu 1994, S. 265ff. – In einem Aufsatz beschäftigen Wu Ziming und Tao Feiya sich mit der Erforschung der chinesischen Kultur durch protestantische Missionare des 19. Jahrhunderts. Dabei stellen die Autoren aber im wesentlichen die Werke der englischen

Tao und Liu stellen einige von Missionaren verfaßte Werke zur chinesischen Gesellschaft, zur Kultur und zum "Volksleben" der Chinesen vor. Sie befassen sich auch mit einigen Arbeiten der deutschen protestantischen Missionare Ernst Faber und Richard Wilhelm, die Ende des 19. Jahrhunderts und Anfang des 20. Jahrhunderts in Qingdao (Tsingtau) gearbeitet haben. Tao und Liu analysieren die Auffassungen der Missionare über die chinesische Gesellschaft und Kultur. Sie kritisieren einerseits die Vorurteile, Mißverständnisse und Verzerrungen im Chinabild der Missionare, sehen andererseits aber auch manche Inhalte in deren Werken vermittelt, die einen Realitätsbezug haben.[46]

Das Werk von Gu Weimin über die christliche Mission in China[47] ist ein Versuch, die Geschichte des chinesischen Christentums von den Anfängen bis 1949 zu reflektieren. Gu versucht, aus sozial-historischer Perspektive die Einführung und Entwicklung des Christentums in China darzustellen. Er legt besonderes Augenmerk auf die Inkulturation des Christentums. Da die Missionare in der Neuzeit unter dem Schutz der "Ungleichen Verträge" standen und ihre Tätigkeiten eng mit der Aggression der westlichen Mächte verbunden waren, zumal bei den Missionaren ein starkes Überlegenheitsgefühl und eine Geringschätzung gegenüber der chinesischen Kultur vorherrschten, gestaltete sich die Vermischung von Christentum und chinesischer Gesellschaft sehr schwierig. Erst nach dem Boxeraufstand und der Expansion der Alliierten Mächte konnten die Missionare und die chinesischen Christen durch Reflexion über die Vergangenheit mit dem Ziel der "Sinisierung des Christentums" eine neue Wahl treffen.[48] Im Kapitel über die christliche Mission im 19. Jahrhundert äußert sich Gu anerkennend über die wissenschaftlichen, kulturellen, karitativen und pädagogischen Leistungen der Missionare, betont aber andererseits den "Gegensatz zweier gesellschaftlicher Kräfte", nämlich den Einfluß der westlichen Missionare und den Widerstand der chinesischen Bevölkerung. Viele Projekte der Missionare, wie z.B. die Hospitäler und karitativen Werke der Kirche wie auch die kirchlich geleiteten Schulen, die Verbindung zur Reformbewegung, die Abschaffung des alten schematischen achtgliedrigen Aufsatzstils und die Einführung praktischen Wissens, standen in gewissem Wettbewerb mit den chinesischen lokalen Behörden und nahmen zahllosen Literaten und den Anwärtern auf die Beamtenlaufbahn die Existenzgrundlage. So waren in jener Zeit Gegensätze und Konflikte unvermeidlich, und es war gerade diese Literaten-Klasse, die hinter den Angriffen auf die Kirche stand.[49]

Die neue Forschung in der VR China zur Missionsgeschichte zeigt, daß die chinesischen Historiker allmählich von der ultra-"linken" Gedanken-

---

und amerikanischen Missionare vor. Von den deutschen Missionaren werden nur Faber und Wilhelm erwähnt. Siehe Wu/Tao 1997.
[46] Vgl. Tao/Liu 1994, S. 298ff.
[47] Gu, Weimin, Jidujiao yu jindai Zhongguo shehui [Das Christentum und die moderne Gesellschaft Chinas], Shanghai 1996.
[48] Gu Jidujiao 1996, S. 3f.
[49] Gu Jidujiao 1996, S. 174ff.

strömung befreit sind und beginnen, sich der Missionsgeschichte als Gegenstand der wissenschaftlichen Forschung anzunehmen. Sie beschränkt sich auch nicht mehr auf die politischen Aspekte der Mission. Die Rolle der Missionare bei der Förderung der Modernisierung Chinas wird nun positiv eingeschätzt. Man verfolgt auch aufmerksam die Erforschung der chinesischen Gesellschaft und Kultur durch die Missionare. Allerdings sind die Arbeiten weitgehend Präsentationen empirischen Materials. Auch ist die Erforschung der chinesischen Gesellschaft und Kultur durch die Missionare unzureichend dargestellt, zumal die deutsche protestantische Mission relativ vernachlässigt worden ist. Es gibt bisher keine systematische Untersuchung zum Chinabild der deutschen protestantischen Missionare des 19. Jahrhunderts.

2.2. Die Forschungen zu Reiseberichten der Chinareisenden

Seit den 70er Jahren hat in der westlichen Forschung das Interesse an interkulturellen Kontakten und Möglichkeiten des Fremdverstehens beträchtlich zugenommen. Die Probleme der "interkulturellen Begegnung und Wahrnehmung" bzw. der Erfahrung des Fremden werden diskutiert. Dabei handelt es sich hauptsächlich um die Begegnung Europas mit der überseeischen Welt und um "Fragen nach der gesellschaftlichen und kulturellen Gebundenheit von Wissen, nach den Möglichkeiten der Menschen einer Zivilisation, sich ein angemessenes Bild von den Angehörigen einer anderen zu machen"[50.] In diesem Zusammenhang entstand eine Reihe "methodisch und thematisch verwandter Forschungen, die sich entweder in eher theoretisch-systematischer (und dabei häufig kulturkritischer) Akzentuierung um die europäisch/westliche Wahrnehmung außereuropäischer und nicht-westlicher Zivilisationen als des 'Anderen' ihrer selbst bemühen oder, in der stärker fallbezogenen Analyse spezifischer historischer Paradigmen, nach den Folgen der europäischen Expansion für die Auffassung der 'Neuen Welt' Amerikas (oder in selteneren Fällen: Afrikas) fragen"[51]. Indessen übten die Kritik des amerikanischen Literaturwissenschaftlers Eduard W. Said am objektivistischen Selbstverständnis der europäischen Orientwissenschaften des 19. Jahrhunderts, an der Spannung zwischen deren Wahrheitsansprüchen und deren unausgesprochenen imperialistischen Voraussetzungen[52] und die Bemühungen des amerikanischen Soziologen Benjamin Nelson, "detaillierte Forschungen in der vergleichend historischen, differentiellen Soziologie der Zivilisationsmuster und interzivilisatorischen Begegnungen"[53] durchzuführen, eine große Wirkung aus.

Im Rahmen der Diskussion von Fragen der interkulturellen Begegnung und Wahrnehmung entstand eine Reihe von Untersuchungen über die Reiseberichte der Chinareisenden. In der von Mechthild Leutner und Dagmar Yü-Dembski herausgegebenen Arbeit "Exotik und Wirklichkeit" (München 1990) sind die Chinabilder der europäischen bzw. deutschen Reisenden vom 17. Jahrhundert bis zur Gegenwart dargestellt. Dabei konzentrieren sich die Autorinnen insbesondere auf "die Begegnungen der Reisenden mit China, ihre Wahrneh-

---

[50] Osterhammel Die Entzauberung Asiens 1998, S. 21.
[51] Dharampal-Frick 1994, S. 7.
[52] Siehe Saids Buch: "Orientalismus" (Frankfurt a.M./Berlin/Wien 1981). Über die Diskussion um das Problem des Orientalismus siehe Osterhammel 1997, S. 597ff.
[53] Siehe Nelsons Arbeit: "Der Ursprung der Moderne. Vergleichende Studien zum Zivilisationsprozeß" (Frankfurt a. M. 1977).

mung des Landes und seiner Bewohner"⁵⁴. Es handelt sich um die "Chinabilder" der Reisenden, "ihre Funktionalisierung des Objektes China für ihre eigenen Gesellschaftsvorstellungen oder Lebensentwürfe", die "Kontinuität und Diskontinuität ihrer Interessen, Vorstellungen und Stereotypen über China und 'die' Chinesen".⁵⁵ Gemäß "den unterschiedlichen Herangehensweisen und wechselnden Chinabildern" machen sie eine Unterscheidung von "sechs Perioden": "die Frühphase des 17. und 18. Jahrhunderts, die Öffnung Chinas im 19. Jahrhundert, die koloniale Phase von 1897 bis 1914, die 20er und 30er Jahre, die Volksrepublik China bis 1972 und die letzte Phase von 1972 bis zur Gegenwart"⁵⁶· Die Autoren sind der Ansicht: "In der historischen Rückschau läßt sich erkennen, daß die Wahrnehmung und die Beschreibung des Landes stets durch tradierte Bilder geprägt wurde."⁵⁷

In dem Beitrag zu Reisebeschreibungen des 19. Jahrhunderts analysieren Leutner und Yü-Dembski die Berichte von Kaufleuten, Diplomaten, Forschungsreisenden, Korrespondenten, "Weltreisenden" und auch Missionaren.⁵⁸ Dabei wird "eine neue Tendenz der Reisebeschreibungen" hervorgehoben. Zum einen ist es die Bemühung, über die Kolonialexpansion der westlichen Mächte Rechenschaft abzulegen. Das positive Chinabild der Jesuiten des 17. und 18. Jahrhunderts wird revidiert. "Die universalistische Denkweise, die China als einen Teil der allgemeinen Zivilisation eingeordnet hatte", wird fallengelassen. Statt dessen taucht die Sehweise "verachtungsvoller Überlegenheit des Europäers" allmählich auf. Zum anderen ist es die Bemühung, "Fakten über die Verhältnisse" Chinas zu sammeln. Man will nicht nur das Land mit Gewalt "öffnen", sondern auch "die notwendigen Informationen vor allem zur wirtschaftlichen "Öffnung" erlangen.⁵⁹ Hier sind die Autoren im wesentlichen an den Berichten der deutschen Diplomaten und Wissenschaftler interessiert. Was die Beschreibungen der Missionare betrifft, sind lediglich die Reiseberichte von Gützlaff und Johannes Kreyher, einem Schiffsprediger der Preußischen Expedition, erwähnt worden.⁶⁰ Im anschließenden Beitrag von Harald Bräuner und Leutner werden auch die Missionare W. Leuschner, Karl Friedrich Müller und Martin Maier-Hugendubel erwähnt.⁶¹

Den mittelalterlichen Chinareisen, den Berichten von Chinareisenden und deren Rezeption in Europa ist von Folker E. Reichert eine spezielle Unter-

---

54 Leutner/Yü-Dembski Exotik und Wirklichkeit 1990, S. 8.
55 Leutner/Yü-Dembski Exotik und Wirklichkeit 1990, S. 8.
56 Leutner/Yü-Dembski Exotik und Wirklichkeit 1990, S. 9.
57 Leutner/Yü-Dembski Exotik und Wirklichkeit 1990, S. 8.
58 Siehe den Beitrag von Leutner und Yü-Dembski: "'Kraftäusserung und Ausbreitung im Raum'. Die 'Öffnung' Chinas im 19. Jahrhundert" (in: Leutner/Yü-Dembski Exotik und Wirklichkeit 1990, S. 27-40).
59 Leutner/Yü-Dembski "Kraftäusserung und Ausbreitung im Raum" 1990, S. 27.
60 Leutner/Yü-Dembski "Kraftäusserung und Ausbreitung im Raum" 1990, S. 29ff., 33f.
61 Siehe den Beitrag von Bräuner und Leutner: "'Im Namen einer höheren Gesittung!' Die Kolonialperiode 1897-1914" (in: Leutner/Yü-Dembski Exotik und Wirklichkeit 1990, S. 41-52).

suchung gewidmet.[62] Reichert analysiert die Ursachen, die Bedingungen und die Eigenart der Begegnung der Europäer im Mittelalter mit dem Osten bzw. mit China. Er beschreibt die Berichte der Reisenden, deren Aufnahme und Verbreitung in Europa. Besonders werden die Ansichten, das Vorwissen und die Vorurteile der Augenzeugen sowie das Textverständis der Leser eingehend untersucht. Reichert kommt zu dem Schluß, daß der persönliche, bildungsmäßige und soziale Horizont des jeweiligen Reisenden sich auf die Überlieferungen beschränkte. Bestimmte tradierte Vorstellungen, Gattungskonventionen und Topoi prägten in großem Maße die Wahrnehmung der Länder und Völker durch die mittelalterlichen Reisenden. "In die Betrachtung anderer Gesellschaften mischt sich notwendig das Vorurteil, Maßstäbe und Deutungsmuster der eigenen Kultur werden auf die beobachtete übertragen, Fremdes wird zum Déjà-vu."[63] Bei ihren "Begegnungen" mit China, die hauptsächlich durch die Gründung des mongolischen Weltreiches ermöglicht wurden, erwarben die Reisenden zwar viele Informationen, doch ihre Wahrnehmung wurde oft durch die antiken sagenhaften Überlieferungen eingeschränkt.[64] Was die "Wirkungen" der Berichte von Chinareisenden in Europa betraf, zeigten sich ebenfalls genügend Mißverständnisse.[65]

Walter Demel untersucht die frühneuzeitlichen Reiseberichte europäischer Missionare, Kaufleute und Diplomaten aus China.[66] Es geht hier im wesentlichen um die Erfahrungen der Europäer in China und ihre Schilderungen des Landes. Nach Demels Auffassung war das frühe europäische Interesse in der Frühzeit an China "nicht zuletzt deshalb so groß, weil man dieses mächtige Reich mit seiner uralten Kultur als ganz andersartig, geradezu als politisch und kulturell geschlossenes Gegenbild zu Europa empfand"[67]. Allerdings machten europäische Missionare, Kaufleute und Diplomaten jeweils ganz verschiedenartige Erfahrungen und ihr Urteil über China fiel entsprechend unterschiedlich aus. Die Isolationspolitik der chinesischen Regierung und der tiefgreifende Unterschied zwischen der europäischen und der chinesischen Kultur behinderten die Erkenntnis der Europäer über China beträchtlich. Die Fremdheit wurde keineswegs durch jahrhundertelange Kontakte überwunden. Das Chinabild, "das sich damalige Europäer von China machten"[68], war durch "die nicht überwundene Distanz" geprägt.[69]

---

[62] Siehe Reicherts Arbeit: "Begegnungen mit China" (Sigmaringen 1992).
[63] Reichert 1992, S. 13.
[64] Siehe Reichert 1992, Kapitel II.1-4.
[65] Siehe Reichert 1992, Kapitel IV. 1-4.
[66] Der Titel von Demels Arbeit lautet: "Als Fremde in China. Das Reich der Mitte im Spiegel frühneuzeitlicher Reiseberichte" (München 1992).
[67] Demel 1992, S. 288.
[68] Demel 1992, S. XI.
[69] Demel 1992, S. 287ff.

Die Arbeit Hans C. Jacobs[70] beschäftigt sich mit den Berichten der Chinareisenden im 19. und frühen 20. Jahrhundert. Jacobs versucht, "ein umfassendes theoretisches Konzept" zu entwickeln und "dieses anschließend auf seine praktische Umsetzbarkeit für Chinareisen" zu überprüfen. Reiseberichte werden "als Reflexionen auf die fremde (= chinesische) und die heimliche (= deutsche) Kultur" verstanden.[71] Einerseits waren es die Vorstellungen, die die Reisenden vor ihrer Reise nach China schon hatten, andererseits war es die "Fremdheit", die sie in China erfuhren. Beides führte dazu, daß die Chinareisenden "in ihrer Wahrnehmung Chinas und deren Wiedergabe bestimmten Mustern folgten, die in auffälliger Weise mit dem Image Chinas in Deutschland korrespondierten"[72]. Da es viele Bezüge zu ihrer Heimat und spezifisch deutsch-europäische Betrachtungsweisen gab, schließt Jacobs, "daß die Wahrnehmungs- und Wiedergabeprozesse der Reisenden stärker von den heimatlichen Urteilen als von ihren individuellen Erfahrungen während der Reise geprägt waren"[73]. Bei der Analyse der Berichte der Chinareisenden des 19. Jahrhunderts unterscheidet Jacobs ein "allgemeines Image von China" und ein "spezielles Image von China": Während das erstere vom Begriff der "Stagnation" geprägt sei, werde das letztere von Modernisierungsvorstellungen bestimmt.[74] "In der Zusammenschau erscheinen Stagnation und Modernisierung eng zusammengehörig und als die wesentlichen Komponenten bei der Beschreibung Chinas bzw. der damit zusammenhängenden europäischen Chinapolitik."[75] Und: "Die theoretischen geistesgeschichtlichen Entwicklungen in Deutschland (das Image Chinas) und die praktische europäische Chinapolitik kumulieren ebenso wie die fortschreitende Modernisierung Europas und Deutschlands und die damit verbundene Mentalität bürgerlicher Kreise im Imperialismus des 19. Jahrhunderts."[76] In der Arbeit Jacobs werden die Berichte der deutschen protestantischen Missionare in die Untersuchung miteinbezogen, aber deren Erörterung ist sehr knapp und unsystematisch. Auch im Quellen- und Literaturverzeichnis werden die Missionare und ihre Berichte unvollständig genannt.

---

[70] Es heißt: "Reisen und Bürgertum. Eine Analyse deutscher Reiseberichte aus China im 19. Jahrhundert. Die Fremde als Spiegel der Heimat" (Berlin 1995).
[71] Jacobs 1995, S. 23f.
[72] Jacobs 1995, S. 191.
[73] Jacobs 1995, S. 191.
[74] Jacobs 1995, S. 116f.
[75] Jacobs 1995, S. 194.
[76] Jacobs 1995, S. 207.

3. Fragestellung und Methode

Die Arbeit versteht sich als historische Fallstudie zum Problem der interkulturellen Begegnung und Wahrnehmung. Darin steht nicht die deutsche protestantische Mission im China des 19. Jahrhunderts oder die Missionsbeschreibung an sich im Vordergrund, sondern die Begegnung der Missionare mit China, ihre Wahrnehmung des Landes und der Bewohner Chinas. Es wird versucht, die unter spezifischen historischen Bedingungen entstandenen Chinaberichte der Missionare in ihren Grundzügen und Besonderheiten zu erschließen und das Chinabild der Missionare in Verbindung mit dem gesellschaftlichen und kulturellen Kontext zu rekonstruieren, zu analysieren und kritisch zu bewerten.

Aufgrund dieses Erkenntnisinteresses und dieser Zielsetzung orientiert sich diese Arbeit an einer übergreifenden Fragestellung:

1) Vor welchem gesellschaftlichen und kulturellen Hintergrund entstanden die Chinaberichte der Missionare? Inwieweit prägten die gesellschaftlichen und kulturellen Hauptströmungen Europas bzw. Deutschlands die Denkweise der Missionare? Durch welche gesellschaftliche und kulturelle Einflüsse wurde das Chinabild der Missionare geformt?

2) Aus welchen Motiven heraus befaßten sich die Missionare mit China? Aus welchen Gründen verfaßten und veröffentlichten sie ihre Erkenntnisse über China? In welcher Form schrieben und publizierten sie ihre Berichte über China und die Chinesen? Welche Themen werden darin behandelt?

3) Was berichteten die Missionare über China und die Chinesen? Welche Meinungen und Auffassungen drückten sie in ihren Berichten über die chinesische Geschichte und Kultur, über die chinesische Religion, Erziehung und Medizin, über das politische System und die politische Situation Chinas, über das wirtschaftliche und soziale Leben sowie über Sitten und Gebräuche des chinesischen Volks aus?

4) Inwiefern beeinflußten die Vorstellungen von China, die zu dieser Zeit in Europa bzw. in Deutschland vorherrschten, die Missionare? Inwieweit wirkte sich der berufliche Hintergrund der Missionare auf ihre Beobachtungen und Beschreibungen aus? Welche Rolle spielten die persönlichen Erfahrungen der Missionare in China bei der Herausbildung ihres Chinabildes? Haben die Missionare auch manche Stereotypen revidiert? Wenn ja, auf welche Weise geschah das? Was trugen sie zur Chinaforschung in Europa bei?

Bei diesen Fragen handelt es sich im wesentlichen um das Bild, das sich die Missionare von China machten. Es handelt sich auch um die Rezeptionsvorgänge und die Entstehungsgeschichte des Chinabildes der Missionare. Es geht nicht um den Wahrheitsgehalt der Aussagen, obwohl die "Frage nach dem tatsächlichen Wahrheitsgehalt der persönlichen Wahrnehmung und des persönlichen Wahrheitsgefühls" für Historiker immer relevant ist.[77]

Wenn man das Chinabild der Missionare untersuchen will, muß man vorzugsweise auf die historischen Voraussetzungen, die geistigen, sozialen und kulturellen Vorgaben Europas, die Hauptlinien der Perzeption von China durch die Europäer eingehen, denn "'Bilder' des Fremden 'entstehen' nicht in der unmittelbaren Gegenüberstellung des individuellen Beobachters und des reinen Objekts seiner Beobachtung. Sie werden kulturell produziert."[78] Bei der Beschreibung und Beurteilung anderer und fremder Kulturen verwendet man häufig die Maßstäbe und Deutungsmuster der eigenen Kultur. Das Bild der

---

[77] Jacobs 1995, S. 6. - In der Diskussion zum Problem interkultureller Wahrnehmung sind sich die meisten Teilnehmer, einschließlich Literaturwissenschaftler, Historiker, Anthropologen, Ethnologen und Orientalisten darin einig: "Vorurteilsfreies Verstehen des Fremden läßt sich nicht erreichen; und wo es versucht wird, führt das nur dazu, daß Vorurteile sich unreflektiert hinter dem Rücken der Subjekte durchsetzen." (Brenner 1989, S. 51). Man schätzt den Quellenwert der Reiseberichte, ihre Aussagekraft und wissenschaftliche Verwertbarkeit für die beobachteten Länder häufig gering. Man bezweifelt insbesondere die Verläßlichkeit der Reiseberichte und sieht sie oft als nicht realistische Wiedergabe der Wirklichkeit an, "weil sie in einem so hohen Grad den Reflex eurozentrischer Vorurteile darstellten, daß ihre Verläßlichkeit und Objektivität prinzipiell in Zweifel zu ziehen" war. (Dharampal-Frick 1994, S. 8). Harbsmeier ist sogar überzeugt: "Es gibt wohl kaum eine Reisebeschreibung, von der nicht schon einmal behauptet worden wäre, sie sage mehr über ihren Verfasser aus als über die Länder und Kulturen, die sie zu beschreiben vorgibt." (Harbsmeier 1982, S. 1). Im Gegensatz dazu vertritt Dharampal-Frick eine andere Auffassung. Ihrer Meinung nach darf man nicht "Wahrnehmungen und Beschreibungen auf der Grundlage interkultureller Differenz durch den alleinigen Hinweis auf die (u.a. auch kulturelle) Standortgebundenheit von 'Erkenntnis' als illegitimen Sonderfall dieser allgemeinen hermeneutischen Regel deklarieren". (Dharampal-Frick 1994, S. 8). Und: "Wenn aber absolute, zeit-, standpunkt- und voraussetzungslose 'Objektivität' in hermeneutischen (und also auch in *kultur*hermeneutischen) Wahrnehmungs- und Interaktionszusammenhängen von vornherein und als solche unerreichbar ist, dann stellt auch der Erkenntnisperspektivismus im Rahmen von Reiseberichten aus fremden Kulturen kein problematisches Skandalon dar, das diese Materialien gewissermaßen 'verunreinigte' und 'kontaminierte' und sie einem apriorischen Verdacht aussetzte, sondern er bedeutet den nur in seinen inhaltlichen Konkretisationen und zeittypischen 'Füllungen' je verschiedenen (und jeweils analytisch rekonstruierbaren) hermeneutischen 'Normalfall' jeden Fremdverstehens (das selbstverständlich eine weite Skala von Möglichkeiten des Anders- und Mißverstehens einschließt)." (Dharampal-Frick 1994, S. 8f.) Osterhammel klassifiziert die neuere Literatur zum Thema interkulturelle Wahrnehmung bezüglich ihrer skeptischen Urteile in zwei Varianten: "das Modell des autistischen Diskurses" und "das Modell des enttäuschten Humanismus". Beide Deutungsmodelle zögen aber den gleichen Schluß und seien weiter nichts als "ein epistemologisches Desaster" (Osterhammel 1998, S. 26). Osterhammel kritisiert: "Wäre diese Art von Agnostizismus das letzte Wort zum Thema Fremdbilder in der Geschichte, dann wäre es sinnlos, sich weiter mit ihm zu beschäftigen. Ganze Bibliotheken von Amerika-, Asien- und Afrikaliteratur enthielten dann nichts als Dokumente europäischer Narrheit und Anmaßung, die besser dem Vergessen anheimfallen sollten." (Osterhammel 1998, S. 26). Wie Dharampal-Frick ist Osterhammel überzeugt, daß man auch nach der Annäherung spezifischer Repräsentationen an die Realität, nach der Angemessenheit der Wiedergabe von Wirklichkeit fragen sollte.

[78] Osterhammel Distanzerfahrung 1989, S. 41.

Fremden ergibt sich "aus der Verquickung neuer Erfahrungen und alten Wissens"[79.] Das gilt auch für die Beschreibungen von China durch die deutschen protestantischen Missionare im 19. Jahrhundert. Die Missionare sind in westlichen Ländern aufgewachsen und ihr Lebensstil, ihre Ausbildung und Denkweise sind stark geprägt durch die westliche Kultur. Auch die China-Wahrnehmung der Missionare wurde wesentlich von der westlichen Kultur beeinflußt. Genau wie andere Chinareisenden beurteilten und interpretierten die Missionare China auch stets in Verbindung mit den Verhältnissen im eigenen Land. Viele "Stereotypen"[80], die seit langer Zeit in Europa gängig waren, wurden von den Missionaren unreflektiert weiter benutzt.

Tatsächlich lebten die Missionare teilweise mehr als 30 oder 50 Jahre in China. Sie arbeiteten im inneren Chinas, hatten unmittelbare Kontakte zur chinesischen Bevölkerung und erlebten wichtige politische Ereignisse und soziale Bewegungen mit, die sich im 19. Jahrhundert in China ereigneten. Um den Chinesen das Evangelium predigen zu können, mußten sie Chinesisch lernen. Einige studierten sogar intensiv chinesische Literatur und bemühten sich bewußt darum, die chinesische Kultur und Gesellschaft kennenzulernen und sich mit den chinesischen Verhältnissen vertraut zu machen. Die Missionare waren meistens fromme Christen und verpflichtet, "Tatsachen" in die Heimat zu berichten. Sie versuchten auch, manche Vorstellungen bzw. "Vorurteile" der Europäer über China zu korrigieren. Allerdings kamen die Missionare mit einem bestimmten Auftrag nach China. Das Evangelium in China zu verbreiten und die Chinesen zum Christentum zu bekehren, das war ihre zentrale Aufgabe. Auch ihre Chinaberichte dienten überwiegend zur Ausarbeitung der Missionsstrategie und zur Förderung des Interesses und der Unterstützung der christlichen Gemeinden in der Heimat für die Chinamission. Bei der Analyse der China-Beschreibungen muß man das Selbstbewußtsein der Missionare, ihre Intention und die Verarbeitung ihrer Erfahrungen in China mit berücksichtigen. Dabei ist die mentalitätsgeschichtliche Vorgehensweise in methodischer Hinsicht von großer Bedeutung.

"Mentalitätsgeschichte ist also die Geschichte der Zuordnungen, die eine Kollektivität durchschnittlich gegenüber Zuständen, Ereignissen und Situationen in unmittelbarer Sinngewißheit vornimmt."[81] Sie "konzentriert sich auf die bewußten und besonders die unbewußten Leitlinien, nach denen Menschen in epochentypischer Weise Vorstellungen entwickeln, nach denen sie empfinden, nach denen sie handeln. Sie fragt nach dem sozialen Wissen bestimmter historischer Kollektive und untersucht den Wandel von Kognitionsweisen und Vorstellungen".[82] Das Ensemble des spezifischen Selbstverständ-

---

[79] Reichert 1992, S. 12. Siehe auch Jacobs 1995, S. 12ff.
[80] Nach Mączak sind die Stereotypen eine "tägliche intellektuelle Lebensäußerung", die sich "sowohl bei den einfachen Bevölkerungsschichten als auch bei den gebildeten Eliten" findet. Mączak 1982, S. 321. Siehe auch Jacobs 1995, S. 24.
[81] Sellin 1985, S. 587f. Zitat nach Jacobs 1995, S. 19.
[82] Dinzelbacher 1993, S. IX.

nisses, der Vorstellungswelt und Empfindungsweise macht die Mentalität eines bestimmten Kollektivs aus. Sie "lenkt Verhaltensweisen, Meinungen und Gefühle von Menschen in ganz spezifische Bahnen" und beeinflußt auch die Wirklichkeitswahrnehmung.[83] "In Mentalitäten legen soziokulturell oder eben durch ihre gemeinsame 'Mentalität' definierte Gruppen ihr Verhältnis zur Wirklichkeit in jeder Beziehung fest. Mentalitäten stellen die 'geistigen Werkzeuge' bereit, unter denen Wirklichkeit überhaupt erst wahrgenommen werden kann."[84] Um die Besonderheit und das Charakteristikum des Chinabildes der Missionare klarzumachen, ist es notwendig, ihre Mentalität zu berücksichtigen. Erst unter dem mentalitätsgeschichtlichen Aspekt kann man die Reflexionen der Missionare bezüglich China und deren Wiedergabe deutlich bestimmen.

---

[83] Jacobs 1995, S. 18f.
[84] Brenner 1991, S. 9. Zitat nach Jacobs 1995, S. 19.

4. Theoretische Grundlagen

Bei der Analyse und Bewertung des Chinabildes der deutschen protestantischen Missionare des 19. Jahrhunderts wird vom kolonialismus-, imperialismus- und modernisierungsgeschichtlichen Ansatz und von der Theorie des Ethnozentrismus ausgegangen. Sie bilden in der vorliegenden Arbeit die theoretische Grundlage und werden als "Idealtypen" (Max Weber) benutzt. Ihre allgemeinen Aussagen werden allerdings durch die konkrete Untersuchung modifiziert bzw. korrigiert.

4.1. Der kolonialismus- und imperialismusgeschichtliche Ansatz

Kolonialismus und Imperialismus haben im allgemeinen Sprachgebrauch fast gleiche Bedeutung. Sie bezeichnen "das extensive Bemühen eines Staates bzw. seiner Führung um Ausbau seiner Macht- und Einflußsphäre über die eigenen geschichtlichen, geographischen und nationalen Grenzen hinaus"[85].
Um das Phänomen und Problem des Kolonialismus bzw. Imperialismus zu erfassen, gibt es in der wissenschaftlichen und politischen Diskussion verschiedene Interpretationen.[86] Die älteren Imperialismustheorien interessierten sich hauptsächlich für macht- und wirtschaftspolitische Fragen. Die wirtschaftliche Notwendigkeit von Absatzmärkten, die Ausbeutung der Rohstoffe für die Industrie, das territoriale Interesse und der Wille zur Macht, das Überlegenheitsgefühl und das Sendungsbewußtsein werden oft als die wichtigsten Ursachen des Kolonialismus bzw. Imperialismus angesehen.[87] Die neueren Studien betonen jedoch die konjunkturellen Schwierigkeiten und gesellschaftlichen Prozesse in den westlichen Industriestaaten, die die imperialistische Politik verursachten ("Sozialimperialismus")[88]. Auch das Motiv der Ausbrei-

---

[85] Zelinka 1995, S. 435.
[86] Siehe Mommsen 1980. Darin hat Mommsen eine Bilanz der verschiedenen Imperialismusinterpretationen gezogen.
[87] Siehe Delavignette 1961, S. 13ff.; Hammer 1978, S. 24ff. und 59ff.; Mommsen 1980, S. 7ff., Bade 1987, S. 91f.
[88] Wehler 1969. Siehe auch Mommsen 1980, S. 76ff. - Wehler definiert den Imperialismus als "diejenige direkte-formelle und indirekte-informelle [...] Herrschaft, welche die okzidentalen Industriestaaten unter dem Druck der Industrialisierung mit ihren spezifischen ökonomischen, sozialen und politischen Problemen und dank ihrer vielseitigen Überlegenheit über die weniger entwickelten Regionen der Erde ausgebreitet haben". Wehler 1969, S. 23.

tung des Christentums wird als "eines der ersten und stärksten Motive westlicher Expansion" verstanden.[89]

Jüngst ist die "peripherieorientierte" Imperialismustheorie, die vornehmlich den Schwerpunkt in den Entwicklungen in der Kolonie selbst sieht, immer mehr aufgegriffen worden.[90] Entgegen allen Theorien, die die Ursachen imperialistischer Expansion ausschließlich in den inneren Problemen der westlichen Industriestaaten suchen und daher eine starke europazentrische Tendenz aufweisen, hebt man jetzt hervor, daß Imperialismus vielmehr ein "Produkt einer Interaktion zwischen europäischen und außereuropäischen politischen Prozessen" sei. Die "situation coloniale", die Aktionen der eingeborenen Völker und deren politischer Eliten seien der unumgängliche Faktor, der den Verlauf des Imperialismus mitbestimmt habe. "Nicht die Krisen in Europa, sondern die Krisen an der Peripherie sind [...] die entscheidenden Antriebsfaktoren für die Ausbildung zumindest des formellen Imperialismus der Periode seit 1880 gewesen."[91] Und die Kolonialexpansion, insbesondere die Stabilisierung der "formellen Territorialherrschaft", sei "weniger ein Ergebnis der genuinen Expansionsdynamik europäischer Industriestaaten als eine europäische 'Reaktion auf unbefriedigende Verhältnisse an der Peripherie'" gewesen.[92] Die Prozesse in den Territorien der Dritten Welt hätten "zur Unterminierung bzw. zum Zusammenbruch der älteren Formen informellen europäischen Einflusses geführt und die Errichtung formeller Kolonialherrschaft unvermeidlich gemacht".[93]

Obwohl die "peripherieorientierte[n]" Imperialismustheorien den Anschein der Rechtfertigung erwecken, sprechen sie doch der einheimischen Bevölkerung und vor allem ihren Führungsgruppen große Bedeutung zu bei der Änderung des Kolonialsystems. Die Vorgänge an der "Peripherie" werden stärker in den Mittelpunkt gerückt. Bezüglich der chinesischen Geschichte stellt Mühlhahn fest: "Kolonialismus und Imperialismus können nicht einfach als Verdrängung der traditionalen, autochthonen Gesellschaften und Strukturen zugunsten eindeutiger okzidentaler Formen aufgefaßt werden. Tatsächlich ist die Geschichte des Imperialismus und Kolonialismus in China die Geschichte wechselnder Konfliktlagen: zwischen den europäischen Mächten, zwischen den verschiedenen tragenden Schichten kolonialer Herrschaft, zwischen den verschiedenen Gruppen der Nicht-Europäer und schließlich zwischen den Kolonisatoren und den Kolonisierten."[94] Und: "Im Falle Chinas muß ebenfalls berücksichtigt werden, daß die Maßnahmen der Qing-Regierung, der Eliten und der breiten Bevölkerung gegenüber den imperialistischen Mächten keine Fehlschläge darstellen (wie oft behauptet), sondern im Gegenteil sehr erfolgreich

---

[89] Gründer 1982, S. 9.
[90] Siehe Mommsen 1980, S. 81ff.; Mühlhahn 1997, S. 9f.
[91] Mommsen 1980, S. 81.
[92] Bade 1987, S. 92.
[93] Mommsen 1980, S. 84.
[94] Mühlhahn 1997, S. 9f.

darin waren, ein Auseinanderbrechen des Reiches sowie den Verlust weiterer Rechte zu verhindern."[95]

Die europäisch-westliche überseeische Kolonialexpansion begann etwa im 15. Jahrhundert und erreichte im 19. Jahrhundert ihren Höhepunkt.[96] Bis zum Ende des 19. Jahrhunderts überzog sie die Hälfte der Erde (72 900 000 Quadratkilometer) und kontrollierte ein Drittel der Menschheit (ungefähr 520 Millionen Menschen).[97] "Allüberall war Ziel und Folge dieser Politik die Errichtung einer alleinigen, ausgewählten Standard-, Ideal-, Normal- und Zentralform von Kultur, Zivilisation und Sprache."[98] Im "Zeitalter des modernen Imperialismus" herrschte zwischen einigen der wichtigsten Mächte sogar heftige Rivalität um die Aufteilung der Welt.[99]

Im 19. Jahrhundert war Deutschland eine der bedeutenden kolonialen Großmächte. Infolge der wirtschaftlichen und gesellschaftlichen Entwicklung waren die Ideen des Nationalismus, Kolonialismus und Imperialismus in Deutschland weit verbreitet. Die Forderungen nach aktiver gemeinsamer Handelspolitik, nach dem Ausbau von Flotte und Marine und nach der Gewinnung von Handelsstützpunkten oder großflächigen Kolonien fanden sehr weite Resonanz und gehörten zu den dominierenden Tendenzen der Zeit.[100] Schon im Jahre 1859 sandte Preußen eine Expedition aus drei Kriegsschiffen unter der Leitung des Grafen Friedrich zu Eulenburg nach Ostasien, um mit Japan, China und Siam Verträge abzuschließen und eine Kolonie zu gründen. Preußen zog aus Chinas Niederlage im Krieg mit England und Frankreich seinen Nutzen, zwang die chinesische Regierung am 2. September 1861 zur Unterzeichnung eines Handelsvertrages und bekam damit dieselben Privilegien wie andere westliche Mächte in China.[101] Daß sich das Deutsche Reich 1870/71 endlich als Macht und wirtschaftspolitisch effizienter "Nationalstaat" etablierte, bedeutete die Realisierung der seit Beginn des 19. Jahrhunderts latent vorhandenen nationalen Identitätssehnsüchte. Die nationale Empfindlichkeit und "nationale Euphorie" und die "Suche nach sinnfälligen Ausdrucksformen nationaler Großmachtpolitik in einer Art zweiten Reichsgründung in Übersee", das kollektive Kontrasterlebnis des ökonomischen Krisenschocks im Jahr 1873, die latente Revolutionsfurcht mit Blick auf die vermeintlich "gemeingefährlichen Bestrebungen der Sozialdemokratie", deren "revolutionären Attentismus"

---

[95] Mühlhahn 1996, S. 474.
[96] Das letzte Viertel des 19. Jahrhunderts wird auch als "Zeitalter des Imperialismus", "Zeitalter des Hochimperialismus" oder "Zeitalter des modernen Imperialismus" bezeichnet. Bade äußert: "Charakteristisch für diese neue Periode der Expansion, an der nicht nur europäische (besonders England, Frankreich, Deutschland), sondern auch aufsteigende außereuropäische Großmächte (USA, Japan) teilhatten, war einerseits die nachgerade hektische Begründung bzw. Ausdehnung der überseeischen Imperien und andererseits das ständige Vorrücken der direkten staatlichen Territorialherrschaft." Bade 1987, S. 92.
[97] Siehe Delavignette 1961, S. 16ff.
[98] Hammer 1978, S. 68.
[99] Bade 1987, S. 92.
[100] Fenske 1978, S. 369.
[101] Zhu 1996, S. 437f.

und das unter dem Sozialistengesetz nicht nur anhaltende, sondern sogar beschleunigte Wachstum der "Umsturzpartei" waren so stark, daß die deutsche Kolonialexpansion in den 80er Jahren und ihre Fortsetzung in der "Weltpolitik" seit den 90er Jahren in Gang gesetzt wurde.[102]

Seit dem Ersten Opiumkrieg (1839-1840) drangen eine ganze Reihe westlicher Mächte in China ein. Durch die "Ungleichen Verträge", die die westlichen Mächte dem Land aufgezwungen hatten, verlor China wesentliche Elemente seiner staatlichen Souveränität. Den Ausländern in China wurden zahlreiche Privilegien zugestanden: Niederlassungen, Handelstätigkeit, die unbehinderte Betätigung der Missionare in allen Provinzen Chinas, Konsulargerichtsbarkeit (Exterritorialität der Fremden in China), Beschränkung der Zollhoheit Chinas, Freiheit der Schiffahrt in den chinesischen Binnen- und Hoheitsgewässern, Territorialrechte (Konzessionen und Pachtgebiete), Meistbegünstigungsklauseln usw. China wurde "zu einer von fremden Mächten gemeinsam kontrollierten Halbkolonie umgewandelt, wobei freilich sein unabhängiger Status formal erhalten blieb"[103]. Und: "Innerhalb des chinesischen politischen Systems verschafften sich ausländische Staaten, am umfassendsten Großbritannien, Machtpositionen, die ihnen größere Kontrollmöglichkeiten eröffneten, als dies bei einem bloßen Verhältnis überragenden Einflusses der Fall gewesen wäre, wie es zum Beispiel im 19. Jahrhundert zwischen Großbritannien (oder heute den USA) und manchen der souveränen Nationalstaaten Südamerikas bestand (oder noch besteht). Auf der anderen Seite wurden die Chancen, aber auch die Kosten und Verantwortlichkeiten formeller, also kolonialer Herrschaft indischen oder später afrikanischen Typs vermieden. Die einheimischen Herrscher wurden nicht durch Fremde ersetzt, wohl aber in ihren Handlungsmöglichkeiten mannigfach gefesselt."[104] Das Qing-Reich wurde zum "informal empire"[105].

Der Kolonialismus bzw. Imperialismus der westlichen Mächte bildete den politischen Hintergrund der christlichen Mission im China des 19. Jahrhunderts. Die Kolonien waren für die Missionsgesellschaften, die Ende des 18. und Anfang des 19. Jahrhunderts gebildet wurden, von vitaler Bedeutung. Sie boten Ausgangsbasen und Kommunikationsstützpunkte der missionarischen Arbeit. Obwohl die Mission in ihrem Verhältnis zur Kolonialbewegung von

---

[102] 1884 besetzte Deutschland die Gegend von Lüderitzland und Angra Pequena (später Deutsch-Südwestafrika), Togoland und Kamerun, einen Teil von Neuguinea (Kaiser Wilhelmsland). Im folgenden Jahr wurde der Schutzbrief für die deutsche Ostafrikanische Gesellschaft erlassen und 1890 Ostafrika der Reichsregierung unterstellt. Damit war das deutsche Kolonialreich begründet. Anderes kam später hinzu: 1897 fiel Deutschland mit Waffengewalt in die Jiaozhou (Kiautschau)-Bucht in China ein und machte die gesamte Provinz Shandong zu seiner Interessensphäre. 1898 erhielt Deutschland von Spanien die Karolinen und die Marianen und 1899 nach dem Schließung der Verträge mit England und Amerika einen Teil der Samoainseln im Pazifischen Ozean. Insgesamt war es ein Gebiet etwa fünfmal so groß wie das Mutterland. Siehe Gründer 1985, S. 25ff.
[103] Franke 1974, S. 1134f.
[104] Osterhammel China und die Weltgesellschaft 1989, S. 170.
[105] Osterhammel China und die Weltgesellschaft 1989, S. 170.

"Distanz, vorsichtiger Kooperation und Protest im Einzelfall" geprägt war[106], und die Missionsarbeit, Kolonialherrschaft und Kolonialwirtschaft sich in der kolonialen Situation "in Konsens und Kooperation, Dissens und Konflikt" begegneten[107], wurde aber die koloniale Besitzergreifung nicht von Grund auf abgestritten.[108] Im Gegenteil, das allmähliche Vordringen der Mission war meistens unter dem Schutz der Kolonialmächte durchgeführt worden. Und wegen der gleichen kulturellen Wurzel wiesen die christlichen Missionare häufig dieselben ideellen und materiellen Interessen wie die politischen Repräsentanten und ökonomischen Interessenvertreter der Kolonialmacht auf. Sie wurden ebenfalls von imperialistischen Gedanken stark beeinflußt. Bei der Beobachtung und Beschreibung der Missionare von "kolonisierten", "unzivilisierten" und "heidnischen" Ländern und Völkern spielte diese koloniale und imperiale Mentalität eine sehr wichtige Rolle. Eine Untersuchung des Chinabildes der deutschen protestantischen Missionare des 19. Jahrhunderts muß im Zusammenhang mit der Geschichte der westlichen Kolonialexpansion gesehen werden. Dabei können die neueren Kolonialismus- und Imperialismustheorien wichtige Anknüpfungspunkte anbieten.

---

[106] Moritzen 1984, S. 54. - Über die Beziehungen zwischen der christlichen Mission und dem Kolonialismus bzw. Imperialismus siehe auch Bade Einführung 1984; Balz 1990; Balz 1991; Besier 1992; Gründer 1982; Gründer 1992.
[107] Bade Einführung 1984, S. 14.
[108] Moritzen 1984, S. 57.

4.2. Der modernisierungsgeschichtliche Ansatz

Der Begriff "Modernisierung" bezeichnet vor allem jene Transformationen, "die zur Ausbildung des Typs moderner, westlicher Gesellschaften geführt haben und diese heute weitergehend verändern".[109] Inhaltlich ist sie "bestimmt durch ein strukturveränderndes Wachstum insbesondere der materiellen und nichtmateriellen Güter, die Erweiterung der Zugangschancen zu diesen Gütern und der Disposition über sie, verstärkte Differenzierungsprozesse und erhöhte Selbststeuerungskapazitäten der Gesellschaft, Partizipation und Demokratisierung, begleitet von Änderungen des Bewußtseins und des sozialen Verhaltens (Empathiesteigerung)"[110].

"Modernisierung" kann auch als eine Entwicklungskonzeption für die nicht-westlichen Länder bzw. die "Dritte Welt" verwendet werden. Zumindest enthält sie manche Faktoren, die zur Weiterentwicklung der betreffenden Gesellschaft und Kultur notwendig sind. Dies sind z.B.: "Säkularisierung", "Rationalisierung", "Leistungsmotivation", "gehobener Lebensstandard", "Bildungschancen", "gesellschaftliches Fortkommen", "politische Partizipation", "Kosmopolitismus", "Kommunikation".[111] Allerdings darf man nicht "Modernisierung" mit "Verwestlichung" gleichsetzen und das westliche Modell als universal gültig erklären. Gerade in diesem Sinne stellt der chinesische Historiker Luo Rongqu eine neue Modernisierungstheorie auf. "Modernisierung meint im wesentlichen jene durch die moderne Produktivkraft seit der industriellen Revolution verursachte allgemeine Tendenz, nämlich die große Umwälzung der sozialen Produktionsweise, die beschleunigte Entwicklung der Weltwirtschaft und eine entsprechende Veränderung der Gesellschaft. Konkret bedeutet das, die Modernisierung ist der Prozeß, der mittels moderner Industrie, Wissenschaft und technischer Revolution als Triebkraft die große Wandlung von der traditionellen Agrargesellschaft zur modernen Industriegesellschaft verwirklichen, das Industrielle in die Gebiete der Wirtschaft, Politik, Kultur und Ideologie eindringen und zur tiefgreifenden Veränderung der sozialen Einrichtungen und des Verhaltens führen läßt."[112] Luo versteht aus makrohistorischem Blickwinkel die Modernisierung als Prozeß großen Wandels im Weltmaßstab, nämlich als

---

[109] Gabriel 1998, S. 367. Siehe auch Domes 1988, S. 11.
[110] Kaelble 1978, S. 5f. Siehe auch Jacobs 1995, S. 21.
[111] Gründer 1982, S. 16f. – Domes analysiert in seinem Beitrag besonders die Verhältnisse zwischen wirtschaftlicher Modernisierung und politischer Demokratie in China. Er befürwortet ebenfalls eine Demokratie für China. Siehe Domes 1988, S. 10ff.
[112] Luo 1993, S. 3.

Transformation der traditionellen Agrargesellschaft zur modernen Industriegesellschaft, egal ob in westlichen oder in östlichen Ländern.[113]

Nach Ansicht Luos bedeutet Modernisierung eine große soziale Veränderung, die durch den Durchbruch von der Produktivkraft Ackerbau in die Produktivkraft Industrie verursacht würde. Weltgeschichtlich sei der Beginn dieser Veränderung ein im wesentlichen durch innere Elemente bestimmter Durchbruch. Es gebe eine "indigene" Modernisierung. Sie sei "ein spontaner, von unten nach oben durchgeführter Prozeß". Die Modernisierung Englands gehöre zu diesem Typ. Die Modernisierung, die hauptsächlich durch äußere Elemente verursacht wurde, sei eine "exogene" Modernisierung. Es stelle "eine übertragene Veränderung" und "einen Prozeß heftiger Umwälzung von oben nach unten oder in der Vereinigung von oben und unten" dar. Die Modernisierung in den spät entwickelten Ländern gehöre zu diesem Typ.[114] Ferner wies Luo darauf hin, daß Hauptrichtung und Hauptinhalt der modernen Industriegesellschaft für alle Völker und Länder der Welt geeignet seien. Aufgrund der unterschiedlichen Ausgangspunkte der Entwicklung und der unterschiedlichen kulturellen und historischen Bedingungen müßten aber die einzelnen Völker und Länder selbst über das Entwicklungsmodell und die Entwicklungsstrategie entscheiden. Es gebe viele Entwicklungsmodelle, keines davon könne absolute Gültigkeit für alle Völker und Länder beanspruchen.[115] Luo mißt dem Modernisierungsprozeß eine welthistorische Bedeutung zu, gleichzeitig hebt er seine Kompliziertheit und Mannigfaltigkeit hervor.

Im Laufe des 19. Jahrhunderts war die Modernisierung der wesentliche Inhalt des Entwicklungsprozesses der deutschen Gesellschaft, die nach Hans-Ulrich Wehler durch die Wechselwirkungen zwischen Wirtschaft, Herrschaft und Kultur konstituiert wurde.[116] Es ging um "die Durchsetzung des Kapitalismus bis hin zum hochentwickelten Industriekapitalismus", um "die damit zusammenhängende Durchsetzung 'marktbedingter Klassen' bis hin zu großen, politisch handlungsfähigen 'sozialen Klassen'", um "die Durchsetzung des bürokratisierten Anstaltsstaats (seit dem 19. Jahrhundert in der Regel in der Form des Nationalstaats)" und um "die Durchsetzung der 'Rationalisierung' in wachsenden Bereichen des kulturellen Lebens".[117] Infolge der erfolgreichen Industrialisierung entwickelte Deutschland sich wirtschaftlich am Ende des 19. Jahrhunderts zu einem der mächtigsten Industriestaaten. Allerdings erfuhr seine Sozialstruktur keine grundlegende Wandlung. Die traditionelle ständische Ordnung der Gesellschaft wurde nicht vollständig zerstört. Im Gegenteil, der Adel, insbesondere der ostelbische, behielt einen starken gesellschaftlichen

---
[113] Luo 1993, S. 2ff.
[114] Luo 1993, S. 4.
[115] Luo 1997, S. 5ff.
[116] Wehler 1987, S. 6. – Wirtschaft. Herrschaft und Kultur werden von Wehler auch als "drei, in einem prinzipiellen Sinn jede Gesellschaft erst formierenden, sich gleichwohl wechselseitig durchdringenden und bedingenden Dimensionen" begriffen. Wehler 1987, S. 7.
[117] Wehler 1987, S. 14.

Einfluß. Auch auf politischer Ebene waren die Bemühungen um Parlamentarisierung und Demokratisierung vor 1918 nur partiell erfolgreich. Allgemein gesagt war die Geschichte Deutschlands im 19. Jahrhundert durch eine unvollkommene Modernisierung geprägt, die auch für die spätere Entwicklung von entscheidender Relevanz war.

Seit dem Eindringen der "modernen" westlichen Kräfte begann in China ebenfalls "ein komplizierter und schmerzhafter Prozeß des allmählichen Zerfalls und der Umwandlung der traditionellen chinesischen Gesellschaft und seines Übergangs in die Modernisierung"[118]. Ein Teil der politischen Führung Chinas erkannte die Notwendigkeit, von der Selbstisolation auf die Weltoffenheit überzugehen. Unter der Parole "Von der Überlegenheit der Fremden lernen, um ihre überlegene Macht zu zügeln" wurden eine Politik der "Selbststärkung Chinas" und damit Reformprojekte auf den Weg gebracht. Übersetzungsbüros, Waffenfabriken und Werften wurden gegründet. Einzelne Elemente westlicher Technik und Zivilisation wurden selektiv übernommen. Durch die Errichtung eines auf Barbarenangelegenheiten spezialisierten Büros am Hof (Büro für Auswärtige Angelegenheiten, der Zongli Yamen in Peking) bemühte die Qing-Regierung sich, diplomatische Verhandlungen mit westlichen Ländern zu führen. Für die Modernisierungsanhänger in der chinesischen Führung hatten die westlichen Kenntnisse nur die Funktion, die konfuzianische Tradition weiterhin als Substanz zu bewahren. Das traditionelle monarchistische System durfte auf keinen Fall bedroht werden. Auf Grund der politischen Korruption, der finanziellen Schwierigkeiten und der ungünstigen Lage in der internationalen Auseinandersetzung konnte die Modernisierung Chinas im 19. Jahrhundert keine nennenswerten Erfolge erzielen.[119]

Da die Modernisierung eine Haupttendenz in der deutschen wie auch der chinesischen Geschichte des 19. Jahrhunderts darstellt, kann sie einen Ansatzpunkt bieten, um das Chinabild der deutschen protestantischen Missionare des 19. Jahrhunderts zu begreifen. Sie prägte den kulturellen Hintergrund der Missionare und bestimmte ihr Bewußtsein und ihren Lebensstil. Der in westlichen Ländern mit der wirtschaftlichen Entwicklung und den sozialen Umwälzungen entstandene Fortschrittsgedanke, das Überlegenheitsgefühl der westlichen Kultur und der "weißen Rasse" beeinflußten die Missionare ebenso stark wie andere Gruppen von Europäern. Man sah insgesamt die "weiße Rasse" vor einem unvergleichlichen Aufstieg stehen. Die "weiße Rasse" schien dazu bestimmt, überall die dominierende Rolle zu spielen oder direkte Herrschaftsrechte auszuüben; ihr wurde ein "weltgültiger zivilisatorisch-politischer Auftrag" zugesprochen, der in besonderem Maß auch von den Missionaren beansprucht wurde.[120] Die Missionare nahmen die Aufgabe der Verbreitung der westlichen, "fortschrittlichen" Kultur wahr. Sie versuchten stets, die Chinesen

---

[118] Luo 1997, S. 162.
[119] Chen 1992, S. 105ff; Luo 1997, S. 99ff.
[120] Fenske 1978, S. 381f; Leutner Deutsche Vorstellungen 1986, S. 404f.

an die Errungenschaften der Zivilisation heranzuführen und forderten eine "Zivilisierung" Chinas. Die "Modernisierungs"-Vorstellungen bestimmten somit das Chinabild der Chinareisenden des 19. Jahrhunderts ebenso wie das der Missionare.[121]

4.3. Die Theorie vom Ethnozentrismus

Der Begriff "Ethnozentrismus" bezeichnet den mit dem Verhältnis von Wir- und Fremdgruppen verbundenen Komplex von Handlungen, Gefühlen und Weltbildern. Ursprünglich wurde der Begriff "Ethnozentrismus" von dem amerikanischen Soziologen William Sumner aufgestellt und als jene "view of things in which one's own group is the center of everything, and all others are scaled and rated with reference to it" definiert.[122]

Ethnozentrismus kann als eine Haltung der "Überbewertung der Merkmale der ethnisch gefaßten eigenen Wir-Gruppe (Ethnie) und Herabsetzung von anderen Gruppen"[123] gesehen werden. Er stellt "die Ethnie, der man sich zugehörig fühlt, in den Mittelpunkt, ins Zentrum, der gesamten Weltsicht" und sieht die Welt "durch die eigene Brille".[124] Die Ethnozentriker sehen sich selbst im Zentrum der Welt und an der Spitze der Entwicklung. Die eigene Ordnung wird als die richtige angesehen. Die eigene Welt wird als "Vertraute", "Menschliche", "Zivilisierte", "Helle" usw. bewertet.[125] "Die Vorstellung von dem eigenen, allein richtigen Weltbild und die Selbstbestärkung als eine 'Konsequenz menschlicher Unvollkommenheit' führen im Kontakt mit anderen Kulturen zur Abwertung und Verachtung ihrer Lebensweise und zur Ausgrenzung eines Teils der Wirklichkeit."[126] Die andere Gruppe, das "Neue" und "Unbekannte", wird mit den eigenen Maßstäben begriffen. Sie wird als die "Fremde", "Unmenschlich-Barbarische", "Wilde" und "Dunkle" beurteilt.[127] "Ethnozentrismus definiert also die eigene Identität durch eine bestimmte Unterscheidung von den Anderen: Anderssein wird jenseits der Grenzen der eigenen Lebensform so situiert, daß das Wertsystem, das die soziale Gruppierung im Umkreis des Eigenen und Vertrauten bestimmt, unterschiedlich von demjenigen ist, das die Einschätzung und den Umgang mit den Anderen regelt. Im ethnozentrischen Denken werden positive Werte dem Eigenen attribuiert, und das Gegenteil ist bei der Konzeption des Andersseins der Anderen der Fall. Anderssein ist nur

---
[121] Jacobs 1995, S. 21ff., 116f.
[122] Sumner 1959, S. 13. Zitat nach Freytag 1994, S. 72f.
[123] Hansen 1993, S. 5.
[124] Antweiler 1998, S. 29f.
[125] Rüsen Einleitung 1998, S. 15f.
[126] Freytag 1994, S. 74.
[127] Rüsen Einleitung 1998, S. 15f. Hier definiert Rüsen den Ethnozentrismus auch als "eine kulturelle Strategie der Identitätsbildung".

ein negativer Reflex des eigenen selbst. Mit dieser negativen werthaften Aufladung dient das Anderssein der Anderen dazu, die eigene Selbstachtung zu begründen und zu legitimieren."[128]

Ethnozentrismus ist "eine allgemeine, in allen Gesellschaften vorhandene Einstellung".[129] Er ist "universell", denn "jedes menschliche Lebewesen hat ein Verhältnis zu sich selbst zu gewinnen und in Kraft zu halten, indem es sich von anderen unterscheidet. Durch diesen Unterschied gewinnt es seine Identität als kulturell notwendige Lebensbedingung"[130]. Verschiedene Ethnozentrismen sind "eine spezifische Ausprägung von Vorurteilen. Es sind die Vorurteile einer Wir-Gruppe, die sich entlang ethnischer Grenzen [...] als von anderen Wir-Gruppen/Die-Gruppen als unterschiedlich begreift"[131]. Sie dienen "der 1) Orientierung in unübersichtlichen Situationen und Verhältnissen; 2) Gruppenbildung durch Ein- und Ausgrenzungen; 3) Rechtfertigung von Herrschaftsausübung; 4) Stabilisierung von Herrschaftsverhältnissen durch Bereitstellung von Sündenböcken und Mythenbildung"[132]. "In der Beschreibung anderer Kulturen zeichnet sich der Ethnozentrismus durch folgende Punkte aus: 1) Andere Kulturen werden nach den eignen kulturspezifischen Denkmustern bewertet; 2) Andere Kulturen werden in ihrer Lebensweise verachtet oder zumindest wird ein Teil der fremden Lebenswirklichkeit abgewertet; 3) Die Reflexion der eigenen Werte und Normen, der eigenen Lebensweise und des eigenen Verhaltens wird vermieden; 4) Das eigene Weltbild als das allein richtige und schlüssige betont."[133] Vorurteile können jedoch "durch Aufklärung, Information oder Begegnungen und konkrete Erfahrungen in Urteile verändert werden. Voraussetzung dafür ist, daß die Interessen und deren Vertretung dadurch nicht gefährdet wird und diese Aufklärung, Information oder Begegnung als positiv wahrgenommen werden und nicht punktuell erfolgen"[134.]

Die ethnozentristischen Vorstellungen und Verhaltensweisen waren gerade im 19. Jahrhundert in Europa weit verbreitet. Infolge der raschen Entwicklung der Wirtschaft und der großen Umwälzung der Gesellschaft setzte sich der Ethnozentrismus der Wir-Gruppe "Europäer" (Eurozentrismus) überall durch.[135] Die "mentale Weltkarte" der Europäer in der Aufklärungszeit hatte sich verändert. Ein "Europabewußtsein" kam zutage. Es war "ein Bewußtsein von Europas Stellung unter den Kontinenten und Zivilisationen wie eines von identitätsverbürgenden Gemeinsamkeiten unter den nachmittelalterlichen Nationen des Okzidents"[136]. "Europa entwarf sich selbst auf der Projektionsfläche des Nicht-Europäischen. Es entwarf sich vor allem als die Kultur uni-

---

[128] Rüsen Einleitung 1998, S. 15f.
[129] Hansen 1993, S. 9f.
[130] Rüsen Einleitung 1998, S. 15f.
[131] Hansen 1993, S. 7f. und 10.
[132] Hansen 1993, S. 7f. und 11f.
[133] Freytag 1994, S. 75.
[134] Hansen 1993, S. 12.
[135] Hansen 1993, S. 5.
[136] Osterhammel Die Entzauberung Asiens 1998, S. 381.

versaler Ordnungsstiftung. Je näher man dem Fremden kam – ob in Indien, Ägypten oder im Kaukasus –, desto größer war die Herausforderung an den europäischen Ordnungssinn."[137] In den intellektuellen Kreisen entstand "ein neuer, von der Einzigartigkeit des jüngeren okzidentalen Fortschritts durchdrungener Geschichtsbegriff" und wurden "eindeutig diskriminierende Begriffe wie 'Primitive' oder 'Naturvölker'"entwickelt.[138] Und: "Die Herauslösung Europas aus der alten Gleichförmigkeit Eurasiens wurde zu einem zentralen Thema der Geschichtsphilosophie."[139] So wurden "asiatische Zivilisationen nun vor ein Tribunal gezogen, das sie nach den angeblich allgemeingültigen Maßstäben von Zweckmäßigkeit, Effizienz und Gerechtigkeit, bei anderen auch nach dem Kriterium ihrer Offenheit für das Christentum, aburteilte."[140] Auch bei der Beschreibung des "alten" Kulturvolkes der Chinesen war der Eurozentrismus sichtbar.

Die ethnozentristische bzw. eurozentristische Haltung prägte auch die deutschen protestantischen Missionare des 19. Jahrhunderts. Bei der Untersuchung des Chinabildes der Missionare kann die Perspektive des Ethnozentrismus helfen, die Sichtweisen und die Bewertungen der Missionare zu verstehen. "Es geht darum zu sehen, welche kulturellen Denkmuster die Wahrnehmung der Missionare über China bestimmen und sich in den Chinaberichten der Missionare widerspiegeln."[141] Die Theorie des Ethnozentrismus ist eine Theorie über "kulturspezifische Denk- und Bewertungsmuster", die "die Herkunft und den Nutzen der subjektiven Kategorien und Wertzusammenhänge, die das Beurteilen anderer Kulturen bestimmen", enthüllen kann.[142] In diesem Sinne ist "die Ethnozentrismus-Theorie, mit ihren Untergliederungen, (...) eine kritische Theorie. Die Ambivalenz zwischen der Notwendigkeit eines Ethnozentrismus, der zur Orientierung innerhalb der Welt und für die Wahrung der eigenen Identität wichtig ist, und der Abwertung anderer Kulturen als negative Erscheinungen läßt sich mit dieser Theorie herausarbeiten. Der Ethnozentrismus hat im Kontakt mit anderen Kulturen eine ähnliche Funktion, die Welt zu vereinfachen und zu systematisieren, wie die soziale Kategorisierung in einer Gesellschaft. Die kritische Theorie des Ethnozentrismus bietet die Möglichkeit, sich mit abwertenden und diskriminierenden Formen der kulturspezifischen Wahrnehmung und Bewertung auseinanderzusetzen."[143]

---

[137] Osterhammel Die Entzauberung Asiens 1998, S. 381.
[138] Osterhammel Die Entzauberung Asiens 1998, S. 377f.
[139] Osterhammel Die Entzauberung Asiens 1998, S. 377.
[140] Osterhammel Die Entzauberung Asiens 1998, S. 380.
[141] Freytag 1994, S. 72.
[142] Freytag 1994, S. 72.
[143] Freytag 1994, S. 80.

5. Quellenlage und Arbeitsweise

Basis der Untersuchung des Chinabildes der deutschen protestantischen Missionare des 19. Jahrhunderts ist die analytische Aufarbeitung der Chinaberichte der Missionare. Tatsächlich haben sie sich als die diese Arbeit stützende Quellen erwiesen. Dabei lassen sich im großen und ganzen drei Typen unterscheiden:

1) Briefe, Tagebücher, Monats-, Quartals- und Jahresmissionsberichte, die von Missionaren aus China an die Verwandten, Freunde und Missionsgesellschaften in die Heimat geschickt wurden. Davon ist ein Teil ungedruckt erhalten und ein anderer in verschiedenen Zeitschriften, insbesondere in den von den Missionsgesellschaften herausgegebenen Zeitschriften, ganz oder auszugsweise veröffentlicht worden.

2) Vorträge, die von Missionaren an verschiedenen Orten in Europa bzw. Deutschland gehalten und später auch in Form von Artikeln bzw. Aufsätzen oder Schriften bzw. Traktaten publiziert wurden. Einige Missionare verfaßten nach ihrer Heimkehr Memoiren über ihre Zeit in China, die meistens in Form von Büchern erschienen.

3) Aufsätze und Werke von stärkerem wissenschaftlichem Duktus. Im Gegensatz zu den beiden ersten Quellengruppen, die wesentlich auf unmittelbarem Augenschein beruhten und durch persönliche Beobachtungen und Erlebnisse in China veranlaßt wurden, ist dieser Typus eine Darstellung, die von den Missionaren aufgrund ihres durch Lektüre- und Quellenstudien erworbenen "Wissens" über China, insbesondere über chinesische Geschichte und Kultur, geschrieben wurde.

Diese verschiedenen Berichtstypen werden im folgenden je nach der Aussagekraft zu den Fragestellungen, die diese Arbeit leiten, benutzt und verwertet. Die wichtigsten sind hier die in Deutsch geschriebenen und gedruckten Publikationen. Die ungedruckten Berichte werden nicht herangezogen, denn sie haben nur einen unwesentlichen Einfluß gehabt, waren schwer zugänglich und mengenmäßig kaum zu bearbeiten. Bei den gedruckten Berichten sind wieder die, die sich auf die Beschreibung von China konzentrieren, am bedeutendsten. Berichte, die hauptsächlich die missionarischen Arbeiten der Missionare behandeln, werden nur in unentbehrlichen Fällen berücksichtigt. Manche Missionare schrieben auch Artikel und Bücher in Englisch, oder ihre Arbeiten wurden ins Englische übersetzt. Solche englischen Publikationen werden nur in zweiter Linie verwertet.

Die Traktate, Schriften und Bücher, die von Missionaren verfaßt wurden, wurden meist in den von den Missionsgesellschaften selbst gegründeten Verlagen oder den der Kirche nahestehenden Verlagen gedruckt und vertrieben, wie z. B. von der Basler Missionsbuchhandlung, der Berliner Missionsbuchhandlung u.a. Die Zeitschriften, in denen die Aufsätze der Missionare veröffentlicht wurden, sind im wesentlichen die von den Missionsgesellschaften oder von den Vertretern für Missionswissenschaft herausgegebenen Missionszeitschriften. Es gibt eine Reihe solcher Zeitschriften. Die bedeutendsten davon sind das "Evangelische Missionsmagazin", die "Berichte der Rheinischen Missionsgesellschaft", die "Missions-Berichte der Gesellschaft zur Beförderung der evangelischen Missionen unter den Heiden zu Berlin" (kurz genannt "Berliner Missions-Berichte"), die "Zeitschrift für Missionskunde und Religionswissenschaft" und die "Allgemeine Missions-Zeitschrift. Monatshefte für geschichtliche und theoretische Missionskunde".

Die Zeitschrift "Evangelisches Missionsmagazin" wurde von der Basler Missionsbuchhandlung herausgegeben. Sie erschien seit 1857 und hieß vorher "Missionsmagazin für die neueste Geschichte der protestantischen Missions- und Bibelgesellschaften" (gegründet 1816). Im wesentlichen diente sie der Verbreitung theologischer und missionstheoretischer Beiträge, welche durch einen Nachrichtenteil ergänzt wurden, und richtete sich an einen engeren Kreis theologisch gebildeter Leser. Auch etliche Aufsätze über chinesische Kultur und Religionen, die vor allem von den Missionaren verfaßt worden waren, wurden in dieser Zeitschrift publiziert.

Die "Berichte der Rheinischen Missionsgesellschaft" wurden von der Rheinischen Mission herausgegeben. Das Blatt wurde im Jahre 1849 gegründet. 1830-1832 erschien es als Beilage des Jahresberichts der Rheinischen Missionsgesellschaft, 1832-1843 als Auszüge aus den Briefen und Berichten der Sendboten der Rheinischen Missionsgesellschaft, 1844-1848 als Monats-Berichte der "Sendboten" der Rheinischen Missionsgesellschaft. Den Hauptinhalt dieses Blattes bilden die Briefe und Tagebücher von Missionaren. Darüber hinaus finden sich Aufsätze, welche "Altes und Neues" aus den Arbeitsfeldern der Rheinischen Missionare "in vorwiegend geschichtlicher Bearbeitung" zusammengestellt haben. Ferner gibt es Korrespondenzartikel, die unter dem Titel "Allgemein-Interessantes veröffentlicht wurden. Dazu gehören die Anzeige der sogenannten "Liebesgaben" für die Mission.[144]

Die Zeitschrift "Berliner Missions-Berichte" wurde im Jahre 1833 von der Berliner Mission gegründet. Sie behandelt vor allem die Geschichte der Stationen der Berliner Mission mit redaktionell bearbeiteten Originalberichten der Missionare. Es gibt in jeder Monatsnummer einige "neueste Nachrichten" aus den Missionsfeldern, während die Mitteilungen aus der heimischen Missionsgemeinde bzw. aus dem Missionshause unter der Überschrift: "Aus der Missionsgemeinde und für dieselbe" gebracht werden.

Die "Zeitschrift für Missionskunde und Religionswissenschaft" war Organ des Allgemeinen Evangelisch-Protestantischen Missionsvereins. Es

---
[144] Siehe BRMG, 1849, Nr. 1, Vorwort.

wurde ab 1886 von einigen Predigern und Pfarrern, nämlich Th. Arndt, E. Buss und J. Happel, herausgegeben. In diesen Heften wurden Aufsätze über allgemeine Religionsfragen, Missionstheorie und -methode, und über die Volkskunde Chinas und Japans, die beide als Hauptarbeitsfelder der Missionare des Missionsvereins galten, veröffentlicht. Sie enthielten auch Predigten, Artikelserien, Literaturberichte, Rundschauen und Vereinsnachrichten.

Das wohl wirksamste Organ zur Veranschaulichung der Gemeinschaft der protestantischen Mission war die "Allgemeine Missions-Zeitschrift. Monatshefte für geschichtliche und theoretische Missionskunde". Sie wurde im Jahre 1874 in Barmen von G. Warneck, dem späteren Professor in Halle und Begründer der Missionswissenschaft als eigener Disziplin, dem "Altmeister der deutschen Missionswissenschaft"[145], in Verbindung mit einer Reihe von Fachleuten unter spezieller Mitwirkung von Ch. Christlieb, Prof. der Theologie zu Bonn, und R. Grundemann, Pastor zu Mörz, gegründet. Die Zeitschrift wollte "den Versuch wagen auch da ein Verständniß für die Mission zu stande zu bringen und dahin Kunde von ihr zu tragen, wo aus Vorurteil und Mangel an Kenntniß Indifferentismus gegen sie herrscht, will den Aufrichtigen unter ihren Gegnern Gelegenheit zur Prüfung und den Zweifelern Material zur Bildung eines günstigen Urteils liefern. Bei dem allem wird sie sich – zwar nicht jener neutralen Objectivität, die kühl ist und kühl macht bis ans Herz hinan – wohl aber der gewissenhaftesten geschichtlichen Treue und der größtmöglichen Nüchternheit befleißigen, sich jeder Art der Schönfärberei enthalten, auch die Fehler nach besten Kräften zu vermeiden suchen, durch welche hier und da eine kleinliche, sentimental erbauliche und unkritische Berichterstattung den Geschmack an der Mission verleidet hat."[146] In dieser Zeitschrift macht die Darstellung der Missionsgeschichte den Hauptinhalt aus. Darüber hinaus werden die mit der Mission in engem Zusammenhang stehenden geographischen, linguistischen, anthropologischen und ethnologischen Fragen diskutiert. Die "Allgemeine Missionszeitschrift" brachte ebenfalls missionstheoretische bzw. -praktische Fragen an die Öffentlichkeit. Sie enthielt überdies noch Berichte über Missionsliteratur, die Organisation von Missionsvereinen, Feiern von Missionsfesten, die Einrichtung von Missionskonferenzen, Abhandlungen von Missionsstunden, Sammlungen von Missionsbeiträgen, die Verbreitung von Missionsschriften usw.

Ferner gibt es noch folgende Zeitschriften, die auch berücksichtigt wurden: "Jahresbericht der evangelischen Missionsgesellschaft zu Basel. Mit Beilagen" (seit 1816, herausgegeben von der Basler Mission), "Jahresbericht der Gesellschaft zur Beförderung der evangelischen Missionen unter den Heiden zu Berlin" (seit 1824, herausgegeben von der Berliner Mission), "Barmer Missionsblatt" (seit 1826, herausgegeben von der Rheinischen Mission), "Der evangelische Heidenbote" (seit 1828, herausgegeben von der

---

[145] Moritzen 1984, S. 55.
[146] Siehe AMZ 1, 1874, S. 4f.

Basler Mission), "Jahresbericht der Rheinischen Missionsgesellschaft" (seit 1830, herausgegeben von der Rheinischen Mission), "Monats-Berichte der Rheinischen Missionsgesellschaft" (1844-1848, herausgegeben von der Rheinischen Mission), "Der Missionsfreund" (seit 1846, herausgegeben von der Berliner Mission), "Evangelischer Reichsbote" (seit 1852, herausgegeben von dem Berliner und Pommerschen Hauptverein für China), "Der kleine Missionsfreund" (seit 1855, gegründet von der Rheinischen Mission), "Kollektenblätter für die Rheinische Mission" (seit 1859, herausgegeben von der Rheinischen Mission), "Hosianna. Kinderblatt" (seit 1859, gegründet von der Berliner Mission), "Das Evangelium in China" (seit 1880, herausgegeben vom Berliner Hauptverein für die evangelische Mission in China), "Die evangelischen Missionen" (seit 1895, gegründet von Julius Richter), "The Chinese Recorder and Missionary Journal" (seit 1868, erschienen in China) und "The China Review: or, Notes and Queries on the Far East" (seit 1872, erschienen in China) usw.

Bisher sind die Chinaberichte der deutschen protestantischen Missionare des 19. Jahrhunderts nur teilweise bei der Darstellung der Missionsgeschichte oder in einigen Arbeiten über Reiseberichte ausgewertet worden. Die meisten sind in Vergessenheit geraten. Auch sind die Sammlungen der einzelnen Bibliotheken nicht vollständig. Es handelt sich meist um Bände, die oft nur in kleinen Auflagen produziert wurden. Das bedeutet, daß diese Publikationen über Deutschland verstreut anzutreffen sind. Deshalb war es zunächst erforderlich, eine möglichst vollständige Bestandsaufnahme zu machen und in verschiedenen Bibliotheken, insbesondere im Archiv der Basler Mission (Basel, die Schweiz), im Archiv der Vereinigten Evangelischen Mission (Wuppertal) und im Archiv der Berliner Missionsgesellschaft (Berlin) Materialien zu sammeln.

Um das Chinabild der Missionare analytisch und systematisch darzustellen, werden die Chinaberichte der Missionare erschlossen, zusammengestellt, gesichtet und zu einem begrenzten Themengebiet geordnet. Dabei sind die Äußerungen der Missionare über chinesische Geschichte, Sprache, Literatur[147], Religion, Erziehung, Medizin, Politik, Wirtschaft und Gesellschaft am wichtigsten. Diese Äußerungen werden quasi gekämmt. Wesentliche und charakteristische Aussagen werden extrahiert und zitiert. Die allgemeinen Aussagen und die jeweiligen Besonderheiten einzelner Missionare und ihrer Zeit werden dabei berücksichtigt. Die bestimmenden Komponenten und Konstanten des Chinabildes der Missionare werden analytisch beschrieben und in ihren geschichtlichen Zusammenhängen erörtert.

Hinsichtlich des speziellen Erkenntnisinteresses ist es nötig, eine Auswahl unter den Missionaren und eine zeitliche Abgrenzung zu treffen. Da die deutsche protestantische Mission in China im 19. Jahrhundert im wesentlichen

---

[147] Hier ist Literatur im Sinne von Schriften und Texten und nicht im Sinne von Belletristik gemeint.

die "3 B" Missionen, nämlich die Basler Mission, die Barmer Mission (die Rheinische Mission) und die beiden Berliner Missionen, waren[148], so beschränkt sich diese Arbeit auf die Missionare, die von der Basler, der Rheinischen, und der Berliner Missionsgesellschaft nach China entsandt wurden. Damit wird der erste deutsche protestantische Chinamissionar, Karl Gützlaff, ausgeklammert. Über seinen Beitrag zur Entstehung der deutschen protestantischen Chinamission und zur Mitteilung von Informationen über China möchte ich nur auf zwei Monographien von Herman Schlyter verweisen.[149] Dagegen werden die Missionare des Allgemeinen Evangelisch-Protestantischen Missionsvereins wegen ihrer umfangreichen Beschreibungen Chinas in besonderer Weise berücksichtigt.

Freilich muß unter den Missionaren der Basler Mission, der Rheinischen Mission, der Berliner Mission und des Allgemeinen Evangelisch-Protestantischen Missionsvereins wieder eine Auswahl getroffen werden. Es werden nur die bedeutendsten Repräsentanten behandelt. Der Missionar Wilhelm Lobscheid, der 1847 von der Rheinischen Mission nach China entsandt wurde, wird ausgeklammert. Obwohl er ein "voluminous writer"[150] und bekannt durch seine Studien über chinesische Sprache und Grammatik war, löste er sich aber schon im Jahre 1852 von der Rheinischen Mission und trat in den Dienst des englischen Schulwesens in Hongkong. Seine Arbeiten sind meist in Englisch verfaßt worden. Auch der Missionar Ernest J. Eitel wird nicht berücksichtigt. Eitel kam 1862 als Missionar der Basler Mission nach China und wurde 1865 Sekretär der Londoner Missionsgesellschaft in Hongkong. Später war Eitel hauptsächlich beim englischen Erziehungsamt in Hongkong tätig. Seine Arbeiten zum chinesischen Buddhismus, zur chinesischen Naturwissenschaft und zum kantonesischen Dialekt sind ebenfalls auf Englisch verfaßt worden.

Ausgeklammert werden auch zwei Missionare des Allgemeinen Evangelisch-Protestantischen Missionsvereins, Heinrich Hackmann und Richard Wilhelm. Hackmann war 1894-1901 als Pfarrer im Dienst des Allgemeinen Evangelisch-Protestantischen Missionsvereins in Shanghai tätig. Dort versorgte er eine deutsche Gemeinde. Später widmete er sich in der Heimat ganz der wissenschaftlichen Arbeit, vor allem auf dem Gebiete der Religionsgeschichte und der Sinologie. 1913 wurde er als ordentlicher Professor für allgemeine Religionsgeschichte an die Universität Amsterdam berufen.[151] Die Arbeiten von Hackmann sind meistens nach seiner Tätigkeit in China geschrieben worden und gehören zur europäischen sinologischen Forschung. Dazu wäre eine spezielle Untersuchung nötig.

Ähnlich wie Hackmann hatte auch Wilhelm sich vom Missionar zum Sinologen entwickelt. Er kam im Jahre 1899 nach China und stand bis 1919 im

---

[148] Oehler 1949, S. 5f.
[149] Schlyter 1946 und Schlyter 1976. – In vielen Arbeiten über die Missionsgeschichte und die Reiseberichte des 19. Jahrhunderts wird Gützlaff häufig auch erwähnt.
[150] Macgillivray 1907, S. 496.
[151] Siehe Neue Deutsche Biographie 7, Berlin 1966, S. 413f.

Dienst des Allgemeinen Evangelisch-Protestantischen Missionsvereins. Nach den vielseitigen Tätigkeiten in China nahm er 1924 eine Dozentur für Sinologie an der Universität Frankfurt a. M. an und wurde 1927 dort ordentlicher Professor.[152] Wilhelm gehörte schon einer anderen Generation an als die Missionare des 19. Jahrhunderts. Dies kommt auch in seiner Haltung zur christlichen Mission und chinesischen Kultur zum Ausdruck. Er zweifelte "alles westlicheuropäische Denken und vor allem die vom Westen kommenden kirchlichen Formen" an. Dagegen schätzte er die traditionelle chinesische Kultur sehr hoch und wollte "die alten wertvollen Kräfte Chinas wieder zur Herrschaft" beschaffen. Er war überzeugt, "die chinesische Geistigkeit" könne zur Überwindung der Krise in der westlichen Kultur und zur Gestaltung der zukünftigen Weltgeschichte wesentlich beitragen.[153] So war das Chinabild von Wilhelm schon von dem der Missionare des 19. Jahrhunderts losgelöst und zeigte in eine ganz neue Richtung.[154]

Da die wichtigen Chinaberichte der Missionare erst in den 50er Jahren des 19. Jahrhunderts erschienen, ist es angemessen mit der Darstellung dieser Arbeiten zu beginnen. Daß die Zeit um 1900 als Endpunkt der Untersuchung festgelegt wird, ist zum einen aus technischen Gründen geschehen, zum anderen ist es mit der Geschichte der Entstehung und dem Ende der Boxerbewegung verbunden. Die Boxerbewegung richtete sich gegen die Aggression der westlichen Mächte in China und insbesondere gegen die christliche Mission. Sie stellte einen wichtigen Wendepunkt in der Geschichte der christlichen Mission in China dar und übte auch einen großen Einfluß auf die Beschreibungen der Missionare über China aus. Die Sammlung von Quellen beschränkt sich im wesentlichen auf die Chinaberichte vor 1900, lediglich wenige Arbeiten späteren Datums wurden herangezogen.

---

[152] Hennig 1953, S. 43.
[153] Rennstich 1988, S. 218f.
[154] Über Wilhelms Leben und Werk siehe Otto 1930, S. 47ff.; Schüler 1930, S. 57ff.; Chang 1930, S. 71ff.; Wilhelm 1956; Bauer 1973; Gründer 1980, S. 522ff.

6. Aufbau der Untersuchung

Insgesamt umfasst die Darstellung sechs Kapitel: I. Einleitung; II. Chinabilder im Abendland bis zum 19. Jahrhundert; III. Geschichte der deutschen protestantischen Mission in China im 19. Jahrhundert; IV. Chinaberichte der Missionare; V. China im Spiegel der Berichte der deutschen protestantischen Missionare; VI. Zusammenfassung.

In der Einleitung werden Forschungsgegenstand, Erkenntnisinteresse, Forschungsstand, Fragestellung, Quellenlage sowie methodische und theoretische Ansätze und die Gliederung abgehandelt.

Kapitel II ist ein Rückblick auf die Chinabilder, die vor dem 19. Jahrhundert in Deutschland bzw. Europa existierten. Dabei werden Hauptlinien skizziert und eine Reihe von Stereotypen über China und Chinesen, an denen die Missionare des 19. Jahrhunderts anknüpften, herausgearbeitet. Insbesondere wird der "Paradigmenwechsel" um 1750, der für die Chinaperzeption im 19. Jahrhundert entscheidend war, dargestellt.

Das Kapitel III. behandelt hauptsächlich den historischen Hintergrund, vor dem das Chinabild der Missionare entstand. Dabei wird zunächst die Gründung der Missionsgesellschaften, die die Hauptträger der deutschen protestantischen Überseemission waren, dargestellt. Dann werden die Anfänge der deutschen protestantischen Chinamission und die Tätigkeit der Missionare in China aufgezeigt. Die enge Verbindung von Missionsbewegung und Kolonialismus, die Gegensätze und Konflikte zwischen Missionaren und der chinesischen Bevölkerung werden eingehend untersucht und analysiert.

Im Kapitel IV werde ich die wichtigsten Veröffentlichungen der Missionare über China darstellen. Dabei handelt es sich im wesentlichen um die Motive, aus denen heraus Missionare über China berichteten, und um die Form der Veröffentlichungen sowie die von ihr gegebenenfalls erzielte Resonanz. Aufgrund der schweren Zugänglichkeit des Materials ist es sinnvoll, die Berichte im einzelnen zu präsentieren.

Im Kapitel V werde ich die Äußerungen der Missionare über China zusammenfassen mit dem Ziel, die in den Chinaberichten zum Ausdruck gebrachten Auffassungen über chinesische Geschichte, Sprache, Literatur, Religion, Politik, Wissenschaft und das chinesische Volksleben zu rekonstruieren. In den Darstellungen der Missionare ist die Wahrnehmung einer "Stagnation" der chinesischen Geschichte und Kultur dominant, dabei werden die herrschende Vorstellung der Europäer bzw. Deutschen des 19. Jahrhunderts und das Selbstbewußtsein der Missionare als Träger einer "fortschrittlichen" westlichen Kultur deutlich widergespiegelt. Aus der Sicht der Missionare waren die chinesischen Verhältnisse im Vergleich zu denen der westlichen Länder fast in jeder Hinsicht verknöchert und in Verfall geraten. So lehnten die Missionare trotz einiger positiver Urteile im einzelnen die chinesische Kultur im ganzen doch entschieden ab. Nur die westliche Kultur bzw. das Christentum konnte nach Ansicht der Missionen China vor dem Verfall retten.

Die Kapitel II und III sind allgemeine zusammenfassende Darstellungen. Hier stütze ich mich im wesentlichen auf die Forschungsergebnisse westlicher und chinesischer Wissenschaftler. Die Kapitel IV und V resultieren aus meinen eigenen Quellenstudien zum Chinabild deutscher protestantischer Missionare des 19. Jahrhunderts, sie verstehen sich als Beitrag zur Erforschung interkultureller Begegnung und Wahrnehmung.

II. Die Chinabilder im Abendland bis ins 19. Jahrhundert

China und Europa sind weit voneinander entfernt. Für die meisten Europäer war und ist China "ein Land außerhalb ihres Erfahrungsbereiches"[1]. Dennoch fand sich gerade in dem "Fremden" und "Andersartigen" eine Anziehungskraft, die die Europäer faszinierte.[2] Seit langer Zeit schon gab es in Europa Vorstellungen und Beschreibungen, in denen China als "Gegenbild Europas"[3] fungierte.

Die Vorstellungen von China, die sich in Europa entwickelten, unterlagen im Laufe der Zeit Veränderungen. Diese wurden vor allem durch die gesellschaftlichen und kulturellen Entwicklungen in Europa verursacht. Sie entsprachen daher nicht unbedingt dem historischen Wandel Chinas.[4] Allerdings waren die direkten Begegnungen mit China auch ein wichtiger Faktor bei der Entstehung der Chinabilder.[5] Schon im Altertum spielte die Seide, die über die "Seidenstraße" von China nach Westen importiert wurde, bei der Wahrnehmung der Europäer eine signifikante Rolle.[6] Seit der Expansion der Mongolen nach Westen im 13. Jahrhundert und der geographischen Entdeckung Chinas durch die Europäer im 15. Jahrhundert nahmen die auf eigenen Anschauungen beruhenden Vorstellungen zu. Bis ins 19. Jahrhundert waren die Berichte der Chinareisenden die bedeutendsten Informationsquellen, aus denen die Europäer ihre Vorstellungen über China formten.[7] Diese übten auch einen großen Einfluß auf europäische Denker aus. Ebenso waren die neuen Erkenntnisse Ausgangspunkt für eine spezielle Chinaforschung - die Sinologie.[8]

Der Verkehr zwischen Europäern und Chinesen war aber "immer wieder von Mißverständnissen und Schwierigkeiten geprägt". Die ethnozentristische Haltung war bei Europäern wie bei Chinesen so stark, daß "jeder [...] den anderen in die eigenen Strukturen und in die eigene Weltsicht [einordnete], ohne zu versuchen, die grundsätzliche Denkart des anderen zu erfassen und dadurch Konflikte zu vermeiden"[9]. Die Wahrnehmung Chinas durch die Europäer wurde stets von Vorurteilen und Verzerrungen begleitet, die entweder China priesen oder es tadelten. Freilich muß man auf die Unterschiede zwischen den

---

[1] Leutner Deutsche Vorstellungen 1986, S. 401.
[2] Bitterli 1976, S. 371; Leutner Deutsche Vorstellungen 1986, S. 401; Köfler 1992, S. 12.
[3] Osterhammel China und die Weltgesellschaft 1989, S. 3.
[4] Machetzki 1982, S. 3.
[5] Jacobs 1995, S. 67.
[6] Siehe Franke 1962, S. 5ff.; Jacobs 1995, S. 83.
[7] Leutner 1999, S. 79.
[8] Leutner 1999, S. 79.
[9] Jacobs, 1995, S. 72.

Berichten der Chinareisenden und deren Rezeption in Europa achten. Westliche Denker und Gelehrte, die niemals in China gewesen waren, konnten zwar einleuchtende Bemerkungen über China äußern, sie betrachteten China aber nur vom europäischen Standpunkt aus und interpretierten die chinesische Gesellschaft und Kultur relativ beliebig.[10] Die Reisenden konnten hingegen "China in China beobachten"[11] und ließen in ihre Berichte viele eigene Erfahrungen mit einfließen.

Im großen und ganzen könnte man sagen, daß es bei der China-Wahrnehmung der Europäer zwei Traditionslinien gibt: eine positive und eine negative. Vor 1750/70 war die positive Vorstellung dominant. Von da an bis zum Ende des 19. Jahrhunderts war eine negative Beurteilung der chinesischen Geschichte und Kultur vorherrschend.[12] Im Verlaufe mehrerer Jahrhunderte wurden in Europa eine Reihe von Hauptthemen, Stereotypen und Argumentationsfiguren entwickelt, auf die die deutschen protestantischen Missionare im 19. Jahrhundert in unterschiedlichen Kombinationen immer wieder zurückgreifen konnten. Es ist aber schwer, ein spezielles Chinabild einer europäischen Nation zu zeichnen. Bis zum Ende des 18. Jahrhunderts waren die Informationsquellen, die das Chinabild in den verschiedenen europäischen Ländern bestimmten, grundsätzlich einheitlich. Das Chinabild war "lediglich gezeichnet durch geringe Phasenverschiebungen und unterschiedliche Rezeptionsbedingungen vor dem allgemeinen politischen, konfessionellen und philosophischen Hintergrund des jeweiligen Landes"[13]. Und: "Nicht der Inhalt der Informationen war für national unterschiedliche Chinabilder verantwortlich, sondern die Art und Weise ihrer Aufnahme."[14] Erst am Ende des 19. und Anfang des 20. Jahrhunderts entstanden unterschiedliche Chinabilder, die immer mehr durch nationale Eigenheiten geprägt waren.

---

[10] Xin 1996, S. 141f.
[11] Xin 1996, S. 271ff.
[12] Jacobs 1995, S. 88, spricht von einem "Paradigmenwechsel" seit ca. 1750/70.
[13] Bräuner 1990, S.17. – Machetzki 1982, S. 3, behauptet, daß die "geistige Einheit" des Abendlandes zu einer gemeinsamen China-Vorgefaßtheit führte, die kaum nationale Differenzierungen zugelassen habe. Dagegen versucht Demel, die "national images" of China hervorzuheben. Siehe Demel 1995.
[14] Bräuner 1990, S. 17.

1. Früheste Erkenntnisse der Europäer über China

Die Vorstellungen der Europäer im Altertum von China sind mit den Schlagwörtern "phantasievoll" und "abenteuerlich" gut getroffen.[15] Für die alten Griechen war China "das Land der Hyperboraneaner, das jenseits des Landes des einäugigen Volkes, der Ariamespi, im eiskalten, ewig-windigen, nördlichsten Zipfel der sagenhaften Teile der Welt liegt"[16]. Die Römer bezeichneten zwar China als "Seres und Sera", nämlich "das Seidenvolk und das Seidenland", hatten jedoch keine "genauen geographischen oder ethnischen Vorstellungen" von jenem Land.[17] Es gab damals noch keine direkte Verbindung zwischen China und Rom. Das Wissen der alten Römer über China war durch Völker in Vorder- und Zentralasien, die den Zwischenhandel kontrollierten, vermittelt worden. Auf einem Landweg zwischen China und Mesopotamien, der sogenannten "Seidenstraße", wurde chinesische Seide nach Rom importiert.[18] Für die Römer war die Seide "ein sehr kostbarer und viel begehrter Artikel". Daher wählten sie den Namen der Seide zur Bezeichnung des Volkes, das im fernen Osten lag und die Seide herstellte.[19] Mehr Kenntnisse über China gab es nicht. So berichtete Plinius (23-79 n. Chr.) in seiner "naturalis historia" (77 n. Chr.) von den "rothaarigen und blauäugigen 'Seres'"[20].

Im Mittelalter wurde das Christentum in Europa zur herrschenden Ideologie, die auch das Weltbild der Europäer bestimmte. Man glaubte nicht, "daß es außerhalb der christlichen Welt noch an anderer Stelle ein hochentwickeltes Kulturzentrum geben könne".[21] Obwohl von den Römern etwas über das Volk der "Seres" überliefert worden war, war es aber nur "mit einem nebelhaften Bild des 'Orients'" verbunden.[22] Im 12. Jahrhundert ließ der Kampf gegen den Islam die Fama vom Priester Johannes aufkommen. Man stellte sich vor, daß es einen "mächtigen christlichen Potentaten im unbekannten fernen Osten" gebe, der seine helfende Hand über den "heiligen Kreuzkrieg" gegen die "Ungläubigen" halten könne.[23]

Erst die Gründung des mongolischen Weltreiches durch Tschingis Khan ermöglichte eine unmittelbare Verbindung zwischen Europa und China. Das Reich Tschingis Khans erstreckte sich von der Ukraine im Westen bis an die

---

[15] Jacobs 1995, S. 83.
[16] Hsia 1985, S. 369.
[17] Franke 1962, S. 5.
[18] Rennstich 1988, S. 33.
[19] Franke 1962, S. 5.
[20] Hisa 1985, S. 369.
[21] Franke 1962, S. 15.
[22] Bräuner 1990, S. 15. Siehe auch Reichert 1992, S. 6ff.
[23] Machetzki 1982, S. 4. Siehe auch Reichert 1992, S. 15ff.

Grenzen Chinas im Osten. 1279 eroberte Kublai Khan, der Nachfolger Tschingis Khans, China und gründete die Yuan-Dynastie. China wurde ein Teil des Mongolischen Weltreiches und Kublai selbst der erste Kaiser der Yuan-Dynastie. "Mit der Eroberung durch die Mongolen war China zum ersten Male in seiner Geschichte in seiner Gesamtheit unter barbarische Herrschaft gefallen und Teil eines Weltreiches geworden."[24] Kublai herrschte jedoch "mehr nach chinesischen als nach mongolischen Traditionen". Er betrachtete China "als das Herzstück seines Reiches" und ließ die Hauptstadt von Karakorum nach Khanbalik (Peking) verlegen. Peking wurde ausgebaut und seine Bedeutung nahm ständig zu.[25]

Die Entstehung des mongolischen Weltreiches schürte im Abendland die Vermutung, Priester Johannes sei der Großkhan der Mongolen.[26] Die franziskanischen Kleriker Giovanni de Piano Carpini, Wilhelm von Rubruck, Johannes von Monte Corvino u.a. wurden zum Sitz des Mongolenkaisers entsandt, um im Auftrage der päpstlichen Kurie über ein Militärbündnis zu verhandeln. Diese Bemühungen scheiterten natürlich an der Wirklichkeit. Es entstanden aber zum ersten Mal Berichte über China, die von Europäern aus eigener Anschauung heraus verfaßt worden waren. Durch diese Berichte wurde das Land "Cathay" bzw "Kitai" ins Bewußtsein eines Teils der Gebildeten Europas gebracht.[27]

In diesem Zeitraum gelangten auch Handelsreisende bis nach China. Darunter ist der Venezianer Marco Polo (1254-1324) der bekannteste. Aus seiner Feder stammte ein Reisebericht, der mehrere Jahrhunderten lang die europäische Meinung über China beeinflußte. "Marco Polo sah und beschrieb das Mongolische Weltreich, das größte Reich, das die Geschichte kennt, auf dem Gipfelpunkt seiner Macht und die chinesische Kultur der Song-Zeit".[28] In seinem Reisebericht "Beschreibung der Welt" schilderte er ausführlich die staatliche Organisation der Mongolen, ihr Steuer- und Geldwesen, ihren Post- und Kurierdienst. Er berichtete aber auch von der "Größe und Pracht", "Kultiviertheit und Raffinesse" der Hauptstadt der Südlichen Song-Dynastie, Hangzhou (Quinsai), die 1279 von den Mongolen besetzt wurde. Das China unter der mongolischen Herrschaft wurde "als Land des Luxus und des Überflusses, als Land der Friedfertigkeit" dargestellt.[29] "Männer wie Frauen sind weiß und gut aussehend. Die Mehrzahl ist stets in Seide gekleidet. Das ist auf die großen Mengen von Seide zurückzuführen."[30] Tatsächlich erlebte China damals, trotz politischer und militärischer Schwäche, auf kulturellem Gebiet einen Höhepunkt. Es war "die Zeit der endgültigen Durchsetzung bürokratischer Verwaltung und formalisierter Beamtenrekrutierung, die Zeit der großen

---

[24] Schmidt-Glintzer 1998, S. 95.
[25] Schmidt-Glintzer 1998, S. 95.
[26] Machetzki 1982, S. 4.
[27] Dazu siehe Franke 1962, S. 9ff.; Machetzki 1982, S. 4; Bräuner 1990, S. 15.
[28] Franke 1962, S. 13.
[29] Reichert 1992, S. 114; Leutner 1999, S. 81.
[30] Zitat nach Franke 1962, S. 14f.

Orientierungsdebatten zu Grundfragen der Politik, der Philosophie und der Literatur, vor allem aber auch die Zeit einer wirtschaftlichen Blüte bis dahin nicht gesehenen Ausmaßes, des Aufkommens neuer Märkte und der Städtebildung"[31].

Marco Polos Reisebericht war bald in Europa weit verbreitet. Er wurde in viele andere europäische Sprachen übersetzt. Dies verdankte er aber "nicht der sachlichen Korrektheit [...], sondern dem allgemeinen Bedürfnis nach dem sagenumwobenen Land".[32] Viele originale Texte wurden bei der Übersetzung geändert. Man fügte ihr sogar viele neue Inhalte hinzu, die pure Erfindung waren. So wurden die Übersetzungen "phantastische Märchenbücher".[33] Es entstand auch eine Menge von Machwerken, die "reine Fabeln über nie unternommene Reisen darstellten" und "die tollsten und phantastischsten Schilderungen angeblicher chinesischer Sitten und Gebräuche" wiedergaben.[34] "Solche Machwerke wurden weithin gelesen und fanden meist mehr Glauben als Marco Polos sachlicher Bericht. Von dem Wunderlande Kitai konnte man auch die unsinnigsten Geschichten als glaubhaft erzählen. Man liebte damals solche verzerrten Darstellungen von fremden Völkern und deren heidnischer Abgötterei."[35] Es gab nur einige europäische Gelehrte, die die Authentizität des Reiseberichts von Marco Polos anerkannten und überzeugt waren, "daß es außerhalb des christlichen Abendlandes noch eine andere große, hoch entwickelte Welt gäbe".[36] Trotzdem hinterließ der Reisebericht im Abendland den

---

[31] Schmidt-Glintzer 1998, S. 92.
[32] Machetzki 1982, S. 5.
[33] Franke 1962, S. 15.
[34] Franke 1962, S. 15f.
[35] Franke 1962, S. 16.
[36] Franke 1962, S. 16. – Frances Wood ist der Meinung, daß Marco Polo selbst nie weiter als bis zu den Niederlassungen der Familie Polo am Schwarzen Meer und in Konstantinopel gereist sei. Trotzdem sei die *Beschreibung der Welt* eine nützliche Informationsquelle über China und vor allem den Nahen Osten. "Ihr Wert als Bewahrerin von Informationen, die sonst schon längst in Vergessenheit geraten wären, ist mit Herodots (484-425 v. Chr.) Fall vergleichbar, der keineswegs an all die Orte reiste, die er beschrieb, und Fakten mit phantastischen Geschichten mischte, dessen Werk aber deshalb nicht unterschätzt werden darf. Wenn die *Beschreibung der Welt* in Verbindung mit arabischen, persischen und chinesischen Texten gesehen wird, die den Geist des Buches – wenn auch nicht immer jedes Detail - bestätigen, dann ist und bleibt es eine umfassende Quelle. Die Beschreibung der schachbrettartig angelegten Stadt Peking ist uns so erhalten und gilt weiterhin, egal woher sie stammt, als glaubwürdiger Bericht über eine Stadt, die zwar so nicht mehr existiert, die aber ihren Platz in der Geschichte des Städtebaus hat. Die Inhalte der *Beschreibung der Welt* bleiben, wenn man sie kritisch hinterfragt, wichtig und können als Beispiel für einen Typus der geographischen Weltbeschreibung gelten, der im 14. Jahrhundert populär wurde. Dieses Interesse an der Welt, das über Europa und seine Sagen, seine Herrscher und Waren hinauswächst, macht den Weg frei für die großen Entdeckungsreisen gegen Ende des 14. Jahrhunderts und im 15. Jahrhundert. Und erst zu Beginn des 20. Jahrhunderts wagten sich große Reisende wie Sir Aurel Stein in die relativ unbekannte Wüste Gobi, für deren Kenntnis Marco Polos *Beschreibung der Welt* bis dahin eine der wenigen Quellen darstellt, auch wenn sie unzuverlässig ist." Wood 1996, S. 209f.

Eindruck, daß China das reichste Land der Welt sei. Auch in dem fiktionalen Werk "Sir Mandevilles Travels" um 1366 war dieser Topos prägend.[37]

Im deutschsprachigen Raum erschien der Name "Seres" erstmals im "Boethius-Kommentar", der von Notker Teutonikus um das Jahr 1000 zusammengestellt wurde. Später wurde er erwähnt im "Lucidarius", einem um 1190 im Auftrag Heinrichs des Löwen entstandenen "Kompendium(s) geistlichen und weltlichen Wissens", in der "Weltchronik" von Rudolf von Ems um 1240, in "Parzival" und "Willehalm".[38] Dabei diente der Name jedoch lediglich als "Dekoration".[39]

Durch die Expansion der Mongolen kam Deutschland mit China in Berührung. Die chinesische "Yuanshi" (Geschichte der Yuan-Dynastie) berichtet: "Die Mongolen drangen in Qincha, Rußland und Polen ein, Stoßtrupps rückten bis nach Deutschland, Ungarn und Österreich vor."[40] Nach dem Bericht der "Yuanshi" befahl Ögödei Khan im Jahre 1235 seinem General Batu, nach Europa zu ziehen. Batus Armee überfiel Niemez, eine deutsche Festung. Um die Invasion der Mongolen abzuwehren, schlossen sich die deutschen Stämme zusammen und gewannen so den Krieg.[41] Durch Krieg, Handel und Mission gelangten Deutsche aber auch nach China. Einige Deutsche wurden als Kriegsgefangene nach China verschleppt.[42] Marco Polo erwähnte in seinem Reisebericht auch einen deutschen Mechaniker, der im Dienst des Yuan-Kaisers stand.[43] Deutsche wirkten als Missionare in China wie z.B. Arnold von Köln, der sich als einer der ersten christlichen Priester seit 1303 dort aufhielt.[44] Informationen über China waren in Deutschland durchaus weit verbreitet. 1477 wurde der Reisebericht Marco Polos ins Deutsche übersetzt.[45] Gleichzeitig fand der fiktive Reisebericht Mandevilles auch in Deutschland Verbreitung. Von 1480 bis 1507 beliefen sich die zeitlichen Abstände zwischen den einzelnen deutschen Mandeville-Ausgaben auf höchstens zwei Jahre.[46] Das märchenhafte und luxuriöse China gewann immer mehr die Aufmerksamkeit des deutschen Publikums.

Im 15. Jahrhundert gerieten die mongolischen Königreiche in Persien und Zentralasien nacheinander unter islamischen Einfluß. Die Muslime blockierten den Handelsweg von Europa nach China.[47] In China wurde die mongolische Macht dann im Jahre 1368 vom Han-Volk gestürzt. Seit dem Beginn der Ming-Zeit wich "die Weltoffenheit der Mongolen-Zeit" vielfach "einer fremdenfeind-

---

[37] Leutner 1999, S. 82.
[38] Hsia 1985, S. 370.
[39] Hsia 1985, S. 370.
[40] Zitat nach Zhu 1996, S. 434.
[41] Zhu 1996, S. 434.
[42] Jacobs 1995, S. 68.
[43] Zhu 1996, S. 434.
[44] Siehe Richter 1928, S. 45; Reichert 1992, S. 287f.; Jacobs 1995, S. 68.
[45] Andere deutsche Übesetzungen erschienen jeweils im Jahre 1481, 1534 und 1611. Siehe Jandesek 1992, S. 208ff.
[46] Jandesek 1992, S. 215.
[47] Rennstich 1988, S. 66.

lichen Reaktion und orthodoxen Engherzigkeit".[48] Mehr und mehr schloß sich China von der Außenwelt ab. Die direkte Verbindung zwischen Europa und China wurde eine Zeitlang unterbrochen. Es dauerte bis zur Mitte des 16. Jahrhunderts, als neue Kontakte zwischen Europa und China infolge der Entdeckung des Seewegs nach Asien durch die Portugiesen und Spanier hergestellt wurden. Für die Vorbereitung und Durchführung der Entdeckungsfahrten hatte der Reisebericht Marco Polos eine wichtige Rolle gespielt. Die Beschreibung über China als ein reiches Land regte zahlreiche europäische Händler und Abenteurer dazu an, unter Einsatz ihres Lebens den langen Seeweg nach China zu wagen. Um der Bevölkerung im Fernen Osten das Evangelium Gottes zu predigen und die "Heiden" zum Christentum zu bekehren, verließen christliche Missionare Heim und Herd und kamen nach China. Es entstand allmählich eine direkte und dauerhafte Beziehung zwischen Europa und China.

---

[48] Schmidt-Glintzer 1998, S. 96f.

2. Die Beschreibungen der chinesischen Kultur durch die Jesuiten

Im Jahre 1492 "entdeckte" Christoph Columbus Amerika. 1498 landete Vasco da Gama nach der Umsegelung Afrikas um das Kap der Guten Hoffnung in Kalikut im Süden Indiens. Mit den großen geographischen "Entdeckungen" begann ein Zeitalter der weltweiten Expansion der Europäer.[49] Die europäischen Seefahrer, Abenteuer, Händler und Missionare fuhren, jeder mit seinen eigenen Träumen, übers Meer nach Amerika, Afrika und Asien. Im Jahre 1511 erschienen zum ersten Mal die portugiesischen Seefahrer in Südostasien und wenige Jahre später (1517) in China. Gegen Mitte des 16. Jahrhunderts kamen auch die katholischen Missionare, vor allem die Jesuiten, nach China. Die Verbindungen zwischen Europa und China wurden enger, die Grundlage und das Bedürfnis für eine dauerhafte interkulturelle Wahrnehmung wurden geschaffen.

Die Jesuiten trafen in China "ein hochzivilisiertes Volk" an und glaubten, daß man eine andere Missionsmethode als die bei den "primitiven Völkern" anwenden müsse.[50] Eine neue Missionsstrategie wurde entwickelt. Vor allem versuchten die Jesuiten, die Chinesen mit der westlichen Wissenschaft und Kultur vertraut zu machen. Sie brachten daher eine große Anzahl von Uhren, astronomischen Instrumenten, Prismen, Musikinstrumenten, Weltkarten, europäischen Gemälden und Drucken nach China.[51] Die Jesuiten suchten auch die Freundschaft der chinesischen Gebildeten und Beamten. Ihrer Ansicht nach war die Bekehrung angesehener Gelehrter, die zugleich die einflußreichsten Beamten Chinas waren, viel wichtiger als die der unteren Schicht. "Denn nur die Mächtigen konnten die Garantie für die Ausbreitung des christlichen Glaubens in China geben."[52] Andererseits betonten die Jesuiten die Notwendigkeit der Anpassung des Evangeliums an die chinesischen Gegebenheiten. Dies war eine Missionsstrategie der "Akkommodation".[53] Voraussetzung dieser neuen Missionsmethode war die gründliche Kenntnis der chinesischen Kultur, der

---

[49] Adam Smith (1723-1790) bezeichnete vom Standpunkt des Wirtschaftsliberalismus aus die Entdeckung Amerikas und die des Seewegs nach Indien um das Kap der Guten Hoffnung als die "größten und bedeutendsten Ereignisse" in der Geschichte der Menschheit. Siehe Gründer 1992, S. 11.
[50] Rennstich 1988, S. 105.
[51] Rennstich 1988, S. 94.
[52] Rennstich 1988, S. 98. - Um die chinesischen Gelehrten für sich einzunehmen trugen die Jesuiten konfuzianische Gelehrtenkleidung und identifizierten sich so mit den sogenannten "Bücherlesern" (Gelehrten). Von diesen übernahmen sie auch den Lebensstil und die Höflichkeitsformen. Viele Jesuiten gaben sich sogar chinesische Namen. Franke 1962, S. 33.
[53] Rennstich 1988, S. 93ff. Siehe auch Xing 1994, S. 28ff.; Gu Jidujiao 1996, S. 36ff.

sozialen Verhältnisse sowie der Sitten und Gebräuche der Chinesen. Deshalb lernten die Jesuiten fleißig die chinesische Sprache und studierten intensiv die chinesische Literatur, Geschichte und Philosophie. Etliche Jesuiten wurden "zum großen Bewunderer des Konfuzius" und waren in den höchsten Kreisen der chinesischen Gesellschaft anerkannt.[54]

Der Begründer dieser Missionsstrategie war Matteo Ricci (1552-1610), der 1582 nach Macao kam und 1588 die Leitung der missionarischen Arbeit der Jesuiten in China übernahm. "Unter allen nicht-christlichen Völkern fand er die Chinesen als der reinen Gotteslehre am nächsten kommend."[55] Konfuzius war für Ricci also "ein Wegbereiter des christlichen Glaubens und eine wichtige Stütze der christlichen Mission"[56]. Ricci war der Meinung, daß die meisten Gedanken in den chinesischen kanonischen Schriften vereinbar mit dem Christentum seien. Wenn man "das Wort Gottes" verkünden möchte, müsse man das nicht im Gegensatz zur konfuzianischen Überlieferung, sondern im Einklang mit ihr tun. In den chinesischen Klassikern existiere "eine hohe Moral" und eine "Gottesauffassung", die dem Monotheismus nahestehe. Bei der Übersetzung der Bibel benutzte Ricci die Terminologie und die Form der chinesischen Klassiker, wenn er auch in ihrer Auslegung zuweilen von den späteren orthodoxen Kommentaren abwich. Er verwendete die in den chinesischen Klassikern benutzten Begriffe "Tianzhu" (Herr des Himmels) und "Shangdi" (Höchster Herrscher) zur Bezeichnung des christlichen Gottes.[57] Ricci war auch überzeugt, ein Chinese könne als Konfuzianer gleichzeitig die Lehre des Christentums akzeptieren. Die Ahnenverehrung und der Konfuziuskult sowie manche anderen chinesischen Riten stünden nicht im Konflikt mit dem Christentum. Sie seien ein rein bürgerlicher Brauch. Man solle sie in der christlichen Gemeinde dulden.[58]

Ricci und seine Mitbrüder sowie die später nach China kommenden französischen Jesuiten, die sogenannten "Figuristen"[59], machten einen großen Eindruck auf die Chinesen. Selbst die chinesischen Kaiser wurden auf sie aufmerksam. Missionare wie der Kölner Pater Adam Schall von Bell traten sogar in den chinesischen Staatsdienst der Ming- und Qing-Dynastie ein. Das missionarische Werk wuchs schnell heran und erreichte in der Regierungszeit von Shunzhi (1644-1661) und Kangxi (1662-1722) ihren Höhepunkt. Kangxi, der größte Kaiser der Qing-Dynastie, erließ sogar für die Christen ein förmliches Toleranzedikt (1692).[60] Als Ricci im Jahre 1610 starb, zählte man in China ca. 2500 Getaufte, darunter befanden sich etliche bekannte Gelehrte und hohe

---

[54] Rennstich 1988, S. 94ff.
[55] Rennstich 1988, S. 96. - Über das Leben und Werk Riccis siehe auch Franke 1962, S. 31ff.; Xing 1994, S. 30ff.; Gu Jidujiao 1996, S. 39ff.
[56] Rennstich 1988, S. 97. - Über das Studium des Konfuzianismus durch Ricci und andere Jesuiten siehe auch Xin 1991, S. 106ff.
[57] Franke 1962, S. 35; Rennstich 1988, S. 95f.
[58] Franke 1962, S. 35f.; Rennstich 1988, S. 97f.
[59] Über die Figuristen siehe besonders Rennstich 1988, S. 100ff.
[60] Franke 1962, S. 39.

Beamte wie Xu Guangqi, Li Zhizao und Yang Tingjun.[61] Bis 1639 stieß man in den meisten Gebieten Chinas auf die Spuren der Jesuiten-Missionare und die Anzahl der chinesischen Christen betrug 38 000, 140 davon waren Mitglieder der kaiserlichen Familie, 40 Eunuchen, 70-80 Hofdamen, 14 höhere Beamte.[62] Im Jahre 1663 zählte allein die Pekinger Gemeinde etwa 13 000 Christen. In ganz China waren es zu Beginn des 18. Jahrhunderts weit über 20 000 Christen (etwas über 0,1% der Gesamtbevölkerung).[63] Die Gesamtzahl der chinesischen Christen blieb seit Beginn des 18. Jahrhunderts bei etwa 200 000 bis 300 000.[64]

Zwischen China und Europa spielten die Jesuiten-Missionare als Vermittler eine wichtige Rolle. "Um sich für die finanzielle Unterstützung, die sie von zahlreichen fürstlichen bzw. adeligen Personen erhielten, zu revanchieren, um die Rahmenbedingungen der Mission der einheimischen Leserschaft verständlich zu machen, um für die Entsendung neuer Missionare zu werben, um schließlich das vor allem im 18. Jahrhundert wachsende wissenschaftliche Interesse Europas an China zu befriedigen, verfaßten sie Berichte, die sich keineswegs ausschließlich auf ihre missionarische Tätigkeit im engeren Sinne bezogen, sondern Europa umfassend über das Reich der Mitte informierten."[65] Gegen Ende des 16. Jahrhunderts gab es bereits einige Portugiesen und Spanier, die in China einen kurzen Aufenthalt machten und manche Kenntnisse über das tägliche Leben der Chinesen nach Europa brachten. Der spanische Augustinermönch, Juan Gonzáles de Mendoza, wertete alle in seiner Zeit in Europa vorhandenen Quellen aus und veröffentlichte 1585 das Werk "Historia de las cosas mas notables, ritos y constumbres del gran Reyno de la China".[66] Mendozas Werk wurde nach und nach in alle europäischen Sprachen übersetzt und von fast allen gebildeten Europäern gelesen. Es war "die erste Grundlage zur Formung eines neuen Chinabildes im Westen"[67]. Insbesondere waren die von Mendoza formulierten Stereotypen, etwa diejenigen vom "Pazifismus" der "weisen" Chinesen, von ihrem Verzicht auf auswärtige Eroberungen, ihrer für die christliche Mission vorteilhaften religiösen Indifferenz[68] oder die von den "tugendhaften" und "ehrbaren" chinesischen Frauen[69] folgenreich. Über das chinesische Geistesleben hingegen war man in Europa immer noch sehr wenig informiert.[70]

Die Jesuiten waren "die ersten abendländischen Besucher, die das Wesen der staatlichen Gelehrtenbürokratie und die philosophisch-ethischen Grundlagen des chinesischen Kaiserreiches und seiner Gesellschaftsordnung

---

[61] Xin 1991, S. 104.
[62] Xin 1991, S. 105.
[63] Franke 1962, S. 42.
[64] Franke 1962, S. 43; Xin 1991 S. 105; Gu Jidujiao 1996, S. 59.
[65] Demel 1992, S. 287.
[66] Bräuner 1990, S. 18.
[67] Franke 1962, S. 52.
[68] Bräuner 1990, S. 16. Siehe auch Osterhammel China und die Weltgesellschaft 1989, S. 23.
[69] Leutner 1999, S. 83.
[70] Franke 1962, S. 36.

erkannten"[71]. Sie hatten die Kultur Chinas, dessen Sprache, Philosophie und Religion für das Geistesleben Europas entdeckt und erstmals einer wissenschaftlichen Bearbeitung unterzogen.[72] Das von den Jesuiten gesammelte und veröffentlichte umfangreiche Wissen über China breitete sich in fast allen europäischen Ländern aus. Zahlreiche Werke, die von den Jesuiten verfaßt wurden, bildeten bis ins 18. Jahrhundert wichtige Voraussetzung der Beschäftigung mit China und legten zugleich die Grundlage eines in gebildeten Kreisen weitverbreiteten populären Chinabildes. Die Bekanntesten waren: die Tagebücher Matteo Riccis (Augsburg 1615) und ihre Einleitung von Nicolas Trigault, die "Histori" von Martin Martini (1654) über den Sturz der Ming-Dynastie und die Eroberung Chinas durch die Mandschu, Adam Schall von Bells "Historica narratio" (1655), Louis LeComtes "Sendschreiben" (französisch 1696), die in vier Bänden zusammengestellte Kompilation "Description de la Chine" des französischen Jesuiten Jean-Baptiste DuHalde, das von A.M. de Moriac de Mailla verfaßte große Werk "Histoire Generale de la Chine" sowie die vielbändigen Sammelwerke: "Mémoires sur les Chinois" (Paris 1776ff.) und "Lettres édifiantes et curieuses écrites des missions étrangères" (1780ff.).[73] Auch zahlreiche chinesische philosophische und literarische Werke wurden zum ersten Mal ins Lateinische oder in andere europäische Sprachen übersetzt.[74]

In den Berichten der Jesuiten setzten sich die bereits erwähnten Stereotypen vom Reichtum und Luxus des Landes, vom "Pazifismus" der Chinesen, von ihrem Verzicht auf Eroberungskriege, ihrer religiösen Indifferenz usw. fort. Sie bewunderten nach wie vor die Fruchtbarkeit und den Reichtum des Landes, die Anzahl und Größe der chinesischen Städte, den Reichtum des Herrschers und den Wohlstand der Untertanen. Auch Chinas Autarkie, seine Fähigkeit bei der Herstellung von Luxusprodukten, der unermüdliche und erfindungsreiche Handelsgeist der Chinesen, die Überlegenheit der Chinesen im Handwerk und den mechanischen Künsten sowie ihr Mangel an militärischem Geist wurden positiv bewertet.[75] Die Jesuiten hoben insbesondere die Vernunft der Gesetze, die Weisheit der Staatseinrichtungen, das musterhafte Erziehungswesen und

---
[71] Machetzki 1982, S. 5.
[72] Siehe Machetzki 1982, S. 5; Osterhammel 1987, S. 155ff.; Berger, 1990, S. 49f.; Bräuner 1990, S. 20f.; Demel 1992, S. 10ff.
[73] Siehe Bräuner 1990, S. 21; Xin 1991, S. 106ff. – Xin bietet einen eingehenden Überblick zu den Arbeiten der Erforschung der chinesischen Kultur, die von Jesuiten verfasst wurden.
[74] Bräuner 1990, S. 21. – P. Intorcetta übertrug in seiner "Sapientia Sinica" (1662) zwei chinesische Schriften, das "Daxue" (Die große Lehre) und das "Zhongyong" (Anwendung der Mitte), ins Lateinische. P. Couplet fügte seinem 1687 in Paris herausgegebenen Werk: "Confucius Sinarum Philosophus sive Scientia Sinensis latine exposita" neben den schon erwähnten Traktaten auch eine Übersetzung des "Lunyu" (der Gespräche des Konfuzius) hinzu. 1711 erschien in Prag durch P. Franz Noeel eine neue Übertragung der "6 Libri Classici Sinensis Imperii". Darin finden sich nicht nur die schon in Couplets "Confucius" übersetzten Büchern, sondern auch die Übersetzung von "Menzius", "Xiaojing" (Filialis oberservantia) und "Sanzijing" (Schola Parvulorum). Siehe Merkel 1932, S. 129f.
[75] Osterhammel China und die Weltgesellschaft 1989, S. 25f.

sogar den würdevollen religiösen Ritus in China hervor.[76] Die Berichte der Jesuiten präsentierten China als ein großes machtvolles Reich, "das in Wohlstand, Ruhe und Frieden" lebte. "An seiner Spitze stand ein weiser, kultivierter Herrscher, der den Vorschriften der Vernunft und einer erhabenen Staatsethik entsprechend regierte. Das Volk wurde geleitet von den Gesetzen einer hohen und reinen Sittlichkeit. Künste und Wissenschaften blühten, von allen in gleicher Weise in Ehren gehalten. Das Leben floß dahin in einem System fest geregelter Formen. Krieg und Streit waren verfemt, Friede und Harmonie oberstes Gebot."[77] Es sei "eine in sich ruhende, harmonische Staatskultur, der zur absoluten Vollendung nur die christliche Lehre fehlte"[78].

Manche Jesuiten versuchten auch, "über Mendozas aus Schriftquellen geschöpfte Beschreibung" hinauszugehen und auf der Grundlage ihrer "reichen Anschauung und umfassenden Literaturkenntnis Wohlstand, Macht und Gesittung der Chinesen aus ihren geographisch-ökologischen Lebensbedingungen und den ethnographisch scharf erfaßten Wesenszügen ihrer Zivilisation ursächlich zu erklären"[79]. So interpretierte Ricci "mit detailfreudiger Ausführlichkeit Chinas Glanz, Raffinesse und Wohlstand aus seinen ganz besonderen Umständen". Er trieb "eine ethnographische und kulturhermeneutische Ursachenforschung, die das naive Staunen über die Wunder des Orients weit hinter sich gelassen hat" und hob "die Zusammenhänge zwischen klimatischen Unterschieden und besonderen regionalen Formen von Fruchtbarkeit" in China und "die Bedeutung der in ungewöhnlichem Maße verbreiteten Schriftlichkeit für den Zusammenhalt des Reiches" hervor.[80] Auch die sinozentristische Vorstellung der Chinesen wurde diskutiert und als ein "Ergebnis ihrer naturegegebenen geographischen Isolierung" beurteilt.[81] Ferner achteten die Jesuiten mit stärkerem Interesse als zuvor darauf, "welchen Grad der Blüte die Künste und Wissenschaften Chinas erreicht haben". Auch "die Frage nach den moralischen Qualitäten des Monarchen" wurde gestellt, die im Zeitalter des Absolutismus in Europa von großer Bedeutung war.[82] Le Comte machte einen Vergleich zwischen China und "dem mächtigsten und prächtigsten Land der Christenheit, dem Frankreich Ludwigs XIV." und betonte, daß China "in manchem überlegen" sei.[83]

In Wirklichkeit erlebte China bis zum frühen 18. Jahrhundert "seinen letzten politischen und kulturellen Höhepunkt"[84]. Es war in China "eine Epoche der Blüte und des Wohlstands"[85]. Im Vergleich zu Europa waren die Verhält-

---

[76] Osterhammel China und die Weltgesellschaft 1989, S. 25f.
[77] Franke 1962, S. 55.
[78] Machetzki 1982, S. 5.
[79] Osterhammel China und die Weltgesellschaft 1989, S. 23.
[80] Osterhammel China und die Weltgesellschaft 1989, S. 24f.
[81] Osterhammel China und die Weltgesellschaft 1989, S. 24f.
[82] Osterhammel China und die Weltgesellschaft 1989, S. 26.
[83] Osterhammel China und die Weltgesellschaft 1989, S. 26.
[84] Franke 1962, S. 55.
[85] Franke 1962, S. 55.

nisse in China in vieler Hinsicht besser. "Der wenig ertragreichen Landwirtschaft eines dünnbesiedelten Europas stand in China hochentwickelter Ackerbau und eine hohe Produktivität von Handwerk und Manufakturen gegenüber."[86] Dennoch war das von den Jesuiten gegebene Bild Chinas allzu ideal gezeichnet.[87] Die Chinaberichte und das Chinabild der Jesuiten dienten im wesentlichen ihrer Missionsstrategie und der Verbesserung ihrer Position in der Debatte über die Chinamission in Europa. Sie versuchten mittels einer idealisierten Beschreibung der konfuzianischen Staatsordnung, Ethik, Politik, Literatur und Philosophie ihre Gegner bzw. Rivalen zu besiegen.

Innerhalb wie außerhalb des Jesuiten-Ordens verursachte Riccis Missionspolitik schon von Anfang an heftige Diskussionen. Die entfalteten sich zuerst bei den Jesuiten selbst um das Problem der chinesischen Übersetzung des Gottesnamens. Später mischten sich auch die Dominikaner und Franziskaner, die hauptsächlich aus Spanien und Frankreich kamen, in die Debatte ein. In der zweiten Hälfte des 17. Jahrhunderts begann der sogenannte "Ritenstreit".[88] Die mit den Jesuiten konkurrierenden Missionare erhoben Klage gegen die Akkommodationspraxis und verurteilten die von den Jesuiten benutzte Übersetzung des Gottesnamens und die liberale Haltung der Jesuiten gegenüber der Konfuzius- und Ahnenverehrung. Man behauptete, daß der Kult der Ahnen und des Konfuzius religiöse Handlungen seien und als solche unter den Christen keine Duldung finden dürften. Auch der Name Shangdi erwecke heidnische Gedanken und dürfte nicht verwandt werden.[89].

Als Folge des Ritenstreits stagnierte die katholische Mission in China. Die Päpste in Rom erließen Verordnungen zur Regelung der Frage des Ritenstreits. Sie verurteilten schließlich definitiv die Missionspraxis der Jesuiten, lehnten deren tolerante Haltung gegenüber den chinesischen Riten ab und machten die europäische Regelung als Standard geltend.[90] Die Auslegung der chinesischen Interpretation wurde mißachtet. Die chinesischen Christen wurden zur Anerkennung der römischen Auslegung gezwungen. Diese Einmischung in die inneren Angelegenheiten Chinas mußte von der chinesischen Regierung zurückgewiesen werden. Der Kaiser Kangxi, der mit vielen Missionaren befreundet gewesen war, erließ nun ein generelles Verbot der christlichen Mission in China.[91] Als der Kaiser Yongzheng, der Nachfolger von Kangxi, den Thron bestieg, wurde das Toleranzedikt aus dem Jahr 1692 aufgehoben und das Christentum zur verbotenen Religion erklärt.[92] Im Jahre 1773 erließ der Papst

---

[86] Schmidt-Glintzer 1998, S. 99.
[87] Siehe Machetzki 1982, S. 5f.; Osterhammel 1987, S. 157f.; Jacobs 1995, S. 84f.
[88] Einer der wichtigsten Gegner der Jesuiten war der spanische Dominikaner Navarrete. Er hatte im Jahre 1676 mit seinem Werk "Tratados historicos de la monarchia de China" einen Aufruhr gegen die Jesuiten und damit den Ritenstreit hervorgerufen. Siehe dazu Bräuner 1990, S. 21f.
[89] Rennstich 1988, S. 104.
[90] Franke 1962, S. 49f.
[91] Franke 1962, S. 50.
[92] Rennstich 1988, S. 105.

die Bulle "dominus ac redemptor" und löste damit den Orden der Jesuiten auf.[93] Obwohl die missionarische Arbeit in China nun von den Missionaren des Lazaristenordens weitergeführt wurde, erzielte sie keine großen Erfolge mehr.[94] Die chinesische Regierung ging immer strikter gegen die missionarischen Tätigkeiten vor. Es dauerte schließlich bis zur Mitte des 19. Jahrhunderts, als durch die "Ungleichen Verträge" China zur Öffnung für die christliche Mission gezwungen wurde.[95] Die Jesuiten-Mission in China hatte mit einem Mißerfolg geendet, dennoch übten die Berichte der Jesuiten einen großen Einfluß auf Europa aus. Vor allem wurde durch die Beschreibungen der Jesuiten das Interesse der frühen Aufklärer an China angeregt. Auch die späteren Missionen, die katholische wie die protestantische, erhielten von den Jesuiten viele Anregungen.

---

[93] Rennstich 1988, S. 104. – Erst im Jahre 1939 verkündete die römische Kurie die Rehabilitation von Ricci und den anderen Jesuiten. Ihre Einstellung zur Ritenfrage wurde gebilligt. Allerdings ist "eine wirkliche Lösung" bisher noch nicht erreicht worden. Siehe Franke 1962, S. 51; Rennstich 1988, S. 105.
[94] Rennstich 1988, S. 104.
[95] Dazu siehe Kapitel III, Abschnitt 3.

3. Die Sinophilie der frühen und mittleren Aufklärung

Parallel mit der Jesuiten-Mission in China entfaltete sich die Aufklärungsbewegung in Europa. Im allgemeinen bezeichnet die Aufklärung "einen Erkenntnisprozeß, der gerichtet ist auf die Befreiung von Traditionen, Institutionen, Konventionen und Normen, die nicht vernunftgemäß begründet werden können, um die Gesamtsituation des Menschen durch die so gewonnenen Erkenntnisse im Sinne des Fortschritts zu verändern:"[96] Die Aufklärung betonte die Wichtigkeit der Rationalisierung und der Innovation. Sie erhob die "Vernunft [...] zur obersten Instanz der Menschen"[97]. "Vernunft, Mut zu Kritik, geistige Freiheit und religiöse Toleranz sollten Tradition, Dogmengläubigkeit, kirchliche und staatliche Autorität, moralische und ständische Vorurteile überwinden; eine vernunftgemäß-natürliche Erziehung der Menschheit zur Humanität würde den Fortschritt garantieren, ihre Verbrüderung (Kosmopolitismus, Freimaurer), das eigene Glück und die Wohlfahrt aller fördern."[98]

Durch die Flut von Chinaberichten der Jesuiten kamen viele Aufklärer in Berührung mit der chinesischen Kultur. Die "Entdeckung" des chinesischen Geisteslebens durch die Jesuiten, zusammen mit der Einführung von chine-

---

[96] "Aufklärung", in: Meyers Grosse Universal Lexikon, B. 2, 1981, S. 15. – "Der *Begriff* 'Aufklärung' hat sich schon im Laufe des 18. Jh. herausgebildet. Das sprachgeschichtlich junge Wort 'aufklären', um 1700 für das sich aufklärende Wetter gebracht, wurde bald als Entsprechung zum englischen 'to enlighten' und zum französischen 'éclairer, éclaircir' benutzt, vielleicht auch in Anlehnung an lateinisch 'clarus'. In die Bedeutung sind die verstandesmäßige Klärung von Sachverhalten wie die Lichtmetaphorik des Hellwerdens eingegangen." Burkhardt 1985, S. 211.

[97] Burkhardt 1985, S. 211.

[98] Mieck 1977, S. 202. – "Grundlage der verschiedenen Richtungen der Aufklärung ist die Vorstellung, dass die Vernunft das Wesen des Menschen darstelle, wodurch alle Menschen gleich seien (Egalitarismus) und die Vernunft als einzige und letzte Instanz befähigt sei, über Wahrheit und Falschheit von Erkenntnissen zu entscheiden und die in ihrer Gesamtheit vernünftig angelegte Welt zu erkennen (Vernunftoptimismus). Hieraus folgt eine am Modell naturwissenschaftlicher Erkentnis orientierte Kritik an allen autoritätsbezogenen, irrational bestimmten Denkweisen, besonders am Weltbild des christlichen Offenbarungsglaubens, jeder Metaphysik und allem Aberglauben. Die Loslösung des seiner Natur nach als gut gedachten und nur durch Entfernung von dieser Natur 'depravierten' (verderbten) Menschen aus seinen Abhängigkeiten soll durch Anleitung zum freiheitlichen, autonomen Vernunftgebrauch möglich werden. Durch diese Rückkehr zu seiner Natur werde die stete Vervollkommnung und Verwirklichung eines freiheitlichen, menschenwürdigen und glücklichen Daseins in einer neuen Gesellschaft möglich (Fortschrittsoptimismus)." "Aufklärung", in: Brockhaus. Die Enzyklopädie, B. 2, 1996, S. 323f. (Die im Lexikon enthaltenen Abkürzungen wurden ausgeschrieben)

sischen Waren und der Übernahme chinesischer Stilelemente[99], erregte ihr großes Interesse. Sie sahen "in den Jesuiten-Relationen" China "als ein philosophisches Musterland aus dem Geist der Konfuzianischen Ethik" an.[100] Dies führte dazu, "daß ein ursprünglich aus katholischer Missionsstrategie entstandenes Gedankenkonstrukt sich aus seiner religionspolitischen Bindung löst, ein geistesgeschichtliches Eigenleben gewinnt und zuletzt zu einem Argumentationstopos in der Absolutismus- und Deismus-Debatte des Jahrhunderts wird".[101] Und: "Dabei fungierte China als politische und soziale Utopie, ja geradezu als Idealtypus des absoluten und aufgeklärten Staates, an dem die als real empfundenen europäischen Zustände gemessen werden konnten."[102] Hervorragende Denker der Aufklärungsbewegung, wie z.B. Benedictus Spinoza (1632-1677), Gottfried Wilhelm Leibniz (1646-1716), Christian Wolff (1679-1754), Pierre Bayle (1647-1706), Nicolas Malebranche (1638-1715), Francois Marie Voltaire (1694-1778), Francois Quesnay (1694-1774) und andere wurden China-Enthusiasten.

Die Aufklärung war vor allem eine antikirchliche und antirömische Bewegung. Ihre Kritik richtete sich gegen die von der Kirche vertretenen Dogmen, die protestantische Orthodoxie, gegen den "Aberglaube[n]" in den überlieferten Lehrgebäuden und Kutten", und die "überflüssigen 'Pfaffen' und Mönche sowie die "autoritäre Struktur des Kirchenwesens".[103] Vernunftreligion, Toleranz und Säkularisierung wurden hochgeschätzt. "Die feste Zuversicht, mit der Vernunft als Maßstab aller Dinge jedes Rätsel des Daseins lösen zu können, führte zwangsläufig zu einer Rationalisierung des Glaubens."[104] Daher würdigten die China-Enthusiasten in der früheren und mittleren Aufklärung die Kultur der Chinesen "als vorbildhaft"[105]. Für sie war China ein "Beweis dafür, daß Moral ohne Religion lebensfähig und stark ist"[106]. Hier zeigte sich aber ein grundlegender Gegensatz zwischen den Jesuiten und den Aufklärern. Die Aufklärer erwarben "ihr Wissen über China aus den Werken der Jesuiten, aber sie suchten eben in ihrer Imagination von China nicht das traditionelle, europäische Christentum zu finden, sondern die gegen die Kirche gerichtete Utopie der vernünftigen Religion. China sollte ihnen nicht die Allgemeingültigkeit des Christentums erweisen, sondern gerade im Gegenteil seine Relativität."[107]

Die Aufklärer kämpften heftig gegen die feudalen Privilegien in Europa und behaupteten, daß "allein persönliche Leistung und nicht geburtsständischer

---

[99] "Seit dem Ende des 17. Jahrhunderts nahmen die Importe aus China zu, und eine förmliche Chinoiserie-Welle, die nicht nur auf die Intellektuellen beschränkt war, setzte an den Fürstenhöfen und beim Bürgertum ein." Jacobs 1995, S. 87.
[100] Berger 1990, S. 24.
[101] Berger 1990, S. 24.
[102] Fuchs 1999, S. 44.
[103] Burkhardt 1985, S. 213.
[104] Mieck 1977, S. 202.
[105] Fuchs 1999, S. 45.
[106] Machetzki 1982, S. 7.
[107] Fuchs 1999, S. 46.

Rang zum Amt befähige"[108]. Von ihrer "bürgerlich-aufklärerische[n] Konzeption des Verdienstadels" aus priesen sie die chinesische Staatsprüfung zur Rekrutierung der militärischen und zivilen Führungskräfte. In dieser Prüfung werde nicht die Abstammung, sondern das Verdienst einer Person beachtet.[109] Für sie legte China "Zeugnis von der Überlegenheit einer staatlichen Bildungselite ohne feudales Erbprinzip ab"[110].

Von dem Gedanken des Naturrechts aus entwickelten die Aufklärer im 17. und 18. Jahrhundert eine Staatslehre, die in dem gemäßigten, aufgeklärten Absolutismus eine ideale Herrschaftsform sah.[111] Mit dieser Vorstellung schien das chinesische Kaiserreich ganz übereinzustimmen. Deshalb priesen die China-Enthusiasten in der Aufklärungsbewegung die chinesische Staatsorganisation. "Aus der Ferne verkörperte China den gesuchten Philosophen- und Gelehrtenstaat."[112] Die Aufklärer würdigten besonders folgende Eigenschaften im chinesischen Herrschaftssystem: die enge Verbindung von Moral und Politik, die Beteiligung der Philosophen an der Regierung und die strenge Anforderung an die moralische Vollkommenheit der Regierenden.[113] Die Aufklärer waren überzeugt, daß die "vernunftgemäße Organisation mit Philosophen als Regierungsbeamten zu Wohlstand, Toleranz und innerem Frieden führe".[114] China wurde somit für die Aufklärer "zur politischen Utopie und zum Idealstaat des aufgeklärten Absolutismus, der den europäischen Monarchen als Spiegel vorgehalten wurde"[115].

---

[108] Fuchs 1999, S. 44.
[109] Fuchs 1999, S. 44.
[110] Machetzki 1982, S. 7.
[111] Nach dem 30jährigen Krieg (1618-1648) war die monarchische Staatsgewalt in Europa beträchtlich gestärkt worden. Der Absolutismus wurde zu einer spezifischen Form monarchischer Herrschaftsorganisation. Unter dem Einfluß der Aufklärung versuchten manche absoluten Regenten, Struktur, Gewalt und Tätigkeit des Staats neu zu definieren. So entstand eine modifizierte Form des Absolutismus –"der aufgeklärte Absolutismus". Bestandteile waren: Die Abschaffung der Autonomie der Stände, den Aufbau einer von den Ständen unabhängigen, stehenden Armee, die Machtzentralisierung, die Monopolisierung der auswärtigen Politik durch die absoluten Regenten, die Stärkung der nationalkirchlichen Selbständigkeit, die Umgestaltung der Kirche zu einer staatlichen Erziehungs- und Polizeianstalt, die Einführung der merkantilistischen bzw. kameralistischen Wirtschaftspolitik, die Stellung des Schulwesens in den Dienst der Erziehung tüchtiger Untertanen, die Justizreform, die Förderung von Kunst und Wissenschaften, von Handel und Gewerbe, die Einführung neuer Anbau- und Fertigungsmethoden in Landwirtschaft und Industrie, die Gründung der umfangreichen Meliorationsarbeiten, die Binnenkolonisation, die allgemeine Verbesserung der Verkehrsverhältnisse durch Straßen- und Kanalbau usw. Allerdings wollte keiner der "aufgeklärten" Monarchen die ständischen Schranken ganz abzubauen. Ebensowenig wurde die Position des Monarchen selbst angetastet. Auch die Maßnahmen der "Wohlfahrt" dienten hauptsächlich der Stärkung des Staats und dem Wachstum seiner Macht. Es gab keine Mitwirkung der Untertanen an Entscheidungen. Siehe Mieck 1977, S. 203ff.; Burkhardt 1985, S. 232f.; Schindling 1993, S. 85.
[112] Machetzki 1982, S. 7.
[113] Jacobs 1995, S. 86f.
[114] Jacobs 1995, S. 86.
[115] Fuchs 1999, S. 45.

In Deutschland war es der Philosoph Leibniz, der sich am intensivsten mit den Chinaberichten der Jesuiten auseinandersetzte. Leibniz sammelte zahlreiche China betreffenden Quellen und veröffentlichte im Jahre 1697 das Werk "Novissima Sinica", eine Zusammenstellung damaliger Informationen und Berichte über China. Darin rühmte er die konfuzianische Morallehre, die "Feinheit der Bildung" und die "sittliche Höhe" der Chinesen, ihre "Ruhe und Ordnung im öffentlichen und privaten Leben" und ihre "Verehrung der Vorgesetzten und Alten".[116] "Die Theorie von der universalen Vernunftreligion schien in Chinas philosophischer Religion autogen veröffentlicht zu sein."[117] Leibniz vertrat die Auffassung, daß "die praktisch-politische Philosophie und Ethik die Herrschaft der Gesetze [begründe]. Öffentliche Ruhe, Ordnung und Harmonie seien in einer Weise bewahrt, wie es die Religionsstifter im Abendland nicht vermocht hätten. An der Spitze dieses glorreichen Gebäudes der dauerhaften Ordnung throne ein Kaiser, der, in Tugend und Weisheit erzogen, mit Achtung vor den Gesetzen und dem Rat der Gelehrten regiere. Dieser 'größte aller Könige' fürchte nur das 'Urteil der Geschichte'."[118]

Leibniz sah China und Europa als "zwei sich ergänzende Hälften einer Weltkultur"[119] an. Während die Europäer in den abstrakten Fertigkeiten der Metaphysik, Logik, Mathematik und der militärischen Künste hervorragend seien, verfügten die Chinesen über eine Überlegenheit auf dem Gebiet der praktischen Philosophie, "im politischen Zusammenleben und allen Belangen des gesellschaftlichen Verhaltens"[120]. Die Chinesen kannten zwar nicht "die Kunst der Beweisführung" und hätten sich mit einer Art aus der Erfahrung gewonnener Mathematik begnügt. Sie seien aber "in der Gründlichkeit gedanklicher Überlegungen und in den theoretischen Disziplinen" überlegen. Daher befürwortete Leibniz einen "Austausch von Studierenden, die sich in die Kultur des Gegenparts und Gastlandes vertiefen sollten"[121]. Er schrieb: "Jedenfalls scheint mir die Lage unserer hiesigen Verhältnisse angesichts des ins unermeßliche wachsenden moralischen Verfalls so zu sein, daß es beinahe notwendig erscheint, daß man Missionare der Chinesen zu uns schickt, die uns Anwendung und Praxis einer natürlichen Theologie lehren könnten, in gleicher Weise, wie wir ihnen Leute senden, die sie die Offenbarungstheologie lehren sollen. [...] Ich glaube daher: Wäre ein weiser Mann zum Schiedsrichter nicht über die Schönheit der Göttinnen, sondern über die Vortrefflichkeit von Völkern gewählt worden, würde er den goldenen Apfel den Chinesen geben, wenn wir sie nicht gerade in einer Hinsicht [...] überträfen, nämlich durch das göttliche Geschenk der christlichen Religion."[122] Leibniz war überzeugt, "China und Europa

---

[116] Merkel 1932, S. 130f.
[117] Merkel 1932, S. 131.
[118] Machetzki 1982, S. 7.
[119] Hsia 1985, S. 376.
[120] Machetzki 1982, S. 7.
[121] Hsia 1985, S. 376.
[122] Zitat nach Jacobs 1995, S. 85f.

sollen sich ergänzen und voneinander lernen" und "ein tiefgehendes Verständnis ihres Gegenpols sei auf beiden Seiten dringend vonnöten".[123] Ihm selbst gelang bei seinen Studien über China eine wichtige Entdeckung. Sein binäres Zahlensystem von 0 und 1 ist geradezu "eine Wiederentdeckung des Systems des Sagenkönigs *Fuxi*, der das Hexagramm des *I Ging* (Leibniz schrieb *Ye Kim*) entwickelt haben soll"[124].

Leibniz' Schüler Wolff war auch ein typischer "Sinophiler". Er schätzte die chinesische Sittenlehre und Gesellschaftsordnung sehr hoch und lobte sogar die natürliche Religion Chinas. In seiner bei der Übernahme des Prorektorats am 12. Juni 1721 in Halle gehaltenen akademischen "Rede über die praktische Philosophie der Chinesen" wurde die Moral des Konfuzius mit der christlichen auf eine Stufe gestellt. Wolff konstatierte, "daß die Moral des Konfuzius nicht sehr von seiner eigenen abweiche"[125]. Er verglich die Theologie mit der Vernunft, die in China praktiziert wurde, und betonte die Gleichwertigkeit von beiden bei der Konstruktion des Staatswesens: "Da allein die Chinesen sich der bloßen Kräfte der Natur bedienten [...], so haben wir fürwahr kein glänzenderes Beispiel, an dem gezeigt werden könnte, wieviel die natürlichen Kräfte vermögen."[126] Er vertrat die Meinung, das "die hochstehende praktische Philosophie der Chinesen und ihre Anwendung im staatlichen Aufbau zur Verwirklichung des platonischen Ideals geführt [habe], daß die Könige Philosophen sein sollten. Allein aus ihrer natürlichen Offenbarung seien die Chinesen zu Tugenden gelangt, was um so höher zu bewerten sei, da sie keine göttliche Offenbarung besäßen. Ihre Tugend sei dabei nicht starr, sondern alle Chinesen seien darum bemüht, sich täglich zu verbessern."[127] Diese Forderung nach "Emanzipation der Naturrechtslehre von der Theologie"[128] brachte aber Wolff in große Schwierigkeiten. Besonders entrüsteten sich die protestantischen Theologen, "die weniger großzügig dachten als die katholischen Jesuiten."[129] Sie klagten Wolff des "Atheismus" an und zwangen ihn, Halle und Preußen zu verlassen. Erst nachdem Friedrich der Große (1740-1786) den Thron bestiegen hatte, wurde er wieder eingesetzt. Selbst Friedrich der Große zeigte, vermittelt durch Voltaire, großes Interesse an China. Er ließ in Sanssouci ein chinesisches Teehaus bauen, welches bis heute noch existiert.[130]

Es ist unschwer zu erkennen, daß das Chinabild der "aufklärerischen Sinophilie" im wesentlichen "als Folie bürgerlicher Kritik gegen die Prinzipien der Feudalgesellschaft", und "als Utopie des aufgeklärten Absolutismus oder als Kampfmittel der antikirchlichen und antirömischen Aufklärung" fungierte.[131]

---

[123] Hsia 1985, S. 376.
[124] Hsia 1985, S. 378.
[125] Merkel 1932, S. 131.
[126] Zitat nach Jacobs 1995, S. 86.
[127] Fuchs 1999, S. 45.
[128] Jacobs 1995, S. 86.
[129] Franke 1962, S. 54.
[130] Franke 1962, S. 55; Hsia 1985, S. 379f.
[131] Fuchs 1999, S. 53.

"Es gehört zu den Paradoxien der Geistesgeschichte, daß die Jesuiten durch die zumeist hagiographische Tendenz ihrer China-Schriften – eine Tendenz, die der missionspolitischen Strategie der kulturellen Anpassung verpflichtet war – ungewollt der europäischen Aufklärung und der deistischen Philosophie in die Hände gearbeitet haben; China wurde im 18. Jahrhundert zum Muster einer 'aufgeklärten' Gesellschaftsordnung, zum Modell eines angeblich tadellos funktionierenden 'Absolutisme éclairé'."[132] Die Aufklärer befreundeten sich mit den Jesuiten. Aber je weiter sich der Ritenstreit in Europa zuspitzte, um so mehr distanzierten sie sich von ihnen. Als die konstitutionelle (Montesquieu) und die demokratische (Rousseau) Staatstheorie der Aufklärung den Absolutismus als das vorherrschende Modell des kontinentaleuropäischen Staatsdenkens überwunden hatten, verlor China auch an Anziehungkraft für die meisten europäischen Gelehrten.[133] Sinophilie wurde durch Sinophobie ersetzt.

---

[132] Berger 1990, S. 295.
[133] Schindling 1993, S. 84.

4. "Paradigmenwechsel" bei der Wahrnehmung von China im Abendland

Ab ca. 1750/70 wandelte sich das Chinabild in Europa so vollkommen, daß man von einem "Paradigmenwechsel" sprechen kann.[134] Die "jesuitische Fiktion" wurde abgelehnt. Die Charakteristika, die die Aufklärer als vorbildlich hochpriesen, wurden negativ beurteilt.[135] Es entstanden wiederum eine Reihe von Stereotypen über China, die überwiegend kritische Tendenzen trugen und entscheidend die Vorstellungen von China in Europa im 19. Jahrhundert bestimmten. Dabei war der Begriff "Stagnation" dominierend.[136] Dieser Paradigmenwechsel hing eng mit der politischen, gesellschaftlichen und kulturellen Entwicklung in Europa und der Veränderung des Handelsverhältnisses zwischen China und Europa zusammen.

Es war vor allem die Tatsache, daß das Handelsverhältnis zwischen China und den westlichen Ländern sich in der zweiten Hälfte des 18. Jahrhunderts ständig verschlechtert hatte, was zu einer kulturellen Kollision führte. China war seit langem ein autarkes Agrarland. Die Naturalwirtschaft, bei der die kleine Landwirtschaft mit dem häuslichen Handwerk eng verbunden war, hatte eine dominierende Position in der Wirtschaft inne. "Die Männer bebauten das Land, die Frauen webten (nebenher) den Stoff. China war Selbstversorger in jeder Hinsicht. Es gab weder einen Bedarf, noch war Geld zum Kauf für Waren vorhanden."[137] Daher ließen sich die europäischen Waren in China schlecht verkaufen. Darüber hinaus beschränkte die chinesische Regierung, besonders nach dem Ritenstreit, nicht nur die christliche Mission in China, sondern auch den Handel mit den westlichen Ländern. Den westlichen Kaufleuten wurde verboten, ins Innere Chinas zu reisen. Seit 1760 wurde der Handel mit den westlichen Ländern nur in der Hafenstadt Guangzhou erlaubt. Um diesen Handel zu kontrollieren, wurde das "Gonghang-System" eingeführt. Die chinesische Regierung beauftragte einige chinesische Firmen, die den Außenhandel monopolisierten und als Vermittler zwischen den chinesischen Behörden

---

[134] Jacobs 1995, S. 88.
[135] Hsia 1985, S. 382f; Demel 1992, S. 82ff.; Jacobs 1995, S. 89.
[136] Jacobs 1995, S. 89.
[137] Rennstich 1988, S. 121. – Anläßlich des Besuches des englischen Gesandten Amherst gab der chinesische Kaiser Qianlong einen Erlaß bekannt, daß "die Chinesen hätten, was sie brauchten. Und was man aus Europa anbieten könne, sei in China nicht gefragt. Es blieb also für die Chinesen gar nichts anderes übrig, als daß sie ihre Ware (Tee), die in Europa so gefragt sei, weiter anbieten müßten." Zitat nach Rennstich 1988, S. 121. Siehe auch Chen 1992, S. 54.

und den westlichen Kaufleuten fungierten.[138] All das behinderte den westlichen Chinahandel wesentlich.

Um die Handelsbeziehungen zu verbessern und direkte diplomatische Verbindungen herzustellen, hatten die westlichen Regierungen mehrmals Gesandte nach Peking und Tianjin geschickt. Bezüglich der Beziehungen zwischen China und den Ausländern ging die chinesische Regierung aber weiterhin vom traditionellen Tributsystem aus und erkannte keine gleichberechtigten Beziehungen zwischen China und anderen Ländern an. China wurde als die "einzige Macht" und der "Mittelpunkt der Welt" angesehen. Es sei "eine vom Himmel erkorene Dynastie oder Nation" und stehe "höher als andere Nationen der Welt". Alle Menschen, die außerhalb des chinesischen Territoriums und der chinesischen kulturellen Einflußsphäre wohnten, seien "barbarisch" und gefährlich. Ausländer, die eine diplomatische Beziehung mit China suchten, müßten zunächst die Superiorität der chinesischen Macht anerkennen. Wegen des Tributsystems erzielten die diplomatischen Bemühungen der westlichen Länder kein befriedigendes Ergebnis.[139] Da die westlichen Händler dem autarken und gewerblich hochentwickelten China kaum attraktive Handelsgüter bieten konnten, mußten sie für chinesische Waren mit Silber bezahlen und litten daher unter einer passiven Handelsbilanz. Um Gewinn zu erzielen, begannen sie mit Opium zu handeln. Der Opiumhandel führte aber nicht nur zu großen Belastungen der chinesischen Wirtschaft, sondern auch zu schweren Gesundheitsschäden bei der chinesischen Bevölkerung und zu großen sozialen Problemen. Er bewirkte auch die Einstellung der chinesischen Regierung, "dem westlichen Handel, der mittlerweile überwiegend Schmuggel betrieb, energischer entgegenzutreten".[140] Bei der Opiumfrage spitzte sich der kulturelle Gegensatz zwischen China und den westlichen Mächten zu.

In der gleichen Zeit vollzog sich in Wirtschaft, Politik, Gesellschaft und Kultur in Europa ein tiefgreifender Wandel. Die Industrielle Revolution erfaßte nach und nach fast alle Länder. Die Erfindung neuer Maschinen, ihre Reihen- und Massenproduktion, die unerhörten Fortschritte in der Energieumwandlung, die ständig wachsende Produktion an Kohle, Eisen, Stahl und Geweben zeigten eine noch nie dagewesene Aktivität der europäischen Wirtschaft.[141] Im politischen Bereich entwickelte sich in Europa sowohl Nationalismus als auch parlamentarische Demokratie. Demokratie und Industrie bedeuteten für den "weißen" Mann Überlegenheit. Das Zeitalter des aufgeklärten Absolutismus neigte sich seinem Ende zu. Die Französische Revolution vernichtete den aufgeklärten Absolutismus, Demokratie wurde zum politischem Ideal. Die Chinoiserie "als Ausdruck der Dekadenz der alten herrschenden Klasse" verfiel der allgemeinen Verachtung. "Das heroische Römerpathos des Neo-Klassizismus, die strenge Feierlichkeit des an Ägyptischem sich orientierenden Empire

---

[138] Franke 1974, S. 565.
[139] Franke 1974, S. 563ff.
[140] Osterhammel China und der Westen 1998, S. 106.
[141] Delavignette 1961, S. 19.

lösten sie ab."[142] Der Aufbruch der europäischen Gefühlskultur, die empfindsam-vorromantische Literatur, richtete sich gegen die Rokoko-Kultur, gegen die Chinoiserie.[143] Man trachtete danach, die "Voraussetzungen für die einzigartige Entwicklung der Gegenwart in der Vergangenheit der auf der griechisch-römischen Antike und dem Christentum basierenden eigenen Kultur" zu suchen.[144]

Zusammen mit der gesellschaftlichen und kulturellen Umwandlung änderte sich die Weltanschauung und der Wertmaßstab der Europäer bei ihrer Beurteilung der außereuropäischen Länder und Völker. Die wirtschaftliche, technische und militärische Überlegenheit wurde als Beweis zivilisatorischer Superiorität betrachtet. Freihandel wurde zur elementaren Norm des internationalen Verkehrs. "Ideen von der verschiedenen Wertigkeit der Kulturen und Rassen und demnach auch von der besseren Qualität und dem Vorrang bestimmter Rassen und Völker" setzten sich allmählich durch.[145] Eine "Europazentrierung des Kulturvergleichs" und eine "Modernitätszentrierung des geschichtlichen Rückgriffs" erlangte Geltung.[146] Jetzt begann ein "langsam verlaufender Ausgrenzungsprozeß als eine Bewegung von einem inklusiven Europazentrismus, der die Überlegenheit Europas als eine Arbeitshypothese betrachtete, die von Fall zu Fall korrigierbar war, zu einem exklusiven Europazentrismus, der sie als Axiom voraussetzte"[147]. Auch bei der Wahrnehmung von China war die Aufgeschlossenheit des 17. und frühen 18. Jahrhunderts China gegenüber mehr und mehr einer ausschließlich auf Europa konzentrierten Einstellung gewichen. Die Vorstellung der Aufklärer "von der Gleichwertigkeit oder sogar Höherwertigkeit der chinesischen Kultur und Gesellschaft" wurde durch die Konzeption von ihrer Minderwertigkeit abgelöst.[148] Die Verachtung und Geringschätzung der chinesischen Gesellschaft und Kultur war weit verbreitet.

Es waren zunächst die Kaufleute, Seefahrer und Abenteurer, die einige Küstengebiete Chinas beobachteten und über die dortigen Verhältnisse vielfach negativ berichteten.[149] Sie sprachen "von der chinesischen Fremdenfeindlichkeit, vom betrügerischen Kaufmann und verräterischen Mandarin"[150]. Ihre Berichte sind voll "von verächtlichen Bemerkungen über chinesische List, Verschlagenheit, Heuchelei, Doppelzüngigkeit, Betrügereien, Verrat, Wortbruch, Heimtücke und Geldgier"[151]. Solche Stereotypen wurden bald von den europäischen Feinden der Idealisierung Chinas durch die Jesuiten akzeptiert und verbreitet.

---

[142] Berger 1990, S. 21.
[143] Hsia 1985, S. 382; Berger 1990, S. 21.
[144] Franke 1962, S. 117.
[145] Leutner 1986, S. 405.
[146] Osterhammel Die Entzauberung Asiens 1998, S. 380.
[147] Osterhammel Die Entzauberung Asiens 1998, S. 380.
[148] Leutner 1986, S. 404f.
[149] Osterhammel 1987, S. 158; Berger 1990, S. 298; Jacobs 1995, S. 88.
[150] Osterhammel 1987, S. 158.
[151] Berger 1990, S. 298.

Ebenso waren die Berichte der westlichen Gesandtschaften am Hof zu Peking durch ein "überwiegend negative[s], zumindest skeptische[s] Chinabild"[152] geprägt. Ihre Verfasser stützten sich zwar auf die theologischen Quellen der Jesuiten, betrachteten China aber von einem anderen Blickwinkel aus. Sie interessierten sich nicht für die "moralischen Grundsätze der Chinesen", nicht für den "immanente[n] Funktionszusammenhang der chinesischen Lebensweise und Gesellschaftsordnung", sondern für die "wirkliche[n]" Verhältnisse in China und dessen Stellung unter den "zivilisierten Nationen".[153] John Barrow, ein Mitglied der britischen Gesandtschaft unter Lord Macartney (1792/93), behauptete in seinem 1804 veröffentlichten Reisebericht, daß "die Chinesen die kulturelle Führerschaft, die sie einst innegehabt hatten, längst an den Westen abgetreten" hätten.[154] Er sah "aus der Sicht eines in allen Lebenssphären fortschreitenden Europa" China als ein Land an, welches sich in einem Zustand der "Stagnation und Rückständigkeit, Borniertheit und Brutalität" befinde.[155]

Auch zahlreiche hervorragende europäische Denker im späten 18. Jahrhundert mochten nicht dem Chinaenthusiasmus der Jesuiten und der Sinophilie der frühen und mittleren Aufklärung folgen. Sie zeichneten im Gegenteil ein "wenig schmeichelhafte[s] Portrait von China", das "despotisch, altersstarr, in leerem Zeremoniell, ritualisierter Religionsübung und formalisierter Moral vergreist und kindisch geblieben zugleich" war.[156] Vor allen der Despotismus wurde als "das prägende Merkmal der chinesischen Kultur" und das Haupthindernis für "den Fortschritt in Kunst und Wissenschaft" angesehen.[157] "Mit der Entdeckung des Individuums und der Rückführung der Moral auf den einzelnen Menschen in der Hochaufklärung galt China nun mit seiner hierarchisierten, ständischen, auf der Basis von starren Konventionen aufbauenden Gesellschaft nicht mehr als fortschrittlich, sondern als rückständig."[158] Die Chinesen wurde auch als "gelbe Rasse" eingestuft. Man suchte von der biologischen Entartung aus die kulturelle Rückständigkeit der Chinesen zu erklären.[159]

Es waren insbesondere die von Herder und Hegel konzipierten synthetischen Deutungen Chinas, die mit ihrem "Mißbehagen an China" die Nachwelt stark beeinflußten.[160] Johann Gottfried Herder (1744-1803) beschäftigte sich intensiv mit der Volksart und Staatsverfassung der Chinesen, wobei ihm sowohl die Berichte der Jesuiten als auch die der Kaufleute und Diplomaten bekannt waren. Als "der große Gegner des aufgeklärten Absolutismus"[161] und wichtiger

---

[152] Bräuner 1990, S. 23.
[153] Osterhammel China und die Weltgesellschaft 1989, S. 27.
[154] Osterhammel China und die Weltgesellschaft 1989, S. 28.
[155] Osterhammel China und die Weltgesellschaft 1989, S. 28.
[156] Berger 1990, S. 299.
[157] Fuchs 1998, S. 47.
[158] Fuchs 1998, S. 47.
[159] Demel Wie die Chinesen gelb wurden 1992; Fuchs 1998, S. 48.
[160] Leutner Deutsche Vorstellungen 1986, S. 405.
[161] Jacobs 1995, S. 90.

Autor der empfindsam-vorromantischen Literatur[162] stand Herder "an hervorragender Stelle zwischen der vorherrschend positiven Chinadarstellung des 17. und 18. Jahrhunderts und der überwiegend negativen Einschätzung Chinas im 19. Jahrhundert"[163]. Obwohl er zwischen den idealisierten Beschreibungen und bösartigen Angriffen einen Mittelweg suchen wollte, vermittelte er eher ein negatives Chinabild. Er "legte es für die Romantik, die Philosophie des deutschen Idealismus und die historistische Geschichtsschreibung dogmatisch fest und untermauerte es mit ethnographischen, philosophischen und historischen Argumenten. Dadurch wurden andere Vorstellungen von China wie die Sinophilie verdrängt."[164]

Herder erkannte zwar die "Sanftmut", die "Biegsamkeit", die "gefällige Höflichkeit und anständige[n] Gebärden" der Chinesen und lobte die "Regelmäßigkeit und genau bestimmte Ordnung" der chinesischen Polizei und der Gesetzgebung sowie die Toleranz in der religionspolitischen Haltung des chinesischen Staates, er tadelte aber den "Despotismus" der chinesischen Herrscher. Herder pries den "Fleiß" der Chinesen, ihren "sinnlichen Scharfsinn" und ihre Errungenschaften bei der "feinen Künstlichkeit in tausend nützlichen Dingen", er erklärte aber, vom Rassismus seiner Zeit ausgehend, die lange Kontinuität aller Einrichtungen Chinas mit der "mongolischen Abkunft" der Chinesen. Ihm erschien das chinesische Reich wie "eine balsamierte Mumie, mit Hieroglyphen bemalt und mit Seide umwunden; ihr innerer Kreislauf ist wie das Leben der schlafenden Wintertiere"[165]. Herder hatte sogar den Eindruck, daß es den Chinesen "fast in allen Künsten am geistigen Fortgange und am Trieb zur Verbesserung" fehle und daß "ihre Moral- und Gesetzbücher immer im Kreise umhergehen und auf hundert Weisen, genau und sorgfältig, mit regelmäßiger Heuchlei von kindlichen Pflichten immer dasselbe sagen"[166].

Bei der Beschreibung der chinesischen Kultur bediente sich Herder des europäischen Maßstabs jener Zeit. Danach schien die chinesische Zivilisation "kindisch" und "naiv". Herder machte der chinesischen Zeichenschrift Vorwürfe, daß es ihr an Erfindungskraft mangele. Für ihn war die Zeichenschrift ein "charakteristisches Beispiel eines gehemmten Kulturfortschritts bei den Chinesen"[167]. Herder beurteilte die Lehre des Konfuzianismus nach Idealen wie Fortschritt, Individualismus und Humanität: "Ich ehre die Kings ihrer vortrefflichen Grundsätze wegen wie ein Chinese, und der Name Confucius ist mir ein großer Name, ob ich die Fesseln gleich nicht verkenne, die auch er trug, und die er mit bestem Willen dem abergläubischen Pöbel und der gesamten chinesischen Staatseinrichtung durch seine politische Moral auf ewige Zeiten aufdrang. Durch sie ist dies Volk, wie so manche andere Nation des Erdkreises

---

[162] Berger 1990, S. 301.
[163] Leutner Deutsche Vorstellungen 1986, S. 405.
[164] Fuchs 1998, S. 48.
[165] Zitat nach Merkel 1942, S. 9f.
[166] Merkel 1942, S. 9f.
[167] Merkel 1942, S. 9.

mitten in seiner Erziehung, gleichsam im Knabenalter stehen geblieben, weil dies mechanische Triebwerk der Sittenlehre den freien Fortgang des Geistes auf immer hemmte und sich im despotischen Reich kein zweiter Confucius fand."[168] Da Herder "die ungeheure Literatur Chinas auf philosophischem Gebiet eigenständiger Prägung" nie gekannt hatte, so konnte er selbstherrlich urteilend sagen: "Das Werk der Gesetzgebung und Moral, das als einen Kinderversuch der menschliche Verstand in China gebaut hat, findet sich in solcher Festigkeit nirgend sonst auf der Erde; es bleibe an seinem Ort, ohne daß je in Europa ein abgeschlossenes China voll kindlicher Pietät gegen seine Despoten werde."[169] Die Chinesen waren für Herder ein Volk, das in einem widernatürlichen System leerer Zeremonien und Zwänge erstarrt war.

Georg Wilhelm Friedrich Hegel (1770-1831), "der dialektisch-scharfsinnige erste deutsche universal gerichtete Geschichtsphilosoph"[170], äußerte sich über China überwiegend aus der Perspektive der "Philosophie der Weltgeschichte", der "Philosophie der Religion" und der "Geschichte der Philosophie". Sein Chinabild ist auch sehr negativ und geprägt von dem Begriff der "Stagnation".

Ausgangspunkt Hegels war der Gedanke, "die ganze Weltgeschichte sei nichts als die Entwicklung des Geistes und damit die Entwicklung des Begriffes der Freiheit, die im Staat ihre weltliche Verwirklichung finde"[171]. Der Begriff der "natürlichen Geistigkeit", die "absolut heteronom" sei, wurde auf China angewendet. Nach Hegel war die Einheit des Geistes mit der Natur ein wesentliches Kennzeichen für die orientalische Welt. Sie stelle "die Kindheitsstufe der sich zur Erkenntnis durchringenden Weltvernunft dar, da eben Äußerliches und Innerliches, Gesetz und Einsicht, Staat und Religion, die Geistigkeit als solche und das weltliche Reich noch nicht unterschieden seien"[172]. "Der Monarch ist Chef als Patriarch, und die Staatsgesetze sind rechtliche und moralische Gesetze, so daß das moralische Gesetz selbst als Staatsgesetz gilt, gehandhabt, ausgeführt wird; es ist der Kaiser, der den ganzen Mechanismus aufrechthält, ihn zusammenhält. Die Sphäre der Innerlichkeit kommt daher hier nicht zur Reife, da die moralischen Gesetze wie Staatsgesetze behandelt werden, so daß das innerliche Gesetz, das Wissen als seiner eignen Innerlichkeit, selbst als ein äußerliches Rechtsgebot vorhanden ist und das Rechtliche seinerseits den Schein des Moralischen erhält. Alles, was wir Subjektivität nennen, ist in dem Staatsoberhaupt zusammengenommen, das, was es bestimmt, zum Besten, Heil und Frommen des Ganzen tut."[173]

---

[168] Zitat nach Merkel 1942, S. 10.
[169] Zitat nach Merkel 1942, S. 11.
[170] Merkel 1942, S. 11.
[171] Merkel 1942, S. 12.
[172] Merkel 1942, S. 12.
[173] Zitat nach Merkel 1942, S.12.

Für Hegel "basierte nur der Staat auf Recht, die Moralität war allein Sache des Individuums"[174]. Eine vernünftige Verfassung müsse das Moralische und Rechtliche einer jeden Sphäre für sich hervorbringen. Ohne die aus sich selbst kommende Sittlichkeit könne sich das Individuum nicht entwickeln und damit auch nicht Kultur und Staat. Der "Mangel des ganzen Prinzips der Chinesen" liege gerade darin, "daß bei ihnen das Moralische nicht vom Rechtlichen geschieden" werde. In der chinesischen patriarchalischen Monarchie gebe es "keine selbständigen Individuen, weder einen Adel, noch überhaupt Stände oder Kasten wie in Indien"; China sei "das Land der absoluten Gleichheit". Aber diese Gleichheit sei nur eine äußerliche, in der keine Freiheit herrsche; sie sei "nicht die durchgekämpfte Bedeutung des inneren Menschen, sondern das niedrige, noch nicht zu Unterschieden gelangte Selbstgefühl."[175] "Das eigentlich Sittliche, das im Innern freie Subjekt findet sich im Kreise des ganzen chinesischen Staatszusammenhangs nicht; es ist nicht respektiert, selbst nicht vorhanden." Da Gleichheit, aber keine Freiheit in China herrsche, so sei der Despotismus die notwendig gegebene Regierungsweise. Es herrsche in China nichts anderes als Sklaverei.[176] Dabei kam auch ein Überlegenheitsgefühl der westlichen Kultur zum Ausdruck: "Der Orient weiß und wußte, daß nur einer frei ist; die griechische und römische Welt wußte, daß einige frei sind; und die germanische Welt weiß, daß alle frei sind."[177]

Aus oben genannten grundlegenden Erkenntnissen resultierten für Hegel eine ganze Reihe von Aspekten Chinas, nach denen er Geschichte, Philosophie, Künste, Wissenschaft usw., negativ bewertete. Eine der wichtigsten Thesen Hegels über China ist: China habe eigentlich keine Geschichte, aber eine hohe Kultur, "eine in höchstem Grade wohlgeordnete Regierung, die gerecht, milde, weise und bis zu den untersten Verwaltungszweigen lebendig ist"[178]. Hegel behauptete auch, daß die Sitten der Chinesen "unselbständig" seien.[179] Die chinesische Wissenschaft trage das Kennzeichen der "inneren Unfreiheit, den Mangel an eigentümlicher Innerlichkeit" an sich – "freie liberale Wissenschaft ist nicht vorhanden". Konfuzius sei "ein Moralist, nicht eigentlich ein Moralphilosoph". Auch die wissenschaftlichen Errungenschaften der Chinesen auf dem Gebiet der Astronomie, der Physik und Geometrie wurden geringgeschätzt. Die Chinesen besäßen wohl verschiedenartige Instrumente, wüßten aber damit nichts anzufangen. Dagegen seien sie "in einfachen mechanischen Vorrichtungen oft geschickter wie die Europäer; das ist aber nicht Wissenschaft".[180] Für Hegel war "Geistlosigkeit" das Kennzeichen der chinesischen Religion.[181] Er wies darauf hin, daß die Chinesen in ihrem patriarchalischen Despotismus

---

[174] Fuchs 1999, S. 50.
[175] Merkel 1942, S. 16.
[176] Jacobs 1995, S. 94.
[177] Zitat nach Fuchs 1999, S. 50.
[178] Merkel 1942, S. 12f.
[179] Merkel 1942, S. 17.
[180] Merkel 1942, S. 18.
[181] Merkel 1942, S. 19.

keiner Vermittlung mit dem höchsten Wesen bedürften, da die Erziehung, die Gesetze der Moralität und Höflichkeit und dann die Befehle und Regierung des Kaisers dieselbe enthalten. "Im Ganzen bezieht sich die chinesische Religion nur auf eine natürliche Substanz."[182] Nach Meinung Hegels waren die Chinesen in höchstem Grade "abergläubisch". Da mit der chinesischen Religion "keine eigentliche Moralität, keine immanente Vernünftigkeit" verbunden sei, so folge daraus eine "unbestimmbare Abhängigkeit von allem Äußerlichen", ein "höchste[r], zufälligste[r] Aberglaube". Die Chinesen seien "in ewiger Furcht und Angst vor Allem, weil alles Äußerliche eine Bedeutung, Macht für sie ist, das Gewalt gegen sie brauchen, sie afficiren könne". Wahrsagerei, die Lehre vom Fengshui und alle möglichen Zeremonien seien in China alltäglich, weil "das Individuum ohne alle eigene Entscheidung und ohne subjektive Freiheit ist".[183]

Obwohl "Hegel durch eifriges Studium der damals bekannten Literatur über das Volk der Chinesen ernstlich bemüht war, ihre geistig-völkische Eigenart zu erfassen", betrachtete er die chinesische Kultur aber ganz "im Spiegel der religiös-ethischen Wertkategorien des Westens".[184] Er hielt "die eigene Gegenwart 'für die Quintessenz aller Zeiten und Völker'" und behauptete, daß es "das notwendige Schicksal der asiatischen Reiche" sei, "den Europäern unterworfen zu sein", und China sich auch einmal diesem Schicksal werde fügen müssen. Damit lieferte er dem Imperialismus des 19. Jahrhunderts den theoretischen Hintergrund.[185]

Es ist unbestritten, daß China seit dem Ende des 18. Jahrhunderts in vielerlei Hinsicht hinter der Entwicklung Europas zurückblieb. Die negative Beurteilung der chinesischen Gesellschaft und Kultur spiegelte in gewissem Maß die realen "Ausgrenzungen" und "Distanzierungen" Europas von China wider. In diesem Zeitraum entwickelten sich die westlichen Länder durch die Industrielle Revolution rasch zu modernen Staaten, während China einen "dynastischen Niedergang" erfuhr. Es sank nach dem Aufschwung um die Mitte des 18. Jahrhunderts "auf die Ebene der ärmsten Länder der Welt hinab, die es bis in die jüngste Gegenwart nicht verlassen sollte".[186] Das mit der ehemaligen Prosperität verbundene Bevölkerungswachstum[187] und die zunehmende Differenzierung innerhalb der Gesellschaft überforderten den Qing-Staat und führten zu Spannungen innerhalb der Bevölkerung, die sich in immer häufigeren Volkserhebungen und Aufständen, insbesondere in den Randzonen des Reiches, entluden. Die Zerrüttung der Staatsfinanzen, eine wachsende Korruption im Beamtenapparat und am Kaiserhof, schließlich auch die wirtschaftliche Aus-

---

[182] Zitat nach Merkel 1942, S. 19f.
[183] Merkel 1942, S. 20f.
[184] Merkel 1942, S. 25.
[185] Merkel 1942, S. 25; Jacobs 1995, S. 94.
[186] Osterhammel China und die Weltgesellschaft 1989, S. 40.
[187] "Zwischen 1700 und 1800 verdoppelte sich die Bevölkerung des Reiches von ca. 150 auf 300 Millionen Menschen." Osterhammel China und der Westen 1998, S. 104.

beutung und die politische Unterdrückung führten dazu, daß China sich unter der Herrschaft der Qing-Dynastie in einer schweren ökonomischen, politischen und gesellschaftlichen Krise befand.[188] Allerdings drückte "die Behauptung der Geschichtslosigkeit Chinas, des Mangels an Staatlichkeit, der Freiheit und kulturelle Entwicklung verhindere, sowie die These von der rassischen Minderwertigkeit und fehlenden Sittlichkeit", die seit dem Paradigmenwechsel der Wahrnehmung von China durch die Europäer entstand, China "in ein Land der Barbarei herab".[189] Diese Topoi schufen die Voraussetzung und Rechtfertigung der imperialistischen Aggression der westlichen Mächte gegenüber China und wurden zum Instrument der Legitimierung kolonialer Expansion. Sie übten auch eine große Wirkung auf die Wahrnehmung der Europäer über China aus und prägten in großem Maßstab die Beschreibungen der chinesischen Geschichte und Kultur durch die deutschen protestantischen Missionare im 19. Jahrhundert.

---

[188] Osterhammel China und der Westen 1998, S. 103ff.; Chen 1992, S. 37ff.
[189] Fuchs 1999, S. 53.

III. Geschichte der deutschen protestantischen Mission in China im 19. Jahrhundert

Der Begriff "Mission" ist erst seit dem 16. Jahrhundert in der christlichen Welt bekannt. Er bedeutet "Sendung" und bezeichnet die Bemühungen, die Botschaft von Jesus Christus in der ganzen Welt zu verkünden und die Nicht-Christen für das Christentum zu gewinnen.[1] Sein biblischer Auftrag ist der Befehl Jesus Christus bzw. der frühen christlichen Gemeinde in Mt 28, 19.[2] Trotz der relativen Selbständigkeit der missionarischen Anregung und der relativen Eigenständigkeit der missionarischen Sphäre konnte sich die Ausführung dieses Missionsbefehls von konkreten historischen, politischen, sozialen und gesellschaftlichen Rahmenbedingungen nicht trennen.[3] Der Missionseifer des Protestantismus im 19. Jahrhundert erhielt seinen Antrieb nicht nur vom religiösen Glauben ihrer Verfechter, sondern auch von den gleichzeitigen Kolonialexpansionen der westlichen Mächte. Er war ein "religiöser Ausdruck eines umfassenden europäischen Sendungsbewußtseins gegenüber dem Rest der Welt"[4]. Die protestantische "Heidenmission" und die Kolonialexpansion der westlichen Mächte gingen Hand in Hand.

Die eigentlichen Träger der protestantischen überseeischen Mission waren die "Missionsvereine" bzw. "Missionsgesellschaften". Ihre ersten Gründungen erschienen am Ende des 18. Jahrhunderts und Anfang des 19. Jahrhunderts. Im Verlauf des 19. Jahrhunderts folgten immer neue Schaffungen. Sie waren Vereinigungen mit Selbstverwaltung und ohne Abgrenzung von Regionen und Nationalitäten. Sie "bildeten gewissermaßen das 'kirchliche' Pendant zu den geographischen, kolonialen, kommerziellen und wissenschaftlichen Gesellschaften"[5] und stellten "einen früheren Ausdruck liberalbürgerlicher Emanzipation und gesellschaftlicher Modernisierung"[6] dar. Ihre Aufgaben lagen im wesentlichen in der Sammlung von Spenden, Erhaltung von Missionsgemeinden, Ausbildung, Entsendung und Unterstützung der Missionare.

Die protestantische Mission in China begann mit Hilfe der westlichen Mächte, den chinesischen Markt für ihren Handel zu erschließen. Schon die

---

[1] Ström 1994, S. 18; Freytag 1994, S. 24.
[2] "Darum gehet hin und machet zu Jüngern alle Völker: taufet sie auf den Namen des Vaters und des Sohnes und des heiligen Geistes und lehret sie halten alles, was ich euch befohlen habe. Und siehe, ich bei euch alle Tage bis an der Welt Ende."
[3] Gründer 1982, S. 14.
[4] Osterhammel China in der Weltgesellschaft 1989, S. 138.
[5] Gründer 1982, S. 22.
[6] Gründer 1982, S. 23. Siehe auch Jacobs 1995, S. 49.

Arbeit der ersten protestantischen Chinamissionare war eng mit der Tätigkeit der westlichen Handelsfirmen verbunden. Nach der gewaltsamen "Öffnung" Chinas durch die westlichen Mächte wurde die christliche Mission in China in großem Umfang durchgeführt. Auch die deutsche protestantische Chinamission erfuhr eine deutliche Zunahme. Immer mehr Missionsgesellschaften nahmen die Arbeit in China auf, immer mehr Missionare wurden nach China entsandt. Durch Predigten und Gemeindepflege, Verteilung von Bibeln und anderen religiösen Traktate, die Gründung von Missionsschulen, literarische Tätigkeit, ärztliche Mission u.a. verkünden die Missionare in China fanatisch das Evangelium. Wie die gesamte christliche Mission stieß die deutsche protestantische Mission in China aber auch auf heftige Widerstände der chinesischen Bevölkerung. Die Verwicklung der Mission in die aggressive Politik der westlichen Mächte, aber auch die gegenseitigen Fehleinschätzungen, Mißverständnisse und das Mißtrauen der chinesischen Bevölkerung gegenüber den Missionaren, waren die Hauptursachen, die zum Konflikt geführt hatten. Die Geschichte der deutschen protestantischen Mission in China im 19. Jahrhundert ist also eine Geschichte der interkulturellen Kollision.

Die missionarische Tätigkeit bildete einen wichtigen historischen Hintergrund für die Berichte der Missionare über China und die Chinesen. Aus der Missionsarbeit sammelten sie zahlreiche Erfahrungen, die nicht nur zur Regulierung ihrer Missionsstrategie beitrugen, sondern auch bei ihrer Wahrnehmung und Beschreibung der chinesischen Gesellschaft und Kultur eine wichtige Rolle spielten.

1. Anfänge der protestantischen überseeischen Mission

Eine protestantische Mission hatte es schon vor dem 19. Jahrhundert gegeben. Als die "protestantischen" Länder Holland, England und Dänemark die weltpolitische Vorherrschaft an Stelle der "katholischen Mächte" Spanien und Portugal übernahmen und zahlreiche überseeische Kolonien gründeten, wurden gleichzeitig die protestantischen überseeischen Missionsunternehmungen begonnen.[7] Die holländische Ostindische Handelskompanie, die in Süd-Ostasien "nicht bloß die Handelsbeziehungen, sondern auch die politische Herrschaft in der Hand hatte"[8], nahm nach dem katholischen Vorbild die Ausbreitung des Christentums als eine Hauptaufgabe in ihre Satzungen (1602) auf. So sandten sie Missionare zu den "heidnischen" Ländern und Gebieten in Südindien, auf Ceylon, auf den großen Sundainseln, auf den Molukken und nach Taiwan (Formosa) und finanzierten sie.[9] Auch der englische Hof erklärte die Mission zu einer der Kolonialprivilegien der ersten puritanischen Siedler in Nordamerika.[10] Der englische Missionar John Eliot (1604-1690), "der erste und weitaus bedeutendste Missionar"[11], fand in den englischen nordamerikanischen Kolonien "bei mehreren Stämmen aus der Familie der Algonkin-Indianer, besonders bei den Mohikanern, überraschend guten Eingang"[12].

Zu Beginn des 18. Jahrhunderts hatte Deutschland zwar keine Kolonie zur Verfügung, begann der deutsche Protestantismus aber in Verbindung mit der Kolonialexpansion anderer europäischen Länder auch seine überseeische Mission. Es war vor allem die dänisch-hallesche Mission. Im Jahre 1706 wurden zwei in Halle ausgebildete Theologen, Bartholomäus Ziegenbalg (1682-1719) und Heinrich Plütschau (1677-1746), durch den Dänenkönig Friedrich IV. an die Tranquebarküste zu den Tamilen in Südostindien ausgesandt.[13] Angeregt von der dänischen Missionsbewegung wandte Nikolaus Ludwig Graf von Zinzendorf (1700-1760), der Stifter der Brüdergemeinde, sich auch der

---

[7] Gründer 1982, S. 19.
[8] Richter Evangelische Missionsgeschichte 1927, S. 7.
[9] Richter Evangelische Missionsgeschichte 1927, S. 7; Gründer 1982, S. 19f.
[10] Gründer 1982, S. 20.
[11] Richter Evangelische Missionsgeschichte 1927, S. 10.
[12] Richter Evangelische Missionsgeschichte 1927, S. 10.
[13] Richter Evangelische Missionsgeschichte 1927, S. 6, bezeichnet Peter Heiling als "der erste evangelisch-deutsche Missionar". Er gehe schon 1634 nach Abessynien und betreibe dort drei Jahrzehnte missionarische Tätigkeit. Trotzdem läßt sich der Beginn einer systematischen und langfristigen Mission erst auf das Jahr 1706 datieren. Holsten 1960, S. 1003; Mende 1986, S. 378.

Mission zu.[14] Die Missionare der Brüdergemeinde wurden 1732 nach Westindien, 1733 nach Grönland[15], 1737 nach Südafrika[16] u.a. ausgesandt.

Allerdings waren diese Missionsanfänge nur sporadisch und entwickelten sich langsam. Während die Aufklärung in Europa weit verbreitet war, kam die Missionstätigkeit unter dem Einfluß des Rationalismus meist zum Erliegen. Dies änderte sich erst mit dem Beginn des 19. Jahrhunderts. Der neue Missionseifer wurde vor allem von der religiösen Erweckungsbewegung jener Zeit angespornt.[17]

Bei der Erweckungsbewegung handelte es sich um "eine kritische Erneuerungsbewegung innerhalb des gesamten Protestantismus"[18]. Im Anschluß an den späten Pietismus des ausgehenden 18. Jahrhunderts und unter den Einwirkungen des Idealismus und der Romantik reagierten etliche geistliche Persönlichkeiten in Europa und in Nordamerika mit starker religiöser Leidenschaft auf die Erschütterungen, die von der Industriellen Revolution und den damit verbundenen sozialen und kulturellen Wandlungen hervorgebracht wurden. Sie wandten sich gegen die zunehmende Säkularisierung, den Materialismus, den Werteverfall, den Rationalismus und Atheismus. "Die strenge Bibeltreue, die Wachsamkeit gegenüber einer Veräusserlichung des religiösen Lebens und die Betonung der Notwendigkeit einer individuellen Bekehrung zum Glauben" waren ihre herausragenden Merkmale.[19] Man versuchte auch, durch Erziehung und karitative Maßnahmen die sozialen Mißstände, die die Ausbreitung und Verwurzelung jenes Glaubens behinderten, zu lindern, und hoffte auf diesem Wege, zu einer umfassenden Durchdringung und Erneuerung der Gesellschaft zu gelangen.[20]

Die Erweckungsbewegung beeinflußte "die einzelnen Kirchen, formte die religiösen Strömungen innerhalb und außerhalb dieses Bereiches mit und wirkte sich im staatlichen und sozialen Leben aus". Sie entfaltete auch "eine im Protestantismus bisher in dieser Breite ungekannte Aktivität, welche die Innere und Äußere Mission erst in Bewegung setzte".[21] Sie gab der protestantischen Missionsbewegung "eine klare Grundausrichtung", "stellte Kräfte für die Missionsarbeit bereit" und "bot als Rückhalt und zum Austausch von Informationen ein Netz von Beziehungen".[22] Am wichtigsten war "die aus dem kirchlichen Denken der Erweckung entspringende Bildung freier Gesellschaften", die eine Minderheit, die die Missionsaufgabe erkannte, in die Lage versetzte, "ihre

---

[14] Gründer 1982, S. 20.
[15] Gundert 1894, S. 2f.
[16] Gründer 1982, S. 38.
[17] Über die Erweckung siehe Beyreuther 1963; Beyreuther 1986, S. 621ff.; Benrath 1982, S. 205ff.; Deichgräber 1982, S. 220ff.; Hollenweger 1982, S. 224ff.; Freytag 1986, S. 629ff.; Gäbler 1991.
[18] Beyreuther 1963, S. 3.
[19] Rügg 1988, S. 38.
[20] Grechat 1987, S. 147.
[21] Beyreuther 1963, S. 3.
[22] Walls 1994, S. 48.

Ziele zu verwirklichen, Laien mit in die Arbeit hineinzunehmen und durch Wecken von Einsatzfreude vor Ort und gelegentlich auch bei begüterten Persönlichkeiten Mittel aufzubringen".[23]

Zur Wiederbelebung der protestantischen Mission trug die weitere koloniale Expansion der westlichen Mächte erheblich bei. Gerade im 19. Jahrhundert machten die wirtschaftliche Entwicklung und die soziale Umwandlung Europa zu einer Kolonialmacht. Die Kolonialexpansion schuf der christlichen Mission eine günstige äußere Voraussetzung. Die Mission sah in dem neuen europäischen Ausgreifen eine großartige "Heilsveranstaltung", die gleichzeitig der Ausbreitung des christlichen Glaubens diente.[24] So folgte dem Siegeszug der europäischen kolonialen Mächte das Vordringen der "Evangelisierung", die sowohl vom Katholizismus wie auch vom Protestantismus getragen wurde.

Auch die neueren geographischen und geologischen Entdeckungen beeinflußten den Aufschwung der protestantischen Missionsbewegung.[25] Die Entdeckungsreisen, wie die von James Cook (1728-1779) in Indien und die von David Livingstone (1813-1873) in Afrika, trugen vielfach dazu bei, die allgemeine Aufmerksamkeit auf bis dahin unbekannte Regionen zu lenken. Die Schriften und Reportagen der Entdeckungs- und Forschungsreisenden wurden als beliebte Lektüre in den Missionshäusern gelesen. Die "missionsstrategischen" Pläne der Leitungsgremien der Missionsgesellschaften wurden dadurch stimuliert. Nach einem Wort von Livingstone sollte das "Ende der großen geographischen Leistung nur der Anfang des missionarischen Unternehmens" sein.[26] Ferner stellte das Eintreten gegen die Sklaverei ein wichtiges Moment in der Missionsbewegung dar. Der Kampf von Wilberforce (1759-1833) und den Evangelikalen, der sogenannten *Clapham Sect,* gegen den Sklavenhandel rief das Gefühl eines kollektiven Verschuldens des Westens und der Notwendigkeit einer Sühne wach und verlieh der frühen Missionsbewegung eine moralische und humanitäre Leidenschaftlichkeit.[27] Ebenso stark wirkten sich das Überlegenheitsgefühl gegenüber den außereuropäischen, nicht-christlichen Ländern und Völkern und die Vorstellung vom "weltgültige[n] zivilisatorisch-politische[n] Auftrag" auf die Missionsbewegung aus.[28]

Die neue missionarische Bewegung entstand zunächst in England, breitete sich dann von dort zum europäischen Kontinent und nach Nordamerika aus. England war das erste Land, in dem die industrielle Revolution stattfand. Es wurde am Anfang des 19. Jahrhunderts zum stärksten kapitalistischen Land auf der Welt und zum Prototyp imperialistischer Kolonialherrschaft. Auch die evangelische Erweckung hatte in England ihren Ursprung. Die anglikanische hochkirchliche Frömmigkeit, die mystische Tradition und der Pietismus von

---

[23] Walls 1994, S. 48.
[24] Gründer 1982, S. 322.
[25] Kammer 1978, S. 83; Westman 1962, S. 81..
[26] Gründer 1982, S. 322.
[27] Hammer 1978, S. 83; Westman 1962, S. 81f.
[28] Leutner Deutsche Vorstellungen 1986, S. 405.

Halle und die Ideen der Herrnhuter Brüdergemeinde brachten John Wesley (1703-1791) und die methodistische Bewegung hervor. Wesleys Forderung "nach einer persönlichen Bekehrung und Heiligung" und sein "politisches Verantwortungsbewußtsein" fanden ihren "Ausdruck im Kampf für die Abschaffung der Sklaverei wie im Eifer für missionarische Unternehmungen"[29]. Angeregt durch diesen Missionsimpuls gründete William Carey (1761-1834), der "Vater der modernen Mission"[30], im Jahre 1792 die "Baptist Missionary Society", womit "ein Wendepunkt" in der Missionsarbeit im Übergang vom 18. zum 19. Jahrhundert und damit "das Eintreten der englischsprachigen Welt in die Mission" markiert wurde.[31] Bald danach entstanden die "London Missionary Society" (1795) und die "Church Missionary Society" (1799). Insgesamt bildeten sich zwischen 1792 und 1813 sieben bedeutende Missionsgesellschaften, die ihre Missionare in fast alle Teile der Welt entsandten und das Bild der protestantischen Mission des 19. Jahrhunderts prägten.[32] Die moderne protestantische überseeische Mission hatte damit ihren Anfang genommen.

---

[29] Neill 1974, S. 170.
[30] Neill 1974, S. 177.
[31] Neill 1974, S. 177.
[32] Gründer 1982, S. 21.

2. Die protestantische Missionsbewegung in Deutschland im 19. Jahrhundert

Die von England ausgehende Missionsbewegung dehnte sich bald bis nach Deutschland aus. In Deutschland gab es seit langem die Tradition des Pietismus. Er war ein "Ansatzpunkt" für den neu aufkommenden Missionseifer.[33] Unter dem Einfluß der Erweckungsbewegung bildeten die altgläubigen Kreise in Süd- und West-Deutschland "ein immer dichteres Netz".[34] Die Erweckungsbewegung übte aber auch eine starke Wirkung auf weitere Kreise aus und verbreitete den Missionseifer in ganz Deutschland. "Man entdeckte den Glauben der Väter; man tat das auf eine stark persönliche und innerliche Weise; man entdeckte aber auch die Aufgaben, die der Glaube dem Christen stellt – und damit die Weltmission."[35] Alte und neue Missionsinitiatoren verbanden sich in der "Deutschen Christentumsgesellschaft", deren Sitz in Basel war. Von dort aus verbreitete sich die deutsche Protestantische Mission im 19. Jahrhundert.[36]

Im Vergleich zu England war Deutschland zu Beginn des 19. Jahrhunderts weithin rückständig. Immer noch vier Fünftel der Bevölkerung lebten in und von der Landwirtschaft. Es fehlte an einer einheitlichen, zentralen Staatsmacht. Die einzelnen Landschaften und Territorien waren räumlich und geistig voneinander getrennt. Vor diesem Hintergrund konnte die deutsche protestantische Überseemission sich nicht im gleichen Umfang wie die englische entwickeln. Die Missionstätigkeit in Deutschland war fast ausschließlich durch individuelle Initiative und durch eine theologische Randgruppe des Protestantismus entstanden.[37] Zum Teil wurde sie von den offiziellen Kirchen mit großer Ablehnung behandelt. In der akademischen Theologie wurde sie lange nicht zur Kenntnis genommen. Die Regierung erlaubte zwar die Missionstätigkeit, zeigte sich aber nicht hilfsbereit. In der nichtmissionarischen Öffentlichkeit war das Urteil über die protestantische Mission meist negativ. So blieb die protestantische Mission in der ersten Hälfte des 19. Jahrhundert meistens eine Sache der "Stillen im Lande"[38] und führte "ein ausgesprochenes Winkel-

---

[33] Neill 1974, S. 366, Ergänzungen aus deutscher Sicht von Niels-Petre Moritzen. - Über die deutsche Erweckung siehe auch Beyreuther 1963, S. 22ff.; Benrath 1982, S. 210ff.; Beyreuther 1986, S. 623ff.
[34] Beyreuther 1986, S. 623.
[35] Neill 1974, S. 366, Ergänzungen aus deutscher Sicht von Niels-Petre Moritzen.
[36] Beyreuther 1986, S. 623.
[37] Richter Evangelische Missionsgeschichte 1927, S. 15; Hoffmann 1977, S. 445.
[38] Gründer 1982, S. 24.

dasein"³⁹. Erst mit der schnelleren Entwicklung der kapitalistischen Wirtschaft, der Gründung des einheitlichen "Nationalstaats" und dem Eintritt des Deutschen Reiches in die Reihe der Kolonialmächte nahm sie einen größeren Aufschwung.

Die Träger der deutschen protestantischen Mission waren ebenfalls die Missionsgesellschaften. Aber anders als in England, wo "die freikirchlichen Missionen als Vollstreckerinnen des Welterneuerungswillens ihrer Denominationen vorherrschten, bildeten sich im deutschen Sprachraum Missionsgesellschaften als eingetragene Vereine außerhalb der Landeskirchen"⁴⁰. Die erste protestantische Missionsgesellschaft im deutschsprachigen Raum ist die 1815 gegründete "Evangelische Missionargesellschaft zu Basel" (Basler Mission). Die Basler Mission ließ sich zwar in der Schweiz nieder, ihr Kerngebiet lag aber in Württemberg und Baden. So nannte man das Basler Missionshaus "Schwabenkaserne"⁴¹. Schon im Jahre 1828 begann die Basler Mission ihre Arbeit in Übersee.⁴²

Von den zahlreichen Hilfsvereinen der Basler Mission entwickelten sich einige zu selbständigen Gesellschaften. In Berlin entstand 1824 die "Gesellschaft zur Beförderung der Evangelischen Mission unter den Heiden" (Berliner Mission, auch "Berlin I" genannt), die besonders von den Missionsfreunden in den sieben östlichen preußischen Provinzen unterstützt wurde.⁴³ In Barmen entstand 1828 durch den Zusammenschluß von vier Hilfsvereinen die "Rheinische Missionsgesellschaft" (Rheinische Mission, bekannt auch als "Barmer Mission"). Sie war die größte protestantische Missionsgesellschaft in Deutschland.⁴⁴ Ihr Zentrum befand sich in Wuppertal und im Ravensberger Land, ihr weiteres Hinterland im Rheinland und in Westfalen.⁴⁵ In Hamburg entstand 1836 die "Norddeutsche Missionsgesellschaft" (später Sitz in

---

[39] Besier Mission 1992, S. 239.
[40] Rosenkranz 1977, S. 198. Siehe auch Holsten 1960, S. 1005.
[41] Gründer 1982, S. 30.
[42] In diesem Jahre wurden die Missionare aus Basel zur Goldküste (in Ghana) entsandt und waren dort tätig. 1838 begann die Basler Mission an der Südwestküste Indiens ihre Arbeit, 1846 in Südchina. Nachdem das Deutsche Reich in Afrika Kolonien erworben hatte, wurde die Basler Mission 1886 die deutsche Kolonialmission in Kamerun. Zur Basler Mission siehe Schlatter 1916; Jenkins 1989; Westman 1962, S. 93; Gründer 1982, S. 30f.
[43] Missionsfelder der Berliner Mission waren am Anfang in Südafrika (Pietermaritzburg, seit 1834). 1882 kam sie nach Südchina. Nach Verständigung mit den Herrnhutern zu Anfang der 1890er Jahre begann sie ihre Arbeit im südlichen Hochland Ostafrikas. Sein Missionsfeld erstreckte sich 1898 nach Nordchina (Qingdao), nachdem das Deutsche Reich Jiaozhou als sein "Pachtgebiet" besetzt hatte. Siehe Richter 1924; Lehmann 1974; Westman 1962, S. 93; Gründer 1982, S. 40.
[44] Gründer 1982, 27.
[45] 1829 begann die Rheinische Mission ihre Arbeit in Südafrika, 1834 auf Borneo (1921 dort von der Basler abgelöst), 1844 in Südwestafrika (Carl Hugo Hahn), 1846 in Südchina, 1861 im Batakland in Sumatra und 1865 auf Nias. Nachdem die Rheinische Mission die Bedingungen der Neuguinea-Kompanie akzeptiert hatte, begann sie 1887 in Kaiser-Wilhelms-Land ein weiteres Missionsfeld aufzubauen. Siehe Bonn 1928; Menzel 1978; Westman 1962, S. 93; Gründer 1982, 27f.

Bremen).⁴⁶ In Dresden bildete sich 1836 die Evangelisch-Lutherische Missionsgesellschaft, die 1848 ihren Sitz nach Leipzig verlegte (Leipziger Mission).⁴⁷

Nach diesen älteren Missionsgesellschaften gab es in den folgenden Jahren noch viele Neugründungen, die hauptsächlich von einigen "willensstarke[n] Männer[n]"⁴⁸ ins Leben gerufen wurden. 1836 trennte sich der Erweckungsprediger Joh. Ev. Goßner von der Berliner Mission und schuf die "Goßnersche Mission" ("Berlin II").⁴⁹ 1849 gründete Louis Harms in dem Lüneburger Heidedorf die "Evangelisch-Lutherische Missionsanstalt zu Hermannsburg" (Hermannsburger Mission).⁵⁰ Zusammen mit einigen Freunden errichtete W. Löhe 1849 in Neuendettelsau die "Gesellschaft für Innere und (seit 1888) Äußere Mission" (Neuendettelsauer Mission).⁵¹ Im Jahre 1876 entstand die "Schleswig-Holsteine Evangelisch-Lutherische Missionsgesellschaft zu Breklum" (Breklumer Mission).⁵² Im Jahre 1884 wurde in Weimar auch der "Allgemeine Evangelisch-Protestantische Missionsverein für Ostasien" (später "Deutsche Ostasienmission" genannt) ins Leben gerufen.⁵³ In 80er Jahren kam noch die "Deutsch-Ostafrikanische Missionsgesellschaft" in Berlin (Berlin III) zur Gründung.⁵⁴ Der Senior Ittameier schuf in Reichenschwand in Bayern die "Gesellschaft für Evangelisch-Lutherische Mission in Ostafrika", die später mit der Leipziger Lutherischen Mission verschmolz.⁵⁵

---

[46] Missionsfelder der Norddeutschen Mission lagen in Neuseeland, Vorderindien (1843) und an der Sklavenküste (Togo, 1847). Durch den Eintritt Deutschlands in die Reihe der Kolonialmächte wurde die Norddeutsche Missionsgesellschaft auch zur Kolonialmission. Der Helgoland-Sansibar-Vertrag vom 01. 07. 1890 ermöglichte ihr die Arbeit in deutschen Kolonien zu betreiben. Siehe Westman 1962, S. 93f.; Gründer 1982, S. 28f.

[47] 1838 wurden die ersten beiden Missionskandidaten der Leipziger Mission nach Australien gesandt. 1845 begann die Leipziger Mission ihre Arbeit in Ostindien, 1893 am Kilimandscharo in Deutsch-Ostafrika. Siehe Gründer 1982, S. 41.

[48] Richter Evangelische Missionsgeschichte 1927, S. 25.

[49] Richter Evangelische Missionsgeschichte 1927, S. 25. – Die Goßnersche Mission hatte anfangs in Tschota Nagpur in Indien eine eigene Missionsarbeit begonnen. Sie übernahm 1914 nach mehreren Verhandlungen das Gebiet zwischen Sanaga und Njong. Siehe Westman 1962, S. 94; Gründer 1982, S. 44.

[50] Die Hermannsburger Mission gründete 1854 eine Station in Natal. Zwei Jahre später wurde auch die Bechuanen-Mission in Transvaal in Angriff genommen. 1864 begann die Hermannsburger Mission ihre Arbeit im indischen Teluguland. Die 1866 begonnene Arbeit bei den Ureinwohnern Australiens ging aber - wie auch das Missionswerk bei den Maori Neuseelands - später in die Hände australischer Lutheraner über. Eine besondere Aufgabe dieser Mission war die Fürsorge für die deutschen Siedler in Nordamerika. Westman 1962, S. 95f.

[51] Westman 1962, S. 96. – Erst im Jahre 1875 entsandte die Gesellschaft der Neuendettelsauer Mission Pastoren in die lutherische Immanuelsynode Australiens. Sie arbeiteten dort unter den Ureinwohnern und kamen 1886 von dort nach Neuguinea. Seit 1897 nahm sich die Gesellschaft wieder der ausgewanderten Lutheraner in Brasilien an. Siehe Gründer 1982, S.32f.

[52] Die Breklumer Mission sandte 1881 ihre ersten Missionare nach Vorderindien. Westman 1962, S. 96; Gründer 1982, S. 42.

[53] Der Allgemeine Evangelisch-Protestantische Missionsverein begann 1885 seine Arbeit in China. Später auch in Japan und Indien. Siehe Marbach 1934; Gründer 1982, S. 45.

[54] Richter Evangelische Missionsgeschichte 1927, S. 28; Gründer 1982, S. 36ff.; Besier Mission 1992, S. 242.

[55] Richter Evangelische Missionsgeschichte 1927, S. 28.

Darüber hinaus gab es einige Freikirchen, die die Mission als Kirchensache betrieben und oftmals mit einer speziellen Zwecksetzung verbanden, obwohl solche Zwecksetzungen auch einigen anderen Gesellschaften zu eigen waren.[56] 1878 wuchs aus dem 1845 gegründeten Erziehungsverein in Neukirchen eine Waisenanstalt hervor, zu der 1882 wieder eine Missionsanstalt hinzukam (Neukirchener Mission).[57] Die deutschen Baptisten gründeten 1891 eine eigene Missionsgesellschaft, als sich die von der englischen Baptisten-Mission in Kamerun bekehrten Christen von der Basler Mission separiert hatten.[58] Die Hannoversche evangelisch-lutherische Freikirche mit Sitz in Bleckmar, die sich 1892 von der Hermannsburger Mission löste, führte einen bescheidenen Teil der Hermannsburger Missionsarbeit in Südafrika fort.[59] Auch in den "Bibelländern" wurden Krankenhäuser und Mädchenerziehungsanstalten, Pastorate der Christengemeinden und Waisenhäuser gegründet.[60] Joh. Lepsius gründete die deutsche Orientmission, die zugleich eine direkte Mohammedaner-Mission engagiert betrieb. Ernst Lohmann stiftete den "Deutschen Hilfsbund für Christliches Liebeswerk im Orient". Die Sudan Pionier Mission wurde 1900 in Oberägypten begonnen.[61]

Angeregt durch die gewaltsame "Öffnung" Chinas durch den Opiumkrieg (1839-1842) und die Propaganda Gützlaffs war das Missionsfeld China in den Gesichtskreis der deutschen Missionsfreunde gerückt. Es nahmen sich nicht nur einige Missionsgesellschaften der Arbeit in China an, sondern es wurden auch zahlreiche neue Missionsvereine für China ins Leben gerufen. 1846 wurde in Kassel die "Deutsch-Chinesische Stiftung" gegründet.[62] In Berlin und Stettin entstanden 1850 zwei "Hauptvereine für die chinesische Mission".[63] Im Jahre 1850 wurde in Berlin ein "Frauenverein für chinesische Mission" unter dem Protektorat der preußischen Königin Elisabeth geschaffen.[64] Im Zusammenhang mit der internationalen, aber überwiegend englischen China-Inland-Mission, die von Hudson Taylor (1832-1905) gegründet wurde, bildete sich die China-Allianz-Mission (1889), die Pilgermission St. Chrischona (eine deutsch-schweizische Anstalt, 1895), die Kieler Chinamission (1897), die Liebenzeller Mission (gegründet 1899 in Hamburg, verlegt 1902 nach Liebenzell).[65]

---

[56] Richter Evangelische Missionsgeschichte 1927, S. 30; Westman 1962, S. 98; Gründer 1982, S. 32, 41.
[57] Die Missionare der Neukirchner Mission arbeiteten in Ostafrika unter den Pokomo am Tana und in Mittel-Java. Westman 1962, S. 97; Gründer 1982, S. 35f.
[58] Richter Evangelische Missionsgeschichte 1927, S. 30; Westman 1962, S. 98; Gründer 1982, S. 32.
[59] Richter Evangelische Missionsgeschichte 1927, S. 30. – Auch die an Zahl geringen, aber eifrigen deutschen Adventisten gründeten 1903 eine eigene Missionsgesellschaft und nahmen Missionen in Deutsch- und Britisch-Ostafrika in Angriff. Siehe dazu Richter Evangelische Missionsgeschichte 1927, S. 30; Gründer 1982, S. 41f.
[60] Richter Evangelische Missionsgeschichte 1927, S. 29; Westman 1962, S. 97f.
[61] Richter Evangelische Missionsgeschichte 1927, S. 29; Westman 1962, S. 97f.
[62] Dazu siehe besonders Bezzenberger 1979.
[63] Richter 1928, S. 326.
[64] Richter 1928, S. 326; Westman 1962, S. 98.
[65] Richter Evangelische Missionsgeschichte 1927, S. 29; Westman 1962, S. 98.

Außerdem gab es noch den Berliner Frauenverein für christliche Bildung des weiblichen Geschlechts im Morgenlande, die aus dem Berliner Frauenverein für China hervorgegangene Deutsche Blindenmission für Frauen in China (1890), die Hildesheimer "Blindenmission für China" (1897), den Frauenmissionsgebetsbund und das Diakonissenmutterhaus Miechowitz.[66]

Hinsichtlich der Theologie vertraten die verschiedenen Missionsgesellschaften und Missionsvereine unterschiedliche konfessionelle Richtungen. Die Basler, die Rheinische, die Norddeutsche, die Neukirchener Mission und Berlin III sowie die Brüderkirchliche Mission waren "übernational und innerhalb des Protestantismus interkonfessionell" und nahmen "eine ausgesprochen unionsfreundliche, sich biblisch-evangelisch verstehende Position" ein. Berlin I und II vertraten "den lutherischen Konfessionalismus innerhalb der Preußischen Union"[67]. Die Leipziger, Hermannsburger und Neuendettelsauer Mission repräsentierten "das antiunionische Luthertum" und wollten von Anfang an in allen Ländern der Mission der lutherischen Kirche dienen.[68] Der Allgemeine Evangelisch-Protestantische Missionsverein war durch eine liberale Theologie, die Religionsgeschichtliche Schule, geprägt. Er beabsichtigte "in bewußter Absetzung gegenüber dem 'pietistischen' Hauptstrang der Missionsbewegung" und "in religiöser Weitherzigkeit und aus rationalistischem Kultur- und Fortschrittsoptimismus heraus, ein entdogmatisiertes, ethisiertes Christentum und eine christlich-abendländische Gesittung unter den alten Kulturvölkern des Ostens zu verbreiten"[69]. Dies war die sogenannte "Kultur-Mission"[70].

Diese konfessionelle Differenz beeinträchtigte die Entfaltung der protestantischen Missionsbewegung in Deutschland ebenso wie in den Missionsgebieten. Um in Deutschland Kirche und Mission zu verbinden, organisierte Gustav Warneck (1833-1910), der erste Professor für Missionswissenschaft in Deutschland, in Halle die erste Provinzialkonferenz für Mission. Solche Konferenzen wurden auf ähnliche Weise in allen Provinzen Deutschlands veranstaltet. Seit 1846 trafen sich die Leitungen der protestantischen Missionsgesellschaften jedes vierte Jahr zu gemeinsamen "Konferenzen der verschiedenen, voneinander unabhängigen Missionsgesellschaften in Deutschland". Ab 1866 fanden in Bremen die Allgemeinen Kontinentalen Missionskonferenzen statt. Diese Veranstaltungen führten schließlich zur Gründung des "Deutschen Evangelischen Missionsausschuss[es]" im Jahre 1885. Das war "die erste, lose organisatorische Zusammenfassung dieser Missionsgesellschaft"[71]. Zur ihrem Entstehen trug die gerade zu diesem Zeitpunkt begonnene deutsche Kolonial-

---

[66] Beyer 1923, S. 10f.; Richter Evangelische Missionsgeschichte 1927, S. 28f.; Westman 1962, S. 98; Mende 1986, S. 377ff.
[67] Die Goßnersche Mission war mehr durch die Missionare als durch die Leitung bewußt lutherisch. Siehe Richter Evangelische Missionsgeschichte 1927, S. 25.
[68] Rosenkranz 1977, S. 198; Besier Mission 1992, S. 243.
[69] Gründer 1982, S. 44f.
[70] Gründer 1982, S. 45.
[71] Moritzen 1984, S. 51.

expansion wesentlich bei.[72] Der Allgemeine Evangelisch-Protestantische Missionsverein wurde aber bis 1902 wegen seiner liberalen Haltung von den Verhandlungen der Halleschen Missionskonferenz ausgeschlossen.[73]

Die innere Struktur der Missionsgesellschaft kann auch als "demokratisch"[74] bezeichnet werden. Allerdings trug sie auch eine starke traditionelle und konservative Prägung. Ihre Leitung bildeten in der Regel Theologen und Pfarrer, im Einzelfall auch Adelige und hohe Beamte. Die Leitung der Basler Mission bestand z. B. hauptsächlich aus Basler Patriziern, während in der Berliner Mission die Adeligen und hohen Beamten großen Einfluß hatten.[75] So setzte sich in der Praxis häufig eine "aristokratisch-patriarchalische Tradition als das Zweckdienlichste durch"[76]. Obwohl die Missionsgesellschaften nicht für alle Bevölkerungsschichten offen waren, befanden sich in ihrer Mitgliedschaft jedoch Angehörige verschiedener Schichten. Es waren gerade "die bildungsmäßig unterprivilegierten Angehörigen kleinbürgerlicher und bäuerlicher Schichten", die in ihnen "ihre geistige Heimat sowie ein ausfüllendes Betätigungsfeld" fanden.[77] Die Missionsgesellschaften hatten wie auch andere zeitgenössische Vereinsgründungen eine wesentliche Funktion im Gesamtprozeß der bürgerlichen Emanzipation inne.

Die Missionsgesellschaften führten ihren Auftrag durch Sammlung von Missionsgaben, Erhaltung der Missionsgemeinde, Anregung des neuen Missionseifers und durch Werbung sowie durch Ausbildung und Aussendung von Missionaren aus. Fast jede Missionsgesellschaft unterhielt ein Missionsseminar, in dem sie die Missionare ausbildete. Viele Missionsgesellschaften verfügten über einen eigenen Verlag und vertrieben eigene Publikationen. Die Schriften in Form von Traktaten und Broschüren sowie die leicht verständlichen Zeitschriften, waren für einfache Leser bestimmt; die Bücher von stärker wissenschaftlichem Duktus sowie die Magazine und Gazetten, wie das "Evangelische Missionsmagazin" von der Basler Mission, zielten auf die mittleren und höheren Schichten des Bürgertums. "Ein billigeres und dennoch in der Qualität ein breiteres Leserpublikum ansprechendes Angebot an Missionsperiodika setzte parallel mit dem Aufschwung der Missionsbewegung ein."[78] Die Missionsgesellschaft führte auch mit starker Hand die Organisation im Missionsfelde durch. Sie schuf Ämter, verteilte Aufgaben und wurde durch eine geregelte Berichterstattung von Missionaren über alles unterrichtet.

---

[72] Moritzen 1984, S. 51; Jacobs 1995, S. 49f.
[73] Gründer 1982, S. 44f.
[74] Gründer 1982, S. 23.
[75] Siehe Rügg 1988, S. 39f.; Richter Evangelische Missionsgeschichte 1927, S. 24f.
[76] Hoffmann 1977, S. 456.
[77] Hoffmann 1977, S. 451f. - Rügg 1988, S. 39f., stellt fest, daß in der Basler Mission das Personal und die Hauptspendengeber jedoch die Bauern und die im Kleingewerbe Tätigen in den Dörfern oder kleinen Städten Süddeutschlands und der Schweiz waren. Siehe auch Jacobs 1995, S. 49.
[78] Hoffmann 1977, S. 454.

Wie die Mitglieder der Missionsgesellschaften rekrutierten sich die Missionare auch aus den verschiedensten Bevölkerungsschichten oder Berufsgruppen, in der Mehrzahl jedoch aus den Reihen der "Professionisten", der spezialisierten Handwerker.[79] Unter 382 Zöglingen, die zwischen 1816 und 1849 in die Basler Missionsschule eintraten, standen den 85 (22,2%) "geistigen Arbeitern", Schülern, Studenten, Schreibern, Lehrern, Theologen, Ärzten und anderen Akademikern, 297 (77,8%) Handwerker, (Wein-)Bauern, Kaufleute und Arbeiter gegenüber. 106 (27,7%) der Bewerber kamen aus den vier Grundhandwerken (Weber, Schneider, Schuster und Tischler), und insgesamt gaben 202 (52,8%) einen handwerklichen Beruf an. Aus der Landwirtschaft kamen lediglich 26 Bauern und 8 Weingärtner (zus. 8,9%). Gering war auch der Anteil von Fabrikarbeitern.[80] Zwischen 1833 und 1872 wurden 91 Missionare, die von der Berliner Mission ausgesandt. Davon waren 63 "Professionisten". Unter den übrigen waren 5 Kaufleute, 5 Landwirte, 9 Lehrer, 5 Gymnasiasten und 4 "studierte" Theologen.[81] Beim Eintritt in die Missionsseminare lag das durchschnittliche Alter der Missionare zwischen 20 bis 25 Jahren.[82] Die Ausbildung zum Missionar beschränkte sich auf "die Vermittlung von Allgemeinbildung und ein reduziertes Theologiestudium"[83]. Theodor Harm sagte es deutlich, daß die Gymnasialbildung nachzuholen, bedeutet hätte, einen "Greis in die Heidenwelt" hinauszuschicken.[84] Daran kann man sehen, daß das Bildungsniveau der Missionare nicht sehr hoch war.

Die Aufgabe der Missionare wurde als die eines "Verbreiters einer wohltätigen Zivilisation" und eines "Verkünders des Evangeliums des Friedens nach verschiedenen Gegenden der heidnischen Welt" definiert.[85] Die Missionare waren auch die wichtigsten Autoren der verschiedenen Publikationsorgane der Missionsgesellschaften. Sie hatten die Pflicht, regelmäßig Berichte über ihre missionarischen Tätigkeiten an die Leitungen der Missionsgesellschaften zu schreiben. Sie sollten auch die gesellschaftlichen und kulturellen Verhältnisse ihrer Missionsfelder an Ort und Stelle erforschen und darüber den Missionsgesellschaften berichten. Das von den Missionaren vermittelte "Image der zu Missionierenden" war deshalb von großer Bedeutung: "Die Einstellung der zukünftigen Missionare und der missionsfördernden Bevölkerung gegenüber

---

[79] Hoffmann 1977, S. 461.
[80] Hoffmann 1977, S. 461f.
[81] Hoffmann 1977, S. 463. – Hoffmann stellt fest: "Die Missionare kamen [...] in ihrer Mehrzahl aus handwerklichen Berufen, und es läßt sich darauf schließen, daß die Ungesichertheit der beruflichen Zukunftsaussichten den Entschluß zum Missionarsleben erleichterte. [...] So hat z. B. die zu Beginn des 19. Jahrhunderts fast überall durchgesetzte Reform der überholten Zunftordnungen zu einer allgemeinen Umstrukturierung in den meisten Handwerkssparten geführt und die Industrialisierung, vor allem der Textilindustrie, verstärkte die Existenzgefährdung in manchen Gewerben noch zusätzlich." Hoffmann 1977, S. 467.
[82] Hoffmann 1977, S. 463.
[83] Hoffmann 1977, S. 463.
[84] Hoffmann 1977, S. 463.
[85] Diese Definition stammt aus dem Berufungsschreiben an Christian Gottlieb Blumhardt, dem ersten Inspektor der Basler Mission. Zitat nach Rennstich 1988, S. 114.

dem Missionsobjekt wurde vor allem durch die weitverbreitete volkstümliche Missionsliteratur bestimmt, durch welche ein idealistisch-unrealistisches Bild über das Ausmaß der Segnungen von Christentum und westlicher Zivilisation für die überseeischen Populationen suggeriert wurde."[86]

Mit der Gründung des Deutschen Reiches, insbesondere mit dem Eintritt Deutschlands in die Reihe der Kolonialmächte, wurde jedoch die missionarische Tätigkeit allgemein anerkannt und aufgewertet. Bei der Erwerbung von Kolonien hatte der Gedanke der Förderung des Missionswerks eine bedeutende Rolle gespielt.[87] Die "neuen Freunde" aus dem Kreis der Kolonialbewegung sahen in der Mission einen guten Helfer, sowohl bei der "Erziehung der Eingeborenen zur Arbeit" als auch bei der "Germanisierung" der deutschen Kolonien.[88] Die protestantische Mission rückte "von ihrer peripheren Position mit einem Schlage in den Mittelpunkt imperialer Expansionsinteressen"[89], wenn auch "das aufgeklärte liberale Bürgertum" des Missionseifers weiterhin überdrüssig war.[90]

Der deutschen Kolonialbewegung begegnete die protestantischen Mission anfangs "mit erkennbaren Vorbehalten"[91]. Allerdings gab es auch "vielfältige Reibungen innerhalb der Missionsgesellschaften, zwischen verschiedenen Gesellschaften der gleichen Konfession und vor allem zwischen Gesellschaften verschiedener Konfession um die geeignete Missionsstrategie und um die Stellung gegenüber den weltlichen Überseeinteressen"[92]. Einige Protagonisten der Missionsgesellschaften forderten und begrüßten ausdrücklich den Erwerb von Kolonien durch das Deutsche Reich, deren wichtigster war der Leiter der Rheinischen Missionsgesellschaft und des Westdeutschen Vereins, Friedrich Fabri.[93] Es gab auch Persönlichkeiten im Missionskreise, die eine kritische oder zurückhaltende Haltung gegenüber der Kolonialexpansion und der Verwicklung der Mission mit Politik einnahmen. Freilich wurde "kein grundsätzlicher und energischer Protest gegen die koloniale Besitzergreifung"[94] laut. Umgekehrt überwanden die deutschen protestantischen Missionsgesellschaften allmählich ihre anfänglich zögernde Haltung, traten für eine "nationale Mission" ein und engagierten sich in den deutschen Kolonien. In den 80er Jahren gingen Kolonial- und Missionsbegeisterung Seite an Seite und befruchteten sich gegenseitig. "Kolonialvereine und Missionsgesellschaften riefen aus teils unterschiedlichen, teils gleichen Gründen nach deutschen Kolonien, bis dann

---

[86] Jacobs 1995, S. 47.
[87] Oehler 1951, S. 15.
[88] Bade 1984, S. 14f.
[89] Besier Mission 1992, S. 240.
[90] Mende 1986, S. 383f.
[91] Moritzen 1984, S. 56.
[92] Siehe dazu Moritzen 1984, S. 56; Balz 1991, S.178f.; Besier Mission 1992, S. 249ff.
[93] Siehe die Fabris Bibliographie von Bade 1975.
[94] Moritzen 1984, S. 57.

gegen Ende des Jahrhunderts die Mission ein anerkannter und sicherer Partner in der Kolonialbewegung war."[95]

Die Missionen und ihre Mitglieder "genossen eine ganze Reihe von Privilegien, wie die teilweise oder gänzliche Befreiung vom Militärdienst, Zollvergünstigungen, Preisnachlässe oder Freifahrten auf den offiziellen Transportlinien, Gewerbe- und Grundstückssteuerfreiheit und anderes mehr"[96]. Die deutsche protestantische Mission durchlief in der Folgezeit eine schnelle Entwicklung. "Die Einnahmen der protestantischen Missionen nahmen von 1880-1890 nur um 1/5, von da an aber sehr viel mehr zu: 1890: 2,7 Millionen, 1900: 4,3 Millionen, 1910: 7,9 Millionen. Am Vorabend des Ersten Weltkrieges hatte sich die Zahl der Stationen (714) gegenüber 1880 mehr als verdoppelt, die Zahl der Missionare (1.637) und einheimischen Mitarbeiter (8.963) mehr als verdreifacht. Die Zahl der einheimischen Christen (710.350) hatte sich vervierfacht, die der Schulen (4.559) und Schüler (246.151) mehr als verfünffacht. Die Zahl der Missionsgesellschaften selbst hatte sich fast verdreifacht, 12 von ihnen waren erst in der Kolonialzeit gegründet worden."[97] Es gab zwar weiterhin Proteste von einzelnen Missionen gegen die "Kolonialskandale"; diese Kontroversen waren aber von weit geringerer Bedeutung. Auch der kirchlichen Anti-Sklavereibewegung und der Anti-Opiumkampagne erzielten schließlich nur bescheidene Erfolge.[98]

---

[95] "Die Missionen beteiligten sich an den Kolonialkongressen und den diversen Kolonialausstellungen, sie waren korporativ oder personell mit der Deutschen Kolonialgesellschaft verbunden, Missionare hielten Vorträge in den Abteilungen und Ortsgruppen der Deutschen Kolonialgesellschaft, und seit 1911 gab es die Kolonial-Missionstage, die von protestantischen Missionsgesellschaften in Kooperation mit Abteilungen der Deutschen Kolonialgesellschaft durchgeführt wurden. Den Höhepunkt der Zusammenarbeit von Staat, Kolonialvereinen und Mission stellte die Kaiserspende (1913) dar, eine reichsweite Sammlungsaktion zugunsten der deutschen Mission mit einer Endsumme von fast fünf Mio. Mark, bei deren Durchführung beträchtliche Aktivität entfaltet wurde, deren Resonanz aber auf mittlere und untere Schichten beschränkt blieb." Siehe Jacobs 1995, S. 46f.
[96] Besier Mission 1992, S. 249f.
[97] Moritzen 1984, S. 62. Siehe auch Jacobs 1995, S. 50.
[98] Dazu siehe Gründer 1982, S. 347ff.; Gründer 1992, S. 352ff.

3. Ankunft der deutschen protestantischen Missionare in China

Der Beginn der protestantischen Mission in China hing mit der Besetzung Taiwans durch die Holländer im 17. Jahrhundert zusammen. In der Besetzungszeit waren ungefähr 37 Missionare aus Holland nach Taiwan ausgesandt worden. Im Jahr 1661 vertrieb Zheng Chenggong (Koxinga, 1623-1662) die holländischen Kolonialisten aus Taiwan und gewann verlorenes Territorium für China zurück. Damit war der erste Versuch einer protestantischen Mission in China beendet.[99]

Mit Ankunft des Missionars Robert Morrison (1782-1834) von der Londoner Missionsgesellschaft am 4. September 1807 in Guangzhou (Canton oder Kanton) wurde die protestantische Mission in China wieder aufgenommen.[100] Aber bis zu den 40er Jahren des 19. Jahrhunderts war China für die christliche Mission nicht zugänglich. Auf der traditionellen Grundlage des Autarkiebewußtseins und der Vorstellung der "Himmelsdynastie" betrieb China unter der Herrschaft der Qing-Dynastie neben der "handelsfeindlichen Politik"[101] auch eine Politik des strengen Verbotes des Christentums und der christlichen Mission.[102] So konnten Morrison und andere protestantische Missionare, die ihm folgten, kaum direkte Missionsarbeit in China leisten. Sie konnten nur unter ausgewanderten Chinesen in Malaya, Indonesien, Philippinen und Macao tätig werden und dort ihre Schriften vertreiben.[103]

Der erste deutsche protestantische Chinamissionar war Karl Gützlaff.[104] Von Haus aus war er Gürtlergeselle in Stettin. "Eine unkirchliche Christus-Frömmigkeit und Abenteuerlust hatten ihn den Beruf eines Missionars erwählen lassen."[105] 1821 trat Gützlaff durch die Huld des preußischen Königs Friedrich Wilhelms III. in das Jänickesche Missionsseminar in Berlin ein und wurde "Missionar von Königs Gnaden"[106]. 1827 wurde er von der nach dem Vorbild der Londoner Missionsgesellschaft 1797 gegründeten Niederländischen Missionsgesellschaft nach Indonesien ausgesandt. Eigentlich sollte Gützlaff unter den Batak auf Sumatra arbeiten. Nach Aufenthalten auf Java, Bintang und in Siam löste er sich aber von der holländischen Gesellschaft und begann als

---

[99] Sovik 1986, S. 606f.; Tao/Liu 1994, S. 7.
[100] Rennstich 1988, S. 129.
[101] Reinhard 1988, S. 69.
[102] Wang Wanqing zhongfu 1996, S. 224.
[103] Gundert 1903, S. 145f.; Li 1985, S. 54ff.
[104] Über Gützlaffs Leben und Werk siehe besonders Schlyter 1946 und Schlyter 1976.
[105] Gründer 1982, S. 258.
[106] Oehler 1949, S. 144.

"Einmann- oder Freimissionar"[107] seine Chinamission. 1831-1833 machte Gützlaff, zunächst noch als Dolmetscher und Arzt, auf einem Schiff der Ostindischen Kompanie einige abenteuerliche "Untersuchungsreisen" entlang der Küste Chinas bis nach Korea und Japan und verbreitete überall eine Vielzahl von christlichen Traktaten und predigte in den Küstenorten.[108]

Gleichzeitig machte Gützlaff eine starke und breite Propaganda für die protestantische Mission im "Reich der Mitte". Er war von großem Enthusiasmus für die Möglichkeit einer Christianisierung Chinas beseelt und wollte den Chinesen das Evangelium in der kürzest möglichen Zeit näher bringen. Er prognostizierte "große Umwälzungen in Ostasien" und appellierte an dem protestantischen Missionskreis, "eine ehrenvolle Armee" nach China auszusenden.[109] Er unterstrich auch die Notwendigkeit der Mithilfe von Frauen in der Mission und forderte schon in den 30er Jahren die Entsendung von Fraumissionaren und die Errichtung von Mädchenschulen in China.[110] Um in Europa das Interesse für die Mission in China zu wecken, schrieb er zahlreiche Berichte über China und schuf damit eine wichtige Voraussetzung für die Entstehung der deutschen protestantischen Chinamission. Er schrieb eine umfassende Darstellung aller Verhältnisse Chinas ("China opened"), einen Überblick über die Geschichte Chinas und ein Buch über chinesische Religionen: Konfuzianismus, Daoismus und Buddhismus. Gützlaff wollte die Europäer mit China vertraut machen und etwas von China lernen. Seine Veröffentlichungen umfaßten daher auch Themen wie: "The Medical Art amongst the Chinese" und "Biographie des Kaisers Kanghi" usw.[111] Durch seine zahlreichen Bücher über China hatte Gützlaff in Deutschland großes Aufsehen erregt. Aber bis 1846 unternahmen die deutschen protestantischen Missionsgesellschaften nichts.[112]

1839-1840 entfesselte England den ersten Opiumkrieg gegen China, um den chinesischen Markt zu erschließen. Nach der militärischen Niederlage wurde China zum Abschluß des Ungleichen Vertrages von Nanjing (26. August 1842) gezwungen. China wurde für den westlichen Handel und die christliche Mission geöffnet. Die Missionare konnten die Privilegien, die China den Ausländern zugestanden hatte, in Anspruch nehmen.[113] Der Opiumkrieg verschuf dem Christentum Eingang in China und die Missionare strömten bald in die geöffneten Hafenstädte Chinas. Das Anglo-Chinese College, das von dem Missionar der Londoner Missionsgesellschaft William Milne unter den Auslandschinesen in Malaya gegründet wurde, wurde nach Hongkong verlegt und entwickelte sich unter der Leitung von James Legge zu einer Ausbildungsstätte für chinesische Pastoren. Die amerikanischen Presbyterianer, vertreten durch

---

[107] Schlyter 1946, S. 1.
[108] Richter 1928, S. 325; Schlyter 1946, S. 63ff.
[109] Rennstich 1988, S. 140.
[110] Rennstich 1988, S. 140.
[111] Rennstich 1988, S. 139f.
[112] Schlyter 1949, S. 87ff.; Schlyter 1976, S. 52ff.
[113] Fairbank 1978, S. 213ff.; Osterhammel China und die Weltgesellschaft 1989, S. 139f.; Wang Wanqing zhongfu 1996, S. 224.

Missionare wie J. L. Nevius, W. A. P. Martin, gründeten 1845 in Hongkong die erste chinesische Kirche. Aus England, Amerika, Holland und Deutschland kamen immer mehr Missionare nach China. Bis 1860 gingen 214 Missionare in China ihrer Arbeit nach.[114]

Während des Opiumkrieges trat Gützlaff als Dolmetscher in den Dienst der britischen Truppen unter der Leitung von Captain Charles Eliot. Er wurde 1840 in Dinghai, 1841 in Ningbo und 1842 in Zhenjiang als Statthalter eingestellt. Bei den Verhandlungen zum Vertrag von Nanjing spielte er als Dolmetscher eine wichtige Rolle.[115] Im Herbst des Jahres 1843 wurde Gützlaff als Sekretär für chinesische Angelegenheiten nach Hongkong versetzt. Sobald er seine geregelte Tätigkeit in Hongkong aufgenommen hatte, widmete er sich wieder mit ganzer Kraft der Mission. Er schloß 1844 etwa 20 Mitarbeiter zu einem "Chinesischen Verein" zusammen und stellte sein Missionsprogramm auf: "Chinesen sollten durch Chinesen selber gewonnen werden".[116] Aufgrund der Begeisterung von der "Öffnung" Chinas und durch die Propaganda Gützlaffs waren viele deutschen Missionsvereine und Gesellschaften bereit, die Chinamission zu beginnen. Im Jahre 1846 entsandte die Basler Mission ihre Missionare Theodor Hamberg[117] und Rudolf Lechler[118], die Rheinische Mission die Missionare Ferdinand Genähr[119] und Heinrich Köster[120] nach China.

Das Arbeitsgebiet der deutschen protestantischen Missionare in China war zuerst die Provinz Guangdong (in den Berichten der Missionare genannt als Canton, Kanton oder Kwangtung u.a.) in Südchina, wo die Bevölkerung im wesentlichen aus drei Stämmen bestand: den Punti (dem Hauptteil der Bevölkerung im Westen der Guangdong-Provinz, den Kantonesen im engeren Sinn), den Hakka (Gäste, Einwanderer aus Nord- und Mittel-China) und den Koklo (der Küstenbevölkerung im östlichen Gebiete der Provinz). Gützlaff verteilte

---

[114] Beyer 1923, S. 105ff.; Richter 1928, S. 317f; Neil 1974, S. 190; Li 1985, S. 262ff.
[115] Schlyter 1946 125ff.; Li 1985, S. 100ff.
[116] Rennstich 1988, S. 142. - Über den "Chinesischen Verein" siehe auch Schlyter 1946, S. 144ff.; Oehler 1949, S. 347ff.
[117] Theodor Hamberg wurde am 25. 3. 1819 in Stockholm in Schweden geboren. Von 1846 bis 1854 war er als Missionar der Basler Mission in China tätig. Am 13. 5. 1854 ist er in Hongkong gestorben. Die biographischen Daten von Hamberg sind dem Archiv der Basler Mission (Basel) entnommen.
[118] Rudolf Lechler wurde am 26. 7. 1824 in Hundersingen in Württemberg geboren. Von 1846 bis 1899 war er als Missionar der Basler Mission in China tätig. Am 29. 3. 1908 ist er in Körnwestheim gestorben. Siehe Neue Deutsche Biographie, Bd. 14, S. 28f.
[119] Ferdinand Genähr wurde am 17. 7. 1823 in Ebersdorf bei Sprottau in Schlesien geboren. Er erlernte zunächst das Buchbinderhandwerk und bekam dann als Aufseher über eine Knabenabteilung in Düsselthal Gelegenheit, sich in der Kindererziehung zu üben. 1843 trat F. Genähr ins Missionsseminar der Rheinischen Missionsgesellschaft zu Barmen ein. 1846 wurde er ordiniert und nach China ausgesandt. Von 1846 bis 1864 war er als Missionar der Rheinischen Mission in China tätig. Am 6. 8. 1864 ist er in Heao in China gestorben. Siehe Genähr-Krolczyk 1994, S. VIII; BRMG 1864, S. 312.
[120] Heinrich Köster wurde am 27. 11. 1820 in Buchholz in Westfalen geboren. 1846-1847 war er in China als Missionar der Rheinischen Mission tätig. Am 1. 10. 1847 ist er in Hongkong gestorben. Die biographischen Daten von Köster sind aus dem Archiv der Vereinigten Evangelischen Mission (Wuppertal) entnommen.

die Aufgaben unter den neu angekommenen Missionaren: F. Genähr und Köster sollten unter den Punti, Hamberg sollte unter den Hakka, Lechler unter den Koklo arbeiten.[121] Nach wenigen Monaten des Sprachstudiums wurden die jungen Missionare mit ihren chinesischen Gehilfen zur Verbreitung des Evangeliums ins Innere Chinas geschickt. Da das Eintreten der Ausländer ins Landesinneren noch verboten wurde, mußten die deutschen Missionare chinesische Kleidung tragen, sich wie die chinesischen Männer den Vorderschädel rasieren und einen Zopf anlegen. Sie ließen sogar ihr Haar schwarz färben. Allerdings erlitten die Missionare bald bittere Enttäuschung. Sie erachteten die Evangelisten von Gützlaffs Chinesischem Verein meistens für "unbrauchbar" oder "unzuverlässig". Ihre Berichte über den Erfolg der Arbeit seien oft gefälscht. Gützlaff sei zu eigensinnig und erkenne nicht den Betrug seiner chinesischen Mitarbeiter an. So wandten sich die Missionare der Basler und der Rheinischen Mission an ihre heimatliche Leitung. Nach deren Anweisung blieben die Missionare zwar weiterhin bei Gützlaff und im Chinesischen Verein, sie suchten sich aber selbst ihre chinesischen Mitarbeiter aus und zogen sie heran.[122]

Um weitere Unterstützung für die "Evangelisation" Chinas zu werben, kehrte Gützlaff 1850 nach 23 Jahren in China zum ersten Male nach Europa zurück. Er zog durch England, Holland, Frankreich, die Schweiz, Deutschland, Rußland, Norwegen, Schweden und Dänemark und rief bei zahlreichen Veranstaltungen die Christen zur Mitarbeit an dem großen Werk der Bekehrung Chinas auf.[123] In Deutschland wurde er ebenfalls begeistert empfangen. Er hielt an vielen Orten Vorträge. Während seines Besuches in Berlin sprach er "vor einem speziell für ihn eingeladenen Publikum" und in der Vortragshalle waren "fast alle Notabilitäten der Wissenschaft und Kunst Berlins" zusammengekommen.[124] "Der ehemalige Gürtelmacher, der inzwischen den Ehrendoktor der Universität Groningen erhalten hatte, wurde von dem weltberühmten Naturforscher Alexander von Humboldt empfangen. Für seinen Plan, das Innere Chinas wissenschaftlich zu erforschen, zeigten Humboldt und der Geograph Ritter sowie König Friedrich Wilhelm IV. großes Interesse."[125] Auf Anregung Gützlaffs sandte die Chinesische Stiftung in Kassel den Missionar Carl Vogel, der Berliner und Stettiner Hauptverein für die chinesische Mission den Missionar R. Neumann nach China. Auch Neumanns Braut wurde mit Unterstützung des Berliner Frauenvereines für China dorthin entsandt.[126]

Gützlaff starb am 8. August 1851 in Hongkong. Während Vogel aus Kassel nur von 1850 bis 1852 in Hongkong blieb, nahm Neumann nach dem Tod Gützlaffs die Leitung des Chinesischen Vereins in die Hand und setzte die

---

[121] Oehler 1949, S. 352.
[122] Oehler 1949, S. 352f.
[123] Dazu siehe Schlyter 1946, S. 225ff.; Schlyter 1976, S. 102ff.
[124] Rennstich 1988, S. 143.
[125] Rennstich 1988, S. 143.
[126] Beyer 1923, S. 105ff. Richter 1924, S. 504ff.

von Gützlaff begonnene Chinamission fort.[127] Zu dieser Zeit hatte der Chinesische Verein 40 Mitglieder. Mit ihnen versuchte Neumann zunächst in Gützlaffs Weise weiter zu arbeiten. Bald schloß er einige aus, die dem Opium verfallen waren. Die Reisepredigt wurde durch Ausbruch der Taiping-Bewegung verhindert. Nauman versuchte eine Missionsstation in Hongkong oder auf der Insel Hainan (Hanan) zu gründen. Ehe er seinen Plan zur Ausführung bringen konnte, erkrankte er schwer und mußte 1855 nach Europa zurückkehren. Damit endete der Chinesische Verein.[128] Die Arbeit des Stettiner und Berliner Hauptvereins wurde aber durch den Missionar August Hanspach[129] weitergeführt.[130]

In den 50er Jahren des 19. Jahrhunderts hatte China zwar unter dem Zwang der westlichen Mächte das Verbot der christlichen Mission aufgegeben; die missionarische Arbeit war dennoch sehr beschwerlich und wurde von der chinesischen Regierung weiterhin scharf eingeschränkt.[131] Die chinesische Regierung bemühte sich darum, den Weg der Missionare ins Innere Chinas zu behindern, und verbot mit strikten Anweisungen den Beamten und Literaten, zum Christentum überzutreten.[132] Die Missionare wurden als "fremde Teufel" gehaßt. Sie wurden oft von den chinesischen Behörden vertrieben und waren durch Krankheiten geschwächt. Dazu kam noch die Behinderung durch die Taiping-Bewegung (1850-1864).[133] Als eine "Bauernrevolution" mit politischem, nationalem, wirtschaftlichem und sozialreligiösem Hintergrund eroberten die Taipingaufständler im Jahre 1862 die Stadt Nanjing und gründeten das "Himmlische Reich des großen Friedens" ("Taiping Tianguo"). Ein großer Teil Süd- und Südostchinas wurde von Taipingaufständlern kontrolliert, die Qing-Regierung war ernsthaft gefährdet. Erst mit Hilfe der westlichen Mächte, die sich von der Unterstützung des Hofes weitere Verbesserungen der nach dem Ersten Opiumkrieg geschlossenen Verträge erhofften, vernichtete die Qing-Regierung schließlich die Taiping-Bewegung. Unter diesem ungünstigen Bedingungen konnte sich die Arbeit der Mission nicht großartig entfalten. Sie erzielte in diesem Zeitraum nur geringen Erfolg. Um 1850 gab es daher nicht mehr als ca. 100 chinesische Protestanten, um 1860 ca. 1000.[134]

In den Jahren 1858-1860 entfesselten England und Frankreich den Zweiten Opiumkrieg (Lorchakrieg) gegen China und drangen bis nach Tianjin und Beijing vor. Durch diesen Krieg zwangen die westlichen Mächte dem

---

[127] Oehler 1949, S. 356; Mende 1986, S. 381f.
[128] Schlyter 1946, S. 277ff.; Oehler 1949, S. 356.
[129] August Hanspach, geb. am 28. 04. 1826, war ein Theologe. Er arbeitete vom Jahre 1854 bis 1870 in China. Er kam 1870 zurück nach Deutschland und war als Pastor in Sammenthin und Superintendent in Arnswalde (Neumark) tätig. Am 19. März 1893 ist er gestorben. Siehe Sauberzweig-Schmidt 1893.
[130] Oehler 1949, S. 356; Mende 1986, S. 381.
[131] Richter Evangelische Missionageschichte 1927, S. 204; Wang Wangqing zhongfu 1996, S. 224f.
[132] Wang Wangqing zhongfu 1996, S. 224.
[133] Über Taiping-Bewegung siehe Chen 1992, S. 79ff.; Gu Jidujiao 1996, S. 146ff.
[134] Rosenkranz 1957, S. 1667.

Qing-Reich weitere Souveränitätseinschränkungen auf.[135] Die Verträge von Tianjin (1858) und Beijing (1860) wurden zur "Magna charta" der Missionsfreiheit in China.[136] Dadurch war die Grundlage für eine Missionsarbeit größeren Stils gegeben: Die Zahl der "Freihäfen" wurde beträchtlich vermehrt; das Reisen und Missionieren protestantischer wie katholischer Missionare im ganzen Lande wurde freigegeben; die Missionare erhielten das Recht zum Erwerb und Unterhalt von Missionsstationen im ganzen Lande; den chinesischen Konvertiten wurde Toleranz zugesichert, und den Missionaren, die die größte Gruppe der Ausländer in China im 19. Jahrhundert bildeten, wurde persönliche Immunität vor den chinesischen Gesetzen und Behörden gewährt. Die Missionare erhielten auch das Privileg der Exterritorialität ihrer Liegenschaften. Die christlichen Kirchen wurden zu "Inseln ausländischen Bodens in China" und zum Zufluchtsort der von den Behörden verfolgten chinesischen Christen.[137]

Preußen zog aus Chinas Notlage ebenfalls seinen Nutzen und zwang die chinesische Regierung am 2. September 1861 zur Unterzeichnung eines Handelsvertrages. "Der Vertrag sicherte den Deutschen dieselben Privilegien zu wie schon England, Frankreich, Amerika und Rußland."[138] Die deutschen protestantischen Missionare erhielten u.a. die Reisefreiheit ins Landesinnere, das Recht zum Bau von Kirchen und das Recht der unbegrenzten missionarischen Tätigkeit in China.[139] Ihre missionarische Tätigkeit wurde dadurch gesetzlich abgesichert.

Der Zweite Opiumkrieg führte zu einer großen Veränderung in der Geschichte der christlichen, der protestantischen wie der katholischen Mission in China. Von 1860-1900 kamen etwa 5000 protestantische Missionare nach China. Über die Hälfte davon war aus England, 5% aus dem übrigen Europa, der Rest kam aus Amerika. 1893 betrug die Zahl der Kommunikanten 55 093 (1853: 350!).[140] Auch die deutsche protestantische Mission nahm nach 1860 schnell zu. Neben der Basler und Rheinischen Mission nahmen auch die Berliner Missionsgesellschaft und der Allgemeine Evangelisch-Protestantische Missionsverein an der Chinamission teil. 1882 übernahm die Berliner Mission von der Rheinischen Mission die vom Berliner und Stettiner Hauptverein für China begonnene Arbeit, die in der Zeit von 1872 bis 1882 von der Rheinischen Mission unterstützt wurde. Seit 1885 förderte der Allgemeine Evangelisch-Protestantische Missionsverein, der sich vorwiegend auf literarischem und erzieherischem Gebiet an die alten Kulturvölker in Indien, Japan und China und

---

[135] Osterhammel China und die Weltgesellschaft 1989, S. 149.
[136] Gründer 1992, S. 389f.
[137] Rügg 1988, S. 35; Wang Wanqing zhongfu 1996, S. 227f.
[138] Zhu 1996, S. 438.
[139] Zhu 1996, S. 438.
[140] Rosenkranz 1957, S. 1667. – Nach Gu Jidujiao 1996, S. 175, betrug die Zahl der protestantischen Missionare in China Ende des 19. Jahrhundert nur ca. 1500, davon kamen 10% aus Europa England ausgenommen; die Zahl der chinesischen protestantischen Konvertiten betrug ca. 80 000.

unter ihnen in erster Linie an die Gebildeten wenden wollte[141], die Arbeit des Freimissionars Ernst Faber[142], der 1880 aus der Rheinischen Mission ausgeschieden war, aber durch seine zahlreichen Publikationen sehr bekannt geworden war; der Allgemeine Evangelisch-Protestantische Missionsverein begann damit seine Mission in China. Auch die verschiedenen deutschen Zweige der China-Inland-Mission, die China-Allianz-Mission in Barmen (seit 1891), die Deutsch-Schweizerische Anstalt Chrischona (seit 1895), die Liebenzeller Mission, die Kieler Mission (seit 1899) traten nacheinander ihre Tätigkeiten in China an. Auch die Hildesheimer Blindenmission begann 1897 ihre Arbeit in China, während die Deutsche Blindenmission unter den Frauen in China schon im Jahre 1890 mit ihrer Arbeit anfing. Der Morgenländische Frauenverein schickte außer nach Indien nun auch Missionarinnen nach China. Einige Schwestern wurden vom Frauenmissionsgebetsbund und Diakonissenmutterhaus Miechowitz entsandt.[143]

Um 1900 weitete sich die deutsche protestantische Mission in China auf vier verschiedene Gebiete aus. In Südchina waren nun die Baseler Mission, die Rheinische Mission, die Berliner Mission, die Kieler Mission, der Berliner Frauenverein im Findelhaus "Bethesda", der Morgenländische Frauenverein und die Deutsche Blindenmission tätig. Die Hildesheimer Blindenmission hatte ihr Tätigkeitsfeld in Hongkong. In Mittelchina arbeitete die Barmer China-Allianz-Mission (in den Provinzen Jiangxi und Zhejiang), die Liebenzeller Mission, die Chrischona, der Frauenmissionsgebetsbund und Miechowitz. In Nordchina ließ sich die Berliner Mission und der Allgemeine Evangelisch-Protestantische Missionsverein nieder, während in Südwestchina die Kieler

---

[141] Siehe Gründer 1982, S. 45. - Der Allgemeine Evangelisch-Protestantische Missionsverein versuchte durch die Umwandlung des Bildungs- und Unterrichtswesens im Sinne "westlicher Wissenschaft" christliche Kultur, vor allem in ihrer deutschen Ausprägung, zu verbreiten und stellte sich die Aufgabe, "christliche Religion und Geisteskultur unter den nichtchristlichen Völkern auszubreiten, in Anknüpfung an die bei diesen schon vorhandenen Wahrheitselement". Zitat nach Marbach 1934, S. 14.

[142] Ernst Faber wurde am 25. 4. 1839 in Coburg geboren. Er trat 1858 ins Missionsseminar der Rheinischen Missionsgesellschaft zu Barmen ein. Da er eine gute Vorbildung gehabt hatte, durfte er nach dem 4jährigen Seminarkursus noch zwei Jahre lang die Universitäten Basel und Tübingen besuchen und auch an Lehrkursen im Laboratorium des zoologischen Museums zu Berlin und im geographischen Institut von Dr. Petermann in Gotha teilnehmen. Am 10. 8. 1864 wurde er ordiniert und nach China ausgesandt. Er war in Fuyong (1864), Humen (1866-1876), Guangzhou (1877-1880) durch Predigt, Unterricht, medizinische Praxis und insbesondere literarische Arbeit missionarisch tätig, schied aber im Jahre 1880 aus der Rheinischen Mission aus. Danach hielt er sich zunächst in Hongkong auf und beschäftigte sich weiterhin mit seiner literarischen Arbeit. 1885 trat er in den Dienst des neuen gegründeten Allgemeinen Evangelisch-Protestantischen Missionsvereins ein und zog nach Shanghai. Angesicht seiner wissenschaftlichen Arbeiten verlieh ihm die Fakultät für Theologie der Universität Jena 1888 den Ehrendoktortitel. 1898 kam er im Auftrag von AEPMV nach Qingdao, um dort eine neue Missionsgemeinde zu gründen. Aber bevor diese Gemeinde gegründet wurde, erlag er einer schweren Krankheit und starb am 26. 9. 1899 in Qingdao. Vgl. biographische Daten im Archiv der Vereinigten Evangelischen Mission (Wuppertal); Neue Deutsche Biographie, Bd. 7, 1966, S. 718f.; Sun 1999, S. 3ff.

[143] Beyer 1923, S. 10f.; Mende 1986, S. 381ff.

Mission sich in Beihai (Pakhoi) in der Provinz Guangxi ausbreitete.[144] Nach unvollständigen Statistik gab es am Ende des 19. Jahrhunderts 25 Missionare der Basler Mission, 15 Missionare der Berliner Mission, 12 Missionare der Rheinischen Mission, zwei Missionare des Allgemeinen Evangelisch-Protestantischen Missionsvereins, fünf Missionare von Chrischona, und jeweils einen Missionar des Berliner Frauenvereins und der Liebenzeller Mission, die in China tätig waren.[145] Vor dem Ausbruch des Ersten Weltkrieges waren 138 deutsche Missionare und 72 Missionarinnen in China tätig.[146] Im Vergleich zu den anderen 6636 europäischen Missionsmitarbeitern und -mitarbeiterinnen war demnach die Zahl der Deutschen relativ gering.[147]

---

[144] MacGillivray 1907, S. 488, 490f., 545, 589ff.; Beyer 1923, S. 11; Mende 1986, S. 382f.
[145] Grundemann 1901, S.86; Beyer 1923, S, 11.
[146] Richter Evangelische Missionsgeschichte 1927, S. 216.
[147] Freytag 1994, S. 37.

4. Die missionarischen Tätigkeiten der deutschen protestantischen Missionare in China

Wie bei der englischen protestantischen Mission hatten sich auch bei der deutschen vier Arbeitszweige herausgebildet: Predigten und Gemeindepflege, erzieherische, literarische Mission[148] und ärztliche Mission. In diesen vier Arbeitszweigen hatten sich die deutschen protestantischen Missionare je nach Bedürfnis und eigenem Interesse einem oder einigen Schwerpunkten gewidmet.

4.1. Predigten und Gemeindepflege

Die Predigten und die Gemeindepflege waren die hauptsächlichen Arbeiten der christlichen Mission. Auf diese Arbeiten hatten die Missionare der Basler, Barmer und Berliner Mission im Verlauf des 19. Jahrhunderts viele Bemühungen verwendet. Durch Reisepredigt und Errichtung von Missionsstationen gewannen sie eine Menge chinesischer Christen.

Die Missionare der Basler Mission arbeiteten in erster Linie unter den Hakka und gründeten in der Provinz Guangdong folgende Missionsstationen: 1) Lilang (Lilong) im Kreis Xinan, seit 1859. Sie war "die erste ständige Europäerstation"[149]. 2) Kuiyong (Kitschung oder Khi-tschhung) im Kreis Xinan, seit 1879. 3) Langkou (Longheu) im Kreis Xinan, die von der Basler Mission 1882 durch die unten genannten Verhandlungen mit der Rheinischen Mission übernommen wurde. 4) Zhangkengjing (Tschonghangkang), seit 1883. 5) Zhangcun (Tschongtshun oder Chongtshun), seit 1864. 6) Yuankeng (Nyenhangli oder Njenhangli), seit 1866. Sie war "die größte Gemeinde der Basler Mission"[150]. 7) Guzhu (Kutschuk oder Futschukpai), seit 1879. 8) Jiayingzhou (Kayintschu oder Kajin-tschu), "die geistige Hauptstadt des ganzen Hakkavolkes"[151], seit 1883. Sie wurde später in Meixian (Moiyen) umbenannt. 9) Heshuwan (Hoschuwan), seit 1885. 10) Heshi (Hokschuha oder Haoshuxia), seit 1886. 11) Pingtang (Phyangtong oder Phjang-thong), seit 1887. 12) Meilin

---

[148] Die literarische Mission ist ein Begriff aus der Quellenlirerarur. Darunter versteht man gewöhnlich das Schriftwesen der Missionare, das sich im wesentlichen an den Bedürfnissen des chinesischen Publikums orientierte.
[149] Oehler 1949, S. 358.
[150] Oehler 1949, S. 358.
[151] Oehler 1949, S. 359.

(Moilim), seit 1889. 13) Heyuan (Honyen oder Hon-jen). 14) Luogang (Lokong). In der Geschichte der Basler Chinamission nennt man das Gebiet, über das sich die von Lilang ausgehende Arbeit erstreckt, gewöhnlich das "Unterland", während das sich über den ganzen Nordosten der Provinz Guangdong entwickelnde Missionsgebiet als das "Oberland" bezeichnet wird.[152]

Im ganzen gewann die Basler Mission in China im 19. Jahrhundert 6036 Christen (3978 Kommunikaten), von denen 4644 Christen (3104 Kommunikaten) sich im Oberland befanden.[153] Übrigens errichtete die Basler Mission 1861 in Hangkong ein Missionshaus und es bildete sich um das Missionshaus im Westpoint eine größere Hakkagemeinde (Filiale Saukiwan, am Ende des 19. Jahrhunderts: 317 Christen, 198 Kommunikaten). Bereits zu Beginn der Hakkamission entstand eine Diaspora von Basler Hakkachristen auf Hawai und in Westindien, später dann vor allem auf Malakka und auf Borneo.[154]

Die Rheinische Mission beschränkte sich zuerst auf die Punti des Kreises Xinan (Sanon) und Dongguan (Tungkun oder Tung-kwan, Tung-kwun u.a.), unter deren Hakka-Bevölkerung die Basler Mission des "Unterlandes" arbeitete. Sie entwickelte dann ihr Missionswerk auf dem eng begrenzten und doch überaus bevölkerungsreichen Gebiet des Zhujiangdeltas (Perlstromdeltas). 1873 übernahm sie die Arbeit des Stettiner und Berliner Hauptvereins für China, der in Langkou und Guangzhou durch die Missionare Carl Pritzsche[155] und Gottfried Friedrich Hubrig[156] vertreten wurde, und besaß zugleich die Missionsstation Guangzhou.[157] Freilich kam es später aus konfessionellen Gründen zu einem hitzigen Streit zwischen den Missionaren der Barmer und Berliner Mission. Es kam zum Austritt von Ernst Faber und drei anderen

---

[152] Oehler 1851, S. 358.
[153] Siehe Gundert 1903, S. 453f., Statistik am Anfang 1902. - Davon: Lilang, 400 Christen; Kuiyong, 150 Christen; Langkou, 467 Christen; Zhangkengjing, 375 Christen; Zhangcun, 658 Christen; Yuankeng, 775 Christen; Guzhu, 463 Christen; Meixian, 355 Christen; Heschuwan, 372 Christen; Heshi, 436 Christen; Pingtang, 515 Christen; Meilin, 474 Christen; Heyuan, 441 Christen; Luogang, 155 Christen.
[154] Richter 1928, S. 328f.
[155] Carl Pritzsche wurde am 17. 3. 1838 in Kalbe in Preußen geboren. 1869-1873 war er im Dienst des Berliner Hauptvereins für China tätig. 1873-1882 arbeitete er im Dienst der Rheinischen Mission. 1882-1883 wurde er von der Basler Mission aufgenommen. Am 21. 8. 1908 ist er in Großsalz gestorben. Die biographischen Daten von Pritzsche sind aus dem Archiv der Berliner Mission (Berlin) entnommen.
[156] Gottfried Friedrich Hubrig wurde am 12. 8. 1840 in Köttlitz bei Mühlberg an der Elbe geboren. Er wurde 1866 vom Berliner Hauptverein für China abgeordnet, um den Missionar Hanspach in China als Gehilfe zu unterstützen. 1873-1882 war er im Dienst der Rheinischen Missionsgesellschaft, welche die Arbeit des Berliner Hauptvereins für China übernahm. Als dann das Arbeitsfeld 1882 an die Berliner Missionsgesellschaft überging, trat Hubrig als Missionar mit zu dieser Gesellschaft über. In ihrem Dienste hatte er dann an verschiedenen Orten, zuletzt in Guangzhou, als Leiter der Missionsschule und Konferenzvorsteher gewirkt, bis ihn im Jahre 1891 sein Gesundheitszustand nötigte, Erholung in der Heimat zu suchen. Am 4. September 1892 ist er in Goslar gestorben. Die biographischen Daten von Hubrig sind aus dem Archiv der Berliner Mission (Berlin) entnommen. Siehe auch Berliner MB 1892, S. 530f.
[157] Oehler 1949, S. 361f.

Missionaren aus der Rheinischen Mission.[158] 1882 gab die Rheinische Mission die Arbeit des Berliner und Stettiner Hauptvereins der Berliner Mission ab. In Verbindung damit kam es zu weiteren Grenzregulierungen und es wurden klare Linien zwischen den Arbeitsgebieten der einzelnen Gesellschaften gezogen. Die Rheinische Mission erklärte ihrerseits, daß sie auf die Hakka-Arbeit verzichten und sich fortan ganz auf die Punti beschränken werde. Für das Grundstück in Guangzhou wurden der Rheinischen Mission die gesamten Auslagen von 65 112 Mark zurückerstattet.[159]

Durch die Auseinandersetzung mit dem Berliner Hauptverein wurde die Rheinische Mission in China fast aufgelöst. Erst durch die Bemühungen der Missionare Ferdinand Wilhelm Dietrich[160] und Imanuel Genähr[161], die 1877 und 1882 nach China ausgesandt wurden, wurde die Rheinische Mission in China wiederbelebt. Ihr Zentrum lag in Dongguan. Die anderen Stationen waren: Taiping; Fuyong (Fukwing); seit 1886 Tangtouxia (Tongtauha) im Dongguankreis, seit 1898 Jingbei (Kangpui) in Dongguankreis.[162] Bis Ende des 19. Jahrhunderts nahm die Rheinische Mission 916 Chinesen als Christen auf und 696 Abendmahlsberechtigte.[163] Des weiteren gründete die Rheinische Mission, um eine eigene Vertretung in Hongkong zu haben, 1899 ein Hospiz für ihre Missionare, welches zugleich zum Sammelpunkt für ausgewanderte Christen dieser Gesellschaft wurde, deren Zahl Ende 1901 97 betrug (davon 68 Abendmahlsberechtigte).[164]

---

[158] Richter 1924, S. 514f.; Oehler 1949, 363f.
[159] Richter 1924, S. 520f.
[160] Ferdinand Wilhelm Dietrich wurde am 28. 11. 1848 in Lüderitz bei Stendal geboren. Er war früher Schuhmacher und trat 1872 in das Missionsseminar der Rheinischen Missionsgesellschaft zu Barmen ein. 1877 wurde er ordiniert und nach China ausgesandt. Er war in Langkou (1877-1880), Guangzhou (1880-1881), Fuyong (1881-1886), Dongguan (1886-1890, 1893-1897), Tangtouxia (1892-1893) tätig und viele Jahre der Präses der Rheinischen Missionare in China. Am 8. 7. 1897 ist er in Hongkong gestorben. Die biographischen Daten von Dietrich sind aus dem Archiv der Vereinigten Evangelischen Mission (Wuppertal) entnommen. Siehe auch Die Evangelischen Missionen 1897, S. 215; BRMG 1897, S. 300.
[161] Immanuel Genähr wurde am 6. 12. 1856 in Hongkong als Sohn des Missionars F. Genähr geboren. Er war zuerst Commis und trat 1877 in das Missionsseminar der Rheinischen Missionsgesellschaft zu Barmen ein. 1882 wurde er ordiniert und nach China ausgesandt. Er war in Fuyong (1883-1890) und Dongguan (1890-1894, 1896-1900, 1901-1905) tätig und arbeitete in Hongkong (1905-1910) als Präses der Rheinischen Mission in China. 1912-1915 war er im Heimatdienst und nahm 1915 ein Pfarramt an. Die Fakultät für Theologie der Universität Münster verlieh ihm 1917 den Titel Dr. theol. h. c. 1924-1928 kam I. Genähr wieder nach China und arbeitete in Hongkong. Seit 1928 war er im Heimatdienst. Am 16. 8. 1937 ist er in Ratingen gestorben. Die biographischen Daten von I. Genähr sind aus dem Archiv der Vereinigten Evangelischen Mission (Wuppertal) entnommen. Siehe auch BRMG 1937, S. 293.
[162] Gundert 1903, S. 453f.
[163] Nach der Statistik am Ende 1901: Dongguan, 335 Christen; Taiping, 138 Christen; Fuyong, 104 Christen; Tangxia, 116 Christen; Jingbei, 223 Christen. Siehe Gundert 1903, S. 453f.
[164] Gundert 1903, S. 453.

Auch die Berliner Mission suchte in China die Anlage von Missionsstationen zu gründen. Neben Guangzhou (1901: 192 Christen) wurde 1885 im Süden des Kreises Guishan (Kwuischenkreises), in Huidong (Fumui), eine Station gebaut. Von 1890 an wurde im Kreis Guishan in Zengchengao (Dschutongau oder Tschu-thong-au) eine neue Station gegründet. 1893 wurde eine Station (Siujin oder Siuyin, Syu-yin) im Kreis Mashi gebaut. 1897 kam die Station Shixing (Tschichin oder Tschihyin, Tschihing) am Nordfluß im Jungfakreise dazu. Die Arbeit der Berliner Mission in dem nördlich von Guangzhou gelegenen Kreis Hua (Fajenkreis) entwickelte sich langsamer. Erst 1897 wurde bei Luokeng (Lukhang) eine Missionsstation gegründet.[165] Allerdings waren die Stationen bei Zengchengao, Shixing und Luokeng, später zerstört worden.[166] Insgesamt gab es am Ende des 19. Jahrhunderts 2132 Getaufte (davon 1455 Abendmahlsberechtigte).[167]

In der Besetzung von Jiaozhou durch deutsche Truppen sah die Berliner Mission "ein Signal um dort auch sogleich mit der Missionsarbeit zu beginnen".[168] Nach ihrer Ansicht konnte sie "dabei vielfach zwischen der deutschen Regierung und dem chinesischen Volk, das sie aus ihrer Arbeit in der Kantonprovinz kannte, vermitteln, und durch Unterricht an der deutsch-chinesischen Regierungsschule und Pastorierung des Militärs und der deutschen Ansiedler der Kolonie dienen"[169]. Von der deutschen Regierung erhielt die Berliner Mission ein Grundstück auf einem Hügel bei Qingdao (Tsingtau), auf dem 1899 ein Missionshaus gebaut wurde. Die Missionare der Berliner Mission widmeten sich auch den Predigten und Gemeindearbeiten. Sie gründeten am 2. September 1899 in Dabaodao (Dabaudau), einer mit dem von Europäern bewohnten Gebiet Qingdaos verbundenen "Chinesenstadt", eine Kirche mit 500 Sitzplätzen. Eine andere Kirche wurde im Jahre 1900 in Taidongshan (Taidung-Schan) gebaut.[170] Im gleichen Jahre wurde eine zweite Station in Jimo (Tsi-mo) angelegt. Ende 1901 zählte man insgesamt 104 Getaufte, 41 Abendmahlsberechtigte und 115 Katechumenen.[171]

Außerdem errichtete die Barmer China-Allianz-Mission auch acht Stationen in China.[172] Der Berliner Frauenverein, der Allgemeine Evangelisch-Protestantische Missionsverein und die Kieler Mission gründeten jeweils eine Missionsstation.[173] Insgesamt bauten die deutschen protestantischen Missionen im 19. Jahrhundert in China mehr als 35 Stationen (vor dem Ausbruch des

---

[165] Gundert 1903, S. 453f.; Richter 1924, S. 524ff.; Oehler 1951, S. 238ff.
[166] Gundert 1903, S. 453f.; Richter 1924, S. 524ff.; Oehler 1951, S. 238ff.
[167] Gundert 1903, S. 454. – Nach der Statistik des Jahres 1903: 2564 Getaufte. Davon: Huidong, 266 Christen; Zengchengao, 289 Christen; Mashi, 442 Christen; Shixing, 670 Christen; Luokeng, 705 Christen. Siehe Gundert 1903, S. 454; Richter 1928, S. 328f.
[168] Oehler 1951, S. 27f.
[169] Oehler 1951, S. 27f.
[170] Richter 1924, S. 614ff.; Oehler 1951, S 250f.
[171] Gundert 1903, S. 472; Richter 1928, S. 398.
[172] Beyer 1923, S. 11.
[173] Gundert 1903, S. 455.

Ersten Weltkrieges stieg die Zahl der Missionsstationen auf 76[174]) mit ungefähr 10 000 chinesischen Christen auf.[175]

4.2. Die erzieherische Tätigkeit

Hand in Hand mit der Gemeindepflege ging die Arbeit in den verschiedenen Missionsschulen. Um die Kinder der Gemeindemitglieder christlich zu beeinflussen, um aus der christlichen Jugend "eingeborene Gemeindehelfer" zu gewinnen "und 'um auf die heidnische Bevölkerung einzuwirken'", betrachteten die deutschen protestantischen Missionare von Anfang an die Erziehung der Kinder ihrer christlichen Gemeindemitglieder als eine der wichtigsten Verpflichtungen.[176]

Seit den 60er Jahren entwickelte sich unter den Chinesen im Rahmen einer Modernisierungsbewegung, die in der Aneignung von westlichem Wissen eine Chance für China sah, auch ein Interesse an westlicher Erziehung. Diesem Interesse entsprechend empfanden die protestantischen Missionen viel stärker als vorher ihre Aufgabe nicht nur als eine religiöse, sondern auch als einen Dienst an der Modernisierung und Zivilisierung Chinas. Die Schulmission sollte, "über ihre eigentliche Bestimmung hinaus, den Gemeinden bzw. Kirchen dienen, zu Helfern des ganzen Volkes" zu werden.[177] Daher wurde ihre Zielsetzung stark erweitert. Nach Äußerung der ersten "Allgemeinen Konferenz protestantischer Missionare" in Shanghai 1877 sollte die erzieherische Tätigkeit der Missionare nicht nur "der Heranbildung evangelischer Pastoren" und der Verstärkung des "Selbstvertrauens der protestantischen chinesischen Kirche" dienen, sondern auch die "überlegene Kultur des Westens" und dessen

---

[174] Richter 1927, Bd.1, S. 216.
[175] Die Statistik über die Zahl der Stationen und Christen ist in verschiedenen Büchern unterschiedlich. Nach Grundemann 1901, S. 86, hatte die Basler Mission 13 Stationen; die Berliner, 7; Rheinische, 6; der Allgemeine Evangelisch-Protestantische Missionsverein, 1; Berliner Frauenverein, 1. Die Zahl der chinesischen Christen: Basler Mission, 6197; Berliner Mission, 2257; Rheinische Mission, 1014; der Berliner Frauenverein, 127 (insgesamt: 9595). Die Zahl der Kommunikanten: Basler Mission, 4141; Berliner Mission, 1381; Rheinische Mission, 628; der Berliner Frauenverein, 14 (insgesamt: 6164). Nach Beyer 1923, S. 11: die Basler Mission hat um 1900 19 Stationen mit 6000 Christen; die Barmer Mission 5 Stationen mit etwa 900 Christen; die Berliner Mission 6 Stationen mit 2500 Christen. Nach Richter 1927, S. 216, hatten die deutschen protestantischen Missionare vor dem Ausbruch des ersten Weltkrieges 76 Stationen in China gegründet. Ihre Gemeinden umfaßten ca. 26.000 getaufte Christen.
[176] Zahn Über das chinesische Schulwesen, S. 18f. Siehe auch Leuschner Aus dem Leben und Arbeit, S. 64ff.; Kollecker Report of the Mission Schools 1899 und 1900; Oehler 1925, S. 186ff.; Rosenkranz 1957, S. 1667f.; Li 1989, 201ff.; Gu 1981, 225ff; Gu Jidujiao 1996, S. 239ff.
[177] Rosenkranz 1957, S. 1667.

"Wissenschaft und Künste" in China einführen.[178] Dieser Beschluß hatte dann in großem Maße die Richtung und Zielsetzung der erzieherischen Tätigkeit der deutschen protestantischen Missionare in China geprägt.

Es gab verschiedene Schulen, die von den deutschen protestantischen Missionaren in China gegründet wurden. Da es anfangs nur kleine Gemeinden gab und die Missionare und die chinesischen Christen in kleinen Orten wohnten, mußten die Kinder der christlichen Gemeindemitglieder auf der Station gesammelt und unterwiesen werden (Knabenschulen). Als die Zahl der Christen wuchs und die weiter entfernt lebenden Christen ihre Kinder in die Missionsschule schicken wollten, gründete man dann die Kostschule, "in der alle schulpflichtigen Kinder christlicher Eltern gegen Entrichtung eines Kostgeldes (bei Armen wurden die Kinder auch wohl umsonst verpflegt), unterrichtet wurden".[179] An die Kostschulen schloß sich "die Mittelschule an für begabtere Jungen, die weiter lernen wollten".[180] Die Mittelschule stellte den Übergang zum Prediger- und Lehrerseminar dar, "in dem die Schüler zu christlichen Lehrern und Predigern ausgebildet wurden".[181] Außerdem hatten die deutschen protestantischen Missionare betont, "daß auch die weibliche Jugend Chinas der Belehrung bedürfe und man dies nicht als zu gering dafür geachtet werden dürfe"[182]. Daher errichteten sie etliche Mädchenschulen.[183] Ferner wurden manche "Heidenschulen" für die nichtchristlichen chinesischen Kinder gegründet, in denen hauptsächlich die chinesischen Klassiker gelehrt wurden.[184]

In den Missionsschulen wurden sowohl Religion wie auch "westländisches Wissen" gelehrt, wenn auch das Hauptgewicht immer noch auf die religiöse Erziehung gelegt wurde. In der Knabenschule nahm der christliche Unterricht fast die Hälfte der Zeit in Anspruch. "Der Missionar selber erteilt Religion, biblische Geschichte, Singen, vielleicht wird auch lateinische Schrift gelehrt und geübt. Die Morgen- und Abendandachten wurden vom Missionar und seinen Gehilfen in der Schule gehalten. Die Kinder lernen das Neue Testament lesen und verstehen. Sie sind in Gottesdiensten die Vorsänger. Auch beten lernen sie in der Schule. Jeden Sonntag Nachmittag findet Kinderlehre statt, in der Evangelium und Epistel abgefragt und katechisiert wurde."[185] Darüber hinaus lernten die Schüler Mathematik, Geographie etc. "Um nicht die Schüler ihrem eigenen Lande zu entfremden", wurde das Studium der chinesischen Klassiker gepflegt.[186] Die Aufgabe der Mittelschule war es, "ihren Schülern eine gediegene Allgemeinbildung zu verschaffen, die sie befähigt,

---

[178] Rosenkranz 1957, S. 1667f.
[179] Zahn Über das chinesische Schulwesen, S. 19.
[180] Zahn Über das chinesische Schulwesen, S. 20.
[181] Zahn Über das chinesische Schulwesen, S. 20.
[182] Zahn Über das chinesische Schulwesen, S. 23.
[183] Zahn Über das chinesische Schulwesen, S. 23f.
[184] Siehe Kollecker 1899, S. 6 und 1900, S. 4f.
[185] Leuschner Aus dem Leben und Arbeit, S. 72.
[186] Zahn Über das chinesische Schulwesen, S. 20. Siehe auch Kollecker 1900, S. 4.; Leuschner Aus dem Leben und Arbeit, S. 72.

später irgendein Studium, z.B. die Vorbereitung zum Lehrer- und Predigerberuf erfolgreich zu beginnen"[187]. Darum wurden die Schüler nicht nur in chinesischer Literatur und "in dem in China üblichen Aufsatzstil" unterwiesen, sondern es wurden auch die westlichen Wissenschaften, Geschichte, Geographie, Mathematik, Physik, Chemie, Naturgeschichte, Astronomie u.a. gelehrt.[188] Im Prediger- und Lehrerseminar "bereiten sich die Zöglinge in einem dreijährigen Kursus auf das Gehilfen- oder für einen kürzeren auf das Evangelisten-Examen vor"[189]. Sie lernen dort "Exegese des alten und neuen Testaments, Dogmatik, Ethik, Kirchen- und Weltgeschichte, Katechetik und Homiletik". Auch etwas Physik und Mathematik waren "die Hauptfächer"[190].

Die Missionare der Basler Mission gründeten in Lilang, Yuankeng, Guzhu und Pingtang einige Knabenanstalten; in Yuankeng wurde 1873 eine Mittelschule gegründet; in Lilang im Jahre 1874 ein Lehrer- und Predigerseminar. Sie errichteten auch Mädchenanstalten in Hongkong (seit 1847, am Ende des 19. Jahrhundert: 56 Mädchen), Langkou, Zhangcun und Pingtang.[191] Die Missionare der Rheinischen Mission gründeten in Tangtouxia u.a. Kostschulen, in Dongguan eine Mittelschule und ein Prediger- und Lehrerseminar.[192] Die Mädchenschulen der Rheinischen Mission befanden sich jeweils in Taiping[193], in Dongguan[194], Fuyong, Xintang (Santong) und Xiaqing (Schatsing).[195] Die Missionare der Berliner Mission errichteten insbesondere in Guangzhou einige Erziehungseinrichtungen. Es gab dort die Gehilfen-, die Knaben- und die Mädchenschule. Außerdem gründeten sie in Zengchengao, Shixing und Mashi drei Kostschulen. Die Schüler der Mittelschule wurden einige Zeit später in Luokeng im Kreise Hua zusammengeführt.[196] Ferner errichtete die Berliner Mission 24 sog. Heidenschulen.[197] Der Allgemeine Evangelisch-Protestantische Missionsverein unterhielt in Qingdao ein Knabenrealgymnasium.[198]

---

[187] Zahn Über das chinesische Schulwesens, S. 25. Siehe auch Kollecker 1900, S. 3.
[188] Zahn Über das chinesische Schulwesens, S. 25ff.; Siehe auch Kollecker 1900, S. 3.
[189] Leuschner Aus dem Leben und Arbeit, S. 7. Siehe auch Zahn Über das chinesische Schulwesen, S. 24ff.; Kollecker 1900, S. 3.
[190] Leuschner Aus dem Leben und Arbeit, S. 72. Siehe auch Zahn Über das chinesische Schulwesen, S. 28ff.; Kollecker, 1900, S. 4.
[191] Gundert 1903, S. 453f.
[192] Zahn Über das chinesische Schulwesens, S. 19f.
[193] Diese Mädchenschule war auch "ein großes Mädchenpensionat, das dazu dienen soll, den christlichen Mädchen ihrer Gemeinden eine Schulbildung und vor allem christliche Unterweisung zu geben. Es wird auch Konfirmandinnenpensionat genannt, da es seine erste Aufgabe war, Mädchen für die Konfirmation vorzubereiten. Fast alle Töchter christlicher Eltern, die der Rheinischen Mission angehören, besuchen dieses Pensionat wenigstens 1-2 Jahre". Zahn Über das chinesische Schulwesens, S. 24.
[194] Diese Schule wurde auch von vielen chinesischen Mädchen der Stadt besucht. Siehe Zahn Über das chinesische Schulwesen, S. 24.
[195] Zahn Über das chinesische Schulwesens, S. 24.
[196] Kollecker 1899, S. 6.
[197] Kollecker 1900, S. 4f.
[198] Richter 1928, S. 398.

Insgesamt hatten die deutschen protestantischen Missionen im 19. Jahrhundert mehr als 100 Schulen in China gegründet.[199] Nach der Statistik des Jahres 1900 hatte die Basler Mission 1467 Schüler; die Berliner, 525; die Rheinische, 117; der Berliner Frauenverein, 41.[200] Allerdings waren im Vergleich zu den englischen und amerikanischen Missionen die deutschen protestantischen Missionen bei der Schulmission weiterhin rückständig. Nach einer Statistik von 1913 waren von den nahezu 10 500 evangelischen und katholischen Volksschulen mit fast 210 000 Schülern nur etwa 500 (ca. 11 000 Schüler) in deutscher Hand, von den etwa 700 mittleren und höheren Schulen (ca. 37 000 Schüler) waren es nur etwa 40 mit ungefähr 650 Schülern.[201] Die deutsche protestantische Mission gründete keine Universität in China.

---

[199] Davon gehörten 62 zur Basler Mission; 15 zur Berliner Mission; 11 zur Rheinischen Mission; 1 zum Berliner Frauenverein. Siehe Grundemann 1901, S. 86.

[200] Siehe Grundemann 1901, S. 86. – Die Statistik ist in verschiedenen Büchern sehr unterschiedlich. Nach der Statistik von MacGillivary 1907, S. 483, gründete um 1900 die Basler Mission 81 Schulen verschiedener Art, und hatte 1915 Schüler. Davon waren 12 Kostschulen mit 398 Schülern und 134 Schülerinnen; 9 Knabenschulen mit 294 Schülern; 56 Heidenschulen mit 919 Schülern; 2 spezielle Schulen für westliches Wissen mit 45 Studenten; 1 Mittelschule mit 75 Studenten; 1 theologisches Seminar mit 50 Studenten. Übrigens gab es noch 1 Kindergarten in Hongkong mit 36 Kindern. – Nach der Statistik von Gundert 1903, S. 454, hatte am Ende des 19. Jahrhunderts die Rheinische Mission insgesamt 213 Schüler, davon 19 Mädchen. Es gab, gemäß Gundert 1903, S. 453, in Hongkong noch 26 Schüler. – Nach der Statistik von Kollecker 1900, S. 3ff., hatte die Berliner Mission im Jahre 1900 insgesamt 46 Schüler in der Mittelschule, 82 in den Kostschulen und 443 in den Heidenschulen in der Provinz Guangdong. – Nach der Statistik von Gundert 1903, S. 454, gab es bei der Berliner Mission nur 363 Schüler in der Provinz Guangdong. In den Schulen in Jiaozhou hatte die Berliner Mission - nach Gundert 1903, S. 472 - noch 88 Schüler.

[201] Franke 1974, S. 251.

4.3. Die literarische Mission

Manche Missionare widmeten sich literarischen Tätigkeiten. Sie verfaßten Überetzungen ins Chinesische, stellten Lehrbücher und Grammatiken für die Missionsschulen zusammen, schrieben in chinesischen Schriften und Büchern über westliche Religion und Zivilisation.[202] Mit der literarischen Arbeit versuchten die Missionare den Chinesen sowohl die Lehre des Christentums beizubringen als auch einen tiefen Eindruck von der modernen abendländischen Welt zu vermitteln.[203] Schon in der 30er und 40er Jahren beschäftigte sich Gützlaff intensiv mit der literarischen Mission. Er arbeitete an der Bibelübersetzung[204], schrieb zahlreiche religiöse Schriften in Chinesisch, z.B. über die Lehre von der Erlösung. Um den Chinesen die "kulturelle Überlegenheit des Weißen Mannes" zu beweisen und auch dem Zweck der "Aufklärung" zu dienen, schrieb er auch in Chinesisch verschiedene Schriften über westliche Zivilisation und verbreitete sie unter den Chinesen.[205] Unter den späteren deutschen protestantischen Missionaren leisteten Ferdinand Genähr, Ernst Faber, Charles Piton[206], Martin Schaub[207], Imanuel Genähr und Paul Kranz[208] auf diesem Gebiet hervorragendes.

---

[202] Der Missionar Faber hat gesagt: "Die bedeutendsten literarischen Leistungen der Missionare müssen deshalb für die Chinesen berechnet sein. Es ist darin auch schon Grosses geschehen, nicht nur kleine Traktätchen sind in chinesischer Sprache veröffentlicht, sondern die ganze heilige Schrift in mehreren Uebersetzungen, viele umfangreiche theologische Schriften, dann Uebersetzungen oder auch Originalarbeiten aus fast allen Gebieten der Wissenschaft. Derartige Werke bilden bereits eine Bibliothek." Faber Mencius 1877, S. 31.

[203] Dazu siehe besonders Xing 1994. Siehe auch Oehler 1925, S. 179ff.; Li 1989, S. 156ff.; Gu 1996, 218ff.

[204] Die Bibel, die von Hong Xiuquan studiert und in der Taipingbewegung allgemein gebraucht wurde, ist gerade die Übersetzung von Gützlaff und anderen protestantischen Missionaren. Siehe Li 1989, S. 82ff.; Gu 1996, S. 156.

[205] Rennstich 1988, S. 139f.

[206] Charles Piton, geb. am 9. 11. 1835 in Straßburg, war früher ein Kaufmann. 1859 trat er ins Missionshaus der Basler Mission ein. 1862-1863 arbeitete er als Missionar an der Goldküste Afrikas und 1864-1884 in China und zwar in Yuankeng, Hongkong und Lilang. 1884 kehrte er zurück in die Schweiz, arbeitete als Reiseprediger in Neuchatel und redigierte sieben Jahre lang die Missionszeitschrift "Revue des missions contemporaines". Am 29. 8. 1905 ist Piton in Crailsheim gestorben. Siehe EHB 1905, S. 78f.

[207] Martin Schaub, geb. am 8. 7. 1850 in Basel, war früher Kaufmann. 1874 wurde er von der Basler Missionsgesellschaft nach China gesandt und hatte bis zu seinem Tode als Vorsteher des Predigerseminars der Basler Mission in Lilang gearbeitet. Daneben nahm er sich auch der Gemeinde in Lilang an und zog in Begleitung seiner Seminaristen dann und wann zur Heidenpredigt aus. Am 7. September 1900 ist er nach kurzer Krankheit in Lilang gestorben. Siehe EHB 1900; Richter 1928, S. 330f.

F. Genähr sprach den Dialekt der Punti und das klassische Chinesisch "Wenyan" (Wenli) besonders gut. Er verfaßte mehrere Schulbücher und christliche Werke. Davon waren die wichtigsten: ein chinesisches Liederbüchlein, das "Leben Jesu" in chinesischen Versen, eine Glaubenslehre in 1000 Fragen und Antworten. Ferner stellte er zahlreiche Übersetzungen deutscher Traktate her. Die literarische Tätigkeit von Piton lag im wesentlichen darin, die Umgangssprache mit chinesischen Zeichen zu schreiben. Er übersetzte auf diese Weise die "große Calwer Biblische Geschichte" ins Chinesische und bearbeitete das ganze Neue Testament. Schaub war "einer der besten Kenner der Hakkasprache"[209] und verfaßte in ihr einen großen Teil von Lehrbüchern und religiösen Werken. Darüber hinaus schrieb er auf Chinesisch ein Buch über Konfuzianismus mit dem Titel "Kritik des Konfuzianismus".[210] I. Genähr beschäftigte sich intensiv mit der Übersetzung der Bibel in leicht verständliche chinesische Sprache und in Dialektform.[211] Kranz schrieb ebenfalls viele religiöse Schriften. Er setzte sich darüber hinaus mit den chinesischen Klassikern auseinander und verfaßte in Chinesisch einige christliche Kommentare zu den chinesischen Vier Büchern, wie z.B. "Konfuzius und Christus als Freunde", "Die Welterlösungsreligion ist die Vollendung des Konfuzianismus". Aus der Feder von Kranz stammten noch ein Chinesisches Alphabet (die 4000 häufig verwendesten Schriftzeichen) und Deutsch-Chinesische Auszüge für Chinesen (296 Seiten).[212]

Es war Ernst Faber gewesen, der unter den deutschen protestantischen Missionaren bei der literarischen Mission die hervorragendste Leistung gebracht hatte. Faber legte geradezu "den Schwerpunkt seiner Arbeit in die wissenschaftliche Auseinandersetzung der Kultur Chinas mit der des Abendlandes. Er war einer der ersten, die dieses Problem in seiner Größe sahen und die Gegenüberstellung von Konfuzius und Christus mit lauterem Ernst und voller Sachkunde durchdachten."[213] Aus seiner Feder stammten vor allem einige wichtige Schriften über Christentum und eine Lektüre zur Predigt: den großen Kommentar und 77 Predigten über das Markusevangelium (1874-1876), ein Herzbüchlein mit chinesischen Illustrationen (1879), illustrierte biblische Geschichten (1886-1887), Meditationen über das Alte Testament (1892) und den homiletischen Lukaskommentar mit 1821 Predigtdispositionen (1894). Aber

---

[208] Paul Kranz wurde 1892 von dem Allgemeinen Evangelisch-Protestantischen Missionsverein nach China entsandt. Er arbeitete zunächst als Mitarbeiter Fabers in Shanghai. 1902 schied er aber wegen theologischen Differenzen aus dem AEPM aus. Siehe Gundert 1903, S. 462.
[209] Vgl. Richter 1928, S. 329ff.
[210] Schaub und J. Chalmers arbeiteten zusammen an der Übersetzung des Neuen Testaments ins Hochchinesische und veröffentlichten diese im Jahre 1898. Vgl. MacGillivray 1907, S. 479
[211] MacGillivray 1907, S. 495f.
[212] MacGillivray 1907, S. 498
[213] Richter 1928, S. 330.

auch bei der Vermittlung der westlichen Kultur an die Chinesen leistete Faber wichtige Beiträge.²¹⁴

Da Faber erkannte, daß zu einer Reform Chinas vor allen Dingen eine Reform des Erziehungswesens notwendig sei, so verfaßte er mehrere Aufsätze über deutsche Schulen und die Volksbildung in Deutschland, die zuerst in einer chinesischen Zeitschrift in Guangzhou veröffentlicht wurden und 1873 gesammelt als Buch erschienen.²¹⁵ In diesem Buch gab Faber einen Einblick in die verschiedenen Schulen Deutschlands: Dorfschule, die städtische Bürgerschule, die Realschule, das Gymnasium, die Universität, die technischen Hochschulen, Handelsschulen, Ackerbauschulen, Malschulen, Musikschulen, Lehrerseminare, Missionsseminare, die Mädchenschulen, die Blinden-, Taubstummen-, Waisenanstalten und Rettungshäuse. Auch das Studium der Naturwissenschaften, die Schiffahrtskunde und die Wissenschaft vom Kriegswesen wurden ausführlich beschrieben. Darüber hinaus stellte Faber wissenschaftliche Vereine, Abendschulen der Kirche und die Vereine zur Verbreitung guter Literatur dar.²¹⁶ Fabers Buch über deutsche Schulen bewegte die chinesischen Gelehrten und Beamten tief. Ein chinesischer Beamter war sogar zu der Erkenntnis gekommen, "daß die tiefste Ursache der Siege Deutschlands über seine Nachbarn (Frankreich) in der Volksbildung Deutschlands zu suchen sei" und "man in Deutschland für alle möglichen Berufsarten Spezialschulen habe."²¹⁷ Angeregt von diesem Buch beauftragte die chinesische Regierung den amerikanischen Missionar und Leiter einer Regierungsschule in Peking, W. A. P. Martin, einen neuen Bericht über die Schulen des Westens zu schreiben. Von chinesischer Seite wurde auch eine kleine photolithographierte Ausgabe des Werkes hergestellt.²¹⁸

Faber wollte auch "die Grundgedanken der besten deutschen pädagogischen Werke" an Chinesen weitergeben.²¹⁹ Darum schrieb er in Chinesisch ein Buch über die Prinzipien der deutschen Erziehung. Es geht im wesentlichen um die Probleme der Ausbildung von tüchtigen Leuten, die Erziehung in der Familie und in der Schule sowie die Lehrerbildung. Auch die Reform der chinesischen Erziehungsmethode wurde erörtert. Faber verurteilte die bisher üblichen chinesischen Aufsatzschablonen und war überzeugt, daß das ganze chinesische Examen-System "völlig geändert werden" müsse.²²⁰ China brauche "eine gründliche Ausbildung". Dennoch bedeuten die einzelnen von der chinesischen Regierung eingerichteten modernen Schulen "noch keine gründliche Verbesserung des alten Systems". Es genüge "auch nicht, einige

---

²¹⁴ Siehe dazu Kranz D. Ernst Faber als chinesischer Apologet 1901, S. 205ff.; Richter 1928, S. 330; Sun 1999, S. 3ff.
²¹⁵ Siehe Kranz D. Ernst Faber als chinesischer Apologet 1901, S. 233.
²¹⁶ Siehe Kranz D. Ernst Faber als chinesischer Apologet 1901, S. 233.
²¹⁷ Kranz D. Ernst Faber als chinesischer Apologet 1901, S. 233.
²¹⁸ Siehe Kranz D. Ernst Faber als chinesischer Apologet 1901, S. 233.
²¹⁹ Faber Theorie und Prakxis 1899, S. 266. Siehe auch Kranz D. Ernst Faber als chinesischer Apologet 1901, S. 233.
²²⁰ Siehe Kranz D. Ernst Faber als chinesischer Apologet 1901, S. 234.

wenige Jünglinge zum Studium ins Ausland zu schicken". Das Christentum sei "die Wurzel der Wissenschaften" und die Tatsache, daß "die christlichen Länder an der Spitze der Zivilisation stehen", stelle "einen Beweis für den Segen des Christentums" dar. Bei der Einführung der westlichen Wissenschaften in China müsse man unbedingt das Christentums einführen. "Nur durch christliche Charakterbildung erlangt man zuverlässige Beamte und treue Untertanen."[221] Fabers Buch über die Prinzipien der Erziehung war zugleich ein Anklagenmanifest gegen das traditionelle chinesische Erziehungssystem und eine Propaganda für eine Erziehungsreform in China.

"Zivilisation, östlich und westlich" war "das bedeutendste Werk, welches Faber veröffentlicht hat"[222]. In diesem Buch wurden alle wichtigen Lebensgebiete vom christlichen Standpunkt aus erörtert. Faber beschrieb ausführlich "die Früchte des Christentums im Leben der christlichen Völker des Westens" und verglichen sie mit den chinesischen Zuständen.[223] Zunächst waren es die soziale Veranstaltungen und humane Maßnahmen in den westlichen Ländern, die Reform der Finanzen und die Regelung der Steuern, die individuelle Verantwortlichkeit vor dem Gesetz, die Regelung der öffentlichen Sicherheit und des Verkehrswesens. Faber erörterte ferner Themen wie z.B. die Wahrheit im Gottesdienst, Maßhaltung bei Trauer, Mäßigkeit bei Freudenfesten, Respekt im sozialen Verkehr, das glückliche Familienleben, Kindespietät, den Wert innerer und äußerer Reinheit usw. Themen über Wissen und Glauben, klassische Gelehrsamkeit der Chinesen und die Theologie des Westens, Studium der Geschichte, Philosophie, Sprachwissenschaft, Erziehungsprinzipien, Vorteile des Gebrauchs von Maschinen, Entwicklung des Handels, Kriegswissenschaft und wissenschaftliche Methode in der Heilkunst, wurden ebenso besprochen. Schließlich wurden die kirchliche Organisation, die Missionsgesellschaften, Bibelgesellschaften, religiöse Traktatgesellschaften, Vereine für Arbeiter, Jünglingsvereine, Frauenvereine für wohltätige Zwecke dargestellt. Faber kritisierte verschiedene Mißstände in China wie das Unrecht des Despotismus, die Unsitte der Glücksspiele, das Übel des Opiumrauchens, die Korruption der Beamten, die abergläubischen Gebräuche, die Feng-Shui-Lehre, die einseitige Gelehrsamkeit der Literaten, die Gemeinheit im Reden, das Binden der Füße von Frauen, den Kindermord und Selbstmord usw. Er war überzeugt, daß alle diese Mißstände nur durch das Christentum beseitigt werden könne.[224] "Zivilisation, östlich und westlich" wurde von den chinesischen Intellektuellen hoch eingeschätzt und war das einflußreichste Buch in den 80er und 90er Jahren in China, welches von einem Missionar geschrieben wurde. Als der Guangxu-Kaiser im Jahre 1898 eine Reihe westlicher Bücher bestellte, war es die

---

[221] Siehe Kranz D. Ernst Faber als chinesischer Apologet 1901, S. 233f.
[222] Kranz D. Ernst Faber als chinesischer Apologet 1901, S. 239.
[223] Faber Theorie und Prakxis 1899, S. 266. Siehe auch Xing 1994, S. 400ff.
[224] Siehe Kranz D. Ernst Faber als chinesischer Apologet 1901, S. 240f.; Xing 1994, S. 401ff.

Nummer eins. Allerdings hatte das missionarische Anliegen Fabers bei den chinesischen Intellektuellen selten ein Echo gefunden.[225]

Anders als manche englischen und amerikanischen protestantischen Missionare, die sich ebenfalls intensiv mit literarischen Tätigkeiten beschäftigten, beteiligten sich die deutschen Missionare sehr selten an Übersetzungen von Texten zur politischen Ökonomie, zum Staatsaufbau, zu den sozialen Verhältnissen im Westen, insbesondere an Übersetzungen westlicher Werke über Optik, Geometrie, Medizin, Bergbau u.a. Obschon die deutschen Missionare auch manche Meldungen über institutionelle, rechtliche, soziale, wissenschaftliche und technische Besonderheiten und Errungenschaften des Westens in China verbreitet hatten, nahm der religiöse Inhalt in ihren literarischen Arbeiten immer eine führende Stelle an.[226]

---

[225] Siehe Xing 1994, S. 409.
[226] Dazu siehe Xing 1994.

4.4. Die ärztliche Mission

Medizinische Mission stellte sich den christlichen Missionen als "eine universale christlich-humane Aufgabe" dar. Sie war aber auch "ein Bekehrungsinstrument" und "ein wirksames Mittel [...], den Einfluß der Medizinmänner, der mächtigsten Verfechter der traditionellen Kulturen und Religionen, zu bekämpfen".[227] Nach Meinung der deutschen protestantischen Missionare war die medizinische Praxis gerade die wichtigste Arbeitsweise, die "die erbitterte Fremdenfeindschaft der Chinesen" und ihren "tiefgewurzelten Argwohn" überwinden und ihr Vertrauen in das Christentum gewinnen könnte.[228] Die medizinischen Tätigkeiten der Missionare dienten daher ohne Zweifel ihrer gesamten Missionsstrategie.

Bahnbrecher der ärztlichen Mission in China war der amerikanische Arzt Peter Parker (1804-1889), der bereits 1834 nach China gekommen war und 1835 in Guangzhou ein Krankenhaus errichtet hatte.[229] Der deutsche Missionar Gützlaff übte bei seinen Küstenreisen ebenfalls medizinische Tätigkeiten bei den Chinesen aus.[230] Auch die Missionare der Basler und der Rheinischen Mission erhielten während ihrer Vorbereitungszeit im Missionshaus eine medizinische Schulung und wandten diese neben den anderen missionarischen Tätigkeiten in China an. Die medizinische Versorgung und die Maßnahmen zur Gesundheitspflege und Hygiene im Bereich der Stationen gehörten von Anfang an zur Aufgabe der missionarischen Tätigkeit der deutschen protestantischen Missionare. Manche Missionare konnten in China als Ärzte praktizieren. Ausgebildete Ärzte wurden aber erst später von der Basler und der Rheinischen Mission nach China entsandt.[231]

Der erste hauptberufliche deutsche Missionsarzt war Dr. med. Göcking, der 1854 zusammen mit Hanspach von dem Berliner und Stettiner Hauptverein für China entsandt wurde.[232] Er wirkte bis 1858 an der Festlandsküste und anschließend noch sechs Jahre bei der späteren Rheinischen Missionsstation Tangtouxia. In der Zeit des Zweiten Opiumkrieges arbeitete er zunächst auf Hongkong und hielt sich dann längere Zeit an verschiedenen Inlandstationen auf, bis er krank in die Heimat gebracht werden mußte.[233]

---

[227] Gründer 1982, S. 352.
[228] Richter 1927, S. 206.
[229] Siehe Xing 1994, S. 131f.; Gu Jidujiao 1996, S. 104.
[230] Siehe Schlyter 1946, S. 63ff.
[231] Schultze Die ärztliche Mission in China 1884, S. 64f.
[232] Richter 1924, S. 510f.
[233] Schultze Die ärztliche Mission in China 1884, S. 64.

1888 wurde Dr. med. Johannes Kühne[234] von der Rheinischen Mission nach China ausgesandt. Er hatte auf einer Insel des Ostflusses in der Provinz Guangdong ein Aussätzigenasyl gebaut. Dieses Aussätzigenasyl konnte etwa 300 Kranke aufnehmen, getrennt nach Männern und Frauen. Im Aussätzigenasyl konnten sich die Kranken ihrem gesundheitlichen Zustand entsprechend nützlich machen und sich gegenseitig pflegen. Mit diesem Asyl versorgte die Rheinische Mission das ganze umliegende Gebiet. Neben der medizinischen Behandlung wurden die Kranken auch christlich beeinflußt. Ein Aussätziger wurde später zum "edle[n] Katechist"[235]. 1898 kam Dr. med. Gottlieb Olpp[236] nach China. Durch ihn wurde die ärztliche Mission der Rheinischen Missionsgesellschaft weiter vergrößert. Man gründete in Dongguan ein Krankenhaus, das zum größten deutschen Missionshospital in China wurde.[237]

Die Basler Mission betrieb seit 1893 eine ärztliche Mission in China. Sie baute ein Missionsspital in Jiayingzhou (später in Meixian umbenannt), wo Dr. med. Hermann Wittenberg[238] nicht nur Patienten stationär oder ambulant betreute, sondern auch chinesische Mitarbeiter in westlicher Medizin ausbilden ließ.[239]

Die ärztliche Mission wurde auch von dem Allgemeinen Evangelisch-Protestantischen Missionsverein in Qingdao gepflegt. Missionar Faber hatte sein Vermögen von 30 000 Mark der Mission zur Errichtung eines Missionskrankenhauses für Chinesen vermacht. Das Faber-Hospital wurde 1900 aufgebaut und Dr. med. Dipper war der erste leitende Arzt.[240] Später errichtete der Missionsverein in Gaomi (Kaumi) und Taidongshan noch zwei Zweighospitäler.[241]

Durch diese Bemühungen der deutschen protestantischen Missionare wurde das Christentum in China weiter verbreitet. Ein Teil der chinesischen Bevölkerung, von dem die meisten den unteren Schichten angehörten, nahm das

---

[234] Johannes Kühne wurde am 2. 7. 1862 in Genf geboren. 1888 wurde er von der Rheinischen Mission nach China entsandt. 1888-1899 und 1901-1909 war er als Missionsarzt in Dongguan tätig. Am Januar 1946 ist er in Haslings gestorben. Die biographischen Daten sind aus dem Archiv der Vereinigten Evangelischen Mission (Wuppertal) entnommen.
[235] Oehler 1951, S. 237.
[236] Gottlieb Olpp, geb. am 3. 1. 1872, wurde 1898 von der Rheinischen Missionsgesellschaft nach China ausgesandt. Er hatte 1898-1907 als Missionsarzt in Dongguan gearbeitet. 1909 war er aus der Rheinischen Mission ausgeschieden und wurde Leiter des Instituts für Ärztliche Mission in Tübingen. Später wurde er Professor der Tropenmedizin in Tübingen und bekam den Titel Dr. theol. Am 24. 8. 1950 ist er in Rummelsburg gestorben. Die biographischen Daten von Olpp sind dem Archiv der Vereinigten Evangelischen Mission (Wuppertal) entnommen. Siehe auch Richter 1928, S. 329ff.; BRMG, 1950, S. 97; EHB 1950, S. 107f.
[237] MacGillivray 1907, S. 496; Oehler 1951, S. 237.
[238] Hermann Wittenberg wurde am 19. 10. 1869 in Hahlen in Preußen geboren. 1893- 1909 war er als Missionsarzt der Basler Mission in China tätig. Siehe MacGillivray 1907, S. 477; Oehler 1951, S. 232; EHB 1952, S. 125.
[239] Siehe MacGillivray 1907, S. 477; Oehler 1951, S. 232.
[240] MacGillivray 1907, S. 499.
[241] Richter 1928, S. 398.

Evangelium an und ließ sich vom Glauben an Vielgötterei zum christlichen Monotheismus bekehren. In der chinesischen Gesellschaft entstand eine Gruppe von Christen, die sich jeweils mit einer der deutschen protestantischen Missionen verband. Sie bildete seither einen Bestandteil der chinesischen sozialen Struktur. Mit der Verbreitung des Christentum wurden westliche Ideen und Wissen in China eingeführt. Die chinesischen Christen akzeptierten nicht nur die religiöse Lehre des Christentums, sondern auch die damit zusammenhängenden moralischen Prinzipien und die westliche Lebensweise. Die Missionsschulen schufen in der traditionellen chinesischen Gesellschaft eine neue Möglichkeit sozialer Mobilität. Intellektuelle, die sich von den traditionellen chinesischen Gelehrten unterschieden, wurden herangebildet. Die von den Missionaren auf Chinesisch verfaßten Schriften spielten bei der Einführung der westlichen Kultur in China eine bedeutende Rolle. Sie leisteten auch einen Beitrag zur Reformbewegung in China. Die medizinischen Einrichtungen, die von deutschen protestantischen Missionaren in China eingerichtet wurden, verfügten über eine moderne Ausrüstung. Mit den ärztlichen Tätigkeiten der Missionare wurde auch die westliche Medizin in China eingeführt. Ihre wissenschaftlichen Fähigkeiten trugen mit zur Schaffung einer modernen Medizin in China bei.

Allerdings war die christliche Mission im 19. Jahrhundert in China eng mit der Aggression der westlichen Mächte verbunden. Die missionarische Tätigkeit in China stützte sich häufig auf den Schutz der Kanonenboote westlicher Mächte. Aufgrund der Exterritorialität bzw. der Konsulargerichtsbarkeit ihrer Besitzungen genossen die Missionare einen Status der Immunität.[242] Überhaupt waren die Missionare nach China gekommen, um China durch die Verankerung christlicher Werte zu verändern. Die so erlebte Erweckung als individuelle, tief emotionale Glaubenserfahrung und das mit der absoluten Glaubensüberzeugung verbundene kulturelle Überlegenheitsgefühl ließen die Missionare "einen unduldsamen Kulturimperialismus"[243] praktizieren. Der Kampf der Missionare gegen die traditionellen Glaubensinhalte und -vorstellungen wirkte sich als eine Offensive gegen die sozialen und politischen Bindungen aus, die diese Gesellschaften und Kulturen prägten und zusammenhielten. Die chinesischen Christen wurden gezwungen, auf ihre eigenen überlieferten Sitten und Gebräuchen zu verzichten. Sie lösten sich von der religiös-politischen Ordnung der bisherigen chinesischen Gemeinschaft und beteiligten sich nicht mehr am Ahnendienst sowie an den Tempelfesten und Prozessionen zu Ehren der Götter. Damit wurden nicht nur die religiösen Vorstellungen und die sozialen Normen der Chinesen verletzt, sondern auch die materiellen Grundlagen der chine-

---

[242] Siehe Franke 1962, S. 69ff; Gründer 1982, S. 339ff; Gründer 1992, S. 405ff.; Gu 1981, S. 126ff.; Gu Jidujiao 1996, S. 174ff.
[243] Gründer 1982, S. 339.

sischen Gemeinschaft geschädigt.[244] Die chinesischen Christen wurden ihrem eigenen Volk und ihrer eigenen Kultur entfremdet. Sie bildeten mit den Missionaren zusammen einen "Staat im Staate" und wurden im Rechts- und Staatsgefüge zu "Enklaven fremder Loyalität".[245] Die tradierte chinesische Sozial- und Dorfstruktur wurde dadurch bedroht, nicht nur ihr religiöser Zweck, "die gemeinsame Abwehr von Bedrohung und Sicherung der Lebensgrundlagen", sondern auch ihre soziale Funktion, "die symbolische Bekräftigung der gesellschaftlichen Hierarchie" wurden angegriffen.[246] Die politisch-gesellschaftliche und kulturelle Desintegration vermehrte die latenten Spannungen und schuf ein Konfliktpotential.

---

[244] Wenn die chinesischen Christen nicht an den Tempelfesten und Prozessionen zu Ehren der Götter teilnahmen, entfielen auch die materiellen Beiträge, die allen Dorfbewohnern nach ihrer Leistungskraft vom Dorfvorstand zugeteilt worden waren.
[245] Franke 1962, S. 69. Siehe auch Gründer 1992, S. 405ff.; Gu 1981, S. 126ff.; Gu Jidujiao 1996, S. 174ff.
[246] Klein 1995, S. 113. Siehe auch Gründer 1992, S. 405ff.

5. Die Kämpfe der chinesischen Bevölkerung gegen die Mission

Wie die gesamte christliche Mission stießen die missionarischen Tätigkeiten der deutschen protestantischen Missionare in China auch oft auf den Widerstand der chinesischen Bevölkerung. Die meisten Chinesen empfanden Abscheu gegenüber den christlichen Missionen und kämpften gegen die Mission. Über die Kämpfe der Chinesen gegen die Mission gibt es zahlreiche Forschungen von chinesischen wie westlichen Wissenschaftlern. Ein Grund für die Auseinandersetzungen waren auf der einen Seite die Missionare, die immer versuchten, China nach dem westlichen Modell umzugestalten. Auf der anderen Seite waren es die chinesische Bevölkerung, die aufgrund der traditionellen konfuzianischen Lehre die ausländischen Interessen boykottierten und verdrängten. Dazu kam noch der nationale Notstand, der durch die Aggressionen der westlichen Mächte seit dem Opiumkrieg entstanden war.[247]

Wie in den vorangegangenen Jahrhunderten war die chinesische Welt des 19. Jahrhunderts noch fast gänzlich von den traditionellen Werten des Kaiserreiches bestimmt. So herrschte an sich in China eine "fremdenfeindliche und antimissionarische Linie"[248]. Gerade durch die Opiumkriege war der Gegensatz zwischen Chinesen und Ausländern verstärkt worden. Die meisten Chinesen verstanden das religiöse Anliegen der christlichen Mission nicht. Für sie war das Christentum eine "westliche" Religion und eine ideologische und rituelle Begleiterscheinung der westlichen Aggression. Sie setzten "Yangyan" (fremden Tabak) und "Yangjiao" (fremde Religion) gleich und faßten diese beiden "als Gefährdung der eigenen nationalen Integrität und kulturellen Superiorität" auf.[249]

Aufgrund ihrer Vorstellung von dem Himmelsgesetz und ihres Hasses dem Fremden gegenüber machten die Chinesen das Christentum für alle Veränderungen und die soziale und wirtschaftliche Not sowie für die Naturkatastrophen verantwortlich.[250] Über die Missionstätigkeit waren auch zahlreiche Schauermärchen in der chinesischen Bevölkerung weit verbreitet, z. B. die Schauerlegenden um die Praktiken der Missionare bei der "Entfernung von Augen und Herzen der Kranken", "Entführung der Kinder und Herstellung eines Arzneimittels mit den Augen der Kinder", "Saugen der Samenflüssigkeit und Gehirnsubstanz der Kinder", "Sammlung der Menstruation der Jungfrauen",

---

[247] Gu 1981, S. 126; Gu Jidujiao 1996, S. 174ff.
[248] Reinhard 1988, S. 77.
[249] Gründer 1992, S. 390.
[250] "Die Erde verdorrt nur deshalb, weil die christlichen Kirchen den Himmel verdunkeln." Solche Äußerungen waren in der chinesischen Bevölkerung weit verbreitet. Kuo 1974, 176. Siehe auch Gründer 1992, S. 403.

"Stärkung des männlichen Elements durch Ergänzung des weiblichen Elements", "Vermischung von Männern und Weibern in der Kirche", usw.[251]

Vor allem waren die chinesischen Gelehrten-Beamten (die Gentry) zum schärfsten ideologischen und politischen Gegner der Mission geworden.[252] Als "Wissende" gehörte es zu den Pflichten dieser Schicht, das Volk zu erziehen und Ordnung, Harmonie und Wohlstand der Gesellschaft zu gewährleisten. Die überwältigende Mehrheit der Mitglieder dieser Schicht, konservativ oder aufgeklärt, betrachtete die christliche Mission als eine Vergewaltigung Chinas durch die Ausländer, die man mit Haß und Feindschaft bekämpfen zu müssen glaubte.[253] Für die meisten Gelehrten-Beamten war die Lehre von Konfuzius und Menzius die "heilige Lehre" und die Religion des Ausländers "Ketzerei und Irrlehre". Ihrer Auffassung nach war es absolut richtig, daß man den Eltern und dem Herrscher gegenüber pietätvoll und gehorsam sein solle. Das Christentum sprach aber von einem "Vater (Gott) von allen Menschen" und zerstörte die drei Grundregeln (d.h. der Monarch herrscht über seine Untertanen, der Vater über seinen Sohn und der Mann über seine Frau) und die fünf Grundtugenden (Menschlichkeit, Pflichtgefühl, Anstand, Wissen und Treue) des Konfuzianismus. Wenn eine Person nicht ihren Vater und Herrscher respektieren würde, wäre sie nicht besser als Raubvögel und wilde Tiere.[254] Auch die "aufgeklärten" Gelehrten, die vom Westen lernen wollten, vertraten meist eine antichristliche Position und plädierten entschieden gegen das Überhandnehmen der ausländischen Religion in China.

Wei Yuan (1794-1857) stellte Fragen zur Lehre des Christentums über die Kreuzigung Jesus: "Die Christen sprechen von der Versöhnung zwischen Gott und den Menschen durch die Kreuzigung Jesu. Aber Buddha hat auch zahlreiche asketische Übungen und grenzenlose Wohltaten vollbracht. Warum wollte Jesu Buddha ausschelten? Konfuzius, Buddha und Laozi lebten in der Zhou-Zeit vor 2000 Jahren. Obwohl sie jeweils große Verdienste geleistet hatten, verhielten sie sich wie normale Menschen und konnten nicht Gewalt über alle Menschen ausüben. Jesus wurde erst in der Zeit der Westlichen Han-Dynastie geboren. Wie könnte er als Vertreter des heiligen Himmels das Geschick der Menschheit in die eigenen Hände nehmen?"[255] Liang Tingdan zweifelte ebenfalls an der Lehre des Christentums. "Wenn ein Mensch gestorben ist, kann er nicht ins Leben zurückgerufen werden und das Fleisch nicht auf seinen Knochen wachsen. Das ist die Regel des Himmels und das Gesetz der Erde. Wie könnte man an die 'Wiederauferstehung' von Jesu glauben?" Auch die Lehre über das Jüngste Gericht sei problematisch. Wenn es ein solches Jüngstes Gericht gebe, warum wisse man nicht seinen genauen

---

[251] Siehe Liao 1984, S. 39ff.; Gu Jidujiao 1996, S. 201ff.
[252] Dazu siehe besonders Lü 1973. Siehe auch Cohen 1967, S. 77ff.; Gründer 1992, S. 403f.; Gu Jidujiao 1996, S. 201ff.
[253] Gu Jidujiao 1996, S. 201ff.
[254] Gu Jidujiao 1996, S. 201ff.
[255] Zitat nach Gu Jidujiao 1996, 204f.

Zeitpunkt? Ferner gebe es keinen weiten und breiten Raum in der Welt, der alle die auf das Jüngste Gericht wartenden Seelen enthalten könnte. Liang fragte: "Seitdem Jesus geboren wurde sind schon mehr als 1000 Jahre gegangen. Warum hat er niemals ein solches Gericht veranstaltet?"[256] Feng Guifen (1809-1874), ein früherer Propagandist der Reform, betonte auf der einen Seite die Wichtigkeit des Lernens von westlichen Wissenschaften, wies aber auf der anderen Seite darauf hin, daß der sich in den wissenschaftlichen Werken befindende Inhalt von der Lehre des Christentums sehr niedrig und jämmerlich sei.[257]

Die chinesischen Gelehrten-Beamten empfanden insbesondere Abscheu gegenüber den rechtswidrigen Aktivitäten der chinesischen Christen und den Eingriffen der Missionare in die chinesische Souveränität. Zheng Guanying stellte fest: "Alle, die sich zum Christentum bekehrt haben, sind schlechte Menschen. Manche davon sind sehr habgierig. Sie werden verführt durch das Geld der Kirche. Manche sind sehr wahnsinnig und fanatisch in ihrer Ketzerei. Manche versuchen sich auf die Kirche zu stützen. Manche wollen die Kirche um Hilfe bitten, um ihre Verbrechen abzuschirmen. Falls sie von der Kirche aufgenommen werden, tun sie dann rücksichtslos zahlreiche Übeltaten."[258] Tang Caichang, ein Märtyrer der Reformbewegung 1898, äußerte sich dazu: "Seitdem die christliche Kirche in China gegründet wurde, halten viele Verbrecher sie für ihren Zufluchtsort. Die chinesischen Beamten können diese Leute, die sich zum Christentum bekehrt haben, nicht bestrafen. [...] Obwohl die chinesischen Christen noch auf dem Territorium Chinas wohnen, könnten sie sich dem chinesischen Gesetz entziehen. Die chinesische Souveränität wird durch die Mission so stark beeinträchtigt, daß man China nicht mehr als ein Land behandeln kann."[259]

Daß die Missionare als eine fremde Kraft in die chinesische Gesellschaft eindrangen, stellte eine direkte Bedrohung der herrschenden Position der Gentry in der chinesischen Gesellschaft dar. Die chinesischen Gelehrten-Beamten nahmen die Herausforderung der Missionare an und beantworteten sie mit planmäßiger antichristlicher Propaganda unter den Massen. Haß und Verachtung für die christliche Lehre und deren Vertreter nahmen zu und führten zu vielen, oft blutigen Ausschreitungen gegen Missionare und chinesische Christen.[260] Als Folge von Überfällen auf Missionsstationen und Mißhandlungen oder gar der Tötung von Missionaren erfolgten in der Regel nicht nur politische Kompensationsforderungen der imperialistischen Mächte, sondern auch enorme, weit überzogene Wiedergutmachungsansprüche der Missionsgesellschaften. Missionszwischenfälle wurden als Vorwand und Auslöser für

---

[256] Zitat nach Gu Jidujiao 1996, S. 205.
[257] Siehe Gu Jidujiao 1996, S. 206.
[258] Zitat nach Gu Jidujiao 1996, S. 210.
[259] Zitat nach Gu Jidujiao 1996, S. 211.
[260] Reinhard 1988, S. 77f.; Lü 1973, S. 5ff.; Tao/Liu 1994, S. 337ff.

weitere politische und religiöse Aggression in China benutzt. Haß und Kampf der Chinesen gegen die christliche Mission steigerten sich dadurch ebenfalls.

Es gab viele Zwischenfälle, die durch die missionarischen Tätigkeiten der deutschen protestantischen Missionare verursacht wurden. Einige Beispiele genügen hier, die Kämpfe der chinesischen Bevölkerung gegen die Mission zu veranschaulichen. Am bekanntesten ist die sogenannte "Geisterpulvergeschichte" in den Jahren 1870 und 1871, wobei die Missionsstationen der Rheinischen Mission in Shilong (Scheklung) und Dongguan zerstört wurden. Am Anfang hatte man in der Nähe der Missionsstation einen Korb mit Mehl gefunden und diesen als Geschenk Gottes unter die örtlichen Einwohner verteilt. Nachher wurde es von den chinesischen Geomanten als tödliches Gift, das von den Ausländern hereingebracht wurde, bezeichnet. Zahlreiche Maueranschläge erschienen. Es wurde darauf geschrieben, daß die "fremden Teufel" Giftpulver verteilten, aus denen Seuchen entstünden. Damit hetzten die Geomanten die Bewohner gegen die dortige Mission auf. Man hatte bei dem deutschen Missionar Adam Krolczyk[261] Hühnerknochen gefunden und diese als Knochen von Findelkindern, die von den Missionaren getötet worden waren, deklariert. Auch das Roßhaar in der Matratze eines anderen Missionars wurden zum Haar ermordeter Chinesen erklärt. So kam es zur Niederbrennung der beiden Stationen.[262] Erst viele Jahre später konnte die Rheinische Mission die Station Dongguan wieder besetzen, während Shilong von einer amerikanischen Missionsgesellschaft übernommen wurde.[263]

Bei einigen anderen Missionszwischenfällen wurden aber unter dem Druck des deutschen Konsuls bzw. Botschafters die Unruhestifter bestraft und die Bewohner zur Zahlung von Entschädigungen gezwungen, wobei die Beträge viel höher waren als die tatsächlichen Schäden. 1868 versuchten die Missionare Hanspach und Hubrig in dem Landstädtchen Danshui (Tamschui), südlich der Kreisstadt Huizhou (Fuitschu oder Wai-Chow), eine Stadt von etwa 150 000 Einwohnern, eine Missionsstation zu eröffnen. Neben einem Haus als Wohnung hatte Hanspach eine verfallene Ruine langfristig gemietet und wollte sie für Missionszwecke ausbauen. Aber die Bevölkerung vor Ort, aufgehetzt von den Gelehrten, wollte die Ansiedelung der Missionare unter allen Umständen verhindern. Es kam zu einem großen Aufruhr. Man stürmte die Wohnung der Missionare und vertrieb sie. Auf die Bitte der Missionare hin trat der preußische Konsul von Carlowitz in Guangzhou nachher in Verhandlungen mit der lokalen chinesischen Regierung ein. Die Leute von Danshui wurden als Strafe zu einem Schadenersatz von 1384 Dollar verurteilt. Allerdings konnten die Missionare ihren Plan zur Gründung der Missionsstation in Danshui nicht

---

[261] Adam Krolczyk wurde am 17.1.1826 in Niedenau im Kreise Neidenberg in Masurenland geboren. 1860 wurde er von der Rheinischen Missionsgesellschaft nach China entsandt. Am 30.8.1872 ist er in China gestorben. Krolczyks Biographie in: Genähr-Krolczyk 1994, S. XIf.
[262] Oehler 1949, S. 362.
[263] Oehler 1949, S. 362.

verwirklichen. Ebenso mißlang der Versuch, in der Kreisstadt Huizhou eine Station zu errichten.[264]

Die deutsche Regierung benutzte häufig die Missionszwischenfälle als Vorwand, um von der chinesischen Bevölkerung Geld für die Mission zu erpressen oder um ihre politischen Ziele durchzusetzen. Als die Basler Missionsstation Meilin im Jahre 1895 überfallen und in geringem Umfang beraubt worden war, forderte der deutsche Vize-Konsul in Shantou (Swatau) sofort von der chinesischen Behörde, die Rädelsführer mit dem Tod zu bestrafen und eine Entschädigung im Höhe von 1000 Dollar zu bezahlen. Für den Eifer dieses deutschen Vize-Konsuls drückte die Leitung der Basler Mission bei der Reichsregierung ausdrücklich ihre Dankbarkeit aus.[265] In dem "Fall Hohmeyer" kann man eine klare Einsicht in die Sühneforderungen von protestantischer Seite bekommen. Am 11. 5. 1897 war der Missionar der Berliner Mission in Mashi von Räubern ausgeraubt worden. Damals führte die deutsche Regierung gerade mit der chinesischen Regierung Verhandlungen um die Verpachtung von Jiaozhou. Der deutsche Botschaftler Heyking erkannte die günstige Gelegenheit und wollte den Vorfall als weiteres Druckmittel für die Verhandlungen politisch nutzen. Er wies den Konsul Knappe in Guangzhou an, die Angelegenheit nicht durch Entschädigungsforderungen zur Erledigung kommen zu lassen. Daher stellte Knappe an die chinesische Behörde eine rücksichtslose Forderung zur Entschädigung der Mission: drei Grundstücke zur Errichtung je einer Kapelle und einer Station sowie eine Geldsumme von 50.000 Dollar. Schließlich wurden der Täter und der verantwortliche Beamte bestraft und die Mission erhielt drei Grundstücke, die sie allerdings selbst zu bezahlen hatte, und 10.000 Dollar. Der tatsächliche Schaden hatte aber nur 32 Dollar betragen. Die Verhandlung um die Jiaozhou-Frage wurde auch zugunsten der deutschen Seite beendet.[266]

Der Widerstand der chinesischen Bevölkerung behinderte die Verbreitung des Christentums in China beträchtlich. Er ließ aber auch einige Missionare zur Selbst-Reflexion kommen und regte die Diskussion über die Vereinbarkeit chinesischer Sitten und Gebräuche mit der christlichen Lebensordnung an. China wirkte in Form eines Lernprozesses auf einige Missionare zurück und die Möglichkeit einer eigenständigen Entwicklung des asiatischen Christentums wurde vorstellbar.[267] So behandelte Ernst Faber tatkräftig das Problem der christlichen Sitte innerhalb der chinesischen Christengemeinden. "In der christlichen Gemeinde soll christliche Sitte und sollen christliche Gebräuche zur Darstellung kommen. Beide dürfen aber nicht äußerlich angelernt werden, sondern sollen natürliche Ausgestaltungen des neuen Geisteslebens von oben sein."[268] Faber war "ein entschiedener Gegner der oberfläch-

---

[264] Richter 1924, S. 513f.; Oehler 1949, S. 361f..
[265] Siehe Gundert 1903, S. 453f.; Gründer 1982, S. 309.
[266] Siehe Gründer 1982, S. 309f.
[267] Siehe Klein 1995, S. 110.
[268] Richter 1928, S. 330.

lichen Europäisierung"[269]. Er glaubte, daß "eine feine, das ganze Leben durchdringende und neugestaltende christliche Sitte" gerade in China bei seinem hoch entwickelten Sinne für die feine Sitte unentbehrlich sei.[270] Aber die kulturelle Eigenständigkeit und Eigenwertigkeit der traditionellen religiös-weltlichen Ordnungssysteme der Einheimischen zu erkennen, war häufig "ein opferreicher Lernprozeß"[271]. Die Distanz der westlichen Kultur zu dem chinesischen gesellschaftlichen und kulturellen Kontext war noch sehr groß. Deshalb waren in der Geschichte der deutschen protestantischen Mission in China im 19. Jahrhundert die gegenseitigen Fehleinschätzungen, Mißverständnisse und das gegenseitige Mißtrauen sowie die daraus entstandenen Kulturkonflikte bis hin zu blutigen Auseinandersetzungen grundlegende Phänomene.

---

[269] Richter 1928, S. 330.
[270] Richter 1928, S. 330f. Siehe auch Rennstich 1988, S. 208ff. - Faber sagte: "Die Aufgabe der evangelischen Mission in China besteht darin, nicht europäische Formen der Theologie, des Kultus, des Kirchenregiments oder der christlichen Sitte zu verbreiten, sondern den Glauben an den Heiland der Sünder zu verkündigen, das neue Leben durch Christus mit Gott zu pflanzen. Die Ausgestaltung dieses neuen Lebens in neuen chinesischen Formen ist Sache der chinesischen christlichen Gemeinden. [...] Ich halte dafür, daß die teutonische (deutsch-englische) Art für China ebensowenig und vielleicht noch weniger paßt als die romanische. Derselbe evangelische Glaube muß für die anders gearteten chinesischen Verhältnisse neu verarbeitet werden. Darin besteht die höchste Aufgabe der Missionsarbeit. Jedenfalls vertritt der Apostel Paulus diesen Standpunkt." Zitat nach Mende 1986, S. 390f.
[271] Bade 1984, S. 18.

IV. Chinaberichte der Missionare

Ziel und Zweck der christlichen Mission in China war und blieb die Verbreitung des Christentums, die Einbeziehung der Chinesen in die christliche Kirche und die Vergrößerung des christlichen Einflusses auf die Gesellschaft Chinas. Daher waren die meisten Missionare "praktische" Arbeiter, die durch Predigt, Pflege der chinesischen Christengemeinden usw. die Missionstätigkeit in China betrieben.[1]

Mit der Entfaltung der Mission und durch Erfahrungen erkannten manche Missionare, daß das Erforschen ihres Arbeitsfeldes, also "des chinesischen Lebens und Denkens, des tagtäglichen Getriebes und der Literatur als eines der Faktoren desselben", Voraussetzung und Mittel für die Erfüllung der Hauptaufgaben des Missionars seien.[2] Um das Evangelium "in wirksamer Weise" in China verbreiten zu können, sahen sie es als erforderlich an, "eine tiefere Erkenntnis des psychischen Untergrunds der Geistesorganisation der Chinesen" zu haben, und "ein gründliches Eingehen auf chinesische Religion, Moral und Politik (Staatslehre)" zu erreichen.[3] Deshalb haben sie neben der normalen Arbeit auch linguistische, anthropologische, ethnologische, kulturgeschichtliche und besonders religionsgeschichtliche Fragen in ihre Betrachtungen mit einbezogen, und zahlreiche Berichte über China geschrieben. Dabei wurden die früheren Jesuiten Missionare häufig zum Vorbild genommen, obwohl sich der theologische Standpunkt der protestantischen Missionare von dem der katholischen unterschied.

Die Vorkenntnisse der Missionare beruhten auf unterschiedlichen Informationsquellen. Vor allem waren es die in Europa bzw. Deutschland verbreiteten Werke, wie die Reiseberichte der Jesuiten, der früheren Kaufleute und Diplomaten sowie die Darstellungen Chinas in den philosophischen, literarischen, geographischen und religionsgeschichtlichen Werken, aus denen die Missionare vor ihrer Reise nach China mehr oder weniger Wissen über das Land erhielten. Die Missionare erwarben ihre Kenntnisse aber auch von den zeitgenössischen sinologischen Forschungen. Im 19. Jahrhundert entstand die Sinologie aufgrund der Sammlung von Informationen über China aus vergangenen Jahrhunderten und infolge der Zunahme des Verkehrs zwischen Europa und Asien in den europäischen Hochschulen. Als eine spezielle China-

---

[1] Über die missionarischen Tätigkeiten der deutschen protestantischen Missionare in China im 19. Jahrhundert siehe Kapitel III, Abschnitt 4.
[2] Faber Mencius 1877, S. 31.
[3] Faber Literarische Missionsarbeit 1882, S. 51, 53.

forschung⁴ hat die Sinologie seit ihrer Entstehung wesentlich zur Meinungsbildung der Europäer über China beigetragen. Durch die Beschäftigung mit der chinesischen Geschichte und Kultur nahm sie ebenfalls großen Einfluß auf die Missionare. Die Einstellung der Missionare zu den anderen Chinaberichten bzw. -darstellungen war aber zuweilen kritisch und sie setzten sich ernsthaft damit auseinander.

Die Grundkenntnisse der Missionare beruhten besonders auf den Werken der englischen und amerikanischen protestantischen Missionare. Zahlreiche englische und amerikanische protestantische Missionsgesellschaften hatten schon vor den deutschen ihre Arbeit in China begonnen und großes Gewicht auf die Erforschung der chinesischen Verhältnisse gelegt. Bei der Beschreibung von China hatten englische und amerikanische protestantische Missionare einen hervorragenden Beitrag geleistet. Persönlichkeiten wie James Legge, Alexander Wylie, Samuel Wells Williams, waren die bekanntesten Sinologen im 19. Jahrhundert. Ihre Arbeiten waren in einigen Gebieten von bahnbrechender Bedeutung und wurden von den deutschen protestantischen Missionaren als wichtige Informationsquellen benützt.

Nicht zuletzt spielten die persönlichen Beobachtungen der Missionare in China und ihre selbständigen Studien der chinesischen Literatur eine Rolle. Die Missionare arbeiteten in China. Sie lernten Chinesisch und schufen sich damit den Zugang zur "chinesischen" Literatur. Durch ihre Berührung mit der chinesischen Bevölkerung konnten sie sich mit dem Alltagsleben der Chinesen, ihren Sitten und Gebräuchen sowie den politischen, wirtschaftlichen und sozialen Gegebenheiten in China vertraut machen. Besonders konnten sie an Ort und Stelle manche wichtigen politischen Ereignisse und sozialen Bewegungen, die sich im 19. Jahrhundert in China ereigneten, miterleben und Material aus erster Hand sammeln. In vielen Fällen waren die eigenen Erfahrungen der direkte Anlaß, etwas über China zu berichten. Wie ihre englischen und amerikanischen Kollegen wurden auch einige deutschen Missionare durch ihre Studien der chinesischen Literatur, Geschichte und Kultur berühmt.

In den Chinaberichten der Missionare werden verschiedenste Themen behandelt. Die Diskussion über sozialhistorische Fragestellungen und zeithistorische Probleme, die in der akademischen Beschäftigung mit China häufig vernachlässigt wurden, ist von besonderer Bedeutung.⁵ Ziel der Chinaberichte der Missionare ist die Vermittlung von Informationen über China an den Westen.⁶ Die Missionare waren überzeugt, daß sie aufgrund ihrer eigenen

---

⁴ Herbert Franke bezeichnet die Sinologie als ein Ausdruck der "Professionalisierung und Verwissenschaftlichung und damit der Objektivierung der Chinakunde". Franke 1980, S. 11. – Leutner definiert sie jedoch "als eine Wissenschaft, die sich mit China befaßt". Dabei betont sie in bezug auf die deutsche Sinologie die Perspektive Deutschlands auf eine außereuropäische Gesellschaft. Siehe Leutner 1998, S. 3.
⁵ Siehe Leutner 1999, S. 79.
⁶ Die Vermittlung von Informationen über China wurde von den Missionaren öfters als ihre Pflicht angenommen. Der Missionar Faber äußerte: "Wenn auch der Missionar in erster Linie Vertreter und Verbreiter ist der christlichen Religion in ihrer protestantischen Form,

Erfahrungen und ihrer Sympathie für das chinesische Volk die "genauesten" und "zuverlässigsten" Berichte über China liefern könnten.[7] Allerdings dienten die Chinaberichte der Missionare im wesentlichen dem christlichen Missionsunternehmen. Darin vermischten sich die Beschreibung chinesischer Verhältnisse häufig mit der Darstellung der missionarischen Tätigkeit in China, die sich hauptsächlich auf die Missionsweise und -methode, Erfolge oder Schwierigkeiten der Missionsarbeit, die Bekehrung oder den Widerstand der Chinesen bezog. Die Missionare kamen in der Mehrzahl aus handwerklichen Berufen und hatten, abgesehen von einigen Ausnahmen, keine Hochschulbildung. Ihre Chinaberichte verfügten selten über einen wissenschaftlichen Hintergrund und waren "häufig wissenschaftlich nicht zweifelsfrei"[8]. Im Vergleich zu den Berichten von Forschungsexpeditionen und anderen Chinareisenden beruhten die Berichte der Missionare durchweg "auf langfristigeren Beobachtungen"[9]. Sie sind die Dokumente einer speziellen Art von Begegnung

---

als persönliches Glaubensleben mit Christo sich darstellend, so erschöpft das doch nicht seinen ganzen Charakter. Schulen und Hospitäler sind, wie schon erwähnt, bedeutende Faktoren in der Missionsarbeit. Diese Anstalten bezeugen den Zusammenhang der Mission mit der westlichen Kultur. Nicht als eigentlicher Vertreter der westlichen Kultur tritt jedoch der Missionar auf, ist vielmehr das Amt der Konsule und Minister der Westmächte. Der Missionar hat das Amt der Vermittlung zwischen der westlichen und der östlichen Kultur." Faber Theorie und Praxis 1899, S. 257.

[7] Der Herausgeber der Zeitschrift "Evangelisches Missionsmagazin" behauptete: "In China, dem ungeheuern Reich der Mitte, dem so lange verschlossen gewesenen Lande, ist in dieser Hinsicht noch viel zu holen und die, welche die genauesten und zuverlässigsten Berichte über die dortigen Verhältnisse liefern können, sind nicht sowohl die Reisenden, die sich nur flüchtig im Lande aufhalten, es sind vielmehr die Missionare, die dort ihre Wohnung haben, die unter und mit dem Volke leben." Bemerkung zu Schultze 1890, S. 56. - Der Missionar Voskamp sprach auch tatkräftig für die Berichte der Missionare: "Man mag nun über christliche Mission denken, wie man will, man wird zugeben müssen, daß schließlich das Urteil eines Missionars, der jahzehntelang unter einem heidnischen Volke lebt und wirkt, höher zu bewerten ist, als das eines Reisenden, den der sibirische Personenzug auf einige Wochen oder Monate nach China führt, namentlich wenn er keine umfassenden Vorstudien dazu gemacht hat. Nach dem Grundsatz jedes gewissenhaften Tagebuchschreibers, daß ein Wort oder ein Erlebnis an Ort und Stelle niedergeschrieben mehr wert sind als eine ganze Karre voll Erinnerungen, dringt man im Laufe der Jahre, indem man seine gewonnenen Anschauungen immer korrigiert und ergänzt, je länger desto tiefer ein in die Kenntnis des Volkes, dem man als Missionar nicht als kühler Beobachter gegenübersteht, sondern dem man Sympathie und die Wärme der Zuneigung entgegenbringt, die sicherlich dem Verlangen zugrunde liegen, dem fremden Volke mit dem Besten zu dienen, was die Welt besitzt – mit dem Evangelium." Voskamp 1914, S. 121.

[8] Bade Einführung 1984, S. 24. – Die Missionare verstanden sich nicht als Wissenschaftler und wollten für "ein größeres Publikum" schreiben, nicht für die Forscher; sie glaubten aber, daß aus ihren Bemühungen sie "manche brauchbare Resultate für die Wissenschaft" ergeben könnten. Siehe Faber Mencius 1877, S. VI und 31.

[9] Bade Einführung 1984, S. 24. – Faber kritisierte die Gesandten, Konsuln, Diplomaten und die "Kenner der chinesischen Verhältnisse" in bezug auf ihrer Vernachlässigung der "Kulturaufgaben": "Man hört wohl flüstern, jeder der hohen Herren halte sich einen Pudel, der auf deutsch 'Handelspolitik' heiße. Der Abschluß von vorteilhaften Handelskontrakten sei aber des Pudels Kern. Dabei bleibe freie Zeit genug, sich eingehend abzugeben mit dem 'Was man in China ißt und trinkt' und der Mission hin und da einen Fußtritt zu versetzten." Faber China in historischer Beleuchtung 1895, S. 61. - In Bezug auf die Berichte der Diplomaten ließ der Missionar Maus merken: "Leute (Diplomaten), die im

der Missionare mit der chinesischen Gesellschaft und Kultur und deren Wahrnehmung.

Schon in den 30er und 40er Jahren des 19. Jahrhunderts hatte Karl Gützlaff eine Reihe Schriften über China publiziert.[10] Er lernte von den Missionaren der Jesuiten "die Wichtigkeit der Vorbereitung auf den Dienst durch das Erlernen der Sprache und der Beschäftigung mit der chinesischen Kultur und Geschichte"[11]. Gerichtet an die westlichen Länder schrieb er zahlreiche Chinaberichte und warb um Unterstützung für die Teilnahme an der Evangelisierung Chinas. Nach Gützlaff waren es vor allem die Missionare der Basler, Rheinischen und Berliner Mission und die des Allgemeinen Evangelisch-Protestantischen Missionsvereins, die bei der Beschreibung Chinas und der Vermittlung von Wissen über China den Standart gesetzt haben.

---

besten Fall in ihren Palais wie hinter einer chinesischen Mauer leben, nur mit glatten, verschlagenen Beamten in Berührung kommen und sich in ihrer Leichtgläubigkeit hinter das Licht führen lassen (wie der Ausbruch der Wirren deutlich zeigt) und manchmal ihre Kenntnis und Weisheit über chinesische Verhältnisse ihren englisch oder pidginenenglisch sprechenden boys verdanken und beim Bücherschreiben höchstens einen kompilatorischen Fleiß, aber keine eigene Forschung an den Tag legen, vergl. von Brandt: 'Die chinesische Philosophie und der Staats-Confucianismus'." Maus Über die Ursachen 1900, S. 16f.

[10] Dazu siehe besonders Schlyter 1976.
[11] Rennstich 1988, S. 134.

1. Die Berichte von Missionaren der Basler Mission

Die Basler Mission war die deutsche protestantische Mission, die am frühesten und am meisten Missionare nach China aussandte. Die Chinamissionare der Basler Mission des 19. Jahrhunderts arbeiteten hauptsächlich unter den Hakka-Chinesen in der Provinz Guangdong. Bei der Erforschung und Beschreibung Chinas ragen folgende Missionare heraus: Theodor Hamberg, Rudolf Lechler, Charles Piton, Jacob Gottlob Lörcher, Otto Schultze, Martin Schaub, Georg Ziegler, Jacob Flad und Martin Maier.

Theodor Hamberg war "der eigentliche Gründer der Hakkamission"[12]. Er arbeitete bei den Hakka-Chinesen, lernte ihre Sprache und stellte ein Wörterbuch des Hakka-Dialektes zusammen. Über seine missionarischen Tätigkeiten hatte er viele Berichte geschrieben, unter denen sich etliche Beschreibungen der chinesischen Verhältnisse befinden. Der wichtigste Chinabericht Hambergs ist aber der Bericht über die Herkunft und die Persönlichkeit von Hong Xiuquan, dem Führer der Taiping-Bewegung.

Hamberg war schon durch seine Missiontätigkeit in Kontakt mit der Taiping-Bewegung gekommen, die im wesentlichen von Hakka-Chinesen getragen wurde. Nach dem "Jintian-Aufstand" der Taiping-Bewegung floh ein Verwandter von Hong Xiuquan nach Hongkong, um der Fahndung der Behörde zu entgehen. Es war Hong Rengan (in den Berichten der Missionare als "Fung" oder "Hung Tschin" bezeichnet), der später als "Schildkönig" im Reich der Taiping eine wichtige Rolle spielte.[13] Hong Rengan kam zu Hamberg und wurde als Christ getauft. Für den "christlichen Glauben" der Taiping-Bewegung hatte Hamberg großes Interesse und wollte selbst den Taiping-Rebellen predigen. Dieser Plan wurde aber von der Leitung der Basler Mission abgelehnt "mit der entschiedenen Ermahnung, auch nur den leisesten Schein der Einmischung in die Politik zu vermeiden"[14]. Trotzdem konnte Hamberg nach den Angaben Hong Rengans einen Bericht über den Ursprung jener Bewegung schreiben, der zunächst 1854 als Buch mit dem Titel "The Visions of Hung-siu-tsuen and the Origin of the Kwang-si Insurrection" in Hongkong veröffentlicht wurde. Kurz danach wurde er auch in der Zeitschrift "North China Herald" und 1855 erneut im Shanghaier "Almanac and Miscellany" gedruckt. Zusätzlich er-

---

[12] Oehler 1949, S. 357.
[13] Li 1989, S. 77f.
[14] Allgemeine Deutsche Biographie, Bd. 10, S. 470.

schienen in London einige andere Ausgaben.[15] Die deutsche Übersetzung wurde 1854 im "Magazin für die neueste Geschichte der evangelischen Missions- und Bibelgesellschaften" in Basel veröffentlicht.[16]

Bei den Mitteilungen Hambergs handelt es sich um die Genealogie der Familie Hong Xiuquans, seine Kinderzeit und literarische Karriere, seine Krankheit und seine Träume nach dem Scheitern bei der Staatsprüfung, die Wandlung seiner Weltsicht nach dem Lesen eines christlichen Traktats, seine "Missionstätigkeit" und die Gründung der Gemeinde "Gottverehrung", die Empörung in Jintian (1851) sowie den Charakter Hong Xiuquans usw. Da diese Mitteilungen auf Angaben von Hong Rengan fußten, wollte Hamberg nicht für die Darstellung einstehen. Er erachtete "doch den Inhalt derselben einer näheren Prüfung wert" und überließ "das Urtheil über Hung Siu tshen der Zukunft"[17]. Dieser Bericht wurde später von westlichen, aber auch von chinesischen Historikern als eine wichtige Quelle über die Persönlichkeit Hong Xiuquans und die frühere Geschichte der Taiping-Bewegung hoch geschätzt. Er wurde im Jahre 1935 ins Chinesische übersetzt und in China in die Materialiensammlung über die Geschichte der Taiping-Bewegung aufgenommen.[18]

Rudolf Lechler war zusammen mit Hamberg nach China gekommen. Von 1846 bis 1899 arbeitete er mehr als 50 Jahre in China und übernahm nach dem Tode Hambergs die leitende Postition der Basler Chinamission. Während seines langjährigen Aufenthaltes in China widmete er sich außer der missionarischen Arbeit auch dem Studium der chinesischen Sprache, Philosophie und Geschichte. Lechler "war einer der ersten, die chinesisches Denken in Deutschland bekanntmachten"[19]. Er vollendete das von Hamberg begonnene erste Hakka-Wörterbuch "Hakka-Deutsch"[20], faßte "Hakka-Englisch"[21] und "Englisch-(Deutsch-)Hoklo" (1860) zusammen. Aus seiner Feder stammt eine Reihe von Berichten über die chinesische Gesellschaft und Kultur.

---

[15] Z. B. Theodore Hamberg, The Chinese Rebel Chief, Hung Siu tshen, and the Origin of the Insurrection in China. With an Introduction by George Pearse, Honorary Foreign Secretary to the Chinese Evangelization Society, London: Walton and Maberly, 1855.

[16] Theodor Hamberg, Aus dem Leben des chinesischen Insurgentenkaisers Hung-siu-tshen. Nach den Angaben eines Verwandten und Jugendfreundes desselben, Fung, mitgetheilt, in: EMM, 1854, S. 146-176.

[17] Hamberg Aus dem Leben 1854, S. 147.

[18] Hamberg, Theodor, Taiping tianguo qiyi ji. Übersetzt aus Englischen von Jian Youwen, o. O. 1935. Auch in: Zhongguo shixuehui (Hrsg.), Zhongguo jindaishi ziliao congkan - Taiping tianguo [Buchkollektion der Materialien zur die chinesische moderne Geschichte - Taiping-Bewegung], Bd. 6, Shanghai 1961; Shen Yuenlong (Hrsg.), Jindai Zhongguo shiliao congkan xunbian, Di 36ji: Taiping tianguo ziliao [Fortsetzung der Buchkollektion der Materialien zur Geschichte des modernen Chinas, Bd. 36: Materialien zum Himmelreich des Friedens].

[19] Neue Deutsche Biographie, Bd. 7, 1966, S. 28.

[20] Manuskript im Archiv des Basler Missionshauses.

[21] Manuskript im Archiv des Basler Missionshauses.

Vor allem sind dabei die Mitteilungen über die Insel Hongkong zu nennen.[22] Nach dem ersten Opiumkrieg wurde Hongkong von England besetzt und damit zum Stützpunkt des westlichen Handels und der christlichen Mission in China. Auch die Basler Mission quartierte sich dort ein. In seinen Berichten schilderte Lechler zunächst die geographische Lage und Bedingungen Hongkongs, seine Naturprodukte und Einwohner, dann die Herrschaft der Engländer und die Geschichte der christlichen Mission in Hongkong. Darüber hinaus befinden sich darin noch Beschreibungen der chinesischen Religion, der philosophischen Religionslehre (Konfuzianismus) wie des Volksglaubens: die Verehrung der Chinesen gegenüber der Schutzpatronin der Seefahrer (Mazu), dem Gott der Wissenschaft und des Krieges, dem Drachen, den Ahnen. Lechlers Mitteilungen über Hongkong wurden von der Missionsleitung hoch geschätzt und in dem Basler Missionsmagazin veröffentlicht. Der Herausgeber kommentierte: "Von besonderem Werthe sind uns die Mittheilungen, die wir von seiner Hand über die Insel Hongkong und die Geschichte der dortigen Missionen erhalten haben, und wir glauben unsern Lesern einen Dienst zu thun, wenn wir aus denselben die zusammengehörigen Züge von Zeit zu Zeit zu einem Gesamtbild zu verarbeiten versuchen."[23]

Während seiner ersten Erholungsreise nach Europa 1858-1861 hielt Lechler an vielen Orten in der Schweiz und in Deutschland Vorträge, die im Jahre 1861 in Form eines Buches unter dem Titel "Acht Vorträge über China" in Basel verlegt wurden.[24] Dabei handelte es sich um chinesische Geschichte, Religion, Anthropologie, Sprache und Literatur, das chinesische Unterrichtswesen und die Examina, die Staatslehre der Chinesen und ihr Regierungssystem, das chinesische Volks- und Familienleben und schließlich die christliche Mission in China.

Beweggrund der Darstellung von China war vor allem die Verbreitung der "echten" Informationen über das Land. Lechler bemerkte: "Die bisherige Verschlossenheit des chinesischen Reiches und die Abneigung der Chinesen gegen den Verkehr mit anderen Nationen mußte nothwendig zur Folge haben, daß man viel weniger bekannt ist mit China und seinem Volke, als dieß in Beziehung auf andere asiatische Völker der Fall ist. Auf der einen Seite hat man die Chinesen oft überschätzt und ihnen einen viel höheren Grad von Civilisation, eine viel vollkommenere Staatseinrichtung und eine viel geistigere Religion zugeschrieben, als sie wirklich besitzen. Auf der andern Seite hat man ihnen denn auch nicht einmal ihr Recht widerfahren lassen, sie für ein dummes, geistloses Volk gehalten, das sich durch nichts auszeichne, als durch seine Verschlagenheit und Hinterlistigkeit, weßhalb politisch so schwer mit ihnen zu verkehren sei, und weshalb man sich für die Christianisirung der Chinesen

---

[22] Lechler, Die Insel Hongkong. Nach den Mittheilungen des Missionars Lechler, in: EMM 3, 1859, S. 153-187.
[23] Siehe Vorbemerkung zu "Die Insel Hongkong", in: EMM 3, 1859, S. 154f.
[24] Lechler, Acht Vorträge über China, Basel 1861.

wenig Hoffnung machen dürfe."²⁵ Um diesen beiden Tendenzen entgegenzuwirken, versuchte Lechler, die "Wirklichkeit Chinas" zu zeigen. In engem Bezug auf die Studien westlicher Autoren, wie Wuttke, Williams, Davis, Huc, Bunsen, Abel, Gützlaff, Meadow und Legge, ergänzt durch seine eigenen Beobachtungen, entwarf er ein zusammenfassendes Chinabild. Lechler war aber auch überzeugt, daß die Evangelisierung bzw. Christianisierung Chinas ein "hohes Bedürfniß" sei, und bemühte sich, durch seine Vorträge "für das geliebte, ihm wirklich zur zweiten Heimath gewordene China die Missionsgemeinde deutscher Zunge zu gewinnen, alte und neue Liebe zu China zu wecken"²⁶. Daher waren sie in den Missionskreisen sehr geachtet und übten auf die späteren Missionare einen großen Einfluß aus.

Im Jahre 1872-1874 kam Lechler wieder einmal zur Erholung nach Europa zurück. Er hielt in der Schweiz und Deutschland drei Vorträge über China, welche 1874 in der Zeitschrift "Evangelisches Missionsmagazin" veröffentlicht wurden.²⁷ In diesen Vorträgen wollte Lechler zunächst "einen Überblick über den gegenwärtigen politischen Zustand des großen Reiches geben, damit sowohl die einheimischen Verhältnisse, als auch die Beziehungen Chinas zum Auslande ins richtige Licht treten"²⁸. Er schilderte die Geschichte der Taiping-Bewegung und den Krieg, der gemeinsam von England und Frankreich im Jahre 1858-1860 gegen China geführt wurde. Auch die Klauseln zum Schutz der christlichen Mission in China im "Tianjin-Vertrag" und "Peking-Vertrag" wurden genau dargelegt. Der Schwerpunkt des Vortrages liegt jedoch in der Auseinandersetzung mit dem religiösen Konflikt in China. Die Einstellung der chinesischen Regierung gegenüber der christlichen Mission, der Missionszwischenfall von Tianjin im Jahre 1870 und der Widerstand der chinesischen Bevölkerung gegen die Rheinische Mission, nämlich die Geschichte des "Geisterpulvers" in Guangdong in den Jahren 1870 und 1871, wurden ausführlich dargestellt.

Da die Basler Missionare hauptsächlich unter den Hakka-Chinesen arbeiteten und die Europäer über diese Volksgruppe wenig informiert waren, widmete sich ein Vortrag von Lechler besonders dem Hakka-Volk. Die Herkunft des Hakka-Volkes, seine Konflikte mit anderen Volksstämmen, seine Beschäftigungen, Sitten und Gewohnheiten beim Essen und in der Kleidung sowie die Stellung des weiblichen Geschlechts im Hakka-Volk werden lebendig geschildert. Auch "das chinesische Glaubensbekenntniß in Beziehung auf des Kaisers und des Volkes Wohlfahrt" wird eingehend beschrieben. Im Gegensatz zu manchen Darstellungen, die das chinesische Volk nach seinen Klassikern

---

[25] Lechler 1861, S. 2.
[26] Lechler 1861, Vorwort, S. 2.
[27] Es sind: Ein Blick auf China. I. Vortrag von R. Lechler, in: EMM 18, 1874, S. 3-21; Ein Bild aus dem chinesischen Volksleben. II. Vortrag von R. Lechler, in: EMM 18, 1874, S. 49-70 und: Die Religionen China's und die Mission. III. Vortrag von R. Lechler, in: EMM 18, 1874, S. 231-238.
[28] Lechler Ein Blick auf China 1874, S. 3.

oder nach alten Vorstellungen beurteilten, forderte Lechler, aus der "Beobachtung der Realität" heraus das Volk einzuschätzen. Er schrieb: "Wir müssen uns deshalb noch ein wenig mit der Theorie befassen, die dem gesamten Volke bald als Ideal, bald mehr wie ein Traum der Vergangenheit vorschwebt, ehe wir in die praktischen Erfahrungen des täglichen Lebens der Hakkas eintreten."[29]

Als christlicher Missionar hatte Lechler natürlich großes Interesse an den chinesischen Religionen und verfolgte aufmerksam die Entwicklung der christlichen Mission in China. Schon in seinen früheren Vorträgen hatte er dieses Thema angesprochen. In seinem dritten Vortrag im Jahre 1874 thematisierte er wiederum die "Religionen China's und die Mission". Dabei wurden die Einführung des Christentums in China, die missionarischen Tätigkeiten der Jesuiten, ihre Missionsweise und -methode, der Ritenstreit im 18. Jahrhundert und die protestantische Mission von den Anfängen bis zu seiner Zeit eingehend dargestellt. Von großer Bedeutung ist jedoch die Erzählung von Lechlers eigenen Erfahrungen in China und den Erfolgen bzw. Schwierigkeiten der Basler Mission. Verständnis und Unterstützung für die Mission anzuregen, war das Hauptziel seiner Darstellung. Ohne Zweifel stammen fast alle Chinaberichte der Missionare aus dieser Motivation.

Während seines dritten Erholungsaufenthalts in Europa 1886-1888 hatte Lechler am 9. März 1887 im württembergischen Verein für Handelsgeographie in Stuttgart einen Vortrag über "Die Chinesen in ihrem Verhältnis zur europäischen Kultur" gehalten, der später in der Zeitschrift "Evangelisches Missionsmagazin" veröffentlicht wurde.[30] Dabei handelte es sich hauptsächlich um Darstellungen der "Errungenschaften", welche die Chinesen seit dem Opiumkrieg durch ihre Kontakte mit dem Westen erzielt hatten. Aber auch die chinesische Geschichte, die Entstehung der chinesischen Schriftzeichen, das religiöse Bewußtsein der Chinesen und die Lehre des Konfuzius wurden dargestellt. Lechler analysierte die Ursache der Beständigkeit des chinesischen Reiches, den Unterschied zwischen der chinesischen und der europäischen Kultur und die Rolle der christlichen Missionare bei der "Aufklärung" der Chinesen. Das Bewußtsein von Überlegenheit der westlichen Kultur und die Vorstellung der "Zivilisierungsaufgabe" der christlichen Mission kamen in diesem Vortrag deutlich zum Ausdruck.

Zusätzlich beschrieb Lechler 1887 in Basel seine Heimreise über Hawaii und quer durch die Vereinigten Staaten.[31] Seine Rückschau auf die Basler

---

[29] Lechler Ein Bild aus dem chinesischen Volksleben 1874, S. 49.
[30] Lechler, Die Chinesen in ihren Verhältnis zur europäischen Kultur. Vortrag gehalten am 9. März 1887 im württembergischen Verein für Handelsgeographie in Stuttgart, in: EMM 32, 1888, S. 110-120, 141-147.
[31] Lechler, Meine Reise in die Heimat, in: EMM 31, 1887, S. 193-210, 225-242, 257-277, 305-322, 353-380. – Dieser Reisebericht erschien im gleichen Jahre in Form einer separaten Schrift. Siehe Lechler, Meine Heimatreise aus China über Hawaii, Basel 1887.

Mission in China in der frühen Phase wurde im Jahre 1907 veröffentlicht.³² In englischer Sprache verfaßte Lechler Aufsätze, die Themen über die Hakka-Chinesen, das Opiumproblem in China und die Basler Chinamission etc. behandeln und in der Zeitschrift "The Chinese Recorder" erschienen.³³

Charles Piton war 1864-1884 in China tätig. Neben der Predigt und Pflege der Missionsstationen in Yuankeng, Hongkong und Lilang beschäftigte er sich auch intensiv mit der chinesischen Literatur. Sein "Lieblingsstudium" war das Studium der chinesischen Geschichte. Über diese den Europäern damals noch kaum bekannten Gebiete brachte Piton eine Reihe von Aufsätzen heraus, die meist auf Englisch geschrieben und in den Zeitschriften "The Chinese Recorder" und "The China Reviews" veröffentlicht wurden. Dabei handelte es sich um die Übersetzung des Werkes von Sima Guang (1017-1086), eines bekannten chinesischen Historikers, und die Darstellung der Geschichte Chinas vom 5. Jahrhundert v. Chr. bis zum 5. Jahrhundert n. Chr.³⁴ Von größerer Bedeutung sind Pitons zwei in Deutsch verfaßte Aufsätze bzw. Schriften über den chinesischen Buddhismus und die Persönlichkeit des Konfuzius: "Der Buddhismus in China. Eine religionsgeschichtliche Studie" (Basel 1902) und "Konfuzius, der Heilige Chinas" (Basel 1903).

Dem chinesischen Buddhismus hatte Piton bereits im Jahre 1892 in der Zeitschrift "Allgemeine Missions-Zeitschrift" einen Artikel gewidmet.³⁵ 1902 erweiterte er diesen Artikel zu einer selbständigen Schrift. Dabei beschrieb Piton ausführlich die Geschichte der Einführung und Verbreitung des Buddhismus in China. Vor allem wurden der politische und religiöse Zustand Chinas im ersten Jahrhundert und damit die Gründe der Einführung und Verbreitung des Buddhismus in China analysiert. Auch die Schwierigkeiten, die der Buddhismus bei seinem Eindringen in China überwinden mußte, und die öffentlichen Disputationen zwischen Konfuzianern und Buddhisten wurden darge-

---

[32] Lechler, Aus vergangenen Tagen. Rückblick auf das erste Jahrzehnt der Basler Mission in China 1847-1857, in: EMM 51, 1907, S. 374-384; 408-418; 461-468.

[33] Lechler, The Hakka Chinese, in: The Chinese Recorder 9, 1878, S. 352-359; ders., From Canton to Swatow Overland, in: The Chinese Recorder 15, 1884, S. 90-100; ders., Opium and Missionaries. The Twin Plagues of China, in: The Chinese Recorder 16, 1885, S. 454-456.

[34] Piton, The Decree of B. C. 403. A Historical Essay about the First Entry in the "Chinese National Annals", in: The Chinese Recorder 5, 1881, S. 430-437; ders., A Page in the History of China, in: The China Review 10, 1881-82, S. 140-259; ders., The End of the Chow Dynastie. Sze-Ma Ts'ien "versus" Sze-Ma Kwang, in: The China Reviw 10, 1881-82, S. 403-407; ders., The Fall of the Ts'in Dynastie and the Rise of that Han, in: The China Review 11, 1882-83, S. 120-112, 179-187, 217-235; ders., China during the Tsin Dynastie, A. D. 264-419, in: The China Review 11, 1882-83, S. 297-313, 366-378; 12, 1883-84, S. 18-25, 154-162, 353-362, 390-402; ders., The Six Great Chancellors of Ts'in, or the Conquest of China by the House of Ts'in, in: The China Review 13, 1884-85, S. 102-103, 127-137, 255-263; ders., We Yen and Fan Tsü. Two Rival Statesmen of Ts'in during the Period of the "Warring States", in: The China Review 13, 1884-85, S. 305-323; ders., Lü-Puh-Wei, or from Merchant to Chancellor, in: The China Review 13, 1884-85, S. 365-374; ders., Li Sze, the Chancellor of the 'First Empor', in: The China Review 14, 1885-86, S. 1-12.

[35] Piton, Der Buddhismus in China, in: AMZ 19, 1892, S. 118-127.

stellt. Piton betonte die Wandlung bzw. "Ausartung" der Lehre des Buddhismus und ihre Anpassung an die chinesischen Verhältnisse, z.B. die Entstehung der "Guanyin"-Verehrung[36] und des Glaubens an den "Westlichen Himmel", die Ausbildung der Buddhistenpriester und der Reliquien- und Bilderverehrung usw. Die meisten geschichtlichen Daten sind folgenden zwei Werken entnommen: J. Edkins "Chinese Buddhism" (London 1880) und T. Watters "Buddhism in China" in "The Chinese Recorder" (1870). In einer Buchbesprechung in der "Zeitschrift für Missionskunde und Religionswissenschaft" wird Pitons Schrift als ein "vorzügliche[r] kleine[r] Katechismus der chinesischen Religionsgeschichte" bezeichnet. Sie sei "eine Studie, welche weit mehr gibt, als sie verspricht: nicht bloß eine Geschichte des Buddhismus in China, sondern hiermit im Zusammenhang auch des Konfuzianismus, Taoismus und des Christentums"[37].

Die biographische Darstellung "Konfuzius, der Heilige Chinas" von Piton handelt von der chinesischen Religionsgeschichte. Diese Arbeit wurde 1903 in der Zeitschrift "Evangelisches Missionsmagazin" veröffentlicht[38] und im gleichen Jahre als einzelne Schrift von der Basler Missionsbuchhandlung verlegt. Darin schilderte Piton das Leben Konfuzius, erläuterte seine Lehre, analysierte den Einfluß, den Konfuzius auf das chinesische Volk ausgeübt hatte. Im Mittelpunkt stand die Frage nach der Beziehung des Konfuzianismus zur Religion des alten China, der Vorstellung des Konfuzius über "Shangdi" und "Tian" (Himmel), dessen Verdienst in bezug auf die Ausübung der Kindespietät, der Förderung der Ahnenverehrung und den damit verbundenen Götzendiensten. Piton zog hier hauptsächlich die Arbeiten der protestantischen Missionare heran, wie z.B. Legges "Chineses Classics" und "The Religions of China", Fabers "Lehrbegriff des Konfuzius", Watters "A Guide to the Tablets in a Temple of Confucius", Mayers "Chinese Readers Manual" und Martins "A Cycle of Cathay" etc. Im deutschen protestantischen Missionskreis wurde diese Arbeit als eine wichtige Leistung zur chinesischen Religionsgeschichte angesehen. Man bezeichnete sie als "eine überaus klare und anziehende Darstellung von dem Leben und der Lehre des Konfuzius, sowie von seiner Bedeutung für das chinesische Volksbewußtsein."[39]

Darüber hinaus verfaßte Piton einige Artikel, die u.a. die Situation des weiblichen Geschlechts in China, das chinesische Kinderleben, die chinesischen öffentlichen Examina, die Hakka-Chinesen und die aktuelle politische Situation Chinas behandeln.[40] In Französisch schrieb er: "La Chine. Sa religion, ses

---

[36] "Guanyin" ist die Göttin der Barmherzigkeit.
[37] Siehe Litteratur in: ZMR 8, 1903.
[38] Piton, Konfuzius, der Heilige Chinas, in: EMM 57, 1903, S. 1ff. und 59ff.
[39] Neue Preußische Zeitung, 1903, 7. Juni.
[40] Piton, Die Lage des weiblichen Geschlechts, in: EHB 40, 1867, S. 50; ders., Die heidennischen Mahlzeiten und das Verhalten der Christen, in: EHB 41, 1868, S. 25ff.; ders., Der Kindermord in China, Basel 1887; ders., Chinesisches Kinderleben, 6. Aufl., Basel 1920; ders., The Hia-k'ah in the Cheh-kiang Province, and the Hakka in the Canton Province, in: The Chinese Recorder 2, 1870, S. 218-220; ders., On the Origin and History

moeurs, ses missions" (Toulouse 1880; 2. Aufl., 1902). Diese Schrift wurde als "ein populär geschriebenes, inhaltlich sehr wertvolles Buch über China" gerühmt.[41]

Jacob Lörcher[42] arbeitete 41 Jahre lang (von 1865 bis 1906) in China und betrieb hauptsächlich die Schulmission. Er besaß "genaue Kenntnis" des chinesischen Volkes und der chinesischen Sprache.[43] Eine der wichtigsten Arbeiten von Lörcher ist eine Karte der Provinz Guangdong, die mit der Unterstützung der englischen Regierung in Hongkong gedruckt wurde.[44] Diese "auf Baumwollstoff sehr sorgsam gezeichnete Karte"[45] wurde als "die beste Karte [...], die es von der Kantonprovinz gibt" gewürdigt.[46] Lörcher konnte sich auf Lechlers Vorarbeit stützen und das Verständnis der Europäer für die Geographie Chinas vertiefen.

Spannungsreicher waren für die Missionare wohl der "Fremdenhaß", die Unruhen und Aufstände in China, die zum Teil gegen die Fremden allgemein, zum Teil aber auch speziell gegen die Missionen gerichtet waren. Über die Ursachen des Fremdenhasses der Chinesen stellten die Missionare viele Überlegungen an. So auch Lörcher in seinem Vortrag "Der Fremdenhass der Chinesen, eine Folge ihrer Weltanschauung, ihrer Religion und ihres Patriotismus", gehalten am 15. Februar 1894 in der Schweiz. Dieser Vortrag wurde später als Schrift veröffentlicht. Lörcher untersuchte das Problem des "Fremdenhasses" unter der Perspektive der Wertvorstellung der Chinesen und der realen Politik Chinas. Seine Analyse reflektierte die allgemeine Meinung der deutschen protestantischen Missionare. Der Herausgeber dieser Schrift kommentierte: "Der Hr. Vortragende [...] beherrscht die chinesische Sprache vollständig und ist durch seine Predigten und Missionstätigkeit mit allen Ständen des chinesischen Volkes, mit Hoch und Niedrig, in innige Berührung gekommen, sein Urtheil dürfte desshalb als ein durchaus maassgebendes zu

---

of the Hakkas, in: The China Review 2, 1873-74, S. 222-226; ders., Chinese Charity, in: The China Review 2, 1873-74, S. 387-388; ders., Chinese Anthropophagy, in: The China Review 2, 1873-74, S. 388-389; ders., Chinese Government, in: The China Review 3, 1874-75, S. 63-64.

[41] Siehe Schalters Buchbesprechung in: EHB 78, 1905, S. 79.

[42] Jacob Lörcher, geb. am 28. Juli 1837 in Münchingen in Württemberg, war ein Sohn eines Schulbeamten. Er erhielt am Anfang auch eine Ausbildung zum Schuldienst und arbeitete zeitweilig als Präparand bei seinem Vater, dann als Seminarist in Stuttgart. Im Jahre 1861 trat er ins Missionshaus der Basler Mission ein und wurde 1865 nach China ausgesandt. In China arbeitete Lörcher zuerst in der Mädchenanstalt der Basler Mission in Hongkong, dann auf den verschiedenen anderen Stationen in Lilang, Meixian, Yuankeng und Langkou. Neben der Gemeindearbeit war er in erster Linie an den dort befindlichen Erziehungsanstalten tätig. Seit 1882 stand er als Schulinspektor an der Spitze des chinesischen Schulwesens der Basler Mission. Im Oktober 1906 kehrte Lörcher in die Heimat zurück, diente aber weiterhin dem Missionswesen. Er ist am 6. Oktober 1908 in Cannstatt gestorben. Siehe Nachruf in: EHB 81, 1908, S. 94f.

[43] Hennig 1953, S. 23. Siehe auch EMM 23, 1879, S. 360.

[44] Loercher, Map of the Province of Canton, Hongkong o. J. und Regiester of Names to the Map of the Province of Canton, Hongkong 1879.

[45] Hennig 1953, S. 22. Siehe auch EMM 23, 1879, S. 360.

[46] Siehe EHB 81, 1908, S. 95.

betrachten sein. Da wegen der actuellen Wichtigkeit des Vortrags dem Verfasser eine grösstmögliche Verbreitung desselben Wünschenswerth erscheint, so wird von Seiten des Vereins für Erdkunde hiermit der Nachdruck unter Angabe der Quelle gern gestattet."[47]

Darüber hinaus verfaßte Lörcher noch in Englisch einige Artikel, die im wesentlichen die mit der Mission im Zusammenhang stehende religiöse Frage betrafen.[48]

Otto Schultze[49] hatte ebenfalls lange Zeit (1881-1920) in China gearbeitet. Er besaß ein besonderes Bautalent und unternahm neben der Gemeinde-, Schul- und der literarischen Arbeit eine rege Bautätigkeit. Er war auch beauftragt mit der Verwaltung des Basler Missionsfeldes im Nordostgebiet der Provinz Guangdong, des sogenannten "Oberlands". Aus seiner Feder stammt einen Artikel über die protestantische ärztliche Mission[50], der deren Anfänge und Entwicklung in China darstellt. Obwohl dieser Artikel im wesentlichen missionarische Angelegenheiten behandelt, enthält er bei der Diskussion der Notwendigkeit der ärztlichen Mission in China auch reichhaltige Beschreibungen über die Eigenart der chinesischen Medizin, die alte chinesische Medizinliteratur, die chinesischen Ärzte und ihre Heilmittel. Er ist einer der wichtigsten Berichte über chinesische Medizin, die von deutschen protestantischen Missionaren geschrieben wurden.

Vom Standpunkt des Christentums aus wunderten sich zahlreiche Europäer im 19. Jahrhundert über die "Gleichgültigkeit", mit der Chinesen starben. Man sprach "dem Chinesen" die "dunkeln Begriffe vom Leben nach dem Tode" zu oder behauptete, "daß der Asiate die Liebe in ihrer ganzen Tiefe nicht kenne; es verbinden ihn keine so festen Familien- und Freundschaftsbande mit den Ueberlebenden wie den tiefer fühlenden Abendländer". Auch der "Fatalismus" der Chinesen wurde häufig hervorgehoben.[51] Eng geknüpft an solche Vorstellungen verfaßte Schultze den Artikel über die "Totenverehrung in China"[52] und erläuterte folgende Frage: "Wie denkt sich der Chinese die Auflösung im Tode"? Dabei wurde die Vorstellung der Chinesen über "die drei Seelen" und ihre "dreifache Totenverehrung" ausführlich dargestellt. Er sprach auch die chinesische Religion, insbesondere den chinesischen Buddhismus und die Ahnenverehrung an. Durch solche Schilderungen wollte Schultze das europäische bzw. deutsche Publikum mit einem "ganz kleinen Bruchteil" der chinesischen Gesellschaft, ihren Sitten und Gebräuchen vertraut machen.

---

[47] Lörcher, Der Fremdenhass der Chinesen.
[48] Lörcher, Christianity versus Polygamy, in: The Chinese Recorder 1, 1869, S. 235-236; ders., The Term for "God" in Chinese, in: The Chinese Recorder 7, 1876, S. 221-226.
[49] Otto Schultze, geb. am 25. 5. 1857 in Wiesbaden, war früher Gärtner. 1865 trat er ins Missionshaus der Basler Mission ein und wurde 1881 nach China gesandt. Nach 39 Jahren Arbeit in China kehrte er 1920 zurück in die Heimat. Am 23. 3. 1930 ist Schultze in Brötzigen gestorben. Siehe Nachruf in: EHB 103, 1930, S. 95-97.
[50] Schultze, Die ärztliche Mission in China, in: EMM 28, 1884, S. 28-40, 61-71, 97-106.
[51] Siehe Schultze 1887, S. 25.
[52] Schultze, Totenverehrung in China, in: EMM 31, 1887, S. 25-42, 80-85.

Im Missionskreis war man allgemein der Ansicht: "Die Mission weckt das Interesse für die fremden Völker. Dieses Interesse fördert aber auch umgekehrt das Verständnis für die Mission. Denn je mehr einer den Boden kennt, auf dem, und die Einflüsse, unter denen die Sendboten Christi arbeiten, desto besser wird er ihre Berichte verstehen, desto richtiger wird er die Ereignisse auf dem großen Feld der Mission beurteilen können."[53] Gerade von diesen beiden Gesichtspunkten aus bot Schultze in seinem Artikel "Bilder aus dem Leben der Chinesen" eine Schilderung des häuslichen Lebens der Chinesen an.[54] Es handelt sich um "Hochzeitsfeier", "Erwartung des Kindersegens", "Geburt eines Kindes", "Krankheit und Sterben eines Kindes" etc. Schultze versuchte einige "Schattenseiten" des chinesischen Volkslebens herauszustellen und nach seinen eigenen Beobachtungen und Erfahrungen ausführlich zu beschreiben.

Schultze bemerkte noch, daß in den Sagen und Mythologien vieler Völker der Drache oder die Schlange eine bedeutende Rolle spiele. Auch bei den Chinesen sei der Drache ein sehr wichtiges Symbol. Er habe "schon aus grauer Vorzeit her eine so populäre, das ganze Volks- und Staatsleben beherrschende und durchsetzende" Stellung inne.[55] Daher beschrieb Schultze in einem Artikel speziell den chinesischen Drachen und dessen Verehrung.[56] Die Bedeutung des Drachens im Staats- und Volksleben der Chinesen wird hier gemäß der chinesischen Mythologie und Geschichte eingehend diskutiert und analysiert.

Darüber hinaus schrieb Schultze einige Artikel, die neben der Darstellung der Missionsarbeit auch die aktuellen politischen und sozialen Verhältnisse Chinas wiedergeben.[57]

Martin Schaub arbeitete von 1874 bis zu seinem Tode im Jahre 1900 in China. Durch "seine bescheidene und schlichte Natur" gewann er "die Achtung und Zuneigung vieler Chinesen, die mit ihm bekannt waren"[58]. Schaub war auch ein fleißiger Verfasser von Chinaberichten und schrieb eine Reihe von Artikeln und Aufsätzen, die Themen über die chinesische Religion, Geschichte, Sprache und Schrift, politische und gesellschaftliche Verhältnisse behandelten.[59]

---

[53] Siehe Bemerkung zum Schultze 1890, in: EMM 34, 1890, S. 56.
[54] Schultze, Bilder aus dem Leben der Chinesen, in: EMM 34, 1890, S. 10-25, 49-56.
[55] Schultze Der chinesische Drache 1891, S. 13.
[56] Schultze, Der chinesische Drache und seine Verehrung, in: EMM 35, 1891, S. 13-27.
[57] Schultze, Eine chinesische Predigt über Jakobus, 1, 16-22, in: EMM 35, 1891, S. 389-399; ders., Unsere Zuversicht für China, in: EMM 37, 1893, S. 49-57; ders., Heidenpredigt in China, in: EMM 37, 1893, S. 353-365; ders., Ein Besuch in der chinesischen Provinz Fukien, in: EMM 43, 1899, S. 115-122.
[58] Siehe Nachruf in: EHB 73, 1900, S. 80.
[59] Schaub, Die Geomantie, ein Hauptbollwerk des chinesischen Heidentums, in: EMM 32, 1888, S. 83-95; ders., Tage des Herrn in China, in: EMM 39, 1895, S. 269-274; ders., Das Geistesleben der Chinesen im Spiegel ihrer drei Religionen, in: EMM 42, 1898, S.229-242, 275-281 (auch als Traktat); ders., Die chinesische Sprache und Schrift, in: EMM 42, 1898, S.408-425; ders., Die Entwicklung der evangelischen Mission in China im Zusammenhang mit den politischen Ereignissen, in: EMM 43, 1899, S. 305-320; ders., Geheime Gesellschaften in China, in: EMM 44, 1900, S. 387-393.

In seinem Aufsatz "Die Geomantie, ein Hauptbollwerk des chinesischen Heidentums" analysierte Schaub im wesentlichen die Rolle, die die Geomantie im chinesischen Volksleben spielte. In Verbindung mit der Religion und der Philosophie der alten Chinesen, dem Konfuzianismus, Buddhismus und Taoismus, erläuterte er die theoretische Grundlage der chinesischen Geomantie und ihre Praxis. Schaubs Artikel "Tage des Herrn in China" behandelte in erster Linie die aktuellen politischen Verhältnisse Chinas. Darin wurden die politische Situation in China nach dem Krieg gegen Japan im Jahr 1894-95, die Reformbewegung und ihre Programme ausführlich dargestellt und analysiert. Auch die Einstellungen verschiedener politischer Kräfte Chinas zur Neugestaltung des Landes wurden berücksichtigt. Außerdem gab Schaub noch einen Rückblick auf einige wichtige politische Ereignisse in der chinesischen Geschichte. Die Geschichtsschreibung wurde mit der Darstellung der realen Politik verbunden.

Konfuzianismus, Buddhismus und Taoismus wurden von den Europäern seit langem als die drei "staatlich anerkannten Religionen der Chinesen, welche tief im Volksleben wurzeln", angesehen.[60] Bei einer Darstellung des Geisteslebens der Chinesen schenkte Schaub auch diesen "drei großen Religionen Chinas" mehrfach seine Aufmerksamkeit. Er erläuterte anhand der chinesischen Klassiker den Shangdi-Kult und die Ahnenverehrung der Chinesen. Im besonderen wurden die Vorstellung von Konfuzius über den "Himmel" und dessen Eintreten für die Ahnenverehrung untersucht. Auch die Lehren des Konfuzianismus zu den "fünf Gesellschaftsformen", den "fünf Tugenden" und zur "Hauptsache konfuzianistische Moral" wurden eingehend analysiert. In bezug auf Daoismus erläuterte Schaub zuerst die Vorstellungen von Laozi und seinen Schülern über das "Dao" und die "Tugend", dann die geschichtliche Entwicklung des Daoismus. Hinsichtlich des Buddhismus analysierte Schaub die Gründe für seine Einführung und "Ausartung" in China sowie seinen Einfluß auf das chinesische Volksleben. Innerhalb der Chinaberichte der Missionare ist dieser Artikel ziemlich bedeutsam. Wie die Arbeiten von Lechler und Piton hat er auch eine umfassende Beschreibung der chinesischen Religion geliefert.

Eine der wichtigsten Aufgaben der Missionare in China war die Predigt. Darum mußten sie die chinesische Sprache lernen und beherrschen. Schaub erkannte die Wichtigkeit des Lernens der chinesischen Sprache für die Missionsarbeit und war darin auch bis zu einem bestimmten Grad versiert. In seinem Aufsatz "Die chinesische Sprache und Schrift" stellte er auf der Grundlage des Werkes von Chalmer "An Account of the Structure of Chinese Characters" die chinesische Umgangssprache, Zeichenschrift und Schriftsprache dar. Insbesondere wurden der Charakter der chinesischen Sprache beim Sprechen und Schreiben und die Schwierigkeit des Erlernens analysiert und diskutiert. Mittels der Entwicklungsgeschichte der chinesischen Sprache gab Schaub auch einen Überblick über das kulturelle Leben im alten China. Hier

---

[60] Siehe Schaub Das Geistesleben der Chinesen 1898, S. 229.

ging er, im Vergleich mit anderen Werken der Missionare, systematischer und eingehender vor.

Die christliche Mission in China hing mit der gewaltsamen "Öffnung" Chinas durch westliche Mächte und deren Eindringen in das Land eng zusammen. Diese Rahmenbedingungen wurden von den meisten Missionaren bemerkt und aufmerksam verfolgt. Schaubs Artikel "Die Entwicklung der evangelischen Mission in China im Zusammenhang mit den politischen Ereignissen" ist einer der wichtigsten Berichte über diese Verhältnisse. Der Inhalt ist vornehmlich die "fördernde" Auswirkung der westlichen Mächte für die christlichen Missionen in China. Aber auch die Konflikte zwischen China und den westlichen Mächten und die daraus resultierenden Widerstände der chinesischen Bevölkerung gegen die christlichen Missionen werden erörtert. Die Beschreibung der chinesischen politischen Gegebenheit findet sich zwischen den Zeilen über die Geschichte der Missionen.

"Geheime Gesellschaften in China" ist ebenfalls ein Artikel über die chinesische Politik. In diesem Artikel arbeitete Schaub einige wichtige Geheimgesellschaften heraus, die in China in der späten Qing-Dynastie mit verschiedenen Motiven und Programmen entstanden waren, wie z.B. "Bailianjiao" (Lehre der weißen Lilie), "Tiandihui" (Himmel- und Erdegesellschaft), "Sanhehui" (Dreieinigkeitsgesellschaft), "Sandianhui" (Drei-Punkt-Gesellschaft), "Dadaohui" (Gesellschaft der Großen Messer), "Yihetuan" (Boxeraufstand) und die Reformpartei. Daneben finden sich auch etliche Informationen über das chinesische Volksleben.

Ferner schrieb Schaub Artikel über den Ursprung der bedeutendsten Umwälzungen im alten China, die Geschichte der chinesischen Übersetzungen der Bibel und die theologische Ausbildung der chinesischen Missionsgehilfen etc.[61] Er verfaßte auch in Englisch einige Artikel und Aufsätze, die Themen der chinesischen Philosophie, Religion und Sprache behandelten.[62]

Georg Ziegler[63] war - so in einem Nachruf - "ein Mann von vorbildlicher Demut und Treue"[64]. Er hatte 35 Jahre in China gearbeitet. Als Lehrer (seit 1896) und Vorsteher (seit 1900) des Predigerseminars der Basler Mission in Lilang hatte er zur Ausbildung der chinesischen Missionsgehilfen hervorragend beigetragen. 1907 übernahm Ziegler die Leitung der Basler Mission in China

---

[61] Schaub, Die Bibel in China, in: EMM 37/Bibelblätter, 1893, S,1-9; ders., Ursprung der bedeutendsten Umwälzung in Alt-China, in: EMM 39, 1895, S. 402-406; ders., Die theologische Ausbildung der chinesischen Missionsgehilfen, in: EMM 42, 1898, S. 57-71.

[62] Schaub, An Essay on Xin, Xing, Qi, Zhi, in: The Chinese Recorder 12, 1881, S. 96ff.; ders., Shang-ti, the El-eljon of Genesis, in: The China Review 11, 1882-83, S. 162-171; ders., Chinese Proverbs (Proverbs in Daily Use among the Hakkas of the Canton province), in: The China Review 20, 1892-93, S. 156-166; 21, 1894-95, S. 73-79; 22, 1896-97, S. 588-591, 670-672, 710-712, 771-774.

[63] Georg Ziegler Dr. theol. h.c., geb. am 29. 7. 1859 in Eschelbronn, war früher Müller. 1881 trat er in das Missionshaus der Basler Mission ein und war von 1885 bis 1920 in China tätig. 1920 kehrte er zurück in die Heimat und starb am 13. 1. 1923 in Heidelberg. Siehe Nachruf von Dipper, in: EHB 94, 1923, S. 91-93.

[64] Nachruf von Dipper, in: EHB 94, 1923, S. 91f.

und wurde von der Heidelberger Theologischen Fakultät zum Doktor der Theologie ernannt. Aus seiner Feder stammen einige Mitteilungen über die chinesische Volksreligion, Sitten und Gebräuche.

In dem Artikel "Zauberei und Wahrsagerkunst in China"[65] warf Ziegler einen Blick in das chinesische Volksleben, insbesondere in seinen "Aberglauben der Wahrsagerei, der Zeichendeuterei, des Geisterfragens, der Geomantie" u.a. Er beschrieb verschiedene Zauber, die in China von "Geister- oder Teufelbeschwörern" und "Halbgottfrauen" ausgeübt würden. Dabei bekannte er, daß seine Kenntnisse über die chinesischen Sitten und Gebräuche mehr den Mitteilungen der chinesischen Christen und "Heiden" als eigener Anschauung entsprangen: "Wenn wir Missionare nun von unseren Beobachtungen und Erfahrungen aus feststellen sollen, in wieweit beim Götzendienst, soweit dabei die Zauberei, Wahrsagerei, Totenbeschwörung u.a. in Frage kommt, finstere Mächte mitwirken, so müssen wir vor allem bekennen, daß wir hierüber nur sehr wenig aus eigener Anschauung wissen. Vieles wird uns nur durch Befragen von zuverlässigen Christen und Heiden einigermaßen klar."[66]

"Chinesische Sitten und Verhältnisse im Vergleich zu den biblisch-israelischen"[67] ist der Titel eines anderen Artikel Zieglers über das Volksleben der Chinesen. Dabei schilderte er hauptsächlich unter Verweis auf die in der Bibel niedergeschriebenen Sitten und Verhältnisse der Israeliten die Wohnverhältnisse, Nahrung und Kleidung, die verschiedenen Stände, Stämme und Geschlechter, die Schmach der Kinderlosigkeit, Vielweiberei und Sklaverei, Stellung der Frauen, Kinder und ihre Erziehung, Krankheiten und andere Kalamitäten, Langlebigkeit, Tod und Begräbnis, Zeitrechnung, Feste und Götzendienst sowie Rechtszustände in China. Ziegler zog einen Vergleich zwischen dem chinesischen Volk und den Israeliten und versuchte damit den "Charakter" und die Eigentümlichkeit des ersteren aufzuzeigen.

Jacob Flad[68] war ebenfalls ein bemerkenswerter Autor von Chinaberichten. Er schrieb eine Reihe von Artikeln, die das Volksleben und die politischen Verhältnisse in China behandelten. Vor allem ist der Artikel "Chinesische Eigentümlichkeiten" zu nennen.[69] Darin gab Flad einen kurzen Einblick in die Sitten und Gebräuche des Alltagslebens der Chinesen. Er schilderte die Nahrung, Kleidung, Wohnung und die Transportmittel, denen die Missionare in China täglich beggnen konnten. In seinem Bericht über "Unruhen in der chinesischen Provinz Kanton" erzählte Flad von einigen "Schreckenstagen" auf der Basler Missionsstation Zhangcun, die er selbst

---

[65] Ziegler, G., Zauberei und Wahrsagerkunst in China, in: EMM 42, 1898, S. 17-29.
[66] Ziegler 1898, S. 18f.
[67] Ziegler, G., Chinesische Sitten und Verhältnisse im Vergleich zu den biblisch-israelischen", in: EMM 44, 1900, S. 449-473.
[68] Jacob Flad, geb. am 10. 6. 1860 in Undingen, war früher Weber und Bauer. 1886-1897 arbeitete er als Missionar der Basler Mission in China. Am 29. 4. 1912 starb er in Frankfurt am Main. – Die biographischen Daten von Flad sind dem Archiv der Basler Mission (Basel) entnommen.
[69] Flad, Chinesische Eigentümlichkeiten, in: EMM 43, 1899, S. 235-245.

während der Zeit des Chinesisch-japanischen Krieges im Jahre 1894-1895 erlebt hatte.[70] In einem anderen Artikel "China einst und jetzt" stellte Flad zunächst die Einflüsse der westlichen Mächte auf China und die Veränderung Chinas seit dem Opiumkrieg dar, dann erörterte er die Bemühungen der Chinesen, vom Westen zu lernen und die Reformbewegung von 1898.[71]

Am Ende des 19. Jahrhunderts glaubten manche westliche Politiker, Nationalökonomen und Publizisten, daß eine Bedrohung von Chinesen oder Japanern oder beiden zusammen aufgrund des riesigen wirtschaftlichen Potentials und der Menschenmassen gegen die weißen Völker ausgehen könnte. Das Schlagwort von der "Gelben Gefahr" war in Europa weit verbreitet und wurde zu einem wichtigen Diskussionsthema in verschiedenen Kreisen.[72] In diesem Zusammenhang schrieb Flad den Artikel "Die gelbe Gefahr"[73] und meldete sich bei dieser Kontroverse zu Wort.

Flad gab noch einige Schriften heraus, die das Land und die Leute Chinas auf mehreren Seiten präsentierten. In dem Büchlein "China in Wort und Bild"[74] gab Flad unter folgenden Überschriften einen "instruktiven Einblick" in die chinesische Welt: 1) "Eigentümlichkeiten der Chinesen"; 2) "Kindliche Ehrerbietung in Wort und Bild"; 3) "Der chinesische Kaiser als Bauer"; 4) "Die chinesische Literatur"; 5) "Eine chinesische Hochzeit"; 6) "Predigt eines chinesischen Christen bei seiner Hochzeit"; 7) "Chinesische Moralprediger"; 8) "Chinesische Gärten und Blumen"; 9) "Das sittliche Leben der Chinesen"; 10) "Chinesische Götzentempel"; 11) "Der dreifache Glücksstern: arbeitsloser Reichtum"; 12) "Sittensprüche der Chinesen"; 13) "Ausschnitte aus chinesischen Zeitungen"; 14) "Ein Kapitel aus Chinas Geschichte"; 15) "Peking einst und jetzt"; 16) "Neues Leben sprießt aus den Ruinen". Diese Schrift wurde im Literaturbericht der "Allgemeinen Missionszeitschrift" als ein "frisch und zum Teil humoristisch geschriebene[s] Büchlein" und "ein sehr ansprechend ausgestattetes Büchlein mit allerlei interessanten Skizzen aus dem Leben der Chinesen" bezeichnet. Es "führt den europäischen Leser vortrefflich in chinesische Verhältnisse, vor allem auch in chinesische Denkweise ein. Ja, so sind die Chinesen, so reden und urteilen sie. Man kann aus dem Büchlein mehr lernen, als aus manchem zusammengeschriebenen Buch von Reisenden, die die Chinesen, 'wie sie sind', doch nicht kennen."[75]

"Zehn Jahre in China"[76] ist eine Sammlung von Schilderungen aus dem chinesischen Volks- und Missionsleben in 47 Kapiteln. In diesem Buch versuchte Flad, teils aus seinem eigenen Missionsleben, teils aus dem Leben der Chinesen, "schlichte und naturgetreue" Beiträge zur Charakterisierung der

---

[70] Flad, Unruhen in der chinesischen Provinz Kanton, in: EMM 39, 1895, S. 406-412.
[71] Flad, China einst und jetzt, in: EMM 44, 1900, S. 411-419.
[72] Dazu siehe Gollwitzer 1962.
[73] Flad, Die gelbe Gefahr, in: AMZ 30, 1903, S. 476-483.
[74] Flad, China in Wort und Bild, Basel 1900.
[75] Litteratur-Bericht, in: AMZ 27, 1900, S. 587f. Siehe auch Bücheranzeige, in: EMM 44, 1900, S. 528.
[76] Flad, Zehn Jahre in China. Mit 29 Bilder, Calw/Stuttgart 1899.

chinesischen Bevölkerung wie der chinesischen Mission zu leisten. Es handelt sich vor allem um eigene Erlebnisse des Autors als Missionar in China und seine Erfahrungen aus missionarischer Arbeit. Es finden sich aber auch viele Beschreibungen über die chinesische Sprache, Redensarten und Sprichwörter, Geomantie und "Teufelsfurcht", Hungersnot in China, das Laster des Opiumrauchens, "das Los der Chinesen-Mädchen", den Chinesisch-japanischen Krieg, die Kämpfe der Chinesen gegen "fremde Teufel" sowie über Straßenszenen in chinesischen Städten usw. Der ehemalige Missionar der Basler Mission W. Bellon, der zur Prüfung des Manuskripts beauftragt war, urteilte: "Da bekommt doch die Leserwelt etwas Nüchternes und ganz Wahres zu lesen, nicht aufgebauschte, pikante Berichte eines Reisenden mit seinen oberflächlichen Beobachtungen, die dazu oft noch aus dem Munde von ganz ungebildeten Dienern stammen, deren Sprache und Ausdrucksweise er selbst oft nicht recht deutet und versteht. Dazu ist alles mit dem Sinn der Liebe zum Chinesenvolk, ohne Voreingenommenheit und Geschminktheit berichtet und selbst erlebt. Der echt christliche Sinn, der meist hinter den Zeilen verborgen ist, sich aber nirgends aufdrängt, berührt wohlthuend."[77]

Flad war überzeugt, daß die materiellen und geistigen Beziehungen Europas zu China an die Europäer erforderten, "die 400 Millionen Chinesenmenschen in ihrer besonderen Eigenart" näher kennenzulernen. "Und zwar nicht nur in den äußeren Erscheinungsformen ihres Volks- und Familienlebens, ihrer Denk- und Anschauungsweise, ihrer sittlichen Urteile und religiösen Vorstellungen, ihrer staatlichen Einrichtungen und sozialen Verhältnisse, ihrer Klassiker- und Profanliteratur, ihrer Beziehungen zu den anderen Nationen der Erde und was dergleichen Dinge mehr sind. Denn um ein Volk wirklich kennen zu lernen, muß man schon tiefer graben: sorgfältig dessen Sprache erlernen und seine Literatur und Religion erforschen, sich nach seinen Nationalhelden und geistigen Heroen erkundigen, um so in die eigentliche Volksseele einzudringen und den Gesamtgeist der Nation zu erfassen."[78] Flad sah den eigentlichen Pulsschlag Chinas "in dem geistig unstreitig größten Nationalhelden Chinas, in Konfuzius und in den ihm und seinen Schülern zugeschriebenen Klassikern".[79] Vom Standpunkt des Christentums aus schilderte und verurteilte Flad in seinem Buch "Konfuzius, der Heilige Chinas" die wesentliche Lehre des Konfuzius.[80] Zunächst schilderte er kurz das äußere Leben, die Lebensart und Lebensweise und die Zeitverhältnisse in den Tagen des Konfuzius, dann ging Flad auf die

---

[77] Siehe Vorwort zu Flad Zehn Jahre 1899. – Ein ähnliches Urteil findet sich auch in Warnecks Literatur-Bericht, in: AMZ 26, 1899, S. 48; Bücheranzeige, in: EMM, 1898, S. 519-520.
[78] Flad 1904, S. 6.
[79] Flad 1904, S. 6. – Denn "diese enthalten das Beste, was der chinesische Geist hervorgebracht hat, sind also der entsprechendste Ausdruck des chinesischen Ideals. Das heißt mit andern Worten, der Gedanke des Chinesentums findet sich verkörpert in den Klassikern und hat seine persönliche Ausgestaltung in Konfuzius." Flad 1904, S. 6.
[80] Flad., Konfuzius, der Heilige Chinas in christlicher Beleuchtung nach chinesischen Quellen und D. Faber: "Der Lehrbegriff des Konfuzius", Stuttgart 1904.

Lehre des Konfuzius ein und setzte sich insbesondere mit einigen strittigen Bereichen, z.B. dem chinesischen Begriff von "Shangdi", Kindespietät und Ahnenverehrung und Verehrung des Konfuzius, auseinander. Neben den Arbeiten, die von protestantischen Missionaren verfaßt wurden, zog Flad in seiner Darstellung auch viele anderen Werke heran, wie Plaths "Konfuzius und seiner Schüler Leben und Lehren", v. Strauß "Essays zur allgemeinen Religionswissenschaft", v. Brandts "Chinesische Philosophie" usw. heran.

Martin Maier[81] gehört zu den Missionaren, die von der imperialistischen Mentalität und dem aggressiven Rassismus stark beeinflußt waren. Er fürchtete die Bedrohung durch die "Gelbe Gefahr", die in der Feindschaft der Chinesen und Japaner gegenüber den christlichen Nationen bzw. der "weißen Rasse", in der Auswanderung der chinesischen "Kuli-Arbeiter", in der Konkurrenz der Chinesen und Japaner auf dem Gebiete des Handels und der Industrie latent sei. Daher wandte sich an die "weißen, christlichen Völker" und forderte sie auf, mittels der "baldigen Christianisierung" in China die "Gelbe Gefahr" zu bekämpfen.[82] Diese Schrift behandelt von allen Chinaberichten der Missionare am ausführlichsten das Thema der "Gelben Gefahr". Allerdings reflektierte sie nur Ansichten eines Teils der Missionare.

Maier schrieb eine weitere Schrift mit dem Titel: "Heidentum. Bilder aus China"[83]. Dabei handelt es sich in erster Linie um das Volksleben der Chinesen, insbesondere ihre Sitten und Gebräuche, "Götzendienste" und "Aberglauben", die von Missionaren gemeinhin als "Heidentum" verurteilt wurden. Ferner schrieb Maier Artikel über die Aufgaben des Missionars in China, über die chinesische Medizin und die ärztliche Mission usw.[84]

Andere Missionare der Basler Mission, wie Philipp Winnes (1852-1865 in China), Rudolf Kutter (1884-1904 in China), August Nagel (1894-1932 in China), Friedrich Müller (1896-1903 in China), schrieben ebenfalls einzelne kleinere Berichte über China, die hier nicht weiter berücksichtigt werden.[85]

---

[81] Martin Maier, geb. 19. 3. 1866 in Mössingen, Württemberg, arbeitete 1894-1912 als Missionar der Basler Mission in China. Er ist am 16. 5. 1954 in Tübingen gestorben. - Die biographischen Daten von Maier sind dem Archiv der Basler Mission (Basel) entnommen.
[82] Maier, Die gelbe Gefahr und ihre Abwehr, Basel 1905.
[83] Maier, Heidentum. Bilder aus China, Basel 1910.
[84] Maier, Die Aufgaben eines Missionars in China. Referat gehalten an der IX. christlichen Studentenkonferenz in Aarau 16.-18. März 1905, Basel 1905; ders., Doktor "Kraftwurzel", in: J. Kammerer (Hrsg.) Doktor Kraftwurzel. Samariterdienst. Beispiele heidnischer Ohnmacht und christlicher Hilfe in Krankheits-Not, Basel 1912, S. 3-19.
[85] Winnes, Mitteilungen über das Hakkaland, in: Magazin für die neueste Geschichte der evangelischen Missions- und Bibelgesellschaften, 1854, S. 127ff.; Kutter, Aus dem chinesischen Gemeindeleben, in: EMM 42, 1898, S. 514-519; ders., Heiden- und Christenfrauen in China, Stuttgart 1923; Nagel, Chinesisches Heidentum, Basel 1923; Müller, Ein Blick in die chinesische Schule, in: EMM 43, 1899, S. 288-294); ders., Im Kantonlande. Reisen und Studien auf Missionspfaden in China, Berlin 1903.

2. Die Berichte von Missionaren der Rheinischen Mission

Gleichzeitig mit der Basler Mission begann die Rheinische Mission ihre Arbeit in China, und zwar hauptsächlich unter den Punti-Chinesen in der Provinz Guangdong. Bei der Beschreibung Chinas zeichneten sich vor allem folgende Missionare aus: Ferdinand Genähr, Heinrich Krone, Ernst Faber (von 1864 bis 1880), Ferdinand Dietrich, Ernst Eichler, Immanuel Genähr, Carl Maus, Friedrich Liederwald (Nitzschkowsky), Gottlieb Olpp.

Ferdinand Genähr war der Gründer der Rheinischen Mission in China. Er hatte von 1847 bis zu seinem Tod 1864 dort gearbeitet. Seine Berichte beziehen sich vorwiegend auf missionarische Tätigkeiten und die Rheinische Mission in China. Nur einige sich an die Jugend richtende und meist deskriptive Artikel gehören zu den Chinaberichten im engeren Sinne. Es sind: "Das Neujahr in China", "Chinesen beim Spiel", "Alte Neuigkeiten aus China", "Allerlei aus China", "Eine neue Art von Menschenhandel", "Chinesische Sitten" und "Über chinesische Geomantie" etc.[86]

Heinrich Krone[87] war ebenfalls einer der frühesten Chinamissionare der Rheinischen Mission. Er war von Haus aus ein Lehrer und eignete sich schon vor seiner Reise nach China eine Menge von Kenntnissen über das Land an. Er war auch ein fleißiger Autor von Chinaberichten und verfaßte eine Reihe von Beiträgen, die verschiedene Themen über China behandeln.[88] In dem Artikel "Die chinesischen Mandarinen" schilderte Krone das Beamtensystem, insbesondere die amtliche Stellung und den Rang der Zivilbeamten in der Provinz Guangdong. Dabei werden sowohl einige "Hauptmängel" wie auch die "Weisheit" der chinesischen Verwaltung besprochen. Dieser Artikel gehört zu den frühesten Chinaberichten über chinesische Politik und spiegelt die Ansicht der Missionare der ersten Jahre wider.

---

[86] Genähr, F., Das Neujahr in China, in: KMF, 1856, Nr. 5, S. 10-16; ders., Chinesen beim Spiel, in: KMF, 1858, Nr. 5, S.10-16; ders., Alte Neuigkeiten aus China, in: KMF, 1859, Nr. 3, S. 12-16; ders., Allerlei aus China, in: KMF, 1859, Nr. 12, S. 7-13; ders., Eine neue Art von Menschenhandel, in: KMF, 1860, S. 161-173; ders., Chinesische Sitten, in: KMF, 1861, S. 107-119; ders., Über chinesische Geomantie, in: BRMG, 1864, S. 161-171.

[87] Heinrich Krone, geb. am 18. 8. 1823 in Seehausen in der Altmark, trat 1846 in das Missionsseminar der Rheinischen Missionsgesellschaft zu Barmen ein, wurde 1849 ordiniert und dann nach China ausgesandt. Er hatte in Seiheong (1850-1851), Fuyong (1851-1856), Heao (1856), Hongkong und Guangzhou (1856-1859) gearbeitet und ging 1859 zur Erholung zurück in die Heimat. Am 14. 11. 1863 starb er in Aden auf der Rückreise. – Die biographischen Daten von Krone sind dem Archiv der Vereinigten Evangelischen Mission (Wuppertal) entnommen. Siehe auch Nachruf, in: BRMG, 1864, S. 9.

[88] Krone, Die chinesischen Mandarinen, in: BRMG, 1853, S. 321-333; ders., Was der Chinese von den Geistern der Verstorbenen denkt, in: BRMG, 1854, S. 49-57; ders., Was die Chinesen von Gott wußten und wissen, in: BRMG, 1855, S. 65-75; ders., Der Buddhismus in China, in: BRMG, 1855, S. 241-255; ders., Der Taoismus in China, in: BRMG, 1857, S. 102-111, S. 114-119; ders., Die Muhamedaner in China, in: BRMG, 1858, S. 241-244, 278-285.

Aus der Perspektive der Missionare gesehen gab es im Religionsleben der Chinesen verschiedene "götzendienerischen Gebräuche". Um den "hiesige[n] Götzen- und Teufelsdienst" im täglichen Leben der Chinesen zu zeigen, schrieb Krone den Aufsatz: "Was der Chinese von den Geistern der Verstorbenen denkt". Dabei schilderte er manche religiösen Gedanken der Chinesen und erzählte einige in China populäre Geistergeschichten. Im besonderen wurde die Vorstellung der chinesischen Frauen über die Geister hervorgehoben.

Nicht nur die Volksreligion sondern auch die chinesische Staatsreligion wurde von Krone aufmerksam verfolgt. Er ging davon aus, daß in den Berichten der Missionare schon viel über "den Götzen- und Ahnendienst der Chinesen" berichtet worden sei und man durch derartige Schilderungen einfach "ein Bild von dem kläglichen religiösen Zustande" erhalten könne. Die Staatsreligion habe man aber kaum kennengelernt. "Es ist erfreulich, aus den alten Klassikern und sonstigen berühmten Schriften zu ersehen, daß die Alle den wahren Gott kannten und ihn verehrten."[89] Darum wollte Krone in seinem Artikel "Was die Chinesen von Gott wußten und wissen" einen kurzen Bericht der Geschichte der chinesischen Staatsreligion geben, "insoweit sie für den Christen und Missionsfreund von Interesse sein muß"[90]. Es geht vornehmlich um die Verehrung des Shangdi durch die Chinesen und ihre "Kenntniß vom wahren Gott". In diesem Artikel läßt sich der Einfluß der Jesuiten klar erkennen. Manche Stereotypen der Jesuiten über die chinesische Religion wurden von Krone wieder aufgegriffen.

"Der Buddhismus in China" behandelt hauptsächlich die Geschichte der Einführung und Verbreitung des Buddhismus in China. Hier bezog sich Krone wie Piton auf Edikens Aufsatz. An diesen Aufsatz schließt sich der Artikel "Der Taoismus in China" an. Darin erläutert Krone zunächst die Philosophie des Laozi, dem Stifter der Daojiao oder Daosekte, dann die verschiedenen Ansichten der Schüler Laozis und die Entstehung und weitere Entwicklung des organisierten religiösen Daoismus. Am Ende des Aufsatzes gab Krone noch einen Überblick über die Daoisten in dem Missionsgebiet der Rheinischen Mission, dem Kreis Xinan. In dem Artikel "Die Muhamedaner in China" beschrieb Krone, "theils aus Büchern, theils durch eigene Beobachtung", die Geschichte des Islam in China und seinen gegenwärtigen Zustand. Er schilderte, wie der Islam in China Eingang fand und dort allmählich immer fester Fuß faßte. Auch die religiösen Gebräuche und Versammlungen der Mohammedaner wurden mitgeteilt. Ferner schrieb Krone Artikel über die Taiping-Bewegung und die aktuelle politische Lage in China usw.[91]

---

[89] Krone Was die Chinesen von Gott wußten 1855, S. 65.
[90] Krone Was die Chinesen von Gott wußten 1855, S. 65.
[91] Krone, Gegenwärtiger Stand der Revolution in China, in: Petermanns Mitteilungen aus Justus Perthes Geographischer Anstalt 1856, S. 462-465; ders., Aus China. Die politische Lage, in: BRMG, 1858, S. 5-12; ders., Neue politische Verwicklungen, in: BRMG, 1859, S. 325-338.

Der bekannteste Chinaforscher in der Rheinischen Mission wie überhaupt in der ganzen deutschen protestantischen Mission des 19. Jahrhunderts war Ernst Faber. Er bemühte sich, "den Chinesen sowohl die abendländische Kultur und Anschauungswelt nahe zu bringen, wie auch dem Abendland das eigenartige geistige und religiöse Leben der Chinesen verständlich zu machen"[92]. Mit großem Eifer verlegte er sich auf das Erlernen der chinesischen Volkssprache und das Studium der chinesischen Klassiker. Noch als er im Dienst der Rheinischen Missionsgesellschaft in China tätig war, schrieb er seine ersten Chinaberichte, die im Form von Artikeln, Schriften und Büchern erschienen.

Es sind zunächst die Arbeiten, die die chinesischen Klassiker und die Philosophie der alten chinesischen Philosophen behandeln, nämlich: "Lehrbegriff des Confucius" (Hongkong 1872), "Quellen zu Confucius und dem Confucianismus" (Hongkong 1873), "Eine Staatslehre auf ethischer Grundlage oder Lehrbegriff des chinesischen Philosophen Mencius. Aus dem Urtext übersetzt, in systematische Ordnung gebracht und mit Anmerkungen und Einleitungen versehen" (Elberfeld 1877), "Die Grundgedanken des alten chinesischen Socialismus oder die Lehre des Philosophen Micius" (Elberfeld 1877), "Der Naturalismus bei den alten Chinesen sowohl nach der Seite des Pantheismus als des Sensualismus oder die sämmtlichen Werke des Philosophen Licius. Zum ersten Male vollständig übersetzt und erklärt" (Elberfeld 1877).

In "Lehrbegriff des Confucius" versuchte Faber, den gesamten Inhalt der drei wichtigsten Werken des Konfuzianismus ("Lunyu" bzw. "Gespräche", "Daxue" bzw. "Große Lehre" und "Zhongyong" bzw. "Anwendung der Mitte") systematisch darzulegen. Es handelt sich um Konfuzius' Auffassung über die Natur des menschlichen Wesens, den Heilige, die Bestimmung, den Himmel, die Geister und Dämonen, den Gott, die Unsterblichkeit, den Weg des Edlen, das Studium, das Wissen, die Gedanken, das Herz, die Vorliebe, den Abscheu, die Kultur der Person, das Reden, den Wandel, die Tugend, die Tapferkeit, die Humanität, die Gegenseitigkeit und Treue, die Ehrerbietung, den Glauben, den Eifer, die Schwierigkeit, die Kindespietät, die väterliche Tugend, die Brüderlichkeit, die Ehegatten, die Freundschaft, die Gerechtigkeit, das Zeremoniell, die Musik, den Staat, die alten kaiserlichen Musterregierungen, die Fehler oder Übetretungen, den Charakter des Edlen, das Dao.[93] Der Beitrag "Lehrbegriff des Confucius" ist hauptsächlich für Missionare bestimmt. Jedoch meint Faber dazu: "Eine übersichtliche und dabei soviel thunlich systematische Zusammenfassung der hauptsächlichsten Lehrpunkte des canonischen Confucianismus ist in mancher Beziehung wichtig, nicht nur für den praktischen Missionar, sondern auch für Sinologen und Philosophen im Allgemeinen."[94]

---

[92] Merkel 1952, S. 92.
[93] Faber 1872, S. 5ff. Siehe auch Kranz 1901, S. 167.
[94] Faber 1873, S. 1f.

Die "Quellen zu Confucius und dem Confucianismus" umfassten 27 Seiten und sind ursprünglich als Einleitung zu seiner Arbeit über die Lehre des Konfuzius entworfen worden, wurden aber erst ein Jahr später (1873) veröffentlicht. Faber gab hier einen kurzen Überblick über die Quellen zu Konfuzius' Leben und Lehre sowie über die Literatur von Confucius. Er war der Meinung: "Wir brauchen also einen klar gezeichneten und detailliert aus geführten historischen Hintergrund, um das Bild des Confucius ins rechte Licht zu stellen."[95] Herangezogen wurden nicht nur die Arbeiten von Legge, Wylie und Plath, sondern auch die chinesische Enzyklopädie und der große Katalog der Kaiserlichen Bibliothek. Die Auseinandersetzung mit sinologischen Werken und die eigene Untersuchung chinesischer Originalquellen ließen Faber bewußt an der wissenschaftlichen Forschung jener Zeit teilnehmen.[96] Fabers Arbeiten über die Lehre des Konfuzius und die Quellen zu Konfuzius und zum Konfuzianismus haben sich die allgemeine Anerkennung von Sinologen und Missionaren erworben und wurden im Jahre 1875 ins Englische übersetzt.[97]

Faber hatte ebenfalls großes Interesse für die Philosophie von Menzius (372-289 v. Chr.), dessen Buch von den alten Chinesen als das vierte "heilige" Buch angesehen wurde. Nach Fabers Ansicht war Menzius "der bedeutendste Vertreter der Confucischen Schule" und "der Liebling der Chinesen".[98] Obwohl es schon seit langem einige Übersetzungen seines Buches gab, waren seine Lehren in Europa im 19. Jahrhundert noch unbekannt. "Um ein gründliches Zurückgehen auf die allgemein als wahr anerkannten chinesischen Lehrmeinungen"[99] und "die Basis zu einer Verständigung über die Lehren der evangelischen Wahrheit mit denen des Chinesentums zu bieten"[100], veröffentlichte Faber 1877 in Deutschland seine Arbeit: "Eine Staatslehre auf ethischer Grundlage oder Lehrbegriff des chinesischen Philosophen Mencius. Aus dem Urtexte übersetzt, in systematische Ordnung gebracht und mit Anmerkungen und Einleitungen versehen".

In diesem Werk erörterte Faber zunächst in der Einleitung die ostasiatische Frage, die wissenschaftliche Bedeutung der chinesischen Kultur und die chinesische Literatur bis auf Menzius' Zeit. Dann folgt die Diskussion über die Lehren des Menzius. Es wird in drei Teile geteilt: I. Von den Fundamentalbegriffen des Ethischen; II. Reale Darstellungen des Ethischen; III. Resultat bzw. Ziel der ethischen Entwicklung. In den Grundbegriffen werden behandelt: 1) von den Gütern: Wesensnatur des Menschen, das Herz, der Himmel,

---

[95] Faber 1873, S. 2.
[96] Dazu siehe Pfister 2000, S. 100ff.
[97] Der Übersetzer ist P. G. von Möllendorf, der damals im deutschen Konsulatsdienst stand und später Direktor im chinesischen Zolldienst wurde. Möllendorf gab Fabers Schriften "Quellen zu Konfuzius" und "Lehrbegriff des Konfuzius" in einem Bande mit dem Titel "A Systematical Digest of the Doctrines of Confucius with an Introduction on the Authorities upon Confucius and Confucianism", Hongkong 1875, heraus.
[98] Faber Mencius 1877, S. 35.
[99] Faber Mencius 1877, S. III.
[100] Faber Mencius 1877, S. IV.

universelle Gesetzmäßigkeit oder Dao, Bestimmung; 2) von den Tugenden bzw. Pflichten: Tugend im Wandel, Tugend im Worte, die vier Cardinaltugenden - Weisheit, Humanität, Gerechtigkeit, Anstand oder Sitte. Die realen Darstellungen des Ethischen umfassen 1) die individuelle Aneignung bzw. Charaktere: der Gebildete, der große Mann, der Edle oder Weise, der Heilige oder Idealmensch; 2) die ethisch-sozialen Beziehungen: Vater und Sohn, Brüder, Freunde, Mann und Weib, Regent und Staatsdiener. Resultat bzw. Ziel der ethischen Entwicklung umfaßt 1) nationale Ökonomie; 2) nationale Bildung; 3) Landesverteidigung; 4) innere Politik. Das Buch wurde 1881 ins Englische übersetzt von A. B. Hutchinson, einem Missionar der englischen Church-Mission, der zuerst in der Provinz Guangdong und später in Japan tätig war.[101]

Mit Bezug auf die aktuellen sozialen Fragen in den westlichen Ländern bearbeitete Faber das Buch "Mozi", ein "häretischer" Denker im alten China. "Die Grundgedanken des alten chinesischen Sozialismus oder die Lehre des Philosophen Micius zum ersten Male vollständig aus den Quellen dargelegt von Ernst Faber" (Elberfeld 1877) umfaßt 102 Seiten und enthält 39 Abschnitte. Faber versuchte eine klare Erklärung über das Wesen des Sozialismus zu geben und mittels des alten chinesischen "Sozialismus", nämlich der Lehre Mozis, die "Irrtümer der Sozialdemokratie" zu korrigieren.[102] Er wollte aber keine vollständige Übersetzung von Mozis Buch erstellen, das – der Ansicht Fabers zufolge – "viele recht überflüssige Wiederholungen" hat. Eine vollständige Übersetzung "wäre sehr umfangreich geworden und hätte den Leser nur ermüdet".[103] Statt dessen bemühte er sich, "die Gedanken nacheinander auszuziehen und die Form des Micius dabei möglichst zu wahren".[104] Fabers Werk über Mozi wurde 1897 von dem deutsch-amerikanischen Methodisten C. J. Kupfer ins Englische übersetzt.[105]

"Der Naturalismus bei den alten Chinesen sowohl nach der Seite des Pantheismus als des Sensualismus oder die sämtlichen Werke des Philosophen Licius zum ersten Male vollständig übersetzt und erklärt von Ernst Faber" ist das erste Werk, mit dem Liezi Europäern zugänglich gemacht wurde. Liezi wurde – so Faber – ca. 450 v. Chr. geboren und gehörte zur Schule des Laozi, zum Taoismus.[106] Das Liezis Namen tragende Buch wurde aber erst nach dem Tod des Philosophen von seinen Schülern verfaßt. Fabers Arbeit über die Lehre Liezis umfaßt 228 Seiten und gliedert sich in acht Abteilungen und Unterabteilungen, die mit zusammenfassenden Überschriften versehen sind. Dem wörtlich übersetzten Text wurden auch kurze erklärende Anmerkungen beigefügt. Faber erklärte und analysierte insbesondere die bei Liezi sich findenden Aus-

---

[101] Titel der Übersetzung lautet: "The Mind of Mencius or Political Economy founded upon Moral Philosophy" (Shanghai/Hongkong; 1897 erschien eine zweite Auflage)
[102] Dazu Siehe Faber Micius 1877, Einleitung.
[103] Faber Micius 1877, S. 7.
[104] Faber Micius 1877, S. 7.
[105] Diese Übersetzung steht unter dem Titel "The Principal Thoughts of the Ancient Chinese Socialism or the Doctrines of the Philosopher Micius" (Shanghai).
[106] Faber Licius 1877, S. IV.

sagen über das geheimnisvolle Wesen der Gottheit, über das Verhältnis von "Geist und Natur", über die paradiesischen Orte und Zustände, über den "Heiligen", den "Heiligen im Westen" und den "Heimgegangenen".[107]

Die drei Werke über Menzius, Mozi und Liezi bilden "eine chinesisch-philosophische Trilogie". Warneck kommentierte: "Micius, Mencius und Licius, die Vertreter der Hauptrichtungen der altchinesischen Philosophie hat Faber nicht bloß zu unsrer Kenntniß gebracht, sondern durch seine zum Theil trefflichen Erläuterungen auch unserm Verständniß erschlossen. [...] Sowohl der gänzliche Mangel an dem, was wir System nennen, als der oft fremdartige Gedankenausdruck machen altchinesische Philosophen für uns schwer genießbar. Um so dankbarer müssen wir dem Übersetzer sein, daß er zugleich Interpret ist." Alle diese drei Werke zeigen, "daß die Erläuterungen mit großer Präcision große Klarheit verbinden; wie sie beweisen, daß der Verfasser sich wirklich in den Geist seiner Autoren ganz eingelebt hat, so sind sie auch trotz ihrer Kürze in ihr Verständniß wohlgeschickte Führer." Und "Wer sich mit der Gedankenwelt, in der das größte aller Völker der Erde seit Jahrtausenden lebt, einigermaßen vertraut machen will, den können wir nicht dringlich genug die Lectüre der Faber'schen Bücher empfehlen. Es ist in der That der Mühe werth diese chinesischen Philosophen kennen zu lernen. So fremdartig auch das Gewand ist, das sie tragen - Unter ihren Weisheitssprüchen sind viele edle Perlen und man kann es wohl begreifen, daß ein auf solche Moralphilosophie eingebildetes Volk in stolzer Selbstgenügsamkeit dem Evangelio Christi viel Widerstand entgegensetzt."[108] Tatsächlich standen Fabers Bearbeitungen der Werke der alten chinesischen Philosophen mit früheren westlichen sinologischen Forschungen in enger Beziehung[109]. Sie haben viel dazu beigetragen, die Kenntnisse der Europäer über chinesische Literatur zu bereichern. Sie haben nicht nur unter den Missionaren und den Missionskreisen große Auswirkung gehabt, sondern auch bei den Sinologen positive Anerkennung gefunden.[110] Allerdings war der Absatz dieser drei Werke nur gering. Ihr Einfluß in den westlichen Ländern war beschränkt. Eine andere deutsche Übersetzung und Erläuterung Fabers zu dem alten chinesischen Philosophen Zhuangzi konnte nicht gedruckt werden, da das Manuskript später bei einem Brand vernichtet wurde.[111]

---

[107] Happel 1886, S. 233f.
[108] Warneck Literatur-Bericht, in: AMZ 4 1878, S. 141f.
[109] Siehe Sun 1999, S. 3ff.; Pfister 2000, S. 93ff.
[110] Siehe Merkel 1952, S. 92f.
[111] Über seine Übersetzung Zhuangzis sagte Faber im Jahr 1877: "Besonders der Beachtung werth ist Tschuang-tse, der bedeutenste Denker der classischen Periode, Zeitgenosse des Mencius. Eine Uebersetzung ist von mir schon mehrere Jahre fertig. Da aber der Styl oft dunkel ist, braucht es gründliche Benutzung vieler Commentare. Der Plan ist, eine Ausgabe zu veranstalten wie des Lao-tse von St. Julien. es existirt bis jetzt noch gar keine Uebersetzung oder irgend welche Bearbeitungen dieses Philosophen." Faber Mencius 1877, S. 30.

Während seines Erholungsaufenthaltes 1877 in Deutschland verfaßte Faber noch zwei kleine populäre Schriften über China.[112] In diesen beiden Schriften, die als Rheinische Missions-Traktate veröffentlicht wurden, schilderte Faber das chinesische Volksleben in zwei Heften mit 38 Illustrationen. Dabei handelt es sich um Bilder von der chinesischen Landschaft, religiösen Gebäuden, privaten Häusern, Straßen- und Stadtszenen, Menschen und ihren Tätigkeiten. Diese beiden Schriften wurden in leicht verständlichem Schreibstil verfaßt und richteten sich an ein breites Publikum.

Faber bemerkte, daß China seit dem Opiumkrieg allmählich an Interesse für "die ganze civilisierte Welt" gewinne. "Die Industriellen und Kaufleute sehen in dem ungeheuren Reiche einen vielversprechenden Markte für ihre Produkte, die Gelehrten entdecken ein reiches Feld für die verschiedensten Forschungen, die Christen finden die höhere Aufgabe: den Millionen Heiden das Evangelium zu bringen."[113] Allerdings fehlte es in Deutschland noch an detaillierten "Kenntnissen über die mannigfachen Beziehungen des christlichen Westens zu China und über die zunehmende Bedeutung Chinas für andere Länder". So versuchte Faber, "einen gedrängten Ueberblick von den hierauf bezüglichen Thatsachen zu entwerfen"[114]. Er schrieb den Artikel über die Beziehung zwischen China und dem Westen.[115] Darin schilderte er den westlichen Handel und seine Wirkungen auf China, die Verhandlungen zwischen westlichen Diplomaten und der chinesischen Regierung über das Problem der Transitsteuer, die Einführung der westlichen Kultur in China durch die chinesischen Gesandtschaften und Konsulate, die Situation Hongkongs und sein "civilsatorischer" Einfluß auf China sowie die evangelische Mission in China.

Über chinesische Religion schrieb Faber 1879 in englischer Sprache einen Beitrag unter dem Titel: "Introduction to the Science of Chinese Religion. A Critique of Max Müller and other Authors" (Hongkong und Shanghai 1879). Dieses Buch umfaßt 154 Seiten und ist aus Vorträgen entstanden. Darin setzte Faber sich zuerst mit den verschiedenen Definitionen des Wesens der Religion, die von Max Müller, Tiele, Fairbairn und Schleiermacher aufgestellt wurden, auseinander und stellte seine eigene Auffassung vor. Er besprach dann nacheinander den Begriff der Offenbarung, den Unterschied zwischen Religion und Wissenschaft, den Unterschied zwischen der geistigen und der materiellen Welt, die Beziehungen von Religion und Moral, Religion und Staatsgesetze, Religion und Zivilisation, Religion und Künste, Religion und Natur, Religion und Sprache, Religion und Mythologie, Klassifizierung der Religionen, wahre Religion, die göttliche Erziehung der Menschheit. "Zweck des Buches ist nicht, Information zu geben über die Religionen Chinas, sondern Gesichtspunkte für eine gründliche Erforschung derselben und für die vergleichende

---

[112] Faber Bilder aus China, I und II, Barmen 1877; I, 2. Aufl., 1893; II, 2. Aufl., 1897.
[113] Faber China in seinen Beziehungen 1879, S. 97.
[114] Faber China in seinen Beziehungen 1879, S. 97.
[115] Faber China in seinen Beziehungen zum Auslande, in: AMZ 6, 1879, S. 97-118.

Religionswissenschaft überhaupt darzubieten und die dazu führenden Fragen richtig zu stellen."[116]
Ferner verfaßte Faber einige Artikel und Aufsätze, die hauptsächlich die Frage der Missionsmethode ansprechen, aber auch etliche Darstellungen der chinesischen Politik und Religion enthalten.[117]
Ferdinand Wilhelm Dietrich hatte 20 Jahre lang in China gearbeitet und bei der Überwindung der wegen des konfessionellen Streits verursachten Krise der Rheinischen Mission eine wichtige Rolle gespielt. Er verfaßte Beiträge, die vornehmlich Themen der chinesischen Religion behandeln.[118] Nach Ansicht Dietrichs waren die Kenntnisse der Europäer in seiner Zeit über die Religionen der Chinesen noch sehr gering. Auch manche Gelehrte, die sich mit der vergleichenden Religionswissenschaft beschäftigten, stellten häufig "hierüber völlig unzutreffende Bemerkungen" an. Darum versuchte er in seinen Chinaberichten, eine eingehendere Darstellung der Religionen Chinas zu geben.[119] Er setzte sich insbesondere mit den religiösen Vorstellungen der Chinesen und ihrer Haltung zur Religion auseinander, arbeitete die "persönliche Gleichgiltigkeit" der Chinesen gegenüber den verschiedenen Religionen und die "Vermischung und Anbequemung" der drei großen Religionen Chinas – Konfuzianismus, Buddhismus und Daoismus – heraus.

Wie viele andere Missionare hatte Dietrich auch großes Interesse für die Persönlichkeit des Konfuzius. Nach seiner Betrachtung war Konfuzius der "bedeutendste Geist der größten Nation der Welt". Aber die Antwort über die Frage: "Wer war Confucius?" war sehr unterschiedlich. "Die einen halten ihn für den Gründer der chinesischen Literatur oder den Stifter der alten Religion der Chinesen, die anderen bezeichnen ihn als den eigentlichen Schöpfer des chinesischen Staates, oder doch als den bedeutendsten Gesetzgeber desselben".[120] Alle diese Auffassungen seien irrig.[121] Daher schrieb Dietrich einen Aufsatz über Konfuzius[122] und versuchte die richtige Antwort auf die oben gestellte Frage zu geben. Er untersuchte zuerst die Abstammung, Geburt und Kindheit des Konfuzius, dann stellte er seine Tätigkeiten als Lehrer und als

---

[116] Siehe dazu Literatur-Bericht, in: AMZ 7, 1880, S. 285f.
[117] Faber Das Studium des Chinesischen in Beziehung zur Mission, in: BRMG, 1869, S. 97-110; ders., Missionar und Politik, in: BRMG, 1871, S. 33-43. In Englisch schrieb Faber u.a.: The Chinese Theory of Misic, in: The China Review 1, 1872-73, S. 324-328, 384-388; 2, 1873-74, S. 47-49; Where is the Kwan-Lun Shan? in: The China Review 2, 1873-74, S. 194-195; Similarities between the Chinese and Egyptians, in: The China Review 2, 1873-74, S. 194; A Critique of the Chinese Nations and Practice of Filial Piety, in: The Chinese Recorder 9, 1878, S. 329-343, 401-419; 10, 1879, S. 1-6, 83-95, 163-174, 243-253, 323-329, 416-428; 11, 1880, S. 1-12.
[118] Dietrich Die Religionen Chinas, in: AMZ 19, 1892, S. 419-423; ders., Der Islam in China, in: AMZ 21, 1894, S. 70-85; ders., Totenverehrung in China, in: KMF, 1894, S. 52-57; ders., Chinesischer Götzendienst, in: KMF, 1896, S. 163-172.
[119] Dietrich 1892, S. 419.
[120] Dietrich Confucius 1894, S. 107.
[121] Dietrich Confucius 1894, S. 107.
[122] Dietrich Confucius. Leben, Wirken und Einfluß, in: AMZ 21, 1894, S. 106-113, 212-223, 262-269, 303-310.

Beamter und seine 14jährige Wanderzeit sowie den Einfluß des Konfuzius in China dar. Herangezogen wurden neben den Arbeiten von Legge, Plath und Faber noch Du Boses "Dragon, Image and Damon" und W. Williams "Middle Kingdom". Dietrichs Aufsatz über Konfuzius hatte eine große Beduetung für die Chinaberichte der Missionare.

Ferner schrieb Dietrich Berichte über die Kindespietät, das Drachenfest und die aktuellen politischen Verhältnisse in China usw.[123]

Die Chinaberichte von Ernst Eichler[124] beziehen sich vor allem auf die politischen Verhältnisse Chinas.[125] Der Artikel "Zur gegenwärtigen politischen Situation in China" ist ein kurz zusammengefaßter Leitartikel des "London and China Telegraph" vom 20. Januar 1890. Er behandelt im wesentlichen die von der Kaiserinwitwe (Cixi Taihou) begünstigte "fortschrittliche" Politik und den daraus entstandenen Antagonismus im Herrschaftshaus des Qing-Reiches. In dem Artikel "Politik und Mission in China" untersuchte Eichler von zwei Seiten her die Frage nach den Beziehungen zwischen Mission und Politik: 1) Das Verhalten der chinesischen Regierung und 2) das Verhalten der christlichen Regierungen bzw. ihrer Vertreter gegenüber der Mission.

Von großem Interesse ist Eichlers Untersuchung der chinesischen religiösen Traktatliteratur: "Die religiöse Traktatliteratur der Chinesen"[126], die zuerst in englischer Sprache geschrieben und in "The China Review" veröffentlicht wurde.[127] Auf Chinesisch heißt diese Literatur (Aufsätze, Pamphlete und Bücher) "Quanshiwen", d.h. "Literatur, die den Zweck hat, die Welt zu ermahnen". Sie wurde teils gratis, teils gegen geringe Bezahlung verbreitet. Während die Klassiker als kanonische, heilige Schriften angesehen wurden, enthielten die "Quanshiwen" mehr die populäre sittlich-religiöse Erbauungslektüre und entsprachen zum Teil der asketischen Literatur in Europa. Eichler teilte sie in drei Klassen ein: 1) die Traktate, in denen die Moral vorherrsche und das religiöse Element zurücktrete; 2) die Traktate, in denen umgekehrt das religiöse Element dominiere; 3) die Traktate, in denen moralische und religiöse

---

[123] Dietrich Die kindliche Pietät, eine chinesische National-Tugend, in: BRMG, 1884, S. 149-155; ders., Das Drachenbootfest der Chinesen, in: KMF, 1893, S. 115-121; ders., Der neueste Ausbruch des Fremdenhasses in Canton und Umgebung, in: AMZ 21, 1894, S. 473-480; ders., Zur Lage in China, in: AMZ 22, 1895, S. 186-189; ders., Die Beschuldigung der chinesischen Missionare als Kindermörder, in: AMZ 23/Beiblätter, 1896, S. 30-32.
[124] Ernst Eichler, geb. am 24. 4. 1849 in Roßwein in Sachsen, war früher Schneider. 1872 trat er in das Missionsseminar der Rheinischen Missionsgesellschaft zu Barmen ein. 1877 wurde er ordiniert und nach China ausgesandt. Er war in Guangzhou tätig, schied aber 1880 zusammen mit Faber und zwei anderen Missionaren aus der Rheinischen Missionsgesellschaft aus. Danach trat er in den Dienst einer englischen Missionsgesellschaft ein. 1891 übernahm er ein Pfarramt in Saaralben. – Die biographischen Daten von Eichler sind dem Archiv der Vereinigten Evangelischen Mission (Wuppertal) entnommen.
[125] Eichler Zur gegenwärtigen politischen Situation in China, in: AMZ 17, 1890, S. 116-121; ders., Politik und Mission in China, in: AMZ 17, 1890, S. 213-221.
[126] Eichler Die religiöse Traktatliteratur der Chinesen, in: AMZ 19, 1892, S. 499-511.
[127] Eichler The K'uen Shi Wan; or, the Practical Theology of the Chinese, in: The China Review 11, 1882-83, S. 93-101, 146-161;

Elemente miteinander vermengt werden und es schwer sei, die Elemente der verschiedenen religiösen Systeme voneinander zu trennen. Darüber hinaus schenkte Eichler auch den Gebetbüchern, Litaneien, Beschreibungen der buddhistischen und taoistischen Hölle, Heiligenkalendern u.a. seine Aufmerksamkeit. Besonders wurden die Wert- und Religionsvorstellungen, die sich in dieser Literatur befinden, dargestellt.

Eichler schrieb ferner einen Artikel über chinesische Astronomie.[128] Durch einen Vergleich zwischen den Aufzeichnungen der "Sterns der Weisen" in der chinesischen und westlichen Literatur legte er die chinesischen Zeittafeln dar. In Englisch verfaßte Eichler Artikel über die Volkslieder der Hakka-Chinesen und das Leben von Zichan, einem bekannten Politiker in der chinesischen Geschichte.[129]

In der Rheinischen Mission in China nahm Immanuel Genähr eine wichtige Stelle ein. Er hatte zusammen mit Dietrich zum Wiederaufbau der Rheinischen Chinamission beigetragen. Genähr arbeitete mehr als 30 Jahre in China und war auch ein produktiver Autor von Chinaberichten. Seine Publikationen betreffen aber mehr die missionarischen Tätigkeiten und waren stark geprägt von Bemühungen, die christliche Mission und den westlichen Imperialismus zu rechtfertigen. In seinen Berichten, die sich speziell auf die chinesischen Verhältnisse beziehen, gibt es vor allem kritische Beschreibungen zur Stellung der Frauen in China.[130]

Für die christlichen Missionare hatte die Bekehrung der chinesischen Frauen zum Christentum einen großen Stellenwert für den Missionserfolg.[131] Sie konnten sich als Christ vom Joch der männlichen Herrschaft befreien und als Ehefrau ihren Mann und als Mutter ihr Kind christlich beeinflussen. Um die chinesischen Frauen für das Christentum zu gewinnen, verfolgten die Missionare mit großer Aufmerksamkeit das Problem der Frauen in China und berichteten vielfach darüber. In seiner Schrift "Frauen und Mädchen in China" beschrieb Genähr vielfach "die Verachtung gegen das weibliche Geschlecht" in China, die Unsitten des "Mädchenmords" und des Füßebindens. Er betonte ausdrücklich die Bedeutung des Christentums zur Hebung der sozialen Stellung der chinesischen Frauen. Genährs Abhandlung war eine der ersten Versuche der Missionare, die sich speziell dem Thema der chinesischen Frauen widmeten.

Genähr schrieb noch etliche Artikel und Schriften über die chinesische Religion und das religiöse Leben der Chinesen.[132] Dabei geht es vor allem um den "Götzendienst und krassesten Aberglauben" der Chinesen und die in China

---

[128] Eichler Der Stern der Weisen und die chinesischen Zeittafeln, in: AMZ 17, 1890, S. 121-123.
[129] Eichler Some Hakka-Songs, in: The China Review 12, 1883-84, S. 193-195; ders., The Life of Tsze-Ch'an (Prime Minister of Chang), in: The China Review 15, 1886-1887, S. 12-23, 65-78.
[130] Genähr Frauen und Mädchen in China, Barmen 1895.
[131] Dazu siehe Leutner 1999, S. 89.
[132] Genähr Aus dem religiösen Leben der Chinesen, in: Die evangelische Missionen, 1897, S. 107ff.; ders., Die Religion der Chinesen, in: ZMR 12, 1897, S. 79-92.

vorhandenen drei großen "Religionen", Konfuzianismus, Daoismus und Buddhismus. Ein anderer Schwerpunkt in den Berichten Genährs sind die politischen Verhältnisse. Es handelt sich um den Chinesisch-japanischen Krieg 1894-1895, die Reformbewegung Chinas und die "Verfolgungen" der Christen in China.[133] Diese Berichte hatten starke Tendenz zur Rechtfertigung der Mission und der Aggressionskriege der imperialistischen Mächte gegen China.

1900 brach der im In- und Ausland Bestürzung hervorrufende Boxeraufstand aus, der sich gegen die christlichen Missionare wie auch gegen alle anderen Ausländern wandte. Um die Frage nach der Ursache dieses Aufstandes entfaltete sich in Deutschland eine kritische Auseinandersetzung, in deren Mittelpunkt die protestantische Mission stand. Sie wurde angeklagt, daß sie schuld an den Wirren in China sei.[134] Diplomaten wie der ehemalige deutsche Botschafter v. Brandt und Kaufleute taten sich bei diesen Anklagen hervor. Eine förmliche Verunglimpfung der Mission fand in den "liberalen" und "freisinnigen" Zeitungen, wie den "Hamburger Nachrichten", der "Kölnischen Zeitung", dem "Berliner Tageblatt", der "Frankfurter Zeitung" etc. statt.[135] Dieser Vorwurf wurde natürlich von den Missionaren entschieden zurückgewiesen. Sie verteidigten einerseits die Gerechtigkeit ihrer Tätigkeit, andererseits versuchten sie, die "wahre" Ursache der "Wirren" in China herauszufinden. Dazu hatte es von seiten Genährs große Bemühungen gegeben. Er sprach sich bei verschiedenen Gelegenheiten und in vielen Orten für die christliche Mission aus und entlastete sie vom Schuldvorwurf in bezug auf den Boxeraufstand. Dies kam in seinem Gespräch mit einem Assessor[136] deutlich zum Ausdruck.

Genähr schrieb noch ein Büchlein "China und die Chinesen", das 1901 in Barmen erschien und später mehrere Male wieder aufgelegt wurde.[137] Davon kann man einen kurzen Überblick über das chinesische Volk und das Land erhalten. Es handelt sich um die Geographie Chinas, die "Große Mauer", die Flüsse, chinesische Geschichte, technische Erfindungen und Wissenschaften, landwirtschaftliche Produkte Chinas, chinesische Eßgewohnheiten und Kleiderordnung, "hervorstechende Züge des chinesischen Charakters", das chinesische Schulwesen und die staatlichen Examina, chinesische Sprache und Schrift, Religionen und schließlich die christliche Mission in China. Viele Darstellungen sind den "Acht Vorträgen" von Lechler entnommen. Ihr Ton ist aber mehr aggressiv und stark geprägt durch die imperialistische Mentalität. Darüber

---

[133] Genähr Ein Wendepunkt für China, in: BRMG, 1895, S. 37-47; ders., China und Japan. Eine Parallele und zugleich ein Beitrag zur gerechteren Beurteilung der Chinesen, in: BRMG, 1895, S. 149-154, 180-186; ders., Die Krisis in China, in: BRMG, 1899, S. 9-16; ders., Deren die Welt nicht wert war. Berichte über Verfolgungen chinesischer Missionare, Barmen 1901.
[134] Dazu siehe Warneck Die chinesische Mission 1900; Mende 1986, S. 385f.
[135] Siehe Warneck Die chinesische Mission 1900; Maus Über die Ursachen 1900, S. 5ff.; Voskamp 1901, S. 62f.
[136] Genähr Die Wirren in China in neuer Beleuchtung. Ein Salongespräch über die Mission, Gütersloh 1901.
[137] Genähr China und die Chinesen, Barmen 1901. – Diese Schrift wurde 1910 und 1921 wieder auf gelegt.

hinaus schrieb Genähr einige Schriften, in denen sich zahlreiche Beschreibungen über das Volksleben der Chinesen befinden.[138] Als wissenschaftliche Tätigkeit Genährs ist seine Bearbeitung eines chinesisch-englischen Wörterbuches einzuordnen.[139]

Carl Maus[140] war in den Missionskreisen ebenfalls durch seine zahlreichen Artikel, Aufsätze und Vorträge bekannt.[141] Am bemerkenswertesten ist jedoch seine Erklärung über die Ursachen der Herausbildung der Boxerbewegung im Jahre 1900, die anläßlich der entsprechenden europäischen Debatte geschrieben wurde.

In der Broschüre "Über die Ursachen der chinesischen Wirren und die evangelische Mission" beurteilte Maus zuerst die gegen die protestantische Mission erhobenen Beschuldigungen in fünf Abschnitten. Die Behauptung, daß die protestantische Mission an dem Ausbruch des Boxeraufstandes schuld sei, wurde entschieden zurückgewiesen. Anschließend legte Maus die "wahren" Ursachen der Wirren in China in neun Punkten dar, die sich sowohl auf die korrupten Praktiken der chinesischen Politik wie auch die Übel der westlichen Kolonisten bezogen. Maus' Abhandlung ist zwar auch ein Versuch, die protestantische Mission zu rechtfertigen; seine Stimme ist aber nicht so aggressiv wie die Genährs. Bei der Beschreibung Chinas war Maus auch nüchterner als andere Missionare, die stark geprägt waren durch den Imperialismus. Maus konstatierte: "Ich liebe die Chinesen; denn ich bin chinesischer Missionar und mein Urteil ist in erster Linie vom Standpunkt des Christentums diktiert."[142]

Maus verfaßte noch eine allgemeine Darstellung von China: "Das Reich der Mitte" (Barmen 1901). Er bemerkte am Ende des 19. Jahrhunderts: "Das scheidende Jahrhundert hat der europäischen Welt noch eine Ueberraschung bereitet, auf die Niemand so recht gefaßt war, nämlich die Wirren in China.

---

[138] Siehe z. B. Genähr Chinesische Dorfkriege, Barmen 1921; ders., Schwierigkeiten und Erfolge der Mission in China, in: Die evangelische Missionen, 1896, S.145-157; ders., Das Moderne China in seiner Auseinandersetzung mit dem Christentum, Barmen 1928.

[139] Genähr (Revised and enlarged) A Chinese-English Dictionary in the Cantonese Dialect von Eitel in 2 Bänden, Hongkong 1910.

[140] Carl Maus, geb. am 13. 7. 1861 in Oelsberg in Nassau, war zunächst Barbier. 1881 trat er in das Missionsseminar der Rheinischen Missionsgesellschaft zu Barmen ein. 1887 wurde er ordiniert und nach China ausgesandt. Er hatte in Fuyong (1890-1893), Tangtouxia (1893-1900, 1914-1917), Taiping (1902-1903), Dongguan (1904-1908, 1919-1924), Hongkong (1912-1914), Xintang (1917-1918) gearbeitet und war seit 1927 im Heimatdienst. Am 28.3.1847 starb er in Rüggeberg. - Die biographischen Daten von Maus sind dem Archiv der Vereinigten Evangelischen Mission (Wuppertal) entnommen. Siehe auch Nachruf, in: BRMG, 1949, S. III 2.

[141] Es sind u.a.: Maus Findelkinder und Aussätzige in China, in: KMF, 1891, S. 87-91; ders., Ahnenverehrung in China, in: KMF, 1891, S. 147-151; ders., Das 7. Edikt des Kaisers Kanghi, in: AMZ 20, 1893, S. 37-49; ders., Die Christenverfolgungen in China 1891-1892, in: AMZ 20, 1893, S. 518-536; ders., Ein berühmter Wallfahrtsort in China, in: BRMG, 1894, S. 118-122; ders., Aufruf zur Fürbitte für die Mission in China, in: AMZ 27, 1900, S. 447-448; ders., Über die Ursachen der chinesischen Wirren und die evangelische Mission, Kassel/Barmen 1900; ders., Über das Gottesbewußtsein der alten Chinesen, in: AMZ 28, 1901, S. 209-229, 337- 341.

[142] Maus Über die Ursachen, 1900, S. 44.

Durch dieselben ist China in nie geahnter Weise in den Vordergrund der Interessen gerückt, so daß die Augen der ganzen Welt sich nach Ostasien richteten. Man fing und fängt an sich mit China zu beschäftigen."[143] Daher wollte Maus dem europäischen Publikum "einen kleinen Einblick in dieses Vielen noch so fremde Land gewähren". Er beschrieb "in einem knappen und prägnanten Stil" die Verwaltungsbezirke des Qing-Reiches, die Fläche und Einwohnerzahl, die chinesische Sprache, die politische Organisation Chinas, die Religionen und das Familienleben der Chinesen und schließlich die evangelische Mission.

Friedrich Liederwald war unter seinem Schriftstellernamen "Nitzschkowsky" bekannt.[144] Er legte ebenfalls großes Gewicht auf das Studium der chinesischen Verhältnisse. Seiner Ansicht nach hatte die Missionsarbeit in China häufig Schwierigkeiten zu überwinden. "Vorurteil und nationaler Stolz, Ignoranz und Indifferenz, Götzendienst und Aberglaube, Mangel an Wahrheitsliebe und Ehrlichkeit – der durch die Europäer hervorgerufenen Übel zu geschweigen – reichen einander die Hand, um die großen Massen gegen die Predigt des Evangeliums einzunehmen. Das festeste, fast uneinnehmbare Bollwerk, mit dem die Missionsarbeit es zu thun hat, ist aber ohne Zweifel der Ahnenkult, ein System, vermöge dessen dieser wunderbare Staatskoloß Jahrtausende hindurch zusammenhält."[145] Allerdings, so fügte er hinzu: "Wenn die Mission die Aufgabe hat, alle nationalen Sitten und Eigentümlichkeiten des Volkes, unter dem sie arbeitete, soweit solche mit dem Geiste des Christentums nicht im Widerspruch stehen, beizubehalten und zu pflegen, so ist jedem Missionar auch die Aufgabe gestellt, sich mit den religiösen und socialen Verhältnissen, wie überhaupt mit allen Lebensanschauungen desselben gründlich, namentlich auch durch Studium seiner Litteratur bekannt zu machen."[146] Daher untersuchte er in einer Abhandlung den chinesischen Ahnenkult.[147] Ihm war besonders die Frage: Ist die Ahnenverehrung in China mit dem Christentum verträglich? von großer Bedeutung. Sie ist auch der leitende Gedanke, der die ganze Untersuchung durchdringt. Nitzschkowsky versuchte, "aus einer eingehenden Betrachtung des Hervorgehobenen" sowohl bei den klassischen Büchern wie auch bei der jetzigen Praxis "eine richtige Antwort" auf diese Frage zu geben. In bezug auf die seit dem 17. Jahrhundert geführte Debatte um das Problem des Ahnenkultes schlug er "eine via media, auf der man

---

[143] Maus Das Reich der Mitte, 1901, S. 3.
[144] Nitzschkowsky, geb. am 28.5.1860 in Ostpreußen, war zunächst Schuhmacher. 1881 trat er in das Missionsseminar der Rheinischen Missionsgesellschaft zu Barmen ein. 1888 wurde er ordiniert und nach China ausgesandt. Er hatte in Dongguan (1889-1890), Tangtouxia (1890-1891), Fuyong (1892-1895) gearbeitet und war von 1915 bis 1918 im Heimatdienst. Am 13.11.1947 ist er gestorben. – Die biographischen Daten von Nitzschkowsky sind dem Archiv der Vereinigten Evangelischen Mission (Wuppertal) entnommen.
[145] Nitschkowsky 1895, S. 289.
[146] Nitschkowsky 1895, S. 290.
[147] Nitzschkowsky Der chinesische Ahnenkultus, in: AMZ 22, 1895, S. 289-301, 360-374, 385-391.

ungefährdet hindurchsteuern kann", vor. Darüber hinaus schrieb Nitzschkowsky über die "Christenverfolgung" in China, die chinesische Sprache und seine Reisen in China.[148]

Als Missionsarzt hatte Gottlieb Olpp[149] ein besonderes Interesse an der chinesischen Medizin und der ärztlichen Mission in China. Bei der Vermittlung der chinesischen Medizin an das westliche Publikum hatte er einen großen Beitrag geleistet. Eine Reihe von Briefen und Artikeln Olpps, die hauptsächlich die chinesische Medizin beschreiben, wurde in der Zeitschrift "Münchener medizinische Wochenschrift" veröffentlicht.[150] Darüber hinaus schrieb er "Beiträge zur Medizin in China mit besonderer Berücksichtigung der Tropenpathologie" (Leipzig 1910). Dabei wurden die Geschichte und die Literatur der chinesischen Medizin ausführlich dargestellt. Ferner schrieb Olpp Berichte über die ärztliche Mission und ihr "größtes Arbeitsfeld".[151]

Unter den Chinaberichten der Missionare der Rheinischen Mission sind auch ein Reisebericht von Adam Krolczyk (1860-1872 in China)[152] und der Schulreport von Franz Zahn (1896-1921 in China) zu erwähnen.[153]

---

[148] Nitschkowsky Christenverfolgung in China, in: KMF, 1893, S. 131-138; ders., Etwas von der chinesischen Sprache, in: Barmer MB, 1899, S. 5ff.; ders., Christenverfolgung in China, in: KMF, 1901, S. 42-48; ders., An dem Grenzen von Tibet, in: Barmer MB, 1905, S. 29ff.

[149] Gottlieb Olpp, Dr. med., geb. am 3.1.1872 in Gibeon in Südwestafrika, wurde als Arzt am 9.3.1898 von der Rheinischen Missionsgesellschaft nach China ausgesandt. Er hatte 1898-1907 in Dongguan gearbeitet. 1909 war er aus der Rheinischen Missionsgesellschaft ausgeschieden und wurde Leiter des Instituts für Ärztliche Mission in Tübingen. Später wurde er Professor der Tropenmedizin in Tübingen und bekam den Titel Dr. Theol. Am 24. 8. 1950 ist er in Rummelsburg gestorben. Siehe Hennig 1953, S. 63f.; Nachruf, in: BRMG, 1950, S. 97.

[150] Olpp Briefe aus China, in: Münchener medizinische Wochenschrift, Nr. 23 und 25, 1903; ders., Medizinische Literatur der Chinesen, in: Münchener medizinische Wochenschrift, Nr. 36, 1903; ders., Bilder aus der Geschichte der chinesischen Medizin, in: Münchener medizinische Wochenschrift, Nr. 38, 1903 und Nr. 13, 1905; ders., Chinas medizinische Literatur des Altertums, in: Münchener medizinische Wochenschrift, Nr. 29, 1904.

[151] Olpp Die ärztliche Mission und ihr größtes Arbeitsfeld, Barmen: Missionshaus u.a. I. Teil, Die ärztliche Mission, ihre Begründung, Arbeitsmethode und Erfolg, 1909; 1918, 96 Seiten; ders., Erlebnisse und Erfahrungen als Missionsarzt in Ostasien (Zusammenfassung des Vortrags), in: Mitteilungen der Gesellschaft für Erdkunde und Kolonialwesen für das Jahr 1911, Straßburg 1912.

[152] Krolczyk The Entrance to the Yiu Territory, in: The Chinese Recorder 3, 1871, S. 62-64, 93-95, 126-128.

[153] Zahn Über das chinesische Schulwesen einst und jetzt, Barmen o.J.

3. Die Berichte von Missionaren der Berliner Mission

Die Berliner Missionsgesellschaft nahm erst 1882 die Mission in China auf, obschon vorher einige Missionare des Berliner und Stettiner Hauptvereins in China tätig waren. Die Missionare der Berliner Mission arbeiteten am Anfang wie die Missionare der Rheinischen Mission unter Punti-Chinesen in der Provinz Guangdong. Nachdem Deutschland die Jiaozhou-Bucht besetzte hatte, dehnte sich das Missionsfeld der Berliner Mission auf Nordchina aus. Es sind die folgenden Missionare, die sich bei der Beschreibung Chinas auszeichneten: Friedrich Hubrig, Carl J. Voskamp, Wilhelm Leuschner, Wilhelm Rhein, Wilhelm Lutschewitz.

Als Leiter des Predigerseminars in Guangzhou hatte Friedrich Hubrig lange Jahre eine wichtige Stelle in der Berliner Missionsarbeit inne. Er schrieb eine Reihe von Berichten über China, insbesondere über die chinesischen Christen.[154] Am interessantesten ist sein Artikel über die chinesische "Fengshui" bzw. Geomantie. Dieser Artikel war ursprünglich ein Vortrag, gehalten in der Anthropologischen Gesellschaft zu Berlin. Er wurde später in der Zeitschrift "Allgemeine Missionszeitschrift" und "Das Evangelium" veröffentlicht.[155] Dabei handelte es sich um die Entstehung der Fengshui-Theorie sowie ihre Praxis und Bedeutung für das chinesische Volksleben. Hubrig bemerkte: "Es wird an uns Missionare, die wir mit den chinesischen Verhältnissen einigermaßen vertraut sind, oft die Frage gerichtet: Woher kommt es doch, daß die Chinesen als Volk sich noch immer so hartnäckig gegen Cultur und Religion des Abendlandes abschließen? – Warum hat China noch keine Eisenbahnen, Telegraphenlinien u. dergl. eingerichtet? – Warum öffnet das Land nicht seine Berge, die reiche Schätze werthvollen Materials enthalten? – Warum immer wieder die alten bekannten Schwierigkeiten, wenn Europäer sich in diesem Lande irgendwo ansiedeln wollen? – Wie war es möglich, daß eine Hungersnoth, mit welcher China in den letzten Jahren heimgesucht wurde, solche Opfer fordern konnte, daß die Zahl der Verhungerten nach Millionen gezählt wurde? – Auf alle diese Fragen giebt es wohl die verschiedensten Antworten, die auch

---

[154] Hubrig Yen wan li. Ein Lebensbild aus Christengemeinden im Fa Kreise, in: MF 38/Beiblatt, 1883, S. 37-43; ders., Li-tshyung-yin, ein treuer Zeuge in der chinesischen Mission, in: MF 39/Beiblatt, 1884, S. 33-48; ders., Li-Tshyung-yin, ein treuer Zeuge in der chinesischen Mission, Berlin 1885 (Neue Missionsschriften, Nr. 57); ders., Der Evangelist Sung-en-p'hui, in: MF 44/Beiblatt, 1889, S. 25-40; ders., Der Evangelist Sung-en-phui, Berlin 1890 (Neue Missionsschriften, Nr. 15); ders., Der Krüppel Ho-a-gni-pak, eine Lichtgestalt aus der China-Mission, Berlin [1891] (Neue Missionsschriften, Nr. 38).
[155] Hubrig Fung Schui oder chinesische Geomantie, in: AMZ 7, 1880, S. 16-28; ders., Fung-Schui. Nach einem Vortrag von Hubrig, in: Das Evangelium in China, 1883, S. 89-96.

mehr oder weniger berechtigt sind, doch eine möglichst umfassende Antwort können wir nur dadurch geben, daß wir auf jenen Aberglauben der Chinesen aufmerksam machen, welcher in dem System des Fung Schui seine Nahrung findet und als Geomantie bezeichnet werden kann."[156] Daher lieferte Hubrig eine kritische Darstellung über "Fengshui" ab.

Ein "vielseitig begabter und schriftstellerisch unermüdlich tätiger" Missionar[157] der Berliner Mission war Carl J. Voskamp.[158] Er hatte nicht nur in Südchina gearbeitet, sondern auch in Nordchina. Aus seiner Feder stammt eine Reihe von Darstellungen von China, die im Missionskreis große Auswirkungen hatten.[159] In dem Artikel "Aus der chinesischen Gelehrtenwelt" gab Voskamp einen kurzen Überblick über die Gedanken und Tätigkeiten von Kang Youwei (1858-1927), der eine Reformbewegung in China im Jahre 1898 ins Leben rief und förderte. Bei dem Artikel "Die chinesischen Staatsexamina" wird das traditionelle Erziehungssystem und Prüfungssystem in China dargestellt. "Konfuzius und das heutige China" war ursprünglich ein Vortrag, gehalten in Qingdao im März 1900. Er bezieht sich im wesentlichen auf die Morallehre des Konfuzius und seinen Einfluß auf das Volksleben der Chinesen.

Eine zusammenfassende und umfangreichere Abhandlung Chinas ist jedoch die Schrift "Zerstörende und aufbauende Mächte in China", die die chinesische Geographie, Bevölkerung, Geschichte, Sprache, Literatur, Religion, Politik, Wirtschaft und Gesellschaft behandelt. Sie umfaßt 80 Seiten mit elf Abbildungen. In dieser Schrift beschrieb Voskamp zunächst die "Größe" und das "Alter" Chinas, seine Einwohnerzahl und "Abgeschlossenheit", seine Sprachen und seine Geschichte, dann: "Zerstörende Mächte": "Opium", "Spielsucht", "Grausamkeit", "Unwahrheit", "Ungerechtigkeit", "Vielweiberei", "Geheimbünde" und "Fung-syu-tshen" (Hong Xiuquan). Im dritten Teil der Schrift schilderte Voskamp: "Aufhaltende und aufbauende Mächte" in China, dabei die guten Traditionen, Sitten und Gebräuche im chinesischen Volksleben

---

[156] Hubrig 1880, S. 16f.
[157] Richter 1928, S. 331.
[158] Carl J. Voskamp, geb. am 18.9.1859 in Antwerpen in Belgien, hatte seine Bildung in der holländischen Gemeindeschule, der deutschen evangelisch-lutherischen Elementarschule, am Gymnasium und an der Universität erhalten. 1879 trat er in das Missionsseminar der Berliner Missionsgesellschaft ein und wurde am 14.10.1884 nach China abgeordnet. Er arbeitete zuerst in Guangzhou (1884-1889), Zengchengao (1889-1897) und wurde am 9.1.1887 ordiniert. Im Auftrag der Berliner Missionsgesellschaft kam er am 24.12.1898 nach Qingdao und arbeitete dort, später als Superintendent, bis zum Jahre 1925. 1924 bekam er den Titel des Dr. theol. h.c. 1925 trat er aus der BMG aus und wurde von der amerikanischen lutherischen Missionsgesellschaft übernommen. Am 20.9.1937 ist er in Qingdao gestorben. - Die biographischen Daten sind dem Archiv der Berliner Mission (Berlin) entnommen.
[159] Voskamp Aus der chinesischen Gelehrtenwelt, in: Die evangelischen Missionen 4, 1898, S. 88-91; ders., Die chinesischen Staatsexamina, in: Die evangelischen Missionen 4, 1898, S. 113-115; ders., Zerstörende und aufbauende Mächte in China, Berlin 1898, 2. Aufl., 1899; ders., Unter dem Banner des Drachen und im Zeichen des Kreuzes, Berlin 1898; ders., Konfuzius und das heutige China, in: Ostasiatische Rundschau, Heft 1, Shanghai 1900; ders., Aus der verbotenen Stadt, Berlin 1901; ders., Gestalten und Gewalten aus dem Reich der Mitte, Berlin 1906; ders., Das alte und das neue China, Berlin 1914.

sowie die christliche Mission und ihre positiven Auswirkungen auf China. Am Schluß der Schrift gab Voskamp noch "hoffnungsvolle Ausblicke" in die Zukunft Chinas. Diese Schrift ist im wesentlichen von dem Standpunkt der Mission aus geschrieben. Sie erhielt von dem Inspektor der Berliner Mission Sauberzweig-Schmidt eine Lobpreisung: "Die deutsche Literatur über China ist im Vergleich mit der großen Bedeutung des chinesischen Reiches ziemlich dürftig. Die bisherigen Veröffentlichungen sind teils veraltet und von einer besseren, genaueren Kenntnis überholt, teils enthalten sie so widersprechende Angaben, daß es dem Laien schwer ist, aus ihnen ein klares Bild über China und die Chinesen zu gewinnen. Das Buch des Missionars Voskamp bringt authentische Mitteilungen."[160]

Voskamps "Unter dem Banner des Drachen und im Zeichen des Kreuzes" umfaßt 176 Seiten und 13 Originalbilder. Es handelt sich vor allem um die chinesischen Religionen, Sitten und Gebräuche: Drachenglaube, Geomantie, "Ahnendienst", "Geisterdienst", "Götzendienst", verschiedene "Aberglauben", Konfuzianismus, Buddhismus und Daoismus. Auch das Problem des "Fremdenhasses" in China, die Kriege zwischen China und den westlichen Mächten, die Handelsbeziehungen zwischen China und den Ausländern, die christlichen Missionen und die Widerstände der chinesischen Bevölkerung gegen die christliche Mission wurden diskutiert. Der Missionsinspektor der Berliner Mission A. Merensky äußerte sich darüber: "Wir begrüßen das vorliegende Buch mit Freuden und empfehlen es aufs wärmste. Es ist geeignet wie kein anderes uns bekanntes Buch, der chinesischen Mission Freunde zu werben. Es bietet wenig erbauliche Geschichten alten Schlages, aber es führt uns in ergreifenden Bildern das Elend des heidnischen China vor die Augen und vor die Seele. In erschütternder Weise zeigt es den Jammer dieses Volks als eines, das keinen Trost kennt wider den Tod und keine Hoffnung für die Verstorbenen."[161]

"Aus der verbotenen Stadt" ist eine Zusammenstellung der Tagebuchblätter Voskamps. Sie umfaßt 80 Seiten mit sechs Illustrationen. Dabei bildet die Darstellung der Geschichte des Boxeraufstands und der Beziehungen der chinesischen Regierung zu den Boxern den wesentlichen Inhalt. Voskamp schilderte zunächst die Stadt Peking, das Leben in der Verbotenen Stadt, den Kaiser Guangxu und die Kaiserinwitwe (Cixi Taihou), dann die "Erwerbung" von Jiaozhou durch Deutschland und den Ausbruch der Boxerbewegung. Er diskutierte die Ursachen der Boxerbewegung und die Schuld der chinesischen Regierung an der Ermordung des deutschen Gesandten von Ketteler. Die "Intriguen in der Verbotenen Stadt" und das "dämonische Moment in der Boxerbewegung" wurden besonders negativ beschrieben. Auch diese Schrift wurde von der Missionsleitung gelobt. A. Merensky kommentierte: "Es wird der Vorhang hinweggezogen, der vor uns Europäern das Innere chinesischen

---

[160] Sauberzweig-Schmidt Bücheranzeige, in: EMM 44, 1900, S. 188. Siehe auch Warneck, Litteratur-Bericht, in: AMZ 25, 1898, S. 283.
[161] Berliner MB 1899, Januar, innere Rückseite.

Lebens und chinesischer Zustände verhüllte, und wir gewinnen mit Staunen einen Einblick in eine uns bis dahin fremde, verschlossene Welt. Dank seiner tiefgehenden Bekanntschaft mit der chinesischen Sprache und Litteratur konnte der Verfasser eben tiefer schauen, als Europäer das sonst vermögen, und wir irren gewiß nicht, wenn wir annehmen, daß seine chinesischen Freunde ihm dabei wertvolle Dienste geleistet haben. Seine Liebe zu dem chinesischen Volk hat ihm dabei das Verständnis erleichtert. Das Schriftchen wird bleibenden Wert behalten; dabei ist die Schilderung so spannend und fesselnd, daß man es kaum aus der Hand legen kann, ehe man es zu Ende gelesen hat. Ein Trauerspiel zieht an unserem Blick vorüber, das unsere Teilnahme um so mehr in Anspruch nimmt, als sein Abschluß noch in der Zukunft liegt."[162]

"Gestalten und Gewalten aus dem Reich der Mitte" ist eine Sammlung der Vorträge, die Voskamp in Deutschland gehalten hat. Sie enthält vier Kapitel. Das erste Kapitel handelt von der Geschichte der Einführung und Verbreitung des Buddhismus in China. Im zweiten Kapitel werden die Geschichte und der jetzige Zustand der Stadt Guangzhou beschrieben. Voskamp wünscht, "aus Gegenwart und Vergangenheit, aus eigenen Beobachtungen und Erlebnissen, aus Darstellungen chinesischer und europäischer Schriftsteller ein Bild zu zeichnen des Lebens und Charakters einer alten chinesischen Stadt in Kampf- und Friedenszeiten, ein Bild der alten chinesischen Stadt am Dschukiong, am Perlfluß, der Stadt Kanton".[163] Im dritten Kapitel wird die Geschichte der Taiping-Bewegung, insbesondere der Untergang der Taiping-Revolution im Jahr 1864, geschildert. Voskamp hatte 15jährige Forschungen zur Taiping-Bewegung betrieben. Er stützte sich nicht nur auf chinesische Schriftstücke, wie z. B. "Die Selbstbiographie des Chung Wang (Zhongwang, d.h. treuer König)", sondern ging auch in die Heimat des Hong Xiuquan, sowie in die versteckten Walddörfer des Hua-Kreises und suchte die alten Obristen und Hauptleute der Taiping auf und sammelte Materialien. Er bemühte sich, aufgrund von solchen originellen Quellen eine "wahre" Geschichte der Taiping-Bewegung darzustellen. Das vierte Kapitel dieser Sammlung von Vorträgen ist die Beschreibung vom Leben und Tod eines chinesischen Christen.

In der Schrift "Das alte und das neue China" führte Voskamp aus seinen langjährigen Erfahrungen und Studien eine Reihe von Einzelbildern vor, die die Umwandlung der chinesischen Gesellschaft und Kultur um die Jahrhundertwende widerspiegeln. Besonders wurden die geistigen Urheber der chinesischen Revolution mit Sympathie gewürdigt. Voskamp hat auch einige Schriften von Liang Qichao (1873-1929) ins Deutsche übersetzt. J. H. Vömel kommentierte: "Die einzelnen Gestalten treten unter der anschaulichen Darstellung, wie sie leider nicht jedem Missionsschriftsteller gegeben ist, in greifbarem Relief hervor. Und dabei wirkt die Stimmung, welche der Verfasser den Einzelbildern beizumischen versteht, sowie sein auf langjährige Erfahrung und innige

---

[162] Nach A. Merensky Missionsinspektor der Berliner Missionsgesellschaft.
[163] Voskamp 1906, S. 22.

Vertrautheit mit dem chinesischen Volkscharakter gegründetes Urteil wohltuend und anregend zugleich. Die Proben aus der Gedankenwelt des neuen China, welche er in Auszügen aus einer Schrift des auf chinesischen Studenten geradezu bezaubernd wirkenden Führers der Jung-Chinesen, Liang Ki tschau, darbietet, werden jedem willkommen sein, der Jung-China in seinem eigensten Denken über das alte und das neue China aufsuchen möchte. Wir können die Schrift als Quelle für Missionsvorträge oder Missionsstudienkreise, aber nicht weniger auch für private Belehrung über das chinesische Geistesleben aufs wärmste empfehlen."[164] Darüber hinaus gibt es noch einige Berichte späteren Datums von Voskamp.[165]

Wilhelm Leuschner[166] war "der Träger der Vorwärtsbewegung" der Berliner Mission im Norden der Provinz Guangdong. Aus seinen unmittelbaren Kontakten zur chinesischen Landbevölkerung entstanden eine Reihe von Aufsätzen und Schriften über das Alltagsleben der Chinesen.[167] Sie "lassen sich in den Kontext der Abfassung volkskundlicher Studien und von Sittenbildern chinesischen Alltags einordnen, die vielfach von Missionaren nach längeren Chinaaufenthalten verfaßt wurden"[168].

Am interessantesten ist Leuschners Schrift "Aus dem Leben und der Arbeit eines China-Missionars"[169]. Sie wurde nach dem Boxeraufstand in China geschrieben. Zu diesem Zeitpunkt war die Boxerbewegung in China zwar beendet und die Angriffe auf "Missionsfeinde" hatten abgenommen, aber – der Beobachtung Leuschners zufolge – hörten die Widerstände der Chinesen gegen die christlichen Missionen nicht so einfach auf. Neue Angriffe würden zu jeder Zeit wieder auftreten. Ein großer Teil der Feindschaft beruhe auf "Unkenntnis". So wollte Leuschner "in zwangloser Weise" die protestantische Missionstätigkeit in China schildern mit dem Ziel, für Verständnis und Unterstützung der Mission zu werben. "Die, welche die Missions-Arbeit in China kennen und

---

[164] Vömel Bücheranzeige, EMM, 1914.
[165] Voskamp Aus dem Belagerten Tsingtau. Tagebuchblätter, Berlin 1915; 1917; ders., Der chinesische Prediger, Berlin 1919; ders., Im Schatten des Todes, Berlin 1925.
[166] Wilhelm Leuschner, geb. am 17.8.1862 in Trebnitz in Schlesien, war nach der Ausbildung in einer Dorfschule zuerst als Krankenpfleger tätig. Am 1.9.1882 trat er in der Berliner Missionsgesellschaft ein und ließ sich 1883-1888 im Missionsseminar ausbilden. 1888 wurde er abgeordnet und nach China gesandt. Leuschner arbeitete bis zu seinem Tode 1922 in China. Er wurde am 1.3.1891 ordiniert und war seit 1909 Superintendent der Berliner Mission im Nordflußgebiet der Provinz Guangdong. Am 24.8.1922 ist er in Guangzhou gestorben. - Die biographischen Daten von Leuschner sind dem Archiv der Berliner Mission (Berlin) entnommen.
[167] Leuschner Der Opferkultus des chinesischen Kaisers, in: AMZ 28, 1901, S. 522-528; ders., Allerlei aus China, Berlin 1901, 3. Aufl., 1922; ders., Bilder des Todes und Bilder des Lebens aus China, Berlin 1901, 2. Aufl., 1914; ders., Die falschen Götzen macht zu Spott, Berlin 1909; 2. Aufl., ca.1920; ders., Die Frau des Chinesen, 2. Aufl., Schwerin 1911; ders., Keu-Loi. Ein Bild chinesischen Volks- und Familienlebens, Berlin 1935; ders., Chinesische Liebe oder der Kampf um eine Frau. Eine Novelle, Berlin o. J.; ders., Von den Ureinwohnern Chinas, Berlin o. J.
[168] Bräuner/Leutner 1990, S. 47.
[169] Leuschner Aus dem Leben und der Arbeit eines China-Missionars, Berlin o. J. Vorwort 1902.

lieben, werden sie beim Lesen dieser Zeilen noch lieber gewinnen. Die, welche keine klare Vorstellung von dem Thun und Treiben des Missionars haben, können sich Klarheit daraus verschaffen. Vor allem aber die, welche der Mission in China feindlich oder gleichgültig gegenüber stehen, wollen dies Schriftchen mit Bedacht lesen und erwägen. Vielleicht gelingt es, aus manchem Feind einen Freund und aus manchem Gleichgültigen einen Eiferer zu machen; das wäre ein herrlicher Lohn der kleinen Mühewaltung."[170] In dieser Schrift befinden sich zahlreiche Beschreibungen über die Sitten und Gebräuche der Chinesen sowie über die chinesische Religion, Erziehung und Medizin. Leuschner versuchte, "ein Bild der Wirklichkeit" zu bieten, und ein Büchlein in solcher Form war seinem Wissen nach noch nicht vorhanden.[171]

Wilhelm Rhein[172] schrieb eine kleine Schrift über die Frauen Chinas[173] und eine Biographie mit dem Titel: "Lebenslauf eines vornehmen Chinesen in Wort und Bild"[174]. Er schilderte das Leben eines in einer reichen Familie geborenen Chinesen, der durch Staatsexamina Beamter geworden war. Daneben stellte Rhein auch die Achtung der Chinesen für die männlichen Nachkommen, das chinesische Ausbildungssystem und die Staatsexamina, sowie das Mandarinat des Qing-Reiches dar.

Wilhelm Lutschewitz[175] arbeitete hauptsächlich in Qingdao in Nordchina. Über sein Arbeitsfeld Jimo (Tsimo), eine Kreisstadt im Hinterland von Qingdao, hatte er einige Mitteilungen geschrieben.[176] Neben der Beschreibung seiner missionarischen Tätigkeiten versuchte er auch einen kurzen Überblick über die Geschichte Jimos bis in die Gegenwart zu geben, wobei er die Reform-

---

[170] Leuschner Aus dem Leben und der Arbeit, Vorwort.
[171] Leuschner Aus dem Leben und der Arbeit, Vorwort.
[172] Wilhelm Rhein, geb. am 31.10.1864 in Drähna Kreis Luckau, war nach der Ausbildung in der Volksschule zuerst als Anstaltslehrer tätig. Am 1.10.1885 trat er in die Berliner Missionsgesellschaft ein und ließ sich von 1885 bis 1890 im Missionsseminar ausbilden. 1890 wurde er ordiniert und nach China ausgesandt. Er hatte in Guangzhou (1890-1897, 1906-1909) und Luokeng (1897-1900, 1902-1906) gearbeitet. 1909 kehrte er zurück in die Heimat und wurde später Pfarrer in Mühlwitz in Schlesien. Am 17.10.1941 ist er in Potsdam gestorben. - Die biographischen Daten sind dem Archiv der Berliner Mission (Berlin) entnommen.
[173] Rhein Die Frauen Chinas, Berlin 1902; 4. Aufl., 1912.
[174] Rhein Lebenslauf eines vornehmen Chinesen in Wort und Bild, Berlin o. J.
[175] Wilhelm Lutschewitz, geb. am 24.10.1872 in Stettin, war nach der Ausbildung in der Volksschule zuerst als Versicherungsbeamter tätig. Am 1.10.1893 trat er in die Berliner Missionsgesellschaft ein und ließ sich 1893-1898 im Missionsseminar ausbilden. 1898 wurde er nach China ausgesandt. 1898-1901 arbeitete er in Qingdao und wurde am 12.05.1901 ordiniert. Von 1901 bis 1910 war er in Jimo tätig. Nach einigen Jahren im Dienst der Heimatgemeinde kam er 1923 wieder nach China und arbeitete bis 1925 in Qingdao. 1925 war er aus der Rheinischen Missionsgesellschaft ausgeschieden und wurde 1925-1943 Pfarrer in Falkenburg in Pommern. Am 2.11.1945 starb er im Kloster Malchow in Mecklenburg. - Die biographischen Daten von Lutschewitz sind dem Archiv der Berliner Mission (Berlin) entnommen.
[176] Lutschewitz Aus der Missionsarbeit der Stadt Tsimo im Gebiet von Kiautschou, Berlin 1906 (Neue Missionsschriften, Nr. 82); ders., Aus Kiautschou, in: Berliner MB, 1903, S. 494; ders., Alte und neue Zeit in Tsimo, der Kreisstadt vom Hinterlande in Tsingtau. Mit Bildern und einer Kartenskizze, Berlin 1910.

bewegung und die dadurch bedingten gesamten Verhältnisse berücksichtigte. Im Vorwort des Buches "Alte und neue Zeit in Tsimo" schrieb Lutschewitz: "Es ist ein Bild en miniature, das als Beitrag zum Verständnis der zur Zeit das gesamte große, chinesische Reich bewegenden Kräfte dienen kann."[177] Seiner Ansicht nach sollte das Büchlein insbesondere vom evangelischen Missionswerk und namentlich der Berliner Mission in Jimo, von den Schwierigkeiten und den Erfolgen der Missionsarbeit Zeugnis ablegen.[178]

Lutschewitz hat auch in Deutschland einen Vortrag über die "Revolution und Mission in China" gehalten, der später als eine separate Schrift veröffentlicht wurde.[179] In dieser Schrift berichtete Lutschewitz über die Ursachen, die 1911 zur Revolution führten, und ihren bisherigen Verlauf und dann über ihren Einfluß auf die Lage der Mission und die möglichen Folgen für diese. Über die missionarische Arbeit in dem neuen China schrieb Lutschewitz später noch eine andere Schrift.[180]

Von größerer Bedeutung ist jedoch die Beschreibung der chinesischen Frauen durch Lutschewitz.[181] In "Frauenelend und Frauenhilfe in China" bzw. "Chinas Töchter" beschrieb Lutschewitz kurz das Leben der Frau, "wie es sich in China gestaltete". Der erste der zwei Teile handelte hauptsächlich von der Stellung der chinesischen Frau im Altertum, Geburtsbräuchen der Chinesen, Gründen für die Geringschätzung der Frau, von "Polygamie", Mädchenmord, -aussetzung und -verkauf, Füßebinden, Mädchen- und Frauenarbeit, Verlobung und Hochzeit, Ehenot und -reform, von Frauenkleidung, der Schwiegermutter, der rechtlosen Stellung der Frau, Selbstmorden, der Geschlechtertrennung, der Geburt eines Sohnes, der Göttin "Guanyin", von Krankheit und Tod, dem Götzendienst, geheimen Sekten usw. Im zweiten Teil wurde die Missionsarbeit in bezug auf chinesische Frauen behandelt. Dabei wird die Bedeutung des Evangeliums für die Höherstellung der Frau und der Wert der Arbeit von Missionsschwestern hervorgehoben. Einige Missionseinrichtungen für chinesische Frauen – Mädchenschulen, Kindergärten, Findelhäuser, Blindenheime, die Bibelfrauen, Pionierarbeit der Mission, die Liga gegen das Füßebinden, Damenklubs, Jungmädchenvereine - wurden hoch geschätzt. Auch die Schulreform in China sowie unfreundliche und feindliche Strömungen gegen Missionsschulen werden dargestellt.[182]

---

[177] Lutschewitz 1910, Vorwort.
[178] Lutschewitz 1910, Vorwort.
[179] Lutschewitz Revolution und Mission in China. Vortrag, Berlin 1912.
[180] Lutschewitz Das neue China und das Christentum, Berlin 1913
[181] Lutschewitz Frauenelend und Frauenhilfe in China, 2. Aufl., Berlin 1921; das Büchlein wurde später mit dem Titel "Chinas Töchter" wieder aufgelegt. Berlin 1926; 4. Aufl., Berlin 1929.
[182] Andere Missionare der Berliner Mission, wie Johann Adolph Kunze (1888-1922 in China) und Gottfried Endemann (1899-1912 in China), schrieben auch einige Berichte über das Land und die Einwohner Chinas. Kunze, Die Macht der Finsternis in China, Berlin 1906; ders., Liung Wong, der Drachenkönig, Berlin 1922; ders., Aus dem Leben eines chinesischen Helfers: Nach chinesischen Berichten bearbeitet, Berlin 1922 (Neue Missionsschriften, Neue Folge, Nr. 52); ders., Ein Chinese auf Evangelisationspfaden. Aus

4. Die Berichte von Missionaren des Allgemeinen Evangelisch-Protestantischen Missionsvereins

Die Chinamission des Allgemeinen Evangelisch-Protestantischen Missionsvereins im 19. Jahrhundert wurde hauptsächlich von Ernst Faber (von 1885 bis 1899) und Paul Kranz vertreten. Beide waren auch schreibfreudige Missionare, und eine große Anzahl von Chinaberichten stammte aus ihrer Feder.

Ernst Faber verließ im Jahr 1880 die Rheinische Mission, er widmete sich aber mit Unterstützung seiner Freunde in der Heimat weiterhin der missionsliterarischen Arbeit in China. Er beschäftigte sich hauptsächlich mit der Abfassung des Werks "Östliche und Westliche Zivilisation" in chinesischer Sprache. Dieses Werk in fünf Bänden erschien 1884 in Hongkong. Vorher wurde ein Teil des Inhalts über Armenpflege in der Zeitschrift "Allgemeine Missionszeitschrift" (1882) veröffentlicht. Darin wurde einiges aus dem chinesischen Volksleben mitgeteilt.[183] In der Zeitschrift "Allgemeine Missionszeitschrift" veröffentlichte Faber 1881 noch einen Aufsatz über den Philosophen Zhuangzi.[184] In diesem Aufsatz gab er einen Einblick in dessen Gedankenwelt. Er schilderte nach chinesischen Quellen Leben und Werk Zhuangzis und untersuchte seine Lehre eingehend. Nach Fabers Meinung gehörte Zhuangzi zur Schule des Daoismus, der dem Konfuzianismus entgegenstand. Zhuangzi könne als "Häretiker" gelten und biete selbst "eine scharfe Kritik des Confucianismus". Daran lasse sich vom evangelischen Standpunkt aus leicht anknüpfen.[185] Fabers Arbeit über Zhuangzi sollte damit auch der christlichen Mission in China dienen.

1885 trat Faber in den Dienst des Allgemeinen Evangelisch-Protestantischen Missionsvereins. Er fühlte sich verpflichtet, in der "Zeitschrift für Missionskunde und Religionswissenschaft", dem Organ des Allgemeinen Evangelisch-Protestantischen Missionsvereins, seine für die Heimat bestimmten

---

d. Chines. übers. Mit Vorw. von Missionsdir. Siegfried Knak, Berlin 1922. Endemann, "Ki-ma-tong", Berlin 1909; ders., Schak-gok. Aus Saat und Ernte der Mission in China (Stationsgeschichte), Berlin 1911; ders., Die Christen vom Büffelstein: ein Bild aus dem südchinesischen Missionsfelde, Berlin 1912 (Neue Missionsschriften, Neue Folge, Nr. 37); ders., Aus dem Leben eines chinesischen Mädchens, Berlin 1913 (Missionsschriften für Kinder, Neue Folge, Nr. 12); der., Durch Nacht zum Licht: Lebensschicksale eines bekehrten Chinesen, Berlin 1913 (Neue Missionsschriften, Neue Folge, Nr. 38); ders., Geschichte aus China, Berlin 1913. (Missionsschriften für Kinder, Neue Folge, Nr. 14); ders., Sagen und Märchen aus dem Reiche der Mitte, Berlin o. J. (Vorwort 1914).

[183] Faber Literarische Missionsarbeit in China, in: AMZ 9, 1882, S. 51-66.
[184] Faber Ein noch unbekannter Philosoph der Chinesen (Zeitgenosse des Aristoteles), in: AMZ 8, 1881, S. 3-18, 59-79.
[185] Faber Ein noch unbekannter Philosoph, 1881, S. 6f.

literarischen Arbeiten zu veröffentlichen. In dieser Zeitschrift erschien bald eine Reihe von Artikeln und Aufsätzen von Faber, die sich auf China bezogen.[186] Auch Fabers Quartals- und Jahresberichte (1886-1899) an den Allgemeinen Evangelisch-Protestantischen Missionsverein, in denen sich viele Beschreibungen der aktuellen Verhältnisse Chinas befanden, wurden hier veröffentlicht.

Wie andere Missionare verfolgte Faber auch aufmerksam das Problem der Frauen in China. Er schrieb deshalb den Artikel "Die Stellung der Frauen in China". Für Faber war folgende Frage bei der Untersuchung der Rolle der Frauen in China am wichtigsten: "Inwieweit sind wir berechtigt, für die offenbarte Religion, speziell das Christentum, die Ehre in Anspruch zu nehmen, die Frauen von ihrer heidnischen Erniedrigung zu einer ihrer Bestimmung entsprechenden Lage erhoben zu haben?"[187] Er untersuchte nach den alten chinesischen Klassikern, den Gesetzbüchern und der populären religiösen Literatur die Stellung der Frau in China und deckte "den großen Unterschied zwischen chinesischen und christlichen Begriffen, zwischen chinesischen und christlichen Leben hinsichtlich der Frauen" auf. Gleichzeitig korrigierte er in gewisser Weise auch gängige Vorstellungen in Europa.

Ebenfalls wurde die chinesische Geschichte von Faber berücksichtigt.[188] In der Schrift "China in historischer Beleuchtung" stellte Faber kurz und bündig die Geschichte Chinas dar. Sie enthält: 1) "Umfang des chinesischen Reiches"; 2) "Geschichte seiner Ausdehnung"; 3) "Produktion"; 4) "Staatsorganismus"; 5) "Selbstverwaltung"; 6) "Züge aus der chinesischen Kaisergeschichte"; 7) "Die kaiserlichen Frauen"; 8) "Kaiserliche Familienangelegenheiten"; 9) "Die Eunuchen"; 10) "Minister und Beamte"; 11) "Kulturgeschichte"; 12) "Literatur"; 13) "Taoismus"; 14) "Konfuzianismus"; 15) "Der Tempel des Konfuzius"; 16) "Buddhismus"; 17) "Dunkel der Nacht in der Gegenwart"; 18) "Sterne der Hoffnung"; 19) "Morgendämmerung"; 20) "Tagesanbruch und Schlußbetrachtung". Diese Schrift ist als Denkschrift zu Fabers 30jährigen

---

[186] Faber Der Drache in China, in: ZMR 1, 1886, S. 95-104; ders., Die Baukunst der Chinesen, in: ZMR 2, 1887, S. 232-235 (Dieser Artikel ist ein Abdruck aus dem in China erschienen "Ostasiatischen Lloyd"); ders., Zur Mythologie der Chinesen. Der Tierdienst in China, in: ZMR 3, 1888, S. 24-39; ders., Authentischer Sittenspiegel der Chinesen. Auszüge aus Pekinger Gazette, dem Amtsblatt der Kaiserl. chines. Regierung, in: ZMR 4, 1889, S. 9-17; 6, 1891, S. 32-38, 84-89; ders., Eine Encyklopädie des chinesischen Wissens, in: ZMR 5, 1890, S. 170-177; ders., Die Stellung der Frauen in China, in: ZMR 6, 1891, S. 89-101 (Dieser Artikel ist eine Übersetzung von F. Bahlow aus dem Englischen: "The Status of Women in China", Shanghai 1889; 2. Aufl., 1897); ders., Dr. Martins Charakteristik der chinesischen Zustände, in: ZMR 12, 1897, S. 129-143; ders., Dunkle Züge aus Chinas Geschichte, in: ZMR 17, 1902, S. 6-17 (Dieser Artikel ist von Paul Kranz nach einem Manuskript Ernst Fabers zusammengestellt); ders., Goldkörner aus dem Sande der chinesischen Geschichte, in: ZMR 17, 1902, S. 42-50 (Diese Artikel sind der Abdruck derselben, die im Sommer 1899 in der in Qingdao erscheinenden "Deutschasiatischen Warte" erschienen); ders., Die Notwendigkeit von Museen in China, in: ZMR 17, 1902, S. 80-83.
[187] Faber Die Stellung der Frauen 1891, S. 89f.
[188] Faber China in historischer Beleuchtung, Berlin 1895; erschienen 1900 in zweiter Auflage.

Dienstjubiläum als Missionar in China veröffentlicht worden. Hier enthüllte Faber insbesondere manche dunkle Seite der chinesischen Geschichte. Auch bei der Beschreibung der gegenwärtigen Verhältnisse waren seine Äußerungen deutlich kritischer als in der früheren Phase. Die Buchanzeige in der Zeitschrift "Evangelisches Missionsmagazin" behauptete: "Eine gründliche Studie über China, wie sie nur der bekannte Sinologe Faber hat liefern können. Man kann sich daraus besser über die chinesischen Verhältnisse orientieren, als aus manchem größeren Werk."[189] Sie wurde im Jahre 1897 von der Missionarin der China Inland-Mission E. Hunt ins Englische übersetzt und erschien unter dem Titel "China in the Light of History".[190]

Zu dieser Zeit schrieb Faber selbst auch einige Schriften in englischer Sprache.[191] "The famous Men of China" und "The famous Women of China" sind zwei separate Schriften Fabers, die aus Vorträgen entstanden. Der erste Vortrag wurde von Faber vor einer englischen Gesellschaft in Shanghai gehalten und als 19 Seiten umfassender Sonderdruck einer englischen Zeitung in China herausgegeben. Faber erklärte zuerst in der Einleitung den Begriff "berühmt" in bezug auf die chinesischen Männer, besprach dann in den folgenden Kapiteln die Verehrung, welche die hervorragendsten Männer in China fanden. Er beschrieb ausführlich das hohe Ansehen, welches Konfuzius und seine Schüler, Laozi, Shakyamuni und die 18 Luohan, zahlreiche Schriftsteller, Philosophen, Dichter, Wissenschaftler und Künstler, Staatsbeamte und Generäle, in China genossen, und die Verehrung solcher Menschen, die sich durch moralische Tugenden, durch Kindespietät, Freundschaft usw. auszeichneten. Diese Schrift ist zugleich "eine kurze zusammenfassende Darstellung der damaligen religiösen Kultur Chinas".[192] Die Schrift über die berühmten Frauen Chinas bietet auf 62 Seiten folgenden Inhalt: 1) "Frauen, welche durch kaiserliche Ehrung berühmt wurden"; 2) "Frauen, welche durch die Stimme des Volkes berühmt wurden"; 3) "Christliche Arbeit unter chinesischen Frauen". Diese Schrift ist im wesentlichen eine Ausarbeitung der chinesischen "Lienüzhuan" (Biographie der berühmten Frauen).

"The Botany of the Chinese Classics" ist der zweite Teil von Bretschneiders Werk über die Botanik Chinas[193], welcher die in den chinesischen Klassikern erwähnten Pflanzennamen behandelt. Bretschneider war Arzt bei der russischen Gesandtschaft in Peking gewesen und wurde dann

---

[189] Bücheranzeige, in: EMM 44, 1900, S. 528. Siehe auch AMZ 23, 1896, S. 94-96; Die evangelischen Missionen, 1896, S. 48
[190] Faber China in the Light of History. Translated from the German by E. M. H., in: The Chinese Recorder 27, 1896, S. 170-176, 232-242, 284-292, 336-342, 387-391, 546-550, 587-592; 28, 1897, S. 27-33, 67-71.
[191] Faber The Famous Men of China, Shanghai 1899; ders., The Famous Women, Shanghai 1889; ders., The Botany of the Chinese Classics, with Annotations, Appendix and Index, Shanghai 1892; ders., Chronological Handbook of the History of China, Shanghai 1902.
[192] W. Ackermann, in: ZMR 4, 1889, S. 215.
[193] E. Bretschneider Botanicon Sinicum. Notes on chinese botany from native and western sources. Part II.

Professor in Petersburg. Faber hatte den Druck des Werkes in Shanghai beaufsichtigt. Er bereicherte auch das Buch durch viele Anmerkungen, durch einen Anhang über chinesische Pflanzennamen, sowie durch zwei Register; eines über die in dem Werk vorkommenden chinesischen Namen, das andere über die darin erwähnten Pflanzengattungen. Faber hatte sich selbst schon lange Zeit mit Botanik beschäftigt. Er besaß ein Herbarium mit über 4000 chinesischen Pflanzen und entdeckte 120 neue Pflanzenarten in China. Zwanzig Spezies und ein Genus erhielten seinen Namen.[194]

Unter den englischen Aufsätzen Fabers ist zu nennen: "The Historical Characteristics of Taoism", veröffentlicht in "The China Review", 1884-84, S. 231-247. Dies ist der Form nach eine Buchbesprechung Henry Balfours, enthält aber etliche selbständige Urteile Fabers über den Daoismus. Weiter schrieb er: "Prehistoric China", veröffentlicht im "Journal of the China Branch of the Royal Asiatic Society", Volume XXIV Nr. 2, 1889-1890, herausgegeben in Shanghai im August 1890, und den auf der Religionskonferenz ("Religionsparlament") in Chicago im Jahre 1895 gehaltenen Vortrag: "Confucianism", der die Entstehung und Entwicklung des Konfuzianismus behandelte, und den im "China Mission Handbook" (Shanghai, Presbyterian Mission Press 1896) an erster Stelle veröffentlichten Aufsatz: "A Missionary view of Confucianism".

Wie Faber widmete sich auch Kranz intensiv der literarischen Arbeit und schrieb eine Reihe von Aufsätzen und Schriften über die chinesische Gesellschaft und Kultur.[195] Er versuchte, bei der Lektüre von Büchern über China "eine kleine Blütenlese von göttlichen Lichtstrahlen" zu sammeln. Kranz glaubte, daß solche "göttlichen Lichtstrahlen" sich in den bisher in China herrschenden Religionssystemen und deren Schriften in großer Menge fänden. Sie seien "Parallelen" und "Anknüpfungspunkte" für die christlichen Anschauungen.[196] Kranz' Sammlung mündet schließlich in seinem Artikel "Lichtstrahlen aus den in China herrschenden Religionsanschauungen", der ursprünglich ein Vortrag auf der 8. Jahresversammlung des Allgemeinen Evangelisch-Protestantischen Missionsvereins am 23. August 1892 zu Neustadt an der Halle war. Sie besteht einmal aus Aussprüchen, welche die Verehrung Shangdis durch die Kaiser und den Konfuzianismus ausdrücken. Diesem ersten Teil wurden einige Sätze von Mozi als Anhang beigefügt. Zum anderen besteht die Sammlung aus Aussprüchen, die dem Taoismus zugeordnet werden können. Drittens besteht sie aus solchen Sprüchen, die sich in Büchern über den Buddhismus finden.

---

[194] Dazu siehe ZMR 7, 1892, S. 184
[195] Kranz Lichtstrahlen aus den in China herrschenden Religionsanschauungen, in: ZMR 8, 1893, S. 10-20, 65-70; ders., Eine Missionsreise auf dem Yang tse kiang in China im Jahre 1894, Berlin 1894; ders., Die Welterlösungsreligion ist die Vollendung des Konfuzianismus. Deutsche Übersetzung eines chinesischen Traktats, Berlin o. J.; ders., Der Krieg in China und die Mission, in: ZMR 15, 1900, S. 241-246.
[196] Kranz Lichtstrahlen 1893, S. 10.

Um das Innere Chinas kennenzulernen, unternahm Kranz mit seiner Frau von 30. April bis zum 18. Mai 1894 eine Reise von Shanghai nach Chengqing (Chinking). Über diese Reise schrieb er einen Bericht: "Eine Missionsreise auf dem Yang tse kiang in China im Jahre 1894". Darin schilderte Kranz ausführlich seine Erlebnisse im Inneren Chinas. Besonders "die schreckliche geistige und materielle Not Chinas" wurde hervorgehoben.

Kranz hatte sich auch intensiv mit dem Konfuzianismus beschäftigt. Er war wie Faber und andere protestantische Missionare der Ansicht, daß man "dieses bloß moralische Lehrsystem" benutzen und mit dem Christentum überlagern solle. Es gebe viele Gemeinsamkeiten zwischen Konfuzianismus und Christentum, und die Mängel des Konfuzianismus könnten durch das Christentum ergänzt werden. Um die christliche Mission in China schnell voran zu treiben, befürwortete er "die Vollendung des Konfuzianismus durch das Christentum". Er veröffentlichte 1896 in der in China erschienenen Zeitschrift "A Review of the Times. Chinese Globe Magazine" einen in Chinesisch verfaßten Aufsatz "Jioushijiao chengquan rujiao shuo" (Die Welterlösungsreligion ist die Vollendung des Konfuzianismus), der 1899 in Form eines Traktats erschien und ins Deutsche übersetzt wurde. Darin diskutierte Kranz ausführlich die Wege zur Reform des Konfuzianismus und plädierte für eine Verschmelzung von Konfuzianismus und Christentum.[197]

Kranz war überzeugt, daß China das "Evangelium" brauche und das christliche Volk dazu verpflichtet sei, es ihm darzubieten. In seinem Artikel "Der Krieg in China und die Mission" diskutierte Kranz die Ursachen des Boxeraufstandes. Vom Standpunkt des christlichen Missionars und des deutschen Patrioten wies er entschieden die Einwände gegen die christliche Mission zurück und betonte mit aller Kraft die Notwendigkeit der Evangelisierung Chinas. Ferner schrieb Kranz einige Artikel, die sich auf die christliche Mission in China bezogen.[198]

---

[197] Dazu siehe Gu 1981, S. 193f.
[198] Kranz Das erste Kapitel der Erklärung des heiligen Ediktes von Kaiser Kang-hi, aus dem Chinesischen übersetzt, in: ZMR 10, 1895, S. 193-199; ders., Some of Prof. J. Legge's Criticism on Confucianism, in: The Chinese Recorder 27, 1896, S. 273-282, 341-345, 380-388, 440-445; ders., D. Ernst Faber als christlicher Apologet, in: ZMR 16, 1901, S. 161-173, 194-211, 225-242, 261-271; ders., D. E. Faber. Ein Wortführer christlichen Glaubens, Heidelberg 1901.

V. China im Spiegel der Berichte der deutschen protestantischen Missionare

In ihren Chinaberichten hatten die deutschen protestantischen Missionare mehr oder weniger die chinesische Geschichte, Sprache, Literatur, Philosophie, Religion, Erziehung, Medizin, Politik, Wirtschaft und Gesellschaft dargestellt und ihre Auffassungen und Meinungen dazu zum Ausdruck gebracht. Als eine spezielle Art der Wahrnehmung von einer bestimmten Gruppe Europäer über eine außereuropäische Kultur ist die Beschreibung Chinas durch die Missionare ebenso wie die der anderen zeitgenössischen westlichen Chinareisenden, die beruflich als Kaufleute, Diplomaten, Wissenschaftler etc. in China waren, "kulturell" produziert worden.[1] Sie bezog sich meist auf die konkreten Verhältnisse in Europa bzw. Deutschland. Der Modernisierungsprozeß, die Kolonialexpansion Europas und Deutschlands und die im 19. Jahrhundert in Europa bzw. Deutschland herrschenden sozialen und geistigen Strömungen, insbesondere der Fortschrittsgedanke, das Überlegenheitsgefühl der westlichen Kultur und des Christentums, prägten die Rezeption und Präsentation von China durch die Missionare, wenn auch sie gelegentlich kritische Einwände gegen die Politik der westlichen Mächte vorbrachten.

Die Beobachtungen und Beschreibungen der Missionare über China wurden auch von den Chinavorstellungen ihrer Zeit beeinflußt. Das Wissen, das die Missionare vor ihrer Reise nach China erhalten hatten, wirkte auf ihre Beobachtung und Beurteilung ein. Dabei spielten manche historisch entstandenen, traditionellen, positiven wie negativen "Stereotypen" über Land und Leute Chinas eine wichtige Rolle. Ebenfalls wirkte die spezielle China-Forschung in den westlichen Ländern, die sogenannte Sinologie, auf die Herausbildung des Chinabildes der Missionare ein. Die Missionare setzten sich immer mit der in ihrer Zeit in Europa gängigen Auffassungen und Meinungen über China auseinander. Entweder waren sie repräsentativ für diese, oder sie hinterfragten die gerade herrschenden Stereotypen.

Das Chinabild der Missionare war aber besonders durch ihr Berufsbewußtsein und in gewissem Maße auch durch ihre eigenen Erfahrungen in China bestimmt. Das Selbstbewußtsein als Träger der christlichen Botschaft war bei ihnen so stark, daß sie bei ihrer Beschreibung und Beurteilung der chinesischen Verhältnisse immer vom Standpunkt des Christentums ausgingen und das

---

[1] Osterhammel Distanzerfahrung 1989, S. 41. – Über die allgemeine Darstellung der Chinabilder der deutschen Chinareisenden im 19. Jahrhundert siehe Leutner/Yü-Dembski "Kraftäußerung und Ausbreitung im Raum" 1990, S. 27ff.; Bräuner/Leutner 1990, S. 41ff.; Jacobs 1995, S. 116ff.

Christentum als Maßstab benutzten. Gerade aufgrund des gleichen religiösen Bekenntnisses konnten die deutschen protestantischen Missionare die Argumentation der englischen und amerikanischen protestantischen Missionare übernehmen.² Die Beschreibung von China durch die Missionare setzte folgende Faktoren voraus: langjährige Aufenthalte im Inneren Chinas, unmittelbare Kontakte zur breiten chinesischen Bevölkerung, persönliche Erlebnisse mancher wichtigen politischen Ereignisse und sozialen Bewegungen sowie eigene Studien der chinesischen Literatur. In einigen Punkten weicht sie von der anderer zeitgenössischer westlichen Beobachter ab. Die Missionare versuchten so auch immer wieder, "Vorurteile" in den anderen Reiseberichten zu korrigieren.

Im großen und ganzen ist das Chinabild der deutschen protestantischen Missionare im 19. Jahrhundert einheitlich. Der gleiche Beruf, der gleiche religiöse Glaube, der gleiche westliche Kulturhintergrund und die gleiche Nationalität (abgesehen von einigen Ausnahmen) trugen zu einem relativ festen Gruppenbewußtsein und zur generellen Einheitlichkeit der Ansichten bei. Nur in einigen Punkten unterschieden sich die Auffassungen der Missionare aufgrund der individuellen Neigungen, der unterschiedlichen Bildung sowie des verschiedenen Zeitpunkts ihres Aufenthaltes und des Umfeldes in China. Teilweise existierten auch Widersprüche in den Aussagen einzelner Missionare.

Das Chinabild der Missionare trägt insgesamt eine negative Tendenz. China und die Chinesen wurden im wesentlichen als Objekt wahrgenommen und dargestellt. Die Sprache des "Christentums" und "Heidentums", des Hochmutes und der Verachtung gegenüber der im Verfall begriffenen chinesischen Gesellschaft und Kultur durchziehen die Mehrzahl der Chinaberichte der Missionare. Die westliche Kultur und das Christentum wurden als einziges Rettungsmittel für China betrachtet. Eine "legitimatorische Argumentation"³, die der Rechtfertigung der "Evangelisierung" bzw. "Christianisierung" Chinas diente, bleibt in den Beschreibungen der chinesischen Gesellschaft und Kultur fest. Aber die Behauptung, daß die protestantischen Missionare des 19. Jahrhunderts "ein Jahrhundert lang das dunkelste Chinabild der Geschichte" prägten⁴, ist zu undifferenziert. Wie manche westlichen China-Kenner hatten die Missionare auch "einen gewissen Respekt für die welthistorischen Leistungen der Chinesen"⁵. Sie erkannten einige gute Züge in der chinesischen Gesellschaft und Kultur, obwohl das Land und die Leute Chinas nicht als ebenso

---

[2] Natürlich war die Wahrnehmung Chinas durch englische und amerikanische Missionare keine monolithische Einheit. Es gab immer einige Missionare, die eine eigene Richtung vertraten. Sie gehörten aber nur zu den Ausnahmen.
[3] Leutner Deutsche Vorstellungen 1986, S. 407f.
[4] Machetzki Das Chinabild der Deutschen 1982, S. 9. – W. Franke konstatierte: "Die Schriften vieler Missionare aus dem 19. und auch noch aus dem 20. Jahrhundert zeichnen sich durch eine verständnislose, tendenziöse und gehässige Verurteilung der Chinesen und ihrer Kultur aus." Franke 1962, S. 68.
[5] Osterhammel China und die Weltgesellschaft 1989, S. 30.

gleichrangig und gleichwertig wie das christliche Land und Volk angesehen wurden.

Das Chinabild der Missionare erfuhr im Verlaufe des 19. Jahrhunderts auch eine Veränderung und Entwicklung. Erstens war die negative Bewertung der chinesischen Gesellschaft und Kultur immer stärker geworden. Dies hing mit der rasanter werdenden Modernisierung in den westlichen Ländern und der immer intensiveren Kolonialexpansion der imperialistischen Mächte eng zusammen. Hinsichtlich dieser Entwicklung in ihrer Heimat äußerten sich die meisten Missionare immer kritischer und aggressiver zu den unerfreulichen Verhältnissen in China.[6] Zweitens drang die Beschreibung Chinas durch die Missionare allmählich von der Oberflächlichkeit in die Tiefe. Das Wissen der Missionare nahm mit der Zeit zu und ihre Beschreibungen wurden konkreter und ausführlicher.[7] Drittens bewerteten einige Missionare unter dem Einfluß des Kulturrelativismus, der am Ende des 19. und Anfang des 20. Jahrhunderts vereinzelt auftauchte[8], sowie aufgrund ihrer langen Aufenthalte die chinesischen Verhältnisse mehr positiv. Dieses Denken widersprach dem allgemeinen Trend der ausschließlich negativen Bewertung der chinesischen Kultur und war nur wenigen Missionaren eigen. Um das Chinabild der Missionare darzustellen, muß man eine konkrete Untersuchung und Analyse vornehmen.

Im folgenden wird versucht, anhand der Chinaberichte der Missionare ihr Chinabild zu rekonstruieren und zu analysieren. Die Darstellungsweise wird hauptsächlich eine logisch-systematische sein. Der historisch-chronologische Aspekt wird so weit wie möglich einbezogen. Gegebenenfalls werden auch die soziale Herkunft der Missionare, ihr Bildungsniveau und ihr politisches Selbstverständnis mit berücksichtigt.

---

[6] Siehe die Analyse von Jacobs über das Chinabild in den deutschen Reiseberichten im 19. Jahrhundert. Jacobs 1995, S. 116, 191f.
[7] Dazu siehe Pfister 2000, S. 93ff. - Hier betonte Pfister am Beispiel der Arbeiten Fabers die Vertiefung der Erforschung von China durch die Missionare.
[8] Siehe Leutner Deutsche Vorstellungen 1986, S. 418f.; Jacobs 1995, S. 105f.

1. China: "Nacht des Heidentums" und das größte Missionsfeld der Welt

In den Augen der Missionare war China vor allem eine "heidnische Großmacht": "Eigentlich heidnische Großmächte giebt es jetzt nur zwei: Indien und China."[9] Oder "Das sogenannte himmlische Reich ist heute noch eine feste Zwingburg des Heidentums."[10] Und: "China erhebt sich wie eine Hochburg des Heidentums."[11]

"Heide" bzw. "Heidentum" sind eigentlich aus der Bibel stammende theologische Begriffe. Sie bezeichneten in der frühen Zeit "alle Menschen, die nicht die christliche Taufe empfingen und daher außerhalb der Kirche standen". Seit Beginn der Neuzeit sind sie nur noch für Bekenner nicht-monotheistischer Religionen gebräuchlich und werden nicht für Juden und Muslime angewandt. Ihre umgangssprachliche Bedeutung ist "niedrigstehend, roh" und impliziert "kulturell-religiöse Minderwertigkeit oder Verdorbenheit". Es ist "ein theologisches Glaubensurteil mit abwertendem Charakter", "eine Disqualifizierung und Verurteilung nicht-christlicher Religionen" und "eine Diskriminierung nicht-christlicher Völker und Kulturen"[12].

Die Bezeichnung Chinas durch die Missionare als "heidnisches" Land fand sowohl auf theologischer wie auch auf umgangssprachlicher Ebene statt. Damit wurde China nicht nur als ein nicht-christliches Land, sondern auch als "rückständig", "jämmerlich" und "miserabel" interpretiert. Die Missionare sprachen von der "Nacht des Heidentums"[13]. Es sei "der Zustand derer, die keinen Leitstern im Leben, keinen Trost und Halt im Leiden, und im Tode keine Hoffnung haben"[14]. Das chinesische Volk sei "versunken". "Sünden" und "Greuel" kämen in China "in Menge" vor.[15] Es fehle an der "Wahrheit", und "ein grundloses Verderben" verbreite sich durch die ganze Nation hin.[16] Maier konstatierte: "Und Not gibt es auch in China, viel Not!"[17] Und: "Nun, in der Heidenwelt liegen auch solche Verwundete am Wege, unter die Mörder Gefallene, vom Seelenmörder übel zugerichtet. Sie sind bedeckt mit tiefen, klaffenden Wunden, die zum Teil schon in Eiterung und Brand übergehen. Und

---

[9] Faber Ein noch unbekannter Philosoph 1881, S. 4.
[10] Schaub Die theologische Ausbildung 1898, S. 58.
[11] Voskamp Unter dem Banner des Drachen 1900, Einleitung.
[12] Collet 1995, S. 1255.
[13] Schultze 1890, S. 56. - Faber behauptete auch: "Das Heidentum ist trostlose Nacht." Faber China in historischer Beleuchtung 1895, S. 53.
[14] Schultze 1890, S. 56.
[15] Krone Was die Chinesen von Gott wußten 1855, S. 75f.
[16] Lechler 1861, S. 175.
[17] Maier Die Aufgabe eines Missionars 1905, S. 17.

die armen Leute werden verbluten und zugrunde gehen, wird ihnen nicht Hilfe gebracht. Allein in China liegen 400 Millionen dieser Unglücklichen hilflos an der Straße."[18]

Die Missionare verstanden Kultur gemeinhin "als etwas Geistiges". Dabei nahm die Sittlichkeit den höchsten Rang ein. Die Religion "als Quelle und Urgrund der Sittlichkeit" stellte wiederum "die Schlüsselstellung" dar. "Kulturverfall wurde als sittlicher Verfall, Sittenverfall wiederum als religiöses Problem gedeutet."[19] Die Missionare bemerkten, daß es in den religiösen und moralischen Vorstellungen der Chinesen so manches gebe, was sich der christlichen "Wahrheit" nähere, wenn auch dieselbe nur "wie ein verborgener Funke unter der Asche" glimme. Die Chinesen hätten "nie das Laster vergöttert, sondern dasselbe als mit der Religion unvereinbar, außerhalb des Bereichs ihrer Tempel und ihrer religiösen Verrichtungen gehalten".[20] Allerdings: "Der Chinese faßt überhaupt die Religion ganz oberflächlich auf. Sie ist ihm nicht Herzenssache, sondern einestheils Sache der Gewohnheit und anderntheils treibt ihn zu der Ausübung seines Gottesdienstes ein allgemeines dunkles Gefühl von der menschlichen Unzulänglichkeit, und das Bedürfniß, sich einer höheren übermenschlichen Macht anzuvertrauen."[21] Die Chinesen seien "überreligiös, denn der Glaube an die Wirkung des Uebernatürlichen aufs Natürliche, die Furcht vor der Geisterwelt durchdringt ihr ganzes Leben. Die Sache ist leider craß abergläubisch."[22] Das chinesische Volk sei "in allen seinen Lebensäußerungen vom Aberglauben der Wahrsagerei, der Zeichendeuterei, des Geisterfragens, der Geomantie u.a. durchdrungen"[23].

Die Missionare waren der Überzeugung, daß das chinesische "Heidentum das menschliche Herz weder befriedigen kann, noch es bewahren vor zeitlichem Vorkommen und viel weniger vor dem ewigen Verderben"[24]. Das schwerste "Elend", welches auf dem chinesischen Volk laste, sei die "tiefe, religiöse Verfinsterung". Ziegler stellte fest: "Ja, die Chinesen sind trotz ihrer vielgerühmten Intelligenz ein armes, durch den Aberglauben geknechtetes Volk, immerdar gejagt und gepeinigt von der Furcht vor Geistern und Teufeln, vor drohendem Unglück und Tod."[25] Die religiösen Kultformen der Chinesen seien bloß "Götzendienste". Faber schrieb: "Die Religion der Volksmasse in China besteht in ungeheuerlichem Götzendienst gepaart mit krassestem Aberglauben. Aus den Tausenden von Götzen, die angebetet und angeräuchert werden, seien nur erwähnt der Gott des Reichtums, der Herdgott, der Feldgott, der Flußgott, der Regengott (Drache), der Kriegsgott, der Medizingott, der Litteraturgott, die Himmelskönigin, die Göttin der Barmherzigkeit, die Göttin der Pocken, der

---

[18] Maier Die Aufgabe eines Missionars 1905, S. 24.
[19] Moritzen 1984, S. 58f.
[20] Lechler 1861, S. 175.
[21] Lechler 1861, S. 202.
[22] Faber China in seinen Beziehungen 1879, S. 116.
[23] Ziegler 1898, S. 17.
[24] Lechler 1861, S. 175.
[25] Ziegler 1898, S. 28.

Pest etc., der Gott der Unterwelt, des Donners etc. Tempel und Altäre giebt es unzählige in allen Teilen des Landes, Ahnenhallen selbst in dem kleinsten Dörfchen. Gräberkultus, Wahrsagerei und Zauberei werden allgemein betrieben. Furcht vor Geistern, vor bösen Vorbedeutungen, unglücklichen Orten und Tagen peinigen die Leute fast beständig. Man läßt sich's viel Geld und Mühe kosten, Unheil abzuwenden und Glück zu sichern."[26]

In Aberglauben und Götzendienst sahen die Missionare "die tiefere Ursache" der "Armut" und "Verwahrlosung" des chinesischen Volkes. Faber schrieb: "Sachlich trägt zur Armut der Chinesen bei die enorme Verschwendung für den Götzendienst. Die unzähligen Tempel in Städten, in allen Dörfern, auf Bergen und an den Flüssen, die Ausschmückung derselben und die vielen Opfer, täglich und an den Festtagen, die Klöster und Ahnenhallen. Ferner der Verbrauch an Räucherkerzen, Wachs- und Talglichtern, Papier und allerlei Sachen zu Brandopfern, selbst gute Seidenstoffe werden verbrannt, die Prozessionen und andere Schauspiele zu Ehren der Götzen und der Verstorbenen. Es werden dafür jährlich Milliarden Mark im chinesischen Reich einfach verwüstet. [...] Dazu kommen noch alle Vorkehrungen, böse Einflüsse der Natur durch die sogenannte Wind- und Wasserlehre abzuwenden, von der Pagode an bis zum gemeinsten Talisman und Amulet herab."[27] Viele "schöne und fruchtbare Ebenen" könnten "wegen etlicher vereinzelter Gräber oder um sonstigen Aberglaubens willen" nicht kultiviert werden.[28] Und der Aufwand der für den Götzendienst benutzten Materialien sei "ungeheuerlich". Kerzen, Räucherwerk, Papiersachen und Seidenstoffe, die beim Ahnen- und Götzendienst verbrannt würden, kosteten im Jahr viele Millionen Dollar. Viele Menschen würden "dadurch von nützlicher Arbeit abgehalten". Auch die Kosten für die Tempel dürften in die Milliarden gehen. Kurz gesagt: "Allgemeiner Götzendienst ist aber auch der wirtschaftliche Ruin eines Landes."[29]

Die Charakterisierung von China als ein "heidnisches" Land diente vor allem der Rechtfertigung der christlichen Mission in China. Krone wies darauf hin: "Der Chinese hat als Heide nicht die Kraft, die Versuchung zu überwinden, die Sünde zu beherrschen."[30] Gerade deswegen erschien China den Missionaren als ein großes "Missionsfeld". Faber war überzeugt: "Den Chinesen ist also das Evangelium sehr nötig. Deshalb gehen auch die Missionare hin es zu predigen."[31] Voskamp behauptete: "Das Evangelium muß hinein in das große, heidnische Land und Volk. [...] China wartet auf die große, befreiende Botschaft von dem liebenden, leidenden, verherrlichten Gottessohn, der auch für die Chinesen sein teures Blut vergossen hat, damit sie bekehrt werden von der

---

[26] Faber Theorie und Praxis 1899, S. 228f.
[27] Faber Literarische Missionsarbeit 1882, S. 57.
[28] Faber Literarische Missionsarbeit 1882, S. 59.
[29] Faber China in historischer Beleuchtung 1895, S. 55.
[30] Krone Was die Chinesen von Gott wußten 1855, S. 76.
[31] Faber Bilder aus China I 1893, S. 47.

Finsternis zum Licht, von der Gewalt des Satans zu Gott, und sie geheiligt werden ihm selbst, ein Volk zu seinem Eigentum."[32]

Freilich erkannten die Missionare an, daß China "schon seit Jahrtausenden als geordneter Staat bestanden"[33] habe und die Chinesen "höchst eingebildete, hochmüthige und selbstgerechte Leute"[34] seien. So seien "diese gelben Menschen" nicht in eine Reihe zu stellen mit Malayen, Regern und anderen ähnlichen Völkern. Man habe es bei den Chinesen vielmehr mit einem Volk zu tun, das "auf einer verhältnismäßig hohen Kulturstufe" stehe.[35] Auch im Vergleich mit anderen "heidnischen" Ländern, die ebenfalls eine alte Zivilisation besitzen, seien die Verhältnisse in China in vielerlei Hinsicht besser.[36] Krone argumentierte: "Aber dennoch ist es ein ungeheurer Unterschied zwischen einem Lande, wo Zucht, Sitte und Tugend in gesetzlicher Achtung und Ansehen steht, wo z. B. eheliche Unkeuschheit strenge bestraft und allgemein verachtet wird und einem Heidenlande wie Indien, wo in den Götzentempeln schamlose Bilder und nackte Frauenpersonen dem Eintretenden beggnen, wo man mit Unzucht, Raub und Mord seinem Gott zu dienen meint."[37] Grundlage war hier die Vorstellung, daß auch Heiden ein Wissen von der Wahrheit aus der natürlichen Religion besitzen könnten. Nach Faber gab es in dem Heidentum "vereinzelten Lichtstrahlen, die hie und da hindurchblitzen"[38]. Hier darf man jedoch nicht übersehen, daß die Missionare China nur mit den "primitiven" Völkern oder den anderen "heidnischen" Ländern verglichen. An eine Gleichrangigkeit und Gleichwertigkeit Chinas gegenüber den westlichen, "christlichen" Ländern wurde nicht gedacht.

Für die Missionare stand die Überlegenheit des Christentum gegenüber dem Heidentum außer Frage. Das Christentum sei die einzige "wahre Religion" und "die lebendige Quelle alles Heils"[39]. Es verlange Mission und die Mission solle den Anspruch des Christentums als "wahre Religion" verwirklichen.[40] Faber war überzeugt: "Das Christentum allein bietet die Fülle echten religiösen Lebens, das aus Gott kommt und mit Gott vereinigt. Jeder Christ, der Verständnis hat für die höchsten Güter, welche ihm anvertraut sind, wird es sich eine Herzensangelegenheit sein lassen, dieselben auch den vielen Millionen Chinesen zukommen zu lassen."[41] Für Schaub war Gott "die Lebenskraft spendende Wurzel" und die Menschen konnten "nur durch das Heil in Christo

---

[32] Voskamp Unter dem Banner des Drachen 1900, S. 120. – Oder: "Zerstörende Mächte arbeiten unausgesetzt an der gänzlichen Auflösung des Chinesenvolkes. China bedarf so sehr des Evangeliums, ohne welches jedes Volk stirbt und verdirbt." Voskamp 1899, S. 13.
[33] Lechler 1861, S. 174.
[34] Lechler 1861, S. 202.
[35] Maier Die Aufgaben eines Missionars 1905, S. 5f.
[36] Lechler 1861, S. 197-198.
[37] Krone Was die Chinesen von Gott wußten 1855, S. 76.
[38] Faber China in historischer Beleuchtung 1895, S. 53
[39] Ziegler 1898, S. 29.
[40] Siehe Moritzen 1984, S. 59.
[41] Faber Theorie und Praxis 1899, S. 229.

diese feste centrale Basis gewinnen"[42]. Ebenfalls betonte Voskamp: "Nur das Anbeten Gottes im Geist ist ein vernünftiger Gottesdienst. – Was für ein unaussprechlicher Jammer, welche unendlich traurige Not des Leibes und der Seele gilt doch aus dieser Gottesferne und Gottesfreunde des Heidentums!"[43]

Für die Missionare war die evangelische Mission die "Trägerin des wahrhaft human-internationalen Geistes des Christentums"[44]. Als Missionar in China zu arbeiten sei deshalb eine große Ehre. Lechler behauptete auf einer Vortragsversammlung: "Es ist deßhalb mein Ruhm und meine Freude, geehrte Versammlung! als Missionar unter Ihnen zu stehen, dem durch Gottes Gnade der hohe Beruf zu Theil geworden ist, das Licht der Wahrheit in die Finsterniß des chinesischen Heidentums hinauszutragen."[45] China zu evangelisieren und die Chinesen zum Christentum zu bekehren sei nicht nur notwendig, sondern eine Pflicht der Christen. Ziegler schrieb: "Ein tiefes Mitleid muß einen mit dem armen Volk ergreifen, wenn man sieht, wie es in seiner äußeren und inneren Not zu den löcherigen Brunnen geht, die doch kein Wasser geben, während sie Christentum, die lebendige Quelle alles Heils, nicht kennen. Möchten wir doch als Christen daran denken, daß unsere Väter auch Heiden gewesen sind, damit wir uns unseres Heiles dankbar freuen und fürbittend derer gedenken, die noch in Finsternis und Schatten des Todes sitzen, daß auch ihnen die Sonne der Gerechtigkeit in Jesu Christo aufgehe."[46]

Aber auch in den westlichen Ländern wurde die Missionstätigkeit nicht immer positiv gesehen. Im Gegenteil beurteilte die nicht-missionarische Öffentlichkeit die protestantische Mission meist negativ.[47] Auf diese kritischen Stimmen antworteten die Missionare mit starken Gegenargumenten. Gerichtet an Leute, die die Religionen der Chinesen priesen und sich gegen die christliche Mission wandten, äußerte Kranz: "Möchten noch diejenigen, welche die Religionen Chinas preisen, weil sie sie nur aus ihren schön eingebundenen Büchern kennen, einmal einige Monate oder Jahre im Innern einer stinkenden chinesischen Stadt im wirklichen Verkehr mit dem Volke selbst zubringen und die Früchte dieser Religionen im chinesischen Volksleben studieren! Sie würden nicht mehr von diesen 'glücklichen Heiden' reden, welche des Evangeliums nicht bedürftig seien."[48]

Maier betonte ebenfalls die Notwendigkeit der Mission unter den "Heiden". Er behauptete: "Und da gibt es noch Leute, die sagen, man solle die Heiden in Ruhe lassen, sie seien glücklich! Wie oberflächlich! Wer so redet, der verrät nicht nur völlige Unkenntnis heidnischer Zustände, sondern dem gebricht es auch an Verständnis und Kenntnis des Menschenherzens. Als ob nicht auch

---

[42] Schaub 1899, S. 316.
[43] Voskamp 1900, S. 16.
[44] Faber Mencius 1877, S. 24.
[45] Lechler 1861, S. 175.
[46] Ziegler 1898, S. 29.
[47] Dazu siehe Mende 1986, S. 383ff.
[48] Kranz Die Missionspflicht 1900, S. 10.

in der Brust des Heiden Haß, Neid, Rachsucht, Geiz, Leidenschaft, und wie die häßlichen Gesellen alle heißen, wohnen würden, und als ob es nicht auch in seinem Leben allerhand Schweres, viel schmerzliche Enttäuschungen, viele äußere und innere Not, viel ungestilltes Sehnen, viel unerfülltes Hoffen geben würde!"[49] Und "Angesichts dieser Tatsache ist es auch durchaus unverständlich, wie es wieder andere gibt, die immer wieder die Frage diskutieren, sei es in positivem, sei es in negativem Sinne: 'Ist es berechtigt, Mission zu treiben?' Wie kann ein Christ von der Berechtigung der Mission sprechen! [...] Wo Liebe Not sieht, da kann sie nicht anders, da muß sie helfend einschreiten."[50]

Um das Evangelium erfolgreicher in China verbreiten zu können, sahen die Missionare es als erforderlich an, die chinesische Gesellschaft und Kultur zu erforschen.[51] Dabei hatten die Jesuiten des 17. und 18. Jahrhunderts bereits bahnbrechende Vorarbeit geleistet. Die deutschen protestantischen Missionare erkannten einerseits die Leistungen der Jesuiten an. Sie kritisierten aber andererseits ihre Tolerierung des chinesischen "Heidentum[s]". Faber schrieb: "Die Jesuiten haben schon daran gearbeitet, aber haben einfach das formale Chinesentum zu recht bestehen lassen, nur einige unwesentliche Nebendinge geändert und deshalb eine Zeit lang große Erfolge erzielt. Das, worauf es eigentich ankam, das entgöttlichte Chinesentum wurde durch die Jesuiten nicht geistig überwunden, eher die Jesuiten durch das Chinesentum. Diese Aufgabe ist der evangelischen Mission noch vorbehalten, und auch bereits von verschiedenen Seiten her in Angriff genommen."[52] Anders als die Jesuiten wollten die deutschen protestantischen Missionare kompromißlos dem "entgöttlichte[n] Chinesentum" gegenüberstehen. Dieser Gedanke bestimmte in großem Maßstab ihre Wahrnehmung und Beschreibung von China.

---

[49] Maier Die Aufgabe eines Missionars 1905, S. 23f.
[50] Maier Die Aufgabe eines Missionars 1905, S. 24.
[51] Siehe Faber Literarische Missionsarbeit 1882, S. 49ff.
[52] Faber Ein noch unbekannter Philosoph 1881, S. 5.

2. Zur chinesischen Geschichte: glanzvolle Vergangenheit versus schlechte Gegenwart

China ist ein Land mit langer Geschichte. Die Nachricht vom hohen Alter des chinesischen Reiches hatte schon Gonzales de Mendoza übermittelt, die später in den Werken von Trigault und Semedo bestätigt wurde.[53] Die große Stabilität und Dauerhaftigkeit des "Reiches der Mitte", die geistigen Errungenschaften der Chinesen, die hohe Reife ihrer "Lebensfunktionen" und "Daseinsprägungen" wurden von den Jesuiten des 17. und 18. Jahrhunderts vielfach gepriesen.[54] Allerdings ist die chinesische Geschichtsschreibung nicht zu vergleichen mit der überlieferten Chronologie der Bibel. Die Anerkennung des hohen Alters der chinesischen Geschichte bedrohte die Autorität der Bibel. Daher verursachte sie in Europa eine heftige Debatte um das Problem der Zuverlässigkeit der chinesischen Geschichtsschreibung, die bis über die Mitte des 18. Jahrhunderts nachwirkte.[55] Mit dem "Paradigmenwechsel" der Wahrnehmung von China durch die Europäer veränderte sich auch ihre Konzeption zur chinesischen Geschichte. Der Fortschrittsgedanke, die Vorstellung von Freiheit, das Bewußtsein von der Überlegenheit der westlichen Kultur und der "weißen" Rasse führten zu einer Geringschätzung und Verachtung der chinesischen Geschichte und Kultur. Die von den Jesuiten gelobte Stabilität und Dauerhaftigkeit des chinesischen Staats wurden nun negativ beurteilt. Die chinesische Geschichte wurde als "Stagnation" charakterisiert. Man sprach von der "Geschichtslosigkeit" Chinas.[56]

Abneigung hemmte in stärkstem Maße die Erforschung der chinesischen Geschichte. Faber bedauerte in den 70er Jahren die mangelnde Forschung zur chinesischen Geschichte: "Leider wird chinesische Geschichte, abgesehen von den früheren Arbeiten der Jesuiten, jetzt nicht von westlichen Gelehrten cultivirt, trotz der groszen Wichtigkeit für tieferes Verständniss der chinesischen Literatur wie des gegenwärtigen socialen und politischen Lebens."[57] Die Missionare beschäftigten sich darum mit der chinesischen Geschichte und versuchten dem westlichen Publikum manche Informationen darüber zu vermitteln. Ihre Beurteilung war aber weiterhin geprägt durch die in Europa gängigen Stereotypen. Einerseits priesen die Missionare im Anschluß an die Arbeiten der Jesuiten-Missionare die glanzvolle Vergangenheit Chinas. Andererseits verurteilten sie die unerfreulichen Erscheinungen der Gegenwart. Wie viele Europäer ihrer

---

[53] Dazu siehe Bräuner 1987, S. 7ff.
[54] Siehe Kapitel II, Abschnitt 2.
[55] Siehe Bräuner 1987, S. 8ff.
[56] Siehe Kapitel II, Abschnitt 4.
[57] Faber 1873, S. 6f.

Zeit benutzten die Missionare die Begriffe von "Stagnation" und "Verfall" zur Kennzeichnung der chinesischen Geschichte.

Die Missionare gaben zu, daß China "der älteste Kulturstaat der Welt"[58] sei, und die Chinesen als "ein Kulturvolk [...] das respektable Alter von 4000 Jahren" erlangt hätten.[59] Sie bewunderten das hohe Alter und "die lange, glorreiche Vergangenheit" Chinas, aus der "eine früh erfundene Schriftsprache", "unermeßliche Literatur", "ein früh ausgebildetes Unterrichtswesen", "eine lange Reihe von hochberühmten Weisen, Staatsmännern, Gelehrten, Poeten, Rednern und Philosophen" erwachsen seien. Die Missionare sprachen von dem "großen, so hochbegabten Chinesenvolke", seiner "uralten Kultur", seiner "reichen Litteratur" und seiner "gerühmten Weltklugheit".[60] Hier schlossen die Missionare sich offensichtlich den Berichten der Jesuiten an. Krone erwähnte die älteste chinesische Chronik[61] und den europäischen Streit darum in den frühen Jahren. Wie die Jesuiten war er von der Zuverlässigkeit der chinesischen Geschichtsschreibung überzeugt. "Es sind viele Versuche gemacht, diese Berichte in Zweifel zu ziehen, aber sie mußten scheitern an den bestimmten, nüchternen, lückenlosen und übereinstimmenden Erzählungen der alten Chronisten."[62] Auch die These des jesuitischen Polyhistors Athanasius Kircher (1602-1680), daß die Chinesen von Nachkommen Noahs abstammen mußten[63], wurde von Krone aufgegriffen. "Vergleichen wir nun die chin. Chroniken mit den Nachrichten, wie sie uns die heil. Schrift giebt, so geht daraus hervor, daß kurz nach der Sündfluth ein Theil der Noah'schen Familie seinen Weg nach China genommen haben muß."[64]

Die positive Einschätzung des Alters der chinesischen Geschichte fand sich in allen Berichten der Missionare, die das Thema behandelten. Voskamp wies darauf hin, daß China "Jahrtausend lang infolge seiner thatsächlichen Überlegenheit und seines hohen Kulturstandes, den es unter allen den umgrenzenden Völkern besaß, die herrschende, gebietende Nation" gewesen sei.[65] Und: "Es hat wohleingerichtete Institutionen, alle Regierungsformen sind

---

[58] Faber China in historischer Beleuchtung 1895, S. 5.
[59] Lechler Die Chinesen in ihrem Verhältnis 1888, S. 110.
[60] Ziegler 1898, S. 28f.
[61] "Die ältesten Nachrichten über den chin. Religionscultus reichen bis zum Kaiser Schun 2250 v. Chr. Wir finden in seiner frühen Zeit in China ein geordnetes Reich, regiert durch einen Kaiser und 12 Gouverneure, mit Ministern, Edelleuten, Musikern, Astronomen." Krone Was die Chinesen von Gott wußten 1855, S. 67.
[62] Krone Was die Chinesen von Gott wußten 1855, S. 67.
[63] "In seinem *Oedipus Aegyptiacus* (1652/54) und in seinem Prachtwerk *China monumentis qua sacris qua profanis (...) illustrata* (1667) wollte er [Kircher] das neue Wissen noch einmal mit der biblischen Überlieferung in Einklang bringen. Er glaubte nachweisen zu können, daß Noahs dritter Sohn, Cham, mit seinem Stamm von Ägypten aus China besiedelt habe, und machte dies plausibel durch die von ihm behauptete Abstammung der chinesischen Schrift von den ägyptischen Hieroglyphen. Damit war die chinesische Geschichte angebunden an den Hauptstrang der jüdisch-christlichen Geschichte ..." Bräuner 1987, S. 9f.
[64] Krone Was die Chinesen von Gott wußten S. 67.
[65] Voskamp Unter dem Banner des Drachen 1900, S. 118.

durchgeprobt – selbst der Kommunismus unserer heutigen Socialdemokratie wurde eingeführt und endete mit einem völligen Bankerott!"[66] In bezug auf die Vergangenheit Deutschlands bezeigte Flad sogar seine Hochachtung vor der chinesischen Geschichte: "Tüchtige Kaiser und gute Staatseinrichtungen, blühende Felder und lachende Landschaften, die sich wie die hängenden Gärten der Semiramis ausnehmen, konnte man in China schon 2000 Jahre v. Chr., als in Deutschland noch weit und breit Urwald war und unsere Vorfahren auf Pfahlbauten oder in Höhlen ihr 'kaltes' Dasein fristeten, meist von der Jagd lebten und sich auf die Bärenhaut legten, wie die noch übrig gebliebenen Rothäute Nordamerikas bis auf den heutigen Tag. Und während die Cimbern und Teutonen, die Sueven und Rauraker, oder wie die Volksstämme der Germanen alle heißen, halbnackt und in Tierfelle gehüllt einhergingen, verfertigte man unter der 'himmlischen Dynastie' schon feine Seidenstoffe, in denen die vornehmen chinesischen Männlein und Fräulein gar selbstbewußt und graziös einherstolzierten, gerade so wie sie es heute noch treiben und üben."[67]

Wie die Jesuiten bewunderten die deutschen Missionare auch die Beständigkeit und Stabilität des alten chinesischen Staatswesens. Krone sprach von der "lange[n] ruhige[n] Dauer des Reiches".[68] China sei "ein wunderbares Land. Seine Grundsätze und Staatseinrichtungen sind heute im Wesen noch so, wie sie vor 4000 Jahren waren."[69] Für Lechler war "das alte China vollständig berechtigt [...], als ebenbürtig neben die Kulturvölker des Altertums gestellt zu werden. Ja, es übertrifft dieselben noch darin weit, daß es bis auf den heutigen Tag fortbesteht und auch einer Weiterentwicklung fähig ist, während jene längst vom Schauplatz der Geschichte verschwunden sind."[70]

Die lange Erhaltung der chinesischen Kultur wurde vor allem als "Leistung Gottes" verstanden. Faber schrieb: "Da fragt man wohl voll Verwunderung, wie ist das möglich, daß die Chinesen ihren Staat so durch ungefähr 4000 Jahre haben erhalten können, während alle anderen Staaten und Weltreiche schon nach kurzer Zeit wieder zerfielen; überhaupt nur sehr wenige derselben ein Alter von tausend Jahren erreicht haben. Die gelehrten Leute geben hierauf verschiedene Antworten. Die richtige ist, daß der Grund zu dem unveränderten Fortbestand Chinas in einer besonderen Leitung Gottes zu suchen ist. Gott muß dies Volk zu etwas Besonderem aufbehalten haben. Wozu, können wir eben so wenig wie andere beurteilen. Jedenfalls aber steht China noch unter göttlicher Geduld."[71] Solche Auffassungen spiegelten die religiöse Überzeugung der Missionare wider. Zur wissenschaftlichen Untersuchung trugen sie so gut wie nichts bei.

---

[66] Voskamp 1899, S. 12.
[67] Flad Chinesische Eigentümlichkeiten 1899, S. 235f.
[68] Krone Was die Chinesen von Gott wußten 1855, S. 76.
[69] Krone Was die Chinesen von Gott wußten 1855, S. 76.
[70] Lechler Die Chinesen in ihrem Verhältnis 1888, S. 113.
[71] Faber Bilder aus China II 1897, S: 4.

Einen anderen Faktor, der die Erhaltung des chinesischen Staats und seiner Kultur ermöglichte, sahen die Missionare in der chinesischen Sprache, insbesondere der Zeichenschrift. Sie wurde als "ein starkes Bindemittel [...], welches das große Reich mit zusammenhält", angesehen.[72] Faber war überzeugt, daß die chinesische Schriftsprache "ein hinreichendes Mittel der Gedankenkommunikation" sei und einen großen Beitrag zur Erhaltung des chinesischen Reiches geleistet habe. "Man konnte in verständlicher Weise mitteilen, was man wünschte, unabhängig von den gesprochenen Sprachen und Dialekten des chinesischen Reiches und der Nachbarländer."[73] Die Funktion der chinesischen Zeichenschrift bei der Erhaltung der politischen und kulturellen Einheit Chinas wurde bereits von den frühen Jesuiten bemerkt und diskutiert.[74] Die Analyse der deutschen protestantischen Missionare stellte eine Weiterentwicklung der Auffassung von Jesuiten dar. Auch in den heutigen Forschungen findet die Bedeutung der Zeichenschrift zur Erhaltung der politischen und kulturellen Einheit Chinas Beachtung. Die chinesische Zeichenschrift wird als "einer der wichtigsten Faktoren, der mitwirkte, die politische und kulturelle Einheit Chinas zu erhalten"[75], eingeschätzt. Allerdings ist die Frage nach den Gründen der Kontinuität der chinesischen Geschichte und Kultur ein sehr kompliziertes Forschungsthema. Es bedarf tiefgreifender wissenschaftlicher Beschäftigungen.[76]

---

[72] Lechler Die Chinesen in ihrem Verhältnis 1888, S. 111.
[73] Faber China in historischer Beleuchtung 1895, S. 36.
[74] Osterhammel China und die Weltgesellschaft 1989, S. 24.
[75] Franke 1974, S. 1185. – Wang Shuren konstatierte: "Die Tatsache, daß China als Einheitsstaat auf eine über 2000jährige Geschichte seit Beginn der Qin-Dynastie zurückblicken kann und daß das Land bis heute eine Einheit ist, hängt von mehreren historischen Faktoren ab. Die Schrift, ihre Verbreitung im ganzen Land und ihre einheitliche Schreibweise, ist einer der wichtigsten Faktoren. Unter Qin Shi-huang-di (regn. 221-210 v. Chr.) wurden mannigfaltige Dekrete erlassen, die zur Stabilisierung der Einheit des Landes beitrugen. Eine einheitliche Schrift war für die Herrschaft über das ganze Land, das viele Völker beherbergt, die unterschiedliche Dialekte sprechen, von überaus großer und tiefgreifender historischer Bedeutung. Auch für die Durchführung einer einheitlichen Kulturpolitik und der Förderung des kulturellen Austausches in verschiedenen Gegenden war eine einheitliche Schrift eine äußerst wichtige Voraussetzung. Ebenso stellte die einheitliche Schrift ein zwingend notwendiges Medium dar für die Durchsetzung von Gesetzen, wirtschaftlichen und militärischen Maßnahmen." Wang 1993, S. 31. – Helwig Schmidt-Glintzer ist der Meinung: "Neben vielem anderen war das wichtigste einheitsstiftende Element die chinesische Schrift, die zu einem Regionen übergreifenden Kommunikationsmittel wurde und überhaupt erst den Einheitsstaat und kulturelle Kontinuität ermöglichte. Mittelbar trug die Schrift und der durch sie begleitete und normierte Kult, insbesondere der Ahnenkult, dazu bei, eine innere Homogenität enstehen zu lassen. [...] Die einheitliche Schrift war nicht nur eine Voraussetzung für die Verwaltung des kulturell und auch von den Aussprachebesonderheiten her so vielfältigen Reiches, sondern mit der Schrift wurde überhaupt erst Traditionsbildung über längere Zeiträume möglich." Schmidt-Glintzer 1998, S. 80.
[76] Wang Shuren weist neben der chinesischen Zeichenschrift noch auf einige andere Punkte, die zu Kontinuität der chinesischen Geschichte und Kultur beitrugen: die Abgeschlossenheit Chinas von der Außenwelt, die kleinbäuerliche Produktion, das patriarchalische Sittensystem sowie das an Traditionen hängende Volksbewußtsein. Dazu siehe Wang 1993, S. 17ff.

Auch das sittliche Leben der Chinesen, nämlich die hohe Ehrfurcht zum Alter, wurde als ein wichtiger Faktor zur Erhaltung des chinesischen Volks angesehen. Lechler stellte fest: "Confuzius betrachtet die Pflicht der kindlichen Liebe und die Achtung, welche Jüngere den Aelteren schuldig sind, als die Grundlage, auf der ein Staat erbaut werden müsse, welcher Bestand haben solle. [...] Sowohl die patriarchalischen Einrichtungen, welche bei der sehr mangelhaften Verwaltung in den Riß treten müssen, damit Ordnung gehandhabt und Recht geschafft werde, als auch die Familienverhältnisse, welche in China besser geordnet sind, als in irgend einem andern heidnischen Lande, geben Zeugnis dafür, daß die Lehren des Konfuzius in dieser Hinsicht nicht zur leeren Phrase herabgesunken sind, sondern ein lebendiges Element in dem chinesischen Volksleben bilden."[77] Dieses Argument wurde von Genähr weiter entwickelt: "Man hat nicht mit Unrecht gesagt, daß die sogenannte kindliche Liebe, diese Schutzwehr der Familie, die Lebenskraft sei, die den chinesischen Koloß trotz seiner großen Verderbnis zusammengehalten hat. Die Ehrfurcht und der Gehorsam des Sohnes gegen den Vater geht auch auf die Obrigkeit des Dorfes über, und so durchdringt das Gefühl der Pietät die ganze Gesellschaft und hat zum Mittelpunkt und Gipfel den Thron des Kaisers. Dieser endlich bildet als Sohn des Himmels und der Erde das Verbindungsglied aller bürgerlichen Gewalt mit den übernatürlichen Mächten."[78]

Ferner wurde der Ahnenkult mit einbezogen. Nitschkowsky behauptete: "Ahnenkultus, in dem nach chinesischer Anschauung die höchste Tugend, die Kindlichkeit, zum Ausdruck kommt, ist das Band, welches nicht nur die gesamte lebende Generation dieses großen Volkes, sondern auch die Gesamtheit seiner Rasse, die bereits aus dieser Welt geschieden ist, als eine große Familie umschlingt. Nicht minder fühlt sich der Chinese mit den noch kommenden Geschlechtern, in denen er fortbestehen wird, lebhaft verbunden. Dieser Zusammenhang besteht für denselben nicht in nebelhaften Traditionen, sondern in einem lebendigen, wirklichen Kontakt. Von der Pflege der Kindlichkeit hängt das Gedeihen oder der Ruin aller socialen und politischen Verhältnisse ab."[79] Im chinesischen Volksleben spielte die Kindespietät tatsächlich eine wichtige Rolle. Wenn man sie aber als einen entscheidenden Faktor zur Stabilität des chinesischen Staats betont, ist diese Behauptung nicht problemlos.

---

[77] Lechler Die Chinesen in ihrem Verhältnis 1888, S. 115f. – Lechler hatte sich vorher schon ähnlich geäußert. Siehe Lechler Ein Bild aus dem chinesischen Volksleben 1874, S. 51f.

[78] Genähr China und die Chinesen 1901, S. 9f. – Genähr erkannte zwar die Funktion der Kindespietät zur Erhaltung des chinesischen Staats, nahm dazu aber eine kritische Stellung ein: "Jene patriarchalische Einrichtung aber, ein Erbteil besserer Zeiten, die in China fort und fort wohlthätige Wirkungen ausgeübt hat, ist im Laufe der Jahrhunderte zu einem schmachvollen Despotismus ausgeartet. Niemand darf dem Herrscher auf dem Drachenthron nahen, ohne neunmal mit der Stirn den Boden berührt zu haben." Genähr China und die Chinesen 1901, S. 10. – Genähr gehörte zu den Missionare der jüngeren Generation. Seine Äußerungen zur chinesischen Geschichte und Kultur sind insgesamt viel aggressiver als die der Missionare der ersten Generation.

[79] Nitschkowsky 1895, S. 289.

Der glanzvollen Vergangenheit standen jedoch sowohl die unangenehmen Erscheinungen der jüngsten Vergangenheit und der jeweiligen Gegenwart als auch die eigenen unangenehmen Erfahrungen und Erlebnisse der Missionare gegenüber. Um das Phänomen zu erläutern, verwandten die Missionare den Begriff der "Stagnation". Sie sprachen von der Stagnierung der chinesischen Kultur und dem "Verfall" Chinas in ihrer Zeit. Sie setzten auch diesen "Verfall" mit der historischen Entwicklung in Verbindung und versuchten aus der chinesischen Geschichte die Faktoren, die zum Niedergang Chinas geführt hatten, herauszufinden. Dabei knüpften sie eng an die Diskussion in Europa bzw. Deutschland an.

Lechler behauptete, die Institutionen Chinas seien "seit mehr als 25 Jahrhunderten existierend, und während dieser ganzen ungeheuren Zeit sich dem Grundsatze nach weder ändernd, noch wechselnd. Die Einwohner, bei aller ihrer Civilisation und ihrem frühen Fortschritt in Wissenschaft und Künsten, nie über einen gewissen niedrigen Punkt hinausgehend, so daß sie das einzige Beispiel in der Geschichte unseres Geschlechts von permanent stationärer Ausbildung bieten."[80] Oder "China hätte bei seinen schönen Anfängen in der Kultur und bei den präservierenden Elementen, die wir kennen gelernt haben, die beste Aussicht gehabt, eine hohe Stufe in der Zivilisation zu erreichen. Was finden wir aber, wenn wir nun an das gegenwärtige Geschlecht herantreten und die jetzigen Zustände in China näher ins Auge fassen? Zwar ist nicht der Untergang das Los der Chinesen geworden und wir lassen ihnen gerne ihren Ruhm eines hohen Alters; aber wir finden eine gewisse Verknöcherung bei ihnen, einen Stillstand auf halbem Wege und zugleich eine Unmacht, um selbst weiter zu kommen."[81]

Ähnliche Äußerungen finden sich ebenfalls bei anderen Missionaren. Faber schrieb: "Die chinesische Kultur übertraf noch vor 300 Jahren die aller Nachbarländer, ist aber schon seit Jahrhunderten stagnierend und verkommen nach manchen Seiten. Es ist ausgedehnter Ackerbau vorhanden, Industrien für alle Bedürfnisse des mittelalterlichen Lebens. Die Kunst zeigt schöne Anfänge, aber keine Vollendung. Gelehrsamkeit ist weitverbreitet, aber nur litterarisch, ja fast ausschließlich antiquarisch. Trotz der vielen und herrlichen Gelegenheiten hat sich nicht eine Wissenschaft selbständig zu einiger Höhe entwickelt. Es fehlt nicht an guter Beobachtungsgabe, doch blieb dieselbe auf einzelnes beschränkt."[82] Voskamp äußerte sich in bezug auf das Volksleben der Chinesen: "Und trotz aller seiner vieltausendjährigen Kultur ist das chinesische Volk ein armes, finsteres, den Dämonen und gröbstem Aberglauben verfallenes Volk. Es

---

[80] Lechler 1861, S. 3. - In bezug auf den wissenschaftlichen Bereich schrieb Lechler: "Schon vor 4000 Jahren verstanden sie [die Chinesen] astronomische Beobachtungen zu machen, die damals ganz richtig gewesen zu sein scheinen, und doch können sie jetzt nicht einmal ohne Hülfe der Europäer die Berechnungen machen, um ihren Kalender zu stande zu bringen, und sind ihnen dabei die katholischen Missionare behülflich gewesen." Lechler 1861, S. 120f.
[81] Lechler Die Chinesen in ihrem Verhältnis 1888, S. 116.
[82] Faber Theorie und Praxis 1899, S. 258.

hat den höchsten Grad der Entwicklung erreicht und dann ist es stehen geblieben. Man hat es mit Lots Weib verglichen. Rückwärts blickend in die Vergangenheit ist es versteinert. Alle gewaltigen Gaben und Kräfte, die Gott in dieses Volk gelegt, sind ausgewirkt, und doch hat es das Heil nicht gefunden."[83]

Mit der Behauptung der "Stagnation" Chinas bzw. der chinesischen Geschichte hatten die Missionare nicht etwas Neues gesagt; sie wiederholten nur die seit Herder in Deutschland herrschenden Vorurteile über China. Diese schlugen sich auch in den Reiseberichten der deutschen Kaufleute, Diplomaten, Forschungsreisenden, Korrespondenten und "Touristen" nieder.[84] "'Stagnation' war ein zivilisationshistorischer Begriff. Er sollte nicht aussagen, daß es einem stagnierenden Volk an einer Geschichte der Haupt- und Staatsaktionen mangele. Im Gegenteil, ein ständiger Wechsel des Herrschaftspersonals, eine Folge von 'Revolution': dies konnte durchaus mit Stagnation einhergehen. Von Stagnation war vielmehr dann die Rede, wenn Sitten und Gebräuche, Wissen und Gemütsbeschaffenheit, Regierungsart und Weisen des Lebensunterhalts über lange Zeiträume hinweg unverändert blieben, wenn das materielle Leben und die geistigen Fähigkeiten eines Volkes oder eines ganzen Kulturkreises gleichsam auf der Stelle traten."[85] Die Beurteilung der Stagnation Chinas bzw. seiner Geschichte zeigte die Unwissenheit der Europäer über die umfangreichen Inhalte der historischen Entwicklung Chinas und wurde von den Wissenschaftlern entschieden abgelehnt.[86]

---

[83] Voskampf 1899, S. 13.
[84] Siehe Leutner Deutsche Vorstellungen 1986, S. 401ff.; Leutner/Yü-Dembski "Kraftäußerung und Ausbreitung im Raum" 1990, S. 27ff.; Bräuner/Leutner 1990, S. 41ff.; Jacobs 1995, S. 116ff.
[85] Osterhammel Die Entzauberung Asiens 1998, S. 390.
[86] Osterhammel ist überzeugt, daß beim Blick auf die Geschichte Chinas spätestens seit der welthistorisch einzigartigen kommerziellen Revolution der Song-Zeit von "ewigem Stillstand" keine Rede sein könne. Osterhammel China und die Weltgesellschaft 1989, S. 132. – "Die Song-Zeit hatte die Fundamente gelegt: Vollendung des meritokratischen Beamtenstaates und des Prüfungssystems, Verdrängung der alten aristokratischen Familien durch eine neue Schicht von Beamten-Großgrundbesitzern, bedeutende Zunahme des Handels auf allen Stufen vom Dorfhandel bis zum überseeischen Warenverkehr und Entstehung einer großräumig operierenden Kaufmannschaft, Ausdehnung der Geldwirtschaft und Beschleunigung der Urbanisierung, besonders im Yangzi-Delta. Ein zweiter, weniger tiefgreifender Transformationsschub erfolgte dann in der zweiten Hälfte des 16. Jahrhunderts, in der späten Ming-Zeit. Er setzte Entwicklungen in Gang, die nach der krisenhaften Periode des Dynastiewechsels im ruhigeren 18. Jahrhundert zur Entfaltung gelangten: Herausbildung des Grundherren- und Pachtsystems und freier Kontraktverhältnisse auf dem Lande, Beseitigung der meisten außerökonomischen Abhängigkeiten in der Arbeitsverfassung, Belebung des Handelsverkehrs und bedeutende Zunahme privatwirtschaftlicher Aktivitäten." Osterhammel China und die Weltgesellschaft 1989, S. 67. – In der chinesischen marxistischen Geschichtsschreibung wird die Auffassung von der Geschichtslosigkeit Chinas oder seiner Stagnation ebenfalls abgelehnt. Das China vor dem Opiumkrieg entwickelte sich ebenso wie andere Länder in der Welt gesetzmäßig in Reihenfolge, Urgesellschaft, Sklavenhaltergesellschaft und feudale Gesellschaft, das waren die drei wesentlichen Gesellschaftsformationen vor dem Kapitalismus. Nach 1840 wurde China zu einer halbfeudalen und halbkolonialen Gesellschaft. Nur in der Periode des Feudalismus war das Entwicklungstempo Chinas im Vergleich zu dem der westlichen Länder relativ langsam. Chen 1992, S. 19f.

"Stagnation" ist an sich noch nichts Negatives. Damit könnte man einen Zustand neutral beschreiben.[87] Erst mit der immer schneller werdenden Modernisierung Europas erhielt sie eine negative Tönung. "Schärfer und schärfer polarisierten sich Gegensätze wie Lebendigkeit und tödliche Erstarrung, Kreativität und geistige Sterilität, improvement und Konservierung schlechter Traditionen. Im Lichte des neuen Entwicklungsdenkens war Stillstand durch nichts zu rechtfertigen, Stabilität zu einer Untugend geworden."[88] Die von Europa abweichende Entwicklung in China wurde mit Ablehnung betrachtet und kritisch beurteilt. Obwohl die "Großartigkeit und Kontinuität" der chinesischen Geschichte weiterhin betont wurde, wurde sie aber "im Gegensatz zur jüngsten chinesischen Vergangenheit und Gegenwart gesetzt"[89]. Die kritischen Äußerungen zur chinesischen Geschichte nahmen immer mehr zu. "Die einstmals hochstehende uralte chinesische Kultur und Gesellschaft wurde nicht allein als seit Jahrhunderten stagnierend, sondern auch als seit Jahrhunderten in fortschreitendem Verfall befindlich gesehen."[90]

Diese Gedankenströmung hatte großen Einfluß auf die Missionare ausgeübt. Schon im Jahre 1861 charakterisierte Lechler in Anlehnung an Wuttke[91] die chinesische Geschichte seit dem Ende der Tang-Dynastie als Periode des "innern und äußern Verfalls"[92]. Hubrig schrieb im Jahre 1880: "In China ist bekanntlich seit Jahrhunderten alles im Verfall begriffen, und dieser Verfall ist allem aufgeprägt, auch den Stützen dieses alten Culturstaats."[93] Kranz, der erst am Ende des 19. Jahrhunderts nach China gekommen war, sprach mit mehr Aggressivität von dem "gänzliche[n] innere[n] und äußere[n] Verfall dieses alten Kulturreiches [Chinas]" und hob dabei hervor: "die Abwesenheit aller moralischen Lebenskraft, der Mangel eines unbedingten Verantwortlichkeitsgefühls, krasser Egoismus, allgemeine Verlogenheit des Volkscharakters, Bestechlichkeit, Grausamkeit, Unsittlichkeit, Aberglaube, Götzendienst".[94]

Auch Faber, der in den 70er Jahren die chinesische Kultur noch sehr positiv bewertet hatte, nahm in den letzten Jahrzehnten des 19. Jahrhunderts eine aggressive Haltung gegenüber China ein. Er behauptete: "Das Rechtsleben ist verrottet und die Verwaltung auf allen Gebieten unzuverlässig. Die öffentlichen Ämter werden nur als Gelegenheiten betrachtet, den Inhaber zu bereichern, insoweit er die Ausnutzung derselben versteht."[95] Und: "Die Moralität steht tief,

---

[87] Jacobs 1995, S. 116.
[88] Osterhammel Die Entzauberung Asiens 1998, S. 392.
[89] Jacobs 1995, S. 195.
[90] Leutner Deutsche Vorstellungen 1986, S. 417.
[91] Adolf Wuttke, Geschichte des Heidentums in Beziehung auf Religion, Wissen, Kunst, Sittlichkeit und Staatsleben, 1. Teil, Die ersten Stufen der Geschichte der Menschheit, Entwicklungsgeschichte der wilden Völker, sowie der Hunnen, der Mongolen des Mittelalters, der Mexikaner und Peruaner, Breslau 1852; 2. Teil, Das Geistesleben der Chinesen, Japaner und Inder, Breslau 1853.
[92] Lechler 1861, S. 18.
[93] Hubrig 1880, S. 18.
[94] Kranz Die Missionspflicht 1900, S. 10.
[95] Faber Theorie und Praxis 1899, S. 227.

da den Männern volle sexuelle Freiheit erlaubt ist. Opiumgenuß, Spielsucht, Lug und Trug, obschon als Laster erkannt, gelten nicht als Schande. Die Erziehung besteht hauptsächlich in veralteter Buchgelehrsamkeit und Phrase, nicht in Anleitung zum Selbstdenken und Forschen. Höflichkeit ist allgemein verbreitet, doch sind Gemeinheit, Rachsucht, Grausamkeit, Hochmut und andere Laster zu oft dahinter versteckt. Reinheit des Herzens und Demut der Gesinnung gehören zu den größten Seltenheiten, man könnte zweifeln, ob sie überhaupt bei heidnischen Chinesen zu finden sind."[96] Faber bewertete nachdrücklich die Zeit der späteren Qing-Dynastie als "dunkle Nacht": "China liegt am Boden. Die Manschu sind verweichlicht, die Mandarine verrottet, die Gelehrten versteinert, die Soldaten feige, das Volk unwissend, der Pöbel versumpft und frech."[97]

Darüber hinaus hob Faber noch die "dunklen Seiten" in der Geschichte Chinas hervor und wies entschieden manche positiven Auffassungen über die chinesische Geschichte, die vor allem von den Jesuiten aufgestellt wurden und im 19. Jahrhundert in gewissem Maße noch Auswirkung hatten, zurück. Seiner Meinung nach war der Anfang der chinesischen Geschichte "in mythisches Dunkel" gehüllt. Die Darstellung, daß der chinesische Staat schon im Jahre 3000 v. Chr. gegründet wurde, sei "völlig unbegründet".[98] Die Behauptung über die heiße Liebe der Chinesen für den Frieden sei ganz falsch. Faber war überzeugt: "Die Thatsachen, welche aus der chinesischen Kaisergeschichte angeführt werden, zerstören den Nimbus gründlich, als ob die Chinesen ein friedliebendes Volk seien, und ihre Geschichte einen harmlosen Verlauf gehabt habe."[99] Auch die Annahme, daß die chinesischen Beamten meistens "ausgezeichnete Leute" und "gehorsame Diener" des Kaisers gewesen seien, könne nicht durch die Geschichte bewiesen werden. Im Gegenteil, es fehlte diesen Leuten fast durchweg an der Zuverlässigkeit und dem moralischen Charakter. "Wirklich tüchtige und zuverlässige höhere Beamte waren stets nur Ausnahmen, Bösewichter dagegen die Regel. Die große Mehrzahl hatte überhaupt keine Bedeutung, weder nach der guten noch nach der schlimmen Seite. Diese lebten, versahen ihre Geschäfte zur Zufriedenheit ihrer Oberen, gewöhnlich auch zur eigenen Befriedigung, sorgten für möglichst zahlreiche Nachkommenschaft und starben. Seither hindern sie das Land und den Fortschritt durch ihre Gräber."[100]

Die Missionare sahen die unerfreulichen Erscheinungen der Gegenwart als Folge der Geschichte an. Voskamp wies darauf hin, daß die chinesische Geschichte "ein langweiliges Verzeichnis von Teilungen und Unterabteilungen, von Dynastien und Vizekönigen, von Rebellen und Rebellionen" sei. So sei das gegenwärtige China "kein vereinigtes Kaiserreich von weltbeherrschender Größe", sondern "ein Gemengsel von halb unabhängigen Satrapien, ganz und

---

[96] Faber Theorie und Praxis 1899, S. 227.
[97] Faber China in historischer Beleuchtung 1895, S. 53.
[98] Faber China in historischer Beleuchtung 1895, S. 8.
[99] Faber China in historischer Beleuchtung 1895, S. 15.
[100] Faber China in historischer Beleuchtung 1895, S. 27f.

gar zerfressen von Unzufriedenheit und geheimen Gesellschaften". Die Folge: "Ein Krieg bricht aus, Schlachten werden geschlagen, Armeen besiegt, eine Kriegsflotte wird verjagt und in den Grund gebohrt, sowie Festungen werden gestürmt, ohne daß auch nur ein Funke von Patriotismus sich regt. Niemand kümmert sich darum, niemand empfindet deswegen Scham, viele wissen überhaupt nichts davon."[101] Voskamp wies noch auf den "Selbstdünkel" der Chinesen hin. Da China in der Vergangenheit gegenüber allen seinen Nachbarländern "eine Überlegenheit" und "einen hohen Kulturstand" demonstriert haben, und immer "die herrschende, gebietende Nation" gewesen sei, so verstanden die Chinesen sich als "die erste Nation der Welt" und "ein Bevorzugter des Himmels". Alle außerhalb der "Blume der Mitte" lebenden Ausländer würden dagegen als "Barbaren" angesehen. "Dieser Selbstdünkel, der so gedankenarm, so albern, so beharrlich ist, hat an dem Ruin der Nation mehr gearbeitet, als es verlorene Schlachten je vermocht hätten."[102]

Fast alle Missionare billigten der chinesischen Kultur keine modernen, zukunftsweisenden Entwicklungen zu, ließen sie als minderwertig gegenüber der kulturellen Entwicklung Europas in der Gegenwart erscheinen. Die Chinesen hätten "ein Wissen von Tugend, aber keine Kraft, sie zu üben, und indem ihnen der Maßstab für ein tugendhaftes Leben zum Voraus fehlt, sind sie in ihrem Wissen aufgeblasen, und lieben, ohne es zu fühlen, die Finsterniß mehr als das Licht"[103]. Faber behauptete: "Chinas Kultur erscheint alt und abgelebt, den ernsten und unabwendbaren Anforderungen des modernen Lebens nicht genügen zu können."[104] Maus war der Meinung: "Die Kultur der Chinesen ist eine sehr alte; es fehlt ihr aber die Weiterbildung."[105] Nach der Auffassung der Missionare konnten nur die mächtigen, dynastischen, westlichen Staaten China "aus seinem jahrhundertelangen Winterschlaf" wachrütteln. Die westliche Kultur, welche nach China vordrang, sei das "Licht der Morgendämmerung". Das Land werde beglückt vom christlichen Geist. Erst durch das Christentum könne China gerettet werden.[106] Demgemäß betonten die Missionare die Notwendigkeit der "Öffnung" und "Erschließung" Chinas durch westliche Mächte und ihrer missionarischen Tätigkeiten, hoben die Einführung der westlichen Kultur und Religion in China hervor.

Mit dem ständig zunehmenden Verkehr zwischen China und den westlichen Ländern traten eine "Selbststärkung Chinas" und Reformprojekte seitens der chinesischen Regierung auf den Plan. Die Reform- und Modernisierungsversuche in China wurden von den Missionaren beobachtet und als Zeichen des "Erwachens" Chinas positiv beschrieben. Lechler wies in den 70er Jahren darauf hin, daß China sich zwar nicht wie sein Nachbarland Japan entschließe,

---

[101] Voskamp Unter dem Banner des Drachen 1900, S. 117.
[102] Voskamp Unter dem Banner des Drachen 1900, S. 118.
[103] Lechler 1861, S. 201f.
[104] Faber China in historischer Beleuchtung 1895, S. 5.
[105] Maus Das Reich der Mitte 1901, S. 5.
[106] Faber China in historischer Beleuchtung 1895, S. 58.

"alle Fesseln der Tradition" abzuwerfen und eine grundlegende Reform auf den Gebieten der Politik, der Gesellschaft und wohl auch der Religion durchzuführen, doch es sei nicht "in völliger Versumpfung" unbeweglich. Erst die Erschütterung durch westliche Mächte, wie z.B. die Niederlagen Chinas in den Opiumkriegen, habe die Entwicklung Chinas gefördert.[107] Am Ende des 19. Jahrhunderts wurden die Veränderungen in China von den Missionaren deutlicher beobachtet. Genähr schrieb: "Die Zeiten sind für China unwiederbringlich dahin, wo es, von der Berührung mit anderen Völkern abgesondert, ein Leben für sich führte, und wo man sagen konnte: 'Die Geschichte Chinas bleibt neben der Weltgeschichte stehen.'"[108] Flad war der Ansicht: "Also konnte man vor hundert, ja noch vor fünfzig Jahren mit Fug und Recht über die 'Blumige Mitte' schreiben. Denn bis damals war thatsächlich 'der innere Kreislauf Chinas wie das Leben schlafender Wintertiere'. Aber am Ende des 19. Jahrhunderts wird wohl niemand, der die neueste Entwicklungsgeschichte des 'großen Ostens' einigermaßen kennt und zum Teil selbst miterlebt hat, also über die 'schwarzhaarige Nation' berichten."[109]

Diese Veränderung war in den Augen der Missionare im wesentlichen dem "Segen" der "Öffnung" Chinas durch die westlichen Mächte zu verdanken. Flad schrieb: "Denn in den letzten Jahren und Jahrzehnten ist selbst im unbeweglichen 'Reiche der Mitte' manches gar anders geworden. Neues Blut und neues Leben ist seit dem Frieden von Nanking im Jahre 1842 in diese ungezählten toten Massen gekommen, China wird mit aller Macht aus seinem Jahrhunderte langen Winterschlaf aufgerüttelt, es fängt an, sich die Augen zu reiben und auf seine Füße gestellt zu werden. Die politischen Großmächte, die sich vom Süden bis zum Norden der chinesischen Küste entlang niedergelassen und schon ganz wohnlich eingerichtet haben fast bis ins Herz Chinas hinein, rütteln die Chinesen mit immer rascherem Tempo auf aus ihrer bisherigen Letargie. Und wenn auch keineswegs alles, was sie den 'Chinesenmenschen' bringen, ein ungemischter Segen ist, so helfen sie doch bewußt und unbewußt mit, dem vierten Teil der Erdenbewohner, die sich bis dahin ganz ausschließlich als den Mittelpunkt der Erde betrachteten, den Horizont zu erweitern und in ihnen ein Verlangen und Tasten nach etwas Neuen wachzurufen."[110]

Die Behauptung von der "Stagnation" Chinas wurde aber von manchen Missionaren weiterhin aufrechterhalten. Voskamp schrieb am Ende des 19. Jahrhunderts noch: "Das Land ist voll von aufgeblasenen, unwissenden (so weit es die Gegenwart anbetrifft) Litteraten, die sich jeder neuen Idee mit dem Gedanken und dem Beispiel von Männern widersetzen, die vor 2-3000 Jahren gelebt haben. Von Fortschritt ist keine Rede. Das Angesicht des Volkes ist dem Altertum zugewandt."[111] Genähr sprach von den "trägen Massen des beinahe

---

[107] Lechler Ein Blick auf China 1874, S. 3.
[108] Genähr China und die Chinesen 1901, S. 4.
[109] Flad China einst und jetzt 1900, S.412. Siehe auch BRMG, Januar 1899, S. 9.
[110] Flad China einst und jetzt 1900, S.412. Siehe auch BRMG, Januar 1899, S. 9.
[111] Voskamp Unter dem Banner des Drachen 1900, S. 74.

zur Mumie erstarrten Chinas".[112] Maier stellte jedoch am Anfang des 20. Jahrhunderts eine andere These auf: "Obwohl wir uns also nicht verleiten lassen dürfen, die Chinesen auf Grund ihrer früheren kulturellen Höhe zu überschätzen, können wir anderseits doch auch die Ansicht derer nicht teilen, die behaupten, China sei eine Mumie, im Tode erstarrt, leblos. Nein, sondern China gleicht einem Patrizierhause, das seinen alten Glanz zwar verloren hat, dessen Bewohner sich aber bemühen, nach außen den Schein zu wahren und die Tradition des Hauses aufrecht zu erhalten, und in deren einzelnen Gliedern noch etwas von dem Geist und der Kraft der Vorfahren pulsiert, das die Grundlage zu einer Neubelebung des alten Geschlechtes bietet."[113] Maier lehnte die Behauptung von Stagnation ab. Er sah in der Entwicklung Chinas eine Bedrohung, die die westliche Zivilisation gefährden werde, und versuchte mit seiner These die Möglichkeit der "Gelben Gefahr" zu begründen.

3. Zur chinesischen Sprache: "Einzigartig" und "unvollkommen"

Sprache ist ein Ausdruck der Gedanken und des Geistes eines Volkes. Sie ist auch die Basis der missionarischen Tätigkeit. Um den Chinesen das Evangelium zu predigen und um in das "innerste Heiligthum des chinesischen Wesens", die chinesische Literatur, Religion, Philosophie und Geschichte einzudringen, mußten die Missionare die chinesische Sprache erlernen. Tatsächlich machten sich die meisten Missionare die chinesische Sprache zu eigen. Manche führten sogar eingehende Untersuchungen über Ursprung und Entwicklung, Struktur und Beschaffenheit der chinesischen Sprache bzw. der verschiedenen Dialekte in China durch und stellten einige Wörter- und Grammatikbücher zusammen. Anders als die Berichte von Kaufleuten, Diplomaten, Forschungsreisenden, Korrespondenten und "Touristen", die meistens kein Chinesisch konnten und selten die chinesische Sprache beschrieben[114], bildeten die Berichte über die chinesische Sprache einen der wichtigsten Inhalte der Missionsberichte.

Schon im 17. und 18. Jahrhundert hatte die chinesische Sprache bei einigen europäischen Gelehrten und Forschern Aufmerksamkeit und Forschungsinteresse erregt. Unter dem Einfluß der Berichte der Jesuiten entstanden die Theorie von einer "lingua universalis" und die Annahme, daß "die chinesische Sprache unter allen lebenden Sprachen die größten Gemeinsamkeiten mit der

---

[112] Genähr Die Wirren in China 1901, S. 13.
[113] Maier Die "gelbe Gefahr" 1905, S. 9-10.
[114] Siehe Jacobs 1995, S. 156.

'Ursprache' bewahrt habe".[115] Theologen, Orientalisten und Philosophen wie Andreas Müller (1630-1694), Christian Mentzel (1622-1701) und Leibniz beschäftigten sich intensiv mit der chinesischen Sprache. Die chinesische Schrift wurde als Modell eines universellen Verständigungsmittels nach dem Verlust der "Ursprache" hoch eingeschätzt.[116] Leibniz wollte sogar "in den sinnbildlichen Wortzeichen die Ideogramme einer der Wissenschaft dienenden Universalsprache erkennen"[117]. Freilich gab es auch Theologen, die die chinesische Schrift als "Bilderschrift" und "Werk des Teufels" brandmarkten.[118] Seit der Mitte des 18. Jahrhunderts nahm die negative Beurteilung der chinesischen Sprache allmählich eine dominante Stellung ein. Der spekulative Idealismus hatte sich, "wie der chinesischen Geschichte im Rahmen der Geschichtsphilosophie, auch der chinesischen Sprache als wehrlosen Opfers seiner gewaltsamen Spekulationen bemächtigt"[119]. Erst mit dem Auftreten der ersten Sinologen seit den 20er Jahren des 19. Jahrhunderts wurde in Europa eine feste wissenschaftliche Basis für die Beschäftigung mit der chinesischen Sprache geschaffen. Allerdings hatte sich der "geistige Imperialismus" hier auch ausgewirkt, so daß manche Sinologen die chinesische Sprache nicht etwa nach ihren eigenen Gesetzen analysierten, sondern sie nach dem Maßstab der lateinischen Grammatik beurteilten.[120]

Aufgrund ihrer Kenntnisse der chinesischen Sprache und ihres vieljährigen Lebens unter Chinesen konnten die Missionare detailliert die chinesische Sprache nach ihrem Ursprung, ihrer Entwicklung und ihrem gegenwärtigen Bestand beschreiben. Ihre Urteile konnten sich aber häufig nicht von gängigen europäischen Wahrnehmungsmustern und Maßstäben befreien.

Die Missionare bemerkten, daß die chinesische Sprache "die einzige Sprache in der Welt sei, welche Jahrtausende lang fortbestanden hat"[121], und deshalb "eine der ältesten Sprachen, unter den lebenden wohl die älteste" sei.[122] Andere alte Sprachen, die einst zugleich mit der chinesischen existierten, seien "entweder gänzlich verschwunden", "oder wenigstens, wie das Hebräische, Griechische und Lateinische, nur noch als todte Sprachen vorhanden"[123]. Die

---

[115] Bräuner 1987, S. 13. - "Ursprache" ist in Theorien des 17. Jahrhunderts eine Sprache, "die allen Menschen nach der Schöpfung einmal gemeinsam gewesen sein soll". Dazu siehe Bräuner 1987, S. 13.
[116] Bräuner 1987, S. 12f.
[117] Merkel 1942, S. 17.
[118] Der reformierte Theologieprofessor Elias Grebnitz aus Frankfurt an der Oder behauptete in seinem *Unterricht von der reformierten und lutherischen Kirche* (1678): "Und nach Gottes Wort, so fern es die Abbildung Gottes betrifft, kann nicht anders von der Chinäsischen Weise zu drucken und zu schreiben gehalten werden, als von der Mahler- und Bildschnitzer-Kunst: daß sie durch Gottes Verhängniß vom Teufel eingeführet, damit er die elende Leute in der Finsterniß der Abgötterey desto mehr verstrickt halte." Siehe Bräuner 1987, S. 15.
[119] Stange 1941, S. 50.
[120] Siehe Franke 1962, S. 122.
[121] Lechler 1861, S. 71.
[122] Faber Mencius 1877, S. 25.
[123] Lechler 1861, S. 71.

Missionare bemerkten auch, daß die chinesische Sprache aus der Schriftsprache und der Aussprache bestehe. Die Schriftsprache gehe aus einer Bilderschrift hervor und entwickele sich allmählich zu einem logographischen Wortschrift.[124] Die Aussprache umfasse zahlreiche Dialekte. Während die Zeichenschrift in allen Provinzen Chinas gleich sei, sei die gesprochene Sprache im ganzen Land sehr verschieden.[125] Hier wurden einige bedeutende Merkmale der chinesischen Sprache erkannt.

Die Missionare lehnten die Vorstellung ab, daß die chinesische Sprache "die Ursprache der Menschheit" darstelle und "sich die Chinesen schon vor der Babelkatastrophe vom allgemeinen Menschheitsstamm abgezweigt haben".[126] Nach der Auffassung von Schaub waren die gegenwärtigen Sprachen "wohl alle nur die abgelösten Glieder der alten Ursprache, von denen jedes Glied seine Vorzüge und Schönheiten hat neben seinen Mängeln"[127]. In bezug auf die Frage, ob die chinesische Schrift die "Erfindung des Teufels" sei, gab Schaub jedoch keine direkte Antwort. Er wies nur darauf hin, daß man bei der Erklärung der chinesischen Schriftzeichen keine voreiligen Schlüsse ziehen solle. Man solle sich auf das alte chinesische Wörterbuch "Shuowen jiezi" (Erklärung der einfachen Zeichen und Aufklärung über die komplizierten, 100 n. Chr.) stützen. Und: "Wenn wir aber auf die alten Formen zurückgehen, haben wir doch vielfach sicheren Grund, die alten Begriffsverbindungen herauszufinden."[128]

---

[124] Anhand der chinesischen lexikographischen Werke hatten einige Missionare die Entstehung und Entwicklung der chinesischen Schrift geschildert. Siehe Lechler 1861, S. 73ff.; Schaub Die chinesische Sprache 1898, S. 414ff.

[125] Voskamp stellte fest: "China bietet wie Europa das Bild eines Völkergemenges dar, das die verschiedensten Mundarten spricht. Es giebt eben in China viele Sprachen, die gesprochen und nicht geschrieben und eine einzige, die geschrieben und nicht gesprochen wird." Voskamp 1899, S. 8. – Maus konstatierte: "Während die Schriftsprache im ganzen Reiche gelesen und verstanden werden kann, doch so, daß jeder das Wortzeichen anders ausspricht (ähnlich wie ein Deutscher, Engländer, Franzose, Holländer die Zahl 1 bis 100 anders ausspricht), so hat die Volkssprache der einzelnen Stämme auch einen andern Satzbau und andere Ausdrücke neben der Verschiedenheit der Aussprache." Maus Das Reich der Mitte 1901, S. 3. – Genähr behauptete auch: "Während die Schriftsprache in allen Provinzen Chinas dieselbe ist, ist die gesprochene Sprache in den einzelnen Provinzen oft sehr verschieden, so daß z.B. ein ungebildeter Mann von Amoy sich schon in Futschau so wenig als in Canton verständlich machen kann." Genähr China und die Chinesen 1901, S. 14f.

[126] Gemeint hier die Auffassung von Viktor von Strauß. Dazu siehe Schaub Die chinesische Sprache 1898, S. 424.

[127] Schaub Die chinesische Sprache 1898, S. 424.

[128] Schaub Die chinesische Sprache 1898, S. 420. – Schaub erwähnte hier zwei unterschiedliche Urteile über die chinesische Sprache, die in Europa im 19. Jahrhundert nebeneinander bestanden: "Herr Prälat Kapff in Stuttgart sprach einmal mit mir über die Schwierigkeit der chinesischen Zeichenschrift und meinte, dieses komplizierte Schriftsystem müsse eine Erfindung des Teufels sein. Dagegen sagte Herr Pfarrer Staudt in Kornthal: das glaube er denn doch nicht; habe er doch einmal gehört, daß die Chinesen den Begriff Geduld [...] so in Zeichen geben, daß sie ein Herz unter ein Messer setzen. Das sei doch kein teuflischer Gedanke." Schaub Die chinesische Sprache 1898, S. 420.

Die Missionare erkannten die Funktion der chinesischen Schrift zur Erhaltung des chinesischen Staats an.[129] Sie bewunderten die große Anzahl der chinesischen Schriftzeichen. Schaub äußerte sich: "Die chinesische Schriftsprache ist unendlich reich. Die Chinesen haben die Jahrtausende hindurch über alles mögliche in seiner Formvollendung geschrieben."[130] Und: "Im Chinesischen haben wir eine reichhaltige, produktive Sprache. Hier sind Gefäße, die sich dazu eignen, den höchsten Inhalt des Geisteslebens aufzunehmen."[131] Auch die "schöne Schreibart" der chinesischen Schrift wurde vielfach gewürdigt. Die Missionare meinten, "daß die chinesische schöne Schreibart in schnellem Blitz mit einer Kraft und Schönheit auf den Geist herabschießt, deren eine alphabetische Sprache nicht fähig ist"[132]. Und: "Die ausdrucksvolle Natur der Schriftzeichen, wenn man mit ihren Bestandtheilen vertraut geworden ist, macht es dem Leser erscheinen, als gehe ein Satz im Augenblick vor seinem Auge vorüber, während die Energie und das Leben, welche aus der durch die Abwesenheit aller Biegungen und den sparsamen Gebrauch von Partikeln erreichbaren Kürze entstehen, dem Style eine unglaubliche Kraft verleihen."[133]

In den 70er Jahren hatte Faber den Wert der chinesischen Sprache für die wissenschaftliche Forschung hochgeschätzt. Er war überzeugt, daß das Chinesische zur Lösung von manchen Problemen in der Sprachforschung beitrage. "Dies schon deshalb, weil es eine der ältesten Sprachen, unter den lebenden wohl die älteste ist, da sie nach manchen Seiten im Urzustande stehen blieb."[134] Ebenfalls könne man anhand der chinesischen Schrift die alte Geschichte und Kultur erforschen.[135] Faber widmete sich selbst der Erforschung der chinesischen Zeichenschrift. Er gewann aus einer Zergliederung und Auflösung der gegenwärtigen chinesischen Schriftzeichen bis auf ihre ursprünglichen Elemente folgendes Resultat bezüglich des vorgeschichtlichen chinesischen Geisteslebens: "In den ursprünglichen Schriftzeichen haben wir Gemälde des chinesischen Lebens von ungefähr vier Jahrtausenden früher. Wir finden in ihnen die Linien eines Zustandes der Zivilisation, der höher ist, als was man gewöhnlich unter 'primitiv' versteht. Erfindung ist der charakteristische Zug der vorgeschichtlichen Periode chinesischer Zivilisation und ist beinahe darauf beschränkt. Regierungsgeschäfte, Zeremonien und Litteratur blühen unter der

---

[129] Dazu siehe Kapitel V., Abschnitt 2.
[130] Schaub Die chinesische Sprache 1898, S. 424. – Schaub rechnete: "Durch diese kombinierte Verwendung der ca. 300 Grundformen konnten nun bald eine Menge Zeichen geschaffen werden, so daß wir 200 v. Chr. schon 3300, anno 100 n. Chr. im Lexikon Schot wun 9353, 1150 n. Chr. 24 000, und zum Beginne der jetzigen Mandschurendynastie wurde ein Lexikon unter Kaiser Khanghi mit 44 500 Zeichen herausgegeben." Schaub Die chinesische Sprache 1898, 417f. - Hier müssen zwei Dinge richtiggestellt werden. Im Lexikon "Shuowen Jiezi" finden sich nicht 9353 sondern 10516 Zeichen und im Lexikon unter Kaiser Kangxi gibt es 44441 statt 44500 Zeichen.
[131] Schaub Die chinesische Sprache 1898, S. 424.
[132] Lechler 1861, S. 82.
[133] Lechler 1861, S. 82.
[134] Faber Mencius 1877, S. 25.
[135] Faber Mencius 1877, S. 26f.

Tscheu-Dynastie. Phraseologie ist der charakteristische Zug der modernen chinesischen Zivilisation."[136] Faber lobte zwar das hohe Alter der chinesischen Zivilisation, er hob aber schon hier den Gegensatz zwischen Vergangenheit und Gegenwart Chinas, nämlich den Gegensatz zwischen "Erfindung" und "Phraseologie", hervor. Die "Phraseologie" wurde als "das Grundübel der chinesischen Bildung" angesehen und aufs schärfste kritisiert.[137]

In den 70er Jahren betonte Faber noch die Bedeutung der chinesischen Schrift für den modernen Weltverkehr. Er war der Ansicht, daß "eine modificirte chinesische Schrift das geeignetste Medium für den Weltverkehr" werden könne.[138] "Wie die arabischen Zahlzeichen universell geworden sind grösstentheils dadurch, daß sie reine Bilder ohne lautliche Beziehung sind, so könnte eine modificirte chinesische Schrift das geeignetste Medium für den Weltverkehr werden. Man brauchte dafür nur etwa 1000 bis 2000 wohl gewählte Zeichen für eben so viel Begriffe (nicht Wortformen). Die Form des einzelnen Zeichens wäre so zu geben, dass der Begriff darin zu erkennen und doch das Schreiben leicht wäre."[139] Dieser Vorschlag erinnert an die Suche Leibniz' nach einer "ars characteristica universalis".[140] Zweifellos war diese Idee nur eine einzelne Erscheinung in den Chinaberichten der Missionare. Sie fand keine allgemeine Aufnahme unter den deutschen protestantischen Missionaren und wurde auch von Faber nicht weiter entwickelt.

Auf der anderen Seite kritisierten die Missionare die Auswirkung der chinesischen Sprache auf die Isolierung und Abgeschlossenheit der Chinesen gegenüber der äußeren Welt. Lechler behauptete: "Unstreitig hat die chinesische Sprache viel dazu beigetragen, um die breite Grenzscheide zwischen diesem Volke und anderen Zweigen des menschlichen Geschlechts so lange aufrecht zu erhalten; und wie der Ausländer unwillkürlich zurückschreckt vor dem kolossalen Gebäude dieser Sprache, und sich noch eher mit einer ganzen Anzahl west-asiatischer Sprachen befreunden zu können hofft, als mit dieser einen ost-asiatischen, so ist auch der Chinese bisher vollkommen überzeugt gewesen, daß diese seine Mauer; durch die er sich von den andern Weltvölkern isolirt hat, zu hoch sei, als daß der Verstand der Ausländer sie ersteigen, und zu lang, als daß er ihr Ende finden könnte."[141] Dieses Argument wurde später von Genähr wieder aufgegriffen: "Man schien den Chinesen recht zu geben, welche dafür hielten, daß diese [chinesische Sprache] ihre Mauer, durch die sie sich von den andern Weltvölkern isoliert haben, zu hoch sei, als daß der Verstand der Ausländer sie ersteigen, und zu lang, als daß er ihr Ende finden könnte."[142]

---

[136] Siehe Faber Prehistorc China 1890. Zitat nach Happel 1890, S. 247.
[137] Siehe Faber China in historischer Beleuchtung 1895, S. 52.
[138] Faber Mencius 1877, S. 27. Siehe auch Rennstich 1988, S. 210.
[139] Faber Mencius 1877, S. 27.
[140] Siehe Bäuner 1987, S. 20f.
[141] Lechler 1861, S. 71.
[142] Genähr Schwierigkeiten 1896, S. 152f.

Auch die "Armuth an Wörtern" in der chinesischen Sprache wurde von den Missionaren kritisiert, und die Tatsache, daß die chinesische Schrift nicht von der bildlichen zur alphabetischen entwickelt worden ist, wurde als "Unvollkommenheit" und "Stagnation" bezeichnet. Lechler schrieb: "Die seltsamste Erscheinung in der chinesischen Sprache ist ihre auffallende Armuth an Wörtern. Haben wir zuvor den Reichthum ihrer Schriftzeichen bewundert, so müssen wir die Chinesen dagegen bedauern, daß sie nicht auch eine größere Anzahl von Sylben erfunden haben, um jeden Gegenstand oder jeden verschiedenen Begriff auch mit einem eigenen Wort zu benennen. In logischer Hinsicht ist die chinesische Sprache sehr reich und ausgebildet; aber die Verleiblichungsformen des Gedankens bildeten sich mehr für den Gesichtssinn durch die Schrift, als für das Ohr durch Laute, deßhalb ist auch die Rednerkunst nie in China gepflegt worden, wohl aber die Kunst, in einem schönen Styl zu schreiben."[143] Die Missionare verurteilten, "daß die Chinesen ihr Schriftsystem nie gründlich durchdacht haben"[144]. Sie behaupteten, daß das Chinesische "in lautlicher Beziehung schwach entwickelt" sei.[145] Im Gegensatz zum Reichtum der Schriftzeichen stehe ihr Mangel an Wörtern. "Man erhielt dadurch eine übergroße, nicht mehr zu bewältigende Anzahl von Schriftzeichen, welche sich jährlich mehrt."[146]

Weiter beanstandeten die Missionare die "Phantasie" und die "Gesetzlosigkeit" bei der Zusammensetzung der chinesischen Schriftzeichen. Lechler schrieb: "Es ist klar, daß die Phantasie hier einen sehr freien Spielraum gehabt hat; wenn wir aber einerseits den Produkten derselben verdiente Achtung zollen und diese Gedankenverbindungen öfter sehr geistreich finden, so suchen wir doch vergeblich nach einem Gesetz, auf Grund dessen diese Zeichenbildung geschehen wäre. Es scheint oft, als ob der Zufall die Symbole also gruppirt hätte, und man könnte in den meisten Fällen aus ihrer Verbindung eine Menge anderer Begriffe ableiten, als gerade den, welchen das Schriftzeichen ausdrücken soll. Man würde sich sehr täuschen, wenn man meinte, die chinesischen Schriftzeichen seien so getreue Symbole der Dinge oder Begriffe, welche sie darstellen sollen, daß man dieselben durch den Anblick des Zeichens erkennen könnte."[147]

---

[143] Lechler 1861, S. 86.
[144] Faber China in historischer Beleuchtung 1895, S. 36. – Faber sagte weiterhin: "Die Buddhisten brachten Sanskrit und Pali und übersetzten, aber ohne ein Alphabet aufzustellen für Translitteration von Namen und Wörtern, aus ihren heiligen Schriften ins Chinesische. [...] Durch die Nestorianer war Syrisch, durch die Muhammedaner Arabisch, durch eine jüdische Kolonie Hebräisch nach China gedrungen, trotzdem blieb China bei seiner alten Schrift und behielt das Übergewicht bis zur Berührung mit den Westmächten." Faber China in historischer Beleuchtung 1895, S. 36f.
[145] Schaub Die chinesische Sprache 1898, S. 409.
[146] Faber China in historischer Beleuchtung 1895, S. 36.
[147] Lechler 1861, S. 75. – In Anlehnung an Lechler, aber aggressiver äußerte Genähr sich über die Bildung der chinesischen Schriftzeichen: "Die Phantasie hat hierbei natürlich einen sehr freien Spielraum gehabt. Wiewohl die betreffenden Gedankenverbindungen manchmal sehr geistreich erscheinen, so sucht man doch vergeblich nach einem Gesetz, auf das

Besonders wurde die Behinderung der Zeichenschrift bei der Entwicklung der Wissenschaft und bei dem "Fortschritt" des chinesischen Geistes kritisiert. Schon im Jahre 1877 behauptete Faber, daß die chinesische Schrift für Fachwissenschaften unbrauchbar sei.[148] Diese Kritik wurde in den späteren Jahren immer schärfer. So schrieb Faber in seiner Schrift "China in historischer Beleuchtung" (1895): "Von dieser Schrift wurde auch die Sprachentwicklung beeinflußt. Die Weiterbildung wurde gehemmt. Da jedes Sprachzeichen ein Wort darstellt, so wurden alle Wörter aus der ältesten Zeit fest gehalten, neue Begriffe aber dem ersten beigefügt, dann wurden Begriffe abgetrennt und durch andere Zeichen dargestellt. Es bildeten sich auch feststehende Redensarten, bildliche Ausdrücke, Synonyme in verschiedenen Teilen des weiten Sprachgebiets u. dgl. Die Schrift blieb aber fürs Auge geschrieben, nicht fürs Gehör berechnet. Das Phonetische blieb dem Figürlichen untergeordnet."[149] Faber verurteilte die Zeichenschrift als "ein Haupthindernis geistigen Fortschritts"[150]. Andere Missionare waren auch dieser Meinung. Voskamp behauptete: "Diese chinesischen Zeichen besitzen unleugbar eine Schönheit in sich, sie bieten auch eine große Verschiedenheit dar, sind aber nicht sehr geeignet, um neue Ideen auszudrücken."[151]

Hinter solchen negativen Bewertungen der chinesischen Sprache bzw. der Zeichenschrift verbarg sich das Bewußtsein von der Überlegenheit der westlichen Kultur. Sie waren aber keine typische Auffassung der Missionare, sondern korrespondierten mit der allgemeinen Meinung in Europa. W. von Humboldt urteilte beispielsweise, daß die chinesische Sprache "ein nicht gerade sehr gutes Werkzeug zum Denken" und "ein recht mangelhaftes Mittel zum Ausdruck von Gedanken" sei.[152] Wegen des Mangels an Zeit und Kenntnissen konnten die Missionare nicht die aus der chinesischen Schrift stammende Weisheit erkennen. Die mehrdimensionalen Kodierungseigenschaften der chinesischen Zeichenschrift, ihre einfache und klare Verständlichkeit, ihre Vorteile zur intellektuellen Entwicklung der Menschen und ihre zeitüberdauernde Les-

---

sich die Art der Zeichenbildung zurückführen läßt. Auch würde man sich sehr täuschen, wenn man meinte, die chinesischen Zeichen seien getreue Symbole (Sinnbilder) der durch sie dargestellten Begriffe, sodaß man ihren Sinn schon durch den bloßen Anblick erkennen müßte. Es scheint vielmehr oft, als ob der Zufall oder die reine Willkür bei der Zeichenbildung obgewaltet hätte. In den meisten Fällen könnte man aus ihrer Zusammensetzung das gerade Gegenteil von dem ableiten, was das Schriftzeichen ausdrücken soll. Wollte übrigens jemand die Schriftsprache bis ins einzelnste beherrschen, so müßte er sich die Kenntnis von 40000 verschiedenen Schrift-Wortzeichen aneignen." Genähr China und die Chinesen 1901, S. 14. – Genähr sah – wie die Gegner von Andreas Müller im 17. Jahrhundert – die chinesische Schrift sogar als "eine Bilderschrift" an, die ähnlich den Hieroglyphen Ägyptens sei. Siehe Genähr China und die Chinesen 1901, S. 14.

[148] Faber Mencius 1877, S. 27.
[149] Faber China in historischer Beleuchtung 1895, S. 36.
[150] Faber China in historischer Beleuchtung 1895, S. 37.
[151] Voskamp 1899, S. 8.
[152] Stange 1941, S. 51.

barkeit wurden erst in jüngster Zeit entdeckt. Es ist ein Resultat des Kulturaustausches und der Annäherung von östlicher und westlicher Kultur.[153]

Für die Missionare war es schwer zu erklären, warum die chinesische Schrift nicht zur alphabetischen Schrift entwickelt worden war. So konnte Faber nur feststellen: "Für die Staatszwecke Chinas, von der primitiven Zeit herunter bis zum Ende des vorigen Jahrhunderts, war diese Schrift ein hinreichendes Mittel der Gedankenkommunikation. Man konnte in verständlicher Weise mitteilen, was man wünschte, unabhängig von den gesprochenen Sprachen und Dialekten des chinesischen Reiches und der Nachbarländer. Dieses war jedenfalls der Grund, daß keine der alphabetischen Schriften, welche nach China kamen, daselbst Verbreitung fand."[154] Schaubs Auffassung dazu: "Daß die Chinesen dann nicht weiter gegangen sind und mit der Zeit eine rein phonetische Schrift, wie unsere Alphabetschrift geschaffen haben, hat vielleicht seinen Grund darin, daß sie allzu früh zu viel geschrieben haben und daß so ihre Sprache in den ersten Stadien der Entwicklung zu scharf fixiert worden ist."[155] Die Zeichenschrift soll sowohl naturgegeben als auch abhängig von der ursprünglichen Wahl des chinesischen Volkes sein. Doch diese Fragen des Sprachursprungs bedürften weiterer Forschung.[156]

Trotz der Kritik an der Schwäche der chinesischen Aussprache hielten die Missionare die Vorstellung, "die Armuth ihrer Sprache gibt den Chinesen den Anschein eines sehr ernsten und zurückhaltenden Volkes", für unbegründet. Im Gegenteil seien – ihrer Auffassung zufolge – die Chinesen "ein heiteres und gesprächiges Volk".[157] Die Missionare bemerkten, daß die Chinesen verschiedene Mittel erfunden hätten, "um der Armuth ihres Wortvorraths zu Hülfe zu kommen". Sie machten auf die verschiedene Betonung der Worte, die Verbindung von zwei gleichbedeutenden Wörtern und den Kontext aufmerksam und waren überzeugt, "daß die Chinesen auch deutlich sprechen können".[158] Dies war eine Korrektur der Vorurteile, die in Europa gängig waren. Sie beruhte auf dem Studium der chinesischen Sprache durch die Missionare und deren Erfahrungen in China.

---

[153] Dazu siehe Wang 1993, S. 30f.
[154] Faber China in historischer Beleuchtung 1895, S. 36.
[155] Schaub Die chinesische Sprache 1898, S. 418
[156] Wang 1993, S. 29.
[157] Lechler 1861, S. 87.
[158] Lechler 1861, S. 87f. - Dabei war Genähr gleicher Meinung: "Wollte man aber daraus den Schluß ziehen, es müßte in China die größte Sprachverwirrung herrschen, weil man ja bei der verschiedenartigsten Wortbedeutung nie wissen könne, ob von einem Mann oder einer Frau, von einem Fisch oder ein paar Hosen die Rede sei, so würde man sich doch gewaltig irren. Wohl giebt es für die gesprochene Sprache nur eine beschränkte Anzahl einsilbiger Laute, nämlich 450; doch erhalten diese durch den Unterschied der Betonung, eine verhältnismäßig große Mannigfaltigkeit. Die Unterscheidung und Aneignung dieser verschiedenen Wortbetonung, wodurch die Chinesen die auffallende Armut ihres Silbenvorrats ergänzen, ist allerdings für Ausländer nicht so leicht und erfordert musikalische Veranlagung oder wenigstens ein geübtes Gehör." Genähr, China und die Chinesen 1901, S. 16.

Für die Missionare war die Zeit, in der man das Erlernen der chinesischen Sprache für unmöglich hielt, schon vorbei.[159] Es gab immer mehr Leute, die in Europa wie in China "die Kenntnis der Sprache des Konfuzius" erworben hatten.[160] Trotzdem beklagten die Missionare weiterhin die Schwierigkeit beim Lernen des Chinesisches. Und die Hauptschwierigkeit sei gerade die verschiedene Betonung der Worte.[161] Auch die chinesischen Laute seien für manche Ausländer schwer zu beherrschen.[162] Darüber hinaus müsse man beim Erlernen der chinesischen Sprache nicht nur die Schriftsprache, sondern auch wenigstens einen Dialekt beherrschen.[163] "Es braucht viel Uebung, Eingehen in das Volksleben, in die Art und Weise des Fühlens und Denkens der Chinesen, um gut idiomatisch sprechen zu lernen, was übrigens für alle lebenden Sprachen gilt."[164]

Die Schwierigkeit des Erlernens der chinesischen Sprache wurde als eines der größten Hindernisse der Mission in China angesehen.[165] Einige Missionare bezweifelten sogar den Wert des Erlernens der chinesischen Sprache. Lechler fragte danach, "ob beim Eindringen europäischer Kultur in China den Chinesen noch so viel Zeit gelassen werden wird, fast das ganze Leben lang Zeichen zu studieren, welche doch nur ein Medium des Lernens und keine eigentliche Wissenschaft sind, oder ob sie, um sich die wesentlichen Objekte des Wissens anzueignen, sich von ihren Schriftzeichen emanzipieren werden."[166] In bezug auf die chinesische Übersetzung der Bibel gab es unter den Missionaren zwei unterschiedliche Meinungen. Manche Missionare betonten den Vorteil einer einheitlichen Schrift für die Verbreitung des Evangeliums in China. Da es nur eine Schrift in ganz China gebe, so brauche man nur eine Übersetzung der Bibel, "welche sofort im ganzen Reich gelesen und verstanden werden kann".[167] Andere Missionare meinten aber, daß die chinesische Schriftsprache "ein völliges, allgemeines Verständnis der heiligen Schrift eher hindert als fördert"[168]. Da die chinesische Schriftsprache nicht nur für Ausländer, sondern auch für Chinesen schwer zu lernen und zu verstehen sei, könnten zahlreiche Chinesen nicht die Bibel lesen und begreifen.[169] Faber propagierte,

---

[159] Lechler 1861, S. 71.
[160] Genähr Schwierigkeiten 1896, S. 152-153.
[161] Genähr Schwierigkeiten 1896, S. 152. - Schaub sagte deutlich: "Das erste, was es zu überwinden gilt, sind die Tonschwierigkeiten." Schaub Die chinesische Sprache 1898, S. 409.
[162] Schaub Die chinesische Sprache 1898, S. 411.
[163] Voskamp 1899, S. 11.
[164] Schaub Die chinesische Sprache 1898, S. 409.
[165] Das Erlernen der chinesischen Sprache "nimmt sehr viel Zeit in Anspruch und kostet ungeheure Mühe. Es sind auch schon Missionare an der Möglichkeit derselben Meister zu werden, verzweifelt, und haben sich ein anderes Arbeitsfeld aufgesucht. Bleibt einer gesund und ist fleißig an der Arbeit, so braucht er doch etwa vier Jahre, ehe er fließend reden kann; mit dem Studium der Schriftsprache kann man sich aber Zeitlebens befassen, ohne je ganz damit fertig zu werden." Lechler 1861, S. 198f.
[166] Lechler Die Chinesen in ihren Verhältnis 1888, S. 111f.
[167] Lechler 1861, S. 83.
[168] Voskamp 1899, S. 8.
[169] Voskamp 1899, S. 11.

daß man in der Missionsschule mehr Englisch unterrichten solle. Die englische Sprache solle allmählich die chinesische ersetzen und eine orientalische Sprache werden. Dies war eine reine Kolonialismustheorie, die auf die Vernichtung der nationalen Kultur zielte.[170] Er widersprach damit seiner eigenen Einstellung zur chinesischen Sprache aus früheren Jahren.

4. Zur chinesischen Literatur: Eindringen in den "Gedanken des Chinesentums"

Wie die chinesische Sprache hat die Literatur der Chinesen auch eine lange Geschichte.[171] Die erste Berührung der Europäer mit der chinesischen Literatur war ebenfalls mit der Missionstätigkeit der Jesuiten verbunden. Durch die Bemühungen der Jesuiten wurden etliche chinesische Klassiker, vor allem die kanonisierten klassischen "Vier Bücher" und "Fünf Werke"[172], ins Lateinische und andere europäische Sprachen übersetzt. In den Chinaberichten der Jesuiten finden sich auch eine Menge Informationen über die chinesische Literatur. Manche wissenschaftlichen Forschungsarbeiten erschienen mit der Entstehung der Sinologie in Europa seit den 20er Jahren des 19. Jahrhunderts.[173] Allerdings blieb die Beschäftigung mit der chinesischen Literatur nur auf einen verhältnismäßig kleinen Interessentenkreis beschränkt. Die große Mehrheit der europäischen Bildungsschicht verfügte nur über geringe Kenntnisse davon. Der Mangel an Sprachkenntnissen und die Überheblichkeit und Verachtung der Europäer gegenüber der chinesischen Kultur im Zeitalter der europäischen Kolonialexpansion waren die Haupthindernisse.[174]

---

[170] Dazu siehe Gu 1981, S. 241.
[171] Nach der Beobachtung Fabers war die chinesische Literatur "eine der ältesten und eine der reichhaltigsten aller Völker (unsere moderne Massenproduction natürlich ausgenommen)". Faber Mencius 1877, S. 27.
[172] In den Chinaberichten der Missionare ist die Übersetzung des Titels von "Vier Bücher" und "Fünf Werken" sehr unterschiedlich. Heutzutage werden "Vier Bücher" gewöhnlich übersetzt als "Große Lehre" (Daxue), "Anwendung der Mitte" (Zhongyong), "Gespräche" (Lunyu) und "Menzius"; "Fünf Werke": "Buch der Wandlungen" (Yijing), "Buch der Lieder" (Shijing), "Buch der Schriften" (Shujing), "Buch der Riten" (Liji), "Frühlings- und Herbstannalen" (Chunqiu).
[173] Siehe Faber Mencius 1877, S. 27.
[174] Mit einem Zitat aus dem "Meyers Conversations-Lexikon" beklagte sich Faber in den 70er Jahren über die Verachtung der Europäer gegenüber der chinesischen Literatur: "Unsere Kenntnisse der chinesischen Literatur befinden sich noch immer in den Anfängen. Unsere Kultur beruht auf griechisch-römischen und hebräischen Grundlagen, die Inder und Perser sind uns stammverwandt; mit den Arabern sind wir im Mittelalter in einen geistigen Austausch getreten, dessen Folgen bis auf den heutigen Tag fortdauern; dagegen standen Kunst und Wissen der Chinesen in ihrem Ursprung und bis auf die neueste Zeit auch in ihrer Entwicklung der europäischen Geistesbildung ganz fremd gegenüber, was Wunder also, dass der Kreis ihrer Verehrer ein engerer ist?" Faber Mencius 1877, S. 32. – Nach der

Um die Geisteswelt der Chinesen, "den Gedanken des Chinesentums", besser zu verstehen und damit erfolgreicher missionarische Arbeit zu betreiben, befaßten sich nicht wenige Missionare intensiv mit der chinesischen Literatur. Anders als die westlichen Kaufleute, Diplomaten, Forschungsreisenden, Korrespondenten und "Touristen", die der chinesischen Literatur meist eine geringe Bedeutung beimaßen[175], brachten die Missionare aus dem Missionsmotiv heraus der chinesischen Literatur ein großes Interesse entgegen. Sie plädierten für "ein tieferes Eindringen" in die chinesische Literatur, insbesondere in die chinesischen Klassiker. Durch ihre Bestrebungen machten sich die Missionare in gewissem Maße mit der chinesischen Philosophie vertraut. Vor allem war es Faber, der nicht nur "Bücher der Hauptrichtungen der altchinesischen Philosophie" ins Deutsche übersetzte, sondern auch ihre Grundideen erläuterte.[176]

Die Missionare würdigten die große Menge und die vielfältigen Inhalte der chinesischen Literatur. Sie enthalte "wesentliche Berichte" über die chinesische Philosophie, Religions-, Staats- und Rechtsgeschichte, sowie "eine Menge wichtiger Beobachtungen" und "Notizen" von Naturerscheinungen, die für die Astronomie, Meteorologie, Geologie, Tier- und Pflanzenkunde wertvoll seien. Die chinesische Literatur sei "eine reiche Fundgrube" insbesondere "für Erdkunde, Völkerkunde und Geschichte nicht nur des eigentlichen China, sondern des ganzen Mittel-Asien bis nach Indien, Ost-Asien und viele nördliche Gebiete nach Sibirien hinein". Und die Berichte in der chinesische Literatur seien "die fast ausschliessliche Quelle für die Kenntniss grosser Länderstrecken, Völker und Sprachen und besonders für deren ältere Geschichte"[177].

In den Augen der Missionare zeichnete sich die gesamte chinesische Literatur durch "einen guten moralischen Sinn und Geist" aus[178]. Aber das bedeutete nicht, "daß der moralische Standpunkt, sowie das Ideal überall das höchste ist". Im Gegenteil sei er mangelhaft "an dem christlichen Sinn und Geist". Faber wies darauf hin, daß "die tieferen Fragen der menschlichen Natur" in der chinesischen Literatur "kaum berührt" würden. "Nicht das Ewige, sondern das Zeitliche und dieses wieder in seiner ausschließlich chinesisch staatlichen Erscheinung beherrscht das Denken der zahllosen chinesischen Autoren."[179] Die Missionare plädierten für eine Auseinandersetzung mit der chinesischen Literatur, um damit "die gemeinsame Basis zu finden und dann die genügende Zahl von Mittelbegriffen herzustellen, welche langsam und sicher bis zur Spitze der vertretenen Ansicht hinleiten"[180]. Schaub schrieb: "Das Gute, das sich in dieser

---

Ansicht Fabers lag die sinologische Forschung in Europa wohl "im Argen". Faber Mencius 1877, S. 31.
[175] Jacobs 1995, S. 156. – Faber wies darauf hin, daß die europäischen und amerikanischen Kaufleute und Beamten, die sich in China befanden, meistens "kein Interesse für ernstere Studien" hätten. Faber Mencius 1877, S. 31.
[176] Faber Literarische Missionsarbeit 1882, S. 51ff.
[177] Faber Mencius 1877, S. 25ff.
[178] Faber China in historischer Beleuchtung 1895, S. 37.
[179] Faber China in historischer Beleuchtung 1895, S. 37f.
[180] Faber Mencius 1877, S. 24.

alt-chinesischen Weisheit finden läßt, wird natürlich anerkannt, aber auch das spezifisch Heidenische im Lichte des Christentums aufgedeckt und bekämpft."[181] Hier ist es klar, daß die Motivation zur Beschäftigung mit der chinesischen Literatur durch die Missionare das Christentum blieb.

Wie die Jesuiten des 17. und 18. Jahrhunderts richteten auch die deutschen protestantischen Missionare des 19. Jahrhunderts ihr Augenmerk auf die chinesischen Klassiker. Sie waren überzeugt, daß die chinesischen Klassiker "das Beste, was der chinesische Geist hervorgebracht hat", enthielten. Sie seien "der entsprechendste Ausdruck des chinesischen Ideals".[182] Ferner sei es charakteristisch für China sich mit alten Traditionen zu beschäftigen. Zum Teil sehr alte Schriften gäben auch heute noch die Rahmen für alle bedeutenden Vorgänge des täglichen Lebens vor. Selbst in Wissenschaft und Kultur träfe dieses zu.[183] Daher sei "eine genaue Bekanntschaft mit dem Inhalt der classischen Schriften des chinesischen Alterthums nicht nur von antiquarischem Werthe oder von ausschließlich wissenschaftlichem Interesse, sondern besitzt große praktische Wichtigkeit."[184] Und: "Man kann in China täglich Gebrauch davon machen und zwar mit Erfolg."[185]

Faber zog folgendes Fazit: "Die regierenden Kreise Chinas erkannten im Laufe der Jahrhunderte auch immer deutlicher die Bedeutung ihrer Klassiker und ihres Konfuzius. Die Klassiker wurden die Textbücher in den Schulen und für die Staatsexamina. Jedermann, der eine Stellung im Staatsdienste hat, oder als Lehrer thätig ist, oder sich darauf vorbereitet, kennt den Inhalt der Klassiker (doch nicht aller 13) auswendig, dazu auch die autorisierten Erklärungen. Solcher Leute giebt es etliche Millionen in den Provinzen Chinas. Noch zahlreicher sind solche Personen, welche, ohne ihre klassischen Studien zu vollenden, einen Beruf des Erwerbslebens ergriffen haben aber doch etliche der Klassiker auswendig wissen. Dagegen ist eingehende Bekanntschaft mit den taoistischen und buddhistischen heiligen Schriften eine große Seltenheit selbst in den betreffenden Klöstern. Unter 1000 Kennern der konfuzianischen Schriften ist ferner kaum einer zu finden, welcher Buddhismus studiert hätte, mit dem Taoismus ist man dagegen besser bekannt, da dessen Hauptwerke der Nationalliteratur angehören. Die populären Ermahnungsschriften des Buddhismus sind am weitesten verbreitet und nicht ohne Wirkung auf die Massen."[186]

Schon in den 70er Jahren begann Faber die Werke der chinesischen Philosophen zu bearbeiten. Er unternahm in seiner Arbeit "Die Quellen zu Confucius" (Hongkong 1873) eine systematische Sichtung der das Leben und die Lehre Konfuzius' betreffenden chinesischen Literatur. Dabei handelt es sich

---

[181] Schaub Die theologische Ausbildung 1898, S. 68.
[182] Faber China in historischer Beleuchtung 1895, S. 42. - Nach Faber finde "der Gedanke des Chinesentum [...] sich verkörpert in den Klassikern und hat seine reinste persönliche Gestaltung in Konfuzius". Faber China in historischer Beleuchtung 1895, S. 42.
[183] Faber Mencius 1877, S. 23.
[184] Faber Mencius 1877, S. 23f.
[185] Faber Mencius 1877, S. 24.
[186] Faber China in historischer Beleuchtung 1895, S. 43.

um 1) "diejenigen, welche von den Chinesen als canonisch oder normativ angesehen werden"; 2) "die, welchen nur literarischer Werth zugesprochen wird, also nichtcanonische Quellen"; 3) "die als heretisch entschieden verworfenen Quellen".[187] In Wirklichkeit geht es um die wichtigste chinesische philosophische Literatur vor der Qing-Zeit. 1876 tagte die erste allgemeine Konferenz der chinesischen Missionare in Shanghai. Von dieser Konferenz erhielt Faber den Auftrag, die chinesischen Klassiker nach christlichem Maßstab zu bearbeiten.[188] 22 Jahre später vollendete Faber diesen Auftrag und veröffentlichte ein Werk über die 13 konfuzianischen Klassiker in sechs Bänden. Es bezog sich auf die gesamten schon bekannten chinesischen Darstellungen der Klassiker.[189] Das Werk ist in Chinesisch geschrieben. Er wollte dabei nicht nur dem Unterricht in den Missionsschulen dienen, sondern auch chinesische Gelehrte anregen.[190]

"Von Konfuzius ausgehend und ihn als Maßstab allen Denkens setzend", schätzten die Jesuiten die Werke des Taoismus gering.[191] Im 19. Jahrhundert nahm das Interesse der Europäer an den Werken Laozis und des Daoismus jedoch allmählich zu. Das Werk "Daodejing" von Laozi[192] wurde von den französischen und deutschen Gelehrten mehrfach bearbeitet.[193] In diesem Zusammenhang schenkten die Missionare auch den Werken des Daoismus erhebliche Aufmerksamkeit. Sie erkannten gewissermaßen den Wert der alten daoistischen Literatur an. Faber konstatierte: "Die älteren heiligen Schriften des Taoismus gehören zum tiefsten, was die chinesische Litteratur besitzt."[194] Da es "noch sehr an gründlichen kritischen Ausgaben der daoistischen Werke" fehle, wollten die Missionare neben den konfuzianistischen Klassikern auch die daoistischen bearbeiten.[195]

Obwohl es bereits manche Studien über die chinesische Philosophie und ihre Entwicklung gab, waren die unterschiedlichen Richtungen der chinesischen Philosophie in Europa zumindest bis in die 70er Jahre des 19. Jahrhunderts

---

[187] Faber 1873, S. 4.
[188] Siehe Faber Literarische Missionsarbeit 1882, S. 52f.
[189] Siehe Faber Theorie und Praxis 1899, S. 267.
[190] Faber Literarische Missionsarbeit 1882, S. 52f.
[191] Dazu siehe Rennstich 1988, S. 96.
[192] Das Buch "Daodejing", das Laozi zugeschrieben wird, stammt wohl nicht aus einer Hand. Es ist über einen längeren Zeitraum hinweg und mit Abschluß im dritten Jahrhundert v. Chr. entstanden. Siehe Feng 1982, S. 239ff.; Feng 1984, S. 24ff.
[193] Siehe Merkel 1952, S. 99f.
[194] Faber China in historischer Beleuchtung 1895, S. 40.
[195] Faber China in historischer Beleuchtung 1895, S. 40. – Faber kritisierte auch die ersten deutschen Bearbeitungen des "Daodejing" durch R. v. Plaenkner und v. Strauss: "Die deutsche Bearbeitung von R. v. Plaenkner bietet wohl Herr v. Pl's. Ideen, doch kaum etwas von Lao Tan's. Herrn v. Strauss Bearbeitung ist ungleich besser, in manchen Stücken musterhaft, aber doch ist immer noch viel unchinesische Färbung vorhanden. Dass Lao von allen Chinesen missverstanden und zuerst von Herrn v. Strauss rechtverstanden wurde, ist eine Annahme, die für uns keinen Werth hat. Es liegt dem eine Verwechslung zu Grunde der Gedanken, die der Autor hatte mit den Consequenzen oder auch dem höchsten Ausdruck dieser Gedanken, welche eben die Chinesen nicht kennen." Faber Mencius 1877, S. 29f.

noch unbekannt. Man ging häufig von der Tradition der griechischen Philosophie als Standard aus und behauptete selbstherrlich urteilend, daß es in China keine Philosophie gebe.[196] Faber lehnte entschieden diese Behauptung ab. Er stellte fest, daß "erkenntnis-theoretische Untersuchungen – welche gar zu häufig als alleiniger Massstab zu gelten scheinen – die Chinesen eigentlich nicht vorgenommen haben. Trotzdem ist es aber doch wohl von Interesse zu erfahren, über welche Probleme die Chinesen überhaupt nachgedacht haben. Denn dass sie gedacht haben müssen, kann man doch wohl in etwa voraussetzen, denn die grosse chinesische Literatur ist auch nicht auf Bäumen gewachsen oder aus dem Urschleim entstanden"[197]. Faber war der Überzeugung, "dass der Ideengehalt der chinesischen Philosophen wohl kaum ein geringerer ist, als der der griechischen"[198]. Hier zeigte sich Fabers Respekt vor der alten chinesischen Philosophie und seine kritische Haltung gegenüber der Unwissenheit der Europäer.

Nach Ansicht Fabers ließen sich drei "Hauptrichtungen der altchinesischen Philosophie" unterscheiden.[199] Konfuzius vertrete "den humanistischen Standpunkt"[200], und Menzius sei "einer der bedeutendsten Vertreter der Confucischen Schule"[201]. Im "schroffen Gegensatz zur orthodoxen des Confucius" stände die Schule Laozis.[202] Laozis Lehre sei "pantheistisch-mystisch". Sie entwickele sich bei Yang Zhu "in schamlosen Sensualismus", bei Liezi und Zhuangzi "in Scepticismus". Viele der Anhänger gerieten dabei "in den krassesten Aberglauben".[203] Die dritte Richtung sei der "Socialismus".[204] Sein bedeutendster Vertreter sei Mozi.[205] Charakteristisch für den alten chinesischen "Socialismus" sei es: "Das allgemeine Wohl wurde in den Vordergrund gestellt, die höchste ethische That des Einzelnen in der Aufopferung für's Ganze gefunden. Man verwarf alle Kunst als Luxus, forderte Einfachheit, Gleichheit auch in den Ansichten, unterschiedslose Liebe. Die Schüler gingen weiter bis in den extremsten Communismus, nicht nur in bezug auf die Güter, sondern auch den Stand und die Arbeit betreffend. Jedermann, die Fürsten nicht ausgenommen, sollte selbst das Getreide für den Eigenbedarf anbauen und seine Kleider selbst anfertigen."[206]

---

[196] Dazu siehe Faber Mencius 1877, S. 30.
[197] Faber Mencius 1877, S. 30.
[198] Faber Mencius 1877, S. 30. Siehe auch Merkel 1952, S. 92.
[199] Faber Mencius 1877, S. 33.
[200] Faber Mencius, 1877, S. 34. – Über die Darlegungen der Lehre des Konfuzius und des Konfuzianismus durch die Missionare siehe den folgenden Abschnitt über die chinesische Religion.
[201] Faber Mencius, 1877, S. 35.
[202] Faber Mencius 1877, S. 34. – Faber und andere Missionare sahen Laozi als einen älteren Zeitgenossen des Konfuzius an. Nach neueren Forschungen sollte Laozi in der späten Frühlings- und Herbstperiode (Chunqiu) und früheren Zeit der Kämpfenden Reiche (Zhanguo) gelebt haben. Siehe Feng 1982, S. 239ff.; Feng 1984, S. 24ff.; Schmidt 1988, S. 201ff.
[203] Faber Mencius 1877, S. 34.
[204] Faber Mencius 1877, S. 34.
[205] Faber Mencius 1877, S. 34.
[206] Faber Mencius 1877, S. 34f.

Faber arbeitete noch an dem Buch von Menzius, Liezi und Mozi. Vor ihm hatte der englische Missionar und Sinologe Legge schon das Buch "Menzius" bearbeitet. Allerdings bemerkte Faber, daß Legge bei seiner Bearbeitung einfach der Auffassung Zhufuzis folge, "der 1500 Jahre nach Mencius lebte und seine buddhistisch-philosophische Anschauung in Mencius hineingetragen hat". Im Gegensatz dazu hielt Faber sich an den Kommentar "Mengzi Zhongyi". Denn in "Mengzi Zhongyi" werde die älteste Erklärung von Jiao Xuen, geb. 108 nach Chr., erneut begründet und vertieft. Dies sei auch gegenüber Zhu gerechtfertigt. Außerdem seien Legges Anmerkungen zu Menzius "sehr dürftig". Legge zeige auch kein philosophisches Verständnis für die Lehre des Menzius.[207] Übersetzt, in systematische Ordnung gebracht, und mit Anmerkungen und Einleitungen versehen, bearbeitete Faber in seiner Arbeit "Eine Staatslehre auf ethischer Grundlage oder Lehrbegriff des chinesischen Philosophen Mencius" (Elberfeld 1877) Menzius' Buch und erläuterte dessen Lehre.

Nach Auffassung Fabers war Menzius ein "Lehrer der Staatsweisheit". "Der Staat ist ihm Inbegriff aller menschlichen Natur- und Culturbestrebungen in einheitlich organisirtem Zusammenwirken."[208] Faber lobte die Ratschläge bezüglich der Förderung des materiellen, geistigen und sittlichen Volkswohls, die Menzius der Regierung gab.[209] Denn sie seien "von tief ethischer Natur" und zum Teil auch sehr mutig. Faber kommentierte: "Auffallend mag erscheinen, dass die Spitze der Ausführungen des Mencius sich gegen die Regenten kehrt, ja dass sogar deren Mord gerechtfertigt wird, während Hinrichtung schuldiger Beamten wohl erwähnt, aber nirgends besprochen wird. Eigentlich erscheint nur Entlassung gerechtfertigt und auch darüber findet sich nichts Ausführliches. Die eigene Abdankung des Beamten wird dagegen ziemlich genau erörtert. Dieser, man möchte sagen, demokratische Zug bei Mencius ist gewiß merkwürdig. Meister Confucius möchte doch oft den Kopf geschüttelt haben über seinen kecken Nachfolger."[210] Diese Erkenntnis ließ Faber einen gewissen Abstand gegenüber der Behauptung, daß es in China einen "Despotismus" gäbe, halten. Diese Vorstellung war nämlich im 19. Jahrhundert in Europa weit verbreitet, wenngleich auch Faber sie nicht ganz ablehnte.

Faber pries die Äußerungen Menzius über die Zusammengehörigkeit von materieller, geistiger und sittlicher Volkswohlfahrt. Er führte an, daß Menzius zwar großen Wert auf die Steigerung des Wohlstandes im Volk lege, aber dabei die sittlichen Ideale nicht vernachlässige. Er habe "eine sehr hohe Meinung von der Aufgabe der Staatsobrigkeit". Sie müsse der "göttlichen Vorsehung" folgen und nicht nur für die Erhaltung des leiblichen Wohlbefindens, sondern auch für die sittliche Vervollkommnung des Volks sorgen.[211] Nach Fabers Meinung zeige sich hier, daß die Staatsweisheit von Menzius und seine Anschauung vom

---

[207] Faber Mencius 1877, Vorrede.
[208] Faber Mencius 1877, S. 36.
[209] Faber Mencius 1877, S. 215f. Siehe auch Happel 1886, S. 229f.
[210] Faber Mencius 1877, S. 208f. Siehe auch Happel 1886, S. 232.
[211] Faber Mencius 1877, S. 60. Siehe auch Happel 1886, S. 230.

Staat auf einem "tiefsten", "religiösen Grunde" beruhe. "Obgleich der Mensch den Mittelpunkt der chinesischen Weltanschauung bildet, kann der tiefere Denker, auch Mencius, doch nicht umhin, das Hereinragen und Hereingreifen einer höheren Macht ins Menschenleben anzuerkennen."[212] Für Faber war das der wertvollste Gedanke, denn er stellte einen wichtigen Anknüpfungspunkt an das Christentum dar. "Sinne und Verstand", "die höchste Nobilität", "Humanität", "Gerechtigkeit", "Treue", "Glauben", "Freude am Guten", alles stamme "vom Himmel". "Das ist aber eigentlich Herzblut, der eigentliche und tiefsinnigste Gedanke der Philosophie des Mencius, daß ihm die menschliche Wesensnatur als Abbild und damit zugleich als Offenbarungsstätte des Himmels gilt."[213]

Faber äußerte sich anerkennend über die "hohe und würdige Vorstellung von der menschlichen Persönlichkeit" bei Menzius.[214] Er pries auch Menzius' Ausführungen über den Zweck der Erziehung und deren Mittel. "Nicht Kenntnisse, sondern religiössittliche Erziehung seien ihm die Hauptsache, und zwar nicht bloß bei den Kindern, sondern hinauf bis in die Beamtenkreise und für den Staatsdienst."[215] Dieser Gedanke wurde als "vortrefflich und für westliche Pädagogik und Volkserzieher besonders zu beherzigen" geschätzt.[216]

Die Beschränktheiten der Persönlichkeit von Menzius wurden vor allem darin gesehen, daß er die Kinder als unbeschränktes Eigentum des Vaters betrachte. In diesem Punkt bleibe er befangen "in der alten barbarischen und bei den Chinesen besonders durch das Alter 'geheiligten' Anschauung von dem Verhältnisse der Eltern zu den Kindern".[217] Ferner sei die Vorstellung der unwürdigen Stellung des Weibes zum Manne und der daraus folgenden "Vielweiberei" kritisch zu sehen.[218] Menzius habe auch großen Wert auf Nachkommenschaft gelegt. Dies habe ebenfalls viel Unheil in China angerichtet.[219]

Hinsichtlich aktueller sozialer Fragen in Europa, namentlich der Theorie und Praxis des europäischen Sozialismus, verfolgte Faber aufmerksam die Lehre Mozis, die als der alte chinesische "Sozialismus" angesehen wurde. Er bemühte sich, anhand des Buchs "Mozi" die Grundgedanken des alten chinesischen Sozialismus nacheinander darzustellen und darin die für den europäischen Sozialismus nützlichen Gedanken herauszufinden.

Faber wies darauf hin, daß die "socialistische" Schule "nur einseitig den auch bei Mencius hervortretenden demokratischen Zug des Chinesentums" vertrete. Sie machte sich zum Anwalt des Volkes und trat Mißhandlungen der Reichen und Mächtigen entgegen. Im Vergleich zu dem westlichen Sozialismus sei der chinesische "nicht so rationalistisch-unhistorisch, so flegeljährig [...]

---

[212] Faber Mencius 1877, S. 59. Siehe Happel 1886, S. 230.
[213] Happel 1886, S. 230.
[214] Dazu siehe Faber Mencius 1877, S. 40f., 44ff., 52. Siehe auch Happel 1886, S. 232.
[215] Faber Mencius 1877, 234f. Siehe auch Happel 1886, S. 233.
[216] Faber Mencius 1877, 234f. Siehe auch Happel 1886, S. 233.
[217] Siehe Happel 1886, S. 232.
[218] Siehe Happel 1886, S. 232.
[219] Siehe Happel 1886, S. 232.

sondern von ernst religiös-sittlichem Pathos erfüllt; er ist auch nicht so schwärmerisch-subjektivistisch und falsch-idealistisch, sondern bewegt sich auf dem Boden der gegebenen und gewordenen Verhältnisse". Er sei aber radikaler als der westliche, "weil er mehr auf den Grund des altchinesischen Volkstums – wenn auch vielleicht nur des durch die Tradition idealisierten altchinesischen Volkstums – zurückgeht"[220], "auf dem Grunde des Glaubens an eine sittliche Weltordnung, deren Haupteigenschaften Gerechtigkeit und Güte sind"[221].

Faber bemerkte, daß Mozi die "sieben Notstände" als die sozialen Übel aufgestellt und ihre Hauptursache im Egoismus und Unglauben gefunden habe. "Die socialen Übelstände, Sittenlosigkeit und Räuberei haben ihren Grund im Zweifel an der Existenz der Dämonen und Geister, welche die Vortrefflichen belohnen und Missethäter bestrafen können." Oder: "Wer die Existenz der Geister verneint, steht im Gegensatze zu dem, was die heiligen Könige erstrebten." Solche Gedanken wurden von Faber als richtig bezeichnet.[222] Um gegen die sozialen Übel zu kämpfen, befürworte Mozi neben dem "alten" Glauben die gegenseitige unterschiedslose Liebe. Diese Mittel wurden auch von Faber anerkannt.[223]

Faber pries den "religiösen Ernst" der Weltanschauung Mozis und seinen edlen, selbstverleugnenden Charakter. "Wohlthuend berührt ferner, daß dieser Socialismus vor allem auf Selbstbesserung dringt, statt, wie die meisten Socialreformer von den äußeren Verhältnissen auszugehen und zuerst das Äußere und Fremde reformieren zu wollen, fängt Micius vielmehr mit dem Menschen an und noch besser mit sich selbst, er verlangt Ausbildung des sittlichen Gefühls, des richtigen Takts."[224] Faber betonte, daß Mozi "communistische Liebe nicht nur lehrte, sondern auch in aufopferndster Weise übte". Er könne den deutschen Sozialisten und Kirchen bei der Auseinandersetzung mit sozialen Problemen helfen.[225] Und: "Von Mo-Tse könnten die Sozialisten lernen, daß 'Sozialismus mit der Gesellschaft zu thun' hat - aber auch die Kirchen könnten lernen, daß die soziale Frage eine kirchliche sei, weil man auch 'Jesum Christum einen Socialisten' nennen muß, und er ist der edelste gewesen, der je den Boden dieser Erde betreten hat. Er blieb unerschütterlich fest als Vertreter der Absicht des Himmels."[226]

Faber war der erste Europäer, der das Buch "Liezi" bearbeitete. Nach der Meinung Fabers war Liezi der Hauptvertreter des "Scepticismus" und "Naturalismus" bei den alten Chinesen[227]. Liezis Grundanschauung folge der Spur Laozis. Obwohl er "nicht heran an die schlichte Einfalt, Tiefe und Geschlossenheit der Gedanken" Laozis reiche, übertreffe er "ihn aber an weltmännischer Er-

---

[220] Happel 1886, S. 227.
[221] Happel 1886, S. 228.
[222] Faber Micius 1877, S. 42, 91, 93. Siehe auch Happel 1886, S. 228.
[223] Faber Micius 1877, S. 64. Siehe Happel 1886, S. 228.
[224] Faber Micius 1877, S. 37, 38, 66. Siehe auch Happel 1886, S. 228.
[225] Faber Micius 1877, Vorrede. Siehe auch Rennstich 1988, S. 209.
[226] Rennstich 1988, S. 210f.
[227] Faber Licius 1877, Vorrede.

fahrung und vielseitigem Wissen".[228] Faber schrieb: "Licius ist universaler als Lao. Er sucht alle auf die Natur gerichteten Bestrebungen zusammenzufassen. Freilich durchdringt er dieselben nicht, so daß sich die auseinandergehenden Elemente nicht zu einem höheren Ganzen zusammenschließen. Licius läßt die Gegensätze nebeneinander bestehen. Aber die Allseitigkeit mußte zunächst allseitig wirken."[229] Liezi verfüge über "eine durch scharfe Beobachtung gewonnene reiche und vielseitige Menschenkenntnis und Welterfahrung"[230]. Sein besonderes Können sei psychologische Analyse. Seine Lehren seien für die Daoisten "bedeutungsvoll"[231].

Daß Liezi von Faber große Aufmerksamkeit geschenkt wurde, liegt vorwiegend an Liezis Aussagen über "das geheimnisvolle Wesen der Gottheit", seinen Ausführungen über das Verhältnis von "Geist und Natur", seinen Schilderung über "paradiesische Örter und Zustände" und seinen Beschreibungen über die "Heiligen" (sittlich vollkommene Menschen).[232] Nach Faber konnte man "das geheimnisvolle Wesen der Gottheit" bei Liezi nach westlicher Philosophensprache als das "Absolute" umschreiben. In Liezis Darstellung der "namenlosen unerschöpflichen und unergründlichen Fülle des Lebens" finden sich reichlich tiefsinnige Gedanken.[233]

Faber bemerkte, daß Liezis Ausführungen über das Verhältnis von Geist und Natur ebenso "höchst anregend und des weiteren Durchdenkens wert" seien.[234] Der Geist sei Herrscher über das Leibliche; er stehe aber in innerer Übereinstimmung mit demselben. "Dadurch erlangt der Mensch die magische Gewalt über die Natur, so daß nichts ihn beschädigen kann und er auch nach freiem Ermessen die Dinge zu beeinflussen vermag. Durch den Menschengeist soll eben die Natur vollendet werden. Der Mensch kann Schritt für Schritt dahin gelangen, selbst Mittel finden, die Unsterblichkeit zu erlangen. Dem unsterblichen Dasein der Menschen entspricht auch eine andere Natur, die verklärte Verhältnisse hat. Je nach den Stufen der Geistigkeit der Menschen ist die physische Beschaffenheit der Leiber und der Natur umher."[235] Faber kommentierte: "Manche Stellen erinnern an die prophetischen Schilderungen des messianischen Reiches (1000jährigen) auf Erden, andere an die apokalyptische Vollendung der Dinge."[236]

Liezis Schilderung über "paradiesische Örter und Zustände" zeige ein Bild von den "Geister-Menschen", die auf dem "Berge der glücklichen Insel" wohnen. "Sie athmen Luft, trinken Thau und essen kein Getreide. Ihr Herz ist wie tiefes Wasser, ihre Gestalt Jungfrauen gleich. Sie heirathen nicht und lieben

---

[228] Happel 1886, S. 233.
[229] Faber Licius 1877, S. XXVII. Siehe auch Happel 1886, S. 233.
[230] Happel 1886, S. 233.
[231] Faber Licius 1877, S. XXVII.
[232] Siehe Happel 1886, S. 233f.
[233] Faber Licius 1877, S. 2f. Siehe auch Happel 1886, S. 233.
[234] Faber Licius 1877, S. XVII. Siehe auch Happel 1886, S. 233.
[235] Faber Licius 1877, S. XVII. Siehe auch Happel 1886, S. 233f.
[236] Faber Licius 1877, S. XVII. Siehe auch Happel 1886, S. 234.

nicht. Genien und Heilige sind ihre Beamten. Es herrscht weder Furcht noch Zorn. Ehrliche und Aufrichtige sind Diener. Es waltet keine Mildthätigkeit, keine Güte – doch ist Alles von selbst genug. Es giebt kein Besitzergreifen oder Einsammeln – und doch ist Jeder ohne Tadel."[237] Faber bewunderte: "Da ist das Paradies wieder erschlossen."[238]

Liezis Beschreibung über die "Heiligen", besonders den "Heiligen im Westen" und den "Heimgegangene[n]" wurde von Faber als Äquivalent der biblisch-christlichen Ideen angesehen. Die Toten seien Heimgegangene. Die Lebenden seien Pilgrime. Faber bemerkte hierzu: "Dass das Leben eine Pilgrimschaft ist, wird von der Mehrzahl der Menschen zu sehr vergessen; dass der Tod die Pforte ist, welche in die Heimat führt, wissen jetzt leider nur wenige Auserwählte. Was der Heide von den Weltleuten sagt, ist demütigend für die stolzen Industrieritter der Jetztzeit."[239] Nach Faber war der von Liezi geschriebene "Heilige im Westen" nicht Buddha. Aber er sei auch nicht Christus, wie die Jesuiten erklärten. "Alle die Bezeichnungen sind aus dem Ideenkreise des Tao-te-king, so daß man an Lao-Tan denken darf. Dieser war auch im Westen von Schang im Land Tschao."[240]

Fabers Interpretation der chinesischen Philosophie beruhten zum großen Teil auf eigenen Studien der chinesischen Literatur. In dieser Interpretation finden sich etliche gründliche Kenntnisse und tiefe Einsichten. Allerdings arbeitete Faber hauptsächlich für seine missionarische Aufgabe. Bei der Beurteilung der chinesischen Klassiker oder gar des ganzen chinesischen Geisteslebens ging er ständig vom Standpunkt des Christentums aus. Dies mußte seine wissenschaftliche Objektivität beeinträchtigen.

5. Zur chinesischen Religion: "Aberglauben" und "Götzendienste"

Aus naheliegenden Gründen wurde die chinesische Religion zum wichtigsten Punkt, der von den Missionaren diskutiert wurde. Wie bereits bei den frühen Jesuiten und anderen europäischen Gelehrten fand die Diskussion der Missionare über die chinesische Religion auch im Rahmen theologisch-religiöser Erklärungsweisen statt, die vielfach von der früheren Diskussion über eine "Urreligion" und eine "Ursprache" geprägt war.[241] In Anlehnung an die Interpretation der Jesuiten "entdeckten" sie in den chinesischen Klassikern, im Konfuzianismus, Daoismus und Buddhismus, manche "Spuren" des christlichen

---

[237] Faber Licius 1877, S. 25.
[238] Faber Licius 1877, S. 25.
[239] Faber Licius 1877, S. 14f. Siehe auch Happel 1886, S. 234.
[240] Faber Licius 1877, S. 84.
[241] Leutner 1998, S. 5f.

"Gottes" bzw. "Anknüpfungspunkte" zum Christentum. Dennoch betonten die späteren Missionare viel mehr als die früheren die "Mängel" und "Fehler" in der chinesischen Religion. Von der Idee der moralisch-ethischen Überlegenheit des Christentums aus äußerten sich die Missionare pauschal und negativ über die chinesischen Religionen und plädierten für die "Missionierung" und "Christianisierung" Chinas.

5.1. Über das "Gottesbewußtsein" der Chinesen

Die Jesuiten im 17. und 18. Jahrhundert waren überzeugt, daß die Menschen im alten China der "Stimme der Vernunft" folgten. Diese Stimme sei die "Stimme Gottes". Der "Gott" werde dann als "ein höchstes Wesen" verehrt. In den chinesischen Klassikern sei dieser religiöse Urzustand genau niedergeschrieben worden. Bedauerlicherweise sei dieser "reine Gottesbegriff" von den späteren konfuzianischen Gelehrten korrumpiert worden. Die Aufgabe eines christlichen Missionars bestehe gerade darin, diesen "reinen Gottesbegriff" wiederzugewinnen.[242] Die Jesuiten glaubten auch, daß die meisten Gedanken in den chinesischen kanonischen Schriften in Einklang mit dem Christentum stünden. Wenn man das Wort Gottes in China verkünden möchte, müsse man es nicht in Gegensatz zur konfuzianischen Überlieferung, sondern in Einklang mit ihr bringen.[243] Bei der Übersetzung der Bibel dürfe man nicht die fremden Sitten und das fremde Denken aus Europa nach China mitbringen. Man müsse die Terminologie und Form der chinesischen kanonischen Schriften benutzen.[244]

Diese Gedanken wurden nun von den deutschen protestantischen Missionaren aufgegriffen. Wie früher die Jesuiten erläuterten auch sie den chinesischen Religionsbegriff und -charakter aus der Sicht des Christentums. Sie waren überzeugt, daß das chinesische Volk von alten Zeiten her eine Erkenntnis "von einem höchsten, alles regierenden Wesen, unter dessen Controlle die Geister sowohl als die Menschen stehen"[245] besitze. In den chinesischen Klassikern fänden sich die "Spuren einer wenn auch abgeblaßten Idee des einen, lebendigen Gottes". Der Begriff von "Shangdi" sei dem christlichen Gottesbegriff ähnlich.[246]

Krone behauptete: "Es ist erfreulich, aus den alten Klassikern und sonstigen berühmten Schriften zu ersehen, daß die Alle den wahren Gott kannten und

---

[242] Rennstich 1988, S. 96.f
[243] Franke 1962, S. 35.
[244] Franke 1962, S. 35f. Siehe auch Rennstich 1988, S. 95.
[245] Lechler 1861, S. 174f.
[246] Lechler 1861, S. 174f.

ihn verehrten."²⁴⁷ Man könne durch Erforschung der alten chinesischen Schriften einfach finden, "daß unendlich erhaben über den Geistern der Vorfahren und Heroen, sowie über den Schaaren der angebeteten irdischen und himmlischen Geister, abgesondert und verehrt ein Wesen steht, das Scheong tet, d.h. erhabener Herrscher, genannt wird"²⁴⁸. Lechler stellte fest, daß es schon im "Yijing", dem ältesten Buch der "Fünf Klassiker", eine sehr merkwürdige Stelle gebe, "worin wenigstens ein ans Bewußte streifendes göttliches Walten in der Natur beschrieben ist, und welche deshalb ein bewahrheitender Ausdruck von dem ist, was der Apostel Paulus Röm. 1, 19ff. beschreibt, wenn er sagt: 'Denn daß man weiß, daß Gott sei, ist ihnen offenbar, denn Gott hat es ihnen geoffenbart, damit daß Gottes unsichtbares Wesen, das ist seine ewige Kraft und Gottheit, wird ersehen, so man deß wahr nimmt an den Werken, nämlich an der Schöpfung der Welt.'"²⁴⁹ Die Stelle spreche nämlich von "Shangdi", "dem höchsten Wesen, das sich die Chinesen über der Welt denken, welches mit dem Himmel identificirt wird"²⁵⁰.

Anstatt "Yijing" fand Schaub im "Shujing" und "Shijing" die Spuren "Gottes". Er heißt ebenfalls "Shangdi", "der obere Herrscher"²⁵¹. Schaub beschrieb diesen "Shangdi": "Er hat den Menschen ihr Sin, d.h. ihre Wesensnatur gegeben, sie mit allerlei Seelenvermögen ausgerüstet, um diese Wesensnatur zur Entfaltung zu bringen. Schangti regiert auch den Verlauf der Geschichte, setzt Fürsten ein und stürzt Tyrannen von ihren Thronen."²⁵² Bei der Interpretation des Begriffes von "Shangdi" wich Schaub gewissermaßen von Lechler ab. Er war der Auffassung, "die alten Chinesen haben mehr nach Art von Röm. 2, 14 vom Gewissensgesetze ausgehend, die von der Urzeit übermittelte Gottesidee festgehalten, und weniger über die Werke der Natur sinnend, nach Art von Röm. 1, 19. 20 sich ihren Gottesbegriff gebildet"²⁵³.

Trotzdem waren sich die Missionare darin einig, daß der chinesische Begriff "Shangdi" dem des "Gottes" in der Bibel identisch sei, wenn auch die persönliche Bezeichnung "Shangdi" häufig mit dem unpersönlichen "Tian", dem Himmel, wechsle.²⁵⁴ Sie waren überzeugt, daß die Chinesen schon seit den ältesten Zeiten einen hohen Grad von "Gottesfurcht" hegten, "welche sie ohne Zweifel als ein Erbstück aus der Noahschen Zeit mitgenommen haben, und von

---

[247] Krone Was die Chinesen von Gott wußten 1855, S. 65.
[248] Krone Was die Chinesen von Gott wußten 1855, S. 66.
[249] Lechler 1861, S. 24.
[250] Lechler 1861, S. 24.
[251] Schaub Das Geistesleben der Chinesen 1898, S. 230.
[252] Schaub Das Geistesleben der Chinesen 1898, S. 230.
[253] Schaub Das Geistesleben der Chinesen 1898, S. 230. - Andere Missionare sagten nur, daß es in der chinesischen Klassik den Ausdruck "Shangdi" gibt. Die Frage, ob er nach Art von Röm. 1, 19. 20 oder von Röm. 2, 14 interpretiert werden soll, wurde nicht beantwortet. Eine ausführlichere Erklärung wurde aber nicht gegeben. Maus beispielsweise schrieb: "Die alten Chinesen [...] wußten noch ziemlich viel von Gott. Das zeigt uns ein Blick in die alten klassischen Bücher der Chinesen, in welchen der Ausdruck Schangti noch sehr oft vorkommt." Maus Das Reich der Mitte 1901, S. 6.
[254] Piton 1903, S. 19f.

der ihnen bis auf die gegenwärtige Zeit ein Ueberrest, wenn auch mehr in der Theorie als in der Praxis, geblieben ist."[255] Die Chinesen hätten kein Bild von Shangdi hergestellt, sie hätten auch niemals für Shangdi Tempel errichtet. Es gebe keine Darstellung über Shangdis Geburtstag und seinem Leben. Shangdi stehe "einzig da, wohnend als Herrscher im Himmel vom ewigen Glanze umgeben und alle Geister und Menschen sind ihm unterworfen"[256]. Der Kaiser betrachte sich von Gott zur Regierung auserwählt. Er sei auch ihm Rechenschaft schuldig, denn das Wohl des Staates hänge von der Segnung Shangdis ab. Nur der Kaiser selbst dürfe ihm opfern, sollte es ihm dabei gelingen, sein Wohlwollen zu erlangen, so werde seine Krone gestärkt. Andernfalls würde er durch einen Würdigeren ersetzt werden.[257]

Die Missionare beklagten jedoch, daß die Chinesen "nie zu einer klaren Vorstellung Gottes" gekommen seien. Sie sahen die "Gotteserkenntniß", die die Chinesen besäßen, nur als "vereinzelte Lichtpunkte" an, welche "als minder entstellte Ueberreste von religiösen Grundwahrheiten" auch "aus der Mitte der heidnischen Finsterniß" leuchteten.[258] Lechler schrieb: "Ob freilich dieser Schangti von Ur an ein transcendenter, persönlicher und selbständiger Schöpfer war, also wirklicher Geist, oder ob er von Anfang an bloß Naturgeist war, nur die Spitze der übrigen Naturgeister, also zwar eine allmächtig weise und gütig waltende Gottheit, aber eine Gottheit, die, obwohl sie ein transcendentes Element hatte, folglich einen Ansatz zum Selbstbewußtsein, zur Persönlichkeit und voller Geistigkeit enthielt, doch von der Natur sich nicht vollständig löste, und eben deswegen immer wieder an einzelnen Stellen in der Natur versank, als Naturmacht aufging, – darüber scheint es bei den Chinesen nie zur klaren Vorstellung gekommen zu sein. Sie ahnten, wie gesagt, Gott als Schöpfer der Welt, aber zur völligen Erkenntniß seines Wesens wird ihnen erst das Evangelium verhelfen."[259]

---

[255] Lechler 1861, S. 23. – "Ein hoher Grad von Ehrfurcht vor dem Himmel und dessen exekutiver Gewalt, dem höchsten Herrscher (Schangti) scheint damals vorhanden gewesen zu sein." Lechler Die Chinesen in ihrem Verhältnis 1888, S. 112. – "Es bleibt noch übrig zu untersuchen, ob sich ein Rest dieses alten Glauben an Einen Gott, Schöpfer Himmels und der Erden, gegenwärtig unter dem Volke findet oder nicht. Auch auf diese Fragen kann ich bejahend antworten. Freilich den Namen Scheong tei hört ich wenig aussprechen, vielmehr das Wort Thin d.h. Himmel. [...] Nicht allein aber lebt im Volke durch mancherlei Ausrufe und Sprüchwörter bewiesen das Bewußtsein, daß es nur Einen Gott und Herrn giebt, an welchen gar viele beten zu ihm in Zeiten besonderer Noth. [...] Ferner giebt es Leute, die nicht allein zur Zeit der Noth, sondern regelmäßig zum wahren Gott beten." Krone Was die Chinesen von Gott wußten 1855, S. 73f.
[256] Krone Was die Chinesen von Gott wußten 1855, S. 66.
[257] Lechler Die Chinesen in ihrem Verhältnis 1888, S. 112.
[258] Lechler 1861, S. 33.
[259] Lechler 1861, S. 27. – Anders als Lechler wies Piton darauf hin, daß "Shangdi" für die Chinesen "ein persönliches Wesen sei, "das seine Herrschaft im Himmel und auf Erden ausübt, das dem Menschen eine moralische Natur verliehen hat, das die Geschicke der Völker ordnet. Durch diesen Gott regieren die Könige und üben die Fürsten Gerechtigkeit; er ist ein Vergelter für die Guten und die Bösen." Piton 1903, S. 19f.

Nach Meinung der Missionare hätten den Chinesen ihre philosophischen Überlegungen nicht geholfen zu einer klaren Erkenntnis eines alleinigen Gottes zu gelangen.[260] "Als aber die Chinesen auf die Lehre vom männlichen und weiblichen Prinzip und allden metaphysischen Unsinn geriethen, wobei die Verehrung der Untergeister und Vorfahren immer mehr in den Vordergrund trat, wurde auch dieses Gott dargebrachte Opfer anders angesehen. Bald sollten es die beiden Kräfte, bald Himmel und Erde sein, die zu verehren wären."[261] Die Tatsache, daß die Chinesen neben Shangdi auch die Geister von Sonne, Mond, Sterne, Wolken, Wind, Regen, Berg, Fluß und andere Naturkräfte sowie Heroen verehrten, zeigte den Missionaren die "Verirrung des menschlichen Geistes, wie er die Einheit und Allgenuegsamkeit des unsichtbaren Gottes nicht festhalten konnte, und durch Zersplitterung der Allmacht Gottes in den Polytheismus, oder wie man bei den Chinesen sagen könnte, Polypneumatismus verfiel, da dann jedem Geiste sein besonderer Posten angewiesen und der höchste Herrscher dieser untergeordneten Geister als ebenso bedürftig angesehen wurde, wie ein irdischer Monarch seiner Minister und Beamten."[262] Von diesem "Polypneumatismus oder Geisterdienst" fielen die Chinesen in den "Idololatrismus oder abergläubischen Götzendienst"[263].

Nach Lechler waren die Chinesen in der weiteren Entwicklung ihres religiösen Bewußtseins "in ihrem Dichten eitel geworden" und es werde "ihr unverständiges Herz verfinstert". Die Chinesen seien sogar "zu Narren" geworden, "die die Herrlichkeit des unvergänglichen Gottes verwandelten und, indem sie zuerst seine Allmacht zersplitterten, eine Menge von Geistern verehrten, ohne welche sie sich Gottes Weltregierung nicht denken konnten". Die chinesischen Philosophen betrachteten Gott nur als ein natürliches Phänomen und "als waltendes Prinzip", "die sie die Urkraft und die Urmaterie nannten, aus deren unbewußter Bewegung sich das Naturleben, sowie die Geschichte der Völker und das Schicksal des Einzelnen als ein unfreies Produkt ergebe". Eine weitere Stufe des religiösen Verfalls sei, daß die Chinesen "dem vergänglichen Menschen göttliche Ehre erwiesen und durch den Ahnen- und Heroendienst Gott die Ehre raubten, die ihm allein gebührt, und dem Geschöpf mehr dienten als dem Schöpfer"[264].

Schaub war gleicher Meinung: "Der Begriff Schangti hat sich nicht etwa evolutionistisch aus der Personifizierung von Naturkräften herausgebildet, dieselben zusammengefaßt und zu einem persönlichen Wesen verdichtet. In der

---

[260] Lechler 1861, S. 23.
[261] Krone Was die Chinesen von Gott wußten 1855, S. 68.
[262] Lechler 1861, S. 33.
[263] Lechler 1861, S. 33, 34f. - Krone konstatierte: "Leider finden wir in diesen frühesten Berichten schon die Abgötterrei neben dem Gottesdienst. [...] Nach der Anschauung der Chinesen hat nämlich das höchste Wesen viele Geister unter sich und so lehrt ja auch die Bibel, aber nun bestimmten sie für Sonne, Mond und Gestirn, für jeden Berg und Fluß, für Haus und Hof besondere Schutzgeister, die göttlich verehrt wurden." Krone Was die Chinesen von Gott wußten 1855, S. 69.
[264] Lechler 1861, S. 174f.

ältesten Stelle der Literatur, in der uns Schangti zum ersten Male begegnet, ist er allein Ti, Gott. Die Naturkräfte Wind, Wasser, Feuer u.s.w. sind nur Schin, Geister. Eine spätere Zeit rückte sodann Schangti immer mehr in eine transcendente Form, sie vergaß ihn zu ehren und ihm zu danken, und so kam die ursprüngliche Idee des einen persönlichen Gottes immer mehr abhanden. Der Weg, den das chinesische Heidentum einschlug, ist derselbe wie der der übrigen Heiden, den der Heidenapostel in Röm. 1 so zutreffend schildert."[265] Maus behauptete, daß die Chinesen zwar Gott als Schöpfer anerkannten, ihn aber nicht als "Weltenmeister" akzeptieren. Sie hätten daher eine eigene Lehre über die Schöpfung. "Es ist die Lehre der Philosophen, Gelehrten und Gebildeten."[266] Und: "Leider hat sich das Gottesbewußtsein bei den Chinesen allmählich verloren; es fehlte die Offenbarung, die nur dem auserwählten Volk zu teil wurde."[267] Diese Auffassungen sind mit denen der Jesuiten identisch.

Auch bei der Wiedergabe der in der Bibel für "Gott" gebrauchten Ausdrücke standen die deutschen protestantischen Missionare auf der Seite der frühen Jesuiten und fanden unter den englischen Missionaren Gleichgesinnte.[268] Schaub äußerte sich: "Wer ohne Vorurteil die alten Klassiker studiert, der kann nicht umhin, in Schangti eine Aehnlichkeit mit El eljon (höchster Gott) zu erkennen, mit welcher Bezeichnung der wohl semitische König Melchisedek inmitten einer polytheistischen Umgebung den ursprünglichen monotheistischen Gottesbegriff in seiner ethischen Transcendenz festhielt."[269] Piton konstatierte: "Die in den chinesischen Klassikern vielfach vorkommenden Ausdrücke Ti und Schang-ti sind mit vollem Recht, von den ersten jesuitischen Missionaren an bis zu Dr. Legge, durch 'Gott' übersetzt worden."[270]

Die Entdeckung des "Gottesbewußtseins" der Chinesen durch die Missionare diente im wesentlichen ihrer missionarischen Tätigkeit. Krone schrieb: "War auch diese ursprüngliche Erkenntniß mit viel Irrthum und Aberglauben vermischt, der sich im Laufe der Jahrtausende, weil ohne Gottes Wort, immer mehr angehäuft hat, so bietet sich dennoch dem Missionar vielfach Gelegenheit, dem Volke sagen zu können: Der Gott, den wir euch verkündigen, hat sich auch euch nicht unbezeugt gelassen. In euren Klassikern ist viel von ihm die Rede, eure Vorfahren verehrten ihn, wie noch heute eure Kaiser, aber – mit viel Sünde und Verkehrtheit. Wir haben eine unendlich reinere Erkenntniß vom allmächtigen Schöpfer durch seine Offenbarungen, als ihr durch die mangelhaften

---

[265] Schaub Das Geistesleben der Chinesen 1898, S. 231.
[266] Maus Das Reich der Mitte 1901, S. 8f.
[267] Maus Das Reich der Mitte 1901, S. 9.
[268] Die katholischen Missionare des 19. Jahrhunderts beugten sich jedoch dem Machtspruch des Papstes und übernahmen für Gott das Wort "Tianzhu", Herr des Himmels. Die protestantischen Missionare spalteten sich in mehrere Lager: die einen sagten "Shangdi", die anderen gebrauchten "Shen" (Geist), die Dritten wählten "Jehovah" usw. So gab es auch Shangdi-, Shen- und Jehovahbibeln, je nach der Übersetzung des Namens Gottes in diesen Bibeln.
[269] Schaub Das Geistesleben der Chinesen 1898, S. 232. Siehe auch Lechler 1861, S. 27; Faber 1872, S. 11f.
[270] Piton 1902, S. 5.

Ueberlieferungen der Vorzeit."²⁷¹ In bezug auf die Bibelübersetzung fand Faber, daß im Gebrauch des Begriffes "Shangdi" für Gott "ein grosser Vortheil" läge, "nämlich dass wir den Chinesen sagen können, wir predigen keine neuen Götter sondern denselben, welchen eure Vorväter gekannt und ihm theilweise gedient haben; thut Busse und bekehrt Euch von den jetzigen Abgöttern und deren thörichten Fabeln zu dem wahren Gott eurer Väter. Das macht Eindruck auf die Massen der Chinesen. Zum Verständnis und zur Aneignung der christlichen Heilslehre dagegen bringen es nur wenige Auserwählte."²⁷² Die gleiche Auffassung vertrat Maus: "Es leuchtet aber ein, daß für einen Missionar das, was die Chinesen über Gott und die Schöpfung noch in ihren Büchern haben, von großem Wert als Anknüpfungspunkt für die Heidenpredigt ist, und deshalb muß der Missionar es kennen."²⁷³

Die Behauptung von dem chinesischen Gottesbegriff ist aber "recht eigentlich eine theologische Chimäre".²⁷⁴ Nach den wissenschaftlichen Forschungen kann man feststellen: "Das chinesische Denken hat niemals einen Gottesbegriff entwickelt, der transzendent gewesen wäre im Sinne der Vorstellung vom christlichen Schöpfergott, und jener Himmelsherrscher und Summus deus, den die Jesuiten immer wieder in den chinesischen Texten entdeckten und in Übereinstimmung mit dem christlichen Gott zu bringen suchten, ist strenggenommen überhaupt keine Gottheit, er ist vielmehr 'eine Konstruktion der politischen Mythologie und existiert eigentlich nur in der Literatur'."²⁷⁵

5.2. Über die Ahnenverehrung

Die Ahnenverehrung ist eine "rituelle Totenverehrung, der der animistische Glaube zugrunde liegt". Sie war schon in der Urzeit in China bekannt und wurde später "zum Hauptbestandteil des Religionskultes" der Chinesen. Der Ahn wurde nicht nur als Geschlechtserhalter, sondern auch als Geschlechtsbeschützer angesehen. Ahnen der Herrscher wurden zum Beschützer der Dynastie. Der zunächst aristokratische Ahnenkult hatte den eher volkstümlichen agrarischen Kult überlagert und sich mit ihm vermischt. Er war "eine Stütze der feudalen Gesellschaft und blieb Tausende von Jahren bestehen"²⁷⁶.

Nach der Beobachtung der Missionare war die Kenntnis eines einzigen Gottes den Chinesen immer mehr "verblasst", ja "verloren" gegangen und der alte Shangdi-Kult seit Jahrhunderten nur dem Kaiser gestattet. Statt dessen

---

[271] Krone Was die Chinesen von Gott wußten 1855, S. 65.
[272] Faber 1872, S. 11f.
[273] Maus Das Reich der Mitte 1901, S. 11.
[274] Berger 1990, S. 297.
[275] Berger 1990, S. 297. Siehe auch Granet 1985, S. 318f.
[276] Franke 1974, S. 11, 656.

setzte die Ahnenverehrung ein und beherrschte nun das gesamte Volksleben. Die Verstorbenen wurden zu den eigentlichen Göttern der Chinesen und die Ahnenverehrung trat als "die ureigenste Religion der Chinesen" und das Wesen des chinesischen Religionslebens auf.[277] Faber behauptete: "Das charakteristische Chinesische in allen Religionen, welche in China Wurzel geschlagen haben, ist die allseitig ausgebildete Verehrung der Eltern und Vorfahren."[278] Schultze sprach noch deutlicher: "Man hat gesagt: 'der Ahnendienst gehört zu den ältesten Bestandteilen der chinesischen Religion'. Hat man aber längere Zeit unter den Chinesen gelebt und gerade auf ihre religiösen Verrichtungen und Anschauungen hin sie beobachtet, so muß man sagen: Nicht nur ein Bestandteil, sondern geradezu das Wesen und die Wurzel der chinesischen Religion ist der Ahnendienst, wenn ihn auch ein Dekret des Kaisers Khong-hi vom Jahr 1699 als etwas rein Staatliches und Weltliches, das mit der Religion nichts zu schaffen habe, bezeichnet."[279] Hier widersprachen die Missionare nicht nur der Auffassung der Chinesen, sondern auch der Meinung der frühen Jesuiten.

Aufgrund neuerer Forschungen kann man feststellen: "Ideologische Grundlage des Ahnenkultes war hsiao, die Pietät. Die Sohnesergebenheit, das Grundprinzip chinesischer Ethik, mußte nicht nur den lebenden, sondern auch den toten Vorfahren erwiesen werden. Davon wurde die Vorstellung von der ununterbrochenen Linie der Ahnen und Nachkommen abgeleitet, die durch das Nichtvorhandensein eines opferbringenden männlichen Nachkommen in der Familie nicht abgebrochen werden durfte. Eine solche Aussicht rief die schreckliche Vorstellung hervor, daß ein Ahn, der nicht verehrt wurde, als hungriger Geist umherirren und der ganzen Familie Unglück bringen könnte."[280] Die Missionare betonten aber vielmehr, daß der Ahnenverehrung der Chinesen "eine große Furcht vor der Rache der vernachlässigten Ahnen und eine durch nichts zu bändigende Habsucht zu Grunde" lag.[281]

Es gab zwar einige Missionare, die in bezug auf die Ursachen der Ahnenverehrung einen Kompromiß eingingen. So lehnte Schultze sowohl die Auffassung ab, daß der Ahnendienst "aus reiner Pietät" hervorgehe[282], als auch die Behauptung: "Die Verehrung der Vorfahren hat in nichts anderem ihren Grund, als darin, daß die Kreatur Gott werden will, und daß sie hinaufstrebt zu den Göttern".[283] Er war überzeugt: "Wir glauben nicht irre zu gehen, wenn wir sagen: Der Ahnendienst setzt drei besonders starke Gefühle des menschlichen

---

[277] Schaub Die theologische Ausbildung 1898, S. 68f.; Schaub Das Geistesleben der Chinesen 1898, S. 233.
[278] Faber Ein noch unbekannter Philosoph 1881, S. 4f.
[279] Schultze 1887, S. 80f.
[280] Franke 1974, S. 12.
[281] Voskamp Unter dem Banner des Drachen 1900, S. 11. – "Aber dem Ahnendienst in China liegt meiner Beobachtung nach am wenigsten kindliche Liebe, dagegen eine große Furcht vor der Rache der vernachlässigten Ahnen und eine durch nichts zu bändigende Habsucht zu Grunde." Voskamp Unter dem Banner des Drachen 1900, S. 11.
[282] Schultze richtete sich hier nach der Auffassung Wuttkes. Siehe Schultze 1887, S. 81.
[283] A. Dammann war der Vertreter dieser Behauptung. Siehe Schultze 1887, S. 81.

Herzens in Bewegung: Eltern- wie Kindesliebe, Selbstliebe und Furcht, und hat wiederum in ihnen seinen Grund."[284] Die Äußerungen der Mehrheit der Missionare über den Ahnenkult bleiben aber sehr kritisch.

Schaub sagte: "Vielleicht war dieser Kult ursprünglich im wesentlichen nur eine Bezeugung der fortwährenden liebevollen Erinnerung an die Verstorbenen, der der Chinese nach seiner Weise mit Schweinefleisch, Reis und Weinopfern Ausdruck gab. [...] Nicht nur ist die moderne Ahnenverehrung mit ihrer Geomantie und sonstigem Aberglauben eine heidnische Verirrung, schon der ursprüngliche Ahnenkult ist eine ungöttliche Verirrung des ethischen Triebes, seine Eltern zu lieben und zu ehren. [...] Damit nun die Verstorbenen nicht als herumirrende, hungrige Geister Unheil über ihre Nachkommen bringen, müssen sie stets mit den nötigen Opferspenden versehen werden. Das ist eigentlich die Hauptsache des so berühmten chinesischen Ahnenkultus."[285] Voskamp beurteilte die Ahnenverehrung der Chinesen nicht nur als "ein[en] Aberglauben, der die Unwissenden knechtet", sondern auch als "die Furcht vor den Toten".[286] "Ja wahrlich, die Chinesen sind aus Furcht des Todes und der Toten, der abgeschiedenen Geister und der Gespenster ihr Leben lang Knechte, wenn nicht das Evangelium sie davon frei macht. Und während sie die Geister fürchten, bemitleiden sie dieselben und thun alles, um ihr Los zu lindern durch große Opfer und Gaben."[287]

Die Ahnenverehrung war schon im 17. und 18. Jahrhundert Gegenstand heftiger Dispute unter den Jesuiten selbst und zwischen Jesuiten und anderen katholischen Chinamissionaren, wie den Dominikanern und Franziskanern. Während die meisten Jesuiten eine tolerante Haltung gegenüber der Ahnenverehrung annahmen, kämpften ihre Gegner entschieden gegen die Ahnenverehrung. Schließlich wurde die Tolerierung der Ahnenverehrung der römisch-katholischen Mission nicht mehr gestattet.[288] Die verschiedenen in China arbeitenden protestantischen Missionsgesellschaften waren von vornherein – mit Ausnahme weniger Personen, wie W. A. P. Martin, Joseph Edkins, Alexander Williamson, Gilbert Reid, die den Ahnenkult der Chinesen nur als "eine Geste der Pietät gegenüber den Vorfahren" ansahen – darin einig, daß "der Ahnendienst mit dem Christentum unvereinbar sei".[289]

Gerichtet auf die schon im Ritenstreit des 17. und 18. Jahrhunderts aufgestellte Frage, ob die Ahnenverehrung der Chinesen "eine rein weltliche Handlung" sei, betonte Faber deren religiöse Bedeutung und zog auf der allgemeinen Konferenz der protestantischen Missionare in Shanghai 1890 folgendes Fazit: Die Voraussetzungen der Ahnenverehrung der Chinesen seien die Vorstellungen, "daß die entkörperten Seelen denselben Bedürfnissen unterworfen sind,

---

[284] Schultze 1887, S. 80f.
[285] Schaub Das Geistesleben der Chinesen 1898, S. 233.
[286] Voskamp Unter dem Banner des Drachen 1900, S. 35.
[287] Voskamp Unter dem Banner des Drachen 1900, S. 48.
[288] Siehe Kapitel I, Abschnitt 2.
[289] Dazu siehe Nitschkowsky 1895, S. 386; Schaub 1890, S. 382.

wie die den Leibern einwohnenden Seelen"; "daß das Glück der Toten von den Opferungen der lebenden Nachkommen abhängig ist"; "daß die menschliche Seele im Moment des Todes in drei Teile zerfällt; eine Seele steigt in den Hades, die andere bleibt am Grabe, die dritte nimmt ihren Sitz in der Ahnenhalle an der Ahnentafel ein"; "daß diese Seelen, während der Opferceremonie sich zusammenfinden und an dem ätherischen Teil der Opfer teilnehmen"; "daß alle diejenigen abgeschiedenen Seelen, welche nicht mit Opfern versorgt werden, sich in hungrige Geister verwandeln, welche alle Arten von Unglück den Lebenden verursachen"; "daß alles Wohlergehen der Lebenden Segnungen der Abgeschiedenen sind". Daher lautete die Schlußfolgerung: "Die Ahnenverehrung ist nicht ein bloßes Gedächtnis der Abgeschiedenen, sondern ein beabsichtigter Verkehr mit der Geisterwelt, mit den Mächten des Hades oder der Finsternis, welches durch göttliches Gesetz verboten ist. [...] Indem die Ahnenverehrung die Grenze der menschlichen Verbindlichkeit überschreitet, ruft sie sehr schlimme Übelstände hervor; dies gilt sowohl von seiner ältesten als auch von seiner modernen Erscheinungsform."[290]

Die deutschen protestantischen Missionare verurteilten die Ahnenverehrung der Chinesen als "Götzendienst" und "das festeste, fast uneinnembare Bollwerk, mit dem die Missionsarbeit es zu thun hat"[291]. In ihren Augen war der Ahnenkult "die eigentliche Hochburg des chinesischen Heidentums gegen das Christentum"[292]. "Die Anbetung der Geister ist die nationale Religion dieses asiatischen Volkes. Sie ist auch das furchtbarste Hindernis gegen die Ausbreitung des Evangeliums!"[293] Und: "Die götzendienerische Handlung, die Furcht vor den Geistern und den Uebernatürlichen überhaupt wirkt hier nicht herzveredelnd und darum auch nicht vorbereitend fürs Evangelium."[294] Daher traten die deutschen protestantischen Missionare für eine entschlossene Bekämpfung der Ahnenverehrung ein. Sie behaupteten: "Der Ahnenkult darf aus keinen Gründen, in keiner Form, und sei sie auch noch so abgeschwächt, geduldet werden."[295]

Es gab nur einige Missionare, die eine mildere Haltung gegenüber der Ahnenverehrung einnahmen. Nitschkowsky beispielsweise kritisierte zwar die Ahnenverehrung, schlug aber ein toleranteres Verhalten vor: "Dessenungeachtet soll es den chinesischen Christen unverwehrt bleiben, zu ihren edlen Ahnen, den Großen und Propheten ihres Volkes, sofern sie 'mit Geduld in guten Werken nach dem ewigen Leben trachteten, und denen Gott einst nach ihren Werken geben wird: Preis und Ehre und unvergängliches Wesen' (Röm. 2, 6f.), aufzuschauen und ihnen innerhalb der von der heil. Schrift gezogenen Grenzen Verehrung darzubringen. Sie sollen den Eltern dienend sie von ganzem Herzen

---

[290] Zitat nach Nitschkowsky 1895, S. 389.
[291] Nitschkowsky 1895, S. 289.
[292] Voskamp Unter dem Banner des Drachen 1900, S. 50.
[293] Voskamp Unter dem Banner des Drachen 1900, S. 48.
[294] Faber China in seinen Beziehungen 1879, S. 116.
[295] Voskamp Unter dem Banner des Drachen 1900, S. 52.

lieben, wie sich selbst, sie sollen sie auch, wie Konfucius [Konfuzius] sagt, anstandsgemäß begraben, ja auch ihnen nachtrauern, wenn sie von hinnen gehen, selbst bis auf weiteres, mit den den orientalischen Völkern eigenen Lamentationen und Prostrationen etc. als Ausdruck der Trauer. [...] Aber hier ist die Grenze, nicht darüber hinaus! Alles und jedes, was Anbetung, Opfer und Götzendienst heißt in irgend einer Weise, muß auf Warte Gottes zuwider gemieden werden."[296]

In den Augen der meisten Missionare war die Ahnenverehrung eine Art von "Abgötterei", die "große Nationalsünde" der Chinesen.[297] Der negative Einfluß der Ahnenverehrung auf das chinesische Volk wurde nachdrücklich hervorgehoben. Faber urteilte: "Die Ahnenverehrung untergräbt den Glauben an eine gerechte Vergeltung Gottes in der Zukunft. Es wird nur zwischen reich und arm, nicht zwischen bösen und guten unterschieden"; "sie stellt die kaiserlichen Ahnen auf gleiche Stufe mit dem Himmel und der Erde, während die gewöhnlichen Gottheiten oder Geister zwei Grade tiefer zu stehen kommen"; "sie ist die Quelle der Geomantie, Nekromantie und anderen abscheulichen Aberglaubens, des Aufschubs, des Begräbnisses für Monate und Jahre, des Leichendiebstahls etc."; "sie ist die Ursache der Polygamie und vielen Unheils im Familienleben der Chinesen; sie reizt mehr die animalische Natur des Menschen, wie auch Selbstsucht und Furcht, als die edleren Regungen der Liebe"; "sie erzeugt und nährt die Clanschaft, da jeder Stamm seine eigenen Schutzahnen hat. Die Folge davon sind häufige, unheilvolle Dorfkriege"; "sie hat eine extreme Anschauung der väterlichen Autorität entwickelt, welche die individuelle Freiheit vernichtet"; "sie fesselt Millionen talentvoller Leute durch alte Institutionen und hindert einen gesunden Fortschritt".[298]

Voskamp betonte ebenfalls die negative Auswirkung der Ahnenverehrung auf das chinesische Volksleben. Er bezeichnete die Ahnenverehrung bzw. den Ahnendienst als "ein nationales Unglück" Chinas und zählte dessen Folgen auf: 1) "Kinder-Verlobungen und -Heiraten in frühster Jugend, sowie ein enormes Anschwellen der Bevölkerung ohne Mittel der Ernährung." 2) "Vielweiberei, denn man kauft selbst in Fällen größter Armut ein zweites und drittes Weib, weil man einen Sohn haben will, der den Totendienst besorgt, und gerät dadurch den Wucherern in die Hände, die zu dem in China üblichen Prozentsatz von 30% Geld verleihen." 3) "Die [...] ungeheuren Ausgaben für alles, was mit dem Götzen-, Geister- und Totendienst zusammenhängt." 4) "Den schweren Verlust in industrieller Beziehung, da Tausende von Menschen nur Artikel bereiten, die für den Ahnendienst erforderlich sind." 5) "Die Abneigung der Chinesen, sich in fremden Ländern mit den übrigen Bewohnern zu verschmelzen." 6) "Als Folgen der Übervölkerung zeigen sich in China Räubertum in jeder Form, ewige Aufstände und Insurrektionen." 7) "Der unheimliche

---

[296] Nitschkowsky 1895, S. 390.
[297] Krone Was die Chinesen von Gott wußten 1855, S. 69.
[298] Zitat nach Nitschkowsky 1895, S. 389.

Fremdenhaß, die starke Abneigung gegen jede Erschließung des Landes durch Eisenbahnen und Bergbau."[299] Insgesamt: "Es sieht nicht, wie alle anderen Völker, in die Morgenröte der Zukunft, sondern wendet den Blick in die Nacht der Vergangenheit."[300]

Die Missionare stimmten darin überein, daß das Evangelium die "einzige, erfolgreiche Waffe in diesem Kampf gegen den Ahnendienst" sei. Voskamp charakterisierte es wie folgt: "Das Evangelium von dem gekreuzigten und auferstandenen Heiland, der die Sünden vergiebt, der die Toten- und Geisterfurcht bahnt und uns die Hoffnung auf ein ewiges, seliges Leben schenkt."[301] Die Chinesen könnten nur vom Evangelium und Heiland Trost bekommen und von dem Joch der Furcht vor Tod befreit werden. Voskamp beschrieb: "Ich bekenne, daß ich, so lange ich in China wirke, von einer direkten Bekämpfung des Ahnendienstes nicht viel gehalten habe. Läßt es die Schriftstelle zu, so werfe man ein kurzes, helles Licht darüber. Unleugbar aber ist bei den Neugetauften das Verlangen vorhanden, das ich aber nie erfüllt habe, an dem Grabe der Voreltern, besonders von Vater und Mutter, durch ein Gebet für die Toten, das der Missionar sprechen möchte, die innere Unruhe über das Los der Abgeschiedenen zu stillen, die vielleicht in der alten Christenheit, und, wie mir versichert wurde, auch in China zu dem Wunsche führte, sich taufen zu lassen über den Toten."[302] So fanden die Missionare aus der Ahnenverehrung wieder eine Rechtfertigung der christlichen Mission in China.

---

[299] Voskamp Unter dem Banner des Drachen 1900, S. 49f. – Voskamp rechnete: "Der ganze Totendienst erfordert also (in China jährlich) zum mindesten 336 Millionen Mark, oder sagen wir kurz: China giebt täglich fast eine Million Mark für Ahnen-, Geister- und Totendienst aus. [...] Dieser ungeheure Aufwand geschieht nicht aus kindlicher Liebe, sondern aus Furcht. Die Lebenden sind die Sklaven der Toten." Voskamp Unter dem Banner des Drachen 1900, S. 46. – "Von etwa zehn Familien, die über die Ausgaben befragt wurden, ergab sich, daß eine heidnische Familie im Durchschnitt über 1/5 des jährlichen Einkommens für diesen Dienst der Toten und der Götter ausgiebt. Man rechnet, daß die Stadt Kanton alljährlich ca. 6 1/2 Millionen Mark diesen Toten opfert." Voskamp Unter dem Banner des Drachen 1900, 49. – In der Stadt Guangzhou allein beschäftigten sich etwa 13000 Arbeiter mit der Herstellung derselben. Voskamp Unter dem Banner des Drachen 1900, S. 49.
[300] Voskamp Unter dem Banner des Drachen 1900, S. 35.
[301] Voskamp Unter dem Banner des Drachen 1900, S. 51.
[302] Voskamp Unter dem Banner des Drachen 1900, S. 54.

5.3. Über den Konfuzianismus

Im alten China nahm der Konfuzianismus als Ideologie über lange Zeit eine beherrschende Stellung ein. Er "stellt ein vielschichtiges Gebilde dar, in dem religiöse, philosophische, sozialethische und lebensanschauliche Aspekte fast untrennbar vermischt sind"[303]. Im Konfuzianismus sahen die Jesuiten des 17. und 18. Jahrhunderts "die Fortsetzung der reinen Lehre Chinas und damit den eigentlichen Typus der Religion"[304]. Dagegen charakterisierte Hegel vom religionsphilosophischen Standpunkt Konfuzius als "Moralist, nicht eigentlich [als] Moralphilosoph"[305]. Konfuzius sei "praktischer Weltweiser". Er habe "keine spekulative Philosophie" entwickelt, sondern "nur gute, tüchtige, moralische Lehren, worin wir aber nichts Besonderes gewinnen können".[306] In den Werken des Konfuzius fänden sich "zwar richtige moralische Aussprüche; aber es ist ein Herumreden, eine Reflexion und ein sich Herumwenden darin, welches sich nicht über das Gewöhnliche erhebt"[307]. Man könne Konfuzius "nicht mit Sokrates oder ähnlichen Denkern vergleichen; er war auch nicht Gesetzgeber wie Solon"[308]. Das Konfuzius-Bild Hegels war im 19. Jahrhundert in Europa weit verbreitet und wirkt bis heute nach.

Die Urteile Hegels über die Persönlichkeit und die Philosophie des Konfuzius übten auf die deutschen protestantischen Missionare großen Einfluß aus. Wie Hegel so betrachteten auch die Missionare Konfuzius nicht als spekulativen Philosophen. Lechler wies darauf hin, daß Konfuzius keineswegs etwas Neues hervorrufen wollte. "Er erblickte in dem Alterthum die Vollkommenheit und stellte sich deshalb bloß die Aufgabe, die Prinzipien und die Handlungen der Alten zu beleuchten, und das, was von mündlicher Tradition oder von zerstreuten Dokumenten aus den vergangenen Zeiten vorhanden war, zu einem Ganzen zu sammeln, um es als solches der Nachwelt zu überliefern."[309] Nach Ansicht Fabers hatte Konfuzius "überhaupt keine Originallehren" produziert.[310] Konfuzius sei "kein spekulativer Denker". Er "ist ein praktischer Kopf, der sich an das Nächste und Fasslichste hält. Von Wissenschaftlichkeit ist bei ihm keine Spur. Er wirft seine Gedanken hin ohne sie zu begründen und ohne sie in syste-

---

[303] Franke 1974, S. 656.
[304] Rennstich 1988, S. 97.
[305] Siehe Merkel 1942, S. 18.
[306] Zitat nach Merkel 1942, S. 22.
[307] Zitat nach Merkel 1942, S. 18.
[308] Zitat nach Merkel 1942, S. 18. – "Cicero de officiis – ein moralisches Predigtbuch gibt uns mehr und Besseres, als alle Bücher des Konfutsee." Zitat nach Merkel 1942, S. 22.
[309] Lechler 1861, S. 23.
[310] Faber 1872, S. 4.

matischen Zusammenhang zu bringen."[311] Piton wies ebenso darauf, daß Konfuzius kein Philosoph "im Sinn eines Pythagoras oder eines Plato, eines Cartesius oder eines Kant" sei.[312] Er sei nicht "Neuerer, sondern nur ein Ueberlieferer"[313].

Konfuzius wolle aber auch nicht, "ein religiöser Führer seines Volkes zu sein"[314]. Er sei kein Religionsstifter, "wie Moses oder Jesus, wie Buddha oder Mohammed es waren"[315]. Piton behauptete: "Konfuzius litt offenbar an einem bedenklichen Mangel an religiösem Sinn. [...] Er hatte [...] keine Ahnung von der Macht der religiösen Motive zur Ausrichtung eines Reformationswerkes, wie das von ihm unternommene."[316] Genähr merkte an: "Konfuzius, der durchaus kein spekulativer Denker war, sich überhaupt nur ungern mit übernatürlichen Dingen beschäftigte, hat sich weder über das eine (unsere Liebe zu Gott), noch über das andere (Gottes Liebe zu uns) Reflexionen hingegeben."[317]

Was Konfuzius war? In den Augen der Missionare war er "eine hauptsächlich intellektuell gerichtete, zum Formalismus geneigte Natur, und in dieser Richtung hat er denn auch sein Volk beeinflußt"[318]. Konfuzius sei noch "ebensoviel, ja mehr Politiker als Moral-Philosoph, denn das Ziel seiner Moral ist Politik"[319]. "Seine Gedanken und Lehren gehen ausgesprochener Massen nicht über die Erscheinungen dieser Zeitlichkeit hinaus. Von allen Dingen in der Welt interessiert ihn aber nur der Mensch, und zwar wie er sich in Wirklichkeit zeigt, wie er nach den alten Dokumenten gewesen ist und wie er werden sollte."[320]

Der Lehrbegriff des Konfuzius sei "ausschließlich ethisch-anthropologisch"[321]. Faber konstatierte, "Humanismus" sei "das eigentliche, charakteristische Wesen des Konfucianismus", und sein "Konservativismus" beziehe sich hauptsächlich auf "die humanistischen Elemente der Vorzeit, besonders auf politischem Gebiete"[322]. Für Maus war die Lehre Konfucius "eigentlich mehr Moral-Philosophie, als Religion. Sie bezieht sich auf das Diesseits"[323]. Schaub teilte die gleiche Ansicht: "Der Konfucianismus überläßt nun allerdings diese Vermittlung mit der Unterwelt den anderen Religionen. Sein Hauptgebiet ist die Pflege der allgemeinen Moral und der Gelehrtenbildung."[324] Kranz behauptete: "Der Konfuzianismus ist eine nüchterne Moralphilosophie, zwar nicht unehrerbietig gegen die Geister und Götter, aber sich möglichst fern von ihnen haltend,

---

[311] Faber 1872, S. 4.
[312] Piton 1903, S. 3.
[313] Piton 1903, S. 18.
[314] Piton 1903, S. 22.
[315] Piton 1903, S. 3.
[316] Piton 1903, S. 21.
[317] Genähr Die Religion der Chinesen 1897, S. 82
[318] Piton 1903, S. 22.
[319] Faber 1873, S. 2.
[320] Faber 1872, S. 3.
[321] Faber 1872, S. 1.
[322] Faber 1886, S.103.
[323] Maus Das Reich der Mitte 1901, S. 13.
[324] Schaub Das Geistesleben der Chinesen 1898, S. 234.

außer bei den althergebrachten Ahnenopfern und den festgesetzten Staatszeremonien. Sein Hauptziel ist die Vervollkommnung des Staats durch sittliche Erziehung des einzelnen und der Familie. In feingeschliffenen Sentenzen hat er wie Edelsteine blitzende Morallehren aufgestellt, welche man mit Vergnügen und Achtung liest."[325]

Die Charakterisierung des Konfuzius und Konfuzianismus durch die Missionare reflektiert eine allgemeine Tendenz, die in Europa im 19. Jahrhundert eine beherrschende Stellung innehatte. Diese Tendenz ist in den neueren Forschungen auf scharfe Kritik gestoßen. Man glaubt, daß Konfuzius gründliche Reflexionen über das alte Moralleben, Religionsleben, Literatur- und Kunstleben, Wissenschaftsleben und seine eigene Geisteswelt betrieben habe. Er sei kein bloßer Moralist, sondern der erste chinesische Philosoph mit tiefschürfenden Gedanken.[326] Aus der Reflexion über alte Traditionen, "die sich zugleich als bewußte Annahme und Interpretation der alten Traditionen gestaltete", entwickele Konfuzius "eine politisch-soziale Philosophie und Ethik", die in der traditionellen Kultur Chinas eine bestimmende Rolle gespielt habe.[327]

Obwohl die Missionare den Konfuzianismus nicht als eine Religion ansahen, sprachen sie aber von drei Formen der Religion in China, nämlich von Konfuzianismus, Taoismus und Buddhismus. Hierbei wurde der Konfuzianismus gewöhnlich als "Staatsreligion" betrachtet.[328] Zumindest vertraten die Missionare die Auffassung, daß der Konfuzianismus "hervorgegangen ist aus der alten Staatsreligion der Chinesen, die 'ein höchstes Wesen', Schangti, aber unter ihm unzählige Naturkräfte, Heroen u.s.w. anerkennt und mit der der Ahnendienst in engem Zusammenhang steht"[329]. Piton schrieb: "Was man Konfuzianismus heißt, ist die Religion der alten Chinesen, wie sie lange vor Konfuzius bestanden hat. Sie trägt den Namen, unter dem wir sie kennen, weil diesem Manne das Verdienst zukommt, am meisten für ihre Erhaltung bis auf unsere Zeit beigetragen zu haben."[330] Faber konstatierte: "Als Religion besteht der Konfuzianismus in Verehrung der Naturerscheinungen von Himmel, Erde, Meer, Bergen, Flüssen, Regen, Wind, Sternen etc. und deren Göttern. Die Geister der Verstorbenen, der berühmten Männer und Frauen und besonders der Ahnen, haben einen besonders ausgebildeten Kultus."[331] Und durch letzteren werde der Konfuzianismus zur Volksreligion.[332]

Zum Verhältnis des Konfuzianismus zur alten Religion und auf die Frage, inwieweit man den Konfuzianismus als eine Religion erachten kann, erstellte Genähr eine relativ ausführliche Analyse. Er konstatierte: "Konfuzius und seine Schüler, sowie seine späteren Nachfolger, die sich nicht weiter erheben konnten

---

[325] Kranz Die Missionspflicht 1900, S. 3f.
[326] Feng 1982, S. 129.
[327] Franke 1974, S. 657. Siehe auch Feng 1982, S. 124ff.; Wang 1993, S. 57ff.
[328] Lechler 1861, S. 23.
[329] Genähr Die Religion der Chinesen 1897, S. 81.
[330] Piton 1903, S. 3.
[331] Faber Theorie und Praxis 1899, S. 228.
[332] Faber Theorie und Praxis 1899, S. 228.

als zu dem unbestimmten Begriff 'Himmel' und dessen Wolken nach eisernen Gesetzen, 'des Himmels Bestimmung' (Vorsehung), und die sich den Schangti der Klassiker nur als göttliche Macht im Sinne des Deismus oder als unpersönliche Weltseele denken konnten, haben die alte Reichsreligion gerade von diesen theistischen Anklängen, [...] soviel als möglich reinigen zu müssen geglaubt, und sie dadurch ihres religiösen Gehaltes entkleidet, so daß man nicht mit Unrecht gemeint hat, es als einen Irrtum bezeichnen zu müssen, wenn bei der Erwähnung der in China herrschenden Religionen neben dem Buddhismus und Taoismus auch der Konfuzianismus genannt wird."[333] Besonders habe der Konfuzianismus keine Antwort auf die folgende Fragen gegeben, nämlich "Ist Gott und Was ist er? Wie wird der Mensch seiner Sünden quitt? Was wird mit ihm nach dem Tode?"[334] Andererseits sei der Konfuzianismus in großem Maße "mit Ahnen-, Heroen- und Naturkultus stark vermischt". So dürfe man ihn nicht einfach als "utilitarischen Moralismus" charakterisieren.[335] Zum Schluß bezeichnete Genähr – in Anlehnung an Tiele – den Konfuzianismus als "ethische[n] Naturalismus" und betonte seine Beziehung mit der alten "Reichsreligion".[336]

Die Jesuiten des 17. und 18. Jahrhunderts waren der Auffassung, daß sich die Lehre des Konfuzius und der christliche Glauben nicht widersprächen. Man solle nicht im Gegensatz zu ihr, sondern im Einklang mit ihr das Christentum in China verbreiten.[337] Wie die Jesuiten erkannten die deutschen protestantischen Missionare auch, daß es in der Lehre des Konfuzius bzw. Konfuzianismus manche "Anknüpfungspunkte" zum Christentum gäbe. Man könne sie benutzen und mit dem Christentum überlagern.[338] Besonders in den letzten drei Jahrzehnten des 19. Jahrhunderts stellten manche protestantische Missionare das Motto "Konfuzius plus Jesus" bzw. "Konfuzianismus ergänzt durch das Christentum" auf.[339] Das "Ausgezeichnete der confucischen Lehre über das Verhalten der Menschen zueinander, mit mancherlei Anklängen an die Lehren christlicher Offenbarung" wurden mehrfach betont.[340]

Faber wies darauf hin, "daß die Stellung des Konfuzius als moralischer Lehrer eine hohe ist. Wir wollen dem volle Gerechtigkeit widerfahren lassen und noch besonders als beachtenswert hervorheben, daß Konfuzius zur Selbstprüfung auffordert, zur Menschenkenntnis, zur Selbstverleugnung. Er ist gegen bloßen Formdienst. Talente ohne sittlichen Gehalt sind der Beachtung nicht wert. Die Richtung, der Wille aufs Gute bewahrt vor Bösem. Die goldene Regel

---

[333] Genähr Die Religion der Chinesen 1897, S. 81.
[334] Genähr Die Religion der Chinesen 1897, S. 81. - Diese Fragen wurden im wesentlichen nach dem Modell des Christentums gestellt. So beurteilte Genähr gerade nach dem christlichen Maßstab die chinesische Religion.
[335] Genähr Die Religion der Chinesen 1897, S. 81.
[336] Genähr Die Religion der Chinesen 1897, S. 81.
[337] Siehe dazu Rennstich 1988, S. 97.
[338] Siehe dazu Happel 1899, S. 129ff.
[339] Gu 1981, S. 186ff.; Gu Jidujiao 1996, S. 262ff.
[340] Faber 1872, S. 68.

der Gegenseitigkeit ist negativ und positiv aufgestellt. (Sich in des andern Lage versetzen und ihn danach behandeln.) Alle Menschen innerhalb der vier Meere sind Brüder. Wärme fürs Alte und Wissen des Neuen macht den Lehrer. Die Sünden der Väter sollen nicht an den Kindern gestraft werden. Kommt natürliche Pflicht mit Staatsgesetzen in Konflikt, so ist ersterer zu folgen. Rechtsfälle sollen verhindert werden; ebenso wird Todesstrafe nicht gut geheißen. Ungerechtes Gut ist zu verschmähen. Konfuzius selber zeigt Mitgefühl für Trauernde, beim Tod des Lieblingsschülers großen Schmerz, Teilnahme gegen Blinde und ist rücksichtsvoll auch gegen Tiere. [...] In den Aussagen über sich selbst bleibt Konfuzius immer in bescheidenen Grenzen und überhebt sich nie."[341] Hier hatte Faber die Vorzüge des Konfuzianismus herausgearbeitet.

Faber sah in folgenden Punkten die Gemeinsamkeiten von Konfuzianismus und Christentum: 1) "Divine Providence over human affairs and visitation of human sin are acknowledged." 2) "An Invisible World above and around this material life is firmly believed in." 3) "A Moral Law is positively set forth as binding equally on man and spirits." 4) "Prayer is offered in public calamities as well as for private needs, in the belief that it is heard and answered by the spiritual powers." 5) "Sacrifices are regarded as necessary to come into closer contact with the spiritual world." 6) "Miracles are believed in as the natural efficacy of Spirits." 7) "Moral Duty is taught, and its obligations in the five human relations – sovereign and minister, father and son, husband and wife, elder brother and younger, friend and friend." 8) "Cultivation of the Personal Moral Character is regarded as the basis for the successful carrying out of the social duties." 9) "Virtue is valued above riches and honor." 10) "In case of failure in political and social life the moral selfculture and the practice of humanity are to be attended to even more carefully than before, according to opportunities." 11) "Sincerity and truth are shown to be the only basis for selfculture and the reform of the world." 12) "The Golden Rule is proclaimed as the principle of moral conduct among our fellow-men." 13) "Everey ruler should carry out a Benevolent Government for the benefit of the people."[342] Dazu schrieb Voskamp: "Man hat bemerkt, daß vieles in den Lehren des Confucius sich den Worten des Heilandes in der Bergpredigt nähert. Er fordert Liebe und Gerechtigkeit, Unterwerfung unter die, die über uns stehen, und freundliches, gerechtes Handeln gegen die, die uns untergeben sind. Er regelt die Beziehungen zwischen Menschen und Menschen."[343]

Jedoch wichen die deutschen protestantischen Missionare des 19. Jahrhunderts stark von der Position der frühen Jesuiten zu Konfuzius und dem Konfuzianismus ab. Sie beurteilten den Konfuzianismus vielfach negativ. Schon in den 70er Jahren hatte Faber in der Lehre des Konfuzius "eine grosse

---

[341] Faber 1872, S. 66f. - Dieses Wort wurde auch von Flad in seinem Buch über Konfuzius zitiert. Siehe Flad 1904, S. 86.
[342] Faber Confucianismus 1896, S. 2ff. Siehe auch Mende 1986, S. 391.
[343] Voskamp Unter dem Banner des Drachen 1900, S. 71.

Anzahl Punkte als Mängel oder Fehler"[344] herausgefunden. Er warf ihr u.a. vor, daß sie "kein Verhältniss zu einem lebendigen Gott" kenne; sie habe keine Unterscheidung zwischen menschlicher Seele und Leibe, keine nähere physische und psychische Bestimmung vom Mensch gemacht; sie habe nicht ernsthaft gegen das Böse bekämpft und außer "der Vergeltung im socialen Leben" kein Wort von der Bestrafung des Bösen gesprochen; sie habe kein "tieferes Verständniss der Sünde und des Uebels überhaupt" und könne daher den Tod nicht erklären; sie habe keine Ahnung vom "Mittler" und "Wiederhersteller der ursprünglichen Natur nach dem im Menschen liegenden Ideal"; sie spreche kaum vom Gebet und habe die "Wahrheit der Rede nicht praktisch eingeschärft"; sie erdulde "Polygamie" und erlaube "Polytheismus"; sie halte "Wahrsagerei, Tagewählerei, Omina, Träume und andere Schäume (Phönix, Flußkarte etc.)" für wahr und vermische die Ethik "mit äusserem Ceremoniell und bestimmter Staatsform"; sie habe ein "tyrannisch[es]" soziales System hergestellt und die Frauen als "Sclave" behandelt; sie übertreibe die "kindliche Pflicht" bis "zur Vergötterung der Eltern"; sie fördere den "Cultus des Genius", nämlich die "Menschenvergötterung" und gebe keinen "bestimmte[n] Ausdruck der Unsterblichkeitslehre"; sie verspreche allen Lohn in dieser Welt und pflege "damit unwillkürlich die Selbstsucht".[345]

Später in den 90er Jahren kritisierte Faber weiterhin die Mängel des Konfuzianismus, welchen im Christentum Vollkommenheit gegenüberstand. Es seien: 1) "God, though dimly known, is not the only objekt of religious worship." 2) "The Worship of Spiritual Beings is not done in spirit and in truth, but by punctilious observance of prescribed ceremonies to the minutest detail." 3) "The Worship of Ancestral Spirits, tablets and graves." 4) "The Erection of Temples to great warriors and to other men of eminence in which sacrifices are offered and incense is burned to their shades." 5) "The Memorial Arches erected to persons that committed suicide, especially to widows, are throwing a sad light on the morality of a community where such crimes are necessitated." 6) "Oracles, by stalks and the tortoise-shell, are declared necessary for the right conduct of human affairs." 7) "Choosing Lucky Days is a sacred duty demanded by the Classics and enforced by law." 8) "Polygamy". 9) "Rebellion". 10) "Confucianism attaches too high authority to the Emperor." 11) "Patria Potestas". 12) "Blood Revenge". 13) "The absolute Subordination of sons to their fathers and of younger brother to their eldest brother during life-time". 14) "The custom of making presents to the superior in office". 15) "The Sacredness of a promise, contract, oath, treaty, etc., is often violated when opportunity is favorable to a personal advantage." 16) "The Identity of physical, moral and political law is presumed by Confucianism."[346] Bei dieser Verurteilung ging Faber hauptsächlich vom Standpunkt des Christentums aus und der Maßstab,

---

[344] Faber 1872, S. 68.
[345] Faber 1872, S. 68ff.
[346] Faber Confucianism 1895, S. 4ff. Siehe auch Kranz D. Ernst Faber 1901, S. 231f.; Mende 1896, S. 391.

mit dem Faber den Konfuzianismus maß, war die christliche Religion. Für ihn bot "das ganze System" des Konfuzianismus "geringen Leuten keinen Trost weder für's Leben noch für's Sterben".[347]

Andere Missionare machten Konfuzius den gleichen Vorwurf. Genähr kritisierte: "Von einem persönlichen Verhältnis des Menschen zu Gott, von Liebe und Dankbarkeit gegen ihn, ist in dem System des Konfuzius keine Rede."[348] Piton behauptete: "Kalt, wie er sich dem 'höchsten Gott' gegenüber verhielt, kann man auch keinen großen Eifer von ihm erwarten in Betreff der geringeren Gottheiten. [...] Er hatte auch keinen Glauben an die Erhörung der an die Geister gerichteten Gebete."[349] Voskamp war der Meinung, daß Konfuzius "kein Wort über das tiefste Verhältnis der Seele zu dem unsichtbaren, ewigen Gott", spreche. "Sein Gedankenflug ist nicht himmelwärts, sondern erdwärts gerichtet. Er stellt das große Vorbild eines 'Menschen, wie er sein soll', vor seine Zeitgenossen und die nachkommenden Geschlechter, wie er rein, selbstlos, würdig, gerecht, männlich und wohlthätig ist. Da taucht beim Lesen seiner Worte die heilige Gestalt des Heilandes vor unserm Auge auf: der vollkommene Mensch, der mehr ist, als ein Mensch, und dessen heidnischer Prophet, wenn auch dunkel und unklar, Confucius ist."[350]

In bezug auf die Lehre Konfuzius über die fünf Gesellschaftsformen und die fünf Tugenden kommentierte Schaub: "Da dieser Moral, wie allen heidnischen Philosophien, die Beziehung zum lebendigen Gott fehlt, so sind die fünf chinesischen Tugenden 'Yin, ngi, li, tschi, sin' Humanität, Gerechtigkeit, Sitte, Weisheit und Treue nur gesellschaftliche, bürgerliche Tugenden. Hiernach ist die Hauptsache, in allem die rechte Mitte zu halten, um jeder Zeit glatt durch die Welt zu kommen. Ueberhaupt ist der Konfuzianismus von Anfang an auf den Pharisäismus angelegt. Das haben schon Laotse und seine Schüler bemerkt und deshalb den Konfuzianismus mit ihrer scharfen Kritik gegeißelt."[351] Und: "Was Konfucius und seine Schüler über die fünf gesellschaftlichen Stellungen sagen, zeugt von einem kräftigen sittlichen Streben dieser Weisen. Weil aber den 'ng lin', den fünf Verhältnisstellungen, die feste Basis, die Beziehung der Menschen zu Gott fehlt, mangelt all dem Guten, was Konfucius lehrt, die Lebenssaft spendende Wurzel, die durchdringende Bildungskraft."[352] Schaub kritisierte: "Es fehlt auch die gehörige Harmonie. Einzelnes ist ungesund übertrieben, ja zur Karikatur entwickelt, wie die Liebe und Ehrfurcht der Eltern, während dem andere Verhältnisse beinahe ganz vernachlässigt werden, wie die Ehe und die Pflicht der Eltern gegen die Kinder, überhaupt des Höhern zum Niederstehenden."[353] Diese Kritik berührt den Kern des Konfuzianismus.

---

[347] Faber 1872, S. 70.
[348] Genähr Die Religion der Chinesen 1897, S. 82.
[349] Piton 1904, S. 23f.
[350] Voskamp Unter dem Banner des Drachen 1900, S. 71.
[351] Schaub Die theologische Ausbildung 1898, S. 68.
[352] Schaub Das Geistesleben der Chinesen 1898, S. 236.
[353] Schaub Das Geistesleben der Chinesen 1898, S. 236.

Der Konfuzianismus wurde nicht nur als Religion, sondern auch als "Morallehre" angegriffen.

Was der Einfluß des Konfuzius und Konfuzianismus auf die Nachwelt betrifft, wiesen die Missionare vor allem auf die "Verflachung" des Gottesbegriffes durch Konfuzius und die Konfuzianer hin. Sie machten Konfuzius den Vorwurf, daß er "die Lehren des Alterthums bedeutend verflacht, z. B. die Lehre von Gott im Himmel, etc."[354] Piton schrieb: "Anstatt sein Volk zum Gott seiner Väter zurückzuführen, hat er es um das bißchen Gotteserkenntnis, das etwa noch vorhanden war, vollends gebracht und dadurch dem Götzendienst, wie er in späteren Jahrhunderten vom Buddhismus und Taoismus eingeführt wurde, den Weg gebahnt."[355] Schaub behauptete auch: "Konfucius und seine Schüler vermeiden es nun allerdings, das höchste Wesen Schangti zu nennen; sie pflegen gewöhnlich Gott mit Then (Himmel) zu bezeichnen, und haben dadurch viel dazu beigetragen, daß den Chinesen die ursprüngliche Idee eines lebendigen, persönlichen Gottes nach und nach verloren ging. Der festgeordnete Lauf der Gestirne und der alles bedeckende und segnende Himmel war Konfucius das Höchste, das eine Große, wie ja auch das chinesische Zeichen für Himmel aus eins und groß zusammengesetzt ist.[356]

Die zweite negative Auswirkung des Konfuzianismus sei die "Förderung der Ahnenverehrung". Die Missionare stellten fest, daß Konfuzius die Ahnenverehrung sehr gefördert habe. Durch ihn sei "die Anbetung der abgeschiedenen Geister und der Toten durch Gaben und Opfer vor Gräbern und Ahnentafeln"

---

[354] Faber 1872, S. 4. - "Aber, wie schon bemerkt, Confucius selber ist dem alten Gott Shangdi schon entfremdet, und hat damit, ohne eigentlich zu wollen, dem Geisterdienst Vorschub geleistet." Faber 1872, S. 11f. - Kranz behauptete sogar: "Der größte Fehler des Konfuzianismus aber war der, daß er die vorhandene Gotteserkenntnis der Chinesen, die Verehrung des höchsten Himmelsherrn Schangti nicht weiter fruchtbar entwickelte, sondern in eine pantheistische Idee vom Himmel als der alles bestimmenden Macht verflüchtigte und so dem späteren Materialismus vorarbeitete." Kranz Die Missionspflicht 1900, S. 9.

[355] Piton 1903, S. 22.

[356] Schaub Das Geistesleben der Chinesen 1898, S. 230f. - Genähr war der gleichen Meinung: "Trotz so vielem Ausgezeichneten der Lehre des Konfuzius, besonders in Bezug auf das Verhalten der Menschen zu einander, kann man ihm doch den Vorwurf nicht ersparen, daß seine Lehre nicht wenig dazu beigetragen hat, das bißchen Wissen von Gott, das die Chinesen hatten, ehr zu verdunkeln als zu erhellen, und so ihnen die Lust zu benehmen, 'den Herrn zu suchen, ob sie ihn wohl spüren und finden möchten'. Von einem persönlichen Verhältnis des Menschen zu Gott, von Liebe und Dankbarkeit gegen ihn, ist in dem System des Konfuzius keine Rede." Genähr Die Religion der Chinesen 1897, S. 82. - "Konfuzius spricht wohl von dem 'Himmel', aber nicht als von einem persönlichen Wesen, sondern als von einer göttlichen Macht in deistischem Sinne, die in Beziehung auf den Menschen transzendent ist, ihm kalt und herzlos gegenübersteht. Darum ist es auch nicht zu verwundern, daß Konfuzius nichts oder nur wenig vom Gebet hielt. Zu einer bloßen moralischen Ordnung, einer Idee betet man eben nicht. Er hat sich wesentlich darauf beschränkt, eine gewissenhafte Verehrung und Handhabung der alten Gebräuche zu empfehlen, weil er in ihrer Befolgung das alleinige Heilmittel für seine in Sünden und Gräuel aller Art versunkenen Zeitgenossen erblickte." Genähr Die Religion der Chinesen 1897, S. 82.

als "heilige Pflicht" festgelegt.[357] Piton schrieb: "So zurückhaltend Konfuzius sich verhielt in Bezug auf religiöse Fragen, sofern sie die Verehrung göttlicher oder geistiger Wesen betraf, so ausgiebig sind dagegen seine Aeußerungen über den Ahnenkultus, dessen Ursprung übrigens bis in die erste Zeit des chinesischen Staates hinaufreicht. [...] Wiewohl Konfuzius den Ahnenkultus bereits vorfand und demnach auch in diesem Punkt nur ein Ueberlieferer und kein Neuerer war, so blieb ihm doch das Verdienst, auf Grund desselben die Ausübung der kindlichen Pietät mehr als es wohl vorher der Fall war, in den Vordergrund der sozialen Verpflichtungen gestellt zu haben."[358]

Außer auf die Verflachung des Gottesbegriffes und die Förderung der Ahnenverehrung machten die Missionare noch auf folgendes aufmerksam: Die "Vielgötterei" werde gelehrt und gefördert. "Große, verdiente Männer werden göttlich verehrt, und Tempel werden ihnen errichtet."[359] Konfuzius habe auch dem "Geisterdienst"[360] und der "Tagewählerei", dem "Orakel" sowie einem "Heer von abergläubischen Gebräuchen" Vorschub geleistet.[361] "Der für alles Zeremonielle stets eifrige Konfuzius" vollziehe "immer andachtvoll die ihm zukommenden religiösen Handlungen"[362]. Er sei "durchaus nicht frei von Aberglauben. Er teilte vollständig die zu seiner Zeit landläufigen Anschauungen in Betreff gewisser Omen und hinsichtlich der Bedeutung von Träumen; besonders aber hatte er vollen Glauben an die Wahrsagerei."[363]

Darüber hinaus habe Konfuzius dazu beigetragen, daß "die Gelehrtenklasse in China im großen und ganzen dem religiösen Indifferentismus anheimgefallen ist, die Masse des Volkes aber, das von dem zwar humanen, aber prosaischen Konfuzianismus sich unbefriedigt fühlte, mehr und mehr dem Taoismus und später auch dem Buddhismus sich in die Arme warf".[364] Dietrich beschrieb: "Ein konsequenter Jünger des Konfutius ist Skeptiker vom reinsten Wasser, er ist durchaus religionslos, der weder an Gott noch Teufel, weder an Himmel noch Hölle, noch an ein künftiges Leben mit Vergeltung glaubt. Allein auch bei ihnen bewahrheitet es sich wieder, wo der Glaube an diese Fundamentalwahrheiten fehlt, da steht dem krassesten Aberglauben Thür und Thor offen. So glaubt der religionslose Konfutianer an Fung-Schui, an Drachenformation der Berge, an die Macht der Verstorbenen mit ihren Glück und Unglück bringenden Einflüssen, ja er hat diesen Aberglauben in ein System zu bringen

---

[357] Voskamp Unter dem Banner 1900, S. 73. – Hier bezog sich Voskamp auf Fabers Darstellung des Konfuzianismus.
[358] Piton 1903, S. 25.
[359] Voskamp Unter dem Banner 1900, S. 73. – Hier bezog sich Voskamp auf Fabers Darstellung des Konfuzianismus.
[360] Faber 1872, S. 12.
[361] Voskamp Unter dem Banner 1900, S. 73. – Hier bezog sich Voskamp auf Fabers Darstellung des Konfuzianismus.
[362] Piton 1903, S. 23.
[363] Piton 1903, S. 23.
[364] Genähr Die Religion der Chinesen 1897, S. 82.

versucht und ist daneben gebunden im unsinnigsten Götzendienst und ein Knecht der Furcht auf Schritt und Tritt."[365]

Die Missionare kritisierten die Auswirkung des Konfuzianismus auf das soziale Leben der Chinesen. Sie machten ihn für den Selbstmord vieler Frauen, die "Vielweiberei", die "unumschränkte väterliche Gewalt", "die unbedingte Unterwerfung der Kinder unter die Eltern", die höchste Macht des Kaisers, das Elend des Eunuchentums, die Rebellionen und Blutrache verantwortlich.[366] Kranz resümierte die Fehler des Konfuzianismus und betonte besonders ihre negativen Folgen für die chinesische Frau: "trotz vielem Guten, was der Konfuzianismus vertritt, enthält er doch bereits in seinen Grundprinzipien die Wurzeln sehr vieler Krebsschäden, welche im Lauf der chinesischen Geschichte deutlich im chinesischen Volksleben zu Tage getreten sind. So z.B. wird das verderbliche Konkubinatswesen vom Konfuzianismus nicht nur verboten, sondern um der Ahnenanbetung willen sogar zur Pflicht gemacht, falls die erste Frau keinen Sohn hat. Dem entspricht denn auch die geringschätzige Behandlung der Frau durch den Konfuzianismus. Die Frauen Chinas haben wahrlich dem Konfuzianismus nichts zu danken!"[367]

Die Missionare waren der Auffassung, daß der Konfuzianismus für die Stagnation bzw. den Niedergang Chinas mitverantwortlich sei. Er sei nicht imstande "eine Wiedergeburt zu höherem Leben und Streben im chinesischen Volke zu bewirken, ist deshalb auch im praktischen Leben jetzt ganz versetzt mit schamanistischen und buddhistischen Anschauungen und Gebräuchen".[368] Faber behauptete: "Der Konfuzianismus predigt eine moralische Weltordnung, welche der einzelne nicht ungestraft durchbricht, ethische Selbstvervollkommnung, worin der Weise sein Glück allein findet. Das war stets ein Antrieb zum Kampf mit den Versuchungen der Sinnlichkeit. Leider bot der Konfuzianismus nicht auch die Kraft zur Überwindung, darum zeigt die Geschichte Chinas ein Bild des Niedergangs, nicht des Aufschwungs."[369] Nach Meinung der Missionare mußte der Konfuzianismus durch das Christentum vollendet werden. Nicht der Konfuzianismus, sondern das Christentum als Welterlösungsreligion sei die Hoffnung auf die Wiedergeburt Chinas.[370] Bei der Geringschätzung des Konfuzianismus spielte das Überlegenheitsgefühl des Christentums eine entscheidende Rolle.

---

[365] Dietrich 1892, S. 419f.
[366] Voskamp Unter dem Banner des Drachen 1900, S. 73f. – Voskamp berief sich hier auf Faber. Er selber sagte: "Gewiß, man kann Confucius nicht für alle Fehler seiner Nachfolger verantwortlich machen, aber in gewissen Sinne hat er durch seine übertriebene Verehrung des Altertums doch dem Volk die Richtung gegeben, die in China die herrschende ist, deren gewaltige Fehler sich im Lauf der Jahrhunderte je länger desto schärfer zeigten." Voskamp Unter dem Banner des Drachen 1900, S. 75.
[367] Kranz Die Missionspflicht 1900, S. 9.
[368] Faber 1872, S. 70.
[369] Faber China in historischer Beleuchtung 1895, S. 42.
[370] Siehe Gu 1981, S. 193f.

5.4. Über den Daoismus

Der Daoismus ist ebenfalls "ein sehr komplexes Phänomen der chinesischen Geistesgeschichte"[371]. Grob könnte man einen philosophischen und einen religiösen Daoismus unterscheiden. Eine strenge Trennung zwischen beiden ist aber schwer vorzunehmen. Viele Vorstellungen der daoistischen Religion stammen von den philosophischen Vorvätern aus dem vierten und dem dritten Jahrhunderts v. Chr. Sie werden aber auch von anderen Philosophenschulen und Religionen, insbesondere den älteren Traditionen der Schamanen und Magier sowie den religiösen Gebräuchen der bäuerlichen Gesellschaft, beeinflußt.[372] Zum religiösen Daoismus können "die taoistischen Kirchen (Sekten), der größte Teil des alchimistischen, Hygiene treibenden magischen Taoismus, herumziehende Quacksalber und in Bergen und Einöden hausende Eremiten unkritisch gerechnet werden".[373]

Die Missionare sahen im Daoismus eine Religion, die "die Urreligion Chinas und alle Richtungen des altchinesischen Geisteslebens, welche im Konfuzianismus kein Unterkommen fanden", aufnahm. Sie sei gezeichnet durch "die verschiedenen natur-philosophischen Versuche und im Zusammenhang damit der Glaube an die Möglichkeit der Überwindung des Todes durch den Unsterblichkeitstrank".[374] "Der Mensch geht darauf mit Leib und Seele ins ewige Leben ein, lebt ein höheres Dasein, erhaben über die Gesetze der Materie, in schönen Grotten, auf den heiligen Bergen oder auf den Inseln der Seligen u.s.w."[375]

Über den chinesischen Ursprung des Daoismus bestand für die meisten Missionare kein Zweifel. Die frühe These von Wuttke[376] und Eitel[377], "der Taoismus in China sei weiter nichts, als der indische Buddhismus in chinesischem Gewande", wurde entschieden abgelehnt. Faber stellte fest: "Der Taoismus steht also in direktem Zusammenhang mit der ältesten Religion und wohl überhaupt mit der ältesten Geistesentwicklung der Chinesen. Im Taoismus sind alle Elemente des ältesten Volksglaubens der Chinesen enthalten. Also weit entfernt davon, ausländischen Ursprungs zu sein, [...] erscheint der Taoismus als ächt naturwüchsig chinesisch."[378] Genähr führte die Dao-Lehre auf Laozi zurück und unterstrich damit die Behauptung, daß der Daoismus "echt chinesisch" sei. Er konstatierte: "Mag sein System, besonders in seinen Ausläufern,

---

[371] Schmidt 1988, S. 201.
[372] Siehe Schmidt 1988, S. 202.
[373] Franke 1974, S. 1371.
[374] Faber China in historischer Beleuchtung 1895, S. 38.
[375] Faber China in historischer Beleuchtung 1895, S. 38.
[376] Wutke 1853, S. 76ff.
[377] Eitel 1871, S. 9.
[378] Faber 1886, S.103.

auch Berührungspunkte mit dem Buddhismus haben, was bei der Wechselwirkung der drei Lehren um so leichter zu erklären ist, so kann doch von einem teilweisen Zusammenfallen beider Systeme oder von einem Fortbilden der buddhistischen Moral durch Lao-tse keine Rede sein."[379] Genährs Auslegung richtete sich direkt gegen die Vorstellung mancher europäischen Gelehrten und Missionare. Sie spiegelte den Meinungsunterschied der Europäer in bezug auf die Interpretation des Daoismus wider.

Gewöhnlich nennt man Laozi den Stifter bzw. Hauptvertreter des Daoismus. Sein Werk "Daodejing" nimmt sowohl im philosophischen Daoismus wie auch im religiösen eine zentrale Stellung ein. Der wichtigste Begriff des Daoismus ist ohne Zweifel das "Dao". Er ist ein Begriff, der bereits in der ältesten chinesischen Religion vorhanden ist. Ursprünglich bedeutet er "den Lauf der Sterne, den Wechsel der Jahreszeiten, des Tages, der Natur usw. und im Bereich der Menschen daraus resultierende moralisch-soziale Inhalte"[380]. Dabei "steht Dao für den Weg, den der Mensch beschreiten sollte, die Verhaltensgrundsätze, an die er sich zu halten hat"[381]. Im "Daodejing" behandelte Laozi das Dao als "das Allumfassende, die Urmutter aller Dinge"[382].

Die Missionare erkannten die wichtige Bedeutung des "Dao" in der Lehre des Daoismus und versuchten eine Erklärung zu geben. Ihre Erläuterungen stützten sich aber vorwiegend auf sekundäre Literatur. Genähr äußerte sich in Anlehnung an Tiele[383] in dem Sinne, daß die ganze Ethik Laozis sich aus der Lehre des "Dao" entwickele und "auf dem Grundsatz, der Mensch müsse sich, d.h. das Tao bestimmen lassen" beruhe: "Tao ist ihm [Laozi] das Wesen, wie es dem Menschen gesetzt wurde mit dem Leben. Aufgabe des Menschen ist (so läßt sich vielleicht der Grundgedanke seiner Ethik am kürzesten ausdrücken), seine ihm gesetzte Wesensnatur (Tao) zur Entfaltung zu bringen. Dazu hat er weiter nichts zu thun, als die in ihm wohnende Kraft (Te) wirken zu lassen. Auf dem Wege des reflektierenden Handelns sich und andere Veredeln zu wollen, was Konfuzius anstrebte, ist nutzlose Thorheit."[384]

Genähr betonte nach Tiele Laozis Warnung vor der Geschäftigkeit, vor dem Etwasmachen-wollen und sah gerade in der Lehre vom "Nicht-Tun" die Berührungspunkte zwischen Daoismus und Buddhismus. Er war aber überzeugt, daß die Berührungspunkte "nur zufällige" seien[385]. Schaub wollte lieber nach Schellings Philosophie das Dao interpretieren. Er verstand unter dem "Dao" sowohl "Weg" als "Vernunft und Wort": "Tao ist die schlummernde Möglichkeit von Sein und Nichtsein. In seiner Erscheinung ist es sowohl Bewegung als Ruhe, Expansion und Kontraktion. Gleichwie aus der Schellingschen

---

[379] Genähr Die Religion der Chinesen 1897, S. 83.
[380] Franke 1974, S. 1374.
[381] Schmidt 1988, S. 203.
[382] Schmidt 1988, S. 203.
[383] Tiele 1880, S. 43.
[384] Genähr Die Religion der Chinesen 1897, S. 84.
[385] Genähr Die Religion der Chinesen 1897, S. 84.

natura naturans durch Ausdehnung die mannigfaltige sichtbare natura naturata entsteht, so ist auch Tao in seiner Centrifugal- und Centripetalbewegung die Urkraft alles Seins. Kein Wunder, daß einige Kenner des Laotse in Schellings Philosophie den alten Taoismus wieder erkennen wollen."[386] Obwohl sich die Erklärungen von Genähr und Schaub voneinander unterschieden, orientierten sich beide an den Arbeiten der europäischen Gelehrten.

Im "Daodejing" beschrieb Laozi eingehend einen "Prozeß der ständigen Wandlung, der zyklischen Bewegung"[387]. "Umkehr ist die Bewegung des dao". Damit formulierte Laozi ein Gesetz: "Alles, was sich einem Extrem zuneigt, wird sich unweigerlich in sein Gegenteil verkehren und wieder zu seinem Ausgangspunkt zurückgeführt".[388] Es gibt in der Lehre Laozis reichlich dialektische Gedanken, die einen Höhepunkt der alten chinesischen Philosophie widerspiegeln.[389] Der "Tiefsinn" und die "Unabhängigkeit" von Laozis Gedanken wurden von den Missionaren mit Respekt anerkannt. Schaub behauptete: "Konfucius übertrifft ihn wohl als Kasuist und Ritualist, aber an Tiefsinn und Unabhängigkeit des Denkens steht er seinem ältern Zeitgenossen weit nach."[390] Genähr äußerte in Anlehnung an Strauß[391]: "Ein Zeitgenosse des Thales und Pythagoras, war Lao-tse ein tiefer und genialer Denker, dessen Anschauungen vom Übersinnlichen zu dem Bedeutendsten gehören, was das Altertum hervorgebracht hat."[392]

Die Missionare waren der Meinung, daß es in der Philosophie Laozis "manch köstliche Perle" oder "manche Perlen tiefer Wahrheiten" gebe.[393] Nach Faber hatte der Glaube der Daoisten an die Möglichkeit der Überwindung des Todes, der von der ältesten bis in die neueste Zeit Anklang finde, "entfernte Verwandtschaft" mit dem christlichen Auferstehungsglauben.[394] Kranz hob jedoch die Tugenden der "Bescheidenheit, Demut und Selbstverleugnung" hervor und sah darin manche "Parallelen" und "Anknüpfungspunkte" zwischen Daoismus und Christentum.[395] Die Sprüche wie "Jedermann zieht sich Glück und Unglück selbst zu durch seinen Wandel. Der Lohn des Guten und des Bösen folgt wie der Schatten dem Körper folgt" oder "Bessere Dich selbst und bekehre die Menschen" usw. wurden von ihm als gute Sittlichkeitslehren gelobt.[396]

Trotzdem waren die Beschreibungen der Missionare über den Zustand des Daoismus in der damaligen Zeit sehr kritisch. Das Streben der Taoisten nach Langlebigkeit bzw. Unsterblichkeit, ihr goldenes Elixier, ihre Mythologie,

---

[386] Schaub Das Geistesleben der Chinesen 1898, S. 239.
[387] Schmidt 1988, S. 204.
[388] Schmidt 1988, S. 204.
[389] Feng 1984, S. 24ff.
[390] Schaub Das Geistesleben der Chinesen 1898, S. 238.
[391] Strauß 1874, S. 332.
[392] Genähr Die Religion der Chinesen 1897, S. 83.
[393] Schaub Das Geistesleben der Chinesen 1898, S. 238; Faber Theorie und Praxis 1899, S. 227.
[394] Faber China in historischer Beleuchtung 1895, S. 38.
[395] Kranz 1893, S. 18f.
[396] Kranz 1893, S. 19f.

Zauberei, Wahrsagerei u.a. wurden als "abergläubische" Gebräuche und "Götzendienste" verurteilt und angegriffen.[397] Nach Faber schwankte der Daoismus zwischen "den Extremen sensualistischen Epikuräertums und asketischen Einsiedlerwesens"[398]. Manche wertvolle Gedanken des Daoismus kämen nicht zu weiterer Entwicklung, sondern würden überwuchert "von krassem Götzendienst, Astrologie, Geomantie, Nekromantie und Alchemie. Unsterblichkeit sucht man durch ein Lebenselixier zu erlangen. Der Taoismus wird hauptsächlich durch Mönche kultiviert. Aufs Volk wirken diese besonders durch Exorzismus und anderen Geisterdienst. Die Vergeltungslehre und die Schrecken der Hölle hat der moderne Taoismus mit dem Buddhismus gemeinsam."[399]

Genähr klagte: "Der spätere Taoismus, der den tieferen Gedankengängen des Meisters nicht mehr folgen konnte, entledigte sich bald all der metaphysischen Betrachtungen des alten Philosophen und stellte aus den Überbleibseln seiner Lehre ein System der verworrensten Mystik und des vernunftlosesten Aberglaubens zusammen. Die Folge war, daß auch die erhabene Sittenlehre des Lao-tse in der Folgezeit eine erhebliche Einbuße erlitt, war doch das höchste Streben seiner Anhänger nur darauf gerichtet, 'durch Selbstkasteiung, Gebet und Wachen, aber auch durch gewisse Zaubermittel langes Leben und Unsterblichkeit zu erlangen'. Leichtgläubige Kaiser haben Unsummen von Geld daran gewendet, die phantastischen Pläne taoistischer Adepten zu befriedigen, ihnen Genien-Tempel und -Paläste zu errichten. Wieder andere wußten nichts Höheres, als unter Anleitung dieser Wunderkünstler den Stein der Philosophen zu suchen und den Trank der Unsterblichkeit zu brauen. Nach dem Eindringen des Buddhismus in China konnte es nicht ausbleiben, daß die Tao-Lehre mehr und mehr mit buddhistischen Anschauungen vermischt wurde. Selbst die Lehre von Himmel und Hölle hat Eingang gefunden in taoistische Schriftwerke, obgleich sie der Tao-Lehre des Lao-tse, die wie die Lehre des Konfuzius alle Vorstellungen von der Glückseligkeit auf dieses Erdenleben beschränkt, schnurstracks zuwiderläuft."[400]

So war das Bild des Daoismus genau wie das des Konfuzianismus das einer "dekadenten" Philosophie. Faber kritisierte: "Der Taoismus versenkt sich in den Gang der Natur, faßt auch den Geist als Natur, aber als reinste und feinste (ätherisch). Er will die Materie in den Geist erheben mit ethischen Mitteln, aber teilweise auch mit sinnlichen. Leider hat es der Taoismus weder zu gesunder Naturwissenschaft noch zu erhebender Geisteswissenschaft gebracht. Er führte jedoch seine Naturphilosophie, seine Dualkräfte, Elementenlehre, Zahlenmystik etc. in den Konfuzianismus ein. Auf die Politik hat er sich teilweise günstig ausgewirkt durch seine Betonung des Naturlaufs und der persönlichen Freiheit."[401] Kranz konstatierte: "Der spätere Taoismus ließ die hoch-

---

[397] Krone Der Toismus in China 1857, S. 118f.
[398] Faber China in historischer Beleuchtung 1895, S. 42.
[399] Faber Theorie und Praxis 1899, S. 227.
[400] Genähr Die Religion der Chinesen 1897, S. 84f.
[401] Faber China in historischer Beleuchtung 1895, S. 43.

geistige, aber schwer verständliche Lehre des Laotse über das Tao ganz liegen und ergab sich nach der religiösen Seite hin einem krassen Aberglauben und Götzendienst."[402] Maus schrieb: "Der Taoismus ist eigentlich eine mystische Philosophie, jetzt ist er gänzlich ausgeartet in Zauberei und Götzendienst."[403] Dem gegenwärtigen unerfreulichen Zustand des Daoismus wurde die tiefsinnige Philosophie Laozis entgegengesetzt. Dies entsprach wiederum der Konzeption der Missionare über die chinesische Geschichte.

Nach Meinung der Missionare ging die innere Entwicklung des Daoismus "aus der Fülle in die Leere, aus dem Lichte der Wahrheit ins Dunkel des Aberglaubens". Die Daoisten hätten das "Daodejing" nicht begriffen und es nur "als Zauberformel bei ihren Betrügereien und Zaubereien" angewandt. Auch die Macht der daoistischen "Päpste" komme immer herunter. "Obschon dieselben nahezu 1500 Jahre ihre Würde bekleiden, berichtet die chinesische Geschichte von keinem dieser Häupter des Taoismus, daß er einem kaiserlichen Wüstling strafend entgegengetreten sei, noch daß er einen wilden Rebellen vom blutigen Unternehmen bekehrt habe zu friedlicher Genügsamkeit."[404] Diese Auffassung erinnert an die These von Ranke, die die Erstarrung Chinas auf den fehlenden Kampf gegensätzlicher Ideen, wie zum Beispiel der Kampf zwischen "imperium" und "sacerdotium", zwischen Kaisertum und Papsttum im europäischen Mittelalter, zurückführte.[405]

Die Missionare kritisierten insbesondere den "Götzendienst" und den "Aberglauben" der daoistischen Priester. Wie Faber schrieb: "Jetzt sind gerade diese Taoisten in den lächerlichen Aberglauben versunken. Der alte Lao ist, soviel wir aus seinen Schriften wissen, nicht schuld daran. Er hat leider nichts lehren können von dem allmächtigen Schöpfer Himmels und der Erden, dem zu dienen des Menschen erste Pflicht ist."[406] Ebenso beobachtete Kranz: "Die jetzigen Taoisten beanspruchen durch Orakel die Zukunft vorhersagen und, ebenso wie die buddhistischen Priester, Dämonen beschwören zu können. In ihren Tempeln herrscht ebenfalls der krasseste Götzendienst. Die Sterngötter, verschiedene Naturgottheiten, Tiergötter wie der Fuchs, Tiger und Drache werden angebetet; die Schutzgeister der Städte und Dörfer werden auch in taoistischen Tempeln verehrt."[407] Allerdings waren die Missionare der Ansicht, daß die Daoisten die Ausbreitung des Evangeliums nicht schwer behindern könnten, denn man könne bei ihnen kein Verlangen nach "Heil und Wahrheit" bemerken.[408]

---

[402] Kranz 1893, S. 19.
[403] Maus Das Reich der Mitte 1901, S. 13.
[404] Faber China in historischer Beleuchtung 1895, S. 40.
[405] Siehe Fuchs 1999, S. 51.
[406] Faber Bilder aus China I 1893, S. 21.
[407] Kranz Die Missionspflicht 1900, S. 9.
[408] Krone Der Taoismus in China 1857, S. 118f.

5.5. Über den chinesischen Buddhismus

Anders als der Konfuzianismus oder Daoismus ist der Buddhismus eine Religion, die vermutlich seit dem Jahr 65 n. Chr. von Indien in China eingeführt worden war. Die chinesische geistige Elite entdeckte den Buddhismus "als neue intellektuelle Herausforderung" und setzte sich mit ihm auseinander. Aus den neueren Forschungen kann man folgendes ersehen: "Die eigentliche Triebkraft jenseits aller konkreten Bedingungen war die Faszination, die von der buddhistischen Welt- und Lebensdeutung ausging, die nicht nur das Weltverständnis der eigenen Religionsformen ergänzte und ausbreitete, sondern darüber hinaus das geistige Leben auf ein vorher unbekanntes Niveau hob."[409]

Die Geschichte der Einführung und Verbreitung des Buddhismus in China wurde von den Missionaren vielfach beschrieben. Ihre Analysen sind jedoch sehr oberflächlich. Für die Missionare lag die Hauptursache der Verbreitung des Buddhismus in China darin, daß es im Konfuzianismus und Daoismus an einer Theorie über Nachwelt und Wiedergeburt fehle. Lechler schrieb: "Aber wenn auch der Chinese gründlich davon überzeugt ist, daß die Lehre des Confuzius das allervollkommenste System sei, wonach jeder Mensch leben müsse, um in Harmonie mit dem Himmel zu stehen und Glückseligkeit auf der Erde zu genießen; wenn der Chinese treu an seinen Confuzius hält bis an den Tod, so fühlt er dagegen, daß derselbe ihn im Stich läßt, wenn der König des Schreckens ihm naht und seine Seele abgerufen werden soll, um vor dem Richterstuhl eines wahren und persönlichen Gottes zu erscheinen. Dies ist die Ursache, warum der Buddhismus so allgemeinen Eingang in China gefunden hat, weil er die Lücke auszufüllen schien, welche Confuzius gelassen und er dem mit belastetem Gewissen dahinsterbenden Sünder ein Seil der Hoffnung entgegenwarf, das mit Begierde ergriffen wurde, und woran Reich und Arm, Gelehrt und Ungelehrt sich halten zu können wähnte, um doch einigen Trost für ein zukünftiges Leben zu besitzen."[410]

Nicht nur Konfuzius sei "ein abgesagter Feind aller Metaphysik", der "jede Frage, die dieses Gebiet streift, [...] mit seinem 'non liquet' (es ist nicht klar)" zurückweise. Auch der Daoismus habe für tiefergehende religiöse Fragen keine Antwort. Er sei daher ebenfalls schuld an der Einführung des Buddhismus in China. Schaub stellte fest: "Laotse, Tsongcius u.a. sind so tief in ihren mystischen Spekulationen versunken, daß Leben und Sterben, Wachen und Schlafen für sie nur der bedeutungslose Wechsellauf der Urkraft des Tao sind.

---

[409] Ebert 1988, S. 221.
[410] Lechler 1861, S. 47.

[...] So haben also der rationalistische Konfucianismus und der träumerische Taoismus keine Antwort auf mancherlei Fragen eines aufgeweckten Gewissens. [...] Als in der Fülle der Zeit ein allgemeiner moralischer und philosophischer Bankerott durch die alte Kulturwelt ging, von dem auch Ostasien betroffen wurde, kam der Buddhismus, die dritte Religion nach China und suchte die tiefern religiösen Bedürfnisse zu befriedigen."[411]

Die Einführung des Buddhismus in China war aber keineswegs "ein bloßes Übernehmen, Nachahmen oder sklavisches Tradieren". "Die starke gestaltende Kraft der chinesischen Kultur formte den Buddhismus von Anfang an."[412] Dies wurde auch von den Missionaren bemerkt. Voskamp konstatierte: "China hat dieses Produkt indischen Geistes in sich aufgenommen, umgestaltet, verarbeitet und zu seinem geistigen Eigentum gemacht."[413] Von ihrem missionarischen Interesse aus wollten die Missionare in der Lehre Buddhas und des Buddhismus "manche Wahrheiten", die mit der Lehre des Christentums vereinbar seien, entdecken. Faber behauptete: "Vieles [in der Lehre Buddhas] erinnert an Predigten Salomons über die Vergänglichkeit und Eitelkeit alles Irdischen. Nur das wahre Ewige hat er leider nicht erkannt und seine Anhänger bis auf den heutigen Tag noch weniger."[414] Kranz machte auf folgende vier Punkte aufmerksam: 1) "Der Buddhismus betont [...] ebenso, ja fast stärker wie das Christentum die Eitelkeit und Vergänglichkeit aller Dinge." 2) Wie das Christentum lege auch der Buddhismus das Gewicht "auf die sittliche Arbeit am eigenen Innern" und "auf die Arbeit unablässiger Selbstzucht". 3) Der Buddhismus propagiere eine "Vergeltungslehre". 4) Wie Laozi habe auch der Buddhismus "schon vor dem Christentum die Pflicht des Vergebens und der Feindesliebe" gelehrt, "daß man Böses mit Gutem überwinden solle".[415]

Die Missionare betonten jedoch die "Ausartung" im chinesischen Buddhismus. Sie wiesen darauf hin, daß "viele wertvolle Lehrsätze des ursprünglichen Buddhismus degeneriert" worden seien. Genähr äußerte sich: "Man hat an die Stelle von der endlosen Leere, vor welcher die große Menge zurückschauderte, einen jenseitigen seligen Zustand, eine Art buddhistischen Himmel treten lassen und aus der Nirwana einen Ort seliger Ruhe und Genießens gemacht. [...] So ist von der esoterischen Seite des ursprünglichen Buddhismus in China wenig oder gar nichts zu sehen. Desto üppiger hat die exoterische, dem Geschmack der großen Menge Rechnung tragende Seite um sich gewuchert. Die anfangs aller religiösen Äußerlichkeit so abgeneigte Religion artete allmählich mehr und mehr in Götzen- und Reliquiendienst aus."[416] Schaub war gleicher Meinung: "Ja, in China ist der nun so populäre Buddhismus etwas ganz anders geworden, als was sich Schakyamuni in jener Nacht, als

---
[411] Schaub Das Geistesleben der Chinesen 1898, S. 275f.
[412] Ebert 1988, S. 220.
[413] Voskamp 1906, S. 12.
[414] Faber Bilder aus China I 1893, S. 11.
[415] Kranz 1893, S. 65ff.
[416] Genähr Die Religion der Chinesen 1897, S. 88.

er, unter einem Baume sitzend, zur Erkenntnis des Weltelendes kam, ausdachte: Daß das Elend ein notwendiges Attribut der sichtbaren Dinge sei, daß die Wurzel alles Jammers die Lust der Welt sei, daß nur durch konzentrierte Kontemplation die Lüste ertötet werden können, und daß der Weg der gesteigertsten Meditation schließlich ins Nirwana, zur völligen Aufhebung alles persönlichen Seins führe. – Diese vier Sätze des Gründers des Buddhismus gehen dem gewöhnlichen Chinesen über seinen Horizont und er überläßt diese Erkenntnis und deren praktische Durchführung gerne größern Geistern."[417]

"Götzen- und Reliquiendienst" war für die Missionare das größte Übel des chinesischen Buddhismus. Genähr erzählte: "Man fing an, Buddha selbst göttlich zu verehren, ihm Standbilder zu errichten, die von der gläubigen Menge in der hingebensten Weise angebetet wurden. Man baute Tempel und Pagoden, die ursprünglich dazu dienen sollten, die sorgfältig gehüteten Reliquien des Buddhismus zu bergen, nach und nach aber mit einer Menge von Gottheiten bevölkert wurden. Ganz besondere Verehrung genießt die 'Göttin der Barmherzigkeit' (Kwan jin), deren höchstes Verdienst darin bestand, daß sie, als sie die höchste Stufe der Nirwana erreicht hatte, es ablehnte, einzugehen in den Zustand des 'seligen Nichts', es vorziehend da zu bleiben, wo sie die Angst- und Hilferufe der auf dem Weltozean umhertreibenden Menschen hören konnte, um ihnen behilflich zu sein, aus Ufer zu gelangen."[418] Maus konstatierte: "Der Buddhismus, diese Religion des Weltschmerzes, mit seiner Seelenwanderung und der endlichen Auflösung in Nichts (der Eintritt ins Nirrwana) hat den Chinesen eine Unzahl von Götzen gebracht."[419] Piton behauptete auch: "Der Buddhismus hat aus den Chinesen die schon vorher Ahnenverehrer waren, noch Götzendiener gemacht."[420]

Auch die buddhistischen Priester und Nonnen sowie ihre Religionsausübung wurden kritisch beschrieben. "Die Priester oder Mönche scheren ihre Köpfe, tragen lange, schmutzig-graue Röcke und verbringen ihre Tage mit Nichtsthun. Sie zeichnen sich weder durch Weisheit noch durch Rechtlichkeit, sondern nur durch ihre stumpfsinnige Gleichgiltigkeit aus. Das ewige Herleiern der Litaneien stumpft eben den Geist ab. Die Ceremonie in den Tempeln (wie überhaupt manches in der Buddha- Religion) erinnert lebhaft an den katholischen Gottesdienst. [...] Man trifft ferner in buddhistischen Tempeln auch das Weihwasser, das Räuchern und die ewige Lampe; man findet hier, hinsichtlich der Diener des Tempels, wie schon bemerkt, dieselbe Verpflichtung zum Cölibat und die wenigstens scheinbare Armut, die auf alte Bequemlichkeiten des Lebens Verzicht leistet. Man sieht hier dasselbe Beten, Büßen, Fasten und Kasteien, man stößt auf Mönche und Nonnen, die im Namen des Heiligtums betteln gehen, ja selbst auf eine Tracht, die an die katholischen Geistlichen erin-

---

[417] Schaub Das Geistesleben der Chinesen 1898, S. 277.
[418] Genähr Die Religion der Chinesen 1897, S. 88f.
[419] Maus Das Reich der Mitte 1901, S. 16.
[420] Piton 1902, S. 30.

nert."[421] Und: "In früheren Zeiten hat der Buddhismus neben großer Entsagungskraft auch einen regen Missionseifer gezeigt. Auch das ist anders geworden. Zwar leben die buddhistischen Priester und Nonnen im Cölibat. Sie stehen aber bei dem Volk in keinem guten Rufe, ein großer Prozentsatz ist dazu dem Opium ergeben."[422]

In den Augen der Missionare war der chinesische Buddhismus zu der Zeit "in einem recht jämmerlichen Zustande" und "durchaus nicht geeignet, frische Lebenskraft den Millionen Chinas einzuhauchen".[423] Die Unwissenheit der buddhistischen Priester und ihre "Götzendienste" wurden vehement verspottet.[424] Nach Piton hatte der Buddhismus seiner religiösen Aufgabe aber nicht genügt. "Er hat nicht vermocht, der unter der Last der Sünde schmachtenden Seele eine feste Gewißheit der Vergebung zu verleihen. Er war unfähig, dem allen Menschen innewohnenden Gerechtigkeitsgefühl zu genügen, welches eine Bestrafung des Bösen und Belohnung des Guten fordert."[425] Die Missionare führten den Mißerfolg des Buddhismus in China auf einen Mangel an der "Quelle aller moralischen Verpflichtung", nämlich dem christlichen Gott, zurück.[426] Für die christliche Mission sollte das wieder eine "kräftige" Begründung sein.

Krone glaubte, daß "das Wort der Wahrheit" die Totengebeine des Buddhismus beleben könne und sich am Thron des Lammes auch frühere buddhistische Priester und Nonnen finden würden. Dem christlichen Gott und dem Heiland werde von aller Kreatur Anbetung und Ehre entgegengebracht.[427] Voskamp behauptete: "Der Buddhismus ist in seinen ersten Anfängen unleugbar aus einen tiefen Mitleid mit den Leiden und Nöten der Menschheit hervorgeflossen und ist dem ersten Willen entsprungen, in den Tiefen der Menschheit einen Weg der Hilfe und Erlösung zu finden für eine unrettbar dem Tode zueilende Menschheit – aber ein Segen für die Völker Asiens ist er nicht geworden. Die Quelle ist vertrocknet, seine Lebenskraft ist versiegt. Das Licht Asiens, wie Buddha genannt worden ist, ist keine Sonne geworden, die einen neuen Frühling und neues Leben über diese Völker gebracht hat. Kein Land hat nächst Indien so viel für den Buddhismus getan wie China, und er hat dafür China in die wüsteste Nacht des Aberglaubens, des Götzen-, Geister- und Totendienstes gestürzt."[428] Unter diesem Leitgedanken wurde der Beitrag des Buddhismus zur Entwicklung des geistigen Lebens der Chinesen nur selten anerkannt. In Wirklichkeit haben die indische Weltanschauung, Lebensanschauung, Erkenntnistheorie und die religiöse Philosophie großen Einfluß auf die Neokonfuzianer

---

[421] Genähr Die Religion der Chinesen 1897, S. 89.
[422] Genähr Die Religion der Chinesen 1897, S. 89.
[423] Siehe dazu Faber China in historischer Beleuchtung 1895, S. 50.
[424] Krone Der Buddhismus in China 1855, S. 255.
[425] Piton 1902, S. 30.
[426] Piton 1902, S. 30.
[427] Krone Der Buddhismus in China 1855, S. 255.
[428] Voskamp 1906, S. 19f.

der Song- und Ming-Dynastie ausgeübt und die Entstehung der modernen chinesischen Philosophie gefördert.[429]

5.6. Über die "Vermengung" von Konfuzianismus, Daoismus und Buddhismus

In China bestehen seit langem schon verschiedene Religionssysteme nebeneinander. Obwohl es in der Geschichte Streitigkeiten zwischen diesen verschiedenen Religionen gab, bewahrten sie doch in den allermeisten Zeiten Frieden. Jeder hat von allen einige Gedanken aufgenommen und so seine eigene Anschauung entworfen.

Die "Vermengung" des Konfuzianismus, Daoismus und Buddhismus wurde aber von den Missionaren aufs schärfste kritisiert. Die Missionare sprachen von der religiösen "Indifferenz und Gleichgültigkeit" der Chinesen.[430] Sie bemerkten, daß die Religion für die Chinesen nicht wie für Europäer "eine Sache des ganzen Menschen" sei. Vom Begriff der Religion als "einer den ganzen Menschen beanspruchenden Wahrheitsmacht" hätten die Chinesen gar keine Ahnung. So existierten Konfuzianismus, Taoismus und Buddhismus nicht nebeneinander in drei getrennten Religionsgemeinschaften. Im Gegenteil vermengten sie sich miteinander und seien "nicht rein". Alle Chinesen seien mehr oder minder von allen dreien beeinflußt.[431] Man könne nicht von Konfuzianern, Daoisten und Buddhisten als getrennten Religionen reden. Es sei auch unmöglich, die Zahl der Gläubigen "auch nur annähernd anzugeben".[432] "Die Chinesen sind in der That alles zugleich, je nachdem die eine oder die andere Religion ihr religiöses Bedürfnis gerade befriedigt."[433] Oder: "Die Chinesen werden, wie einer es treffend ausgedrückt hat, als Konfuzianer geboren, leben als Taoisten und sterben als Buddhisten, sind also im vollsten Sinne des Wortes Eklektiker."[434]

---

[429] Hu 1981, S. 25f.; Siehe auch Wang 1993, S. 58ff.
[430] Maier Die Aufgabe eines Missionars 1905, S. 9-13.
[431] "Jeder Chinese ist mehr oder weniger ein Anhänger von allen drei Religionen." Schaub Das Geistesleben der Chinesen 1898, S. 229.
[432] "Wenn man die Einwohner Chinas aber nach Religionen klassifizieren wollte, so würde man nur die taoistischen und buddhistischen Priester zu diesen beiden Religionen, alle anderen Chinesen aber zum Konfuzianismus rechnen müssen, abgesehen von den ca. 20 Millionen Mohammedanern, die es auch noch giebt." Kranz Die Missionspflicht 1900, S. 8. - "Der Chinese ist eigentlich Confucianer, aber sein Leben ist mit einer Menge taoistischer und buddhistischer Gebräuchen durchsetzt. Nur wer ins Kloster geht, gilt für einen Taoisten oder Buddhisten." Maus Das Reich der Mitte 1901, S. 17.
[433] Voskamp Unter dem Banner des Drachen 1900, S. 79.
[434] Genähr Die Religion der Chinesen 1897, S. 79f. - "Jeder Chinese, der nur nach den Moralprinzipien des Konfuzius sein Leben regelt, tritt unter den Seelenmessen buddhistischer Priester seinen Weg in die nächste Welt an." Voskamp 1906, S. 13. - "Die Chinesen sind

Das Stereotyp der "religiösen Indifferenz" der Chinesen war schon seit Mendoza und den Jesuiten in Europa weit verbreitet. Damit konnte man aber sowohl positiv wie auch negativ urteilen. Während die Jesuiten und einige "Kenner der chinesischen Verhältnisse" mit dem Terminus der "religiösen Indifferenz" die Chinesen als "ein hervorragend friedliebendes Volk" bezeichneten, machten die Missionare den Chinesen den Vorwurf, daß ihnen "die tiefere Bedeutung der Religion" ganz verloren gegangen sei.[435] Dietrich schrieb: "Ein Chinese fühlt gar nicht das Bedürfnis, sich für das eine oder andere zu entscheiden. Er versteht es, sich mit allen drei Systemen zu befreunden, indem er von jedem in Anspruch nimmt, was ihm gerade paßt und zweckmäßig erscheint; ihm ist auch die Religion zum Geschäft geworden, das man in einer möglichst vorteilhaften Weise zu erledigen versuchen muß."[436] Ferner sei "dem Chinesen das Verständnis für die Wahrheit, sowie das Streben nach derselben, fast völlig abhanden gekommen".[437] Dietrich verurteilte den Begriff der Chinesen von Religion als "ein Sammelsurium unklarer und verworrener Ideen".[438] Und: "Die ernste Frage: 'Was ist Wahrheit?' bewegt kaum das Gemüt eines Chinesen. Da durch die stattgefundene Vermischung und Anbequemung die den verschiedenen Religionssystemen ursprünglich eigenen Wahrheitselemente sehr verflacht, ja z.T. ganz abhanden gekommen sind, so vermögen sie auch nicht mehr die Frage nach Wahrheit zu wecken; dies kann und muß allein durch den neuen Sauerteig des Evangeliums geschehen."[439]

Nach Auffassung der Missionare waren alle chinesischen Religionen ebenso wie die historische Entwicklung Chinas im "Verfall" befindlich. Sie seien auch mitverantwortlich für den "Niedergang" Chinas. "Die Moralgrundsätze des Confucius sind zur Phrase geworden. Der Buddhismus mit seinem Weltschmerz und Weltverachtung, mit seinen Höllen- und Seelenwanderungen, ist nur noch ein Schreckensgespenst für die Unbemittelten und ein Ruhekissen für die Reichen, die mit Geld alles erkaufen können. Die Klöster sind keine Zufluchtsstätten für die Frommen, sondern fast nur Freistätten für Verbrecher und Faulenzer. Die jetzigen Thauisten sind Niemand unähnlicher als ihrem Stifter Lautz, dessen philosophisches Werk Thau tet kin sie weder verstehen noch begreifen und daher nur als Zauberformel bei ihren Betrügereien und Zaubereien anwenden."[440] Und: "Keine der vorhandenen Religion kennt die Liebe Gottes des Vaters, keine kennt die Gnade eines Heilandes, der die Sünder reinigt von aller Missethat, keine kennt die neubelebende und neuschaffende Kraft des heiligen Geistes."[441] Oder: "Wenn sie augenblicklich friedlich neben einander

---

weder Konfuzianisten, noch Taoisten, noch Buddhisten; sie sind, praktisch, ein Bißchen von allem." Piton 1902, S. 28.
[435] Dietrich 1892, S. 421.
[436] Dietrich 1892, S. 421.
[437] Dietrich 1892, S. 424.
[438] Dietrich 1892, S. 423.
[439] Dietrich 1892, S. 423f.
[440] Hubrig 1880, S. 18.
[441] Faber Theorie und Praxis 1899, S. 228f.

bestehen, so ist wohl zu beachten, daß keines von ihnen mit dem Anspruch aufgetreten ist, die allein wahre Religion sein zu wollen, neben der alle anderen Religionen, sozusagen, kein Recht zu bestehen haben."[442]

Seit der Formulierung der Evolutionstheorie durch Darwin setzten sich in Europa "Annahmen von der Historizität von Religion (wie auch der Sprache, der Gesellschaft etc.) und von einem Entwicklungsprozeß von Niederen zum Höheren" durch.[443] Eine "Fetischismustheorie", die den Fetischismus, Totemismus, Polytheismus, Monotheismus als dem allein naturgemäßen und logisch wie historisch möglichen Gang der Dinge festhielt, wurde immer mehr verbreitet. Gemäß dieser Theorie beurteilte Genähr den Entwicklungsgang der chinesischen Religion und sprach der chinesischen Religion den "Fortschritt" ab.

Genähr schrieb: "Der Entwicklungsgang, den die Religion der Chinesen genommen hat, ist dieser Fetischismustheorie nicht günstig, wie überhaupt die Geschichte entschieden der modernen Anschauung, wonach die Entwicklung der Menschheit lediglich von unten nach oben, vom Tierischen zum Menschlichen gegangen sei, widerspricht. Die Religion des chinesischen Altertums weiß nur von einem Gott (Shangti), und Götzendienst ist erst etwas durch eigene Verschuldung (Röm. 1, 21.) Hinzugekommenes. Anstatt von einer Entwicklung in aufsteigender Linie, ist hier vielmehr von einer Verwicklung durch fortwährendes Hinabsinken in die verschiedenen Formen des Pantheismus und Atheismus zu reden."[444] Und: "Wir haben gesehen, daß die Millionen Chinas entweder 'aufgeklärte' Anhänger einer atheistischen Philosophie oder aber Sklaven eines abgeschmackten, kindischen Aberglaubens geworden sind. Obgleich kein Mangel an Religionen vorhanden ist, so herrscht doch in allen Schichten eine höchst beklagenswerte religiöse Gleichgültigkeit. Und wie die Priester, so das Volk – alle scheinen jedes ernsten Nachdenkens und jeder ernsten Religionsübung bar und ledig. Ungeachtet ihrer hohen Bildungsstufe und ihrer noch höheren Ansprüche ist doch der sittliche Verfall der Chinesen erschreckend groß."[445]

Im Gegensatz zu diesen geradezu vernichtenden Urteilen standen die sehr hohen Einschätzungen der Tätigkeit der christlichen Mission und des Wirkens des Evangeliums in China. Piton behauptete: "Der christlichen Kirche kommt nun die Pflicht zu, die Chinesen von der Verehrung der Götzen zu der Anbetung des lebendigen und wahren Gottes zu bekehren."[446] Genähr konstatierte: "Dieses Volk, welches den dritten Teil der Menschheit ausmacht, aus seiner Lethargie und Sorglosigkeit herauszureißen, in den Chinesen ein klares Bewußtsein ihrer Verschuldung und der Gefahr, in der sie sich befinden, zu erwecken und sie zum demütigen Glauben an Jesus, den Heiland der Welt, zu

---

[442] Genähr Die Wirren in China 1901, S. 14.
[443] Leutner 1998, S. 6.
[444] Genähr Die Religion der Chinesen 1897, S. 91f.
[445] Genähr Die Religion der Chinesen 1897, S. 92.
[446] Piton 1902, S. 30.

führen, ist Ziel und Aufgabe der Heidenmission. Unter diesem zahlreichen Volke den einzelnen Namen, in welchem wir selig werden können, zu verkündigen, ist gewiß eine der wichtigsten und dankbarsten Angelegenheiten der Christenheit. Denn seine Bekehrung zum Herrn wird einen der wichtigsten Wendepunkte in der Entfaltung des Reiches Gottes auf Erden bilden."[447]

Von dem europäisch-christlichen Überlegenheitsgefühl aus waren die Missionare überzeugt, daß nur das Christentum China retten könne. Voskamp behauptete: "Und nun vergleiche man, was der Buddhismus in China gewirkt hat, mit dem, was das Evangelium durch seine erneuernden reformierenden Kräfte in unserm Volke gewirkt hat und wirkt, und man muß zu der Erkenntnis kommen, daß eine Kolonialpolitik in christlichen Geiste allein Aussicht auf dauernden, völkerhebenden Erfolg hat."[448] Die Missionare wollten "nicht Knechtung der Völker [...], sondern geistige Hebung derselben, nicht Priesterherrschaft, sondern Herrschaft des Geistes Gottes, nicht Seelenwanderung, sondern Wiedergeburt, nicht Furcht vor Schauerlichen Höllenstrafen, sondern Liebe zu Gott und zu den Brüdern, nicht das Licht Asiens, sondern den, der da gesagt und bezeugt hat: 'Ich bin das Licht der Welt', nicht Buddha - sondern Jesus Christus"[449]. In Wirklichkeit betrieben die Missionare in China öfter einen "Kulturimperialismus". Der Willen des chinesischen Volks und die Berechtigung der Existenz der chinesischen Religionen wurden nicht beachtet.

6. Zur chinesischen Erziehung: "China ist das Land der Examina"

Die Wichtigkeit der allgemeinen Erziehung hatte man in China schon vor Konfuzius' Zeiten erkannt. Bereits zur Zeit des Philosophen Menzius waren Schulen eine bekannte Einrichtung. Seit der Tang-Dynastie wurden öffentliche Staatsprüfungen bzw. Staatsexamen eingeführt, die im Jahre 1905 abgeschafft wurden. Das traditionelle chinesische Erziehungssystem hatte einen großen Beitrag zur Bildung einer Anzahl von Gelehrten und Beamten und zur Fortführung der chinesischen Kultur geleistet. Erst in der Neuzeit stagnierte es allmählich. Unterrichtsinhalte und -methoden entsprachen nicht mehr den Bedürfnissen der Zeit. Im Gegensatz dazu entfalteten sich im 19. Jahrhundert in den westlichen Ländern, insbesondere in Deutschland, das moderne Bildungswesen und die modernen Wissenschaften.[450] Die fördernde Auswirkung, die Erziehung und Wissenschaft auf die Entwicklung der westlichen Staaten und Gesellschaften ausübten, trat deutlich zutage.

---

[447] Genähr Die Religion der Chinesen 1897, S. 92.
[448] Voskamp 1906, S. 21.
[449] Voskamp 1906, S. 21.
[450] Über die Bildung und Wissenschaft in Deutschland im 19. Jahrhundert siehe Mommsen 1993, S. 754ff.

Die Missionare betrieben in China Schulmissionen.[451] Sie kamen dadurch mit dem chinesischen Erziehungswesen in Kontakt. Vom missionarischen Interesse aus und angesichts der westlichen Erfahrung hatten sie an Ort und Stelle eine Untersuchung der chinesischen Schulen durchgeführt. Der Mißstand im chinesischen Erziehungssystem wurde vielfach enthüllt und aufgezeigt. Nur in einigen Punkten äußerten sich die Missionare positiv.

Die Missionare gaben zu, daß die Erziehung und die wissenschaftlichen Bestrebungen in China seit langem hochgeschätzt wurden.[452] Obwohl es keine staatlichen Schulen gäbe und die Lehrer von dem Staat keine Finanzierung erhielten, bestünden aber durch die Initiative der chinesischen Bevölkerung dennoch überall Erziehungsanstalten.[453] Selbst das kleinste Dorf habe seine Schule.[454] Um die Lust zum Studium und den Fleiß der Schüler anzuspornen, gründete fast jede Gemeinde eine gemeinsame Kasse.[455] So sei eine ziemlich gute Volksbildung in China weit verbreitet.[456] Anerkennend sagte Leuschner: "In keinem Lande der Erde wird das Studium so geschätzt wie in China."[457] Auch Zahn konstatierte: "Die Chinesen sind [...] stolz auf ihr Schulwesen; und in der Tat wäre es ihnen ohne die Schule nicht möglich gewesen, ein durchaus selbständiges Kulturvolk zu werden und sich als solches bis in die neueste Zeit hinein zu erhalten."[458]

In China gebe es auch "viele gebildete und wohlunterrichtete Leute"[459] und der Gelehrtenstand genieße hohe Achtung.[460] Ziegler bemerkte: "Der Chinese zählt vier Stände: den Stand der Bücherleser, Bauern, Handwerker und Kaufleute. Wie bei den Juden der Stand der Gelehrten vom Volk hoch geehrt wurde, so ist auch in China der Stand der 'Bücherleser' der angesehenste."[461] Leuschner schrieb: "Der Graduierte hat besondere Rechte. Er darf vor Gericht nicht gefoltert und nicht im gemeinen Gefängnis eingesperrt werden. [...] Als ein Fluch wird es angesehen, wenn in einem Orte oder Dorfe kein Graduierter ist. Je mehr Graduierte, desto mehr Ehre."[462] Zahn stellte fest: "Wirklich gibt es in China nicht wenige Leute, die einige Jahre Schulen besucht haben und die nun auch soviel, als für ihre Bedürfnisse erforderlich ist, lesen und schreiben können. Außerdem gab es und gibt es noch heute den Stand der sog. Bücherleser oder Literaten. Das sind Leute, denen das Studieren Beruf ist. Aus ihrer Mitte gehen nicht allein die zur Fortführung des Schulwesens unentbehrlichen

---

[451] Siehe Kapitel III, Abschnitt 4.
[452] Lechler 1861, S. 101.
[453] Lechler Ein Bild aus dem chinesischen Volksleben 1874, S. 52.
[454] Genähr China und die Chinesen 1901, S. 12.
[455] Leuschner Aus dem Leben und der Arbeit, S. 65.
[456] Lechler Ein Bild aus dem chinesischen Volksleben 1874, S. 52.
[457] Leuschner Aus dem Leben und der Arbeit, S. 65.
[458] Zahn Über das chinesische Schulwesen, S. 3.
[459] Zahn Über das chinesische Schulwesen, S. 3.
[460] Leuschner Aus dem Leben und der Arbeit, S. 65.
[461] Ziegler Chinesische Sitten und Verhältnisse 1900, S. 454.
[462] Leuschner Aus dem Leben und der Arbeit, S. 65.

Lehrer hervor, sondern (wenigstens bis zum Beginn der Revolution war es so) aus ihnen gewann der Staat vielfach seine Beamten."[463]

"China ist das Land der Examina."[464] Das chinesische Staatsprüfungssystem wurde besonders von manchen China-Enthusiasten in der europäischen Aufklärungszeit hochgeschätzt. Die Rekrutierung von Beamten ungeachtet ihrer Abstammung wurde als Vorbild genommen.[465] Zu einem bestimmten Grad rühmten auch die Missionare das traditionelle Prüfungssystem. Jeder Mann, der die Fähigkeit und das Talent mitbringe, auch wenn er aus niedrigsten Familien stamme, habe die Möglichkeit, durch Prüfungen zum angesehensten Gelehrtern oder Beamten aufzusteigen. Nur Söhne von Barbieren, Schauspielern und Henkern dürften nicht am Examen teilnehmen.[466] Voskamp bezeichnete dies als "eine [in] ihrer Art großartige Einrichtung unter staatlicher Aufsicht, um aus der großen Masse des Volkes die klügsten, tüchtigsten Köpfe gleichsam herauszusieben".[467] Faber war überzeugt: "Was das Volk doch mit dem Mandarinat aussöhnt, ist, daß der Zugang zu den höchsten Ehrenstellen nicht an eine bevorzugte Klasse gebunden ist, sondern auch dem Bauern und Handwerker offen steht, wenn er die vorgeschriebenen Examina bestehen kann, was nicht selten der Fall ist."[468] Zahn konstatierte auch: "Diese Graduierten (die aus der Mitte der Bücherleser hervorgegangen sind) genossen bisher in China das größte Ansehen. Sie bildeten schon vor der Revolution eine Art Volksvertretung in diesem sonst absolutistisch regierten Lande, sie vertraten ihr Dorf, ihren Stamm in allen Streitfragen vor den Behörden."[469]

Trotz dieser Anerkennung enthüllten die Missionare eine Reihe von Mißständen in dem chinesischen Erziehungssystem. Sie wiesen darauf hin, daß das Hauptmotiv der Chinesen zum Studium das Erlangen von Amt und Ehre sei. Die Aufgabe des chinesischen Schulwesens sei in erster Linie die Vorbereitung auf die Staatsprüfung.[470] Gegenstand der Staatsprüfung sei die chinesische klassische Literatur. Man müsse Aufsätze über einige Thesen der Klassiker verfassen. Bei der Ausarbeitung der Aufsätze müsse man wiederum der klassischen Form folgen. So nähmen die klassischen Werke im Unterricht eine beherrschende Stellung ein. Methodisch bediene man sich des Auswendiglernens.[471]

---

[463] Zahn Über das chinesische Schulwesen, S. 3.
[464] Genähr China und die Chinesen 1901, S. 11.
[465] Siehe Kapitel II, Abschnitt 3.
[466] Voskamp Die chinesischen Staatsexamina 1898, S. 113. Siehe auch Voskamp Unter dem Banner des Drachen 1900, S. 148f.
[467] Voskamp Die chinesischen Staatsexamina 1898, S. 113.
[468] Faber China in historischer Beleuchtung 1895, S. 13.
[469] Zahn Über das chinesische Schulwesen, S. 3.
[470] "Der Hauptantrieb zu wissenschaftlichen Bestrebungen unter dem chinesischen Volke liegt im allgemeinen in der Hoffnung, dadurch Amt und Ehre zu erlangen." Lechler 1861, S. 101. – "Ziel des ganzen Unterrichts ist, oder war es bis jetzt, einmal irgendeins der Staatsexamina zu bestehen und Ehre wie auch Unterstützung dadurch zu haben." Leuschner Aus dem Leben und der Arbeit, S. 64.
[471] Lechler 1861, S. 101; Zahn Über das chinesische Schulwesen, S. 3.

Schon in den 60er Jahren wies Lechler darauf hin, die "ausschließliche Beachtung der Klassiker" habe dazu geführt, daß "die geistigen Anlagen der Schüler nicht harmonisch gebildet" würden.[472] "Jeder Zweig der Wissenschaft, die Rechtsgelehrsamkeit, Geschichte und öffentliche Statistik ausgenommen, wird im Verhältniß zu jenen [Klassikern] gering geschätzt."[473] Diese Kritik wurde in den späteren Jahren immer schärfer. Faber kritisierte: "Der Chinese lernt nur das Lesen, Schreiben und Literarisches, besonders Phraseologie. Darin besteht die ganze Schulweisheit. Nichts von Realien oder was man etwa so nennen könnte, veraltetes Zeug, das mehr schadet als nützt."[474] Noch ausführlicher schilderte Schaub: "Seit bald zwei Jahrtausenden wird in den Schulen nichts anders als die konfuzianistischen Klassiker gelesen. In den paar ersten Schuljahren wird alles auswendig gelernt. Erst ungefähr mit dem vierten Schuljahre beginnt eine etwas gründlichere Erklärung des Gelesenen. Soweit kommen aber die wenigsten Schüler. Weitaus die meisten erhalten nur eine oberflächliche Kenntnis ihrer Zeichenschrift und alten Schriftsprache. Von Geographie, Geschichte u.s.w., von allgemeiner Bildung ist absolut keine Rede."[475]

Besonders wurde "die stilistische Phraseologie" beanstandet. Faber bezeichnete sie als "das Grundübel der chinesischen Bildung", ja sogar als "der charakteristische Zug der modernen chinesischen Zivilisation".[476] Er schrieb: "Auf rein formale Sprachbildung, mit dem gewohnten althergebrachten Inhalt, zielt das gelehrte Streben der modernen Chinesen. Der Inhalt mag wahr oder falsch sein, das kümmert den Chinesen wenig, wenn das Gesagte nur irgendwo in alten Schriften gesagt ist und besonders in schön klingender Phrase. [...] Die Pinselhelden denken nicht an den Inhalt oder verziehen das Gesicht, wenn dieselbe ihnen fremd ist. Die klassische Form ist ihr einziges Kriterium, und diese ist für jeden neuen Gedankenstoff zunächst eine Unmöglichkeit."[477] Und: "Die moderne Phrasenwirtschaft der Chinesen ist ein Krebsschaden, der die Lebenssäfte verzehrt und gesunde geistige Produktion erstickt."[478]

Die Missionare brachten auch Veruntreuungen und Unterschlagungen bei den Staatsprüfungen an die Öffentlichkeit. Voskamp schrieb: "Es herrscht bei diesen Staatsprüfungen viel Willkür und Bestechlichkeit. Die Sekretäre und Schreiber, die Untergebenen des die Examina überwachenden Beamten, die das Volk 'die Krallen des Mandarinen' nennt, sowie dieser selbst, verstehen es, bei dieser Gelegenheit glänzende Geschäfte zu machen."[479] Leuschner schilderte: "Jeder Kreismandarin hat das Recht, den Schüler, der bei seinem Vorexamen mit Nummer Eins bestanden hat, ohne Weiteres dem kaiserlichen Examinator zur Graduierung vorzuschlagen. Aus dieser Vergünstigung wird natürlich Kapi-

---

[472] Lechler 1861, S. 101.
[473] Lechler 1861, S. 102.
[474] Faber China in historischer Beleuchtung 1895, S. 52.
[475] Schaub 1899, S. 316.
[476] Faber Eine Encyklopädie 1890, S. 172. Siehe auch Happel 1890, S. 247.
[477] Faber Eine Encyklopädie 1890, S. 172.
[478] Faber Eine Encyklopädie 1890, S. 173.
[479] Voskamp Die chinesischen Staatsexamina 1898, S. 114.

tal geschlagen. Denn selten oder nie ist dieser Vorgeschlagene der tüchtigste, sondern der, welcher am meisten bezahlt hat."[480]

"Die veraltete Erziehungsmethode" wurde als eine Last der Chinesen angesehen, die "schlimmer noch als Opium und andere Laster" sei.[481] Sie sei für den Rückstand der chinesischen Wissenschaft und des Kriegswesens mitverantwortlich. Da in den traditionellen chinesischen Schulen wissenschaftliche Forschung geringgeschätzt werde, seien die wissenschaftlichen Kenntnisse der Schüler sehr dürftig.[482] "Der literarische achtzigjährige Graduierte wird mangelhaft erfunden werden in den meisten Zweigen allgemeinen Wissens, unwissend in hundert Dingen und Ereignissen seiner Volksgeschichte, welche der bloße Schulknabe der westlichen Welt aus der seinigen nicht zu kennen sich schämen würde."[483] Die meisten Gelehrten Chinas seien "Leute [...], die in der Vergangenheit zu leben schienen". Sie verständen nicht "die Geographie und Geschichte des Auslandes, geschweige denn von dem gewaltigen Aufschwung der exakten Wissenschaften in den westlichen Ländern".[484] In China lerne der Student für Militärwesen nur, "im Galopp die Scheibe mit seinem Pfeil zu treffen" und Gymnastik zu treiben, während die Kenntnis der Taktik, Geschützkunst, Kriegsbaukunst oder Befestigungskunst nicht gefordert werde. "Man wird sich deßhalb nicht verwundern, daß das Kriegswesen in China auf schlechten Füßen steht, so daß es den Europäern nie sehr schwer werden kann, den Sieg davon zu tragen, wenn sich die Chinesen in offenem Kampfe mit ihnen messen sollen."[485]

Darüber hinaus fördere die chinesische Erziehung aber stark die "Selbstüberhebung" der chinesischen Gelehrten und ihre "Verachtung" Ausländern gegenüber.[486] Bei den chinesischen "Bücherlesern" fände sich noch viel "Heuchelei" und "Verschmitztheit". Das "Lügen" sei gang und gäbe. Ferner hätten sie keine Ahnung von "Sünde". Es sei "furchtbar schwer, einen solchen Gelehrten wenigstens zu dem Geständnis zu bringen, daß unsere christliche Lehre auch ihr Gutes hat".[487]

Was das allgemeine Bildungsniveau in China betrifft, so schätzten die Missionare dieses nicht hoch ein. Faber erwägt: "Ein großer Prozentsatz der

---

[480] Leuschner Aus dem Leben und der Arbeit, S. 69.
[481] Faber China in historischer Beleuchtung 1895, S. 52.
[482] Lechler 1861, S. 102.
[483] Lechler 1861, S. 102.
[484] Zahn Über das chinesische Schulwesen, S. 4.
[485] Lechler 1861, S. 120.
[486] "Die eigentlichen Gelehrten arbeiten nur für die Examina. Sie müssen etliche der Klassiker ganz auswendig wissen, die autorisierte Erklärung dazu ebenfalls, sonst hauptsächlich die Technik der Aufsätze und poetischen Stücke. Chinesische Geschichte wird aus Kompendien gelernt, ebenso allgemeine chinesische Litteratur. [...] Aus den alten Werken saugt der Chinese seine Selbstüberhebung und Verachtung aller Ausländer als Barbaren. Seine Vertrautheit mit der alten Litteratur macht es ihm unmöglich, Fremdes unbefangen zu prüfen und sich über vortreffliches zu freuen." Faber China in historischer Beleuchtung 1895, S. 52.
[487] Ziegler Chinesische Sitten und Verhältnisse 1900, S. 454.

chinesischen Bevölkerung, besonders der Frauen, lernt überhaupt nicht lesen. Viele lernen nur soviel, als für ihr Geschäft nötig ist, können aber kein Buch verstehen. Die Begabteren unter den Geschäftsleuten bringen es aber so weit, leichte Lektüre, vielleicht auch eine Zeitung mit einigem Verständnis lesen zu können."[488] Im Vergleich mit Deutschland stellte Genähr fest: "In China hat selbst das kleinste Dorf seine Schule. Trotzdem ist die Zahl derer, die weder lesen noch schreiben können, dort viel größer als bei uns."[489]

Die "verkehrte Erziehung" wurde auch als Ursache der "Armut" und "Verwahrlosung" des chinesischen Volkes angesehen. Kranz schrieb: "Welches ist nun die tiefere Ursache dieser Armut und Verwahrlosung des Volkes? Mangel an Begabung ist es nicht, denn die Chinesen sind von Natur ebensogut beanlagt wie europäische Völker. Die Ursache ist vielmehr eine verkehrte Erziehung bei denen, welche eine Erziehung genießen, und bei der Mehrzahl der Mangel jeglicher Erziehung. Es ist mit einem Worte das Heidentum mit allen seinen Konsequenzen, welches das Volk in Banden hält und die Mehrzahl zu Lasttieren herabdrückt. In allen Schulen Chinas werden nur immer wieder die alten trockenen Moral- und Staatslehren der konfuzianischen Klassiker auswendig gelernt und der Geist wird gedrillt, in alten überlieferten Geleisen seine Gedanken entlang zu treiben. Alle Reformen sind deshalb dem Chinesen zuwider und das Beste scheint ihm, im alten Schlendrian und Schmutze zu bleiben."[490]

Das traditionelle chinesische Schulsystem war in der späten Qing-Zeit erstarrt geworden. Die allgemeine Bildung und die Vermittlung praktischer Kenntnisse wurden vernachlässigt.[491] Die Rückständigkeit der traditionellen chinesischen Erziehung wurde seit der Konfrontation mit den westlichen Mächten auch von aufgeklärten chinesischen Gelehrten und Beamten erkannt. Dem traditionellen Prüfungssystem wurden drei große Mißstände zugeschrieben: "Einsperrung menschlicher Intelligenz", "Verderbung menschlicher Absicht" und "Vermehrung von Müßiggängern". Es könne nur "dem unverdienten Ansehen" mancher Gelehrten Vorschub leisten und den Geist der Menschen verwirren.[492] Von den 1860er Jahren an entwickelte sich die chinesische Erziehungspolitik allmählich zugunsten der Einführung einer begrenzten Anzahl moderner Fächer zum Zwecke der Selbststärkung. "Angefangen mit der Einführung der wichtigsten westlichen Fremdsprachen, hatten alle Neuerungen auf dem Gebiet der Erziehung in der frühen Phase die Erlernung westlicher Technik zum Ziel, wie Schiffbau, Waffenherstellung, Bergbau, Eisenbahn- und Telegraphenbau. Die Errichtung technischer Institute konnte das Erziehungs-

---

[488] Faber China in historischer Beleuchtung 1895, S. 52.
[489] Genähr China und die Chinesen 1901, S. 14.
[490] Kranz 1894, S. 18.
[491] Siehe Fairbank 1989, S. 40 – "Das traditionelle Erziehungssystem war nicht egalitär, sondern praxisfern, nicht gesellschaftshinterfragend, sondern extrem kritikfeindlich und schließlich durchaus nicht fortschrittsfördernd, sondern einseitig rückwärtsgewandt." Weggel 1981, S. 228.
[492] Siehe Zhang/Cheng 1990, S. 267ff.

system insgesamt jedoch nicht ändern. Erst nach ihrer Niederlage im Chinesisch-Japanischen Krieg 1894/1895 unternahmen die Chinesen tiefgehende Reformen, die in der Verkündigung eines neuen Schulsystems im Jahre 1902 und der Abschaffung des Prüfungssystems im Jahre 1905 gipfelten."[493]

Die Missionare propagierten eifrig die Einführung des westlichen Erziehungssystems in China und forderten eine Reform der chinesischen Schule nach westlichem Modell. Faber behauptete: "Nur gründliche Reform des Unterrichtswesens kann China aus der geistigen Versumpfung retten."[494] Schaub war überzeugt: "Wenn das Reich der Mitte die Fesseln seiner alten, rein formalistischen Bildung durchbricht, wird es sich zeigen, welche intellektuelle Kraft noch in diesem Volke schlummert."[495] Gerade unter diesem Leitgedanken bemühten sich die Missionare, die Chinesen mit dem westlichen Schul- und Erziehungssystem vertraut zu machen und Schulen neuer Art in China zu errichten.[496]

Mit nationalistischer Begeisterung und patriotischem Enthusiasmus versuchten sich die Missionare, innerhalb des ausländischen Erziehungswesen in China eine bedeutende Rolle zu spielen. Leuschner schrieb: "Wenn irgend eine Nation, dann ist die deutsche dazu befähigt, andere zu lehren. Möchten wir doch auch in China unser Licht nicht so unter den Scheffel stellen! Wenn wir uns ein gut Teil am wirtschaftlichen Markte in China sichern wollen, denn sind auch mehr gute Schulen in China nötig. Grade in der Schulthätigkeit kann der Missionar den Chinesen Liebe und Zutrauen zu Deutschland einflößen und die falschen Ansichten, die andre Nationen über uns in China verbreitet haben, aus dem Wege räumen. Die römischen Chinesen im Süden sprechen oft von sich als Franzosen. Das sollen die Kreise, mit denen der evangelische Missionar zusammenkommt, nicht nachahmen. Sie sollen nach wie vor Chinesen bleiben. Achtung und Liebe zu Deutschland und den Deutschen, die möchten wir ihnen aber gern beibringen, und das geschieht am besten durch die Schulen."[497]

Die Missionare wollten durch ihre Schulen das Christentum in China verbreiten. In Anbetracht des Einflusses der Japaner auf die in China neu gegründeten Schulen behauptete Maier: "Auch wir haben hier eine Pflicht, auch die schönste Gelegenheit, durch Schulen auf Jung-China zu wirken. Die Mission darf dieses den Japanern nicht allein überlassen, sie muß sich einen Einfluß auf die Erziehung der chinesischen Jugend sichern. Die Chinesen werden durch ihre Zahl und vermöge ihrer Eigenschaften einmal einen bedeutenden Einfluß auf die Welt gewinnen, sie werden im Rate der Völker einmal ein gewichtiges, vielleicht das erste Wort sprechen. Und da ist es von größter Bedeutung, welche Geistesmächte in diesem Lande die Herrschaft besitzen werden, ob die christliche oder die ästheistisch-heidnische Weltanschauung den Sieg davontragen wird. Beteiligen wir uns an diesem Ringen und tun wir, was in unseren Kräften

---

[493] Franke 1974, S. 315. Siehe auch Chen 1992, S. 113ff.
[494] Faber Eine Encyklopädie des chinesischen Wissens 1890, S. 172f.
[495] Schaub Die Entwicklung der evangelischen Mission 1899, S. 317.
[496] Siehe Kapitel III, Abschnitt 4.
[497] Leuschner Aus dem Leben und der Arbeit, S. 76.

steht, damit der Name und das Werk und der Wille Jesu in China bekannt werden, und sich ihm auch in diesem großen Lande Kniee beugen, und damit auch hier der Sünder den Sünder-Heiland finden kann!"[498] Dabei kommen die nationalistische Tendenz und der Gedanke von der Überlegenheit des Christentums deutlich zum Ausdruck.

7. Zur chinesischen Medizin: "Agglomerat von Aberglauben, Vermutung und Richtigem"

Die Missionare sahen viele Krankheiten und Kranke in China. Gelegentlich praktizierten sie selbst als Mediziner.[499] Auch die chinesische medizinische Betreuung und Gesundheitsfürsorge wurden von ihnen aufmerksam verfolgt. Durch eigene Beobachtung und Forschung hatten sie sich Kenntnisse von der chinesischen Medizin angeeignet und berichteten darüber.

Die Äußerungen der Missionare über die chinesische Medizin sind insgesamt negativ. Sie sind durch die Charakterisierung von "Stagnation" und "Aberglauben" geprägt. Lechler schrieb: "Ebenso hat schon einer ihrer ersten Kaiser die Entdeckung gemacht, daß gewisse Kräuter dienlich seien zu Heilung gewisser Krankheiten, aber bei dieser Kräuterkunde stehen die Chinesen noch jetzt, ohne daß sich die Heilkunde zur Wissenschaft erhoben hätte, und die Ärzte studieren alle bloß privatim, haben nie ein Examen zu bestehen, noch jemandem Rechenschaft darüber abzulegen, ob sie eine Kenntniß des menschlichen Körpers und der denselben afficirenden Krankheiten besitzen. Der Aberglaube spielt ohnehin noch eine große Rolle in der chinesischen Medizin, und die Ärzte sind meistens Quacksalber."[500] Leuschner behauptete: "Aber grade in der medizinischen Kunst zeigt sich, wohin ein Volk trotz seiner guten Veranlagung gerät, mit seinen fünf Teilen Wissen und fünf Teilen Aberglauben. Wenn man sich in China das Gros der Ärzte und die Medicin und Krankenbehandlung ansieht, dann hat man sofort eine Illustration zu dem Worte, daß in China das Leben des Einzelnen sehr billig ist."[501] Und "Das chinesische Volk ist in mancher Beziehung recht kindlich. Grade in medicinischer Beziehung gilt dies."[502]

Die Missionare bemerkten, daß die chinesische Medizin "wie alles Chinesische" auf dem Altertum basierte.[503] Leuschner äußerte sich darüber: "Es giebt unzählige Lehrbücher über Medizin, unter ihnen aber 60 bedeutendere Abhand-

---

[498] Maier Die Aufgaben eines Missionars 1905, S. 26f.
[499] Über die ärztliche Mission siehe Kapitel II, Abschnitt 4.4.
[500] Lechler 1861, S. 120f.
[501] Leuschner Aus dem Leben und der Arbeit, S. 77.
[502] Leuschner Aus dem Leben und der Arbeit, S. 77f.
[503] Schultze 1884, S. 29ff.; Olpp 1910, S. 8ff.

lungen, jedoch sind diese letzteren alle aus der Zeit nach Christo und reichen herauf bis in unsere Zeit. Wir finden darin aber viele Notizen und Anweisungen, die sich bis in die urältesten Zeiten zurückführen lassen."[504] In dieser Literatur vermischten sich "gute Ratschläge und praktische Mittel" häufig mit dem "krassesten Aberglauben"[505]. Die chinesische Medizin werde dadurch eingeschränkt.

Die Missionare bemerkten noch, daß die medizinische Praxis in China fast ganz in privater Hand läge. Der Staat treffe keine Maßnahmen zur Ausbildung von Medizinern und zur Hebung des Standes der medizinischen Wissenschaft. "Der Staat thut so viel wie nichts zur Heranbildung von Medicinern oder zur Hebung dieses Standes. [...] Von Staatswegen ist denn kein bestimmter Lehrgang, sowenig als sie zur Ausübung ihrer Kunst eines Diploms bedürfen."[506] Daher seien die "Ärzte" in China oft Personen, die durch die Examina gefallen und zu irgend einem anderen Beruf nicht mehr tauglich seien.[507] Leuschner schrieb: "Die Ärzte sind meist arme ungelehrte Leute, die die Medicin als die 'melkende Kuh' ansehen. [...] Sobald ein Chinese nichts andres mehr werden kann, wird er Arzt. Einige medicinische Schmöker werden durchgelesen, und die Vorbildung und Ausbildung zum Arzt ist da. Auf mit großen Lettern beschriebenen Plakaten preist er seine Kunst an, wie er sowohl innere wie äußere Krankheiten unfehlbar heilen kann."[508] Maier konstatierte auch: "Da es in China kein medizinisches Studium gibt, trifft man natürlich auch keine richtig ausgebildeten Ärzte."[509]

Die anatomische Wissenschaft in China liege "sehr im Argen"[510]. Die Anatomie sei für die Chinesen ein "unentdecktes Land"[511]. Es fehle "an richtigen anatomischen und vollends an allen physiologischen Begriffen"[512]. Schultze schrieb: "Die wichtige Lehre von der Blutcirkulation, vom Zusammenhang zwischen Arterien und Venen, von der Herztätigkeit, vom Nervensystem und dessen Funktionen; von der richtigen Lage, der Gestalt und dem Zweck der Eingeweide – ist ihnen [den chinesischen Ärzten] fast ganz unbekannt oder wird durch allerlei absurde Theorien ersetzt, deren Hohlheit durch merkwürdige Umständlichkeit der Beschreibung verdeckt wird. Ihre anatomischen Tafeln enthalten ein ganzes Register von Organen, die in Wirklichkeit gar nicht existieren; eingebildete, willkürliche Theorien und die abenteuerlichsten Phan-

---

[504] Leuschner Aus dem Leben und der Arbeit, S. 78.
[505] Leuschner Aus dem Leben und der Arbeit, S. 78.
[506] Schultze 1884, S. 32.
[507] Schultze 1884, S. 32.
[508] Leuschner Aus dem Leben und der Arbeit, S. 77.
[509] Maier Die Aufgaben eines Missionars 1905, S. 17.
[510] Leuschner Aus dem Leben und der Arbeit, S. 78.
[511] Maier Die Aufgaben eines Missionars 1905, S. 17.
[512] Schultze 1884, S. 32.

tasien gelten ihnen für Naturgesetze! Das Wesen und die Ursache der meisten Krankheiten ist ihnen völlig verborgen."[513]

Mangels einer anatomischen Wissenschaft würden chirurgische Operation in China "sehr gescheut". Wenn sie irgendwann ausgeführt werde, könne sie nicht effektiv sein.[514] Schultze schrieb: "War doch vor Ankunft der christlichen Aerzte aus dem Abendland kein Mediciner im ganzen Reich, der einen Absceß mit dem Messer öffnen oder die einfachste Geschwulst zurückdrängen konnte. Selbst wenn Zahnärzte sich einer Zange oder eines Hakens zum Ausziehen der Zähne bedienten, so mußte es heimlich geschehen, sonst hätte der Betreffende die Kundschaft verloren! Alle die zahlreichen Verletzungen und Krankheiten, die durch rasches Eingreifen des Arztes geheilt werden könnten, überläßt man in China sich selbst, und das bringt natürlich eine Reihe von sekundären Uebeln mit sich."[515] Maier behauptete auch: "Sie [die Chinesen] wissen nichts mit Knochenbrüchen anzufangen, auch sind ihnen Operationen wie überhaupt das ganze Gebiet der Chirurgie fremd."[516]

Auch die Heilkraft der Medikamente werde "auf ganz imaginäre Ursachen zurückgeführt". Und: "Ein wirklich rationeller Gebrauch selbst der gewöhnlichsten Medikamente ist daher so gut wie unmöglich."[517] Aberglauben und Zaubermittel seien sehr üblich bei der Krankenbehandlung. Schultze wies darauf hin, daß die Chinesen viele Krankheiten auf "Dämonen" und den "Zorn der Götter" zurückführen würden: "Die Einen auszutreiben und die Andern zufrieden zu stellen, dazu sind Zaubermittel und Amulette in allgemeinem Gebrauch. Götzen, Astrologen, Wahrsager und Priester werden zu Rathe gezogen. Letztere machen mit heilkräftigen Zauberzetteln gute Geschäfte."[518] Leuschner konstatierte auch: "Vor allen Dingen spielt der Geisterglaube in der Medizin eine verdummende Rolle. Die Masse des chinesischen Volkes stellt sich thatsächlich vor, daß ein böser Geist die drei Seelen des Körpers entweder ausgetrieben habe oder austreiben wolle. Und die Ärzte bestärken die armen Menschen noch in ihrem Wahn."[519]

Die Missionare berichteten viel von Krankheiten und Leiden in China. Besonders die Augenerkrankungen, Kindersterblichkeit und Epidemien wurden vielfach ausgesprochen. In bezug auf die Kinderkrankheiten äußerte Schultze: "Ist schon anderwärts, selbst unter den günstigsten Verhältnissen, das Kindesalter unzähligen Gefahren ausgesetzt und die Sterblichkeit unter den Kleinen eine große, so ist das noch viel mehr in China der Fall. Hier [ist] die Unwissenheit über Kinderkrankheiten, die Vernachlässigung der im Kindesalter zu beo-

---

[513] Schultze 1884, S. 32. - Der Chinese kenne "keinen Unterschied zwischen Arterien- und Venenblut, für ihn giebt es auch nicht Muskeln und Nerven, sondern Nerv ist Muskel und Muskel ist Nerv". Leuschner Aus dem Leben und der Arbeit, S. 78f.
[514] Schultze 1884, S. 35.
[515] Schultze 1884, S. 35.
[516] Maier Die Aufgaben eines Missionars 1905, S. 17.
[517] Schultze 1884, S. 34.
[518] Schultze 1884, S. 37f.
[519] Leuschner Aus dem Leben und der Arbeit, S. 87.

bachtenden Gesundheitsregeln, sowie der niedrige Stand der heidnischen Moral und der alles beherrschende Aberglaube eine der fruchtbarsten Quellen von Elend und Tod."[520] Leuschner hob die Augenerkrankungen hervor: "In China herrscht viel Augenentzündung. Einmal mögen daran die rauchigen und staubigen Wohnungen, die besonders den Augen der Säuglinge gefährlich sind, schuld sein, und zum andern auch das fortgesetzte Benutzen von heißem Wasser zum Waschen des Gesichtes. Die Augenentzündung der Neugeborenen und kleinen Kinder führt oft in 3-4 Tagen zur Blindheit."[521]

Die negative Beschreibung der chinesischen Medizin diente vor allem der Rechtfertigung der ärztlichen Mission. Schultze war überzeugt: "Gehen wir auch nur ein wenig auf die diesbezüglichen chinesischen Zustände ein, so werden wir finden: China bedarf der ärztlichen Mission, und zwar zunächst rein nur als einer ärztlichen, also vom allgemein humanen oder philanthropischen Gesichtspunkte aus."[522] Und: "Ist der predigende Missionar verpflichtet, nicht nur Gnade und Vergebung anzubieten, sondern auch die Schärfe des Gesetzes zu handhaben, so darf der Missionsarzt ganz uneingeschränkt die Liebe und Menschenfreundlichkeit Jesu Christi walten lassen. Hat er die Elenden hilfreich aufgesucht und ihnen Heilung oder doch Linderung ihrer leiblichen Leiden gebracht, so werden sie auch der Buß- und Strafpredigt ihre Herzen nicht ganz verschließen können, und haben sie einmal vertrauensvoll den Anordnungen des christlichen Arztes sich unterworfen, so werden sie auch leichter dem großen Heiland der Sünder sich gläubig überlassen, der durch den Mund des Predigers sie einladet: Kommet her zu mir alle, die mühselig und beladen seid!"[523]

Die Missionare schilderten selbstherrlich die Erfolge der ärztlichen Mission durch die Einführung der westlichen Medizin in China. Schultze bezeichnete die ärztliche Mission als "Säemannsarbeit", "bei welcher man leicht verzagen und ermüden kann, wenn man nicht einfältig sich zu freuen versteht an den zarten Keimen und grünen Halmen, die hie und da doch schon dem steinigen Acker entsproßt sind."[524] Durch die ärztliche Mission könnten die Krankheiten der Chinesen und ihre Vorurteile gegen die "fremden Teufel" gleichzeitig überwunden werden.[525] Maier beschrieb: "Da ist nun der Missionsarzt ein wahrer Wohltäter des Volkes, und tatsächlich hat er mit seinen chinesischen Gehilfen auch alle Hände voll zu tun. Sein Sprechzimmer wie das Spital sind ein dankbares Arbeitsfeld für den christlichen Prediger und Seelsorger."[526] Die Einführung der westlichen medizinischen Wissenschaft in China erweitere den Horizont der Chinesen und trage zur Gründung ihrer modernen medizinischen

---

[520] Schultze 1884, S. 36.
[521] Leuschner Aus dem Leben und der Arbeit, S. 88f.
[522] Schultze 1884, S. 29.
[523] Schultze 1884, S. 39f.
[524] Schultze 1884, S. 98.
[525] Schultze 1884, S. 99.
[526] Maier Die Aufgaben eines Missionars 1905, S. 18.

Einrichtung bei. Leuschner konstatierte: "Medizinische und anatomische Werke sind von Ärzten, besonders Missionsärzten, übersetzt, und selbst der Generalgouverneur hat zu dem bedeutendsten eine schöne und sachliche Vorrede geschrieben, worin er das Werk allen Chinesen empfiehlt."[527] Olpp war überzeugt: "Mit dem Einströmen westlicher Medizin und Kultur in das Reich der Mitte zieht jetzt eine neue Ära herauf, in der die dortige Ärztewelt, befreit vom Joche des Gesetzes und ausgerüstet mit den Errungenschaften moderner Hygiene, das Volk zu einem noch ganz anders fruchtbaren gestalten wird, als es schon Jahrtausende gewesen."[528]

Allerdings finden sich manche Äußerungen in der Darstellung der Missionare der chinesischen Medizin, die dieser gewisse Anerkennung erteilen. Einige Heilmittel und -methoden wurden als nützlich angesehen und eine eingehende Untersuchung der chinesischen medizinischen Literatur wurde gefordert. Schultze merkte: "Wir sehen schon hieraus, welch wichtige Rolle das Pulsfühlen bei der Diagnose spielt. Es beschränkt sich nicht auf eine Körperstelle, sondern an beiden Seiten und in verschiedenen Gegenden des Körpers werden vergleichende Untersuchungen über den Pulsschlag angestellt und daraus nicht selten überraschende, sichere und richtige Schlüsse gezogen."[529] Und: "Merkwürdig ist, daß die Schutzpocken-Impfung – ohne allgemein durchgeführt zu sein – oft in Anwendung kommt. Sie soll schon 1014 nach Christo bekannt gewesen sein!"[530] Leuschner erzählte: "In China herrscht kein Impfzwang, aber ich habe keinen Chinesen gefunden, dessen Kind nicht auf chinesische oder auf moderne Weise geimpft wäre. In Canton erlebte ich eine Pockenepidemie. Die Chinesen waren alle geimpft. Sie wurden fast alle von der Seuche befallen, aber kein einziger starb. Ein europäisches Kind war nicht geimpft, und gerade das mußte sterben. Die Zustände in China können uns wirklich von dem großen Nutzen der Schutzpockenimpfung überzeugen."[531]

Faber kritisierte sogar die Bezeichnung der chinesischen Ärzte mit dem Wort "Quacksalber". Er wies darauf hin, daß die chinesischen Ärzte täglich Tausende von Patienten kurierten. Sie könnten sogar Kranke heilen, die durch die Behandlung der westlichen Ärzte ohne Besserung blieben. Die chinesische Medizin beruhe zwar nicht auf der Wissenschaft, ihre Heilmethode sei aber häufig wirkungsvoll. So: "Es ist nutzlos, die eingeborene [chinesische] Praxis als Quacksalberei zu denunzieren."[532] Leuschner schrieb, daß es unter den chinesischen Ärzten auch "etliche tüchtige Männer" gebe. Sie erben ihr Amt vom Vater und Großvater und seien "gewissermaßen als Ärzte geboren".[533]

---

[527] Leuschner Aus dem Leben und der Arbeit, S. 85.
[528] Olpp Beiträge zur Medizin 1910, S. 28.
[529] Schultze 1884, S. 33.
[530] Schultze 1884, S. 35.
[531] Leuschner Aus dem Leben und der Arbeit, S. 88.
[532] Faber Die Pflicht der Kirche 1892, S. 109.
[533] Leuschner Aus dem Leben und der Arbeit 1902, S. 77.

Und: "Doch bin ich auch Ärzten begegnet, die mich durch ihre richtige Diagnose in Verwunderung gesetzt haben."[534]

Die Missionare gaben zu, daß "die chinesischen Heilkünstler neben den widernatürlichen Medizinen für gewisse Krankheiten doch auch wieder ganz ausgezeichnete Mittel haben, die zum Teil der medizinischen Wissenschaft in Europa noch unbekannt sind"[535]. Die chinesische medizinische Literatur und Praxis könne in mancher Hinsicht auch für die westliche Wissenschaft von Nutzen sein. Leuschner machte auf die Theorie der Chinesen über die Stellung und Funktion der Milz aufmerksam und betonte ihre Bedeutung für die westliche Medizin. "Hier in der Heimat sind die wissenschaftlichen Autoritäten ja immer noch nicht recht einig über den eigentlichen Zweck der Milz, da könnten uns die Chinesen doch vielleicht noch auf die Sprünge helfen. Man nimmt an, daß die Speisen an der Milz vorüber in den Magen gehen und von hier in die großen Eingeweide. Aus den beigegebenen Karten, die sehr alt und selten gut sind, kann man den Vorgang ersehen."[536] Die Missionare erkannte auch, daß es in China viele Schriften über die Pflege der Gesundheit und Schönheit sowie Belehrungen über die Tätigkeit der Eingeweide gebe. So: "Es wäre interessant, daraufhin einmal eine gesundheitliche Diagnose zu stellen, sie könnte gewiß das richtige treffen."[537] Und: "Ebenso genau wird auch auf die Diät geachtet, die meistens sehr richtig verordnet wird."[538]

In bezug auf die chinesische Akupunktur äußerte Olpp: "So sehr die Akupunktur in der Hand des mit den anatomischen Verhältnissen des menschlichen Körpers nicht vertrauten und unter höchst anfechtbaren Kautelen arbeitenden chinesischen Heilkünstlers zu schaden vermag, so ist doch zuzugestehen, daß mit ihr in einigen Fällen in der Tat überraschende Erfolge erzielt werden."[539] Auch der chinesischen Massagekunst zollte Olpp seine Anerkennung: "Alle Arten der Effleurage, Friktion, Petrissage und Tapotement werden mit einer manuellen Geschicklichkeit ausgeführt, die ihresgleichen sucht."[540] Aufgrund der Kenntnisse über die chinesische Literatur schlug Faber vor: "Die beste eingeborene medizinische Literatur bedarf einer Revision und Kommentation durch urteilsfähige Schüler. Die Wahrheitskörner, welche sie enthält, bedürfen einer Ausscheidung aus den lange aufgehäuften Massen von Schutt. Befähigte Eingeborene könnten für diese Aufgabe erzogen und bei Lösung derselben geleitet werden. Bücher dieser Art würden sich dem Chinesen besser empfehlen als fremde Übersetzungen. Mancher Leser würde sein Verständnis vertiefen, sich gewöhnen, zu schätzen, nicht was alt, sondern was wahr ist, und würde

---

[534] Leuschner Aus dem Leben und der Arbeit 1902, S. 77.
[535] Maier Die Aufgaben eines Missionars 1905, S. 17.
[536] Leuschner Aus dem Leben und der Arbeit, S. 84.
[537] Leuschner Aus dem Leben und der Arbeit, S. 85f.
[538] Leuschner Aus dem Leben und der Arbeit, S. 86.
[539] Olpp 1910, S. 11.
[540] Olpp 1910, S. 23.

dankbar für fremde Belehrung und in vielen Fällen willig werden, geistliche Wahrheit anzunehmen."[541]

Bei der Beschreibung der chinesischen Medizin nahmen die Missionare häufig die westliche Medizin als Referenz. Ein westliches Kriterium wurde als Maßstab zur Beurteilung angewandt. Neuere Forschungen beweisen, daß die traditionelle chinesische Medizin und die westliche zwei unterschiedliche Heilmethoden sind. "Die chinesische und westliche Medizin unterscheiden sich grundlegend. Die chinesische Medizin betrachtet den Menschen als eine in sich geschlossene Einheit, er ist für sie ein Mikrokosmos, der auch in Einheit mit dem Makrokosmos steht. Für die chinesische Medizin sind menschliche Krankheiten ein Ergebnis der Zerstörung bzw. der Behinderung einer aufeinander abgestimmten Einheit. Die Prinzipien der Behandlung liegen in der Wiederherstellung der aufeinander abgestimmten Einheit im Menschen und der aufeinander abgestimmten Einheit zwischen Mensch und Außenwelt; dies soll die Krankheit beseitigen und die Gesundheit wieder herstellen. Die westliche Medizin hingegen beruht auf einer anatomischen und physiologischen Basis, sie behandelt nur die jeweiligen Krankheiten, nicht den Menschen als ganzheitlichen Organismus. Da es der chinesischen Medizin an anatomisch-physiologischen Grundlagen fehlt, ist sie – diagnostisch gesehen – in mancherlei Hinsicht nicht so exakt wie die westliche Medizin; therapeutisch gesehen, ist die westliche Medizin nicht so vielseitig wie die chinesische."[542] Demgemäß begeht man einen Fehler, wenn man die chinesische Medizin absolut verneint. Es wäre sinnvoller, chinesische und westliche Medizin miteinander zu kombinieren, voneinander zu lernen, mit dem Ziel einander zu helfen, die Vorzüge der anderen zu übernehmen und die eigenen Mängel auszugleichen.

8. Zur politischen Situation in China: Korruption und Schwäche

Die christliche Mission war eng mit der Politik verknüpft. Ihr Erfolg oder Mißerfolg hing sehr mit der politischen Situation in der Heimat sowie mit der im Missionsfeld zusammen. Im 19. Jahrhundert wurden die deutschen protestantischen Missionare wiederholt in politische Auseinandersetzungen verwickelt. Diskussionen über die chinesische Politik bildeten daher einen der wichtigsten Inhalte in ihren Chinaberichten. Dabei handelte es sich sowohl um die aktuellen politischen Verhältnisse in China wie auch um das chinesische Staats- und Regierungssystem. Beobachtungen und Beschreibungen der chinesischen Politik wurden aber überwiegend unter dem Aspekt der Mission durchgeführt. Es gab zwar einige Missionare, die Vorurteile der Europäer gegenüber

---
[541] Faber Die Pflicht der Kirche 1892, S. 109.
[542] Wang 1993, S. 41.

dem chinesischen Regierungssystem berichtigen wollten, die meisten Missionare betonten allerdings die politische Korruption und Schwäche Chinas. Sie betrachteten das Christentum als das wichtigste Mittel zur Lösung von Problemen in der chinesischen Politik. Hinter solchen Darstellungen verbargen sich die Auffassung von der Stagnation und dem Verfall Chinas und die Überzeugung der Zivilisierungsmission des Westens in China.

8.1. Über die inneren politischen Verhältnisse in China

In den Augen der Jesuiten-Missionare des 17. und 18. Jahrhunderts war China ein "hochzivilisierte[s] und machtvolle[s] Landes, das den Vergleich mit keinem der Staaten des zeitgenössischen Europa zu scheuen brauchte"[543]. Die Verwaltung und die Regierung Chinas wurden vielfach gepriesen. Durch die Berichte der Jesuiten war das chinesische Regierungssystem bei den europäischen Intellektuellen bekannt gemacht worden. In der europäischen Diskussion über politische Fragen wurde oft die chinesische Staatsethik und -Verfassung herangezogen. Genau wie die Jesuiten rühmten die Chinaenthusiasten in der frühen und mittleren Aufklärung auch die Weisheit der Staatseinrichtungen und die "weisen", "kultivierten" Herrscher Chinas. Mit dem Paradigmenwechsel im europäischen Chinabild veränderte sich aber die Haltung und Beurteilung der Europäer gegenüber der chinesischen Politik. Der "Despotismus" Chinas wurde angeprangert und scharf kritisiert. Für viele europäische Denker war der Despotismus "das Grundproblem von China". Der Fortschritt in Kunst und Wissenschaft werde dadurch gehindert. Die chinesische Gesellschaft und Kultur seien in Stagnation verfallen.[544]

Die Vorstellung des chinesischen "Despotismus" war im 19. Jahrhundert in Europa weit verbreitet. Despotismus wurde als "die notwendig gegebene Regierungs[form]" für China angesehen.[545] Angesichts des Mißverständnisses der Europäer versuchten einige Missionare, das "Wesen der chinesischen Regierungssystems" klarzustellen.[546] Nach einer Untersuchung der chinesischen Staatstheorie zweifelte Lechler an der Auffassung vom chinesischen "Despotismus". Er bemerkte, daß die Chinesen ihren Staat als eine "durch den Himmel selbst gemacht[e]" Einrichtung betrachteten. Er müsse ein Abbild des "himmlische[n] Leben[s]" sein und sich an "das Prinzip der Vernunft" halten. "Fürst und Unterthanen sind denselben himmlischen Gesetzen unterworfen, und wie auf Seiten der Unterthanen Gehorsam gegen den Kaiser identisch ist mit Gehorsam gegen den Himmel, so ist es auf Seiten des Kaisers dessen heiligste

---
[543] Osterhammel China und die Weltgesellschaft 1989, S. 26.
[544] Fuchs 1999, S. 47.
[545] Fuchs 1999, S. 50.
[546] Lechler 1861, S. 122.

Pflicht, nicht nach eigener Willkür zu regieren, sondern Vertreter und Organ des Himmels zu sein, durch dessen Bestimmung und Einsetzung er seine Macht und Würde erlangt hat, die er nun einzig dazu benützen soll, das Volk so zu regieren, daß die Idee des himmlischen Wesens, nämlich Ordnung und Friede auf Erden verwirklicht werde."[547] So war China dem Prinzip nach kein "despotischer" Staat.[548] "Der Kaiser soll Vater des Volkes sein. Versieht er sich dann auf der einen Seite eines kindlichen Gehorsams zu seinen Unterthanen gegen ihn, so liegt auf der andern Seite auch alle Sorge für des Volkes leibliches und geistiges Wohl auf ihm."[549]

Faber folgte zwar der Überlieferung vom chinesischen "Despotismus", er entdeckte aber in der Lehre der alten chinesischen Philosophen viele "demokratische" Elemente.[550] Auch in den realen politischen Verhältnissen hatte er Faktoren, die die Macht des Kaisers und der Mandarine beschränkten, gesehen. Faber schrieb: "Wenn auch der Kaiser theoretisch absolute Gewalt hat, so ist seine despotische Willkür doch vielfach gehemmt durch das Mandarinat, freilich leider oft auch seine besten Pläne. Die Mandarine haben ebenfalls einen weiten Spielraum für Willkür und Despotismus, sind aber wieder gehemmt nach oben durch Vorgesetzte, nach unten durch Unterbeamte und alle durchs Volk. Das Volk findet seine natürliche Vertretung in den Graduierten. Manche von diesen haben früher hohe Staatsämter bekleidet, zogen sich aber dann wegen der gesetzlichen 27 Monate währenden Trauer um Vater oder Mutter, oder aus anderen Gründen zurück. Diese haben natürlich großen Einfluß auf ihre nähere und weitere Umgebung. Manche besitzen das Recht, Eingaben direkt an den Thron zu machen. Schon darum ist ihre Stimme von höchstem Gewicht bei den Lokalbehörden bis zum Vizekönig der Provinz."[551] Lechlers Darlegung über die Macht und Pflicht des chinesischen Kaisers und Fabers Schilderung über die realen politischen Verhältnisse Chinas waren eine Korrektur der in Europa gängigen Auffassung. Sie sind Ergebnisse der eigenen Forschung und Beobachtung an Ort und Stelle. Die chinesischen Verhältnisse wirkten sich auf die Wahrnehmung der Missionare über China aus.

Die Missionare lobten manche guten Züge in der chinesischen Staatsethik und deren Durchführung. Vor allem gebe es in den chinesischen staatlichen Beziehungen "eine große Bewegungsfreiheit für den Einzelnen, die Gemeinden und weitere Kreise". Lechler bemerkte: "Jeder Chinese ist frei, ein Gewerbe zu treiben, was für eins er will. Jeder kann in allen 18 Provinzen sich aufhalten wo er will. Er braucht weder Paß noch Heimathschein, auch kein Patent oder obrigkeitliche Vollmacht zur Ausübung seines Berufes. Die angesehensten Leute, wie die Gelehrten und Beamte können aus den niedrigsten Familien hervor-

---

[547] Lechler 1861, S. 123.
[548] Lechler 1861, S. 125.
[549] Lechler 1961, S. 125.
[550] Siehe Fabers Darlegung der Lehre des Menzius im Abschnitt über die chinesische Literatur.
[551] Faber China in historischer Beleuchtung 1895, S. 13f.

gehen, wenn sich einer nur durch sein eigenes Talent emporschwingen kann."[552] Dazu kommentierte Faber: "Darin unterscheide sich China vorteilhaft von anderen alten und teilweise auch von modernen Völkern."[553]

Auch in der Behandlung der "eroberten Gegenden" sei die chinesische Politik vorbildlich. Faber bemerkte: "Die eroberten Gegenden werden in China von alters her ebenso behandelt, wie das Mutterland. Die Bewohner haben dieselben Rechte und dieselben Pflichten. Auf diese Weise konnte China zu so ungeheurer Größe anwachsen. Trotz der großen Verschiedenheit in Blut, Sprache und Territorien wurden doch die meisten Nachbarstaaten vollständig assimiliert."[554] Bezüglich der chinesischen Verwaltung hob Faber folgende Punkte anerkennend hervor: 1) "Berechtigung zu den höchsten Ämtern für jeden chinesischen Unterthanen ohne Rücksicht auf Geburt"; 2) "Gleichmäßige Besteuerung in allen Provinzen"; 3) "Allgemeines Heimat- und Auswanderungsrecht"; 4) "Freiheit in Handel, Gewerbe, Medizin, Unterricht und Religion"; 5) "Selbstverwaltung der Kommunalangelegenheiten durch Älteste oder Vertrauensmänner"; 6) "Staatsbeamte und stehendes Heer in möglichst geringer Zahl".[555] Faber bewertete dieses Verwaltungssystem insgesamt positiv, obschon er darin auch manche Mängel gesehen hatte. So z. B. besäßen die "Vertrauensmänner" bei der Lokal-Verwaltung zu viel Macht.[556]

Im ganzen sahen die Missionare in der chinesischen Staatspolitik "ein beispielloses Gemisch von Weisheit und Thorheit, tiefer Einsicht und oberflächlicher Irrthümer"[557]. Lechler wies darauf hin, daß in der chinesischen Staatspolitik "Beschützung der Künste und Wissenschaften [...] mit Verboten von Verbesserung durch Ausländer verbunden [sei]. Aufmunterung einheimischer Industrie mit Ausschließung ausländischen Handels. Beförderung der inländischen Gewerbe und des Handels ohne Verwendung der edlen Metalle als Tauschmittel."[558] Die Staatspolitik sei "in gewissen Richtungen allmächtig, und in andern so schwach, daß sie aus Furcht vor der Niederlage beständig nachgiebt".[559] Hier richtete Lechler seine Kritik gegen die Politik der Selbstisolation der Qing-Dynastie und deren Ablehnung, mit westlichen Ländern zu handeln. Wie die meisten zeitgenössischen Europäer betrachtete Lechler den westlichen Handel auch als eine Angelegenheit, die den Chinesen Nutzen bringen konnte.

Die Schwäche der chinesischen Politik kam auch in mehreren Kriegen mit den imperialistischen Mächten im 19. Jahrhundert ans Licht. Dabei stellten die Missionare eine Reihe kritischer Bemerkungen auf. Nach Meinung Fabers lag die Schwäche der chinesischen Politik im wesentlichen an dem Mangel der

---

[552] Lechler 1861, S. 151.
[553] Faber Licius 1877, S. 200. Siehe auch Happel 1886, S. 235.
[554] Faber Licius 1877, S. 200. Siehe auch Happel 1886, S. 235.
[555] Faber Licius 1877, S. 200. Siehe auch Happel 1886, S. 235f.
[556] Diese Vertrauensmänner durften auch Strafen (Hiebe, Geld und Gefängnis) verhängen. Faber Licius 1877, S. 200
[557] Lechler 1861, S. 4.
[558] Lechler 1861, S. 4.
[559] Lechler 1861, S. 4.

einheitlichen Leitung von Lokal- und Zentralverwaltung: "Die Provinzialregierung ist in manchen Stücken ziemlich unabhängig von der Zentralregierung. Die Entfernungen von Peking sind meist groß und die Verkehrsmittel noch zu ungenügend, als daß diesem Mangel baldigst abgeholfen werden könnte."[560] In Anbetracht der Niederlage Chinas im Krieg gegen Japan in den Jahren 1894-1895 betonte Faber nachdrücklich die Notwendigkeit einer einheitlichen Organisation bei Armee und Marine. Er schrieb: "Wie viel aber noch an einheitlicher Organisation nachzuholen bleibt, selbst bei der Armee und der Marine, hat der Krieg mit Japan bemerklich gemacht. Die Flotte blieb zerstreut, nur das Nordgeschwader kam in den Kampf. So oder ähnlich war es auch mit dem Landheer. Wo verschiedene Armeen zugegen waren, fehlte es an einheitlicher Leitung. Erfolg im großen ist unmöglich, so lange jeder höhere Mandarin thut, was ihm recht deucht, ohne die Zucht und Ordnung, welche das Ganze zusammenhält."[561]

Die Missionare verurteilten besonders die Korruption und Unfähigkeit der chinesischen Beamten der späten Qing-Dynastie. Sie tadelten die "Geldgier, Niedertracht, Gemeinheit, Lasterhaftigkeit und Abtötung des Gewissens" in den chinesischen Beamtenkreisen.[562] Die "Unzuverlässigkeit", "Habsucht", "Bestechlichkeit" der Beamten, ihre "ungerechten Erpressungen des Volkes" und ihre "Nachsicht gegenüber Diebes- und Räuberbanden" usw. wurden äußerst scharf angeprangert.[563]

Lechler äußerte sich: "Der chinesische Beamte oder Mandarin, wie die Europäer sie zu nennen gewohnt sind, umgibt sich dem Volke gegenüber mit einer großen Würde, und obgleich jeder Beamte als Vertreter des Kaisers gerade wie dieser ein Diener des Himmels und Vater des Volks sein sollte, so zeigt doch die Erfahrung nach den gegenwärtigen Zuständen in China, wie diese an sich vortrefflichen Grundsätze, auf welche die chinesische Regierung gegründet ist, der Ausartung zu einer bloßen Fiction unterworfen sind, so daß zwar die Maschine der Regierung ganz wohl dadurch im Gang erhalten bleibt, aber von dem väterlichen Charakter außer dessen absoluter Autorität wenig bewahrt bleibt."[564] Faber bezeichnete das chinesische Beamtentum (Mandarinat) als "ein autorisiertes Erwerbssystem"[565]. Er war überzeugt, "daß es China an wichtigeren Dingen fehlt als an modernen Waffen und Maschinen. Es fehlt vor allem die Zuverlässigkeit und überhaupt der moralische Charakter seiner Beamten."[566] Kranz nannte die Beamten "die Aussauger des Volkes". Sie seien "äußerlich höflich und glatt, aber innerlich voll Selbstsucht und Habgier und

---

[560] Faber China in historischer Beleuchtung 1895, S. 13.
[561] Faber China in historischer Beleuchtung 1895, S. 13.
[562] Maier Die "gelbe Gefahr" 1905, S. 33.
[563] Faber China in historischer Beleuchtung 1895, S. 27f. Siehe auch Faber Bilder aus China II 1897, S. 9.
[564] Lechler 1861, S. 143.
[565] Aus Fabers Jahresbericht für 1896, in: ZMR 12, 1897, S. 189.
[566] Faber China in historischer Beleuchtung 1895, S. 33.

ohne Liebe und Erbarmen fürs Volk".[567] Kranz war sogar der Meinung: "Es kann nicht besser werden mit China, ehe nicht das bestehende Regierungssystem und das bis auf den Grund verdorbene Beamtenwesen gestürzt ist."[568] Voskamp verglich das ganze chinesische Regierungssystem mit einem Schwamm: "Die Gouverneure und Mandarine zögen in alle Poren so viel Reichtum des Volkes, als sie vermöchten, und wenn der Schwamm sich vollgesogen hätte, würde er von den Händen in der Verbotenen Stadt ausgedrückt."[569]

Rhein behauptete, daß ein gerechter und unparteiischer Mandarin "sehr selten in China zu finden" sei. Aus seiner Feder wurde ein höchst anschauliches Bild von Ungerechtigkeiten der chinesischen Mandarine gezeichnet: "Er nimmt gern Geschenke und beugt das Recht. Er läßt die verbotenen Spielhöllen bestehen und bezieht von ihnen hohe Abgaben oder droht sie sofort zu schließen, wenn die Abgabe ihm verweigert wird. Mit Räuberbanden schließt er Verträge. Ist dies geschehen, so läßt er sie nur greifen, wenn er durch besondere Umstände oder durch einen Druck von oben dazu gezwungen wird. Meist wird den Banden davon aber zuvor Nachricht gegeben, damit sie fliehen können. Sein Gewinn ist in diesem Falle ein großer. Reichen Leuten hängt er Prozesse an. Seinen Dienern streicht er vom Gehalt. Er weiß, sie sorgen nur zu gern auf eigne Faust für ihr Fortkommen. Niemand ist vor ihren Ausbeutungen sicher; aber auch niemand wagt sie anzuklagen, es würde ihm doch nichts helfen. Das Militär treibt es noch ärger. Plündernd zieht es nach Räubern suchend, wie es vorgibt, häufig genug im Lande umher. Reicht jemand eine Klage ein, so müssen die Unterbeamten erst ganz gehörig gespickt werden, sonst gelangt die Sache überhaupt nicht an den Mandarin."[570] Zum Schluß äußerte sich Rhein ärgerlich: "Welch ein Blutaussaugersystem ist doch in China das Mandarinentum. Dazu sind die meisten Mandarine schlaue Füchse, die sich schwer auf Ungerechtigkeiten ertappen lassen."[571]

Die Korruption der chinesischen Beamten in der späten Qing-Zeit war eine Begleiterscheinung der feudalen Bürokratie. Sie hatte ihre Ursachen in dem lange herrschenden bäuerlichen Gesellschaftssystem, dem zentralistischen politischen System und der feudalistischen dekadenten Ideologie. Dennoch sind die Beobachtungen der Missionare zu oberflächlich. Die Ursachen, die zur Korruption der Beamten geführt hatten, wurden meist in der schlechten Besoldung gesucht. Nach Auffassung der Missionare waren die chinesischen Beamten insgesamt zu niedrig besoldet und daher auf amtliche Nebeneinkünfte angewiesen.[572]

---

[567] Kranz Eine Missionsreise 1894, S. 18.
[568] Kranz Eine Missionsreise 1894, S. 18.
[569] Voskamp 1901, S. 28f.
[570] Rhein Lebenslauf eines vornehmen Chinesen, S. 22.
[571] Rhein Lebenslauf eines vornehmen Chinesen, S. 22.
[572] Faber China in historischer Beleuchtung 1895, S. 13. – Faber wies noch darauf hin, daß Viele Lokalbeamte gar keine Besoldung hätten. So müßten sie an die Nebeneinkünfte gebunden sein. Faber China in historischer Beleuchtung 1895, S. 13.

Auch die Ordnung des Verkaufs der Ämter und Titel, die in der späten Qing-Zeit umfangreich durchgeführt worden war, wurde von den Missionaren als eine Ursache der Korruption der Beamten herangezogen. Rhein schrieb: "In der Regel muß ein jeder seine Stellung so teuer bezahlen, daß er während der üblichen 3jährigen Amtsperiode geradezu angewiesen ist, die eingezahlte Summe durch Erpressung und zwar mit hohen Zinsen aus dem Volke wieder herauszuziehen. Das Gehalt eines Mandarins ist sehr gering. Es reicht nicht einmal zum Unterhalt der Sänftenträger aus. Nun hat er aber die vielen Diener, Unterbeamten, Militärs, auch Reparaturkosten der Gerichtsgebäude, Beiträge zu Wohlthätigkeitszwecken etc. zu bezahlen. Dazu kommen Unterhaltungskosten für sich und die unzähligen Verwandten, die ihm vielleicht zum Studium ein Sümmchen verschossen, in der Hoffnung auf einstige 100fältige Vergütigung. Was kann er also Wichtigeres thun, als sich umzusehen, wo und wie er Geld erheben und bekommen kann. Meist ist er in der Wahl der Mittel nicht wählerisch."[573] Eine ähnliche Meinung hatte Maus: "Obwohl alles bis ins kleinste geregelt ist, herrscht doch im Allgemeinen eine große Mißwirtschaft, da die Beamten nur nominell ein kleines Gehalt beziehen und sich in Wirklichkeit ihr Amt von dem General-Gouverneur kaufen müssen. Da bleibt ihnen nichts anderes übrig, als das auszusaugen. – Das Militär setzt sich aus den verworfensten Elementen zusammen und genießt kein Ansehen, sondern wird den Räubern gleich geachtet. Die Offiziere sind oft des Lesens und Schreibens nicht mächtig."[574]

In Anbetracht dieser Sachlage versuchte Faber, die chinesischen Beamten von solchen Schuldvorwürfen zu entlasten: "Man darf deshalb jedoch die chines. Beamten nicht zu hart beurteilen; sie sind darauf angewiesen sich ihren Unterhalt und Geld zum Weiterkommen auf irgend welche Weise zu verschaffen und thun das mit verschiedenem Geschick, zumal ein christliches Gewissen ihnen eben mangelt. Manchmal sind die Beamten auch sehr generös. In Canton z.B. vertrat kürzlich der Vicekönig den Hoppo (Oberzöllner) auf 100 Tage; in welchen dieser Trauer hatte. Als Anteil seines Gewinnes für diese Zeit gab dann der Vicekönig 150, 000 Tls., als 900, 000 Mark den öffentlichen (heidnischen) Wohlthätigkeitsanstalten. Es fehlt den Chinesen überhaupt der Sinn für Wohlthätigkeit durchaus nicht."[575] Diese Bemerkung erschien in den 70er Jahren und wurde von Leuten im Missionskreis als Beweismittel gegen den Vorwurf, daß die Missionare die "Heiden" zu negativ bewertet hätten, verwendet. Anhand Fabers Artikel kommentierte der Herausgeber der Zeitschrift "Allgemeine Missionszeitschrift": "Man sieht, daß die Missionare keineswegs,

---

[573] Rhein Lebenslauf eines vornehmen Chinesen, S. 20ff.
[574] Maus Das Reich der Mitte 1901, S. 4f. - Gelegentlich führten die Missionare die Korruption der Mandarine auf die Vielweiberei zurück. "Die notwendigen Kosten zahlreicher Familien- und Frauenanhängsel nötigen den Beamten zu Erpressungen, um sein Haus zu versorgen, womöglich auch gegen eine ungewisse Zukunft." Faber China in historischer Beleuchtung 1895, S. 55.
[575] Faber China in seiner Beziehungen 1879, S. 103.

wie ihnen von gegnerischer Seite oft genug vorgeworfen wird, die Heiden so schwarz als möglich malen."[576] In den 70er Jahren hatte Faber die chinesischen Verhältnisse positiver bewertet. In seinen späteren Schriften wurde jedoch der kritische Ton immer schärfer. Dies ist in der Denkschrift zu seinem 30jährigen Dienstjubiläum als Missionar in China "China in historischer Beleuchtung", die 1895 erschien, besonders deutlich sichtbar.

8.2. Über die Kriege zwischen China und den Großmächten

Um das abgeriegelte China zu "öffnen", wandten die westlichen Mächte Waffengewalt an und führten Kriege. Die "Politik der verschlossenen Tür" der Qing-Regierung wurde durch die "Kanonenboot-Diplomatie" der westlichen Mächte zerstört. China wurde gezwungen, sich dem westlichen Handel und der christlichen Mission zu öffnen.

Für die meisten Missionare stand die "fortschrittliche" Bedeutung der Kolonialpolitik der westlichen Mächte außer Frage, wenn sie gegenüber den imperialistischen Staaten stets einen gewissen Abstand wahrten und manchmal sogar die Ausbeutung und Mißhandlung der Chinesen durch die westlichen Kolonialisten kritisierten. Schaub schrieb: "Daß nun Ostasien in der Letztzeit, wie noch nie zuvor, in die Interessensphäre der Politik der westlichen Großmächte hineingezogen wird, ist für die Entwicklung der Menschheitsgeschichte von größter Bedeutung. Es hat lange gedauert, bis die berüchtigte Mauer der chinesischen Abschließung gegen alles Fremdländische völlig durchbrochen wurde und uns die ausgedehnten Ländergebiete Ostasiens zugänglich gemacht worden sind."[577] Auch Flad konstatierte: "Die politischen Großmächte, die sich vom Süden bis zum Norden der chinesischen Küste entlang niedergelassen und schon ganz wohnlich eingerichtet haben fast bis ins Herz Chinas hinein, rütteln die Chinesen mit immer rascherem Tempo auf aus ihrer bisherigen Lethargie."[578] Flad erkannte an, daß keineswegs alles, was die westlichen Mächte den "Chinesenmenschen" brachten, "ein ungemischter Segen" sei. Er glaubte aber, daß sie "bewußt und unbewußt" mithalfen, "dem vierten Teil der Erdenbewohner, die sich bis dahin ganz ausschließlich als den Mittelpunkt der Erde betrachteten, den Horizont zu erweitern und in ihnen ein Verlangen und Tasten nach etwas Neuen wachzurufen".[579]

Nach Fabers Beobachtung waren "die Zeiten, wo jedes Volk seine eigenen Wege gehen konnte", schon vorüber. "Der internationale Verkehr wird immermehr eine Lebensbedingung für die Staaten moderner Cultur. Der Strom

---

[576] Faber China in seiner Beziehungen 1879, S. 103.
[577] Schaub 1899, S. 306.
[578] Flad China einst und jetzt 1900, S.412. Siehe auch BRMG, Januar 1899, S. 9.
[579] Flad China einst und jetzt 1900, S.412. Siehe auch BRMG, Januar 1899, S. 9.

lässt sich nicht mehr in seine Quelle zurück bannen. Die Dämme, mit welchen China sich vor den rollenden Wogen des Völkerverkehrs deckte, sind durchbrochen. China wird immermehr hineingezogen in das allgemeine Kulturleben der Westmächte."[580] Faber kritisierte die koloniale Politik Englands: "Aber in der englischen Colonialpolitik ist Cultur nicht Selbstzweck, sondern nur Mittel für die Handelsinteressen. Dem Asiaten wird persönliche Freiheit und Schutz geboten, dabei aber, durch die Überlegenheit der englischen Industrie etc., derselbe Asiate zum Lastthiere erniedrigt, nur um seine Existenz zu fristen. England wird reich, Indien immer ärmer."[581] Gleichzeitig pries er England "als ältester protestantischer Staat", der "auf der Höhe europäischer Cultur" stehe, "vortreffliche Gesetze, eine solide Classe von Beamten, tüchtige Verwaltung, öffentliche, wohlgeordnete Rechtspflege, freien Handel" habe. England "sucht die Bildung, auch des Asiaten, zu heben".[582] Damit wurde das Eingreifen der westlichen Mächte in China wieder gerechtfertigt.

Manche Missionare versuchten sogar, den Opiumkrieg mit der Notwendigkeit der Zivilisierung und Evangelisierung Chinas zu rechtfertigen. Ihrer Argumentation zufolge waren nicht das Opium und der Opiumschmuggel, sondern das "arrogante Benehmen" der chinesischen Regierung gegenüber den westlichen Ländern der Hauptgrund für die Kriege. Sie gestanden zwar zu, daß Opium bei dem Zusammenstoß Chinas mit England "eine große Rolle" gespielt habe. Sie lehnten aber entschieden die Auffassung ab, daß der Krieg "um des Opiums willen geführt" wurde.[583]

Lechler behauptete, daß es überhaupt "Vorurteil und Mißverständniß [ist], wenn man diese Wirren als einen Opiumkrieg charakterisirt"[584]. Und: "Der Krieg wurde auch damals keineswegs geführt, um die Einfuhr des Opiums zu erzwingen, sondern um überhaupt eine vernünftige Basis für den Handelsverkehr mit China zu erzielen. Der Opiumhandel war immer eine Privatsache der Kaufleute und haben sich daran nicht bloß Engländer, sondern auch Amerikaner, Deutsche, Franzosen, Perser und Hindu's betheiligt, und je mehr diese Opium verkaufen konnten, desto mehr hat die Ostindische Kompagnie auf ihrem Territorium producirt."[585] Und weiter: "Der wahre, tiefste Grund aller Streitigkeiten, in welche China mit den Westmächten sich verwickelt hat, ist doch immer der gewesen, daß China seine alt hergebrachte Meinung nicht aufgeben wollte, daß es das Reich der Mitte sei, sein Kaiser der Herrscher über alle Lande, und alle Menschen seine Vasallen, daß darum nie davon die Rede sein könne, daß der Hof zu Peking andere Könige und Kaiser als solche anerkenne

---

[580] Faber Mencius 1877, S. 23.
[581] Faber Mencius 1877, S. 21.
[582] Faber Mencius 1877, S. 21.
[583] "Daß das Opium im ersten Kriege eine große Rolle gespielt hat, ist leider wahr; doch wurde derselbe nicht um des Opiums willen geführt, noch ist es je in der Absicht Englands gelegen, die Chinesen mit Waffengewalt dazu zwingen, daß sie sein indisches Opium kaufen sollten." Lechler Ein Blick auf China 1874, S. 5.
[584] Lechler Ein Blick auf China 1874, S. 5.
[585] Lechler 1861, S. 160f.

und sich mit ihnen auf gleichen Fuß stelle."⁵⁸⁶ Schaub teilte die gleiche Ansicht: "Dieses arrogante Benehmen der chinesischen Regierung, und nicht etwa das Opium, wie man so oft hört, war eigentlich der tiefste Grund, warum es zum ersten Kriege Englands mit China kam. Dieses alte asiatische Kulturreich, dessen Herrscher nur gewohnt war, mit Tributpflichtigen zu verkehren, wollte die europäische Macht nicht als eine China ebenbürtige anerkennen. Das konnte England sich nicht gefallen lassen."⁵⁸⁷ Für Schaub hatten die westlichen Mächte zur Öffnung Chinas einen großen Beitrag geleistet. Er bewertete dies auch sehr positiv: "Der harte Fels ist endlich einmal gebrochen."⁵⁸⁸

Es gab jedoch einige Missionare, die mehr Sympathie für die Chinesen im Opiumkrieg äußerten. Faber beachtete: "Die englische Regierung selbst hat schon öfter erklärt, dass sie das Monopol für Gewinnung des Opiums nicht entbehren könne. Die vielen Millionen Dollar, welche China jährlich für Opium zahlt, müssen mithelfen die Kosten der englischen Civilisation in Indien zu bezahlen."⁵⁸⁹ Maus war der Meinung: "Wenn man sich der Ursachen des Opiumkrieges erinnert, kann man schon begreifen, daß die 'rothaarigen fremden Teufel' nicht beliebt sind. Die ostindische Kompagnie schmuggelte trotz aller Verbote der chinesischen Regierung mehr und mehr Opium in China ein, bis 1839 der Kaiser Tao Kwang, dem drei Söhne durch das Opium physisch und moralisch ruiniert worden waren, den Kommissar Lin nach Kanton sandte, um den Opiumschmuggel zu unterdrücken. Dieser zwang die Schiffe, ihm 20 283 Kisten auszuliefern, die er ins Meer versenkte, worauf der Handel mit England abgebrochen wurde. Darüber entspann sich der Opiumkrieg!"⁵⁹⁰

Für Voskamp war es klar, daß der Opiumhandel den Opiumschmuggel und der Opiumschmuggel wiederum den Opiumkrieg bringe: "Der Krieg mußte kommen; Schade, daß er solch häßlichen Namen hat, und daß China bis heute behauptet, England hätte nur, um seinem indischen Opium ein Absatzgebiet zu schaffen, den Krieg mit China begonnen. Da loderte in Kanton ein wilder, ungezügelter Fremdenhaß auf, der keine Grenzen kannte."⁵⁹¹ Und: "Das Recht [im ersten Opiumkrieg] war klar und offenkundig auf Seiten der Chinesen, wenn sie auch weiterhin in ihrem blinden Haß gegen die rotborstigen Teufel sich zu allerlei unbesonnenen und hinterlistigen Schritten fortreißen ließen. Die englischen Kaufleute hatten einen ausgedehnten Schmuggel mit Opium getrieben."⁵⁹² Voskamp wies noch darauf hin, daß der Schluß des ersten Opiumkrieges nur "der Vorläufer weiterer Kriege" sei, obwohl der Frieden auf "ewige Zeiten" vereinbart werde. "Die Engländer waren mit den erlangten Verträgen nicht zufrieden, und die Chinesen zeigten sich als Meister im passiven

---

⁵⁸⁶ Lechler Ein Blick auf China 1874, S. 5.
⁵⁸⁷ Schaub 1899, S.309f.
⁵⁸⁸ Schaub 1899, S. 320.
⁵⁸⁹ Faber Mencius 1877, S. 21.
⁵⁹⁰ Maus Über die Ursachen 1900, S. 53-54.
⁵⁹¹ Voskamp 1906, S. 33.
⁵⁹² Voskamp Unter dem Banner des Drachen 1900, S. 88.

Widerstande. Wieder hatten sie das Recht völlig auf ihrer Seite, als sie im Oktober 1856 auf Befehl des grausamen Statthalters von Kanton Yap sich eines chinesischen Schiffes, der 'Arrow', bemächtigten, das unter englischer Flagge, zu deren Führung es bis vor kurzem berechtigt war, Seeräuberei getrieben hatte, und die zwölf chinesischen Matrosen in Ketten warfen."[593]

Die Ambivalenz bei der Bewertung des Opiumkrieges bzw. der gesamten Kolonialpolitik der westlichen Mächte spiegelt die Doppelrolle der westlichen Mächte in Angelegenheiten der christlichen Mission wider. Zum einen war die Mission durch die "Öffnung" Chinas stark gefördert worden. Zum anderen hatte das politische und ökonomische Kalkül der Mächte auch zum schlechten Verhältnis zwischen China und den ausländischen Mächten geführt und letztlich wieder die Missionsarbeit in China behindert. Die Kritik der Missionare an der Kolonialpolitik der westlichen Mächte ging hauptsächlich von ihrem missionarischen Interesse, gelegentlich auch vom humanistischen Standpunkt aus. In der Diskussion über die Schwierigkeit der Mission in China stellte Genähr fest: "Wie ist, um nur das Eine zu erwähnen, durch die indobritische Opiumpolitik die ohnehin so starke chinesische Abneigung gegen alles Ausländische bis zur Feindlichkeit gesteigert und genährt worden! Daß hier eine Hauptschwierigkeit für missionarische Bestrebungen liegt, kann nur von solchen in Abrede gestellt werden, die entweder nichts von der Sache verstehen, oder aber ein verwerfliches Interesse an der Opiumeinfuhr in China haben."[594]

Faber sah ebenfalls "das verderbliche Opium, das den Chinesen durch die Engländer ins Land gebracht wird", als ein schweres Hindernis zum Verbreitung des Christentums in China.[595] Für ihn war die englische Opiumpolitik eine Handelspolitik, "welche nur Geld, aber nicht höhere, humane Interessen anerkennt. Es rächt sich solche Politik gewöhnlich in kurzer Zeit. Ein schneller Gewinn, der die Verarmung eines Volkes verursacht, schädigt dem Handel. Eine gesunde Handelspolitik sollte darauf achten, daß durch den Verkehr die Produktionskraft des Volks erhöht würde, denn nur dadurch ist fortgehender Aufschwung des Handels erreichbar."[596] Die Kritik an der Kolonialpolitik der westlichen Mächte durch die Missionare spitze sich in der Debatte um die Ursachen der Boxerbewegung zu, die im wesentlichen durch die missionsfeindliche Öffentlichkeit verursacht wurde und durch die Äußerungen von Missionaren, die sich um die Verteidigung der Mission bemüht zeigten.

In den letzten Jahrzehnten des 19. Jahrhunderts drangen neue imperialistische Mächte, wie Japan und Deutschland, in China ein. 1895 besiegte Japan, das durch Übernahme der westlichen Technologie und eine gründliche Reform

---

[593] Voskamp Unter dem Banner des Drachen 1900, S. 91.
[594] Genähr Schwierigkeiten 1896, S. 150.
[595] Faber Bilder aus China II 1897, S. 6. - Faber kritisierte auch die europäischen Namenchristen und sah "das schlechte Beispiel der europäischen Namenchristen" als ein weiteres Hindernis zur Verbreitung des Christentums in China. Faber Bilder aus China II 1897, S. 6.
[596] Faber China in historischer Beleuchtung 1895, S. 51f.

des traditionellen politischen Systems zur einer jüngeren imperialistischen Macht geworden war, China und zerstörte den "Rest an Macht und Prestige", den das Qing-Reich in den 90er Jahren noch besaß.[597] China wurde nun "zum Schauplatz von Konflikten unter den Großmächten"[598] und übernahm "den Platz der Türkei als der Kranke Mann Nr. 1!"[599]

Der Sieg Japans über China beschädigte äußerst das Ehrgefühl der Chinesen und enthüllte am deutlichsten die politische Schwäche des Qing-Reiches. Flad kommentierte: "Es war eine große Demütigung für die stolzen Chinesen, von den kleinen 'Zwergen', wie sie die Japaner benennen, zu Wasser und zu Land so vollständig besiegt zu werden und dazu noch als Kriegsentschädigung die schöne Insel Formosa ihnen abtreten zu müssen mit samt 200 Millionen baren Dollars. Da zeigte es sich, wie durch und durch faul alles bei der chinesischen Regierung ist und wie wenig die Chinesen in den letzten 30-50 Jahren gelernt haben."[600] Flad betonte jedoch die Bedeutung des Krieges für das "Erwachen" Chinas und bewertete es positiv. "Aber es mußte so kommen, um den chinesischen Hochmut auch einmal wieder gründlich zu demütigen. Tieferblickende Chinesen, sowohl Christen als Heiden, haben gleich beim Ausbruch des Krieges eine Demütigung Chinas erwartet, denn sie wußten nur zu gut, wie verrottet alles im chinesischen Staate ist. Der chinesische 'Drachenthron' hat einmal wieder bedenklich gewackelt, wie schon so oft in diesem Jahrhundert."[601]

Bei der Besetzung Jiaozhous durch Deutschland sahen die Missionare einerseits die koloniale Vergrößerung des Deutschen Reiches und freuten sich darüber, andererseits aber auch die Politisierung der deutschen katholischen Mission, die sie in eine gefährliche Lage brachte. Schaub schrieb: "Evangelischer war es gewiß, als vor vier Jahren die englisch-kirchliche Mission nach der Ermordung der elf Missionsleute in Kutscheng ein Blutgeld zurückwies und die Missionsarbeit nicht mit der Weltpolitik verquickt wurde und daß man auch nicht darauf drang, daß mit chinesischem Heidengeld Kirchen gebaut wurden, wie es nun nach der Ermordung der zwei katholischen Missionare in Schantung verlangt wurde. Die Chinesen waren bis jetzt nur gewohnt, Frankreich mit dem römischen Katholicismus zu identifizieren. Es ist zu fürchten, daß die hohen Mandarine nun auch Deutschland als eine im Dienste Roms stehende Macht ansehen. Wie die von den Franzosen nach dem Tientsiner Blutbad (1870) den Kantonesen aufgenötigte katholische Kathedrale den Fremdenhaß der Chinesen fortwährend nährt, so werden auch die von der deutsch-katholischen Mission den Schantunger Chinesen aufgenötigten Kirchen, trotz der Kaiserlichen Schutztafeln, von welchen sich Bischof Anzer ein besonderes Ansehen der

---

[597] Osterhammel China und die Weltgesellschaft 1989, S. 203.
[598] Osterhammel China und die Weltgesellschaft 1989, S. 202.
[599] Osterhammel China und die Weltgesellschaft 1989, S. 202.
[600] Flad 1901, S. 206.
[601] Flad 1901, S. 206.

katholischen Mission verspricht, ein großes Aergernis sein."[602] In gewissen
Maße zeigten die Missionare Verständnis für den Widerstand der chinesischen
Bevölkerung gegen die imperialistischen Aggressionen.

8.3. Über die Taiping-Bewegung und die Reformbewegung

Die Missionare betrachteten und beurteilten die Taiping-Bewegung im
wesentlichen unter dem Aspekt der Einführung des Christentums in China. Die
Taiping-Bewegung enthielt unzweifelhaft eine Reihe von christlichen Elementen und Praktiken, die eindeutig auf dem Einfluß westlicher Missionare beruhten. Ihr Urheber Hong Xiuquan (1813-1864) gründete nach christlichen Ideen
eine religiöse Vereinigung, nämlich die "Verehrer des Shangdi" des "wahren
Gottes", organisierte eine Bauernarmee und kämpfte gegen die Qing-Dynastie.[603] In den ersten Jahren der Taiping-Bewegung hegten die Missionare große
Hoffnungen und Erwartungen hinsichtlich dieser Bewegung. Sie führten aus,
daß die Taiping-Bewegung von "christlichen" Ideen durchwirkt sei und Hong
Xiuquan Visionen eines einzigen Gottes habe und sich vehement gegen die
chinesische Volksreligion wende.[604] Später kritisierten die Missionare jedoch
die "Vermengung von Religion und Politik" in der Taiping-Bewegung. Sie
meinten, daß Hong Xiuquan sozial-revolutionäre und christliche Elemente zu
einem ideologischen Gebilde vereinige. Er "geriet auf grobe Irrwege und erwies sich unwürdig, als ein Werkzeug zur Ausführung göttlicher Pläne gebraucht zu werden"[605].

Lechler konstatierte: "Für die Einführung des Christentums in China darf
man keine großen Hoffnungen auf diese Leute setzen. Die Verheerungen,
welche sie während ihrer Kriegführung angerichtet, haben den Namen dieser
Gottesverehrer stinkend gemacht bei den Chinesen. Es könnte höchstens zu
ihrem Vorteil das gesagt werden, daß diese Erscheinung einen Beweis geliefert hat, wie es doch nicht so gefährlich ist mit der zähen Anhänglichkeit am
Alten, die man den Chinesen hauptsächlich zur Last leget und um welcher
Willen man gerade für die Einführung des Christentums unter ihnen wenig
Hoffnung haben zu dürfen glaubte."[606] Nach der Ansicht Lechlers wollte Hong
Xiuquan "der zweite Sohn Gottes sein, der den Auftrag habe, zwar einerseits die
wahre Religion in China einzuführen, andererseits aber auch Herr und Regent

---

[602] Schaub 1899, S. 319.
[603] Über die Taipingbewegung siehe Franke 1974, S. 1353ff.; Rennstich 1988, S. 148ff.;
Gründer 1992, S. 410f.; Chen 1992, S. 66ff.; Gu Jidujiao 1996, S. 146ff.
[604] Dazu siehe Hamberg Aus dem Leben 1854, S. 146ff.
[605] Lechler Ein Bilck auf China 1874, S. 3f.
[606] Lechler 1861, S. 135f.

der ganzen Welt zu werden"[607]. Als ein christlicher Missionar konnte Lechler dies natürlich nicht hinnehmen.

Anders als Lechler erkannte Faber doch mehr den christlichen Hong Xiuquan. Er war überzeugt: "Dem Rebellenkaiser lag besonders am Herzen die Ausrottung alles Götzendienstes und die Anbetung des allein wahren Gottes und des Heilandes Jesu Christi."[608] Allerdings betonte Faber, daß die Zeit für eine Christianisierung Chinas noch nicht reif sei und die Anhänger Hong Xiuquans meist noch im "Heidentum" blieben. Er schrieb: "Aber die Sache war in China noch zu wenig vorbereitet; die große Masse des Volkes, welche sich der Bewegung anschloß, war durch und durch heidnisch, da halfen denn die Verordnungen des Rebellenkaisers nicht viel; das heidnische Wesen bekam immer mehr die Oberhand. Der Anführer selbst wurde hochmüthig nach den ersten bedeutenden Erfolgen und meinte nun dem Heiland selber gleich zu sein, er hielt sich für Christi jüngeren Bruder."[609] Faber wies noch darauf hin, daß die Verbindung der Taiping-Bewegung mit dem "Christentum" negative Folgen für die christliche Mission habe. "Leider war eine Folge dieser Rebellion, daß man die Verehrung des höchsten Gottes und das Bekenntnis zum Heilande nun vielfach für rebellisch hielt. Viele Mandarine meinen noch heute nichts anderes, als daß wir Missionare das Volk nur aufwiegeln wollen. Dieses große Mißtrauen ist ein schweres Hindernis."[610]

Schaub kritisierte ebenfalls das "Gemisch von Heidentum und Christentum" bei den Anhängern der Rebellion und bewertete dies kritisch. "Jene merkwürdige, besonders auch psychologisch und kirchengeschichtlich interessante Bewegung, indem ein vom Christentum oberflächlich berührter Südchinese den Aufruhr predigte und Scharen Unzufriedener aus allen Gegenden des Reiches ihm folgten, die ihren Mut durch das Lesen der Bücher Josua und Richter entflammten und zu einem alles verheerenden Kriegsheere anschwollen, um die Mandschuren, die Kananiter, wie sie sie nannten, aus dem Lande zu treiben - diese Bewegung kann ich mir nicht anders erklären, als daß der Fürst der Finsternis in jenen Zeiten sich gewaltig regte, um mit seinen Fluten des Verderbens eine neu aufsprossende, hoffnungsvolle Saat zu zerstören."[611]

Für Voskamp war Hong Xiuquan in jener ersten Zeit der "Fanatiker", der fest an seine himmlische Sendung glaube und eine große Menge von Anhängern entzücke: "Ein Gepräge unnahbarer Feierlichkeit lag auf dem Mann."[612] Und: "Seine Reden beschränkten sich auf bloße Ermahnungen an seine nächsten Landleute zur Tugend und Rechtschaffenheit. Er wurde ein Wanderprediger, der seine Fahrten über die Grenzen der Provinz ausdehnte; besonders unter den Ureinwohnern in den Grenzgebirgen, den Miautz, hat er großen

---

[607] Lechler 1861, S. 135f.
[608] Faber Bilder aus China II 1897, S. 5.
[609] Faber Bilder aus China II 1897, S. 5.
[610] Faber Bilder aus China II 1897, S. 6.
[611] Schaub 1899, S. 312.
[612] Voskamp 1906, S. 44.

Anhang gewonnen. Von seiner Predigt begeistert haben diese in Menge den neuen Glauben angenommen und sich später mit wilder Tapferkeit gegen die Kaiserlichen geschlagen und bei der Eroberung der Städte in ihrer Grausamkeit sich wie die Teufel benommen."[613]

Erst nach der Eroberung der alten Hauptstadt der Ming-Kaiser und nach Gründung des "Himmelsreiches des Friedens" scheine Hong Xiuquan "völlig unter den Bann des Größenwahnes" gekommen zu sein. Er "kümmerte sich nicht darum, daß draußen vor der Stadt der Feind hart vor den Toren stand und drinnen das durch Hunger und Elend wütend gewordene Volk sich erhob. Er wohnte in den Tiefen seines Palastes, mitten unter den jungen, schönen Weibern, die ihm aus den Raub- und Kriegszügen zugeführt worden waren. Wenn die Minister des Taipingreiches – alles Bauern, die vor einem Jahrzehnt noch mit der Dungschaufel gearbeitet hatten und die jetzt den Namen von Königen ebenso stolz trugen, wie sie mit Würde in den prachtvoll gestickten Seidengewändern sich geberdeten, – nach langen Zögerungen und Weigerungen endlich Audienz bei dem Himmelskönig erhielten, sprach er langatmig über Himmel und Erde in Worten, die mit den brennenden Fragen nichts zu tun hatten."[614] So sei die Taiping-Bewegung zum Scheitern verurteilt gewesen und die Eroberung Nanjings durch die Regierungsarmee bilde das letzte Kapitel in der Taiping-Tragödie.[615] Die Beschreibungen der Missionare gehören zu den ersten Versuchen, eine systematische Analyse der Taiping-Bewegung zu geben. Sie sind aber im wesentlichen durch ein Missionsmotiv bestimmt.

Nach der Niederschlagung des Taiping-Aufstandes und mit dem immer mehr werdenen internationalen Verkehr erkannten einige höhere Beamte der Qing-Regierung die Notwendigkeit, vom Westen zu lernen und einzelne Elemente der westlichen Kultur in China einzuführen. Es begann eine "Selbststärkungsbewegung Chinas" (Yangwu yundong), die versuchte, unter Festhaltung an überlieferten chinesischen politischen und kulturellen Systemen das Wissen des Westens aufzunehmen und die Staatskraft Chinas zu verstärken.[616]

Die Missionare bemerkten, daß "die Kriege mit den Europäern einerseits und der darauf folgende freundschaftliche Verkehr andererseits viel dazu beigetragen [haben], wenigstens in den höheren Kreisen einen bedeutenden Umschwung der Ansichten zustande zu bringen"[617]. So beginne China, seinen "unbeweglichen" Zustand zu verändern. "Neues Blut und neues Leben ist seit dem Frieden von Nanking im Jahre 1842 in diese ungezählten toten Massen gekommen, China wird mit aller Macht aus seinem Jahrhunderte langen Winterschlaf aufgerüttelt, es fängt an, sich die Augen zu reiben und auf seine Füße

---

[613] Voskamp 1906, S. 44f.
[614] Voskamp 1906, S. 48.
[615] Voskamp 1906, S. 49.
[616] Siehe Chen 1992, S. 105ff; Ding/Chen 1995, S. 39ff.; Luo 1997, S. 99ff.; Osterhammel China und der Westen 1998, S. 113ff.; Wagner 1998, S. 118ff.
[617] Lechler Die Chinesen in ihrem Verhältnis 1888, S. 141.

gestellt zu werden."[618] In diesem Zusammenhang sprachen die Missionare vom "Erwachen" Chinas.

Allerdings beklagten die Missionare einstimmig den "Konservatismus der Chinesen", der sowohl als eine politische Schwäche wie auch als eine der wesentlichsten Charaktereigenschaften der Chinesen angesehen wurde. Faber schrieb im Jahr 1877: "Aber man sträubt sich in China noch dagegen. Man fühlt zunächst nur den schroffen Gegensatz. Chinas Kultur ist eine originelle und den Chinesen selber entstammte. Man hält fest daran als an dem eigensten Wesen. Man findet andere Verhältnisse zum mindesten unpraktisch, manche ungerecht. Der Chinese sieht an der einheimischen Cultur nur die Lichtseiten, fühlt dabei wohl manchen Druck, der aber eben bestimmten Personen oder der Zeit, nicht dem Systeme zur Last gelegt wird. An unserer westlichen Cultur erblickt er viele Schattenseiten und findet wenig Gelegenheit, das Schöne und Gute derselben genauer kennen und schätzen zu lernen. Es fehlt, mit einem Worte, am Verständniss für das Fremde."[619] Tatsächlich wollten "die chinesischen Eliten nicht von sich aus aktiv und umfassend vom Westen" lernen und klammerten sich an die Formel, "Chinas überkommene Lehren sollten als 'Substanz' dienen, das Wissen des Westen dagegen nur zu begrenzten und geringgeschätzten praktischen Zwecken"[620]. Die "Selbststärkungsbewegungen" erzielten keinen großen Erfolg. Sie gerieten "allesamt nach hoffnungsvollem Beginn ins Stocken"[621]. Die politische Verkommenheit der Qing-Dynastie führte zur militärischen Niederlage Chinas im Kriege gegen Japan 1894-1895. "Das China der 'Selbststärkung' und der Yangwu-Programme war nun als Papiertiger entlarvt".[622]

Die militärische Demütigung durch das seit jeher mit Herablassung betrachtete Japan verursachte aber eine große Entrüstung in der chinesischen Öffentlichkeit. Man fühlte schmerzlich, daß die traditionellen kulturellen Werte, die politischen Spielräume und alltäglichen Lebensformen stark bedroht seien. "Die beweglichsten Teile der politischen Klasse Chinas – jüngere Gebildete aus den südlichen Küstenprovinzen – reagierten auf diese Krise mit einer Flut von Kritiken an bestehenden Zuständen sowie mit Reformprojekten, die das Ziel hatten, die hier zum ersten Mal als solche wahrgenommene chinesische 'Nation' stark und reich zu machen."[623] Eine Reformbewegung mit Kang Youwei (1858-1927) an der Spitze entfaltete sich, die im Jahr 1898 ihren Höhepunkt erreichte. Reformkräfte versuchten mit Unterstützung von Kaiser Guangxu ihre Pläne zu verwirklichen; sie scheiterten aber am Widerstand der konservativen Hofkräfte unter Führung der Kaiserinwitwe Cixi, die die tatsächliche Macht der Zentralregierung innehatte.[624]

---

[618] Flad China einst und jetzt 1900, S.412.
[619] Faber Mencius 1877, S. 23.
[620] Osterhammel China und die Weltgesellschaft 1989, S. 201.
[621] Osterhammel China und der Westen 1998, S. 111.
[622] Osterhammel China und die Weltgesellschaft 1989, S. 203.
[623] Wagner 1998, S. 129.
[624] Siehe Chen 1992, S. 166ff.; Ding/Chen 1995, S. 174ff.

Für diese Reformbewegung bekundeten die Missionare mehrfach Sympathie. Sie bemerkten, daß der japanische Krieg die "Arroganz" und "Überheblichkeit" der Chinesen dämpfe und ihr Bewußtsein für Reform wecke. Ihre "strenge Abgeschlossenheit gegen alles von außen kommende" und ihr "zähes Festhalten an dem Alten" würden erschüttert. Die "Besten" des Volkes bemühten sich um "eine innere Wiedergeburt Chinas" und befürworteten die Einführung und Aneignung der europäischen Bildung, Wissenschaft und Kultur.[625] Aber die "reaktionäre Partei" sei noch sehr stark. Kang Youwei sei kein "Führer einer neuen Zeit". Er versäume, "den noch bestehenden alten Anschauungen durch kluge Kompromisse Rechnung zu tragen, oder aber seine radikalen politischen Theorien mit der Tatkraft eines Übermenschen in die Wirklichkeit umzusetzen".[626]

Die Missionare betrachteten aus dem Interesse der christlichen Mission heraus diese Reformbewegung. Die antichristliche Haltung der Reformer wurde hervorgehoben und kritisiert. Die Missionare bemerkten, obgleich Kang Youwei "dem Umgang mit Christen und dem Lesen christlicher Bücher das Beste seiner Reformgedanken zu verdanken gehabt hat, war er doch weit davon entfernt, das anzuerkennen und seinen Kaiser als einziges Rettungsmittel das Christentum zu empfehlen. Er gab sich zwar den Schein einer christenfreundlichen Gesinnung; im Grunde seines Herzens aber haßte er das Christentum. Für ihn gab es nur ein Rettungsmittel für China: westländische Kultur und Wissenschaften mit konfuzianischer Moral als Grundlage!"[627] Genähr schrieb: "So sehr wir darum einerseits es bedauern müssen, daß die von ihm durch den Kaiser ins Werk gesetzte Reformbewegung im Keime erstickt worden ist, so müssen wir doch sagen, eine solche Reformbewegung auf solcher Grundlage und erfüllt von einer solchen Gesinnung hätte China doch keinen Segen und dem Christentum keine Förderung gebracht. Vielleicht soll das Mißlingen seiner Pläne dem Manne die Augen öffnen über ihre Unzulänglichkeit, und ihm zugleich zeigen, daß an Gottes Segen, an dem ihm offenbar gar nichts gelegen war, alles gelegen ist, und daß ohne eine christliche Grundlage dem chinesischen Staatswesen nicht mehr zu helfen ist."[628] Der Maßstab, mit dem die Missionare die Reformbewegung maßen, blieb das Christentum.

---

[625] Schaub Tage des Herrn 1895, S. 270. – Voskamp sprach von der "fiebrige[n] Hast im Vierhundertmillionenvolk Chinas, das Alte zusammenzustürzen und ein neues Staatengebilde" aufrichten zu wollen. Voskamp 1914, S. 65f.
[626] Voskamp 1914, S. 72.
[627] Genähr Bericht im Jahr 1899, in: BRMG, 1899, S. 14.
[628] Genähr Bericht im Jahr 1899, in: BRMG, 1899, S. 14f.

8.4. Über den "Fremdenhaß" und den Boxeraufstand

Noch bedeutungsvoller waren für die Missionare wohl der "Fremdenhaß" und die Unruhen gegen die Fremden in China. Da der "Fremdenhaß" der Chinesen eines der wichtigsten Hindernisse für die Missionsarbeit in China war, wurde er von den Missionaren äußerst aufmerksam verfolgt und kommentiert. Besonders gegen den Vorwurf gerichtet, daß die protestantische Mission schuld an den Wirren in China sei, führten die Missionare eine heftige Auseinandersetzung mit der deutschen liberalen Öffentlichkeit.

Die Missionare sprachen von einem "dem Chinesen angebornen Haß gegen alles Fremde"[629] und behaupteten: "Die ganze Haltung des chinesischen Volkes ist fremdenfeindlich."[630] Sie waren auch der Ansicht, daß die Mehrzahl der Beamten "von großem Mißtrauen gegen die Fremden erfüllt" sei.[631] Oder: "Die eigentlichen Anstifter des Hasses gegen die Missionare sind übrigens die chinesischen Beamten und Spitzen der Gesellschaft."[632] "Die Träger dieses Fremdenhasses sind die Mandarine und die Schriftgelehrten."[633]

Piton beschrieb die chinesischen Beamten: "Diesen Leuten sind alle Ausländer gleich sehr ein Dorn im Auge, und manche der Hochgestellten unter ihnen scheinen zu glauben, daß es nur einer wirklichen Anstrengung ihrerseits bedürfe, um sie alle aus dem Lande zu jagen."[634] Ziegler verglich den chinesischen Gelehrten mit den "Pharisäern": "Wie die Pharisäer und Schriftgelehrten sich als Jesu größte Feinde gebärdeten, so ist auch der chinesische Pharisäer voll Haß gegen das Christentum. Fast immer, wenn es zur Verfolgung von Missionaren oder Christen kommt, sind es Leute vom ersten Stand, oft hohe Graduierte, die entweder öffentlich an der Spitze stehen oder des Öftern im geheimen das Feuer des Fremdenhasses schüren."[635] Voskamp äußerte sich über den Ausbruch der Verfolgung der Missionare und der chinesischen Christen wie folgt: "Es genügte in den meisten Fällen, daß ein fremdenfeindlicher Mandarin, der sein Amt antrat, im Yamen eine Aeußerung gegen die Christen that, und die Kirchen wurden zerstört, und die Christen wurden geschlagen und verjagt. Verfolgung hat sich auch da stets erhoben, daß die Götzenhändler den Rückgang ihres Geschäfts und die Priester die Vernachlässigung der Götzen beklagten."[636]

---

[629] Piton 1884, S. 498.
[630] Voskamp 1901, S. 63.
[631] Eichler Politik und Mission 1890, S. 216.
[632] Maus Über die Ursachen 1900, S. 18.
[633] Voskamp 1901, S. 63.
[634] Piton 1884, S. 498
[635] Ziegler Chinesische Sitten 1900, S. 455.
[636] Voskamp 1901, S. 67.

Allerdings gaben die Missionare auch zu, daß es manche Beamten gebe, die die Ausländer im allgemeinen und die christliche Mission im besonderen gewissermaßen gerecht behandelten. Die "Freigebigkeit und persönlichen Anstrengungen der Fremden" für die Linderung der Hungersnot in China würden auch von den höchsten Würdenträger und dem Kaiser selbst anerkannt.[637] Aufgrund der eigenen Erfahrungen lehnte Faber sogar die Behauptung ab, "daß die chinesischen Mandarine sich dem Evangelium feindlich entgegenstellen"[638]. Er schrieb: "Ich habe auf meiner Station Fumun, in Kanton und auf Reisen an andern Orten vielen Verkehr mit mancherlei Mandarinen gehabt. Die häufigste Erfahrung, die ich dabei gemacht habe, war die des Apostels Paulus, Apostelgesch. 24, 25."[639] Trotzdem waren die meisten Missionare der Meinung, daß der "beinahe sprichwörtlich gewordene Fremdenhaß der Chinesen" eine Schwierigkeit der Mission in China sei, von welcher andere Missionsgebiete auf der Welt mehr oder weniger frei seien.[640]

Bei den Unruhen in China waren die christlichen Missionen mehr als alle anderen einem Angriff ausgesetzt. Diese Tatsache wurde von den Missionaren offen eingestanden. Sie vertraten aber die Auffassung, daß sie nicht wegen ihrer missionarischen Tätigkeiten gehaßt und verfolgt würden, sondern nur, weil sie Ausländer seien. Dies ist eine wichtige These der Missionare in bezug auf die Antimissionskämpfe der chinesischen Bevölkerung. Damit wollten die Missionare die christliche Mission von Schuldvorwürfen entlasten. Ferner wurden die chinesischen Christen gehaßt und verfolgt. "Immer sind in diesem oder jenem Winkel des ungeheuren Reiches Christen verfolgt worden."[641] Dabei waren die Missionare der Meinung, daß chinesische Christen als "Verräther an ihrem Vaterland und ihren Volksgenossen" angesehen würden. Sie würden als Anhänger der Fremden verachtet.[642] "Fremde werden gehaßt als Fremde, christliche Chinesen weil sie mit Fremden verbündet sind. Christen heißen wohl flugs mai-kui-ti, Reichsverräter, aber Mai-kui-ti nennt man auch die Compradores oder geschäftlichen Vermittler in den europäischen Firmen. Ja, als die Wogen des Boxeraufstandes hoch gingen, schlug man auch die als mai-kui-ti tot, welche eine europäische Taschenuhr besaßen und ein Gewand aus fremdem Tuch trugen."[643] Nach Ansicht der Missionare war der Fremdenhaß der Chinesen der wesentlichste Grund der Unruhen in China.

1900 brach der im In- und Ausland Bestürzung hervorrufende Boxeraufstand aus, in dem der Fremdenhaß der Chinesen seinen Höhepunkt fand.[644] Gleichzeitig entfaltete sich in Deutschland "eine förmliche Missionshetze" in den liberalen und freisinnigen Zeitungen. Die protestantische Mission stand in

---

[637] Eichler Politik und Mission 1890, S. 215.
[638] Faber Bilder aus China II 1897, S. 9.
[639] Faber Bilder aus China II 1897, S. 9.
[640] Genähr Schwierigkeiten 1896, S. 150.
[641] Voskamp 1901, S. 67.
[642] Piton 1884, S. 498.
[643] Voskamp 1901, S. 62f.
[644] Über die Boxerbewegung siehe Chen 1992, S. 183ff.

der Kritik. Sie wurde verurteilt, daß sie den Boxeraufstand verursache. Bei diesen Anklagen haben sich einige Diplomaten, besonders der ehemalige deutsche Botschafter v. Brandt, hervorgetan. Auch Kaufleute haben der protestantischen Mission die Verantwortung gegeben.[645]

Auf diese Vorwürfe antworteten die Missionare mit einem wuchtigen Gegenschlag. Einerseits verteidigten sie mit aller Kraft ihre Tätigkeit, andererseits versuchten sie, die "wahre" Ursache der Wirren in China herauszufinden. Die Missionare lehnten entschieden jeden Vorwurf gegen die protestantische Mission ab. Kranz behauptete: "Es ist eine unbeweisbare, unwahre und nur mangelhafte Kenntnis des thatsächlichen Sachverhalts bekundende Verleumdung, daß die evangelische Mission an den Boxerunruhen in China schuld sei. Es ist denen, welche diese Verleumdung ausgesprochen haben, nicht gelungen, sie zu beweisen."[646] Kranz betonte nachdrücklich, daß die protestantische Mission "sich in China von politischen Mißgriffen freigehalten" habe.[647] Auch Vorwürfe wie der, daß die protestantischen Missionare die chinesischen Verhältnisse und die Sprache nicht kannten, oder die vom "religiösen Übereifer" der Missionare, von ihrer "aufdringlichen Thätigkeit", von ihrem Mangel "an der Diskretion ihrer katholischen Amtsbrüder", von ihren Verletzungen der "heiligsten Gefühle der Chinesen" und von der Untauglichkeit der chinesischen Christen wurden als unbegründet zurückgewiesen.[648]

Bei der Aufzählung der "wahren" Ursachen der Boxerbewegung hoben die Missionare die aggressive Politik der europäischen Mächte, den gewissenlosen Handel der westlichen Kaufleute und die Verquickung der katholischen Mission mit der Politik hervor.[649] Die Missionare erklärten die Gewinnsucht der

---

[645] Siehe Maus Über die Ursachen 1900, S. 5f.; Voskamp 1901, S. 62f.; Warneck Die chinesische Mission 1900; Mende 1986, S. 385f.
[646] Kranz Die Missionspflicht 1900, S. 3.
[647] Kranz Die Missionspflicht 1900, S. 3.
[648] Siehe Maus Über die Ursachen 1900, S. 5ff.
[649] Maus Über die Ursachen 1900, S. 38ff. – Maus erwähnte folgende Elemente als die "wahren" Ursachen der Boxer-Bewegung: 1) Die "schnöde Behandlung" der Chinesen durch Europäer; 2) Die Politik der europäischen Mächte; 3) Die Einmischung in die Politik durch die katholische Mission; 4) Die Errichtung von Eisenbahnen und der Bergbau; 5) Der "gewissenlose" Handel; 6) Die Propaganda der Zeitungen über die Aufteilung Chinas; 7) Die Rivalität der fremden Gesandten im Interesse ihrer eigenen Staaten; 8) Die Mißwirtschaft der chinesischen Beamten, Hungersnöte und die Existenz der geheimen Gesellschaften; 9) das Vorbild des Kampfes der Buren mit den Engländern und der Philippinos mit den Nordamerikanern. Siehe Maus Über die Ursachen 1900, S. 38ff. – Voskamp sprach von "Zwölf Schuldigen": "die wachsende Gefahr durch die Ausländer – die Furcht, die nationale Selbständigkeit zu verlieren – der Unwille, welcher durch die Verluste von Taiwan, Jiaozhou, das der Insel Hongkong gegenüberliegende Jiulong-Gebiet, Weihaiwei, Port Arthur laut wurde im Volke – die Angst, welche chinesische Staatsmänner vor Rußland empfanden, das durch das ganze nördliche Asien bis an die Grenzen des eigentlichen China durchgedrungen ist – die an vielen Orten Chinas durch die Fremden eröffneten Minen, um die reichen Kohlen- und Mineralschätze dieses Landes ans Licht zu fördern – die erbauten und im Bau begriffenen Eisenbahnen – das Verlangen belgischer, englischer, deutscher, russischer, französischer Syndikate nach neuen Konzessionen – die Kämpfe der verschiedenen Nationen um Erweiterung ihrer Niederlassungen in den Hafenstädten - das immer dringender werdende Verlangen, die großen Ströme mit Dampfschiffen zu

westlichen Händler und die Aggressionspolitik der westlichen Mächte für schuldig. Maus bemerkte, daß die Chinesen von Europäern und Amerikanern, überhaupt von "Vertretern und Angehörigen der weißen Rasse" schon viel erlitten hätten. Dies müsse den Fremdenhaß der Chinesen verursachen.[650] Er führte zahlreiche unerfreuliche politische Berührungen Chinas mit Europa an und behauptete: "Das alles hat China erfahren müssen von den Westmächten und deren Politik. Hätte eine der Westmächte eine solche 'Freundschaft' vertragen? Jede würde sich dafür bedankt haben. Wenn die Chinesen auch die jetzige Dynastie nicht lieben, weil sie zu den 'Barbaren' gehört, so lieben sie doch ihr Vaterland, so gut wie unser einer sein eignes Vaterland liebt."[651] Die Folgerung daraus war, "daß diese Erfahrungen Chinas mit dem Auslande allein schon hingereicht hätten, die Chinesen zum Aufstand zu reizen"[652].

Wie schon gesagt, wurde auch die Einmischung in die Politik durch die katholische Mission kritisiert. Maus zählte eine Reihe von Tatsachen auf und wies darauf hin, daß die katholischen Missionare einschließlich der deutschen unter dem Schutz der westlichen Mächte den Haß der chinesischen Bevölkerung auf die Mission und die Fremden auf sich gezogen hätten: "Soviel ist jedenfalls klar, daß diese Verquickung von Mission mit Politik, welche die

---

befahren, so weit sie schiffbar waren – die überall errichteten Seezölle, die, wenn sie auch fast die einzig sichere Einnahmequelle für den Hof bilden, doch in den Händen der Fremden sich befanden und die Bürgschaften waren für die gewaltigen Anleihen, die China in Europa gemacht hat und wodurch China stets seine Abhängigkeit fühlte – der ununterbrochene Kampf der europäischen Kaufleute gegen die "Lijin", d.h. gegen die den europäischen Handel im Inneren Chinas erschwerenden Distriktszölle ["Lijin" war ursprünglich eine außerordentliche Kriegssteuer, die später allgemeine Handelssteuer wurde.] – und in diesem Zusammenhang kann man auch die Mission anführen, deren wachsende Erfolge dem chinesischen Staatsmann, der für das Religiöse kein Verständnis hat, nur als ein Maßstab für den wachsenden Einfluß der fremden Mächte in China gelten, – so haben alle diese und andre Ursachen die chinesische Masse in Wallung gebracht." Voskamp 1901, S. 66f.

[650] Maus Über die Ursachen 1900, S. 18.
[651] Maus Über die Ursachen 1900, S. 43f.
[652] Maus Über die Ursachen 1900, S. 44. – Genähr äußerte dazu: "Nicht die krämerhafte Ausbeutung der Chinesen durch Handelsvereinigungen, welche das Land ohne Rücksicht auf Vorurteile und Aberglauben der Eingeborenen mit einem Netz von Eisenbahnen überziehen möchten; nicht das zum Teil rücksichtslose Vorgehen der Großmächte in Kiaotschau, Wei hei wei, Port Arthur und Kwang Tschau Wan; nicht das den Chinesen unter Protest aufgenötigte Opium oder andere beleidigende Vergewaltigungen des Schwächeren durch den Stärkeren sind schuld an den chinesischen Wirren, so sagen unsere Gegner, sondern die nichtsnutzigen Missionare!" Genähr Die Wirren in China 1901, S. 4f. - Maier erkannte, die verschiedenen Reibungen und Zusammenstöße Chinas mit den fremden Mächten, wie überhaupt der wachsende Verkehr mit dem Ausland, hätten den Chinesen "einerseits die Ueberlegenheit der Fremden zu Gemüte geführt und sie dadurch ein wenig von ihrer stolzen Höhe herabgestürzt, auf der andern Seite wurde ihnen von diesen vielfach Gewalt angetan und schweres Unrecht zugefügt. [...] Beides zusammen, der verletzte Hochmut und die widerfahrenen Kränkungen, haben dann jenen fanatischen Haß zur Ausgeburt gebracht, wie er sich in den verschiedenen Blutbädern, vor allem aber im großen Boxeraufstand Luft machte." Maier Die "gelbe Gefahr" 1905, S. 6.

französischen und deutschen römischen Missionare getrieben haben, allein schon im Stande ist, die Wut der Chinesen zu entfesseln."[653]

Genähr stellte dazu fest: "Die römische Kirche hat allerdings seit den Tagen ihres Eintritts in China nicht aufgehört, Mission mit Politik zu vermengen, und dadurch viel böses Blut gemacht und eine unselige Verwirrung in den Köpfen der Chinesen angerichtet. Und seit es ihr mit Hülfe des französischen Gesandten in Peking vollends gelungen ist, für ihre Bischöfe und Priester Rang, Stellung und Macht der hohen Reichsbeamten zu erzwingen, so daß die katholische Geistlichkeit in allen Fällen, wo es sich um chinesische Katholiken oder um deren Freunde handelt, ein Recht hat, in gleicher oder gar übergeordneter Stellung mit dem eingeborenen Richter gemeinsam zu Gericht zu sitzen, mit andern Worten dessen Entscheidung zu beeinflussen, ist ohne Zweifel die Ratlosigkeit und Erbitterung der Chinesen aufs höchste gestiegen. Es unterliegt darum keinem Zweifel, daß diese maßlosen Übergriffe der römischen Hierarchie wesentlich mit dazu beigetragen haben, die Gegenwehr der Chinesen herauszufordern."[654]

Voskamp berichtete über die Situation der chinesischen Beamten: "Es ist ferner von den chinesischen Beamten klar genug erkannt, daß die römische Mission sich mit der aggressiven Politik Frankreichs verbunden hat. Wenn der römische Priester, gedeckt durch den französischen Konsul, hinter dem die Kanonen der französischen Kriegsschiffe stehen, bei Gerichtsverhandlungen gegen angeklagte römische Christen verlangt, neben dem chinesischen Richter zu sitzen, und seinen Einspruch erhebt, so fühlt der Beamte dadurch sein Ansehen in den Augen des Volkes so sehr geschädigt, daß notwendigerweise seine furchtbare Erbitterung in ihm sich erheben muß. Es ist eben dieses Gefühl von schwerem Verlust an Einfluß auf das Volk, das die Beamten- und Gelehrtenkreise so sehr erregt."[655]

Dennoch konnte hier – nach Auffassung der Missionare – "von keiner Schuld" die Rede sein. Man dürfe "die westlichen kaufmännischen und politischen Unternehmungen" nicht tadeln. Sie seien "vielmehr im Interesse des gesamten Kulturfortschritts der Menschheit und auch speziell im Interesse der sozialen Hebung der verarmten chinesischen Volksmassen selbst durchaus not-

---

[653] Maus Über die Ursachen 1900, S. 52. – Kranz gab auch zu, daß "die politische Agitation des Bischofs von Anzer" und "das anmaßende Auftreten ausländischer, besonders französischer Priester in Prozeßstreitigkeiten zwischen ihren Bekehrten und den Heiden "in gewissem Maße "den Haß der Mandarine und der Bevölkerung gegen alles ausländische Wesen gesteigert" hätten. Kranz Missionspflicht 1900, S. 3.
[654] Genähr Die Wirren in China 1901, S. 6f. – Gleichzeitig sagte Genähr: "Bei dem Streit aber, der sich im vorigen Jahr darüber erhoben hat, wem die Schuld an diesem vulkanischen Ausbruch fanatisierter Volkswut zuzuschreiben sei, ist meines Erachtens die Grundursache der Wirren noch gar nicht oder nur sehr ungenügend zur Sprache gebracht worden." Genähr Die Wirren in China 1901, S. 7.
[655] Voskamp Unter dem Banner des Drachen 1900, S. 80f. – Kranz war überzeugt: "Die Majorität der einigermaßen gebildeten Chinesen ist doch geistig nicht so beschränkt, daß sie nicht begreifen könnte, wer das wahre Wohl der Chinesen aufrichtig im Auge hat, und wer nur eigene Vorteile von China erlangen will." Kranz Die Missionspflicht 1900, S. 4.

wendig"⁶⁵⁶. Es sei "ebenfalls ungerecht, ganz allgemein und ohne Unterschiede die katholische Mission, unter der sich sehr viele ehrenwerte, aufrichtige und opferfreudige Missionare befanden, für diese Unruhen verantwortlich zu machen"⁶⁵⁷. Für die Missionare lag allen kaufmännischen, politischen und missionarischen Unternehmungen "eine göttliche Absicht zu Grunde"⁶⁵⁸. Voskamp behauptete: "Wir leben in einer Zeit, die Meere überbrückt und entfernte Länder verbindet. Gott will nicht, daß die Völker in Abgeschlossenheit hinter chinesischen Mauern und in Verbotenen Städten wohnen. Für China muß jetzt eine neue Zeit anbrechen, wie sie nach langer Verschlossenheit für Japan angebrochen ist. Und wenn die Völker mit dem Schwert in der Hand ein offenes China verlangen, in dem Handelsfreiheit herrscht und Gott der Herr unseren geliebten Kaiser und König mit dieser gewaltigen, weltgeschichtlichen Aufgabe betraut hat, so bittet die Mission die Mächtigen der Erde, welche Gott hierzu berufen hat: Gebt uns ein China, in dem Religionsfreiheit herrscht!"⁶⁵⁹ Mit dieser Argumentation hatten die Missionare die Kolonialexpansion der Großmächte und alle christlichen Missionen wieder positiv bewertet und von den Schuldvorwürfen befreit.

Auch die Verantwortung der Besetzung Jiaozhous durch das Deutsche Reich für den Ausbruch des Boxeraufstandes wurde von den Missionaren nachdrücklich zurückgewiesen. Genähr behauptete: "Daß aber das Vorgehen Deutschlands in Kiautschau den Ausbruch der Wirren herbeigeführt habe, ist eine unbewiesene Behauptung. Wohl hat es dazu beigetragen, die Katastrophe zu beschleunigen; die eigentliche Ursache der chinesischen Wirren ist aber meines Erachtens ganz wo anders zu suchen."⁶⁶⁰ Kranz versuchte, die Besetzung Jiaozhous durch das Deutsche Reich zu rechtfertigen. Er wies darauf hin, daß die Besetzung Jiaozhous überhaupt eine Folge "der sittlich berechtigten deutschen Handelspolitik" sei. Sie sei deshalb notwendig, weil sie "in einem dem Welthandel zu öffnenden, innerlich aber durch eine verrottete Regierung zerfallenen und durch Räuber und Rebellen unsicher gemachten Lande wirksamen Schutz für den deutschen Handel schaffen mußte"⁶⁶¹. Hier machte Kranz auch seine "patriotische" Position offenbar. "Auch der Missionar, ebenso wie der Pastor, hört nicht auf, im Herzen ein Patriot zu sein, und als Patriot freue ich mich, daß der weitsichtige Scharfblick unseres Kaisers zur rechten Zeit Kiautschou als Stützpunkt für deutsche Handels- und Weltpolitik besetzen ließ."⁶⁶² Und: "Als deutscher Patriot stimme ich ganz und voll mit der bisher

---

[656] Kranz Die Missionspflicht 1900, S. 4f.
[657] Kranz Die Missionspflicht 1900, S. 3f.
[658] Voskamp 1901, S. 66. – Kranz sah in den kaufmännischen und politischen Unternehmungen der westlichen Länder "eine Erfüllung des göttlichen Kulturgebots": "Machet die Erde euch unterthan und herrschet über sie". Kranz Die Missionspflicht 1900, S. 5.
[659] Voskamp 1901, S. 66f.
[660] Genähr Die Wirren in China 1901, S. 6.
[661] Kranz Die Missionspflicht 1900, S. 5.
[662] Kranz Die Missionspflicht 1900. S. 4.

eingeschlagenen Politik der deutschen Regierung in China überein."[663] Solche Äußerungen spiegelten den Gedanken des Nationalismus deutlich wider, der damals im Deutschen Reich sehr populär war.

Die Missionare gaben zu, daß das Verhalten einzelner Missionare nicht immer tadellos gewesen sei; ja sie gingen weiter und behaupteten, auch die Missionare, katholische und protestantische, seien für die Unruhen in China mit verantwortlich. Die christliche Mission wirke sich als ein zerstörender Faktor auf die Gesellschaft des "Heidentums" aus. Sie müsse unvermeidlich auf die Widerstände der "Heiden" treffen.[664]

Genähr schrieb: "Wenn man die Missionare als einen der Faktoren bezeichnet, die zu der Katastrophe in China geführt haben, so läßt sich meines Erachtens gar nichts dagegen einwenden. In gewissem Sinne wollen wir uns auch gerne 'Störenfriede' schelten lassen."[665] Und: "Die chinesischen Machthaber sind zu ihrem Schrecken inne geworden, daß der 'unbedeutende' und 'beschränkte' Missionar oder, wie die Chinesen sagen, der 'fremde Teufel' oder die 'Barbaren des Westens' es auf nichts Geringeres abgesehen haben als auf die moralische Eroberung ihres ganzen Landes. Denn nicht nur ihre unausgesetzte Predigtthätigkeit, sondern auch ihre Wirksamkeit als Erzieher der Jugend und als Verbreiter einer christlichen Literatur, alles dient nur dem einen Zweck, das alte China auf den Kopf zu stellen und eine neue Menschheit auf den Trümmern der alten zu schaffen."[666] Voskamp gestand offen ein: "wo das Evangelium verkündigt wird, da erregt es Unruhe. Es trägt die Spaltung in die Familie, es trägt die Scheidung ins Dorf, in den Stamm und ins Volk. – Die Christen haben daher auch immer um ihres Glaubens willen Trübsal und Verfolgung zu leiden ge-

---

[663] Kranz Die Missionspflicht 1900. S. 4.
[664] Genähr Die Wirren in China 1901, S. 4f. – Schon im Jahre 1896 schrieb Genähr wie folgt: "Daß taktloses und unbesonnenes Auftreten einzelner Missionare diesen Haß zum Teil mit verschuldet hat, kann leider nicht in Abrede gestellt werden. Manche Unannehmlichkeiten wären der Mission erspart geblieben, wenn man es unterlassen hätte, sowohl das berechtigte Nationalgefühl der Chinesen als auch das irrende, religiöse Gefühl der Heiden zu verletzen, mit andern Worten, wenn man sich jeder bittern, mit dem Geiste des Evangeliums unvereinbaren verdammungssüchtigen Streitsucht ernstlich entschlagen und allen Fleiß darauf verwendet hätte, einfach und unmittelbar die Lehren der Offenbarung den Heiden anzupreisen." Genähr Schwierigkeiten 1896, S. 150.
[665] Genähr Die Wirren in China 1901, S. 16. – Gleichzeitig war Genähr überzeugt, daß die Missionare auch das Recht in Anspruch nahmen, sich "als Friedensboten im ausgesprochensten Sinne bezeichnen zu dürfen". Die Missionare seien nicht nur "Träger einer Botschaft des Friedens an die Chinesen", sie hätten auch "den Frieden zwischen Eingeborenen und Fremden beständig zu vermitteln". "Denn nicht nur bei den Naturvölkern, sondern auch bei den sogenannten Kulturvölkern hat der Missionar nicht selten die Rolle eines Mittelsmannes zu spielen. Er ist es, der die leicht entzündbaren Gefühle der eingeborenen Bevölkerung besänftigt, er ist es wieder, der dem Handel treibenden Kaufmann die Wege ebnet. Ihm ist es nicht zum wenigsten zu verdanken, wenn die Kriegsschiffe weniger oft ihre tod- und verderbenbringenden Geschosse ans Land schleudern." Genähr Die Wirren in China 1901, S. 16.
[666] Genähr Die Wirren in China 1901, S. 14.

habt."[667] Die "moralische Eroberung" Chinas durch die christliche Mission "hat mit zu diesen Unruhen in China beigetragen".[668]

Allerdings lagen die Ursachen der Unruhen in China – der Auffassung der Missionare zufolge – "viel tiefer". Sie seien im wesentlichen die "Folge der Weltanschauung, der Religion und des Patriotismus der Chinesen".[669] Vor allem lagen sie "in dem konfuzianischen Stolz der Chinesen auf ihre vermeintlich allein berechtigte Kultur und Philosophie begründet"[670]. Sowohl die Gesinnung der Chinesen als auch ihre Moralität und nicht zuletzt ihre Religionen standen dem Christentum feindlich gegenüber.[671] Es sei dann der "Haß gegen alles fremdländische Wesen" durch die Chinesen.[672] Dieser "Fremdenhaß" sei in den letzten Jahren des 19. Jahrhunderts noch besonders durch die "reaktionäre Politik" der Kaiserinwitwe Cixi und ihrer Ratgeber, durch die Einsperrung des Kaisers Guangxu und die Unterdrückung der Reformpartei gefördert und gesteigert worden.[673] Genähr schrieb: "Diese ist nach meiner festen Überzeugung in dem grenzenlosen Hochmut und Dünkel der chinesischen Regierung einerseits und ihrer bodenlosen Verlogenheit und Doppelzüngigkeit andererseits zu suchen. In der Person der vielgenannten Kaiserin von China haben sie die Verkörperung der chinesischen Regierung. Sie und ihr Anhang, besonders Prinz Tuan, Yung-lu, Kang-yi und wie die Vertreter der ultra-konservativen Sippschaft alle heißen, sind in erster Linie für die Wirren verantwortlich zu machen. Wäre es möglich, in China eine Volksabstimmung zu veranstalten, so würde das chinesische Volk ihr und ihrem Anhang einmütig das Urteil sprechen. Man hält sie ganz allgemein für ein verworfenes und schamloses Weib."[674]

Ferner betonten die Missionare, daß die Boxererhebung sich zunächst gegen die Mandschu-Dynastie richtete und ihren Sturz herbeiführen wollte. Nur durch die "schlaue Politik" der Kaiserinmutter gelang es, den Sturm vom Kaiserhause abzuwenden, und gegen die Ausländer zu richten.[675] Voskamp schrieb: "Eins läßt sich aus allen Edikten und Verfügungen und Bekanntmachungen der Verbotenen Stadt, sowie aus den allgemeinen Anschauungen des Volkes sagen, daß die ganze Boxerbewegung, welche vom Hofe aus begünstigt und geleitet wurde und an deren Spitze Tuan steht, sich gegen Kuang-sü und seine Anhänger und die täglich wachsende Reformpartei in ganz China richtete. Es galt zweierlei, die Vertreibung der Fremden aus allen Provinzen des chinesischen Reiches und die Ausrottung des Christentums in China; und dann

---

[667] Voskamp 1901, S. 67.
[668] Voskamp 1901, S. 67.
[669] Lörcher 1894, S. 131ff.; Voskamp Unter dem Banner des Drachen 1900, S. 83f.
[670] Kranz Die Missionspflicht 1900, S. 3.
[671] Maier Die "gelbe Gefahr" 1905, S. 6f.
[672] Kranz Die Missionspflicht 1900, S. 4. – "Durch das ganze Land geht ein Fremdenhaß, der nur aus der geschichtlichen und politischen Anschauung des Volkes zu erklären ist." Voskamp Aus der Verbotenen Stadt 1901, S. 63.
[673] Kranz Die Missionspflicht 1900, S. 4.
[674] Genähr Die Wirren in China 1901, S. 7.
[675] Lutschewitz 1912, S. 4.

sollten die uralten Thore wieder geschlossen werden. Und wie die verbotene Stadt innerhalb Peking liegt, so sollte ganz China wieder unter den übrigen Nationen daliegen, wie in den Tagen der Vergangenheit, als das verbotene, verschlossene Volk und Land."[676] In bezug auf eine Proklamation wies Genähr darauf hin: "Diese Proklamation liefert meines Erachtens den unwiderleglichen Beweis, daß auch die Boxergesellschaft, wie überhaupt alle geheimen Gesellschaften, von denen China bekanntlich wimmelt, ursprünglich gegen die bestehende Regierung gerichtet gewesen ist. Die Kaiserin und ihre Helfershelfer haben es aber verstanden, die Bewegung von sich abzulenken und ihr eine fremden- und christentumsfeindliche Spitze zu geben."[677]

Die christliche Mission und die koloniale Expansion arbeiteten im 19. Jahrhundert zwar grundsätzlich Hand in Hand, diese Kooperation war aber nicht immer harmonisch. Es gab zwischen beiden gelegentlich Interessenkonflikte. Der religiöse Eifer der Missionare wurde hin und wieder von den nichtmissionarischen Kreisen als ein Störfaktor angesehen und negativ beurteilt. Der Vorwurf von der Schuld der Mission am Boxeraufstand spiegelte die Ungehaltenheit der Leute wider, die die Missionare verachteten. Hingegen war die Kritik der Missionare an den Mißständen der Kolonialpolitik der westlichen Mächte und der Profitgier der Kaufleute im wesentlichen ein Zurückschlagen und eine Verteidigung des eigenen Interesses. Sie stammte aber auch aus der christlichen Wertevorstellung und dem humanistischen Motiv. In gewissem Maße spielten die persönlichen Beobachtungen und Erfahrungen der Missionare eine Rolle. Allerdings zweifelten die Missionare keineswegs an der

---

[676] Voskamp 1901, S. 22.
[677] Genähr Die Wirren in China 1901, S. 11f. – Der ehemalige deutsche Botschafler v. Brandt und andere verglichen die Kaiserinwitwe Cixi mit Elisabeth von England und Maria Theresia von Österreich. Ihre Herrschertugenden wurden vielfach gelobt. Dazu kommentierte Genähr: "Ich habe nie verstehen können, wie Herr v. Brandt das thun konnte. An Herrschertalent hat es der Kaiserin allerdings nicht gefehlt. Das hat sie seit 40 Jahren, während der Regierung dreier Kaiser, mehr, als nötig war, gezeigt. Daneben hat sie aber eine solche Rücksichtslosigkeit in Hinsicht auf ihre Bestrebungen und eine solche Rachgier und Blutdurst ihren Gegnern und den ihr verhaßten Fremden gegenüber gezeigt, daß man unwillkürlich an die blutige Isebel oder an einen Athaljia erinnert wird, von der er heißt, sie habe sich aufgemacht, allen königlichen Samen umzubringen. Sie mit diesen Frauengestalten des Alten Testaments zu vergleichen, scheint mir doch viel näher zu liegen. Mit starker Hand setzte sie vor bald drei Jahren ihren Neffen, den Kaiser Kwang-sü, ab, sperrte ihn ein, ließ dessen Weiber umbringen, die Reformer enthaupten, einfach weil ihr alle Neugestaltungen zuwider sind und sie in ihrem dünkelhaften Hochmut glaubte, das Rad der Geschichte wieder rückwärts drehen zu können. Nun ist sie zur Strafe von diesem Rade ergriffen worden und läuft Gefahr, von demselben zermalmt zu werden." Genähr Die Wirren in China 1901, S. 8. – Diese Meinung teilte Voskamp: "Wie zum Hohn trägt dieses Weib den Namen Tsi-schi, 'erbarmende Gnade'. Vierzig Jahre lang war sie die Herrscherin in der Verbotenen Stadt gewesen. Wie die Königin Athalja im Alten Testament hatte sie 'sich aufgemacht und allen königlichen Samen umgebracht'." Voskamp 1901, S. 54. – Dagegen vertrat Lutschewitz doch eine ähnliche Position wie v. Brandt: "In der Reihe solcher klugen chinesischen Frauen darf die i. J. 1909 gestorbene Kaiserin-Mutter Tsi-Hsi nicht fehlen, die mit energischer Hand dem schwachen Kaiser Kwang-Hsü die Zügel der Regierung entriß, das gewaltige chinesische Reich unter ihre Botmäßigkeit zwang und das Staatsschiff sehr geschickt durch alle Fährnisse hindurchsteuerte." Lutschewitz 1921, S. 5.

"Zivilisierungsmission" der westlichen Kultur. Sie glaubten wie die westlichen Diplomaten und Kaufleute auch an eine starke Überlegenheit der westlichen Kultur. Hierbei wollten sie keine Kompromisse mit den Chinesen eingehen. Nach ihrer Analyse waren weder die Missionare noch andere Gruppen der Ausländer in China an dem Boxeraufstand schuldig.[678] Die Verantwortung wurde schließlich China und den Chinesen zugeschrieben. Damit waren alle ausländischen Unternehmungen in China gerechtfertigt worden.

9. Zur chinesischen Wirtschaft: "Rückständigkeit" und "Armut"

Die Missionare äußerten sich auch über die chinesische Wirtschaft. Aber anders als die Reisenden, die die Möglichkeiten der wirtschaftlichen Erschließung Chinas erkunden wollten[679], berichteten die Missionare selten über den Handel, die Handelsgüter, Handelswege und -zentren an sich. Ihre Beschreibungen der chinesischen Wirtschaft verbanden sich vielmehr mit Diskussionen über die Lebensverhältnisse der Chinesen und die Beziehungen Chinas zu den westlichen Ländern. Sie waren stark geprägt von europäischen bzw. deutschen Verhältnissen, wenn auch die persönlichen Beobachtungen und Erfahrungen es den Missionaren ermöglichten, die wirtschaftliche Lage Chinas und den Lebensstandard der Chinesen genau zu schildern. Überhaupt dienten die Beschreibungen der chinesischen Wirtschaft durch die Missionare der Rechtfertigung ihrer missionarischen Bemühungen.

Nach Meinung der Missionare stagnierte die chinesische Wirtschaft ebenso wie andere Bereiche Chinas. Sie sei unrentabel und rückständig. Obwohl China schon früh Ackerbau, Viehzucht, Bergbau und Industrie betrieben habe, sei es gegenwärtig auf allen Gebieten hinter den westlichen Ländern zurückgeblieben.[680] Es hieß: "Die Schätze unter der Erde sind ja noch kaum berührt."[681] Und: "In der Industrie sind sie sehr zurück; alles ist Handbetrieb."[682] Die wirtschaftlichen Methoden und die Wirtschaftsweise der Chinesen seien durchgängig primitiv und hemmten die Entwicklung der Produktion. Es fehle überall an moderner Technik und Organisation. Die Verkehrsstraßen und Verkehrs-

---

[678] Nach der Erklärung der Ursachen des Boxeraufstands stellte Kranz folgende Frage, die schon eine klare Antwort enthielt: "Kann man da noch mit Fingern auf irgend einen Ausländer oder auf irgend eine Klasse von Ausländern zeigen und sagen: Du bist schuld an diesem Ausbruch?" Kranz Die Missionspflicht 1900, S. 4.
[679] Siehe Jakobs 1995, S. 161ff.
[680] Faber China in historischer Beleuchtung 1895, S. 54.
[681] Faber China in historischer Beleuchtung 1895, S. 54.
[682] Maus Das Reich der Mitte 1901, S. 6.

mittel seien schlecht.[683] Und: "Das ganze Finanzwesen Chinas liegt fast hoffnungslos im argen."[684] Solche Bewertungen implizierten das Überlegenheitsgefühl der europäischen Wirtschaft, die sich im Verlauf des 19. Jahrhunderts schnell entwickelte und ein Gegenmodell zu China darstellte. Die wirtschaftliche Entwicklung in den westlichen Ländern bzw. in Deutschland führten zu einer entschieden negativen Beurteilung der chinesischen Wirtschaft, die noch in den Reiseberichten früherer Phasen fast durchaus positiv bewertet worden war.[685]

Hindernisse für die Entwicklung der chinesischen Wirtschaft lagen – der Auffassung der Missionare zufolge – hauptsächlich in der "schlechten Regierung", den "ungeheuren Erpressungen durch die chinesischen Mandarine" und dem "Aberglauben" der chinesischen Bevölkerung. Aber auch die "Räuberbanden", die "schlechte finanzielle Organisation des chinesischen Reichs" und der "Mißbrauch der Arbeitskraft" wurden als Hindernis der für die Entwicklung des Handels und der Wirtschaft angesehen. "Wenn Räuber die Gewässer und Landstraßen unsicher machen, wird der Handel sehr erschwert. Wenn man in Dörfern und Städten selbst nicht sicher ist vor Überfällen durch größere Räuberbanden oder vor Einbruch von Dieben, so wird mancher von größeren Unternehmungen zurückgeschreckt. Die Wohlhabenden haben auch zu viel Ausgaben nötig sich selber zu schützen durch besondere Wächter und andere Vorsichtsmaßregeln."[686] Und: "Es trifft die Hauptschuld also die schlechte finanzielle Organisation des chinesischen Reichs. [...] Der mangelhafte Rechtsschutz ist wieder ein Hindernis für Kapitalanlage. Man fürchtet sich es kund werden zu lassen, daß man Geld besitzt, vergräbt es daher lieber oder legt es in liegenden Gütern an. [...] Der Mangel an Kredit und gegenseitigem Vertrauen läßt ja auch Versicherungsanstalten nicht aufkommen. Da entsteht eine Feuersbrunst oder kommt eine Überschwemmung und viele tausend Menschen werden sofort von allem entblößt. Es wird darnach den meisten Betroffenen schwer sich je wieder zu erholen von dem großen Verlust."[687] Weiter stellte man fest: "Bettel ist Mißbrauch der Arbeitskraft, noch mehr natürlich Diebstahl, Schmuggel u.dgl. [...] Leider werden, besonders in China, viele Arbeitskräfte auf Irrbahnen gedrängt, da die Gelegenheit und Anleitung zu produktiver Arbeit fehlt."[688]

Besonders behinderte das "Lijin"-System den Handel in China. Faber beurteilte die Zollhäuser in China als "eine Landplage"[689] und beschrieb die Inlandszölle Chinas wie folgt: "Die einzelnen Zollhäuser werden verpachtet, die Regierung nimmt das Pachtgeld und schützt das Zollhaus. Die Pächter haben

---

[683] Faber China in seinen Beziehungen 1879, S. 102; Faber Literarische Missionsarbeit 1882, S. 58.
[684] Faber China in historischer Beleuchtung 1895, S. 57.
[685] Siehe Kapitel II, Abschnitt 3.
[686] Faber Literarische Missionsarbeit 1882, S. 58.
[687] Faber Literarische Missionsarbeit 1882, S. 58f.
[688] Faber China in historischer Beleuchtung 1895, S. 54.
[689] Faber China in historischer Beleuchtung 1895, S. 15.

Unterbeamte und suchen so viel Geld als möglich herauszuschlagen, die Unterbeamten bemühen sich auch noch um reichliche Trinkgelder. Daher kommen die außerordentlichen Erpressungen und allerhand Plackereien. Giebt ein Schiffsherr den Unterbeamten kein Geschenk, so kann er tagelang vor den Zoll oder Lekinstationen [...] warten. Viele solcher Stationen stören natürlich den Handel im Innern ungemein. Waren, welche flußaufwärts gehend eine ganze Reihe Lekinstationen passieren und überall eine Abgabe und Trinkgelder entrichten müssen, werden sehr vertheuert und der Absatz weiter im Innern dadurch unmöglich gemacht."[690] Die inländischen Zollgrenzen wurden in Deutschland seit der 1830er Jahren vielfach kritisiert. Sie wurden als ein Haupthindernis für den Handel und die wirtschaftliche Entwicklung angesehen. Fabers Äußerung über das Lijin-System Chinas reflektierte die kritische Stimmung bezüglich der inländischen Zollgrenzen in Deutschland. Die Abschaffung der inländischen Zollgrenzen in Deutschland wurde auch als Vorbild für China angesehen.

In bezug auf den Lebensstandard der chinesischen Bevölkerung sprachen die Missionare von einer "weitverbreiteten und vielgestaltigen Armut"[691]. Sie berichteten über "die massenhafte Auswanderung chinesischer Arbeiter nach Kalifornien, Australien, Honolulu, Singapore, Penang, Malakka, nach Java, Borneo und Sumatra, nach den Philippinen, nach Peru, Chili, Cuba und Demarara etc.", "die entsetzliche Hungersnot", die "große Menge der verschiedenartigsten Bettler", "Kranke, oder gar Sterbende auf den Straßen", "schlechte Wohnungen, verfallene Häuser, vernachlässigte Land und Wasserstraßen" usw.[692] Obwohl es einige Leute gebe, die ziemlich reich seien, besonders "die von Erpressungen lebenden hohen Beamten", die "in manchem Jahre hunderttausende von Dollar aufhäufen konnten", sei die Mehrzahl des Volkes aber "bettelarm und weiß nicht, wovon sie am nächsten Tag leben soll"[693].

Unter dem Einfluß der hygienischen Vorstellungen und des entsprechenden Sauberkeitsbewußtseins, die gerade im 19. Jahrhundert in Europa und Deutschland weit verbreitet waren[694], übten die Missionare scharfe Kritik an den sanitären Einrichtungen Chinas. Der Schmutz von Menschen und ihrer Umwelt in China wurde vielfach berichtet. Faber schrieb: "China steht darin nicht besser als irgend ein Barbarenreich des dunkeln Kontinents. Man findet nirgends Vorsorge für frische Luft, klares Wasser, Reinlichkeit in den Straßen und Häusern, nicht einmal der Kleider und Haut der Menschen und Tiere."[695] Kranz erzählte in einem Reisebericht: "Das Erste, was einem beim Betreten einer chinesischen Stadt auffällt, ist der Schmutz und entsetzliche Gestank der

---

[690] Faber China in seinen Beziehungen 1879, S. 104f.; siehe auch Faber Literarische Missionsarbeit 1882, S. 58f.
[691] Faber Literarische Missionsarbeit 1882, S. 56.
[692] Faber Literarische Missionsarbeit 1882, S. 56.
[693] Kranz 1894, S. 18.
[694] Siehe Jacobs 1995, S. 134.
[695] Faber China in historischer Beleuchtung 1895, S. 56.

Straßen. Halb oder ganz nackte Kinder belästigen einen durch aufdringliches Betteln. Die Häuser gleichen mehr Ställen für unsaubere, vierfüßige Tiere als Wohnungen unsterblicher Menschen. Oft sind diese elenden niedrigen Hütten nur aus Straßenlehm aufgebaut und oft wie im Einstürzen begriffen. Alles macht den Eindruck hilfloser Armut und grenzenloser Verwahrlosung."[696] Selbst in einigen "festeren Steinhäusern und besser aussehenden Straßen" herrschten auch "Schmutz und böse Gerüche"[697].

Mit dem zunehmenden Verkehr zwischen China und den westlichen Ländern und der Entfaltung der chinesischen "Selbststärkungsbewegung" erschienen Berichte über den Erfolg der "Öffnung" Chinas. Die wirtschaftlichen Resultate des Verkehrs zwischen China und den westlichen Ländern wurden positiv bewertet. Die immer stärker zunehmende Schiffahrt auf chinesischen Gewässern, die Erstellung von Küstenkarten und die Errichtung von Leuchttürmen an gefährlichen Punkten durch die von Ausländern geleitete chinesische Seezollverwaltung wurden als "Fortschritt" dargestellt. Durch ausländische Hilfsmittel wurde – den Berichten zufolge – der Bergbau "in ergiebigerer Weise" betrieben. Man hatte auch von Deutschland Ackergeräte, Webstühle und vor allem militärische Geräte kommen lassen. Aus dem ausländischen Handel zogen die Chinesen immer größere Gewinne.[698]

Faber stellte fest: "Am eifrigsten ist China, seine Waffenmacht zu stärken. Daß der Ankauf von Waffen und Munition vom Auslande sehr reichlich ist, nicht allein vom finanziellen Standpunkte aus betrachtet, erkennen die schlauen Chinesen sehr wohl. Man hat deßhalb etliche Arsenale errichtet und sich die besten Maschinen verschafft, um die ganze Waffenindustrie an Ort und Stelle zu betreiben. Man fabricirt Hinterlader, Torpedos und allerlei Sprenggeschosse, jetzt auch gutes Pulver mit deutschen Maschinen. In Fukhien gehen jährlich etliche selbstgebaute Dampfer vom Stapel. Die chines. Regierung hat auch etliche Panzerschiffe im Besitz, dann einige Corvetten und eine große Anzahl Kanonenboote von verschiedener Größe. [...] Man sucht auch Mannschaft heranzubilden. Manche Kanonenboote werden bereits ausschließlich von Chinesen befehligt und bemannt. [...] Auch Landtruppen läßt man durch Franzosen und Deutsche einexerziren und dieselben haben sich bereits gegen die moham-

---

[696] Kranz 1894, S. 17.
[697] Kranz 1894, S. 17f.
[698] Siehe Faber China in seinen Beziehungen 1879, S. 97ff.; Lechler Die Chinesen in ihrem Verhältnis 1888, S. 110ff. – Faber berichtete im Jahr 1879: "Seit einigen Jahren besteht sogar eine große chinesische Handelsgesellschaft (China Merchants Steam Navigation Company) mit einem Capital von 5 Mill. Taels, welche im vergangenen Jahre 31 Dampfschiffe im Gange hatte und den Theilhabern über 74,000 Taels Dividende auszahlen konnte. [...] Aber doch muß auch hier gleich die andere Seite hervorgehoben werden. Solche Gesellschaften können sich in China unter den bestehenden Verhältnissen nicht lange halten, da sie zu sehr der Willkür der Mandarine unterworfen sind und allerlei ungerechten Gelderpressungen nicht entgehen können. Der Oberdirektor der erwähnten Gesellschaft hat aus diesem Grunde kürzlich sein Amt niedergelegt." Faber China in seinen Beziehungen 1879, S. 100f.

medanischen Rebellen in Yunnan und gegen den jungen Staat in Kaschgar gut bewährt."[699]

Manchmal bemerkten die Missionare auch negative Auswirkungen des Imports westlicher Waren auf die chinesische Naturalwirtschaft. Sie wiesen darauf hin, daß die westlichen Handelsprodukte einen großen Teil des häuslichen Nebengewerbes der Chinesen zerstörten. "Besonders durch die massenhafte Einführung von ausländischen Kleiderstoffen werden Millionen Frauen und auch Männer arbeitslos, welche sonst ihren geringen täglichen Bedarf durch Spinnen und Weben erwerben. Die Opiumeinfuhr entzieht dem Lande jährlich viele Millionen Dollar für den Kauf eines schädlichen Genußmittels."[700] Faber stellte fest: "Hier soll jedoch nur hervorgehoben werden, in welcher Weise der Handel ein Träger der westlichen Kultur ist. Man wird zugeben müssen, daß dies der Fall schon dadurch ist, daß durch den Handel die Produkte der westlichen Kultur andern Völkern bekannt und zugänglich gemacht werden. Allerdings dienen nicht alle Handelsprodukte zur materiellen Hebung und moralischen Förderung der Chinesen."[701] Hier äußerte sich Faber wiederum kritisch über die Handelspolitik der westlichen Länder, die mit den humanistischen Forderungen nicht übereinstimmte und sich dem Geist der westlichen Kultur widersetzte. An der Überlegenheit der westlichen Kultur hatte er keinen Zweifel.

Bei den Missionaren dominierte folgende Auffassung: "Die Millionen Chinas können durch Krupp'sche Kanonen wohl äußerlich in Schach gehalten werden – und auch das ist auf die Dauer fraglich – aber innerlich erneuert, von ihrem Aberglauben befreit, von ihrem Fremdenhaß geheilt, zu brauchbaren Mitgliedern der großen Menschenfamilie erzogen und zu glücklichen Gotteskindern gemacht werden, können sie nur durch die im Evangelium von Christo Jesu beschlossenen Kräfte der Wiedergeburt."[702] Und: "Nur die stille, langsame zuerst die Herzen erneuernde Arbeit der evangelischen Mission mit der Predigt des Wortes, mit dem praktischen Liebesbeweis des Christentums, wie es sich äußert in den verschiedenen Zweigen: ärztliche Mission, Findelhäuser, Krankenhäuser, Diakonie, christliche Schulen, Bibelverbreitung u.s.w. kann den Chinesen das Heil bringen, das da ist in Christo Jesu! Nicht der Handel, nicht die Kunst, nicht die äußerlich aufgepropfte Cultur rettet die Chinesen, sondern Jesus Christus."[703]

---

[699] Faber China in seinen Beziehungen 1879, S. 101.
[700] Siehe Fabers Jahresbericht, in: ZMR, 1892, S. 130.
[701] Faber China in historischer Beleuchtung 1895, S. 58.
[702] Maus Über die Ursachen 1900, S. 58.
[703] Maus Über die Ursachen 1900, S. 57f. - Faber kritisierte auch die utilitaristische Haltung der Chinesen bei der Aufnahme der westlichen Kultur: "Leider erkennt der Chinese zunächst hauptsächlich die Macht der Zerstörungswerkzeuge und den Nutzen solcher Maschinen, die schnell Geld einbringen. Bei diesem Trachten nach augenblicklichem Vorteil wird die Bedeutung des einzelnen für das Ganze, des jetzigen Zustandes für die Zukunft nicht beachtet. Ferner werden Habgier und Genußsucht gesteigert. Dadurch wird die Konkurrenz verschärft und in deren Gefolge gehen Lug und Trug." Faber China in historischer Beleuchtung 1895, S. 59.

Übrigens waren die Missionare der Ansicht, daß das Land China "außerordentlich fruchtbar und reich an wertvollen Produkten" sei[704]. Das wirtschaftliche Potential Chinas sei sehr groß. China "hat eine ausgezeichnete Bodenbeschaffenheit. Hohe Gebirgszüge mit ihren weitgestreckten Ausläufern bergen viel edle Mineralien. Mehrere gewaltige Ströme und viele kleinere schiffbare Flüsse, auch zahlreiche Kanäle durchschneiden das Land als Hauptverkehrsadern. Die ausgedehnten Flußniederungen und Ebenen sind außerordentlich fruchtbar und volkreich. Eine langgegliederte Seeküste bietet viele ausgezeichnete Häfen. Unzählige Inseln entlang der Küste dienen der sehr ergiebigen Fischerei zur Stütze. Selbst das Hochland von Tibet und der Mongolei ist zur Viehzucht geeignet und war in früheren Jahrhunderten viel volksreicher als jetzt. Das Klima ist gemäßigt und abgestuft, die Regenmengen sind fast überall regelmäßig, vom Monsun abhängig. Alle Teile des großen Reichs, mit sehr geringen Ausnahmen, sind gut bewässert."[705] Manche Missionare waren sogar der Meinung: "Die Chinesen sind ein Handelsvolk. Ihre Handelsdschunken und Kaufleute zogen über das Meer in die umliegenden Länder. Überall gründeten sie ihre Handelsniederlassungen."[706] Es fehle den Chinesen aber immer noch das Evangelium. Für die Missionare war es das einzige Rettungsmittel auch für die chinesischen Wirtschaftsverhältnisse.

---

[704] Kranz 1894, S. 18.
[705] Faber China in historischer Beleuchtung 1895, S. 7f. – Faber äußerte sich dazu weiter: "Es ließen sich leicht alle Produkte vervielfältigen. Die Schätze unter der Erde sind ja noch kaum berührt. Das würde Gelegenheit geben, viele unbenutzte oder in verkehrter Weise verbrachte Arbeitskräfte produktiv zu machen." Faber China in historischer Beleuchtung 1895, S. 54.
[706] Voskamp Unter dem Banner des Drachen 1900, S. 92f. – "Am liebsten treibt der Chinese Handel. [...] Jeder Chinese ist ein geborener Händler." Ziegler Chinesische Sitten 1900, S. 457. – Auch für Maier waren die Chinesen "geborene Händler und Kaufleute, die besten Kaufleute der Welt". Maier Die "gelbe Gefahr" 1905, S. 10f.

10. Zum gesellschaftlichen Leben der Chinesen: "Andere Länder, andere Sitten"

"Andere Länder, andere Sitten."[707] Daher verfolgten die Missionare äußerst aufmerksam das Alltagsleben der Chinesen und ihre sozialen Verhältnisse. Für die Missionare war "gründliche Kenntnis der Volksanschauungen und der heidnischen Sitte" ein wichtiges Erfordernis ihrer Missionsarbeit in China. Wenn ein Missionar das Vertrauen der Chinesen gewinnen und erfolgreich seine missionarische Arbeit unter den Chinesen vollführen wolle, müsse er "die so seltsame Denkungsart und Anschauungsweise jenes alten Kulturvolkes"[708] erkennen und sich "mit dem Fühlen und Denken, mit den Vorstellungen, wie überhaupt mit dem Wesen der Volksseele bekannter und vertrauter" machen.[709] Aufgrund ihrer langjährigen Aufenthalte in China und ihrer Berührung mit breiten Schichten der Bevölkerung erstellten die Missionare zahlreiche eindrucksvolle Schilderungen des chinesischen Volkslebens, die hauptsächlich ihrer missionarischen Tätigkeit dienten, in gewissem Maße aber auch zur volkskundlichen Forschung beitrugen.

10.1. Über die gesellschaftliche Eigenschaft Chinas

Im traditionellen China war die soziale Struktur von patriarchalischem Typus. Die Familie bzw. der Familienverband war "die kleinste Einheit der Gesellschaft" und spielte darin eine wichtige Rolle.[710] Diese Eigenschaft der Gesellschaft Chinas wurde von den Missionaren genau erkannt. Sie bemerkten, daß das soziale Leben der Chinesen "durch weitverzweigte Familienverbände" bestimmt sei.[711] Die einzelne Dorfgemeinde, die meist aus erweiterten Familien oder Clans bestand, würde "in ganz patriarchalischer Weise" von Familienoberhäuptern oder Dorfältesten regiert. "Die Handhabung der Ruhe und Sicherheit hängt viel mehr von diesen ab, als von der Obrigkeit."[712] In der Dorfge-

---

[707] Flad Chinesische Eigentümlichkeiten 1899, S. 245.
[708] Flad Chinesische Eigentümlichkeiten 1899, S. 245.
[709] Schultze Heidenpredigt 1893, S. 362.
[710] Siehe Franke 1974, S. 339ff.; Wang 1993, S. 44ff.
[711] Faber Theorie und Praxis 1899, S. 227.
[712] Lechler 1861, S. 151.

meinde war die Ahnenhalle das Zentrum, wo Opfer, Festmähler und Versammlungen stattfanden.[713]

Bei der Analyse des chinesischen Volkslebens gingen die Missionare von zwei grundverschiedenen Vorstellungen aus. Zum einen wurden die Chinesen als ein Volk betrachtet, "das unter dem Druck einer despotischen Regierung schmachte". Sie lebten "in steter Furcht vor dem Bambus [...], welchen, wie man meint, ihre Mandarinen allezeit über ihren Köpfen schwingen, und denen nach den Erpressungen durch dieselben Mandarinen nichts übrig bleibe, als eine elende Existenz, da sie ihr Leben mit Mäuse- und Rattenfleisch fristen müßten".[714] Zum anderen war es die klassische Theorie der Chinesen. Demzufolge stand das chinesische Volk unter "besonderer himmlischer Aufsicht" und war daher "das glücklichste Volk der Welt". Der Himmel habe den Chinesen nicht nur mit "den tugendhaften Kaisern", sondern auch "weise[n Lehrer[n]" beglückt, "die das Volk in den himmlischen Grundsätzen unterrichten und es auf dem Pfade der Tugend leiten konnten".[715] Beide Vorstellungen wurden von den Missionaren abgelehnt. Es wurde darauf hingewiesen, daß die Verhältnisse in China nicht so schlecht waren, wie die Europäer es dachten.[716] Aber auch das Selbstverständnis der Chinesen sei nur "ein Traum der Vergangenheit"[717]. Die Missionare forderten, das chinesische Volk nicht nach seinen Klassikern zu beurteilen, sondern aus der Beobachtung der Realität heraus, und versuchten, sich "in die praktischen Erfahrungen des täglichen Lebens der Chinesen" einzugliedern.[718]

Die Missionare rühmten manche guten Züge des chinesischen Soziallebens. Vor allem sei das Verhältnis von den Kindern zu ihren Eltern "musterhaft" im Vergleich zu den Zuständen bei anderen "heidnischen" Völkern.[719] Lechler schrieb: "Ich habe schöne Beispiele von der Ausübung der Pflicht der kindlichen Liebe unter ihnen [den Chinesen] erlebt, und man wird gewiß in China nie finden, was in Indien so häufig vorkommt, daß nemlich Kinder ihre alten und kranken Eltern aus dem Hause forttragen, ehe dieselben ihr Leben ganz ausgehaucht haben, um sie etwa an den Ufern des Flusses Ganges vollends sterben und dort wohl gar unbeerdigt liegen zu lassen. In China werden nicht allein die Lebenden bis an ihr Ende gepflegt und die Todten ehrlich bestattet, sondern selbst in der Unterwelt möchten die Chinesen die Verstorbenen ja gerne noch mit den vermeintlichen Bedürfnissen versehen."[720]

Weiter seien die Chinesen nicht getrennt "durch abgeschmackte Unterschiede des Ranges oder Berufes oder der Abkunft". Sie hätten große Freiheit

---

[713] Faber China in historischer Beleuchtung 1895, S. 14.
[714] Lechler 1861, S. 146.
[715] Lechler Ein Bild aus dem chinesischen Volksleben 1874, S. 50.
[716] Lechler 1861, S. 146.
[717] Lechler Ein Bild aus dem chinesischen Volksleben 1874, S. 51.
[718] Lechler Ein Bild aus dem chinesischen Volksleben 1874, S. 51.
[719] Lechler 1861, S. 155.
[720] Lechler 1861, S. 197.

bei dem Aussuchen von Berufen und Aufenthaltsorten.[721] Lechler schrieb: "In China weiß man von einem Kastenunterschied nichts. Das ganze Volk ist eine Familie. Der Gebildetste ist der Angesehenste, und der Weg zu Ehre und Ansehen steht jedem offen, der das Talent dazu hat und sich Mühe darum geben will."[722] Lechler schilderte noch seine eigenen Erfahrungen: "Wie oft befand ich mich in China in einer Gesellschaft, wo Gelehrte und Ackerleute, Handwerker und Kaufleute beisammen waren. Man darf sich zu ihnen hinsetzen und frei mit ihnen reden. Je nachdem man dann selbst im Stande ist, sie durch die Rede anzufassen, sich auf ihre eigene Ideen zu beziehen, oder auf Stellen aus ihren eigenen Büchern sich zu berufen, darnach wird man mit Achtung von ihnen behandelt und kann ihr Zutrauen gewinnen."[723] Nach Lechlers Ansicht war dies sehr vorteilhaft für die Mission, denn der "Chinese, welcher Christ wird, hat deßhalb nicht zu gewärtigen, daß er um seines neuen Bekenntnisses willen von der menschlichen Gesellschaft ausgestoßen werde, wie in Indien, auch fällt er dem Missionar nicht für seinen Lebensunterhalt zur Last, indem er nach wie vor sein eigenes Gewerbe forttreiben kann"[724].

Überhaupt sei "ein vielseitig gestaltetes sociales Leben" in China vorhanden.[725] Es gebe "die in großer Ausdehnung vorhandenen Associationen zu allerlei Zwecken"[726]. Bei den "Kapitalgesellschaften" vereinige sich eine Anzahl von Personen, "um ihre einzelnen Mittel zusammenzuschließen und gemeinsamen Nutzen daraus zu ziehen". Die "klassischen Vereine" hätten die Aufgabe, "die Wissenschaften zu heben und zu pflegen". Es gebe auch Vereine, wie die Anti-Spielvereine, die "eine moralische Tendenz" hätten.[727] "In den größeren Marktorten und den Städten sind die Kaufleute unter sich zu Gilden verbunden, wie die Thee-, Seiden-, Drogenhändler, auch die Geldgeschäfte. Handwerker, wie Schreiner, Schneider, Barbiere etc. haben auch ihre Gilden. An der Spitze der Gilde steht gewöhnlich ein höherer Graduierter als Sachwalter den Beamten gegenüber. Diese Gilden vermögen bedeutenden Druck auszuüben auf ihre Angehörigen, das Publikum und die Behörden. Selbst die Diebe und Bettler haben ihre Zunftvereinigungen. Polizei wird man aber nirgends gewahr. Wächter allerdings lassen sich bei Nacht hören und am Tage sehen zum Schutz gegen

---

[721] Lechler 1861, S. 151. Siehe auch Faber Licius 1877, S. 200.
[722] Lechler 1861, S. 198.
[723] Lechler 1861, S. 198.
[724] Lechler 1861, S. 198.
[725] Faber Mencius 1877, S. 29.
[726] Lechler 1861, S. 158. - Faber schrieb über die Assoziationen: "Es giebt seit langer Zeit im Volke freie Associationen zur Selbsthülfe gegen Beamten (Regierung) und Mitbürger, sogar der Bettler und Diebe, bis zu großen Räuberbanden und Piratenflotten. Man hat Unterstützungsvereine, Spar-Vereine, solche für wohlthätige Zwecke, andere mit politischen Tendenzen, wieder andere huldigen litterarischen Bestrebungen. Es giebt Handelsgesellschaften, Zünfte, allerlei Klubs etc." Faber Mencius 1877, S. 29.
[727] Lechler 1861, S. 158f.

Diebe."[728] Die Konfuzianer errichteten keine religiösen Gemeinden. Dagegen gründeten die Buddhisten und Taoisten jedoch überall Tempel und Klöster.[729]

Andererseits enthüllten die Missionare eine Reihe von Schattenseiten im sozialen Leben der Chinesen. Vor allem kritisierten die Missionare, besonders die jüngeren Missionare, die übermäßige Betonung der Kindespietät gegenüber den Eltern und die Ehrfurcht vor dem Alter. Schaub bezeichnete die Ausübung der Kindespietät in China als "ein[en] höchst einseitig gepflegte[n] Zweig der sittlichen Entwicklung des Menschen"[730]. Für ihn war "die so einseitig entwickelte Pietät gegen die Eltern im Ahnenkultus mit all seinem Aberglauben ein Unheil für China"[731]. Nach Meinung Genährs war die Verehrung der Alten in China benachbart mit der "Vergötterung"[732]. Darüber hinaus trage diese "Ausartung" der Kindespietät beachtlich zur Förderung des "Despotismus" Chinas bei, eine These, die Lechler für problematisch hielt.[733] Genähr schrieb: "Jene patriachalische Einrichtung aber, ein Erbteil besserer Zeiten, die in China fort und fort wohlthätige Wirkungen ausgeübt hat, ist im Laufe der Jahrhunderte zu einem schmachvollen Despotismus ausgeartet. Niemand darf dem Herrscher auf dem Drachenthron nahen, ohne neunmal mit der Stirn den Boden berührt zu haben."[734] Maier kritisierte ebenfalls die Kindespietät der Chinesen. Er ging aber von einem anderen Standpunkt aus und betonte, daß die Kindespietät der Chinesen mehr auf dem Papier stehe, als daß sie in der Praxis ausgeübt werde. Maier schrieb: "Man rühmt vielfach die 'kindliche Liebe' der Chinesen, indes auch hier steht, wie so oft bei diesem Volk, die Praxis in einem schreienden Gegensatz zur Theorie."[735] Und: "Der Verkehr zwischen Eltern und Kindern ist förmlich, steif, nicht vertraulich und herzlich."[736] Diese Äußerungen standen auch im Gegensatz zu denen von Lechler.[737]

Die Missionare wiesen noch darauf hin, daß es im chinesischen Familienleben die Unsitte der "Vielweiberei" bzw. "Polygamie" gebe. Sie bemerkten, daß für eine chinesische Familie es sehr wichtig sei, zumindest einen männlichen Nachkomme zu haben, weil nur er die Opfer beim Ahnendienst bringen könne. Um einen Sohn zu haben, nehme ein Chinese häufig eine, manchmal sogar drei bis vier Nebenfrauen.[738] Die Missionare kämpften entschlossen gegen diese "Polygamie", weil sie "viel Eifersucht und Elend in einem Hause" verur-

---

[728] Faber China in historischer Beleuchtung 1895, S. 14.
[729] Faber China in historischer Beleuchtung 1895, S. 15.
[730] Schaub 1899, S. 316.
[731] Schaub 1899, S. 316.
[732] Genähr China und die Chinesen 1901, S. 9.
[733] Genähr China und die Chinesen 1901, S. 9. – Lechler hatte behauptet, daß China kein "despotischer" Staat sei. Siehe Lechler 1861, S. 125.
[734] Genähr China und die Chinesen 1901, S. 9.
[735] Maier Die "gelbe Gefahr" 1905, S. 34.
[736] Maier Die "gelbe Gefahr" 1905, S. 34.
[737] Lechler war überzeugt, daß die Kindespietät tatsächlich durchgeführt werde. Siehe Lechler 1861, S. 197.
[738] Maus Das Reich der Mitte 1901, S. 17.

sache⁷³⁹ und zur "Verarmung mancher Familien" beitrage.⁷⁴⁰ Besonders sei sie "gegen Gottes Ordnung"⁷⁴¹. Allerdings gab es einige Missionare, die für die Vielweiberei bei den Chinesen gewisses Verständnis zeigten. Leuschner behauptete beispielsweise: "Vielweiberei ist sicherlich für Christen eine große furchtbare Sünde wider das sechste Gebot. Aber ganz anders liegt die Sache doch für einen Heiden. Für den Chinesen ist unter Umständen das Heiraten einer zweiten Frau Erfüllung des höchsten Gebotes. Wo z.B. ein Chinese mit seiner ersten Frau keinen Sohn hat, da muß der Mann eine zweite Frau nehmen, um dem ersten Gebote Gottes, 1. Mose c. 1, 28, das sich bei den Chinesen bis heute erhalten hat, nachzukommen. Daneben kommt freilich auch Konkubinat vor. Dieses Verhältnis gilt aber selbst bei den Chinesen als kein ehrenwertes und hat deshalb nichts mit unserer Frage zu thun."⁷⁴² Leuschner betonte: "Auch für den heidnischen Chinesen ist die Einehe oder Monogamie das Normale, deshalb drückt er das Zeichen Ruhe durch eine Frau unter einem Dach aus."⁷⁴³

Auch über die Herrschaft der Ältesten in der Dorfgemeinde und zahlreiche Dorfsitten äußerten sich die Missionare eher negativ. Sie wiesen darauf hin, daß die Ältesten in der Dorfgemeinde zu große Macht besäßen. "Die Ältesten können auch Strafen verhängen, besonders Körperstrafen, Todesstrafe ist nicht gesetzlich, wird aber auch angewendet."⁷⁴⁴ Und: "Viele Dorfsitten, deren Beobachtung auch von den Ältesten erzwungen wird, sind oft eine schwere Last für Unbemittelte. So die Beiträge zu Götzenfesten, öffentlichen Schauspielen, unverhältnismäßiger Aufwand bei Heirat, Geburt von Söhnen, Begräbnissen etc. Die Betreffenden müssen oft Haus und Feld verpfänden oder verkaufen oder ihre Mädchen verkaufen, um den unsinnigen Gebräuchen zu genügen. Wenn einmal verschuldet, sind diese Leute dem Ruin nahe, weil der Zinsfuß sehr hoch ist, 36% und darüber."⁷⁴⁵ Zwischen einzelnen Dorfgemeinden fänden häufig "blutige Bürgerkriege" statt.⁷⁴⁶ "Dadurch werden die Saaten zerstört und große Strecken Landes für längere Zeit wüste gelegt, auch manche Ortschaften, ja ganze Gegenden an den Bettelstab gebracht."⁷⁴⁷

Darüber hinaus wiesen die Missionare darauf hin, daß Diebes- und Räuberbanden, Raubüberfälle und Rebellionen in China überhandgenommen hätten. "Kleinere und größere Aufstände, Räuber und Piraten giebt es auch jährlich irgendwo im Lande und auf der See, manchmal an mehreren Orten zu-

---

⁷³⁹ Faber Bilder aus China I 1893, S. 31.
⁷⁴⁰ Faber Literarische Missionsarbeit 1882, S. 58.
⁷⁴¹ Faber Bilder aus China I 1893, S. 31.
⁷⁴² Leuschner Aus dem Leben und Arbeit, S. 52.
⁷⁴³ Leuschner Aus dem Leben und Arbeit, S. 52.
⁷⁴⁴ Faber China in historischer Beleuchtung 1895, S. 14.
⁷⁴⁵ Faber China in historischer Beleuchtung 1895, S. 14. – Es gebe manche "Schmausereien" in den Dorfgemeinden, die für viele Leute große Belastungen seien. Ferner gebe es "eine Reihe kostspieliger Ceremonien bei Hochzeiten, Geburten, Totenfeierlichkeiten und andern Gelegenheiten, wodurch mancher ruiniert wird, der sich der allgemeinen Sitte nicht entziehen kann". Faber Literarische Missionsarbeit 1882, S. 57f.
⁷⁴⁶ Lechler 1861, S. 151.
⁷⁴⁷ Faber Literarische Missionsarbeit 1882, S. 59.

gleich."[748] Sie gefährdeten die Sicherheit des Lebens und Eigentums, behinderten den Handel und die wirtschaftliche Entwicklung.

In der späten Qing-Dynastie stellten Opiumrauchen und Glücksspiel die schlimmsten sozialen Probleme dar.[749] Dies wurde von den Missionaren genau beobachtet. Sie beurteilten Opiumrauchen und Spielsucht als "schlechte Sitten und Gebräuche" im chinesischen Volksleben, als die "Hauptlaster" der Chinesen, oder – wie Voskamp – als zwei "zerstörende Mächte" in China.[750] Maus stellte fest: "Das Opiumrauchen und das Spiel sind zwei Leidenschaften, denen in China sehr gefröhnt wird und die schon viele Menschen ruiniert, ja ganze Familien an den Bettelstab gebracht haben."[751] Leuschner meinte dazu: "Die Sünden, durch die in unserer Gegend am meisten Leute zu Fall kommen können, sind Opiumrauchen und Geldspiele."[752] Maier behauptete: "Opium und Spiel, das sind zwei schlimme Eiterbeulen am chinesischen Volkskörper, und viel Jammer und Elend haben sie im Gefolge."[753] Das Opiumrauchen sei "eine echt chinesische Unsitte"[754], schrieb Genähr. Dadurch ruinierten viele Chinesen ihr Vermögen und ihre Gesundheit. Faber dazu: "Das Opiumrauchen ist ebenfalls eine fruchtbare Quelle der Verarmung des chinesischen Staates. Das Übel nimmt leider von Jahr zu Jahr zu. Die Einfuhr des Opiums sowohl als der Anbau desselben im Innern Chinas ist im stetigen Wachsen."[755]

Am Opiumrauchen in China waren die Opiumschmuggler und die westlichen Mächte im wesentlichen schuld. In einem gewissen Maße erkannten die Missionare die Verantwortung der Europäer bzw. Engländer. Schultze war folgender Ansicht: "Bedenken wir ferner, welch ungeheure Macht die Sünde und das Laster in China repräsentiert. Ich hebe nur die Spielwut und die Opiumseuche hervor, von der Millionen und aber Millionen befallen sind, nicht ohne Schuld der Europäer. England nahm nach dem Blaubuch der Regierung in den letzten 50 Jahren 250 Millionen Pfund Sterling für nach China verkauftes Opium ein."[756] Genähr konstatierte: "Es ist ein trauriger Widerspruch, daß das nämliche, christliche England, dem 400 Millionen Mark nicht zu viel gewesen sind, um den Sklaven in Westindien die Freiheit zu erkaufen, den schändlichen Opiumhandel noch nicht steuern kann und mag. Ja, es erzeugt sogar in seinen eigenen Kolonien den verderblichen Saft, der bestimmt ist, Millionen, die nach Gottes Ebenbild geschaffen sind, ihrer Menschenwürde und ihres Lebens zu berauben."[757]

---

[748] Faber China in historischer Beleuchtung 1895, S. 55.
[749] Qiao 1992, S. 467ff. und 489ff.
[750] Voskamp 1898, S. 14ff..
[751] Maus Das Reich der Mitte 1901, S. 17.
[752] Leuschner Aus dem Leben und Arbeit, S. 42.
[753] Maier Die Aufgaben eines Missionars 1905, S. 20.
[754] Genähr China und die Chinesen 1901, S. 8.
[755] Faber Literarische Missionsarbeit 1882, S. 57f. – Man hatte ausgerechnet, daß in China jährlich nahezu 300 Millionen Mark für Opium ausgegeben würden. Faber Bilder aus China II 1897, S. 21.
[756] Schultze Unsere Zuversicht 1893, S. 52.
[757] Genähr China und die Chinesen 1901, S. 8.

Die Missionare beklagten aber auch die Schuld der Chinesen selbst. Lechler behauptete: "Der Genuß des Opiums nimmt schrecklich überhand in China, und wenn wir es einestheils nur mit dem tiefsten Schmerz aussprechen können, daß gewiß eine schwere Verantwortung auf denen ruht, welche als Christen diesem heidnischen Volke eine Ware verkaufen, welche zwar dem Kaufmann große Summen Geldes abwirft, aber den Chinesen leiblichen und geistigen Ruin bringt, so wollen wir anderntheils dem Gegenstande auch eine kurze Betrachtung widmen, um uns darüber zu orientiren, wie viel die Chinesen selbst Schuld tragen an dem Umsichgreifen eines Lasters, dessen unheilbringende Folgen sie doch wohl einsehen."[758] Nach Ansicht Lechlers waren die Chinesen "das allersinnlichste Volk der Welt, das sinnliche Genüsse überaus hoch schätzt und sehr darnach trachtet"[759].

Faber betonte ebenfalls die Schuld der Chinesen selbst und wies auf den immer zunehmenden einheimischen Anbau von Opium in China hin. Er schrieb: "Selbst der verderbliche Opiumhandel reizt die Chinesen immer mehr, das fremde Produkt durch einheimisches zu ersetzen. Nach den zuverlässigsten Angaben nimmt der Anbau der Mohnpflanze immer mehr zu nicht nur im eigentlichen China, sondern auch in der Mandschurei und Mongolei. In der Provinz Yunnan betragen die Mohnpflanzungen nach Mr. Baders Schätzung schon ein Drittheil der gesammten Bodencultur. Es ist schon die Rede davon die Taxe für solche Felder zu erhöhen, um den Staatsschatz für den Ausfall des Zolls vom indischen Opium zu entschädigen. Von ernstlichen Maßregeln zur Unterdrückung des Opiumrauchens kann also keine Rede sein; eine Durchführung derselben wäre an sich ein Ding der Unmöglichkeit, da gerade die Beamten und Vornehmen die Hauptconsumenten sind, und das Laster wird auch immer allgemeiner."[760] Und: "Aber die Chinesen sind eigentlich selbst schuld daran. Würden sie kein Opium rauchen, so könnten sie ihr Geld für bessere Dinge verwenden. Aber so ist der Mensch mit seinen Lüsten und Begierden. Wo es sich um sinnliche Genüsse handelt, sparen die Leute kein Geld, vielmehr besteht ihre Freude darin, für solche viel Geld auszugeben. Wie viel schöner und seliger ist es, seine Freude am "Heiland der Seelen" und am Reiche Gottes zu haben. Was man dafür hingiebt, dient zur eigenen Veredlung und Erhebung, wie zur Förderung alles Guten in der Welt."[761]

Was das Glücksspiel betraf, sprachen die Missionare ebenfalls von einem nationalen "Übel" der Chinesen[762]. Faber behauptete: "Spiel ist eine gefährliche Nationalsünde und bringt viele ins Verderben. Obgleich gesetzlich verboten, wird es doch von den Unterbeamten als beste Quelle ihres Einkommens geduldet, ja gepflegt. Glücksspiele findet man auf allen Straßen und bei fast allen

---

[758] Lechler 1861, S. 159.
[759] Lechler 1861, S. 159.
[760] Faber China in seinen Beziehungen 1879, S. 100.
[761] Faber Bilder aus China II 1897, S. 21.
[762] Faber China in historischer Beleuchtung 1895, S. 56.

Kleinhändlern."⁷⁶³ Die Missionare sahen in dem Glücksspiel einen wesentlichen Faktor, der zur Armut der Chinesen geführt hätte.⁷⁶⁴ Die Spieler unterlagen dieser Leidenschaft, vergeudeten viel kostbare Zeit, verloren die Neigung und Fähigkeit für anstrengende Arbeit. Hatten sie allen Besitz, Frau und Kind aufs Spiel gesetzt und war alles verloren, dann gab es die Wahl nur zwischen Selbstmord oder einer Verbrecherlaufbahn.⁷⁶⁵

Alle diese Unsitten wurden von den Missionaren als Zeichen der Unzivilisiertheit und Degeneration der Chinesen angesehen. Zur Verbesserung dieses Zustands brauche China unbedingt das Christentum. Nur wenn man seine Freude am Heiland der Seelen und am Reiche Gottes habe, diene er erst zur eigenen Veredelung und Erhebung, wie zur Förderung alles Guten in der Welt.⁷⁶⁶ Das Missionsmotiv und das Überlegenheitsgefühl der Missionare kamen auch in ihren Beschreibungen des chinesischen Volkslebens zum Ausdruck.

10.2. Über die Stellung und das "Elend" der Frauen in China

In der christlichen Mission in China im 19. Jahrhundert hatte die Arbeit mit Frauen einen großen Stellenwert. Die Bekehrung der chinesischen Frauen zum Christentum und die Befreiung der chinesischen Frauen von ihrer diskriminierenden und unterdrückten sozialen Stellung gingen Hand in Hand. Für die Missionare bestand ein "gewaltige[r] Unterschied zwischen christlichen und heidnischen Frauen"⁷⁶⁷. Während die Frauen in den christlichen Ländern eine "würdige, sittliche und einflußreiche" Stellung einnähmen, würden die Frauen in "heidnischen Ländern" im allgemeinen geringgeschätzt und verachtet.⁷⁶⁸ So schenkten die Missionare "der Verachtung gegen das weibliche Geschlecht" in China, den Unsitten des "Mädchenmords" und des Fußbindens große Aufmerksamkeit. Gleichzeitig betonten sie die große Bedeutung des Christentums zur Hebung der sozialen Stellung der Frauen und plädierten für die Evangelisierung Chinas.

---

⁷⁶³ Faber Literarische Missionsarbeit 1882, S. 57.
⁷⁶⁴ Maus Das Reich der Mitte 1901, S. 17.
⁷⁶⁵ Faber China in historischer Beleuchtung 1895, S. 56.
⁷⁶⁶ Faber Bilder aus China II 1897, S. 21.
⁷⁶⁷ Genähr Frauen und Mädchen 1895, S. 1. – In bezug auf die Stellung der Frau sprach Lutschewitz von einem "fundamentale[n] Unterschied zwischen Christentum und Heidentum". Lutschewitz 1921, S. 3.
⁷⁶⁸ Genähr Frauen und Mädchen 1895, S. 1.ff. – "Die Verachtung oder doch Geringschätzung der Frau ist ein allgemein giltiges Kennzeichen des Heidentums, so war es bei den alten Griechen und Römern, so ist es heute noch bei den Mohammedanern und den Kulturvölkern des Ostens, den Indern und Chinesen." Lutschewitz 1921, S. 3.

Die Missionare gaben zu, daß die Stellung der Frau in China "eine viel bessere als bei andern Heiden" sei, wenn auch das weibliche Geschlecht in China noch sehr isoliert stehe, "so daß es nicht für anständig gehalten wird, eine Weibsperson anzureden"[769]. Lechler konstatierte, daß "in China die Mutter ebensoviel gilt, als der Vater, was ja in Indien gar nicht der Fall ist"[770]. Er war auch überzeugt, daß diese Tatsache "von großer Bedeutung für die Einführung des Christenthums in der Familie" sei.[771] Nach einer Untersuchung der die Stellung der Frau betreffenden chinesischen Literatur bemerkte Faber, daß "die weibliche Ehre in der chinesischen Moral- und Rechtsanschauung mehr als in christlichen Staaten geschützt ist"[772]. Faber würdigte sogar die chinesische Rechtsvorschrift über Bestrafung von Verbrechen gegen Frauen und forderte "die christlichen Strafgesetzgeber" auf, etwas von den Chinesen zu lernen.[773]

Allerdings betonten die Missionare "den großen Unterschied zwischen chinesischen und christlichen Begriffen, zwischen chinesischem und christlichem Leben hinsichtlich der Frauen"[774]. Sie wiesen darauf hin, daß die Frauen in China zwar "wie menschliche Wesen" geachtet würden, ihre soziale Stellung doch viel niedriger als die der Männer. Von einer vollen Gleichheit sei gar keine Rede. "So wird es als ein Naturgesetz betrachtet, die Frauen vollständig unter die Gewalt der Männer zu stellen und ihnen keinen eignen Willen zu lassen."[775] Und: "Die weibliche Erziehung laufe auf völlige Unterwerfung hinaus, nicht auf Entwicklung und Ausbildung des Gemüts. [...] Frauen können keine eigene Glückseligkeit haben, sie haben für die Männer zu leben und zu arbeiten. [...] Nur wenn sie Mutter eines Sohnes und besonders des Stammhalters der geraden Linie einer Familie ist, kann eine Frau gleichen Rang mit ihrem Gemahl erlangen, aber auch dann nur in häuslichen Angelegenheiten, besonders in denen des weiblichen Bezirks und in dem Ahnensaal."[776]

Nach Auffassung der Missionare setzte sich die Nichtachtung des weiblichen Geschlechtes in China bis ins kleinste fort. Faber schilderte: "Zu Hause haben sie viel Elend und wenig Freude und den lebendigen Gott kennen sie nicht, auch nicht einen Heiland, der ihnen helfen und sie trösten könnte. Was ihnen Buddha verheißt, ist nur, daß, wenn sie recht tugendhaft und fromm auf Erden gelebt haben, sie im besten Falle als Männer wieder auf die Welt kommen. Keine Frau kann als Frau selig werden, d.h. in den Himmel der Buddhisten kommen. [...] Keine Frau darf selbständig haushalten so lange die

---

[769] Lechler 1861, S. 197.
[770] Lechler 1861, S. 198.
[771] Lechler 1861, S. 198.
[772] Happel Literatur-Bericht, in: ZMR 5, 1890, S. 123.
[773] "Chinesische Sittenlehrer sagen, wer eine Witwe oder Jungfrau schändet, begeht ein ebenso großes Verbrechen, wie ein Mörder. Vergewaltigung eines Mädchens von zwölf Jahren und darunter – auch wenn's mit ihrer Einwilligung geschieht – wird mit dem Tode bestraft." Faber The Status of Women 1889. Zitat nach Happel Literatur-Bericht, in: ZMR 5, 1890, S. 123.
[774] Faber Die Stellung der Frauen 1891, S. 90.
[775] Faber Die Stellung der Frauen 1891, S. 96.
[776] Faber Die Stellung der Frauen 1891, S. 96.

Schwiegermutter lebt, sondern muß der gehorsam sein. Vom Manne wird sie auch wohl geprügelt. Es giebt wenig Frauen in China, die nicht schon von ihrem Manne oder ihrer Schwiegermutter Schläge bekommen hätten."[777] Lutschewitz war überzeugt, daß "das Los der Frau in China in der Tat ein trauriges" sei. "Oft genug sucht die junge Frau und Schwiegertochter ihrem Dasein durch Selbstmord ein Ende zu machen, was in der Regel nach vorausgegangenem Streit in der Zornesaufwallung geschieht."[778] Voskamp behauptete sogar empört: "Es giebt kein Land, das den geringsten Anspruch auf Civilisation macht, in dem das schwächere Geschlechte mit weniger Achtung behandelt wird und weniger Achtung genießt als in China."[779]

Die Missionare prangerten besonders die Sitten der Tötung von Mädchen und der Verkrüppelung der Füße bei den Frauen an. Sie betrachteten den Mädchenmord als "den schwärzesten Fleck im chinesischen Familienleben"[780]. Mädchen würden bei den Chinesen meist nur als "überflüssiger Ballast" angesehen und als "unvermeidliches Übel" geduldet: "In vielen Fällen ist das Schicksal eines Mädchens schon vor ihrer Geburt besiegelt, indem die Eltern den Entschluß fassen, daß, falls der erwartete Familienzuwachs ein Töchterchen ist, es erbarmungslos ausgesetzt und dem Verderben in der ersten Stunde seines Lebens preisgegeben werden soll."[781] Und: "Man wickelt das Kind in Stroh und wirft es dann in den Fluß. Können die Eltern es nicht über's Herz bringen, das Töchterchen zu töten, so hüllen sie es wohl in Lumpen, packen es in einen Korb und stellen diesen vor die Tür reicher und als mildtätig bekannter Leute."[782]

Bei der Erklärung der Ursachen des Mädchenmordes hoben die Missionare vor allem die Bevorzugung der männlichen Nachkommen und die Geringschätzung der Töchter hervor. Lechler schrieb dazu: "Söhne sind den Chinesen immer willkommen, denn durch diese wird der Stamm erhalten und die Familie fortgepflanzt, und die Eltern verlassen sich auf sie als Stützen im Alter; aber von den Töchtern sagen sie, daß dieselben doch die Familien verlassen und in eine andere eintreten durch Verheiratung. Deßhalb halten sie es für überflüssig, in einer Familie mehr als zwei Töchter zu erziehen, und tödten alle weiteren."[783] Lutschewitz äußerte: "Der Chinese stellt sich durchaus auf den Nützlichkeitsstandpunkt in bezug auf das Mädchen. Der Sohn pflanzt das Geschlecht fort, er ist Träger der Familien-Tradition und Erbe des väterlichen Gutes. Der Sohn ist vor allem derjenige, der für die Eltern in ihrem Alter zu sorgen und nach ihrem Tode den abgeschiedenen Seelen vor den Ahnentafeln die vorschriftsmäßigen Opfer darzubringen hat. Das alles fällt bei dem Mädchen fort, dieses gehört von ihrer Verlobung resp. Hochzeit an ausschließlich zur Familie des Mannes,

---

[777] Faber Bilder aus China I 1893, S. 30-31.
[778] Lutschewitz 1921, S. 24.
[779] Voskamp Unter dem Banner des Drachen 1900, S. 155.
[780] Lechler 1861, S. 172.
[781] Dietrich Züge aus der Missionsarbeit 1895, S. 3f.
[782] Lutschewitz 1921, S. 8.
[783] Lechler 1861, S. 172f.

warum soll man an die Tochter viel wenden, da es doch nur einer anderen Familie zugute kommen würde, sagt sich der Chinese."[784]

Die Missionare wiesen aber auch darauf hin, daß der Mädchenmord mit dem Aberglauben der Chinesen zusammenhänge. Sie beobachteten, die Chinesen hätten "die Anschauung, daß eine weibliche Seele unter Umständen immer wieder bei einer Familie einkehrt, um abermals geboren zu werden. Um diese Seele abzuschrecken und eine männliche herbeizulocken, schlägt man dann die neugeborene tot. Wird das nächste Mal wieder eine Tochter geboren, so macht man's wieder so, und so fort, bis die Seele erschrickt und wegbleibt."[785] Ferner hätten die Chinesen die Gewohnheit, nach der Geburt eines Kindes, von einem Astrologen (Sterndeuter) das Schicksal prophezeien zu lassen. "Wenn es dem Wahrsager nun einfällt, von dem Kinde auszusagen, es sei unter einem unglücklichen Stern geboren und werde Unglück in die Familie bringen, wenn es am Leben bleibe, so ist das Grund genug für die Mutter, die Nachbarn zu bitten, ihr Kind zu töten oder es auszusetzen."[786]

In diesem Zusammenhang lehnten die Missionare eindeutig die Erklärung ab, die den Hauptgrund für den Mädchenmord als einen rein sozialen betrachtete, und auf die große Armut des Volkes und die Übervölkerung in manchen Gegenden hinwies. Sie stellten fest, daß Armut allein nicht genug sei zur Erklärung des Mädchenmordes. Der Mädchenmord komme keineswegs nur bei den niederen Ständen, sondern auch bei den Vornehmen vor.[787] Nach Meinung der Missionare entsprang der Mädchenmord vielmehr dem "finstersten Aberglauben". Nicht Armut und Hunger sei "Chinas schlimmster Feind", sondern der Aberglaube. Er sei "ein dunkeler Schatten, den nur das reine Lichte des Evangeliums zu verscheuchen vermag"[788]. Auf diese Weise verhalfen die Missionare der christlichen Mission in China zu einem weiteren Argument.

Nach der Schätzung der Missionare waren die Ausmaße der Mädchenmorde sehr groß.[789] Genähr schrieb: "Mehr denn 50 neugeborene Kinder weiblichen Geschlechts sind mir während eines siebenjährigen Aufenthalts im Sanonkreis (eine Tagereise von Hongkong und Kanton entfernt) ins Haus gebracht worden, lauter Kinder, deren Eltern der Mühe enthoben sein wollten, welche ein Kind in seinen ersten Jahren verursacht. Wie viele außerdem noch in dem etw. 150-200 000 Einwohner zählenden Kreise thatsächlich umgebracht worden sind oder in dem Sanoner Findelhause, wo sie zum Teil einem traurigen

---

[784] Lutschewitz 1921, S. 6.
[785] Genähr Frauen und Mädchen 1895, S. 9. Siehe auch Lutschewitz 1921, S. 8.
[786] Genähr Frauen und Mädchen 1895, S. 10. Siehe auch Lutschewitz 1921, S. 9.
[787] Genähr Frauen und Mädchen 1895, S. 21. Siehe auch Lutschewitz 1921, S. 8.
[788] Genähr Frauen und Mädchen 1895, S. 21f.
[789] "Es werden noch immer jährlich sehr viele der armen Geschöpfe bald nach der Geburt umgebracht. Man ertränkt sie gewöhnlich im ersten Bade." Faber Bilder aus China I 1893, S. 35. – "Und, es ist schrecklich zu sagen, Hunderten von neugeborenen Mädchen wird jährlich, allein in dem Arbeitsgebiet unserer Rheinischen Mission in China, auf diese grausame Art durch ihre eigenen Eltern das kaum empfangene Leben wieder geraubt." Dietrich Züge aus der Missionsarbeit 1895, S. 4. – "Auf diese Weise werden nicht selten in einer Familie 4-8 Mädchen getötet." Genähr Frauen und Mädchen 1895, S. 9.

Schicksal entgegengehen, Aufnahme gefunden haben, läßt sich nicht mit Sicherheit feststellen. Aber nach den haarsträubenden Bekenntnissen einiger Frauen zu schließen, muß die Zahl der jährlich umgebrachten Kinder eine sehr große sein."[790] Lutschewitz konstatierte: "Und keine Statistik berichtet über die Zahl der geborenen und der getöteten oder sonstwie gestorbenen Kinder. Es würde gewiß eine Zahl zum Erschrecken sein!"[791] Und: "Manche Frau in Südchina hat es nach ihrer Bekehrung dem Missionar gestanden, daß sie drei, vier oder noch mehr Mädchen bald nach der Geburt getötet habe."[792]

Es gab aber einige Missionare, die manche übertriebenen Geschichten widerlegten. Die Erzählung, daß man in der Stadt Guangzhou jeden Morgen Leichen von getöteten Mädchen sehen könne, wurde von Voskamp als "Fabel" zurückgewiesen. Voskamp äußerte dazu: "Ueber den Umfang des Aussetzens von neugeborenen Mädchen herrschen in Deutschland vielfach übertriebene Ansichten. Ich persönlich habe in den 32 Jahren meiner Tätigkeit in China noch kein ausgesetztes, noch lebendes Kind gefunden. Andere haben schlimmere Erfahrungen gemacht. Man sieht wohl Kinderleichen, die weggeworfen sind auf die großen Abfallhaufen vor den Toren großer Städte, an denen die wilden Hunde nagen, da nach einem seltsamen Aberglauben die Seele erst dann wieder in den Schoß eines Weibes eintreten kann, wenn der Körper ganz vernichtet ist, aber man wird eben nie feststellen können, wie viele dieser Kinder aus öffentlichen Häusern stammen oder wie viele an einer Krankheit gestorben sind."[793] Voskamps Worte richteten sich zwar nicht gegen die Behauptungen von Genähr und Lutschewitz, sie wichen aber offensichtlich von ihnen ab.

Das Füßebinden bei chinesischen Frauen war eine Unsitte, die ungefähr zur Song-Zeit eingeführt wurde.[794] Lechler schilderte: "Wenn nemlich die Mädchen noch ganz klein sind, werden ihnen die vier Zehen des Fußes hinabgedrückt und der Fuß mit einer Binde umwickelt, so daß das Wachsthum des Fußes völlig unterdrückt wird. Im Verlauf der Zeit schwindet deßhalb der Fuß gänzlich und es bleibt nur ein kleiner Knollen übrig, der im großen Zehen endigt. Sie gehen dann nur auf den Fersen und die Dimension eines solchen Fußes ist oft nur einige Zoll. Dieß macht es unmöglich für das weibliche Geschlecht, sich an den Feldgeschäften zu betheiligen, und es ist dadurch mehr ans Haus gewiesen, weßhalb der Missionar denn auch weniger Zutritt zu ihnen hat."[795] Nach Meinung der Missionare lag der Grund der Einführung des Füßebindens hauptsächlich darin, daß einerseits die kleinen "Lilienfüße" der Frau von den Männern als das Zeichen der Schönheit angesehen würden, anderer-

---
[790] Genähr Frauen und Mädchen 1895, S. 4f.
[791] Lutschewitz 1921, S. 8.
[792] Lutschewitz 1921, S. 9.
[793] Voskamp 1919, S. 18.
[794] Siehe Qiao 1992, S. 493.
[795] Lechler 1861, S. 197.

seits die Männer die Frauen ans Haus fesseln und das Ausgehen aus dem Hause erschweren wollten.[796]

Die Unsitte des Füßebindens sei – der Beobachtung der Missionare zufolge – in China weit verbreitet. Sie sei nicht nur in den vornehmen Ständen üblich, sondern habe auch in den niederen Ständen viele Imitatoren.[797] Nur die Hakka-Chinesen, die hauptsächlich Ackerbau trieben, waren frei von dieser schlechten Sitte.[798] Lutschewitz schrieb: "Weil die kleinen 'Lilienfüße' das Zeichen der Schönheit sind, so verzichtet keine heidnische Frau darauf, um ihrem Mann zu gefallen, und sie schnürt ihrer Tochter die Füße ein, damit auch sie einen Mann bekomme."[799] Die Missionare bezeichneten das Füßebinden als eine "unnatürliche und grausame Sitte der Chinesen, unter welcher das weibliche Geschlecht zu leiden hat"[800]. Es ruiniere die Gesundheit der Frauen und bringe ihnen viele Schwierigkeiten im Leben.[801] Voskamp schrieb: "Die ärmeren Chinesinnen, deren Füße von der Mutter verkrüppelt sind in der Hoffnung, sie an einen reichen Mann zu bringen, [müssen] trotz dieser winzigen Kinderfüßchen auf die Berge steigen, Riedgras abschneiden und die schweren Lasten schleppen [...], unter denen sie hin und her schwanken wie eine arme Blume auf dünnem Stengel."[802] Die Missionare kämpften energisch gegen diese Unsitte. Die zum Christentum bekehrten Frauen schnürten ihre Füße nicht ein. Sie wollten auch durch den Bruch mit der Sitte des Füßebindens den Bruch mit dem Heidentum bekunden.[803]

Auch der Verkauf von Mädchen wurde von den Missionaren beobachtet und kritisiert. Die Missionare bemerkten, daß der Verkauf von Mädchen in China sehr üblich sei und die Chinesen sahen "es etwa so an, als wenn in Deutschland jemand wegen Geldverlegenheit ein Stück Vieh verkauft"[804]. Und viele kleinen Mädchen würden als Schwiegertöchter in eine fremde Familie verkauft. Manche würden sogar an einen Bordellbesitzer der nächsten Stadt weiter verkauft und zur Prostitution gezwungen.[805] Lutschewitz äußerte: "Wie viele Töchter werden von den Eltern verkauft als Konkubine! Auch junge Witwen werden oft von den Schwiegereltern an andere Männer verkauft. Brüder verkaufen ihre Schwestern, Onkel ihre Nichten, leidenschaftliche Spieler und Opiumraucher auch ihre eignen Frauen und Töchter, um nur in den Besitz von Geld zu gelangen und ihrem Laster weiter fröhnen zu können. [...] Zu Zeiten

---

[796] Lutschewitz 1921, S. 12. Siehe auch Voskamp Unter dem Banner des Drachen 1900, S. 155.
[797] Genähr Frauen und Mädchen 1895, S. 14f. Siehe auch Lutschewitz 1921, S. 12.
[798] Lechler 1861, S. 197. Siehe auch Genähr Frauen und Mädchen 1895, S. 15.
[799] Lutschewitz 1921, S. 12.
[800] Genähr Frauen und Mädchen 1895, S. 14.
[801] Voskamp Unter dem Banner des Drachen 1900, S. 156.
[802] Voskamp Unter dem Banner des Drachen 1900, S. 156.
[803] Lutschewitz 1921, S. 12.
[804] Dietrich Züge aus der Missionsarbeit 1895, S. 4.
[805] Dietrich Züge aus der Missionsarbeit 1895, S. 4.

großer Hungersnot werden Mädchen und Frauen in besonders großer Zahl verkauft."[806]

Der Verkauf und die Tötung von Mädchen, die gebundenen Füße und das Eingeschlossensein der Frauen im Haus, die in den Berichten der Missionare vielfach beschrieben wurden, bilden "zentrale Inhalte der Frauen-als-Opfer-Argumentation"[807]. Diese Argumentation diente im wesentlichen zur Rechtfertigung der Mission in China, wenngleich sie auch gewisse humanitäre Gedanken enthielt. Die Missionare waren überzeugt, daß der Hauptgrund der Geringschätzung und Verachtung der Frau in China im Heidentum liege und die chinesische Religion und Moral nicht die Kraft habe, aus sich selbst heraus dem weiblichen Geschlecht eine nach christlichen Begriffen menschenwürdige Stellung zu verschaffen. Der Helfer und Retter für die chinesische Frauenwelt sei nur Jesus Christus. "Durch ihn und in Ihm allein kann aller Jammer gestillt werden, durch Jesus ist auch die chinesische Frau zur Gotteskindschaft berufen, auch sie soll Miterbe des ewigen Lebens werden."[808] Und "Wo immer das Evangelium gepredigt und im Glauben angenommen wird, da sollen Männer und Frauen gleichmäßig die befreiende, erlösende Kraft desselben erfahren. Das Evangelium war es, das überall, wo ihm Raum gegeben wurde, die Frau auch aus ihrer Sklaverei, ihrer Verachtung herausgehoben hat und als ebenbürtige Lebensgefährtin an die Seite des Mannes gestellt hat."[809] Nach der Schilderung des "Elendes" der "heid(e)nischen" Frauen beschrieb Lutschewitz ausführlich "das fröhliche Leben der christianisierten Mädchen und Frauen mit ihrem Schulbesuch und der Befreiung von Unterdrückung"[810]. Damit wurden die positiven Folgen christlicher Lebensführung belegt.

---

[806] Lutschewitz 1921, S. 9.
[807] Leutner 1999, S. 84.
[808] Lutschewitz 1921, S. 39.
[809] Lutschewitz 1921, S. 40.
[810] Lutschewitz 1921, S. 39ff.

10.3. Über den "Charakter des chinesischen Volkes"

Im 19. Jahrhundert war das Thema des "Charakters" einer Nation oder eines Volkes eines der häufigsten Themen westlicher volkskundlicher Diskussionen. Die Beschreibung chinesischer Charaktereigenschaften war sehr populär. Auch in den Chinaberichten der Missionare finden sich viele Äußerungen über den "Charakter des chinesischen Volks". Dabei schloßen die Missionare sich häufig manchen in westlichen Ländern gängigen Stereotypen und Generalisierungen an und setzten sich mit ihnen auseinander.[811] Am Ende des 19. Jahrhunderts war es besonders das Buch des amerikanischen protestantischen Missionars Arthur H. Smith "Chinese Characteristics" (erste Auflage 1892), das die Beschreibung der Charaktereigenschaften durch Missionare beeinflußte.

Bei der Darstellung der Charaktereigenschaften der Chinesen hatten die Missionare unterschiedliche Tendenzen. Während manche mehr die guten Seiten hervorheben wollten, betonten die anderen, besonders im Zusammenhang mit der Diskussion der "Gelben Gefahr", vielfach die schlechten Angewohnheiten der Chinesen. Alle Bewertungen stammten aber "aus einer Position geringschätziger Herablassung überlegener Kulturträger heraus"[812], wenn auch die Missionare dem chinesischen Volk gegenüber eine "ernsthafte" Haltung einnehmen wollten und versuchten, eine "objektive" Beschreibung zu schaffen.

Die meisten Missionare gaben zu, daß das äußere Leben der Chinesen "einen gewissen Anstrich von Anstand" habe.[813] Faber wies darauf hin, daß die Chinesen sehr wenig fluchten. Ein anständiges Benehmen sei bei den Chinesen viel weiter verbreitet als in andern Ländern.[814] Leuschner dazu: "Schimpfen und Schelten stöße besonders die Gebildeten sehr ab. Aber mit seiner Ironie oder Satire, mit lächelndem Antlitz eine Unsitte geißeln, und das Gute in ruhiger, logischer und sachlicher Art vortragen, das gewinnt die Herzen."[815] Und: "Ein schöner Zug bei den Chinesen ist ihre Toleranz. Obwohl der Priester oder

---

[811] Über solche Stereotypen von Charaktereigenschaften der Chinesen siehe Leutner Deutsche Vorstellungen 1986, S. 411ff.
[812] Leutner Deutsche Vorstellungen 1986, S. 412.
[813] Lechler 1861, S. 198.
[814] Faber Bilder aus China I 1893, S. 39. – Nach Ansicht Fabers fluchten die Chinesen nicht, weil sie "die Strafe der Götter dafür fürchten". Faber Bilder aus China I 1893, S. 39. – In diesem Zusammenhang hatte Faber noch die Verhältnisse in Deutschland kritisiert: "Darin steht es leider hier in Deutschland viel schlimmer. Christenleute sollten doch besser sein als Heiden. Die Redensarten, welche man aber sehr oft auf den Straßen hört, sind schlimmer als die der chinesischen Bootsfrauen. Viele gebrauchen häßliche Flüche, ohne daran zu denken, was sie sagen." Faber Bilder aus China I 1893, S. 39.
[815] Leuschner Aus dem Leben und Arbeit, S. 10.

Wahrsager uns doch von vornherein als Feinde ansehen müßte, weil er bestimmt weiß, daß sein Gewerbe durch unsre Tätigkeit geschädigt wird, so thut er es doch nur in den seltensten Fällen."[816] Der "Sinn für Anstand und Schicklichkeit" bei den Chinesen wurde von den Missionaren als ein Vorteil für die Mission in China positiv bewertet, denn er "erspart dem Missionar die Auftritte der öffentlichen Verhöhnung oder Störung bei der Predigt, wie sich die Missionare in Indien dieß so oft gefallen lassen müssen"[817].

Auch die höfliche Zuvorkommenheit und Gastfreundschaft wurden gerühmt. Lechler äußerte sich: "In ihrem Umgange sind die Chinesen außerordentlich höflich, und selbst die niedrigeren Volksklassen beobachten eine Etiquette, die den Fremdling in Erstaunen setzt."[818] Leuschner schrieb: "Die Sitte der Gastlichkeit und Höflichkeit erheischt es, daß ich jedem, der zu mir kommt, ein Täßchen Thee und ein Pfeifchen Tabak anbiete. Geschieht das nicht, dann glaubt sich der Gast verletzt. Sein Herz krampft sich zusammen, so sehr schmerzt ihn die Verletzung der Höflichkeit."[819] Hierzu vertrat Faber eine andere Meinung. Er erkannte an, daß Höflichkeit in China "sehr zu Hause" sei, hielt diese aber auch für überzogen: "Je mehr wahre Gottesfurcht fehlt, desto mehr ist äußere Förmlichkeit nötig. Höflichkeit ist gewiß sehr gut, aber sie darf auch nicht ausarten. Das ist jetzt in China sehr der Fall. So sagt man vom eigenen Haus, auch wenn es ein Palast ist: meine elende Strohhütte, von seinen Kindern: meine albernen Bengel, von der Frau: mein altes, häßliches Weib usw. Höflichkeit muß wahr und schön sein und bleiben."[820]

Eine andere positive Charaktereigenschaft, die von den meisten Missionaren hervorgehoben wurde, war der Fleiß der Chinesen bzw. ihr Arbeitseifer.[821] Diese Stereotype war schon seit langer Zeit in Europa sehr gängig und wurde als "ein Indiz für die 'Zivilisierbarkeit' des Landes" angesehen.[822] Allerdings gab es einige Missionare, die den Fleiß der Chinesen bezweifelten und die allgemeine positive Bewertung relativiert hatten. Schultze kommentierte: "Die hohe Meinung von dem Fleiß der Chinesen, wie man sie bei uns findet, ist nicht immer gleich zutreffend. Der Chinese arbeitet selten um der Arbeit willen, sondern nur weil er muß. Er arbeitet, um nicht mehr arbeiten zu müssen. Sein Ziel und Ideal ist, so viel zu erraffen, um ohne Arbeit ein beschauliches Dasein mit mäßigem Genuß führen zu können. Wenn er arbeitet, so geschieht es mit Einsetzung der ganzen Kraft, zäh und ausdauernd. In manchen Gegenden fällt die schwerste Arbeit dem weiblichen Geschlecht zu, während die Mehrzahl der Männer sich die Zeit mit Rauchen und Zusammensitzen, Spielen etc. ver-

---

[816] Leuschner Aus dem Leben und Arbeit, S. 15.
[817] Lechler 1861, S. 198.
[818] Lechler 1861, S. 155f.
[819] Leuschner Aus dem Leben und Arbeit, S. 17.
[820] Faber Bilder aus China I 1893, S. 28.
[821] Siehe z.B. Lechler Ein Bild aus dem chinesischen Volksleben 1874, S. 53.
[822] Leutner Deutsche Vorstellungen 1986, S. 414.

treibt."[823] Hier lehnte Schultze sich eng an den amerikanischen Missionar Arthur H. Smith an, der schon ein Jahr zuvor die gleiche Meinung ausdrückte.

Die Missionare sprachen noch von den "rationalistischen gerichteten Chinesen".[824] Und: "Bei den Chinesen findet sich denn auch meistens eine Gemessenheit, ja Reserviertheit, die etwas Imponierendes hat."[825] Die Missionare sahen übrigens "eine ganz außergewöhnliche Ruhe und Geduld" in der "gelben Rasse", mit der sie "die größten körperlichen Anstrengungen, Schmerzen und Entbehrungen" ertragen könnten[826]. Die Chinesen besaßen die "Eigenschaften des Verstandes", eine "gewisse berechnende Klugheit und praktische Geschicklichkeit"[827]. Diese Urteile klingen neutral, sind im Kontext aber meistens negativ.

Fast alle Missionare waren einer Meinung, daß die Chinesen sehr "konservativ" seien, und bewerteten den "Konservatismus" der Chinesen als eine Charakterschwäche, wenn es auch in Form und Sichtweise manche Unterschiede gab. Schultze sprach von den Chinesen dem "größten, dem ältesten, dem conservativsten" aller Völker.[828] Nach Ansicht Lechlers basierte der chinesische "Konservatismus" auf der glanzvollen Geschichte Chinas und dem Nationalstolz der Chinesen, "indem die Chinesen eben so viele Jahrhunderte lang wirklich über den sie umgebenden Völkern standen, und ihre Nachbarn allerdings die Civilisation, welche sie haben, den Chinesen verdanken, so ist auch nicht zu erwarten, daß dieses Vorurtheil mit einem Male weichen werde"[829]. Die Chinesen erachteten "alle Ausländer" für "Barbaren" und hätten sie von Alters her als "Dämonen" oder "fremde Teufel" charakterisiert. Sie meinten, daß es China gar nicht nötig habe, mit den Ausländern Handel zu treiben, denn China habe selbst alles Notwendige zur Verfügung. Sie wollten "am allerwenigsten" etwas von den Ausländer lernen, denn China sei "das einzig gebildete Volk der Welt".[830] Lechler kritisierte: "Diese Ansicht ist allzu schmeichelhaft für den Chinesen, als daß sie sich nicht in der innersten Ueberzeugung des ganzen Volkes fest gesetzt haben sollte."[831]

Faber stellte fest: "Die Chinesen sind noch immer recht stolz, halten sich selber für viel weiser und zivilisierter als andere Völker. Daß ihr Aberglaube so dumm ist, können sie nicht einsehen. Das eben ist die Verblendung, die überall die Strafe der Abkehr von Gott ist."[832] Obwohl China "von allen Seiten durch mächtige, völlig anders geartete Staaten" bedrängt sei und immer mehr "in das

---

[823] Schultze Heidenpredigt 1893, S. 360.
[824] Schaub Die Geomantie 1888, S. 87.
[825] Schaub Das Geistesleben der Chinesen 1898, S. 237.
[826] Maier Die "gelbe Gefahr" 1905, S. 7f.
[827] Maier Die "gelbe Gefahr" 1905, S. 10f.
[828] Schultze Der chinesische Drache 1891, S. 14f.
[829] Lechler 1861, S. 199.
[830] Lechler 1861, S. 199.
[831] Lechler 1861, S. 199.
[832] Faber Bilder aus China I 1893, S. 47.

allgemeine Culturleben der Westmächte" hineingezogen werde[833], sei es aber noch "ein selbständiger Staat" und "auch noch stark in sich selber trotz aller scheinbaren Schwäche, stark schon durch das hohe Altertum seines Bestandes"[834]. Da die chinesischen Staatseinrichtungen eine lange Geschichte hinter sich hätten, sah der Chinese die europäischen Staaten nur als "kleine Kinder" an. "Allem Drängen von außen auf Reform gegenüber sucht China seine Eigentümlichkeit zu behaupten."[835] Faber kritisierte: "Der Chinese sieht an der einheimischen Cultur nur die Lichtseiten, fühlt dabei wohl manchen Druck, der aber eben bestimmten Personen oder der Zeit, nicht dem Systeme zur Last gelegt wird. An unserer westlichen Cultur erblickt er viele Schattenseiten und findet wenig Gelegenheit, das Schöne und Gute derselben genauer kennen und schätzen zu lernen."[836]

Für die Missionare behinderte der "Konservatismus" der Chinesen aufs massivste die Entwicklung Chinas und war in starkem Maße an der "Stagnation" der chinesischen Geschichte und Kultur schuld. Man konnte ihn nur durch "die nähere Bekanntschaft mit den Europäern und mit den Produkten europäischer Civilisation" überwinden.[837] In diesem Sinne stellte Faber fest: "Die Chinesen sind conservativ im strengsten Sinne des Wortes, sind als solche geborne Feinde aller Neuerungen, aber der Weiterbildung auf Grund der altbewährten Basis sind sie keineswegs so abhold, wie oft geglaubt wird."[838] Überhaupt hatten die Missionare eine optimistische Aussicht für die Zukunft Chinas.

Viel schärfer als die Kritik an dem "Konservatismus" der Chinesen war der Vorwurf von "Genußsucht", "Lügenhaftigkeit", "Grausamkeit", "Habsucht", "Verschlagenheit", "Egoismus", "Materialismus" usw. Lechler bezeichnete die Chinesen als "das allersinnlichste Volk der Welt, das sinnliche Genüsse überaus hoch schätzt und sehr danach trachtet"[839]. Schaub behauptete, daß die Chinesen "kluge, berechnende Menschen" seien[840]. Ziegler sah China als "eine Welt ohne Liebe" an[841]. Maus war der Ansicht: "Auch in Bezug auf 'die Wahrheit reden' haben die Chinesen keinen Ruhm, und den Unterschied von Mein und Dein kennen auch viele von ihnen nicht; doch muß ich zu ihrem Ruhme sagen, daß die Chinesen im Lande drinnen viel besser sind, als die in den Hafenstädten."[842] Genähr bemerkte dazu: "Alle seine Vergnügungen sind sinnlicher Art."[843] Die Chinesen erlägen ihrer "schrankenlosen Genußsucht".[844] Genähr stellte noch

---

[833] Faber Mencius 1877, S. 23.
[834] Faber Ein noch unbekannter Philosoph 1881, S. 4.
[835] Faber Ein noch unbekannter Philosoph 1881, S. 4.
[836] Faber Mencius 1877, S. 23f.
[837] Lechler 1861, S. 199.
[838] Faber Mencius 1877, S. 24.
[839] Lechler 1861, S. 159.
[840] Schaub Die Geomantie 1888, S. 83.
[841] Ziegler Chinesische Sitten 1900, S. 472.
[842] Maus Das Reich der Mitte 1901, S. 17.
[843] Genähr China und die Chinesen 1901, S. 8.
[844] Maier Die "gelbe Gefahr" 1905, S. 6.

fest: "Zu den hervorstechenden Zügen des chinesischen Charakters gehörten eine gewisse oberflächliche Gesinnung und eine bis zum Übermut gesteigerte Selbstüberhebung, verbunden mit Verstand und erstaunlicher Rührigkeit in allen das äußere Leben betreffenden Angelegenheiten. Unter seinem zeremoniellen Wesen verbirgt der Chinese eine kalte Selbstsucht, die ihn auch hart und gefühllos macht gegen fremde Leiden. [...] Er ist prahlerisch und feige, dazu lügnerisch und verschlagen."[845]

Die negative Sicht des Charakters der Chinesen erreicht in dem Aufsatz Maiers über die "Gelbe Gefahr" einen Höhepunkt: Für Maier waren die Chinesen "ein Volk ohne Ideale, ein Volk, dem die Begriffe von Liebe und Treue, Dankbarkeit und Wahrhaftigkeit, Reinheit des Herzens und Demut der Gesinnung fehlen"[846]. "Und in dieser Geringschätzung idealer Güter, in der schrankenlosen Genußsucht, dem kalten Egoismus und der durchaus materialistischen Weltanschauung der gelben Rasse liegt etwas Feindliches" für den Europäer, "ein Gifthauch, der noch mehr als die bewußte Feindschaft uns gefährlich werden kann"[847]. Diese Charakterisierung diente in erster Linie der Argumentation von der Existenz der "Gelben Gefahr". Und gerade darin wurden die Charaktereigenschaften der Chinesen übermäßig negativ gezeichnet.

Bestimmte negative Stereotypen über Charaktereigenschaften der Chinesen wurden aber auch von manchen Missionaren zurückgewiesen. Hinsichtlich des Vorwurfs, die Chinesen seien materiell eingestellt, schrieb Faber: "Es fehlt den Chinesen überhaupt der Sinn für Wohlthätigkeit durchaus nicht."[848] Und: Die Chinesen seien "keineswegs so geldgierig [...], wie viele geldliebende Christen gewöhnlich annehmen"[849]. Leuschner behauptete: "Es sage niemand, die Chinesen seien materiell, das ist es nicht."[850] Leuschner wies auch die Vorstellung, daß die Chinesen undankbar seien, zurück. Er konstatierte: "Nein, die Chinesen sind keine undankbaren Menschen, sondern sehr dankbar für alle wirkliche Liebe. Sie stehen auch treu zu ihrem Lehrer und würden mit allen Kräften für ihn eintreten. Ich habe das Gefühl, als ob wir Missionare den Chinesen, auch unsern Schülern gegenüber niemals zu weitherzig, oft aber zu engherzig seien."[851] Leuschner war auch überzeugt: "Der Chinese hat einen ausgeprägten Gerechtigkeitssinn; wenn er es verdient hat, leidet er gern und ohne Murren Strafe. Wehe aber, wo er sich ungerecht, willkürlich behandelt glaubt, da kündigt er den Gehorsam."[852]

Voskamp wies darauf hin: "Man hat geurteilt, der Chinese sei ein ausgesprochener Materialist, für den nur die irdischen Glückseligkeiten das einzige erjagenswerte Ziel seien. Das ist richtig. 'Steigt er auf den Kang (Ziegelofenbett,

---

[845] Genähr China und die Chinesen 1901, S. 9f.
[846] Maier Die "gelbe Gefahr" 1905, S. 6.
[847] Maier Die "gelbe Gefahr" 1905, S. 6.
[848] Faber China in seinen Beziehungen 1879, S. 103.
[849] Faber China in seinen Beziehungen 1879, S. 100.
[850] Leuschner Aus dem Leben und Arbeit, S. 17.
[851] Leuschner Aus dem Leben und Arbeit, S. 74.
[852] Leuschner Aus dem Leben und Arbeit, S. 50.

das im Winter gewärmt wird), so denkt er an das Weib, steigt er vom Kang, so redet er vom Geld', heißt ein derbes Sprichwort. Aber schon darin liegt eine scharfe, verächtliche Kritik, und der ungeheure Schatz volkstümlicher Redewendungen zeigt doch einen sehr starken Einschlag von Idealismus. Das Gute bleibt gut, die Tugend bleibt immer erstrebenswert, der Wille der Götter ist vollkommen. Das Gute erhält früher oder später seine Belohnung, das Böse wird über kurz oder lang mit Strafen heimgesucht. Man merkt es doch, unter den Rippen der Asiaten schlägt derselbe ängstlich klopfende Muskel, wie er in der Schriftsprache als solcher abgebildet wird mit den aus- und einmündenden Arterien."[853]

Trotz einiger Verschiedenheiten in der Beschreibung der Charaktereigenschaften waren fast alle Missionare darin einer Meinung, daß eine "sittliche Versunkenheit" im chinesischen Volk herrsche und diese auf ihr "Heidentum" zurückzuführen sei. In bezug auf die Frage, ob die Chinesen "grausam" seien, antwortete Lechler: "Allein einmal sind eben die Chinesen doch Heiden, und auch in dem gebildetsten Heidenthum finden sich immer wieder Züge von Barbarismus, so daß wir unsern christlichen Maßstab der Beurteilung hier schlechterdings nicht anlegen können; sodann finden da zuweilen Verhältnisse statt, in die wir uns gar nicht hinein denken können, welche oft eine Hartherzigkeit zur Folge haben, ohne daß so etwas als ein Ausdruck des Volkscharakters angesehen werden dürfte, indem man Chinesen selbst die Zustände beklagen hören kann."[854] Nach Meinung der Missionare konnte die "sittliche Versunkenheit" der Chinesen nur durch das Christentum überwunden werden.

Genau wie andere Europäer, die sich im 19. Jahrhundert mit der Beschreibung der Charaktereigenschaften der Chinesen beschäftigten, hatten die Missionare bei ihrer Darstellung häufig die "zeitlichen, regionalen, sozialen, geschlechts- oder generationsspezifischen Differenzen" in der chinesischen Bevölkerung übersehen. Manche Charaktereigenschaften wurden einfach "dem Chinesen" oder "den Chinesen" zugeschrieben. "Die Chinesen" wurden "vom konkreten Menschen in einer konkreten Zeit" abstrahiert.[855] Es lag meistens an der Vorstellung, "jede Nation habe ihre einmaligen, unverwechselbaren und unveränderlichen Wesensmerkmale, ihr besonderes 'Genie'"[856]. Diese Annahme wird heute von den meisten Wissenschaftlern abgelehnt. Bei der Untersuchung einer Nation spricht man nicht mehr von "Volksgeist oder Nationalcharakter", sondern betont "den steten Kulturwandel" und seine "historischen Situationen"[857]. Demnach kann man feststellen, daß die Beschreibungen der Charaktereigenschaften der Chinesen durch die Missionare oberflächlich und unhaltbar sind.

---

[853] Voskamp 1919, S. 9.
[854] Lechler 1861, S. 157.
[855] Leutner Deutsche Vorstellungen 1986, S. 412ff.
[856] Berger 1990, S. 25.
[857] Berger 1990, S. 25.

Die oberflächliche Beobachtung, die Einzelphänomene als einen Ausdruck des Volkscharakters ansah, wurde auch von manchen Missionaren bezweifelt. Voskamp konstatierte: "Es ist eine schwere Aufgabe, der Seele eines fremden Volkes gerecht zu werden. Schließlich gibt es nur einzelne Menschenseelen, und die Volksseele ist nur ein zusammenfassender Begriff."[858] In bezug auf die Berichte mancher Chinareisenden führte Voskamp aus: "Es ist ja leicht, die vor unserem deutschen Gefühl oft so unverstandenen, sonderbaren Sitten und Gewohnheiten der Chinesen zusammenzustellen; auch die chinesischen Reisenden haben bis in die Neuzeit hinein über uns Abendländer Bücher geschrieben, die von scharfer Beobachtungsgabe und Humor zeugen, und ihr Urteil über Uns ist ein Gegenstück zu unserer Auffassung über sie."[859] Diese Beurteilung, die sich gegen die Reiseberichte richtet, ist in gewissem Maße wohlbegründet.

10.4. Über die "Gelbe Gefahr"

Am Ende des 19. und Anfang des 20. Jahrhunderts war die Vorstellung von der "Gelben Gefahr" in westlichen Ländern weit verbreitet und zu einem Schlagwort worden.[860] Die Chinesen wurden "verteufelt". Die Werte der Zivilisation schienen durch die "gelbe Rasse" bedroht. Vor allem wurde der "Kuliwettbewerb, die Unterbietung durch billige Arbeitskräfte mit minimalem Lebensstandard", als eine Gefahr für die Arbeiterklasse in den westlichen Ländern angesehen. Zweitens wurden die "Erfolge der japanischen Produktion" und die "Industrialisierung des Fernen Ostens" als eine starke Konkurrenz zur Wirtschaft Europas und Amerikas empfunden. Schließlich wurde das Potential der ostasiatischen Nationen an Naturressourcen und "politischer Emanzipation" als eine Herausforderung für die "führende Rolle" der "weißen Rasse" in der Welt wahrgenommen.[861]

Geknüpft an Überlegungen westlicher Politiker, Diplomaten, Nationalökonomen und Publizisten über die Bedrohung des Westens durch die "gelbe Rasse", beschäftigten sich einige Missionare auch mit dem Problem der "Gelben Gefahr".[862] Ihre Meinungen waren unterschiedlich.

Die meisten Missionare, die sich über das Problem der "Gelben Gefahr" äußerten, glaubten, daß es eine solche tatsächlich gebe. Schon in den 1870er

---

[858] Voskamp 1914, S. 120.
[859] Voskamp 1914, S. 121.
[860] Siehe Gollwitzer 1962, S. 20ff; Xin 1991, S. 322ff.
[861] Gollwitzer 1962, S. 20f.
[862] Jacobs behauptet in seiner Arbeit "Reisen und Bürgertum", 1995, S. 124: "Das in Deutschland zur Jahrhundertwende häufig zu findende Stichwort 'Gelbe Gefahr' wird in den Berichten nicht direkt verwendet." Diese Aussage ist nicht zutreffend.

Jahren verwies Faber auf die Möglichkeiten der Entwicklung der chinesischen Industrie mit Hilfe der westlichen Länder. "Natürlich kann China in den nächsten Jahrzehnten noch lange nicht mit den Westländern concurriren, aber in Beziehung auf die immer zunehmende Zufuhr ausländischer Produkte, also auf größeren Aufschwung des Handels mit China darf man sich keinen Illusionen hingeben. Die einheimische viel billigere Produktion ist ein wesentlicher Faktor, der ja nicht zu gering angeschlagen werden darf."[863] Faber sah hier nur eine potentielle Konkurrenz der chinesischen Produktion zur westlichen. Von einer "Gelben Gefahr" hatte er jedoch nicht geredet. Auch in späteren Jahren hatte er keinen weiteren Kommentar dazu abgegeben.

Die "Gelbe Gefahr" wird in Voskamps Schrift "Unter dem Banner des Drachen und im Zeichen des Kreuzes" (2. Aufl., 1900) deutlich erwähnt. Voskamp betonte den "Arbeitsfleiß" der Chinesen und ihre Konkurrenz zu den Arbeitern im Ausland, was schließlich zum "Konflikt mit den ausländischen Arbeitern" führen werde.[864] Voskamp sah auch in den Chinesen "eine Abneigung dagegen, sich in fremden Ländern mit den übrigen Bewohnern zu verschmelzen", und glaubte, es liege "in der That ein grimmiger Ernst in dem Wort von der 'gelben Gefahr'"[865]. Voskamp behauptete: "In allen Ländern, wo die Chinesen sich in größerer Anzahl zusammenfinden, kommt es zum Kampf der gelben und weißen Rasse. In den vielen Fragen, welche die Menschen quälen, ist auch die Chinesenfrage gekommen. Man spricht von der 'gelben Gefahr', aber diese Gefahr ist größer geworden und wird noch mehr wachsen durch die wirtschaftliche Konkurrenz der Chinesen, als sie je ein Dschingiskan über das Abendland bringen konnte, der seine Horden von der Mündung des Armur bis zu den Quellen der Donau führte."[866]

Voskamp sprach zwar von der "Gelben Gefahr", er wollte aber damit kein böses Bild von China malen. Im Gegenteil hatte er eher das Land und die Leute von China positiv bewertet. Er bezeichnete die Chinesen als "ein Volk von hoher Begabung, von hoher Intelligenz, von starkem Lerntriebe"[867] und als "ein leicht zu regierendes Volk"[868]. Und: "die Chinesen sind großer Dinge fähig, und wenn das Volk bisher sich mit aller Kraft gegen jeden Einfluß von außen gestemmt hat, so beweist es eben damit nur, daß eine Kraft des Festhaltens in ihm liegt."[869] Voskamp war überzeugt: "Das Reich, welches Ägypten, Babylon, Assyrien, Persien, Griechenland, Rom hat in märchenhafter Pracht aufblühen und verwelken sehen, ragt wie ein seltsames Gebilde aus dem grauen Altertum hinein in unsere moderne Zeit. [...] Und dieses Land mit seinen ungemessenen Mineral- und Kohlenlagern, das in seinem Volke eine unendliche Fülle von Be-

---

[863] Faber China in seinen Beziehungen 1879, S. 101.
[864] Voskamp Unter dem Banner des Drachen 1900, S. 49.
[865] Voskamp Unter dem Banner des Drachen 1900, S. 49.
[866] Voskamp Unter dem Banner des Drachen 1900, S. 120.
[867] Voskamp Unter dem Banner des Drachen 1900, S. 118.
[868] Voskamp Unter dem Banner des Drachen 1900, S. 119.
[869] Voskamp Unter dem Banner des Drachen 1900, S. 118.

gabung und Tatkraft vereinigt, China, das Land, das in seinen unbegrenzten Möglichkeiten noch Amerika überbietet, wird einst der Welt offenbaren, ob sich sein Geheimnis den übrigen Nationen zum Segen oder zum Fluch enthüllt."[870]

Flad kritisierte manche übertriebenen Äußerungen von der "Gelben Gefahr". In einem im Jahre 1903 veröffentlichten Artikel wies er darauf hin, daß eine "Gelbe Gefahr" im Moment nicht wirklich existiere und man noch jahrelang warten und die Entwicklung Chinas aufmerksam verfolgen müsse. Es sei unrecht, so eilig "im landläufigen Sinne von einer 'gelben Gefahr' zu reden oder gar bange davor zu machen"[871].

Nach der Beobachtung von Flad war die Zahl der außerhalb Chinas lebenden Chinesen "verhältnismäßig klein". Die Zahl der Chinesen, die im Ausland lebten, betrage "nicht viel mehr als 5-6 Millionen", "was bei 400 Millionen nicht viel sagen will". Im Verhältnis zur Einwohnerzahl Deutschlands seien die Deutschen, die im Ausland lebten, doch viel zahlreicher als die Chinesen. Daher habe man "mehr Grund, von einer 'deutschen Gefahr' als von einer 'Gelben Gefahr' zu reden und sich davor zu fürchten".[872] Ferner wolle ein Chinese nicht in gemäßigten und kalten Zonen leben und arbeiten, wenn er in warmen Gebieten vorteilhafte Arbeit finde.[873] Sobald in China "erträglichere Zustände geschaffen werden", würden die Chinesen lieber "einen einigermaßen lohnenden Verdienst unter der 'himmlischen Dynastie'" erzielen und das "die ungewisse[n] Ergehen in den 'Barbareninseln und Ländern'" vermeiden.[874] Angesichts dieser Verhältnisse könne – Flad zufolge – von einer "Gelben Gefahr" nicht die Rede sein.

Allerdings sah Flad in der Berührung der westlichen Mächte mit China, insbesondere ihrem Waffenhandel mit den Chinesen, Faktoren, die eine mögliche "Gelbe Gefahr" auslösen konnten. Daher warnte er: "Freilich – die gelbe Gefahr kann wachsen. Der Riese, von dem Napoleon I. einst sagte: 'laßt ihn schlafen', fängt an wach zu werden. [...] Beschränken wir uns darauf, den Chinesen Kriegsschiffe zu bauen, Soldaten zu drillen, Kanonen zu gießen und Waffen neuester Konstruktion zu liefern und reizen wir sie noch dazu durch unsre Begehrlichkeit zum steigenden Fremdenhaß – so kann wohl eine Zeit kommen, da wir beten: Domine, libera nos a Tataris."[875] Hier zeigte Flad eine kritische Haltung gegenüber der Kolonialpolitik der westlichen Mächte.

Anders als Voskamp und Flad beschrieb Maier im ganz negativen Sinne die "Gelbe Gefahr". Maier betonte, daß die "Gelbe Gefahr" nicht ein "Gespenst ist, mit dem man den Leuten bange machen möchte", sondern "tatsächlich besteht"[876]. Er versuchte unter den Aspekten der "Feindschaft" und "Ueber-

---

[870] Voskamp 1914, S. 65f.
[871] Flad 1903, S. 483.
[872] Flad 1903, S. 480.
[873] Flad 1903, S. 480.
[874] Flad 1903, S. 481.
[875] Flad 1903, S. 483.
[876] Maier Die "gelbe Gefahr" 1905, S. 19.

legenheit" die Existenz der "Gelben Gefahr" zu beweisen. Seiner Meinung nach bestand auf seiten der "gelben Rasse", "eine Feindschaft gegen die christlichen Nationen bzw. die weiße Rasse"[877].

Nach Ansicht Maiers wurzelte die Feindschaft der "gelben Rasse" gegen die "weiße Rasse" vor allem im "Rassengegensatz". Hier verwies Maier auf "die Geringschätzung ideeller Güter", "die schrankenlose Genußsucht", "den kalten Egoismus" und "die materialistische Weltanschauung" der "gelben Rasse" und sah darin etwas "Feindliches für uns, ein Gifthauch, der noch mehr als die bewußte Feindschaft uns gefährlich werden kann"[878]. Die Feindschaft werde auch durch "die verschiedenen Reibungen und Zusammenstöße Chinas mit den fremden Mächten" verursacht.[879] Endlich seien es die Religionen der Chinesen, nämlich der Konfuzianismus, Taoismus etc., die dem Christentum feindlich gegenüberstünden.[880] Maier schrieb: "Obgleich an der sprichwörtlich gewordenen Fremdenfeindschaft der Chinesen und Japaner, als der hauptsächlichsten Vertreter der gelben Rasse, viel Uebertreibung haftet, steht doch so viel fest, daß diese beiden Völker, zumal die Chinesen, keine freundlichen Gefühle für uns haben."[881]

Maier wies darauf hin, daß die "gelbe Rasse" neben der Fremdenfeindlichkeit noch über eine Reihe von "Ueberlegenheiten" verfüge. Vor allem sei es die numerische Überlegenheit. "Mit ihren ca. 500 Millionen Köpfen" verträten die Chinesen und Japaner "annähernd den dritten Teil der Menschheit".[882] Zu dieser numerischen Überlegenheit trete "ein physisches Uebergewicht". Die Chinesen könnten "die größten körperlichen Anstrengungen, Schmerzen und Entbehrungen ertragen". Sie besäßen "eine ganz außergewöhnliche Ruhe und Geduld" und "eine gewisse Aufgewecktheit bzw. Schlauheit, die sich bei allen, auch den untersten Volksschichten findet und auf verschiedene Weise äußert".[883] In Bezug auf das "kluge Berechnen, schlaue Ausnützen der Umstände, praktische Können, [die] Anstelligkeit und Gewandtheit" seien die Chinesen und Japaner den meisten Europäern überlegen.[884] Gerade aufgrund dieser "Ueberlegenheiten" seien die Chinesen "überall gefragt". "Als Makler, Schreiber, Diener, Kellner, Portier, 'Kuli'" usw., fänden sich die Chinesen bereits in vier Weltteilen in den verschiedensten Stellungen.[885] Maier sah in der "Expansion" der Chinesen ein "wesentliches Moment der Gefahr", die den Europäern "seitens der gelben Rasse" drohe.

---

[877] Maier Die "gelbe Gefahr" 1905, S. 6f.
[878] Maier Die "gelbe Gefahr" 1905, S. 6.
[879] Maier Die "gelbe Gefahr" 1905, S. 6.
[880] Maier Die "gelbe Gefahr" 1905, S. 6.
[881] Maier Die "gelbe Gefahr" 1905, S. 4.
[882] Maier Die "gelbe Gefahr" 1905, S. 7.
[883] Maier Die "gelbe Gefahr" 1905, S. 7ff.
[884] Maier Die "gelbe Gefahr" 1905, S. 17f. – Maier betonte, daß "von einer intellektuellen Ueberlegenheit" der "gelben Rasse" nicht unbedingt die Rede sein könne. Maier Die "gelbe Gefahr" 1905, S. 19. – Auf wissenschaftlichem Gebiet würden die Chinesen die Europäer nicht schlagen. Maier Die "gelbe Gefahr" 1905, S. 8f.
[885] Maier Die "gelbe Gefahr" 1905, S. 13.

Nach Auffassung Maiers war die Rede von der "Gelben Gefahr" in erster Linie auf wirtschaftliche Faktoren zurückzuführen.[886] Sie sei aber "eine ethische Gefahr". Maier schrieb: "Die kalten, egoistischen, durch und durch materialistisch gesinnten gelben Asiaten würden, sollten sie einmal einen maßgebenden Einfluß auf die Menschheit gewinnen, was bei der zunehmenden Ueberflutung der Erde durch sie fast zu fürchten ist, alle Ideale zertreten, die Errungenschaften von Jahrhunderten preisgeben und die Völker wieder in die sittliche Barbarei zurückführen."[887] In diesem Zusammenhang bewertete Maier die berüchtigte "Hunnenrede" Kaiser Wilhelms II., in der die "Gelbe Gefahr" für die westliche Zivilisation beschworen wurde[888], als "eine richtige Auffassung der Verhältnisse"[889].

Wie Kaiser Wilhelm II. forderte auch Maier die Völker Europas dazu auf, ihre "heiligsten Güter" vor der Bedrohung durch die "gelbe Rasse" zu bewahren. Die Europäer hätten "als Christen nicht nur das Recht, sondern sogar die Pflicht, der 'gelben Gefahr' entgegenzutreten".[890] Vom Standpunkt des Christentums und der imperialistischen Logik aus behauptete Maier: "Die höhere Sittlichkeit und die größere kulturelle Tüchtigkeit muß unbedingt ihnen (der weißen Rasse) zuerkannt werden. Dies allerdings nicht 'um ihrer weißen Haut willen', sondern weil sie christliche Völker sind, mehr oder weniger durchdrungen von den Gedanken und dem Geiste Jesu. [...] Und diese unsere 'heiligsten Güter', unsere Sittlichkeit und unsere Kultur, auch unsern Christenglauben, haben wir zu 'wahren'. Wir dürfen die führende Stellung unter den Völkern nicht an eine Rasse abgeben, die sich in ihrer Gesamtheit nur von egoistischen Motiven leiten läßt und dem Guten und Idealen kühl, wenn nicht feindlich gegenübersteht. Ja, wenn bloß materielle Interessen auf dem Spiele ständen, dann würde die 'gelbe Gefahr' vielleicht weniger unsere Besorgnis erregen, da es sich dabei aber um unsere 'heiligsten Güter' handelt, so haben wir auch die heilige Pflicht, diese zu hüten und zu schützen."[891]

Was die Mittel zur Bekämpfung der "Gelben Gefahr" betraf, empfahl schon der Engländer Robert Hart, der mehr als 30 Jahre in China lebte und einen der höchsten Beamtenposten in dem chinesischen Seezollamt bekleidete, zwei Mittel: sei es "die Aufteilung Chinas" oder "dessen baldige Christianisierung".[892] Maier zweifelte an der Möglichkeit der Aufteilung Chinas, einerseits wegen der "Uneinigkeit der Mächte" und anderseits wegen des Widerstandes der Chinesen. Auch das christliche Gewissen sollte sich gegen ein solches Vorgehen auflehnen.[893] Mit voller Begeisterung befürwortete Maier "die bal-

---

[886] Maier Die "gelbe Gefahr" 1905, S. 20.
[887] Maier Die "gelbe Gefahr" 1905, S. 20.
[888] Leutner Deutsche Vorstellungen 1986, S. 410.
[889] Maier Die "gelbe Gefahr" 1905, S. 20.
[890] Maier Die "gelbe Gefahr" 1905, S. 29.
[891] Maier Die "gelbe Gefahr" 1905, S. 39.
[892] Siehe Maier Die "gelbe Gefahr" 1905, S. 41.
[893] Maier Die "gelbe Gefahr" 1905, S. 41.

dige Christianisierung"[894]. Er behauptete: "Ja, hier können wir mittun; bekämpfen wir die Chinesen und Japaner mit den Waffen des Christentums, dann werden wir sie sicher schlagen!"[895] Maier war überzeugt: "Machen wir darum die Chinesen und Japaner zu Christen, zu unseren Brüdern, übermitteln wir ihnen christliche Gedanken, christliche Begriffe von Recht und Unrecht, richtigen und falschen Werten, von Vertrauen und Liebe, sittlicher Verantwortung, von Idealen - dann brauchen wir sie nicht zu fürchten!"[896]

Nach Ansicht Maiers war die Mission die "Trägerin und Vermittlerin christlicher Ideen an die nichtchristlichen Völker". Sie bilde daher den wichtigsten Faktor bei der Bekämpfung der "Gelben Gefahr". Maier schrieb: "Also nicht mit Kanonen und Gewehren, mit Schwert und Bajonnett, werden und wollen wir uns der 'gelben Gefahr' erwehren, sondern wir müssen uns für den bevorstehenden Kampf rüsten, indem wir als Völker zurückkehren zu unserem Gott, damit er uns wieder gnädig sein, uns tüchtig machen, unseren Mut beleben, und im Notfalle auch unsern Arm stärken kann. Vor allem aber wollen wir versuchen, die gelben Völker Asiens auf friedlichem Wege zu besiegen mit den Waffen der Liebe, dadurch, daß wir sie zu Brüdern, zu Jüngern Jesu machen. Und indem wir so einerseits die Regeneration der christlichen Völker anstreben und anderseits an der Erneuerung der chinesisch-japanischen Welt mitarbeiten, werden wir jene Zeit herbeiführen, da auch im Verkehr zwischen weißer und gelber Rasse 'Gerechtigkeit und Friede sich küssen'."[897] Hier zeigten sich wieder die Bemühungen zur Rechtfertigung der christlichen Mission, die sich in fast allen Berichten der Missionare finden.

Maiers Äußerungen über die "Gelbe Gefahr" sind voll von rassistischen Annahmen, imperialistischen Gedanken und der "Irritation und Verunsicherung durch das Nichtkalkulierbare der andersartigen Wertmuster und Verhaltensweisen"[898]. Grundlage dieser Idee war die Verachtung, die westliche Rassisten und Imperialisten gegenüber nicht-westlichen und nicht-christlichen Völkern, die als minderwertig verdammt wurden, empfanden.[899] Sie enthielten auch eine fanatische Propaganda für die christliche Mission.

---

[894] Maier Die "gelbe Gefahr" 1905, S. 46.
[895] Maier Die "gelbe Gefahr" 1905, S. 46.
[896] Maier Die "gelbe Gefahr" 1905, S. 50.
[897] Maier Die "gelbe Gefahr" 1905, S. 54f.
[898] Leutner Deutsche Vorstellungen 1986, S. 401.
[899] Xin 1991, S. 328ff.

VI. Zusammenfassung

Angefangen mit der Darstellung der Chinabilder der Europäer bis ins 19. Jahrhundert und der Geschichte der deutschen protestantischen Mission in China im 19. Jahrhundert suchte die vorliegende Arbeit dazu beizutragen, die Chinaberichte der Missionare in ihren Grundzügen und Besonderheiten zu erschließen und das Chinabild der Missionare im gesellschaftlichen und kulturellen Kontext zu rekonstruieren, zu analysieren und kritisch zu bewerten.

Die Untersuchung ergab, daß die Missionare insgesamt ein eher negatives Bild von China gezeichnet hatten. Sie betrachteten China pauschal als ein großes "heidnisches" Land, das sich in "miserablem" Zustand befinde. Bei der Beschreibung der chinesischen Geschichte betonten die Missionare die "Stagnation" der chinesischen Entwicklung und beurteilten die unangenehmen Verhältnisse der Gegenwart als zwangsläufiges Ergebnis der Geschichte. Bei der Beschreibung der chinesischen Sprache kritisierten die Missionare die "Unvollkommenheit" der chinesischen Zeichenschrift und sahen sie als ein großes Hindernis für den "geistigen Fortschritt" der Chinesen an. Was die chinesische Literatur betraf, beklagten sich die Missionare über ihren Mangel an "christlichem Sinn und Geist".

Die Beschreibung der chinesischen Religion stellt einen der wichtigsten Inhalte in den Chinaberichten der Missionare dar. Ihr Grundton klingt aber ebenso negativ. Die Missionare verurteilten die chinesische Religion, insbesondere die Ahnenverehrung, die von den Missionaren als Prototyp der chinesischen Religion betrachtet wurde, als "Aberglauben" und "Götzendienst". Die Chinesen verehrten nicht Gott, sondern Verstorbene. Der Konfuzianismus sei "eine trockene Moral und zeremonielle Religion". Er habe den "Gottesbegriff" der alten Chinesen verflacht und die Ahnenverehrung gefördert. Er übe einen großen Einfluß auf das Volksleben der Chinesen aus und sei mitverantwortlich für den "Verfall" Chinas. Die Missionare enthüllten den "dekadenten" Zustand des Daoismus in ihrer Zeit. Das Streben der Taoisten nach Unsterblichkeit, ihr goldenes Elixier, ihre Mythologie, Zauberei, Wahrsagerei u.a. wurden aufs schärfste angegriffen. Auch die "Ausartung" des Buddhismus in China und sein "Götzen- und Reliquiendienst" wurden wiederholt verurteilt. Ferner kritisierten die Missionare die "Vermengung" von drei großen Religionen in China: Konfuzianismus, Daoismus und Buddhismus. Die religiöse "Indifferenz" der Chinesen wurde als Mangel an "Verständnis für die Wahrheit" erklärt.

Die Missionare beobachteten und beschrieben das Erziehungswesen und die medizinische Betreuung in China. Sie verurteilten "die veraltete Erziehungsmethode" der Chinesen und die "Unwissenheit" der chinesischen Gelehrten. In bezug auf die chinesische Medizin berichteten die Missionare häufig über die Nachlässigkeit des chinesischen Staats bei der Ausbildung von Medizinern und der allgemeinen Gesundheitsfürsorge. Das niedrige Niveau der chinesischen Ärzte und deren "Aberglauben", die vielen Krankheiten und das viele Leiden wurden öfter übertrieben dargestellt.

Die christliche Mission war eng mit der Politik verknüpft. Ihr Erfolg oder Mißerfolg hing sehr mit der politischen Situation in der Heimat sowie mit der im Missionsfeld zusammen. Diskussionen über chinesische Politik bildeten daher einen weiteren wichtigen Inhalt in den Chinaberichten der Missionare. Dabei kritisierten sie vielfach die Bestrebungen der Selbstisolation durch die chinesische Regierung und deren ablehnende Haltung zum Handel mit westlichen Ländern. Sie brachten insbesondere ihren großen Unmut über die "Korruption" der Beamten zum Ausdruck. Sie sprachen von der "Unzuverlässigkeit", "Habsucht" und "Bestechlichkeit" der Beamten, prangerten aufs schärfste ihre unrechten "Erpressungen" des Volkes an. Ferner sprachen die Missionare vom "Fremdenhaß" der Chinesen und waren der Ansicht, daß die einflußreichen Beamten und Gelehrten besonders voll von Haß gegen die Ausländer seien. Der "Fremdenhaß" der Chinesen wurde als die Hauptschwierigkeit der Mission in China angesehen. Er sei der wesentlichste Faktor, der zahlreiche Unruhen und Antimissionskämpfe der chinesischen Bevölkerung verursacht habe.

In den Chinaberichten der Missionare finden sich auch manche Bemerkungen über die chinesische Wirtschaft. Dabei hoben die Missionare die wirtschaftliche Rückständigkeit Chinas und die weitverbreitete Armut in der chinesischen Bevölkerung hervor. Sie berichteten häufig über die massige Auswanderung chinesischer Arbeiter, über die große Menge der Bettler, über die schlechten Wohnungen und Häuser, über den Schmutz und den entsetzlichen Gestank im Lande und in den Städten. Sie thematisierten auch das Überhandnehmen von Raubüberfällen und die daraus entstehende Unsicherheit für Leben und Eigentum.

Die Missionare schenkten dem chinesischen Volksleben besondere Aufmerksamkeit. Ihre Bewertung ist ebenfalls sehr kritisch. Sie sprachen vom "sittlichen Verfall" der Chinesen und zeigten viele ihrer Schattenseiten im "Charakter" auf. Besonders scharf wurden das Opiumrauchen, die Spielsucht, die "Polygamie", der Mädchenmord und das Füßebinden der Frauen als Unsitten und schlechte Gebräuche angeprangert. In bezug auf die Charaktereigenschaften der Chinesen betonten die Missionare vor allem ihren "Konservatismus", aus dem die Selbstisolation und die Fremdenfeindlichkeit resultiere. Ferner prangerten sie die "Verschlagenheit", "Lügenhaftigkeit", "Grausamkeit", "Genußsucht", "Habsucht", den "Egoismus" und "Materialismus" der Chinesen an. In enger Verbindung mit solchen negativen Beschreibungen von China standen die Ausführungen über die sogenannte "Gelbe Gefahr". Manche

Missionare sahen in der Feindlichkeit der Chinesen gegenüber den christlichen Nationen, in der Auswanderung der chinesischen "Kuli"-Arbeiter, in der Konkurrenz der "Gelben Rasse" auf dem Gebiete des Handels und der Industrie eine Gefahr, die "die führende Stellung" des "weißen Mannes" und vor allem die "heiligen Güter" der westlichen Völker, und damit die christliche Religion, bedrohten.

Die negativen Bewertungen der chinesischen Gesellschaft und Kultur durch die Missionare dienten im wesentlichen der Rechtfertigung der "Christianisierung" Chinas. Die Missionare waren überzeugt, daß China dringend des Christentums bedürfe. Sie sahen China als das größte Missionsfeld der Welt an und bemühten sich, mittels des Evangeliums das Land zu retten. Nur das Evangelium könne den chinesischen "Aberglauben" und "Götzendienst" besiegen. Nur im christlichen Familienleben könne die Frau befreit werden. Nur durch eine "Christianisierung" Chinas könne die "Gelbe Gefahr" beseitigt werden.

Allerdings gaben die Missionare zu, daß China ein Land mit alter Zivilisation sei und die Chinesen als "ein Kulturvolk" eine lange Geschichte hinter sich hätten. Sie bewunderten die glanzvolle Vergangenheit Chinas und hatten Respekt vor den Errungenschaften der Chinesen in ihren alten Zeiten. Bei der Beschreibung der chinesischen Sprache würdigten die Missionare das Alter und die große Anzahl der chinesischen Schriftzeichen. Manche Missionare betonten sogar die Wichtigkeit der chinesischen Sprache bei der wissenschaftlichen Forschung und im Weltverkehr. Auch die große Menge und der reiche Inhalt der chinesischen Literatur wurden anerkannt, obschon sie "die tieferen Fragen der menschlichen Natur" nicht behandle. Es gebe in den chinesischen Klassikern und in den religiösen und moralischen Vorstellungen der Chinesen so manches, was sich der christlichen "Wahrheit" nähere. In diesem Zusammenhang entdeckten die Missionare im Konfuzianismus, Daoismus und Buddhismus einige "Anknüpfungspunkte" zum Christentum und wollten sie zugunsten der Verbreitung des Evangliums benutzen.

Die Missionare erkannten an, daß in China eine allgemeine Erziehung und Schulung hochgeschätzt wurde. Es bestünden überall Erziehungsanstalten. Die Gelehrten genössen hohe Achtung. Bis zu einem bestimmten Grad rühmten die Missionare das traditionelle chinesische Prüfungssystem. Durch diese Prüfungen könnten "die angesehensten Leute", die Gelehrten und Beamten, "aus den niedrigsten Familien" hervorgehen. Auch in der chinesischen Medizin sahen die Missionare manches Richtige. Es gebe unter den chinesischen Ärzten ebenfalls "tüchtige Männer". Sie hätten für gewisse Krankheiten gute Mittel, die zum Teil der medizinischen Wissenschaft in Europa noch unbekannt seien.

Weiter erkannten die Missionare in der Staatsorganisation manche Vorteile. Sie beschrieben anerkennend die Bewegungs- und Berufsfreiheit, die Rekrutierung von Ämtern aus einer breiten Gesellschaftsschicht, die Selbstverwaltung der Dorfgemeinde, die geringe Zahl der Staatsbeamten und des stehenden Heeres usw. Auch im gesellschaftlichen Leben der Chinesen gab es manches, das die Missionare ansprach. Vor allem sei das Verhältnis der Kinder zu ihren Eltern und die Stellung der Frauen in China viel besser als bei anderen "heidnischen" Völkern. Überhaupt existiere "ein vielseitig gestaltetes sociales Leben" in China. Es gebe zahlreiche Vereinigungen, wie die Gilden der Kaufleute und Handwerker, die Kapitalgesellschaften, die klassischen Vereine, die Anti-Spielvereine usw. Darüber hinaus wollten manche Missionare die guten Seiten in den Charaktereigenschaften der Chinesen hervorheben. Sie lobten den "Anstand" der Chinesen, ihre "Toleranz", ihre "Gastfreundschaft", ihren "Fleiß", ihre "Genügsamkeit", ihren "Sinn fürs Familienleben" u.a. In bezug auf Fleiß, Genügsamkeit und Sinn fürs Familienleben überträfen die Chinesen sogar die westlichen Völker.

Die Kenntnisnahme positiver Seiten in der chinesischen Gesellschaft und Kultur führte zu einer Relativierung der negativen Sicht der Missionare vom "Verfall" des Landes. Freilich wurden diese positiven Züge meist nur im Vergleich zu den "primitiven" Völkern oder anderen "heidnischen" Ländern angesprochen. Sie wurden auch überwiegend als Vorteile wahrgenommen, die den Missionaren bei ihrer Arbeit in China halfen. Sie glaubten, daß ein "christianisiertes" China eine glänzende Zukunft haben werde.

Das Chinabild der deutschen protestantischen Missionare des 19. Jahrhunderts ist eine spezielle Art der Wahrnehmung durch eine bestimmte Gruppe von Europäern über eine außereuropäische, nichtchristliche Kultur. Seine Entstehung stand mit den europäischen bzw. deutschen gesellschaftlichen und kulturellen Verhältnissen in engem Zusammenhang. Die Modernisierung, Kolonialexpansion und der Eurozentrismus prägten den kulturellen und politischen Hintergrund der deutschen protestantischen Mission in China und bestimmten Bewußtsein und Lebensstil der Missionare. Auch die Haltung und Wahrnehmung der Missionare bezüglich Chinas wurden davon beeinflußt. Für die Missionare waren die "Fortschritte" in der westlichen Kultur, die Überlegenheit der "weißen Rasse" gegenüber allen anderen Völkern der Welt eine nicht hinterfragte Tatsache. Genau wie die meisten zeitgenössischen Europäer votierten sie für die "Zivilisierung" Chinas durch die westliche Kultur. Sie nahmen die Verbreitung der westlichen, "fortschrittlichen" Kultur als ihre Aufgabe an und bemühten sich stets, die Chinesen an die Errungenschaften der Zivilisation heranzuführen. Nach ihrer Vorstellung konnten nur die mächtigen westlichen Staaten neues Leben nach China bringen und China von seiner Stagnation frei machen.

Ausgehend von der Überzeugung der Notwendigkeit der "Öffnung" Chinas versuchten manche Missionare die westlichen Mächte von der Schuld an dem Opiumkrieg zu befreien. Ihrer Argumentation zufolge waren nicht Opium und Opiumschmuggel, sondern das "arrogante Benehmen" der chinesischen Regierung gegenüber den Fremden der Hauptgrund des Opiumkrieges. Auf der Seite der westlichen Mächte werde der Opiumkrieg nicht um des Opiums willen vorgenommen, sondern um "eine vernünftige Basis für den

Handelsverkehr mit China zu erzielen". In den Diskussionen über die Ursachen der Unruhen in China, die in erster Linie gegen die Fremden gerichtet waren, wollten die Missionare ebenso das Eindringen der westlichen Kräfte verteidigen. Sie hoben den "Hochmut" und "Dünkel" der chinesischen Regierung, den "Stolz" der Chinesen auf ihre eigene Kultur und ihre "Verachtung" gegenüber allem ausländischen Wesen als die Grundursache des Boxeraufstandes hervor. Die kommerziellen und politischen Unternehmungen der westlichen Länder wurden dagegen als Bemühungen, die sowohl für den "Kulturfortschritt der Menschheit" wie auch für die "soziale Hebung der verarmten chinesischen Volksmassen" unentbehrlich seien, bewertet.

Es gab aber einige Missionare, die sich gelegentlich kritisch über die Kolonialpolitik der westlichen Mächte äußerten. Sie warfen der Kolonialpolitik Englands vor, daß sie nicht der Kultur, sondern nur dem Handelsinteresse diene. Der Opiumkrieg habe zum schlechten Verhältnis zwischen China und den westlichen Ländern geführt und die missionarischen Bestrebungen in China behindert. In der Debatte um die Ursachen des Boxeraufstandes übten sie auch Kritik an der aggressiven Politik der europäischen Mächte, dem gewissenlosen Handel der westlichen Kaufleute und der Verquickung der katholischen Mission mit der Politik. Zu einem gewissen Grad drückten die Missionare ihr Verständnis für den Widerstand der chinesischen Bevölkerung gegen die Aggressionen der imperialistischen Mächte aus. Die Kritik der Missionare an der Kolonialpolitik der westlichen Mächte ging im wesentlichen von dem Missionsmotiv aus, gewissermaßen auch aus humanistischer Berechnung. Sie richtete sich meistens gegen einzelne Mißstände, die von den Kolonialisten herbeigeführt worden waren. Die "Zivilisierungsmission" der westlichen Kultur wurde dagegen keineswegs in Frage gestellt.

Die Missionare waren besonders von der Überlegenheit des Christentums überzeugt. Sie waren der Ansicht, daß "die innere treibende Kraft" in den westlichen Ländern das Christentum sei und bleibe. Das Christentum sei die einzige echte Religion und besitze gegenüber allen anderen Religionen und Ideologien erstrangige Bedeutung. Es war der wichtigste Maßstab, nach dem die Missionare die chinesische Kultur bewerteten. China und die Chinesen wurden im wesentlichen als Objekt wahrgenommen. Alle chinesischen Verhältnisse, die dem christlichen Prinzip widersprachen, wurden kritisch beurteilt. Nur die, die mit der christlichen Norm vereinbar schienen, wurden geduldet.

Ausgehend von missionarischen Interessen, folgten die deutschen protestantischen Missionare einigen Wahrnehmungsrastern und "Stereotypen", die von den Jesuiten seit dem Beginn ihrer Chinamission formuliert worden waren. Wie die Jesuiten waren auch die deutschen Missionare von der Wichtigkeit des Studiums der chinesischen Klassiker überzeugt. Die Bedeutung der chinesischen Sprache bzw. Schrift für den Zusammenhalt des chinesischen Reiches, die bereits von den Jesuiten mehrfach diskutiert worden war, wurde von den späteren Missionaren anerkannt. Besonders die Argumentationen der Jesuiten über das "Gottesbewußtsein" der alten Chinesen hatten große Wirkung auf die deutschen Missionare. Wie die Jesuiten waren die deutschen Missionare überzeugt, daß sich in den chinesischen Klassikern die Spuren der Idee vom christlichen "Gott" fänden und der Begriff "Shangdi" in den chinesischen Klassikern sehr nahe an dem christlichen Gottesbegriff liege. So besitze das chinesische Volk von alten Zeiten her Erkenntnis "von einem höchsten, alles regierenden Wesen", obwohl es nur "vereinzelte Lichtpunkte" in der "Mitte der heidnischen Finsterniß" biete. Wie die Jesuiten benutzten die deutschen Missionare bei der Übersetzung der Bibel ins Chinesische den Begriff "Shangdi" als Bezeichnung für den christlichen "Gott".

Es gab allerdings zwischen den Jesuiten und den späteren Missionaren große zeitliche und konfessionelle Unterschiede. Die idealisierten Beschreibungen von China durch die Jesuiten, die bis ins 19. Jahrhundert hinein in Europa nachwirkten, wurden von den deutschen Missionaren zum großen Teil revidiert bzw. abgelehnt. Die deutschen Missionare sahen nicht mehr wie die Jesuiten den Wohlstand, die Macht, Gesittung und reine Sittlichkeit der Chinesen. Die Vorstellung der Jesuiten, daß China in weltlichen Dingen der europäischen Zivilisation mindestens ebenbürtig sei, wurde nicht mehr vertreten. Die Annahme, daß die chinesischen Beamten ausgezeichnete Diener des Kaisers seien, wurde als ganz falsch beurteilt. Die Konzepte des "Pazifismus" der Chinesen wurden bezweifelt. Das Stereotyp von der religiösen "Indifferenz" der Chinesen wurde zwar akzeptiert, aber negativ gedeutet. Insbesondere der Kompromiß der Jesuiten zur Ahnenverehrung und zum Konfuziuskult der Chinesen wurde von den protestantischen Missionaren entschieden abgelehnt. Während die meisten Jesuiten die Ahnenverehrung und den Ahnenkult als Staatsgebräuche und bloße Ehrenbezeugungen betrachteten und demnach mit der christlichen Religion als durchaus vereinbar hinstellten, waren die protestantischen Missionare von vornherein davon überzeugt, daß der Ahnendienst mit dem Christentum unvereinbar sei, und nahmen eine entschieden ablehnende Position gegenüber der Ahnenverehrung ein.

Im großen Maßstab gesehen, ist das Chinabild der Missionare die Fortsetzung des "Paradigmawechsels" der Wahrnehmung der Europäer seit der Mitte des 18. Jahrhunderts, die durch Diskriminierung und Verachtung gegenüber der chinesischen Geschichte und Kultur geprägt war. Die Missionare griffen häufig in populären Wendungen die im 19. Jahrhundert in Europa weitverbreitete Auffassung von der "Stagnation" Chinas auf. In ihren Chinaberichten wurden die "Mumien"-Metapher von Herder und die Kindheitsmetaphorik von Hegel häufig angeführt. Auch die Behauptungen der Missionare vom "Verfall" Chinas, von Schwächen der chinesischen Sprache und Literatur, von "Aberglauben" und "Götzendiensten" in der Ausübung der chinesischen Religion, vom "Fremdenhaß" der Chinesen, von der Korruption der chinesischen Beamten, von der Armut und dem Schmutz der chinesischen Bevölkerung, von dem Konservatismus, der "Lügenhaftigkeit", "Habsucht" und "Grausamkeit" der Chinesen sowie der "Gelben Gefahr" korrespondierten vielfach mit der allgemeinen Meinung in Europa.

Allerdings setzten sich die Missionare auch mit manchen in Europa gängigen Vorstellungen über das Land und die Leute Chinas auseinander. Sie wollten aufgrund ihrer langjährigen Aufenthalte in China, ihrer Studien der chinesischen Sprache und Literatur, ihrer Berührungen mit breiten Schichten der chinesischen Bevölkerung und ihrer eigenen Erfahrungen und Beobachtungen über die "tatsächliche" Situation des Landes informieren und die "Vorurteile" in Europa korrigieren.

Vor allem wurde die Vorstellung, daß die Chinesen wegen des Mangels ihrer Sprache ein "zurückhaltendes" Volk seien, zurückgewiesen. Die Missionare bemerkten, daß die Chinesen viele Hilfsmittel beim Sprechen gefunden hätten. Die Chinesen könnten nicht nur "deutlich sprechen", sie seien auch "ein heiteres und gesprächiges Volk". Die Missionare traten der Geringschätzung der chinesischen Philosophie entgegen und befürworteten das Eindringen in die "Gedanken des Chinesentums". Einige Missionare stimmten auch nicht der Annahme vom chinesischen "Despotismus" zu, sondern wiesen darauf hin, daß China sowohl dem Prinzip wie auch den realen politischen Verhältnissen nach kein "despotischer" Staat sei. Der "despotische" Wille des chinesischen Kaisers werde häufig beschränkt. In bezug auf die Menge und den Umfang der Mädchenmorde sprachen die Missionare zwar von einer entsprechend hohen Zahl; die Geschichte, daß man in der Stadt Guangzhou jeden Morgen Leichen von getöteten Mädchen auf einen Totenkarren werfe, wurde aber als "Fabel" oder wenigstens als übertrieben zurückgewiesen. Manche Missionare lehnten sogar entschieden die Vorwürfe des Materialismus und der Undankbarkeit seitens der Chinesen ab. Sie waren überzeugt, daß die Chinesen "sehr dankbar für jede wirkliche Liebe" seien.

Die Missionare kämpften insbesondere gegen die Antimissionsstimmungen in der deutschen Öffentlichkeit nach dem Ausbruch des Boxeraufstandes im Jahr 1900. Sie widerlegten entschieden die Behauptung, daß die Mission, besonders die protestantische Mission, schuld an den "Wirren" in China sei. Gleichzeitig versuchten sie mit aller Kraft die Richtigkeit ihrer Tätigkeit zu verteidigen. Alle Vorwürfe, wie der, daß die protestantischen Missionare die chinesischen Verhältnisse und die Sprache nicht kannten, oder der vom "religiösen Übereifer" der Missionare, von ihrer "aufdringlichen Thätigkeit", von ihrem Mangel an "Diskretion" gegenüber ihren katholischen Amtsbrüdern, von ihren Verletzungen der heiligsten Gefühle der Chinesen und von der "Untauglichkeit" der chinesischen Christen wurden als unbegründet zurückgewiesen. Die Missionare glaubten, daß sie wirklich mit den chinesischen Verhältnissen vertraut seien und die Wahrheit gesagt hätten.

Bei Darstellungen der chinesischen Geschichte und Kultur zogen die Missionare häufig Arbeiten europäischer Sinologen heran, wie z.B. Johann Heinrich Plaths Werke über die chinesische Literatur und Philosophie.

Besonders häufig wurden die Arbeiten mancher englischer und amerikanischer protestantischer Missionare und Sinologen ausgewertet. James Legges "Chinese Classics" und seine Arbeiten über die chinesische Religion, S. Wells Williams "The Middle Kingdom", Alexander Wylies "Notes on Chinese Literature" usw. gehörten fast zur Pflichtlektüre der Missionare. Die deutschen Missionare versuchten auch, durch ihre Studien der chinesischen Literatur und ihre eigenen Erfahrungen in China zur wissenschaftlichen Beschäftigung mit China beizutragen. Einige von ihnen wurden später zu Sinologen. Faber zum Beispiel hatte nicht nur intensiv die gesamten 13 Klassiker studiert, sondern auch systematisch die Lehre des Konfuzius und Menzius dargelegt und zum ersten Mal die Werke von Mozi und von Liezi ins Deutsche übersetzt. Fabers Bearbeitungen der Werke der alten chinesischen Philosophen standen mit früheren westlichen sinologischen Forschungen in enger Beziehung. Sie hatten viel dazu beigetragen, die Kenntnisse der Europäer über die chinesische Literatur und Philosophie zu bereichern.

Die Missionare behandelten insbesondere sozialhistorische Fragestellungen und zeithistorische Themen, die Darstellung von Sitten und Gebräuchen der Chinesen, die Thematik "Frauen in China" u.a., die in der akademischen Beschäftigung mit China häufig vernachlässigt wurden. Vollkommen im Unterschied zu den europäischen Gelehrten, die sich zwar mit Sinologie beschäftigten, aber niemals in China gewesen waren, hatten die Missionare tatsächlich in China gelebt und China in China betrachtet. Sie vermittelten eine große Fülle von auf direkter Anschauung beruhenden Informationen über China nach Europa und leisteten so zur Chinaforschung in Europa ihre eigenen Beiträge. Damit wirkten sie nicht nur unter den Missionaren und in Missionskreisen, sondern fanden auch bei den Sinologen Anerkennung. In den neuesten Werken über die Geschichte der christlichen Mission sprechen die chinesischen Historiker den Missionaren einmütig eine wichtige Rolle bei der Erforschung der chinesischen Kultur und bei der Verknüpfung von kulturellen Beziehungen zwischen China und dem Westen zu.

Anhang

1. Namensliste der Chinamissionare der Basler, der Rheinischen und der Berliner Missionsgesellschaft im 19. Jahrhundert

1) Chinamissionare der Basler Mission im 19. Jahrhundert

Name	Persönliche Daten	Beruf vor dem Eintritt ins Missionshaus	Zeit in China
Hamberg, Theodor	*25. 3. 1819 Stockholm, Schweden; +13. 5. 1854 Hongkong	Kaufmann	1847-1854
Lechler, Rudolf	*26. 7. 1824 Hundersingen, Württemberg; +29. 3. 1908 Körnwestheim	Kaufmann	1847-1899
Winnes, Philipp	*12. 9. 1824 Staffort, Baden; +13. 1. 1874 Cannes	Schullehrer	1852-1865
Martig, Christian	*4. 2. 1833 Pöschenried, Lenk, Schweiz; +28. 11. 1862 Samarang	Landmann	1859-1862
Bender, Heinrich	*4. 9. 1832 Hoffenheim, Baden; +5. 3. 1901 Durlach	Bauer	1862-1900
Eitel, Dr. Ernst Johannes	*13. 2. 1838 Esslingen, Württemberg; +10. 11. 1908 Adelaide	Cand. theol.	1862-1865. Schulinspektor in Hongkong im Dienst der englischen Regierung

Piton, Charles	*9. 11. 1835 Straßburg, Elsaß; +29. 8. 1905 Crailsheim	Kaufmann	1864-1884
Bellon, Wilhelm	*13. 1. 1838 Möckmühl, Württemberg; +22. 6. 1904 Weissach	Lehrgehilfe	1864-1874. 1876 Austritt
Lörcher, Jakob Gottlob	*28. 7. 1837 Münchingen, Württemberg; +6. 10. 1908 Cannstatt	Schulamtsverweser	1865-1906
Toggenburger, Johann Ulrich	*12. 1. 1838 Marthalen Schweiz; +26. 1. 1866 Lilang	Landmann, Zimmermann	1865-1866
Gussmann, Gustav Adolf	*15. 11. 1838 Altensteig, Württemberg; +11. 2. 1915 Oeschelbronn	Graveur, Geiseleur	1869-1907
Tschin, Minsiu	*19. 3. 1843 Zhangkengjing, China; +14.11. 1911 Hongkong		1869-1901
Kong, Fat-lin (Ayun)	*4. 2. 1845 Lilang, China; +8. 7. 1928 Guzhu		1871-1901
Reusch, Chr. Gottlieb	*13. 7. 1848 Winnenden, Württemberg; +20. 5. 1915 Cannstatt	Konditor	1872-1908
Ott, Rudolf	*21. 5. 1849 Gotzenweil, Kt. Zürich, Schweiz; +20. 5. 1907 Kuiyong	Fabrikarbeiter	1873-1907
Schaub, Martin	*8. 7. 1850 Basel, Schweiz; +7. 9. 1900 Hongkong	Kaufmann	1874-1900
Schaible, David	*3. 7. 1852 Gaugenwald, Württemberg; +2. 4. 1924 Tübingen	Bauer, Leineweber	1877-1906
Kammerer, Paulus	*28. 9. 1851 St. Georgen, Baden; +25. 3. 1931 Heidelberg	Mechanikus	1877-1897

Morgenroth, Georg	*13. 10. 1850 (oder: 8. 6. 1852) Ingweiler, Elsaß; +17. 4. 1931 Straßburg	Weber	1877-1899
Ziegler, Heinrich	*26. 8. 1853 Pfäffikon, Kt. Zürich; +3. 11. 1915	Stud. theol.	1877-1915
Li, Schin	*7. 9. 1854 Wokuklyang, China; +8. 8. 1908 Jiaozhou		1878-1897. 1897 Austritt
Leonhardt, Jakob	*6. 3. 1855 Sindelfingen, Württemberg; +6. 6. 1917 Basel	Weber	1881-1911
Schultze, Otto	*25. 5. 1857 Wiesbaden, Hessen-Nassau; +23. 3. 1930 Brötzingen	Gärtner	1881-1920
Pritzsche, Carl	*17. 3. 1838 Kalbe, Preußen; +21. 8. 1908 Groß-Salze		(1869-1873 für Berliner Hauptverein; 1873-1882 für Rheinische Mission) 1882-1883
Chan, Sy cheong (Tschin Si tscheong; Tschin, Asi)	*22. 7. 1851 Heao, China		(1874-1882 für Rhein. Mission) 1882-1897. 1897 Entlassung
Dilger, Johannes	*25. 10. 1857 Winterbach, Württemberg; +1940	Gärtner	1883-1906
Kutter, Rudolf	*9. 3. 1861 Bern, Schweiz; +30. 5. 1927 Wabern	Gymnasiast	1884-1904
Ziegler, D. theol. h.c. Georg	*29. 7. 1859 Eschelbronn, Baden; +13. 1. 1923 Heidelberg	Müller	1885-1920
Flad, Jakob	*10. 6. 1860 Undingen, Württemberg; +29. 4. 1912 Frankfurt a.M.	Weber, Bauer	1886-1897

Kircher, Friedrich	*21. 8. 1859 Oehringen, Württemberg; +10. 11. 1922 Bönnigheim	Kaufmann	1887-1901
Boßhard, Jakob	*2. 2. 1860 Dübendorf, Schweiz; +9. 5. 1912 Hongkong	Spengler	1887-1890. Danach für Brit. Bible Society
Ebert, Wilhelm	*27. 6. 1864 Hessenau, Württemberg; +9. 3. 1945 Eberstadt	Bauer	1888-1904
Vögtling, Georg	15. 11. 1860 Weitersweiler, Elsaß; +2. 6. 1941 Corpus Christi, Texas	Bauer	1889-1894
Stolzenbach, Heinrich	*9. 10. 1865 Homberg, Hessen-Nassau; +11. 2. 1911	Schuhmacher	1890-1891
Rausch, Marie von	*6. 3. 1863 Möttlingen, Württemberg; +22. 11. 1918 USA	Erzieherin	1892-1896
Mootz, Heinrich	02. 10. 1865 Oberappenfeld, Hessen-Nassau; +22. 4. 1921 Emmerichsrode	Müller (später Geh. Rat)	1893-1897. 1897 Austritt
Gieß, Heinrich	*6. 10. 1868 Hattenbach, Hessen-Nassau; +24. 10. 1944 Menziken	Bauer	1893-1931
Wittenberg, Dr. Med. Hermann	19. 10. 1869 Hahlen, Preußen; +22. 9. 1951 Wehdem	Stud. Med.	1893-1909
Maier, Martin	*19. 3. 1866 Mössingen, Württemberg; +16. 5. 1954 Tübingen	Schriftsetzer	1894-1912
Nagel, August	*24. 8. 1869 Linkenheim, Baden; +12. 9. 1953 Karlsruhe	Bauer	1894-1932
Rohde, Hermann	*17. 5. 1870 Kassel, Hessen-Nassau; +29. 10. 1956 Zwesten	Kaufmann	1895-1902

Lutz, Samuel	*28. 10. 1872 Basel, Schweiz; +7. 2. 1933 Amsoldingen	Gymnasiast	1895-1907
Müller, Friedrich	*8. 2. 1872 Darmstadt, Großh. Hessen; +2. 9. 1951 Wiesbaden	Bürohilfe	1896-1903
Ziegele, Hugo	*24. 6. 1869 Neubronn, Württemberg; +27. 5. 1900 Kleinsachsenheim	Cand. theol.	1896-1899
Rettich, Eugen	*6. 7. 1868 Stuttgart, Württemberg; +23. 9. 1900 Shantou	Gymnasiast	1897-1900
Gutmann, Carl	*8. 1. 1872 Heidenheim, Württemberg; +23. 7. 1956 Stuttgart	Kaufmann	1897-1907
Fick, Wilhelm	*11. 9. 1877 Stuttgart; +31. 12. 1899 Bayreuth	Gärtner	1897-1899
Schülle, Paul	20. 02. 1873 Kirchheim a.N., Württemberg; +22. 2. 1943 Buchthalen	Bäcker	1898-1907
Müller, Christian	*4. 4. 1873 Weigenheim, Bayern; +5. 6. 1961 Tübingen	Bauer	1898-1910
Wintergerst, Johannes	*6. 6. 1873 Heidenheim, Württemberg; +3. 12. 1920 Ütikon	Schlosser	1899-1900
Kastler, Karl	*23. 3. 1874 Colmar, Elsaß; +17. 5. 1957 Basel	Schreiber	1899-1906. 1906 Dt. Ges. Peking
Pfistere, Rudolf	*31. 5. 1872 Schmiden, Württemberg; +20. 4. 1901 Tielutan	Cand. theol.	1900-1901

Quelle: Die Missionare der Basler Mission in China und ihre Frauen, 1846-1931. Zusammengestellt von der Basler Mission.

2) Chinamissionare der Rheinischen Mission im 19. Jahrhundert

Name	Persönliche Daten	Beruf vor dem Eintritt ins Missionshaus	Zeit in China
Köster, Heinrich	*27. 11. 1820 Buchholz, Westfalen; +1. 10. 1847 Hongkong	Drechsler	1846-1847
Genähr, Ferdinand	*17. 7. 1823 Ebersdorf, Schlesien; +6. 8. 1864 Heao	Buchbinder	1846-1864
Lobscheid, Wilhelm	*19. 3. 1822 Lobscheid b. Gummersbach; + 25. 12. 1898	Schuster	1847-1852. Danach Schulinspektor in Hongkong im Dienst der englischen Regierung
Krone, Heinrich Rudolf	*18. 8. 1823 Altmark, Sechausen; + 14. 11. 1863 in Aden a. d. Rückreise	Lehrer	1849-1863
Louis, Christian Wilhelm	*3. 2. 1824 Segelberg; +27. 7. 1883 Hongkong	Barbier	1855-1883
Krolczyk, Adam	*17. 2. 1826 Kucken, Ostpreußen; +30. 8. 1872 Hongkong	Theologe	1860-1872
Faber, Ernst	*25. 4. 1839 Coburg; +26. 9. 1899 Qingdao	Blechschläger	1864-1880. 1880 Austritt. 1880-1885 selbständiger Missionar. 1885-1899 im Dienst des Allgemeine Evangelisch-Protestantischen Missionsvereins

Hanff, Sigismund Leopold	*4. 6. 1841 Reval; +20. 7. 1865 Fukwing	Gymnasiast	1864-1865
Nacken, Johann Friedrich	*28. 2. 1840 Rheydt; +8. 3. 1897	Kaufmann	1866-1876
Dilthey, Heinrich Wilhelm	*9. 6. 1843 Saarbrücken; +25. 2. 1882 Monzingen	Gymnasiast	1871-1880. 1880 Austritt
Blankennagel, August	*15. 11. 1846 Haspe		1876-1880. 1880 Austritt
Dietrich, Ferdinand Wilhelm	* 28. 11. 1848 Lüderitz b. Stendal; +8. 7. 1897 Hongkong	Schumacher	1877-1897
Eichler, Ernst Reinhard	*24. 4. 1849 Roßwein, Sachsen	Schneider	1877-1880. 1880 Austritt und im Dienst einer englischen Missionsgesellschaft
Hubrig, Gottfried Friedrich	*12. 8. 1840 Köttlitz bei a.d. Mühlberg, Elbe; +4. 9. 1892 auf dem Heimreise in Goslar Kalbe, Preußen		(1866-1873 für Berliner Hauptverein) 1873-1882. (1882-1892 für Berliner Mission)
Pritzsche, Carl	*17. 3. 1838 Kalbe, Preußen; +21. 8. 1908 Groß-Salze		(1869-1873 für Berliner Hauptverein) 1873-1882. (1882-1883 für Basler Mission)
Tschin, Asi (Tschan, Asi)	*22. 7. 1850 Heao, China		1874-1882
Genähr, Dr. theol. h.c. Imanuel	*6. 12. 1856 Hongkong; +16. 8. 1937 Ratingen	Kommissar	1882-1928
Gottschalk, Richard	*11. 5. 1855 Birkenfelde, Braudenburg; +12. 11. 1935 Kaiserswerth	Kaufmann	1884-1906
Maus, Karl	*13. 7. 1861 Oelsberg, Nanau; +28. 3. 1947 Rüggeberg	Barbier	1887-1925

Liederwald, Friedrich (Nitschkowsky)	*28. 5. 1860 Szulasken, Ostpreußen; +13. 11. 1947		1888-1895
Kühne, Dr. med. Johannes	*2. 7. 1862 Genf; +Jan. 1946 Haslings	Arzt	1888-1909
Bähr, Julius	*24. 12. 1864 Kamen; +22. 4. 1934 Unna	Schuhmacher	1890-1914
Reichert, Emma (Missionsschwester)	*2. 11. 1867 Marbach; +1945		1891-1893
Rieke, Heinrich	*5. 3. 1869 Werther; +19. 12. 1931 Werther		1894-1925
Diehl, Friedrich	*7. 4. 1871 Ehringhansen, Kr. Wetzlar; +28. 8. 1954 Kaiserswerth	Kaufmann	1896-1934
Zahn, Franz	*8. 3. 1870 Fild b. Moers; +31. 1. 1942 Bönninghardt b. Moers	Theologe	1896-1921
Zahn, Anna (Missionsschwester)	*11. 1. 1868 Fild b. Moers; +1. 6. 1917 Tübingen		1897-1901
Auffermann, Helene (Missionsschwester)	*2. 9. 1865 Witten		1897-1901
Bettin, August	*9. 3. 1870 Gr. Herzberg, Pommern; +2. 11. 1953 Gelsenkirchen	Schneider	1897-1906
Olpp, Dr. med. Gottlieb	*3. 1. 1872 Gibeon; +24. 8. 1950 Rummresberg	Arzt	1898-1907
Schmidt, Wilhelm	*6. 2. 1871 Siegen;+13.11. 1941	Bergmann	1900 Im gleichen Jahr nach Nias
Landgrebe, Paul	*18. 9. 1873 Kassel; +13. 12. 1944 Kassel	Theologe	1900 Im gleichen Jahr nach Sumatra

Zusammengestellt nach den biographischen Daten im Archiv der Vereinigten Evangelischen Mission (Wuppertal).

3) Chinamissionare der Berliner Mission im 19. Jahrhundert

Name	Persönliche Daten	Beruf vor dem Eintritt ins Missionshaus	Zeit in China
Neumann, R.			1850-1854 für Berliner Hauptverein
Hanspach, August	*28. 4. 1826; +19. 3. 1893	Theologe	1855-1870 für Berliner Hauptverein
Göcking, Dr. med. H.		Arzt	1855- ? für Berliner Hauütverein
Hubrig, Gottfried Friedrich	*12. 8. 1840 Köttlitz bei a.d. Mühlberg, Elbe; +4. 9. 1892 auf dem Heimreise in Goslar Kalbe, Preußen		1866-1873 für Berliner Hauptverein; 1873-1882 für Rheinische Mission) 1882-1892
Pritzsche, Carl	*17. 3. 1838 Kalbe, Preußen; +21. 8. 1908 Groß-Salze		1869-1873 für Berliner Hauptverein (1873-1882 für Rheinische Mission; 1882-1883 für Basler Mission)
Vahldieck, Joh. Wilhelm	*25. 6. 1841 Groß-Oschersleben		1869-1871 für Berliner Hauptverein
Lehmann, Hermann	*7. 8. 1855 Berlin; +26. 7. 1941 Peterwitz	Zimmergeselle	1882-1922

Jentzsch, Franz	*7. 8. 1849 Magdeburg; +20. 8. 1883 Shanghai	Stadtmissionar, Inspektor der Berliner Stadtmission	1882-1883. 1883 Rücktritt. Geistlicher a. d. dt. Gemeinde in Shanghai
Kollecker, Carl August	*16. 8. 1857 Langkischken, Krs. Goldap, Ostpreußen; +11. 5. 1943	Erziehungsgehilfe	1883-1923
Voskamp, C. Johannes	*18. 9. 1859 Antwerpen, Belgien; +20. 9. 1937 Qingdao	Hauslehrer und Student	1884-1925. Danach im Dienst der amerikanischen. Lutheraner Mission.
Hempel, A.	*10. 7. 1855 Hohenleuben; +14. 12. 1886 Guangzhou		1884-1886
Leuschner, Wilhelm	*17. 8. 1862 Trebnitz, Schlesien; +24. 8. 1922 Guangzhou	Krankenpfleger	1888-1922
Kunze, Adolf	*1. 4. 1862 Streese b. Bentschen Prov. Posen; +2. 9. 1922 Qingdao	Schuhmachergeselle	1888-1922
Rhein, Wilhelm	*31. 10. 1864 Luckau; +17. 10. 1941 Potsdam		1890-1909
Petrick, Johann Friedrich	*21. 4. 1863 Cottbus; +19. 1. 1936 Pretoria		1891-1892
Reiniger, Otto	*29. 8. 1868 Dahme/Mark; +28. 4. 1928 Petersdorf	Böttcher	1893-1900
Homeyer, Wilhelm	*5. 10. 1866 Ballenstedt, Anhalt	Buchbinder	1893- ?
Bahr, Max Hugo	*6. 1. 1871 Berlin; +28. 7. 1950 Toitenwinkel bei Rostock	Techniker	1896-1907, 1911-1912
Scholz, Gustav Otto	*21. 1. 1871 Militsch; +23. 7. 1965	Bäcker	1897-1932
Maiwald, Friedrich Wilhelm	*12. 12. 1870 Hartau b. Hirschberg/Schllesien; +9. 9. 1902 Tschidin	Pfleger (Irrenanstalt)	1898-1902

Lutschewitz, Wilhelm	*24. 10. 1872 Stettin; +2. 11. 1945 in Malchow, Mecklenburg	Versicherungsbeamter	1898-1910, 1923-1925
Zimmerling, Richard	*7. 1. 1873 Freystadt, Niederschlesien; +11. 4. 1954 Vaterode, Harz		1898-1922
Scholz, Paul	*16. 9. 1878 Osterode, Ostpreußen		1898-1905
Endemann, Gottfried	*24. 11. 1874 Kraschnitz, Oberschlesien; + 4. 12. 1914 vermißt in einem Gefecht bei Pasch	Gärtner, später Krankenpfleger	1899-1912
Greiser, Benno Friedrich Karl	*16. 3. 1873 Liegnitz, Schlesien	Gärtner und später Diakon	1899-1911. 1913-1922 Bürodienst deutsches Konsulat in Guangzhou
Steuer, Katharine (Missionsschwester)	*14. 2. 1869 Niederbach		1900-1911
Zehnel, Carl	*20. 4. 1874 Reichenbach, Schlesien; +26. 11. 1960	Kunstschlosser	1900-1932

Zusammengestellt nach den biographischen Daten im Archiv der Berliner Mission (Berlin).

2. Abkürzungsverzeichnis

AMZ	Allgemeine Missionsmagazin
Barmer MB	Barmer Missionsblatt
Berliner MB	Berliner Missions-Berichte (Missions-Berichte der Gesellschaft zur Beförderung der evangelischen Missionen unter den Heiden zu Berlin)
BRMG	Berichte der Rheinischen Missionsgesellschaft
EHB	Der evangelische Heidenbote
EKL	Evangelische Kirchenlexikon. Internationale theologische Enzyklopädie

EMM	Evangelisches Missionsmagazin (Magazin für die neueste Geschichte der evangelischen Missions- und Bibelgesellschaften)
FAZ	Frankfurter Allgemeine Zeitung
JBEMB	Jahresbericht der evangelischen Missionsgesellschaft zu Basel
JBGBEMHB	Jahresbericht der Gesellschaft zur Beförderung der evangelischen Missionen unter den Heiden zu Berlin
JBRM	Jahresbericht der Rheinischen Missionsgesellschaft
KMF	Der kleine Missionsfreund
LTK	Lexikon für Theologie und Kirche
MF	Der Missionsfreund
MBRMG	Monatsberichte der Rheinischen Missionsgesellschaft
RGG	Die Religion in Geschichte und Gegenwart
TRE	Theologische Realenzyklopädie
ZMR	Zeitschrift für Missionskunde und Religionswissenschaft

3. Quellen- und Literaturverzeichnis

1) Quellen

Blankenagel, August, Das chinesische Neujahr in Canton, in: KMF, 1880, S. 110-111.
Blankenagel, August, Der verkommene Götzentempel, in: KMF, 1880, S. 157-158.
Blankenagel, August, Heidnische Weiber in China, in: KMF, 1879, S. 115-119.
Diehl, Friedrich, Lai Sching Pak. Lebensgeschichte eines chinesischen Christen, in: KMF, 1902, S. 86-96.
Diehl, Friedrich, Letzte Nachrichten unserer Missionare über die Unruhen in China, in: BRMG, 1900, S. 352-353.
Diehl, Friedrich/Rieke, Heinrich, China. Unruhige Zeiten, in: BRMG, 1899, S. 303-315.
Dietrich, Ferdinand Wilhelm, Besuch in der Stadt Tungkun, in: KMF, 1886, S. 27-32, 35-42.
Dietrich, Ferdinand Wilhelm, China. Eine offene Thür? in: BRMG, 1896, S. 39-41.
Dietrich, Ferdinand Wilhelm, Chinesischer Götzendienst, in: KMF, 1896, S. 163-172.
Dietrich, Ferdinand Wilhelm, Confucius. Leben, Wirken und Einfluß, in: AMZ 21, 1894, S. 106-113, 212-223, 262-269, 303-310.
Dietrich, Ferdinand Wilhelm, Das Drachenbootfest der Chinesen, in: KMF, 1893, S. 115-127.
Dietrich, Ferdinand Wilhelm, Der Islam in China, in: AMZ 21, 1894, S. 70-85.
Dietrich, Ferdinand Wilhelm, Der neuste Ausbruch des Fremdenhasses in Canton und Umgebung, in: AMZ 21, 1894, S. 473-480.
Dietrich, Ferdinand Wilhelm, Die allgemeine Missionskonferenz zu Schanghai in China, gehalten vom 7. bis 20. Mai 1889, in: AMZ 18, 1891, S. 5-22, 73-78.
Dietrich, Ferdinand Wilhelm, Die Beschuldigung der chinesischen Missionare als Kindermörder, in: AMZ 23/Beiblätter, 1896, S. 30-32.
Dietrich, Ferdinand Wilhelm, Die kindliche Pietät, eine chinesische National-Tugend, in: BRMG, 1884, S. 149-155.
Dietrich, Ferdinand Wilhelm, Die offene Thür in China, in: BRMG, 1896, S. 244-248.

Dietrich, Ferdinand Wilhelm, Die Religionen Chinas, in: AMZ 19, 1892, S. 419-423.
Dietrich, Ferdinand Wilhelm, Dritter Besuch in der Stadt Tungkun, in: KMF, 1889, S. 115-123.
Dietrich, Ferdinand Wilhelm, Ein Bericht aus China, in: BRMG, 1895, S. 209-212.
Dietrich, Ferdinand Wilhelm, Ein zweiter Besuch in der Stadt Tungkun, in: KMF, 1887, S. 121-126, 38-142, 147-150.
Dietrich, Ferdinand Wilhelm, Erster Brief des Missionars Dietrichs von der neuen Station Tungkun, in: BRMG, 1886, S. 332-335.
Dietrich, Ferdinand Wilhelm, Totenverehrung in China, in: KMF, 1894, S. 52-57.
Dietrich, Ferdinand Wilhelm, Von den Aussätzigen in China, in: KMF, 1883, S. 125-127.
Dietrich, Ferdinand Wilhelm, Züge aus der Missionsarbeit in China, 2 Teile, Barmen 1895.
Dietrich, Ferdinand Wilhelm, Zur Lage in China, in: AMZ 22, 1895, S. 186-189.
Dietrich, Ferdinand Wilhelm/Gottschalk, Richard, Eine wichtige Reise, in: BRMG, 1896, S. 19-25.
Dietrich, Ferdinand Wilhelm/Maus, Karl/Bähr, Julius, China, in: BRMG, 1897, S. 105-113.
Dilger, Johannes, Chinesische Justiz, in: EHB 58, 1885, S. 20-22.
Dilger, Johannes, Eine blutige Scene und deren Folgen, in: EHB 66, 1893, S. 22.
Dilger, Johannes, "Unsern Kopf für unsere Ahnen". Ein Bild aus dem chinesischen Heidentum, in: EHB 61, 1888, S. 51-53. (Auch in: Das Evangelium in China, 1888, S. 47-50)
Dilger, Johannes, Worauf es in China beim Bauen ankommt, in: EHB 65, 1892, S. 43-44.
Dilthey, Heinrich Wilhelm, Aus China, in: BRMG, 1873, S. 264-267, 295-301.
Dilthey, Heinrich Wilhelm, Das Hakka-Gebiet im Kreise Kui-schen, in: BRMG, 1879, S. 13-16, 38-57.
Dilthey, Heinrich Wilhelm, Verfolgung im Kreise Kui-schen, in: BRMG, 1879, S. 76-80.
Ebert, Wilhelm, In Gefahr durch Rebellen, in: EHB 72, 1899, S. 78-79.
Eichler, Ernst Reinhard, Der Stern der Weisen und die chinesischen Zeittafeln, in: AMZ 17, 1890, S. 121-123.
Eichler, Ernst Reinhard, Die religiöse Traktatliteratur der Chinesen, in: AMZ 19, 1892, S. 499-511.
Eichler, Ernst Reinhard, Ein fürchterlicher Tornado, in: KMF, 1878, S. 139-144.
Eichler, Ernst Reinhard, Erste Eindrücke in China, in: KMF, 1878, S. 107-112.

Eichler, Ernst Reinhard, Politik und Mission in China, in: AMZ 17, 1890, S. 213-221.
Eichler, Ernst Reinhard, Reisen in China, in: KMF, 1878, S. 19-28.
Eichler, Ernst Reinhard, Some Hakka-Songs, in: The China Review 12, 1883-84, S. 193-195.
Eichler, Ernst Reinhard, The K'uen Shi Wan; or, the Practical Theology of the Chinese, in: The China Review 11, 1882-83, S. 93-101; 146-161.
Eichler, Ernst Reinhard, The Life of Tsze-Ch'an, Prime Minister of Chang, in: The China Review, 15, 1886-87, S. 12-23, 65-78.
Eichler, Ernst Reinhard, Zur gegenwärtigen politischen Situation in China, in: AMZ 17, 1890, S. 116-121.
Endemann, Gottfried, Aus dem Leben eines chinesischen Mädchens, Berlin 1913.
Endemann, Gottfried, Die Christen vom Büffelstein: ein Bild aus dem südchinesischen Missionsfelde, Berlin 1912.
Endemann, Gottfried, Durch Nacht zum Licht: Lebensschicksale eines bekehrten Chinesen, Berlin 1913.
Endemann, Gottfried, Geschichte aus China, Berlin 1913.
Endemann, Gottfried, Ich suche meine Brüder, Berlin 1925.
Endemann, Gottfried, "Ki-ma-tong", Berlin 1909.
Endemann, Gottfried, Morgenrot im Zung-fa Gebiet, Berlin 1914.
Endemann, Gottfried, Sagen und Märchen aus dem Reiche der Mitte, Berlin o. J. (Vorwort 1914).
Endemann, Gottfried, Schak-gok. Aus Saat und Ernte der Mission in China, Berlin 1911.
Endemann, Gottfried, Wie aus einem Knecht des Teufels ein Gottesknecht wurde, Berlin 1913.
Endemann, Gottfried, Wie zwei Chinesen den Heiland fanden: eine Missionsgeschichte aus Südchina, Berlin 1914.
Faber, Ernst, A Critique of the Chinese Notions and Practice of Filial Piety. Read before the Conference of Canton Missionarier April 1878 (Enlarged), in: The Chinese Recorder 9, 1878, S. 329-343, 401-419; 10, 1879, S. 1-16, 83-95, 163-174, 243-253, 323-329, 416-428; 11, 1880, S. 1-12.
Faber, Ernst, Allgemeiner Bericht über China, in: BRMG, 1876, S. 137-148, 178-184, 213-217.
Faber, Ernst, Armuth und Armenpflege in China. Nach Missionar Faber in der "Allg. Missions-Zeitschrift", in: Das Evangelium in China, 1883, S. 36-43.
Faber, Ernst, A Systematical Digest of the Doctrines of Confucius with an Introduction on the Authorities upon Confucius and Confucianism. Übersetzt von P. G. von Möllendorf aus dem Deutschen ins Englische, Hongkong 1875.
Faber, Ernst, Aus China, in: BRMG, 1867, S. 257-277, 289-301.
Faber, Ernst, Aus China, in: BRMG, 1870, S. 19-22.
Faber, Ernst, Aus Br. Faber's Reise-Tagebuch, in: BRMG, 1866, S. 163-176.

Faber, Ernst, Authentischer Sittenspiegel der Chinesen. Auszüge aus Pekinger Gazette, dem Amtsblatt der Kaiserl. chines. Regierung, in: ZMR 4, 1889, S. 9-17; 6, 1891, S. 32-38, 84-89.
Faber, Ernst, Bilder aus China I, 2. Aufl., Barmen 1893.
Faber, Ernst, Bilder aus China II, 2. Aufl., Barmen 1897.
Faber, Ernst, China in historischer Beleuchtung. Eine Denkschrift zu seinem 30jährigen Dienstjubiläum als Missionar in China, Berlin 1895.
Faber, Ernst, China in seinen Beziehungen zum Auslande, in: AMZ 6, 1879, S. 97-118.
Faber, Ernst, China in the Light of History, Translated from the German by E. M. H., in: The Chinese Recorder 27, 1896, S. 170-176, 232-242, 284-292, 336-342, 387-391, 546-550, 587-592; 28, 1897, S. 27-33, 67-71.
Faber, Ernst, Chinesische Todtenbestattung, in: Das Evangelium in China, 1883, S. 5-6.
Faber, Ernst, Chronological Handbook of the History of China, Shanghai 1902.
Faber, Ernst, Confucianism, Shanghai 1895.
Faber, Ernst, Correspondence, in: The China Review 8, 1879-80, S. 250-254.
Faber, Ernst, Das Lofau-Gebirge, in: BRMG, 1866, S. 236-250.
Faber, Ernst, Das Studium des Chinesischen in Beziehung zur Mission, in: BRMG, 1869, S. 97-110.
Faber, Ernst, Der Lehrbegriff des Confucius, Hongkong 1872.
Faber, Ernst, Der Naturalismus bei den alten Chinesen sowohl nach der Seite des Pantheismus als des Sesualismus oder die sämtlichen Werke des Philosophen Licius zum ersten Male vollständig übersetzt und erklärt, Elberfeld 1877.
Faber, Ernst, Die Baukunst der Chinesen. Abdruck aus dem in China erschienen "Ostasiatischen Lloyd", in: ZMR 2, 1887, S. 232-234.
Faber, Ernst, Die Drachen in China, in: ZMR 1, 1886, S. 95-104.
Faber, Ernst, Die gegenwärtige politische Lage Chinas. Aus dem "Ostasiatischen Lloyd", Sept. 1892, in: Das Evangelium in China, 1893, S. 89-94.
Faber, Ernst, Die Grundgedanken des alten chinesischen Sozialismus oder die Lehre des Philosophen Micius, Elberfeld 1877.
Faber, Ernst, Die Notwendigkeit von Museen in China, in: ZMR 17, 1902, S. 80-83.
Faber, Ernst, Die Pflicht der Kirche bezüglich der ärztlichen Missionen und das Prinzip, auf welchem solche Missionen errichtet werden sollten. Aus dem Englischen des "China Medical Missionary Journal" übersetzt von H. O. Stölten, in: ZMR 7, 1892, S. 108-109.
Faber, Ernst, Die Quellen zu Confucius und dem Confucianismus, Hongkong 1873.
Faber, Ernst, Die Stellung der Frauen in China. Aus dem Englischen übersetzt von F. Bahlow in Stettin, in: ZMR 6, 1891, S. 89-101.

Faber, Ernst, Dr. Martins Charakteristik der chinesischen Zustände, in: ZMR 12, 1897, S. 129-143.
Faber, Ernst, Dunkle Züge aus Chinas Geschichte. Nach einem Manuskript Fabers. Zusammengestellt von Paul Kranz, in: ZMR 17, 1902, S. 6-17.
Faber, Ernst, Eine Encyklopädie des chinesischen Wissens, in: ZMR 5, 1890, S. 170-177.
Faber, Ernst, Eine Staatslehre auf ethischer Grundlage oder Lehrbegriff des chinesischen Philosophen Mencius, Elberfeld 1877.
Faber, Ernst, Ein noch unbekannter Philosoph der Chinesen, in: AMZ 8, 1881, S. 3-18, 59-79.
Faber, Ernst, Goldkörner aus dem Sande der chinesischen Geschichte. Nach Fabers Veröffentlichung in der "Deutschen Warte" in Tsingtau 1899, in: ZMR 17, 1902, S. 42-50.
Faber, Ernst, Im Buddha-Kloster. Ein Brief, in: Das Evangelium in China, 1887, S. 67-68.
Faber, Ernst, Introduction to the Science of Chineses Religion: A Critique of Max Müller and other Authors, Hongkong 1879.
Faber, Ernst, Literarische Missionsarbeit in China, in: AMZ 9, 1882, S. 51-66.
Faber, Ernst, Missionar und Politik, in: BRMG, 1871, S. 33-43.
Faber, Ernst, Prehistoric China, Shanghai 1890.
Faber, Ernst, Priester, Pagoden und Prozessionen in China. Nach Faber: Bilder aus China, I., Barmen 1877, in: Das Evangelium in China, 1885, S. 60-62.
Faber, Ernst, Problems of Practical Christianity in China. Übersetzt von F. Ohlinger aus dem Deutschen ins Englische, Shanghai 1897.
Faber, Ernst, Similarities between the Chinese and Egyptians, in: The China Review 2, 1873-74, S. 194.
Faber, Ernst, Sitten und Gebräuche der Christen unter den Heiden. Eins der bedeutungsvollsten Missionsprobleme mit besonderer Beziehung auf China, in: AMZ 11, 1884, S. 3-15, 49-71, 97-109, 168-172, 208-211, 262-279, 355-361, 460-474, 505-517, 544-552.
Faber, Ernst, The Botany of the Chinese Classics, with Annotations, Appendix and Index, Shanghai 1892.
Faber, Ernst, The Chinese Theory of Music, in: The China Review 1, 1872-73, S. 324-328, 384-388; 2, 1873-74, S. 47-49.
Faber, Ernst, The Famous Men of China, Shanghai 1899.
Faber, Ernst, The Famous Women, Shanghai 1889.
Faber, Ernst, The Historical Characteristics of Taoism, in: The China Review 13, 1884-85, S. 231-247.
Faber, Ernst, The Mind of Mencius or Political Economy Founded upon Moral Philosophy. Übersetzt von A. B. Hutchinson aus dem Deutschen ins Englische, Shanghai/Hongkong 1881.

Faber, Ernst, The Principal Thoughts of the Ancient Chinese Socialism or the Doctrines of the Philosopher Micius. Übersetzt von C. J. Kupfer aus dem Deutschen ins Englische, Shanghai 1897.
Faber, Ernst, The Status of Women in China, 2. Aufl., Shanghai 1898.
Faber, Ernst, Theorie und Praxis eines protestantischen Missionars in China, in: ZMR 14, 1899, S. 225-234, 257-268.
Faber, Ernst, Von China nach den Hawaii-Inseln. Reise-Bericht, in: ZMR 9, 1894, S. 77-86.
Faber, Ernst, Where is the Kwan-Lun Shan? in: The China Review 2, 1873-74, S. 194-195.
Faber, Ernst, Zur Mythologie der Chinesen. Der Tierdienst in China, in: ZMR 3, 1888, S. 24-39.
Flad, Jacob, Altes und Neues aus China, Basel 1901.
Flad, Jacob, China einst und jetzt, in: EMM 44, 1900, S. 411-419.
Flad, Jacob, China in Wort und Bild, Basel 1900.
Flad, Jacob, Chinesische Eigentümlichkeiten, in: EMM 43, 1899, S. 235-245.
Flad, Jacob, Die gelbe Gefahr, in: AMZ 30, 1903, S. 476-483.
Flad, Jacob, Hetzerein der Heiden gegen die Missionare in China. Aus "Zehn Jahre in China" von Flad, in: MF 55, 1900, S. 78-79.
Flad, Jacob, Konfuzius, der heilige Chinas in christlicher Beleuchtung nach chinesischen Quellen und Dr. Faber: "Der Lehrbegriff des Konfuzius", Stuttgart 1904.
Flad, Jacob, Unruhen in der chinesischen Provinz Kanton, in: EMM 39, 1895, S. 406-412.
Flad, Jacob, Woher stammt der Name China? in: EMM 45, 1901, S. 589-593.
Flad, Jacob, Zehn Jahre in China, Calw/Stuttgart 1899.
Genähr, Ferdinand, Allerlei aus China, in: KMF, 1859, Nr. 12, S. 7-13.
Genähr, Ferdinand, Alte Neuigkeiten aus China, in: KMF 1859, Nr. 3, S. 12-16.
Genähr, Ferdinand, Aus China, in: KMF, 1858, Nr. 8, S. 8-14.
Genähr, Ferdinand, Brief aus China, in: KMF, 1860, S. 182-187.
Genähr, Ferdinand, Brief aus China, in: KMF, 1861, S. 10-16.
Genähr, Ferdinand, Brief aus China, in: KMF, 1857, Nr. 7, S. 3-10.
Genähr, Ferdinand, Brief von Genähr, in: KMF, 1859, Nr. 9, S. 8-15.
Genähr, Ferdinand, Brief von Genähr, in: BRMG, 1861, S. 327-329.
Genähr, Ferdinand, China. Aus dem Tagebuche Genährs, in: MBRMG, 1848, S. 65-72.
Genähr, Ferdinand, Chinesen beim Spiel, in: KMF, 1858, Nr. 5, S.10-16.
Genähr, Ferdinand, Chinesische Sitten, in: KMF, 1861, S. 107-119.
Genähr, Ferdinand, Das Neujahr in China, in: KMF, 1856, Nr. 5, S. 10-16.
Genähr, Ferdinand, Die undankbaren Heiden, in: KMF, 1856, Nr. 4, S. 9-15.
Genähr, Ferdinand, Ein Ausflug in die Stadt Canton, in: KMF, 1858, Nr. 5, S. 1-9.

Genähr, Ferdinand, Ein Brief aus China, in: KMF, 1855, Nr. 7, S. 6-12.
Genähr, Ferdinand, Ein Brief aus China, in: KMF, 1856, Nr. 8, S. 14-16.
Genähr, Ferdinand, Eine neue Art von Menschenhandel, in: KMF, 1860, S. 161-173.
Genähr, Ferdinand, Ein Spaziergang in China, in: KMF, 1860, S. 54-61.
Genähr, Ferdinand, Finsterniß bedeckt das Erdreich oder wie die Chinesen beten, in: BRMG, 1857, S. 3-5.
Genähr, Ferdinand, Fussreise in China, in: BRMG, 1859, S. 360-365.
Genähr, Ferdinand, Genährs Bericht über Septbr. bis Dezbr. 1850, in: BRMG, 1851, S. 123-126.
Genähr, Ferdinand, Predigt-Reise in China, in: BRMG, 1860, S. 38-51.
Genähr, Ferdinand, Reise durch den Sanon-, Tungkun- und Kweischin-Kreis, in: BRMG, 1860, S. 265-275.
Genähr, Ferdinand, Reisebericht aus China, in: BRMG, 1861, S. 196-201.
Genähr, Ferdinand, Über chinesische Geomantie, in: BRMG, 1864, S. 161-171.
Genähr, Imanuel (Revised and enlarged), A Chinese-English Dictionary in the Cantonese Dialect von Eitel in 2 Bänden, Hongkong 1910.
Genähr, Imanuel, Aus dem religiösen Leben der Chinesen, in: Die Evangelischen Missionen 3, 1897, S. 107-109.
Genähr, Imanuel, China. Mitteilungen Bruder Genährs, in: BRMG, 1891, S. 180-188.
Genähr, Imanuel, China und die Chinesen, Barmen 1901.
Genähr, Imanuel, China und Japan. Eine Parallele und zugleich ein Beitrag zur gerechteren Beurteilung der Chinesen, in: BRMG, 1895, S. 149-154, 180-186.
Genähr, Imanuel, Chinesische Dorfkriege, Barmen 1921.
Genähr, Imanuel, Christ und Heide. Ein Zwiegespräch, Barmen, 1895.
Genähr, Imanuel, Das Evangelium, eine Kraft Gottes, Barmen 1898.
Genähr, Imanuel, Das Moderne China in seiner Auseinsetzung mit dem Christentum, Barmen 1928.
Genähr, Imanuel, Deren die Welt nicht wert war. Berichte über Verfolgungen chinesischer Missionare, Barmen 1901.
Genähr, Imanuel, Die gegenwärtigen Aussichten für das Christentum in China, in: AMZ 23, 1896, S. 38-48.
Genähr, Imanuel, Die gelbe Gefahr und ihre Überwindung, Barmen 1906.
Genähr, Imanuel, Die Krisis in China, in: BRMG, 1899, S. 9-16.
Genähr, Imanuel, Die Religion der Chinesen, in: ZMR 12, 1897, S. 79-92.
Genähr, Imanuel, Die Wirren in China in neuer Beleuchtung. Ein Salongespräch über die Mission, Gütersloh 1901.
Genähr, Imanuel, Ein bekehrter Opiumraucher, Barmen 1898.
Genähr, Imanuel, Eine Ferienreise in China, in: BRMG, 1889, S. 121-124.
Genähr, Imanuel, Ein gottsuchender Heide, Barmen 1915.
Genähr, Imanuel, Ein Schiffgespräch über die Mission, Barmen 1898.
Genähr, Imanuel, Ein Wendepunkt für China, in: BRMG, 1895, S. 37-47.

Genähr, Imanuel, Frauen und Mädchen in China, Barmen 1895.
Genähr, Imanuel, Mitteilungen aus China, in: KMF, 1888, S. 38-41, 62-64, 67-73, 83-85.
Genähr, Imanuel, Mitteilungen aus China. 1. Cholera, in: BRMG, 1888, S. 324-326.
Genähr, Imanuel, Mitteilungen aus Fukwing über Schulferien und Götzenfest, in: KFM, 1883, S. 165-170.
Genähr, Imanuel, Pastor Wong. Ein Lebensbild aus der China-Mission, Gütersloh 1901.
Genähr, Imanuel, Schwierigkeiten u. Erfolge der Mission in China, in: Die Evangelischen Missionen 2, 1896, S. 145-157.
Genähr, Imanuel, Wang Kingfu, ein chinesischer Christ, 2 Aufl., Barmen 1902.
Gottschalk, Richard, Der Berliner Frauen-Verein für China. Findelhaus Bethesda in Hongkong, in: AMZ 23, 1896, S. 572-575.
Gottschalk, Richard, Findelkinder in China, in: KMF, 1887, S. 91-95.
Gussmann, Gustav Adolf, Auf chinesischen Missionspfaden. Dreizehn Stationsbilder aus der Basler Mission, Basel 1897.
Gussmann, Gustav Adolf, Der Prozess in Tshyankai, in: JBEMB 77, 1892, S. 33.
Gussmann, Gustav Adolf, Einige Beispiele divinatorischer Begabung aus China, in: EHB 49, 1876, S. 21-22.
Gussmann, Gustav Adolf, Lai Hinljam: Selbstbiographie eines chinesischen Christen. Im Auszug übersetzt, Basel 1894.
Hamberg, Theodor, Aus dem Leben des chinesischen Insurgentenkaisers Hung siu tshen. Nach den Angaben eines Verwandten und Jugendfreundes desselben, Fung, mitgeteilt, in: EMM, 1854, S. 146-176.
Hamberg, Theodor, Mission in China. Hambergs Bericht, in: JBEMB 32, 1847, S. 154-161; 34, 1849, S. 140-143; 35, 1850, S. 216-234; 36, 1851, S. 238-249.
Hamberg, Theodor, Taiping tianguo qiyi ji. Übersetzt aus dem Englischen von Jian Youwen, o. O. 1935. (Auch in: Zhongguo shixuehui (Hrsg.), Zhongguo jindaishi ziliao congkan - Taiping tianguo [Buchkollektion der Materialien zur chinesischen modernen Geschichte Taiping-Bewegung], Bd. 6, Shanghai 1961; Shen Yuenlong (Hrsg.), Jindai Zhongguo shiliao congkan xubian, Di 36ji: Taiping tianguo ziliao [Fortsetzung der Buchkollektion der Materialien zur Geschichte des modernen Chinas, Bd. 36: Materialien zum Himmelreich des Friedens]).
Hamberg, Theodor, The Chinese Rebel Chief, Hung-Siu-Tshuen, and the Origin of the Insurrection in China. With an Introd. by George Pearse, London 1855.
Hamberg, Theodor, The Vissions of Hung-siu-tsuen and the Origin of the Kwang-si Insurrection, Hongkong 1854.
Hempel, A., Bruder Hempels Reise in den Kreis Kwui-schen, in: Hosianna 27, 1885, S. 81-91, 97-103.

Hubrig, Friedrich Gottfried, Bericht Hubrig's in Canton von Weihnachten 1880 bis Ostern 1881, in: BRMG, 1881, S. 237-247.
Hubrig, Friedrich Gottfried, Brief vom Hubrig. Kanton, den 27. April 1885, in: Hosiana 28, 1886, S. 4-15.
Hubrig, Friedrich Gottfried, Brief von Hubrig aus Canton, in: Hosianna 26, 1884, S. 17-31.
Hubrig, Friedrich Gottfried, Brief von Hubrig. Kanton, im Januar 1890, in: Hosianna 32, 1890, S. 49-58.
Hubrig, Friedrich Gottfried, Der Evangelist Sung-en-phui, Berlin 1890.
Hubrig, Friedrich Gottfried, Der Evangelist Sung-en-p'hui, in: MF 44/Beiblatt, 1889, S. 25-40.
Hubrig, Friedrich Gottfried, Der Krüppel Ho-a-gni-pak, eine Lichtgestalt aus der China-Mission, Berlin 1891.
Hubrig, Friedrich Gottfried, Der Missionar unter den Chinesen. Aus einem Vortrage, welchen Missionar Hubrig, der 25 Jahre unter den Heiden in China arbeitet, vor der Conferenz der Berliner Missionare in China am 7. August 1890 gehalten, in: Das Evangelium in China, 1891, S. 38-48.
Hubrig, Friedrich Gottfried, Fung Schui oder chinesische Geomantie, in: AMZ 7, 1880, S. 16-28.
Hubrig, Friedrich Gottfried, Fung-Schui. Nach einem Vortrag von Hubrig, in: Das Evangelium in China, 1883, S. 89-96.
Hubrig, Friedrich Gottfried, Licht- und Nachtbilder aus China, in: BRMG, 1873, S. 353-357.
Hubrig, Friedrich Gottfried, Li-Tshyung-yin, ein treuer Zeuge in der chinesischen Mission, Berlin 1885.
Hubrig, Friedrich Gottfried, Li-tshyung-yin, ein treuer Zeuge in der chinesischen Mission, in: MF 39/Beiblatt, 1884, S. 33-48.
Hubrig, Friedrich Gottfried, Yen wan li. Ein Lebensbild aus Christengemeinde im Fa Kreise, in: MF 38/Beiblatt, 1883, S. 37-43.
Jentzsch, Franz, Vom Chinesischlernen, in: Das Evangelium in China, 1883, S. 52-54.
Jentzsch, Franz, Wie der alte Chinese Hoagnipack ein Christ wurde, in: Hosianna 25, 1883, S. 110-111.
Kammerer, J. (Gesammelt), Doktor Kraftvogel. Samariterdienst. Beispiele heidnischer Ohnmacht und christlicher Hilfe in Krankheits-Not, 3. Aufl., Stuttgart 1922.
Kammerer, Paulus, Das Himmelreich leidet Gewalt. Vor der heidnischen Obrigkeit in China, in: EHB 65, 1892, S. 42-43.
Kollecker, Carl August, Report of the Mission Schools Connected with the Berlin Missionary Society in China, for the Years 1898-1899, Canton 1899.
Kollecker, Carl August, Report of the Mission Schools Connected with the Berlin Missionary Society in China, for the Years 1899-1900, Canton 1900.

Kong, Fatlin, Aus China. Neue Regungen im Gebiet der Station Njenhangli. Bericht vom 23. April 1876, in: JBEMGB 61, 1876, S. 124-126.
Kong, Fatlin, Der Mädchenmord unter den Hakka, in: EHB 60, 1887, S. 26-28.
Kong, Fatlin, Ein chinesischer Christ von Hundert Jahren. Ein Stück chinesische Familiengeschichte, in: EHB 48, 1875, S. 21-23, 28-30.
Kong, Fatlin, Ein Ruf aus dem Süden der Station Njenhangli: Die suchenden Seelen in Moilim, in: EHB 50, 1877, S. 19-20.
Kong, Fatlin, Gute Botschaft von Njenhangli: Der Jünglingsverein von Njenhangli. Der Fortgang der Bewegung in der Umgebung von Njenhangli, in: EHB 51, 1878, S. 13.
Kong, Fatlin, Heimgang und Begräbniß des hundertjährigen Chinesen Hokschin, in: EHB 48, 1875, S. 92-93.
Kong, Fatlin, Von dem Werke Gottes auf der Außenstation Futschukphai in China, in: EHB 48, 1875, S. 36-38, 46-47.
Kranz, Paul, Ansichten für die Verbreitung christlicher Literatur in China, in: ZMR 12, 1897, S. 202-213.
Kranz, Paul, Das erste Kapitel der Erklärung des heiligen Ediktes von Kaiser Kang-hi, aus dem Chinesischen übersetzt, in: ZMR 10, 1895, S. 193-199.
Kranz, Paul, Der Krieg in China und die Mission, in: ZMR 15, 1900, S.241-246.
Kranz, Paul, Die Missionspflicht des evangelischen Deutschlands in China, Berlin 1900.
Kranz, Paul, Die Welterlösungsreligion ist die Vollendung des Kofuzianismus. Deutsche Übersetzung eines chinesischen Traktats, Berlin o. J.
Kranz, Paul, Eine Missionsreise auf dem Yang tse kiang in China im Jahre 1894, Berlin 1894.
Kranz, Paul, Lichtstrahlen aus den in China herrschenden Religionsanschauungen. Vortrag auf der 8. Jahresversammlung des Allg. evang.-prot. Missionsvereins am 23. August 1892 zu Neustadt a. d. H., in: ZMR 8, 1893, S. 10-20, 65-70.
Kranz, Paul, Some of Prof. J. Legge's Criticism on Confucianism, in: The Chinese Recorder 29, 1898, S. 273-282, 341-345, 380-388, 440-445.
Krolczyk, Adam, Bilder aus China, in: KMF, 1870, S. 56-64.
Krolczyk, Adam, Ein Aufenthalt in Tungkun, in: BRMG, 1864, S. 129-143.
Krolczyk, Adam, Ein Besuch im Kreise Hojün, in: BRMG, 1867, S. 145-151, 184-187.
Krolczyk, Adam, Reise in den Kreis Tungkun, in: BRMG, 1864, S. 113-121.
Krolczyk, Adam, Reise nach Schuking, in: BRMG, 1862, S. 115-129, 148-169.
Krolczyk, Adam, The Entrance to the Yiu Territory, in: The Chinese Recorder 3, 1871, S. 62-64, 93-95, 126-128.
Krone, Heinrich Rudolf, Aus China. Die politische Lage, in: BRMG, 1858, S. 5-12.

Krone, Heinrich Rudolf, Aus Krone's Mittheilungen, in: BRMG, 1859, S. 76-88, 120-123.
Krone, Heinrich Rudolf, Berichte über Sankiu, in: BRMG, 1852, S. 33-42.
Krone, Heinrich Rudolf, Beschreibung einer Reise bis Amha in Tunkun nebst einleitenden Bemerkungen über meine Missionsreisen, in: BRMG, 1854, S. 152-160.
Krone, Heinrich Rudolf, Confucius und Hiang Toh, in: BRMG, 1854, S. 75-79.
Krone, Heinrich Rudolf, Der Besuch in der Ngamun zu Fukwing, in: BRMG, 1853, S. 333-336.
Krone, Heinrich Rudolf, Der Buddhismus in China, in: BRMG, 1855, S. 241-255.
Krone, Heinrich Rudolf, Der Lofau-Berg in China, in: Petermanns Mitteilungen aus Justus Perthes Geographischer Anstalt 1863, S. 283-292.
Krone, Heinrich Rudolf, Der Missionar auf dem Schlachtfelde, in: BRMG, 1854, S. 65-74.
Krone, Heinrich Rudolf, Der Sanon-Kreis, in: BRMG, 1852, S. 353-368.
Krone, Heinrich Rudolf, Der Taoismus in China, in: BRMG, 1857, S. 102-111, 114-119.
Krone, Heinrich Rudolf, Die chinesischen Mandarinen, in: BRMG, 1853, S. 321-333.
Krone, Heinrich Rudolf, Die Muhamedaner in China, in: BRMG, 1858, S. 241-244, 278-285.
Krone, Heinrich Rudolf, Die Pagoden in China, in: BRMG, 1858, S. 311-319.
Krone, Heinrich Rudolf, Die Station Uschikngam, in: BRMG, 1852, S. 152-158.
Krone, Heinrich Rudolf, Eine Missionsreise im Sanon Kreise, in: BRMG, 1853, S. 97-110.
Krone, Heinrich Rudolf, Ein Spaziergang in Saiheong, in: BRMG, 1851, S. 17-21.
Krone, Heinrich Rudolf, Fukwing und Amha, in: BRMG, 1859, S. 173-184.
Krone, Heinrich Rudolf, Gegenwärtiger Stand der Revolution in China, in: Petermanns Mitteilungen aus Justus Perthes Geographischer Anstalt 1856, S. 462-465.
Krone, Heinrich Rudolf, Hoau, in: KMF, 1856, Nr. 9, S. 13-16.
Krone, Heinrich Rudolf, Hoau, unsere neue Station in China, in: BRMG, 1856, S. 241-256.
Krone, Heinrich Rudolf, Hochzeitsgebräuche der Chinesen, in: BRMG, 1852, S. 44-47.
Krone, Heinrich Rudolf, Missionsreise vom 25. September bis 26. November 1855, in: BRMG, 1856, S. 81-90.
Krone, Heinrich Rudolf, Neue politische Verwicklungen, in: BRMG, 1859, S. 325-338.
Krone, Heinrich Rudolf, Neueste aus China, in: BRMG, 1855, S. 13-16.

Krone, Heinrich Rudolf, Neueste Nachrichten aus China, in: BRMG, 1857, S. 98-102.
Krone, Heinrich Rudolf, Neueste Nachrichten aus China: Neue politische Verwicklungen, in: BRMG, 1859, S. 325-338.
Krone, Heinrich Rudolf, Reise nach China, in: BRMG, 1850, S. 305-315.
Krone, Heinrich Rudolf, Tagebuch vom 19. April bis 24. Mai 1852, in: BRMG, 1852, S. 347-351, 378-383.
Krone, Heinrich Rudolf, Tagebuch über Fukwing vom Januar bis Juni 1854, in: BRMG, 1854, S.311-318.
Krone, Heinrich Rudolf, Was der Chinese von den Geistern der Verstorbenen denkt, in: BRMG, 1854, S. 49-57.
Krone, Heinrich Rudolf, Was die Chinesen von Gott wußten und wissen, in: BRMG, 1855, S. 65-75.
Kunze, Adolf, Aus dem Leben eines chinesischen Helfers: Nach chinesischen Berichten bearbeitet, Berlin 1922.
Kunze, Adolf, Die Macht der Finsternis in China, Berlin 1906.
Kunze, Adolf, Ein Chinese auf Evangelisationspfaden. Aus d. Chines. übers. Mit Vorw. von Missionsdir. Siegfried Knak, Berlin 1922.
Kunze, Adolf, Liung Wong, der Drachenkönig, Berlin 1922.
Kunze, Adolf, Missionsfahrten nach Fangiatan, Berlin 1913.
Kutter, Rudolf, Aus dem chinesischen Gemeindeleben, in: EMM 42, 1898, S. 514-519.
Kutter, Rudolf, Des Fünferleins Ende, Basel o.J.
Kutter, Rudolf, Eine Bahnhofglocke für China, Basel o.J.
Kutter, Rudolf, Heiden- und Christenfrauen in China, Basel 1909.
Kutter, Rudolf, Kayintschu, in: EHB 69, 1896, S. 44.
Kutter, Rudolf/Schultze, Otto, Wer macht's nach? Stuttgart 1921.
Lechler, Rudolf, Acht Vorträge über China, gehalten an verschiedenen Orten Deutschlands und der Schweiz, Basel 1861.
Lechler, Rudolf, Aus vergangenen Tagen. Rückblick auf das erste Jahrzehnt der Basler Mission in China 1847-1857, in: EMM 51, 1907, S. 374-384, 408-418, 461-468.
Lechler, Rudolf, Die Chinesen in ihren Verhältnis zur europäischen Kultur. Vortrag gehalten am 9. März 1887 im württembergischen Verein für Handelsgeographie in Stuttgart, in: EMM 32, 1888, S. 110-120, 141-147.
Lechler, Rudolf, Die Insel Hongkong, in: EMM 3, 1859, S. 153-187.
Lechler, Rudolf, Die Religionen China's und die Mission. Vortrag, in: EMM 18, 1874, S. 231-238.
Lechler, Rudolf, Drei Vorträge über China, Basel 1874.
Lechler, Rudolf, Ein Bild aus dem chinesischen Volksleben. Vortrag, in: EMM 18, 1874, S. 49-70.
Lechler, Rudolf, Ein Blick auf China. Vortrag, in: EMM 18, 1874, S. 3-21.

Lechler, Rudolf, From Canton to Swatow Overland, in: The Chinese Recorder 15, 1884, S. 90-100.
Lechler, Rudolf, Gottes Wege mit China. Eine Missionsstunde, gehalten in Basel. Aus dem "Evangelischen Heidenbot" Aprilnummer 1888 abgedruckt, in: Das Evangelium in China, 1888, S. 19-23.
Lechler, Rudolf, Lehren der Erfahrung aus der chinesischen Mission, in: EHB 63, 1890, S. 41-44.
Lechler, Rudolf, Meine Heimatreise aus China über Hawaii, Basel 1887.
Lechler, Rudolf, Meine Reise in die Heimat, in: EMM 31, 1887, S. 193-210, 225-242, 257-277, 305-322, 353-380.
Lechler, Rudolf, Neueste Erfolge der Arbeit, in: JBEMB 40, 1855, S. 80.
Lechler, Rudolf, Opium and Missionaries. The Twin Plagues of China, in: The Chinese Recorder 16, 1885, S. 454-456.
Lechler, Rudolf, Reisebericht, in: EHB 20, 1847, S. 87.
Lechler, Rudolf, The Hakka Chinese, in: The Chinese Recorder 9, 1878, S. 352-359.
Lechler, Rudolf, Weibliche Erziehung in China, in: EHB 30, 1857, S. 65-66.
Lechler, Rudolf, Zwei Briefe aus Hinnen, in: EHB 62, 1889, S. 84-87.
Lechler, Rudolf/Schaible, David, Ernste Nachrichten aus China: 1. Nöthen und Verfolgungen der Christen in der Fuitsch-Präsektur der Provinz Kanton. Von Lechler; 2. Der Gerichtstag in Hokschuha. Von Schaible, in: EHB 52, 1879, S. 17-21.
Lehmann, Hermann, Meine erste Reise ins Innere des Chinesenlandes, in: Hosianna 25, 1883, S. 145-160, 168-176.
Lehmann, Hermann, Reisebericht von Missionar Lehmann, Kriegsunruhen, in: Hosianna 26, 1884, S. 129-144.
Leonhardt, Jakob, Erläuterung zu dem Bild: Missionsstation Hinnen, in: EMM 35, 1891, S. 211-212.
Leonhardt, Jakob, Opiumraucher, in: EHB 65, 1892, S. 13-14.
Leonhardt, Jakob u. a., Einiges über chinesische Zustände, mit Nachschrift: Neue Nachrichten aus China, in: EHB 57, 1884, S. 9-11.
Leuschner, Wilhelm, Allerlei aus China, Berlin 1901.
Leuschner, Wilhelm, Aus dem Leben und der Arbeit eines China-Missionars, Berlin o. J. (Vorwort 1902).
Leuschner, Wilhelm, Bilder des Todes und Bilder des Lebens aus China, Berlin 1901.
Leuschner, Wilhelm, Chinesische Liebe oder der Kampf um eine Frau. Eine Novelle, Berlin o. J.
Leuschner, Wilhelm, Der Gang zum Götzenfest, in: MF 55, 1900, S. 61-63.
Leuschner, Wilhelm, Der Opferkultus des chinesischen Kaisers, in: AMZ 28, 1901, S. 522-528.
Leuschner, Wilhelm, Der Reischrist oder menschliches Elend und göttliche Barmherzigkeit. Eine Erzählung, Berlin o. J.

Leuschner, Wilhelm, Die falschen Götzen macht zu Spott, Berlin 1909.
Leuschner, Wilhelm, Die Frau des Chinesen, 2. Aufl., Schwerin 1911.
Leuschner, Wilhelm, Glotzauge - Starkheld, Berlin 1912.
Leuschner, Wilhelm, Gnadenwirkungen der Mission in China, in: Hosianna 42, 1900, S. 161-176.
Leuschner, Wilhelm, Keu-Loi. Ein Bild chinesischen Volks- und Familienlebens, Berlin 1935.
Leuschner, Wilhelm, Segenswirkungen der Mission in China, in: Hosianna 42, 1900, S. 145-160.
Leuschner, Wilhelm, Vom breiten zum schmalen Wege: ein Lebensbild aus der Mission, Berlin 1902.
Leuschner, Wilhelm, Von den Ureinwohnern Chinas, Berlin o. J.
Leuschner, Wilhelm/Homeyer, Wilhelm, Christenverfolgung in China, in: Hosianna 41, 1899, S. 1-16.
Lörcher, Jacob Gottlob, Christianity versus Polygamy, in: The Chinese Recorder 1, 1869, S. 235-236.
Lörcher, Jacob Gottlob, Der Fremdenhass der Chinesen, o. O. o. J.
Lörcher, Jacob Gottlob, Die Basler Mission in China, Basel 1882.
Lörcher, Jacob Gottlob, Ein Beitrag zur Kenntniß chinesischer Anschauungsweise, in: EHB 44, 1871, S. 125-128.
Lörcher, Jacob Gottlob, Map of the Province of Canton, Hongkong o. J. and Register of Names to the Map of the Province of Canton, Hongkong 1879.
Lörcher, Jacob Gottlob, The Term for "God" in Chinese, in: The Chinese Recorder 7, 1876, S. 221-226.
Louis, Christian Wilhelm, Among, in: KMF, 1873, S. 131-139.
Louis, Christian Wilhelm, Aus China, in: BRMG, 1862, S. 192-200.
Louis, Christian Wilhelm, Aus China, in: BRMG, 1865, S. 308-311.
Louis, Christian Wilhelm, Aus China. Zustände in Canton, in: BRMG, 1858, S. 145-155.
Louis, Christian Wilhelm, Bericht aus Fukwing, in: BRMG, 1880, S. 356-364.
Louis, Christian Wilhelm, Bericht. November 1865 bis März 1866, in: BRMG, 1866, S. 366-374.
Louis, Christian Wilhelm, Brief aus Canton, in: BRMG, 1859, S. 52-58.
Louis, Christian Wilhelm, Die chinesische Sprache, in: BRMG, 1858, S. 57-61.
Louis, Christian Wilhelm, Die Katastrophe in China, in: BRMG, 1871, S. 335-348.
Louis, Christian Wilhelm, Ein Paar verunglückte Schiffe, in: KMF, 1874, S. 90-96.
Louis, Christian Wilhelm, "In Gefahr unter den Mördern", in: BRMG, 1858, S. 256-261.
Louis, Christian Wilhelm, Reisetagebuch, in: BRMG, 1860, S. 115-126.
Louis, Christian Wilhelm, Neueste Nachrichten aus China, in: BRMG, 1858, S. 229-238.

Louis, Christian Wilhelm, Reisen in China, in: KMF, 1880, S. 1-10.
Louis, Christian Wilhelm, Tagebuch aus China, in: BRMG, 1860, S. 237-245.
Lutschewitz, Wilhelm, Aus der Missionsarbeit der Stadt Tsimo im Gebiet von Kiautschou, Berlin 1906.
Lutschewitz, Wilhelm, Aus Kiautschou, in: Berliner MB, 1903, S. 494.
Lutschewitz, Wilhelm, Alte und neue Zeit in Tsimo, der Kreisstadt vom Hinterlande in Tsingtau. Mit Bildern und einer Kartenskizze, Berlin 1910.
Lutschewitz, Wilhelm, Chinas Töchter, 4. Aufl., Berlin 1929.
Lutschewitz, Wilhelm, Das neue China und das Christentum, Berlin 1913.
Lutschewitz, Wilhelm, Frauenelend und Frauenhilfe in China, 2.Aufl., Berlin 1921.
Lutschewitz, Wilhelm, Gegenwartsbilder aus der Mission in Süd-China, Berlin 1925.
Lutschewitz, Wilhelm, Revolution und Mission in China. Vortrag, Berlin 1912.
Maier, Martin, Die Aufgaben eines Missionars in China. Referat gehalten an der IX. christlichen Studentenkonferenz in AArau 16.-18. März 1905, Basel 1905.
Maier, Martin, Die gelbe Gefahr und ihre Abwehr, Basel 1905.
Maier, Martin, Doktor "Kraftwurzel", in: Kammerer, J. (Gesammelt), Doktor Kraftvogel. Samariterdienst. Beispiele heidnischer Ohnmacht und christlicher Hilfe in Krankheits-Not, Stuttgart 1922, S. 3-17.
Maier, Martin, Heidentum: BIlder aus China, Basel 1910.
Maus, Karl, Ahnenverehrung in China, in: KMF, 1891, S. 147-151.
Maus, Karl, Aufruf zur Fürbitte für die Mission in China, in: AMZ 27, 1900, S. 447-448.
Maus, Karl, Das 7. Edikt des Kaisers Kanghi, in: AMZ 20, 1893, S. 37-41.
Maus, Karl, Das Reich der Mitte, Barmen 1901.
Maus, Karl, Der chinesische Evangelist Tso Kwong, o. O. o. J.
Maus, Karl, Die blinde chinesische Sängerin, in: KMF, 1893, S. 35-43.
Maus, Karl, Die Christenverfolgungen in China 1891-1892, in: AMZ 20, 1893, S. 518-536.
Maus, Karl, Ein berühmter Wallfahrtsort in China, in: BRMG, 1894, S. 118-122.
Maus, Karl, Findelkinder und Aussätzige in China, in: KMF, 1891, S. 87-91.
Maus, Karl, Über das Gottesbewußtsein der alten Chinesen, in: AMZ 28, 1901, S. 209-229, 337-341.
Maus, Karl, Über die Ursachen der chinesischen Wirren und die evangelische Mission, Kassel/Barmen 1900.
Maus, Karl/Dietrich, Ferdinand Wilhelm, Die offenen Thüren in China, in: BRMG, 1897, S. 10-18.
Mootz, Heinrich, Die chinesische Weltanschauung, dargestellt auf Grund der ethischen Staatslehre des Philosophen Mong dse, Strassburg 1912.

Morgenroth, Georg, China. Aus dem chinesischen Leben, in: JBEMB 81, 1896, S. 42-44.
Müller, Friedrich, Ein Blick in die chinesische Schule, in: EMM 43, 1899, S. 288-294.
Nacken, John Friedrich, Aus China, in: BRMG, 1868, S. 65-70.
Nacken, John Friedrich, Der Kaiser ist todt, in: KMF, 1876, S. 10-16.
Nacken, John Friedrich, Wie die Chinesen ihr Erntefest feiern, in: KMF, 1867, S. 179-191.
Nagel, August, Chinesisches Heidentum, Basel 1923.
Nagel, August, Streit um eine Ahnentafel, in: EHB 72, 1899, S. 68-70.
Neumann, R., Mittheilungen aus Neumann's Briefen an das Comitee, in: Evangelischer Reichsbote 1, 1851, Nr. 2., S. 5-6.
Nitschkowsky, Christenverfolgung in China, in: KMF, 1893, S. 131-138.
Nitschkowsky, Christenverfolgung in China, in: KMF, 1901, S. 42-48.
Nitschkowsky, Der chinesische Ahnenkultus, in: AMZ 22, 1895, S. 289-301, 360-374, 385-391.
Nitschkowsky, Ein chinesischer Evangelist, in: KMF, 1896, S. 139-143, 147-151.
Nitschkowsky, Etwas von der chinesischen Sprache, in: Barmer MB, 1899, S. 5-7.
Olpp, Gottlieb, Ärztliche Missionsgesellschaften außerhalb Europas, in: Barmer MB, 1899, S. 60-61.
Olpp, Gottlieb, Beiträge zur Medizin in China mit besonderer Berücksichtigung der Tropenpathologie, Leipzig 1910.
Olpp, Gottlieb, Erfahrungen aus der ostasiatischen Praxis, Hamburg o. J.
Olpp, Gottlieb, Erlebnisse und Erfahrungen als Missionsarzt in Ostasien, in: Mitteilungen der Gesellschaft für Erdkunde und Kolonialwesen für das Jahr 1911, Straßburg 1912.
Olpp, Gottlieb, Mein erstes Jahr in Tungkun, in: Barmer MB, 1899, S. 62-64.
Piton, Charles, A Page in the History of China, in: The China Review 10, 1881-82, S. 240-259.
Piton, Charles, A Week's Prayer for Family Worship in the Colloquial of the Hakka Chinese, in: The Chinese Recorder 13, 1882, S. 239.
Piton, Charles, China during the Tsin dynasty, A. D. 264-419, in: The China Review 11, 1882-83, S. 297-313, 366-378; 12, 1883-84, S. 18-25, 154-162, 353-362, 390-402.
Piton, Charles, Chinese Anthropophagy, in: The China Review 2, 1873-74, S. 388-389.
Piton, Charles, Chinese Charity, in: The China Review 2, 1873-74, S. 387-388.
Piton, Charles, Chinese Government, in: The China Review 3, 1874-75, S. 63-64.
Piton, Charles, Chinesisches Kinderleben, 6. Aufl., 1920.

Piton, Charles, Der Buddhismus in China. Eine religionsgeschichtliche Studie, Basel 1902.
Piton, Charles, Der Buddhismus in China, in: AMZ 19, 1892, S. 118-127.
Piton, Charles, Der Kindermord in China, Basel 1887.
Piton, Charles, Der Krieg in China und die Mission, in: EHB 58, 1885, S. 41-42.
Piton, Charles, Der Spiritismus oder Verkehr mit den Geistern in China, in: EHB 45, 1872, S. 9-10.
Piton, Charles, Der Tempel des Himmels in Peking. Aus "Revue des Missions Contemporaines" (März 1890), in: EHB 63, 1890, S. 27-31.
Piton, Charles, Die heidnischen Mahlzeiten und das Verhalten der Christen, in: EHB 41, 1868, S. 25.
Piton, Charles, Die Lage in China, in: EMM 28, 1884, S. 498-508.
Piton, Charles, Die Namen der Chinesen, in: EHB 44, 1871, S. 55-56.
Piton, Charles, Die öffentlichen Examina und die Mission in China, in: EMM 30, 1886, S. 287-291.
Piton, Charles, Die Religionfreiheit in China, zwei Mal in vierzigjährigem Zwischenraum. Auszug aus den evangelischen Missionen des 19. Jahrhunderts, Neuchatel 1888.
Piton, Charles, Eine Schreckensnacht in Hongkong. Mit einer Karte von der Insel Hongkong, in: EHB 48, 1875, S. 5-6.
Piton, Charles, Ein heidnisches Kloster in China, in: EHB 65, 1892, S. 7.
Piton, Charles, Einst und jetzt der Missionsarbeit in China, in: EMM 22, 1878, S. 400-414, 453-475.
Piton, Charles, Flogging of Criminals, in: The China Review 9, 1880-81, S. 323.
Piton, Charles, How the Catholics got Possession of a Cemetery near Peking, in: The Chinese Recorder 10, 1879, S. 369-372.
Piton, Charles, Konfuzius, der Heilige Chinas, Basel 1903.
Piton, Charles, La Chine. Sa religion, ses moeurs, ses missions, Toulouse 1880.
Piton, Charles, Li Sze, the Chancellor of the "First Empor", in: The China Review 15, 1885-86, S. 1-12.
Piton, Charles, Lü Puh-wei, or from Merchant to Chancellor, in: The China Review 13, 1884-85, S. 365-374.
Piton, Charles, On the Origin and History of the Hakkas, in: The China Review 2, 1873-74, S. 222-226.
Piton, Charles, Remarks on the Syllabary of the Hakka Dialect by Mr. E. H. Parker, in: The China Review 8, 1879-80, S. 316-318.
Piton, Charles, Statistics of Roman Catholic Missions in China, in: The Chinese Recorder 11, 1880, S. 194-195.
Piton, Charles, The Catholic Missionaries and the "Term Question", in: The China Review 10, 1881-82, S. 145.

Piton, Charles, The Decree of B.C. 403. A Historical Essay about the First Entry in the "Chinese National Annals", in: The Chinese Recorder 12, 1881, S. 430-437.
Piton, Charles, The End of the Chow Dynasty, in: The China Review 10, 1881-1882, S. 403-407.
Piton, Charles, The Fall of the Ts'in dynasty and the Rise of That of Han, in: The China Review 11, 1882-83, S. 102-112, 179-187, 217-235.
Piton, Charles, The Hia-k'ah in the Cheh-kiang Province, and the Hakka in the Canton Province, in: The Chinese Recorder 2, 1870, S. 218-220.
Piton, Charles, The Miraculous Water of Lourdes in China. Translated from the "Annales de la Sainte-Enfance", No. 181, in: The Chinese Recorder 10, 1879, S. 281-284.
Piton, Charles, The Six Great Chancellors of Ts'in, in: The China Review 13, 1884-85, S. 102-113, 127-137, 255.
Piton, Charles, Weitere Mittheilungen über die offene Thüre im Gebiet der Station Lilong, in: EHB 50, 1877, S. 9-10, 21.
Piton, Charles, Wei Yen and Fan Tsü. Two Rival Statesman of Ts'in during the Period of the "Warring States", in: The China Review 13, 1884-85, S. 305-323.
Piton, Charles, Wie Herr den Glauben einer chinesischen Großmutter getrönt hat, in: EHB 49, 1876, S. 14.
Piton, Charles, Youthful Graduates in China, in: The China Review 9, 1880-81, S. 192.
Piton, Charles, Zur Lage in China, in: Das Evangelium in China, 1885, S.1-6.
Pritzsche, Carl, Chinesischer Regenmantel, in: KMF, 1883, S. 158-159.
Pritzsche, Carl, Licht- und Nachtbilder aus China, in: BRMG, 1873, S. 357-371.
Pritzsche, Carl, Sitten und Gebräuche der Hakka-Chinesen, die während des ersten Lebensjahres eines Kindes beobachtet werden, in: BRMG, 1877, S. 230-243.
Pritzsche, Carl, Wie der Stärkere dem Starken einen Raub abgewinnt. Bericht am 24. Juli 1878, in: BRMG, 1878, S. 345-350, 382-383.
Reusch, Marie von, Die gegenwärtige Lage in China, Bericht am 15. April 1895, in: JBEMB 80, 1895, S. 31-35.
Reusch, Marie von, Ein Ausbruch des Fremdenhasses in Kanton, in: EHB 56, 1883, S. 92-94.
Reusch, Marie von, Reisebilder aus China, in: EHB 53, 1880, S. 3-5.
Reusch, Marie von, Wahrsagerei in Hongkong, in: EHB 52, 1879, S. 76-78.
Rhein, Wilhelm, Die Frauen Chinas, Berlin 1902.
Rhein, Wilhelm, Erste Eindrücke von China, in: Hosianna 33, 1891, S. 129-144.
Rhein, Wilhelm, Lebenslauf eines vornehmen Chinesen in Wort und Bild, Berlin o. J.
Rieke, Heinrich, Ein Bezug zur Charakteristik der römischen Missionsmethode. Konferenzreferat, 1900.

Rieke, Heinrich, Ein schwerer Zusammenstoß mit der römischen Mission in China. Die Verhandlung vor der französischen und deutschen Behörde in Kanton, in: BRMG, 1899, S. 337-343.
Rieke, Heinrich, Frauenmission in China. Konferenzreferat, 1901.
Rieke, Heinrich, Mitteilungen aus China, in: BRMG, 1900, S. 230-231, 328-329.
Rieke, Heinrich, Zu den chinesischen Wirren, in: BRMG, 1900, S. 224-226.
Rohde, Hermann, China. Halbwegs. Aus dem Jahresbericht, in: JBEMB 85, 1900, S. 58-59.
Schaible, David, Der Stammesälteste "Onkel Stein Dr. 2" oder wie auch ein glücklicher Heide im Leben und Sterben nicht das wahre Glück besitzt, in: EHB, 66, 1893, S. 3-7.
Schaible, David, Ein chinesischer Frachtbote, in: EHB 67, 1894, S. 3-5.
Schaible, David, Erlebnisse unter Christen und Heiden in China, in: EHB 64, 1891, S. 83-84.
Schaible, David, Gewitter im Tropenland, in: EHB 61, 1888, S. 74-75.
Schaible, David, Leiden und Freuden bei Gründung, in: JBEMB 72, 1887, S. 69-73, 1888, S. 51.
Schaible, David, Vom eitlen Vertrauen der Heiden, in: EHB 67, 1894, S. 12-14.
Schaub, Martin, Allerlei chinesisches, in: EHB 72, 1899, S. 45-46.
Schaub, Martin, Chinesische Gerichtsbarkeit. Aus dem Baseler "Evangelischen Heidenboten", in: Das Evangelium in China, 1889, S. 37-41.
Schaub, Martin, Chinesische Gerichtsbarkeit, in: EHB 61, 1888, S. 85-87.
Schaub, Martin, Chinese Proverbs, in: The China Review 20, 1892-93, S. 156-166.
Schaub, Martin, Das Geistesleben der Chinesen im Spiegel ihrer drei Religionen, in: EMM 42, 1898, S. 229-242, 275-281.
Schaub, Martin, Die allgemeine Missionskonferenz in Schanghai, in: EMM 34, 1890, S. 372-384.
Schaub, Martin, Die Bibel in China, in: EMM 37/Bibelblätter, 1893, S, 1-9.
Schaub, Martin, Die chinesische Sprache und Schrift, in: EMM 42, 1898, S. 408-425.
Schaub, Martin, Die Entwicklung der evangelischen Mission in China im Zusammenhang mit den politischen Ereignissen, in: EMM 43, 1899, S. 305-320.
Schaub, Martin, Die Geomantie, ein Hauptbollwerk des chinesischen Heidentums, in: EMM 32, 1888, S. 83-95.
Schaub, Martin, Die Grossmuter von Lilong, in: EHB 51, 1878, S. 73.
Schaub, Martin, Die theologische Ausbildung der chinesischen Missionsgehilfen, in: EMM 42, 1898, S. 57-71.
Schaub, Martin, Geheime Gesellschaften in China, in: EMM 44, 1900, S. 387-393.
Schaub, Martin, Menschenfischen in einem Fischerdorfe, in: EHB 67, 1894, S. 53-54.

Schaub, Martin, Proverbs in Daily Use among the Hakkas of the Canton Province, in: The China Review 20, 1892-93, S. 156-166; 21, 1894-95, S. 73-79; 22, 1896-97, S. 588-591, 670-672, 710-712, 771-774.
Schaub, Martin, Shang-ti, the El-eljon of Genesis, in: The China Review 11, 1882-83, S. 162-171.
Schaub, Martin, Tage des Herrn in China, in: EMM 39, 1895, S. 269-274.
Schaub, Martin, Ursprung der bedeutendsten Umwälzung in Alt-China, in: EMM 39, 1895, S. 402-406.
Scholz, Gustav Otto, Ein treuer Streiter unter Christi Fahne: aus dem Leben des Evangelisten Ng-mu-szang, Berlin 1910.
Schultze, Otto, Bilder aus dem Leben der Chinesen, in: EMM 34, 1890, S. 10-25, 49-56.
Schultze, Otto, Der chinesische Drache und seine Verehrung, in: EMM 35, 1891, S. 13-27.
Schultze, Otto, Der Fluch des Opiums und seine Bekämpfung, Basel 1921.
Schultze, Otto, Die Basler Mission in China, 3. Aufl., Basel 1902.
Schultze, Otto, Ein Besuch in der chinesischen Provinz Fukien, in: EMM 43, 1899, S. 115-122.
Schultze, Otto, Eine chinesische Predigt über Jakobus, 1, 16-22, in: EMM 35, 1891, S. 389-399.
Schultze, Otto, Heidenpredigt in China, in: EMM 37, 1893, S. 353-365.
Schultze, Otto, Im Reich der Mitte oder die Basler Mission in China, Basel 1897.
Schultze, Otto, Lebensbilder aus chinesischen Mission, 2. Aufl., Stuttgart 1922.
Schultze, Otto, Totenverehrung in China, in: EMM 31, 1887, S. 25-42, 80-85.
Schultze, Otto, Unsere Zuversicht für China, in: EMM 37, 1893, S. 49-57. (Auch in: Das Evangelium in China, 1893, S. 83-89).
Schultze, Otto, Was sich die Chinesen von den Ausländern erzählen, in: EHB 64, 1891, S. 52-54.
Schultze, Otto, Wunderbare Führung eines Chinesenknaben, Stuttgart 1921.
Schultze, Otto/Kutter, Rudolf, Reife Aehren, Basel 1921.
Tschin, Asi, Chinesische Moralprediger, in: EHB 62, 1889, S. 35.
Vögtling, Georg, Grundbesitz und Ahnendienst in China, in: EMM 38, 1894, S. 444-463.
Vögtling, Georg, Noch ein Kapitel aus Chinas Geschichte, in: EMM 38, 1894, S. 394-401.
Voskamp, C. Johannes, Aus dem Belagerten Tsingtau. Tagebuchblätter, Berlin 1915.
Voskamp, C. Johannes, Aus der chinesischen Gelehrtenwelt, in: Die Evangelischen Missionen 4, 1898, S. 88-91.
Voskamp, C. Johannes, Aus der Verbotenen Stadt, Berlin 1901.
Voskamp, C. Johannes, Aus Götzenknechtsschaft zur Gottesfreiheit, in: Hosianna 39, 1897, S. 129-144.

Voskamp, C. Johannes, Confucius und das heutige China. Vortrag, gehalten in Tsingtau im März 1900, Berlin 1902.
Voskamp, C. Johannes, Das alte und das neue China, Berlin 1914.
Voskamp, C. Johannes, Der chinesische Prediger, Berlin 1919.
Voskamp, C. Johannes, Die chinesischen Staatsexamina, in: Die Evangelischen Missionen 4, 1898, S. 113-115.
Voskamp, C. Johannes, Durch Trübsal zum Licht. Lebensführung einer chinesischen Christin. Aus dem Tagebuch, in: Hosianna 32, 1890, S. 58-62.
Voskamp, C. Johannes, Ein Blumenstrauß von Missionsgeschichten, 4. Aufl., Berlin o. J.
Voskamp, C. Johannes, Eine Köhlergeschichte, Berlin 1898.
Voskamp, C. Johannes, Gestalten und Gewalten aus dem Reich der Mitte. Vorträge, Berlin 1906.
Voskamp, C. Johannes, Götzenbild und Bibelblatt, in: MF 52, 1897, S. 78-79.
Voskamp, C. Johannes, Merkwürdige Lebensführung eines chinesischen Christen, Berlin 1903.
Voskamp, C. Johannes, Im Schatten des Todes, Berlin 1925.
Voskamp, C. Johannes, Tagebuch über die Reise von Berlin bis Kanton, Berlin 1885.
Voskamp, C. Johannes, Unter dem Banner des Drachen und im Zeichen des Kreuzes, 2. Aufl., Berlin 1900.
Voskamp, C. Johannes, Wirkungen des Evangeliums in China, in: Der Missions-Freund 53, 1898, S. 46-47.
Voskamp, C. Johannes, Zerstörende und aufbauende Mächte in China, 2. Aufl., Berlin 1899.
Winnes, Philipp, Mittheilungen über das Hacka-Land in der Provinz Quangtung in China, in: EMM, 1854, S. 127-145.
Winnes, Philipp, Reisebeschreibung, in: EHB 25, 1852, S.71-76.
Wittenberg, Hermann, Der Anfang der ärztlichen Mission in China, in: JBEMB 79, 1894, S. 39.
Zahn, Franz, Der Missionsarzt auf Berufswegen in Tungkun, in: Barmer MB, 1897, S. 42-44.
Zahn, Franz, Ein schwerer Zusammenstoß mit der römischen Mission in China, in: BRMG, 1899, S. 331-337.
Zahn, Franz, Mitteilungen aus China, in: BRMG, 1900, S. 115-117.
Zahn, Franz, Über das chinesische Schulwesen einst und jetzt. Mit besonderer Berücksichtigung der Schulen der Rheinischen Mission, Barmen o. J.
Ziegler, Georg, Chinesische Sitten und Verhältnisse im Vergleich zu den biblisch-israelitischen, in: EMM 44, 1900, S. 449-473.
Ziegler, Georg, Eine schwere Woche in Wongtshun, in: JBEMB 78, 1893, S. 42-45; 1894, S. 35.
Ziegler, Georg, Schwere Erlebnisse in Wongtshun, in: EHB 66, 1893, S. 10.
Ziegler, Georg, Sommerbeschwerden, in: EHB 73, 1900, S. 1.

Ziegler, Georg, Zauberei und Wahrsagekunst in China, in: EMM 42, 1898, S. 17-29.

2) Literatur

Aagard, Johannes, Mission – Konfession – Kirche. Die Problematik ihrer Integration im 19. Jahrhundert, 2 Bde., Lund 1967.
Amman, Ludwig, Östliche Spiegel. Ansichten vom Orient im Zeitalter seiner Entdeckung durch den deutschen Leser 1800-1850, Heildesheim 1989.
Antweiler, Christoph, Ethnozentrismus im interkulturellen Umgang – Theorien und Befunde im Überblick, in: Eckert, Roland (Hrsg.), Wiederkehr des "Volksgeistes"? Ethnizität, Konflikt und politische Bewältigung, Opladen 1998, S. 19-81.
Auch, Eva-Maria/Stig, Förster (Hrsg.), "Barbaren" und "Weiße Teufel". Kulturkonflikt und Imperialismus in Asien vom 18. bis 20. Jahrhundert, Paderborn 1997.
Bade, Klaus J., Einführung: Imperialismus und Kolonialmission. Das kaiserliche Deutschland und sein koloniales Imperium, in: Ders. (Hrsg.), Imperialismus und Kolonialmission. Kaiserliches Deutschland und koloniales Imperium, 2. Aufl., Stuttgart/Wiesbaden 1984, S. 1-28.
Bade, Klaus J., Friedrich Fabri und der Imperialismus in der Bismarckzeit. Revolution - Deprssion - Expansion, Freiburg I. Br. 1975.
Bade, Klaus J. (Hrsg.), Imperialismus und Kolonialmission. Kaiserliches Deutschland und koloniales Imperium, 2. Aufl., Stuttgart/Wiesbaden 1984.
Bade, Klaus J., Imperialismus, in: Müller, Gerhard (Hrsg.), TRE, Band XVI, Berlin/New York 1987, S. 91-97.
Bade, Klaus J., Zwischen Mission und Kolonialbewegung, Kolonialwirtschaft und Kolonialpolitik in der Bismarckzeit: der Fall Friedrich Fabri, in: Ders. (Hrsg.), Imperialismus und Kolonialmission. Kaiserliches Deutschland und koloniales Imperium, 2. Aufl., Stuttgart/Wiesbaden 1984, S. 103-141.
Ballin, Ursula, Colonial Imperialism and Christian Mission in China. The Casses of the German Missionaries Gützllaff, Anzer and Wilhelm, in: Kuo, Heng-yü/Leutner, Mechthild (Hrsg.), Deutschland und China. Beiträge des zweiten Internationalen Symposiums zur Geschichte der deutsch-chinesischen Beziehungen Berlin 1991, München 1994, S. 191-213.
Balz, Heinrich, Art. Mission, Missionstheologie, in: Fahlbusch, Erwin u. a. (Hrsg.), EKL, Bd 2, Göttingen 1990, S. 425-444.
Balz, Heinrich, Mission und Kolonialismus. Thesen, in: Zeitschrift für Mission 17, 1991, S. 175-181.
Barnett, Suzanne Wilson/Fairbank, John King (Hrsg.), Christianity in China. Early Protestant Missionary Writings, Cambridge u. a. 1985.

Bauer, Wolfgang (Hrsg.), China und die Fremden. 3000 Jahre Auseinandersetzungen in Krieg und Frieden, München 1980.
Bauer, Wolfgang, China und die Hoffnung auf Glück, München 1971.
Bauer, Wolfgang (Hrsg.), Richard Wilhelm. Botschafter zweier Welten, Düsseldorf/Köln 1973.
Baumgart, Winfried, Deutschland im Zeitalter des Imperialismus (1890-1914), Frankfurt a. M. 1972.
Beck, Thomas u.a. (Hrsg.), Kolumbus' Erben. Europäische Expansion und überseeische Ethnien im Ersten Kolonialzeitalter, 1415-1815, Darmstadt 1992.
Becker, Josef, Deutsche Wege zur nationalen Einheit. Historisch-politische Überlegungen zum 3. Oktober 1990, in: Ders. (Hrsg.), Wiedervereinigung in Mitteleuropa. Außen- und Innenansichten zur staatlichen Einheit Deutschlands, München 1992, S. 141-158.
Becker, Josef (Hrsg.), Wiedervereinigung in Mitteleuropa. Außen- und Innenansichten zur staatlichen Einheit Deutschlands, München 1992.
Benrath, Gustav Adolf, Erweckung/Erweckunsbewegungen. I. Historisch, in: Krause, Gerhard/Müller, Gerhard (Hrsg.), TRE, Bd. X, Berlin/New York 1982, S. 205-220.
Berger, Willy Richard, China-Bild und China-Mode im Europa der Aufklärung, Köln u. a. 1990.
Bernecker, Walter L./Dotterweich, Volker (Hrsg.), Deutschland in den internationalen Beziehungen des 19. und 20. Jahrhunderts. Festschrift für Josef Becker zum 65. Geburtstag, München 1996.
Besier, Gerhard, Mission und Kolonialismus in Preußen der wilhelminischen Ära, in: Kirchliche Zeitgeschichte 5, 1992, S. 239-253.
Besier, Gerhard, Religion, Nation, Kultur. Die Geschichte der christlichen Kirchen in den gesellschaftlichen Umbrüchen des 19. Jahrhunderts, Neukirchen-Vluyn 1992.
Beyer, Georg, China als Missionsfeld, Berlin 1923.
Beyreuther, Erich, Die Erweckungsbewegung, Göttigen 1963.
Beyreuther, Erich, Erweckung. I. Erweckungsbewegung im 19. Jh., in: Galling, Kurt (Hrsg.), RGG, 3. Aufl., Tübingen 1986, S. 621-631.
Bezzenberger, Günter, Mission in China. Die Geschichte der chinesischen Stiftung, Kassel 1979.
Bitterli, Urs/Schmitt, Eberhard (Hrsg.), Die Kenntnis beider "Indien" im frühneuzeitlichen Europa. Akten der Zweiten Sektion des 37. deutschen Historikertages in Bamberg 1988, München 1991.
Bitterli, Urs, Die "Wilden" und die "Zivilisierten". Grundzüge einer Geistes- und Kulturgeschichte der europäisch-überseeischen Begegnung, München 1976.
Blaser, Klauspeter, Mission und Erweckungsbewegung, in: Pietismus und Neuzeit 7, 1981, S. 128-146.
Bonn, Alfred, Ein Jahrhundert Rheinische Mission, Barmen 1928.

Bräuner, Harald, Europäische Chinakenntnis und Berliner Chinastudien im 17. und 18. Jahrhundert, in: Kuo, Heng-yü (Hrsg.), Berlin und China. Dreihundert Jahre wechselvolle Beziehungen, Berlin 1987, S. 5-29.
Bräuner, Harald, "Gewissermaßen eine neuentdeckte Welt". Reiseberichte, Kompilationen und Handschriften im 17. und 18. Jahrhundert, in: Leutner, Mechthild/Yü-Dembski, Dagmar (Hrsg.), Exotik und Wirklichkeit. China in Reisebeschreibungen vom 17. Jahrhundert bis zur Gegenwart, München 1990, S. 15-25.
Bräuner, Harald/Leutner, Mechthild, "Im Namen einer höheren Gesittung!" Die Kolonialperiode, 1897-1914, in: Leutner, Mechthild/Yü-Dembski, Dagmar (Hrsg.), Exotik und Wirklichkeit. China in Reisebeschreibungen vom 17. Jahrhundert bis zur Gegenwart, München 1990, S. 41-52.
Brenner, Peter J. (Hrsg.), Der Reisebericht. Die Entwicklung einer Gattung in der deutschen Literatur, Frankfurt a. M. 1989.
Brenner, Peter J., Der Reisebericht in der deutschen Literatur: ein Forschungsüberblick als Vorstudie zu einer Gattungsgeschichte, Tübingen 1990.
Brenner, Peter J., Die Erfahrung der Fremde. Zur Entwicklung einer Wahrnehmungsform in der Geschichte des Reiseberichts, in: Ders. (Hrsg.), Der Reisebericht. Die Entwicklung einer Gattung in der deutschen Literatur, Frankfurt a. M. 1989, S. 14-49.
Brenner, Peter J., Einleitung, in: Ders. (Hrsg.), Der Reisebericht. Die Entwicklung einer Gattung in der deutschen Literatur, Frankfurt a. M. 1989, S. 7-13.
Brenner, Peter J., Interkulturelle Hermeneutik. Probleme einer Theorie kulturellen Fremdverstehens, in: Zimmermann, Peter (Hrsg.), "Interkulturelle Germanistik". Dialog der Kulturen auf Deutsch? Frankfurt a. M. u. a. 1989, S. 35-55.
Brenner, Peter J., Reisen in die Neue Welt. Die Erfahrung Nordamerikas in deutschen Reise- und Auswandererberichten des 19. Jahrhunderts, Tübingen 1991.
Burkhardt, Johannes, Frühe Neuzeit. 16-18 Jahrhundert, Königstein/Ts 1985.
Canis, Konrad, Von Bismarck zur Weltpolitik. Deutsche Außenpolitik 1890 bis 1902, Berlin 1997.
Chang, Carsun, Richard Wilhelm, der Weltbürger, in: Sinica 5, 1930, S. 71-73.
Chay, Jongsuk (Hrsg.), Culture and International Relations, New York 1990.
Chen, Chi, Die Beziehungen zwischen Deutschland und China bis 1933, Hamburg 1973.
Chen, Xiaochun, Mission und Kolonialpolitik, Hamburg 1992.
Chen, Xulu, Jindai Zhongguo shehui de xinchen daixie [Der Verwandlungsprozeß der neuzeitlichen Gesellschaft Chinas], Shanghai 1992.
Ching, Julia/Oxtoby, Wiliard G., Moral Enlightenment: Leibniz and Wolff on China, Sankt Augustin 1992.

Christensen, Torban/Hutchsion, William R. (Hrsg.), Missionary Ideologies in the Imperialist Era: 1880-1920, Aarhus 1982.
Cohen, Paul A., China and Christianity: the Missionary Movement and the Growth of Antiforeignism, 1860-1870, 2. Aufl., Cambridge (Mass.) 1967.
Cohen, Paul, Christian Missions and Their Impact to 1900, in: Fairbank, John King/Liu Kwang-Ching (Hrsg.), The Cambridge History of China, Vol. 10, London u. a. 1978, S. 543-590.
Collet, Giancarlo, Heiden. IV. Missionstheologisch, in: LTK, Bd. 4, Freiburg 1995, S. 1255-1256.
Dabringhaus, Sabine, Der Boxeraufstand in China (1900/1901). Die Militarisierung eines kulturellen Konfliktes, in: Auch, Eva-Maria/Stig, Förster (Hrsg.), "Barbaren" und "Weiße Teufel". Kulturkonflikt und Imperialismus in Asien vom 18. bis 20. Jahrhundert, Paderborn 1997, S. 123-144.
Dawson, Raymond, The Chinese Chamelon. An Analysis of European Conceptions of Chinese Civilization, London u. a. 1967.
Deichgräber, Reinhard, Erweckung/Erweckungsbewegungen. II. Dogmatisch, in: Krause, Gerhard/Müller, Gerhard (Hrsg.), TRE, Bd. X, Berlin/New York 1982, S. 220-224.
Delavignette, Robert, Christentum und Kolonialismus, Aschaffenburg 1961.
Demel, Walter, Abundancia, Sapiencia, Decadencia. Zum Wandel des Chinabildes vom 16. bis zum 18. Jahrhundert, in: Bitterli, Urs/Schmitt, Eberhard (Hrsg.), Die Kenntnis beider "Indien" im frühneuzeitlichen Europa. Akten der Zweiten Sektion des 37. deutschen Historikertages in Bamberg 1988, München 1991, S. 129-153.
Demel, Walter, Als Fremde in China. Das Reich der Mitte im Spiegel frühneuzeitlicher europäischer Reiseberichte, München 1992.
Demel, Walter, China in the Political Thought of Western and Central Europe, 1570-1750, in: Lee, Thomas H. C. (Hrsg.), China and Europe. Images and Influences in Sixteenth to Eighteenth Centuries, Hongkong 1991, S. 45-64.
Demel, Walter, Europäisches Überlegenheitsgefühl und die Entdeckung Chinas. Ein Beitrag zur Frage der Rückwirkungen der europäischen Expansion auf Europa, in: Beck, Thomas u. a. (Hrsg.), Kolumbus' Erben. Europäische Expansion und überseeische Ethnien im Ersten Kolonialzeitalter, 1415-1815, Darmstadt 1992, S. 99-144.
Demel, Walter, Wie die Chinesen gelb wurden. Ein Beitrag zur Frühgeschichte der Rassentheorien, in: HZ 255, 1992, S. 625-666.
Demel, Walter, The "National" Images of China im Different European Countries, ca. 1550-1800, in: Malatesta, Edward J./Raguin, Yves (Hrsg.), Images de la Chine: Le Contexte Occidental de la Sinologie Naissante, Taipei/Paris 1995, S. 85-125.
Dharampal-Frick, Gita, Indien im Spiegel deutscher Quellen der frühen Neuzeit (1500-1750). Studien zu einer interkulturellen Konstellation, Tübingen 1994.

Ding, Jianhong, Die Verwestlichungsbewegung und die Beziehungen zwischen Deutschland und China 1861-1896, in: Gransow, Bettina/Leutner, Mechthild (Hrsg.), China. Nähe und Ferne. Deutsch-chinesische Beziehungen in Geschichte und Gegenwart. Zum 60. Geburtstag von Kuo Heng-yü, Frankfurt a. M. 1989, S. 125-155.
Ding, Mingnan, Guanyu Zhongguo jindaishishang jiaoan de kaocha [Untersuchung betreffend die Missionszwischenfälle in der neueren Geschichte Chinas], in: Jindaishi Yanjiu [Studien zur neueren Geschichte] 55, 1990, S. 27-46.
Ding, Weizhi/Chen, Song, Zhongxi tiyong zhijian. Wanqing Zhongxi wenhuaguan shulun [Zwischen den chinesischen und westlichen Systemen. Die kulturellen Konzeptionen in China und Westen in der späten Qing-Zeit], Beijing 1995.
Dinzelbacher, Peter (Hrsg.), Europäische Mentalitätsgeschichte. Hauptthemen in Einzeldarstellungen, Stuttgart 1993.
Domes, Jürgen, Die Demokratie und die Modernisierung Chinas, Hannover 1988.
Eberstein, Bernd, China. Weg in die Welt, Hamburg 1992.
Ebert, Jorinde, Buddhismus, in: Goepper, Roger (Hrsg.), Das alte China. Geschichte und Kultur des Reiches der Mitte, München 1988, S. 215-245.
Eckert, Roland (Hrsg.), Wiederkehr des "Volksgeistes"? Ethnizität, Konflikt und politische Bewältigung, Opladen 1998.
Eckart, Wolfgang U., Deutsche Ärzte in China 1897-1914. Medizin als Kulturmission im Zweiten Deutschen Kaiserreich, Stuttgart 1989.
Eckart, Wolfgang U., Mission. IX, Ärztliche Mission, in: Müller, Gerhard (Hrsg.), TRE, Bd. XXIII, Berlin/New York 1994, S. 70-80.
Eder, M., China. II. Chinesische Religion, in: Galling, Kurt (Hrsg.), RGG, Bd. 1, Tübingen 1957, S. 1655-1661.
Eitel, Ernst J., Three Lectures on Buddhism, Hongkong/London 1871.
Engel, Lothar, Kolonialismus und Nationalismus im deutschen Protestantismus in Namibia 1907 bis 1945, Bern/Frankfurt a. M. 1976.
Engel, Lothar, Die Rheinische Missionsgesellschaft und die deutsche Kolonialherrschaft in Südwestafrika 1884-1915, in: Bade, Klaus J. (Hrsg.), Imperialismus und Kolonialmission. Kaiserliches Deutschland und koloniales Imperium, 2. Aufl., Stuttgart/Wiesbaden 1984, S. 142-164.
Eppler, Paul, Geschichte der Basler Mission 1815-1899, Basel 1900.
Fahlbusch, Erwin u. a. (Hrsg.), Evangelische Kirchenlexikon. Internationale theologische Enzyklopädie, Bd. 3, Göttingen 1992.
Fairbank, John King, The Creation of the Treaty System, in: Fairbank, John King/Liu Kwang-Ching (Hrsg.), The Cambridge History of China, Vol. 10, London u. a. 1978, S. 213-263.
Fairbank, John King, Geschichte des modernen China 1800-1985, München 1989.

Fairbank, John King, Introduction: the Place of Protestant Writings in China's Cultural History, in: Barnett, Suzanne Wilson/Fairbank, John King (Hrsg.), Christianity in China. Early Protestant Missionary Writings, Cambridge u. a. 1985, S.1-18.
Fairbank, John King/Liu, Kwang-Ching (Hrsg.), The Cambridge History of China, Vol. 10, London u. a. 1978.
Falk, Richard A., Culture, Modernism, Postmodernism: a Challenge to International Relations, in: Chay, Jongsuk (Hrsg.), Culture and International Relations, New York 1990, S. 267-284.
Fang, Weigui, Das Chinabild in der deutschen Literatur. Ein Beitrag zur komparatistischen Imagologie, 1871-1930, Frankfurt a. M. 1992.
Feng, Guifen, Jiaobinlu Kangyi [Protest von Jiaobinlu], In: Zhongguo shixuehui (Hrsg.), Wuxu bianfa [Die Reform im Jahre 1898], Shanghai 1961, S. 1-38.
Feng, Youlan, Zhongguo Zhexueshi xinbian [Geschichte der chinesischen Philosophie in neuer Abfassung], Bd. 1, Beijing 1982; Bd. 2, 1984; Bd. 3, 1985; Bd. 4, 1986; Bd. 5, 1989.
Fenske, Hans, Imperialistische Tendenzen in Deutschland vor 1866. Auswanderung, überseeische Bestrebungen, Weltmachtsräume, in: Historisches Jahrbuch 97/98, 1978, S. 336-383.
Fenske, Hans, Ungeduldige Zuschauer. Die Deutschen und die europäische Expansion 1815-1880, in: Reinhard, Wolfgang (Hrsg.), Imperialistische Kontinuität und nationale Ungeduld im 19. Jahrhundert, Frankfurt a. M. 1991, S. 87-123.
Franke, Herbert, Die Beschäftigung mit der chinesisch-deutschen Geschichte, in: Hinz, Hans-Martin/Lind, Christoph (Hrsg.), Tsingtau. Ein Kapitel deutscher Kolonialgeschichte in China 1897-1914, Berlin: Deutsches historisches Museum 1998, S. 10-11.
Franke, Herbert, Sinology at German Universities, with a Supplement on Manchu Studies, Wiesbaden 1968.
Franke, Herbert, Zur Geschichte der westlichen Sinologie, in: Kurzrock, Ruprecht (Hrsg.), China: Geschichte, Philosophie, Religion, Literatur, Technik, Berlin 1980, S. 9-16.
Franke, Wolfgang, Das Jahrhundert der chinesischen Revolution 1851-1949, 2. erg. Aufl., Wien 1980.
Franke, Wolfgang, China und das Abendland, Göttingen 1962.
Franke, Wolfgang, Hegel und die Geschichte Chinas, in: Verfassung und Recht in Übersee 3, 1970, S. 279-281.
Franke, Wolfgang (Hrsg.), China Handbuch, Düsseldorf 1974.
Freytag, Mirjam, Frauenmission in China. Die interkulturelle und pädagogische Bedeutung der Missionarinnen untersucht anhand ihrer Berichte von 1900 bis 1930, Münster/New York 1994.
Freytag, W., Erweckung. II. Erweckungen in der Mission, in: Galling, Kurt (Hrsg.), RGG, 3. Aufl., Tübingen 1986, S. 629-631.

Fuchs, Thomas, Von der sinophilen Aufklärung zur Diskreditierung chinesischer Kultur. Funktion und Wandel des Chinabildes im frühneuzeitlichen Europa, in: Berliner China-Hefte, Nr. 17, Okt. 1999, S. 41-56.
Gabriel, Karl, Modernisierung, in: Lexikon für Theologie und Kirche, Bd. 7, 1998, S. 367.
Gäbler, Ulrich, "Auferstehungszeit": Erweckungsprediger des 19. Jahrhunderts. 6 Porträts, München 1991.
Galling, Kurt (Hrsg.), Die Religion in Geschichte und Gegenwart (RGG). Handwörterbuch für Theologie und Religionswissenschaft, 6 Bde., 3. Aufl., Tübingen 1957-1962.
Gao, Shiyu, Der Status von Frauen im traditionellen China: ein Plädoyer für eine differenzierte Analyse, in: Berliner China-Hefte, Nr. 16, Mai 1999, S. 3-32.
Ge, Maochun/Li, Xingzhi (Hrsg.), Hu Shi zhexue sixiang ziliao xuan [Ausgewählte Aufsätze von Hu Shi betreffend seine philosophischen Gedanken], Shanghai 1981.
Genähr-Krolczyk, Friederike (geb. Lechler), China-Tagebuch (1857-1870), aus der Original-Handschrift übertragen von Bürghild Sämann geb. Hötzel und Paul Sämann, Plochingen am Neckar 1994.
Gensichen, Hans-Werner, German Protestant Missions, in: Christensen, Torben/Hutchison, William R. (Hrsg.), Missionary Ideologies in the Imperialistist Era: 1880-1920, Aarhus 1982, S. 181-190.
Gensichen, Hans-Werner, Mission. III C. Geschichte, in: Galling, Kurt (Hrsg.), RGG, 3. Aufl., Tübingen 1960, S. 983-987.
Gensichen, Hans-Werner, Missionsgeschichte, in: Fahlbusch, Erwin u. a. (Hrsg.), EKL, Bd. 3, Göttingen 1992, S. 445-456.
Gensichen, Hans-Werner, Missionsgesellschaften/Missionswerke, in: Müller, Gerhard (Hrsg.), TRE, Bd. XXIII, Berlin/New York 1994, S. 81-88.
Glueer, Winfried, German Protestant Mission in China, in: Christensen, Torben/Hutchison, William R. (Hrsg.), Missionary Ideologies in the Imperialist Era: 1880-1920, Aarhus 1982, S. 51-61.
Goepper, Roger (Hrsg.), Das alte China. Geschichte und Kultur des Reiches der Mitte, München 1988.
Gollwitzer, Heinz, Die Gelbe Gefahr. Geschichte eines Schlagworts, Göttingen 1962.
Granet, Marcel, Das chinesische Denken - Inhalt, Form, Charakter. Übersetzt und eingeleitet von Manfred Porkert. Mit einem Vorwort von Herbert Franke, Frankfurt a. M. 1985.
Gransow, Bettina/Leutner, Mechthild (Hrsg.), China. Nähe und Ferne. Deutschchinesische Beziehungen in Geschichte und Gegenwart. Zum 60. Geburtstag von Kuo Heng-yü, Frankfurt a. M. 1989.
Greschat, Martin, Industrialisierung, in: Müller, Gerhard (Hrsg.), TRE, Bd. XVI, Berlin/New York, 1987, S. 143-154.

Griep, Wolfgang (Hrsg.), Sehen und Beschreiben. Europäische Reisen im 18. und frühen 19. Jahrhundert. Erstes Eutiner Symposion vom 14. bis 17. Februar 1990 in der Eutiner Landesbibliothek, Heide 1991.
Gründer, Horst, Christliche Mission und deutscher Imperialismus. Eine politische Geschichte ihrer Beziehungen während der deutschen Kolonialzeit (1884-1914) unter besonderer Berücksichtigung Afrikas und Chinas, Paderborn 1982.
Gründer, Horst, Deutsche Missionsgesellschaften auf dem Wege zur Kolonialmission, in: Bade, Klaus J. (Hrsg.), Imperialismus und Kolonialmission. Kaiserliches Deutschland und koloniales Imperium, Wiesbaden 1984, S. 68-102.
Gründer, Horst, Geschichte der deutschen Kolonien, Paderborn u. a. 1985.
Gründer, Horst, Liberale Missionstätigkeit im ehemaligen deutschen "Pachtgebiet" Kiautschou (China), in: Liberal 22, 1980, S. 522-529.
Gründer, Horst, Welteroberung und Christentum. Ein Handbuch zur Geschichte der Neuzeit, Gütersloh 1992.
Grundmann, Christoffer H., Gesandt zu heilen! Aufkommen und Entwicklung der ärztlichen Mission im 19. Jahrhundert, Gütersloh 1992.
Grundemann, R., Kleine Missions-Geographie und -Statistik. Zur Darstellung des Standes der evangelischen Mission am Schluss des 19. Jahrhunderts, Calw/Stuttgart 1901.
Gu, Changsheng, Chuanjiaoshi yu jindai Zhongguo [Die Missionare und das neuzeitliche China], Beijing 1981.
Gu, Changsheng, Chuanjiaoshi yu jindai Zhong Xi wenhua jiaoliu [Die Missionare und der neuzeitliche Kulturaustausch zwischen China und dem Westen], in: Lishi Yanjiu [Historische Studien], Nr. 3, 1989, S. 56-64.
Günther, Christiane C., Aufbruch nach Asien. Kulturelle Fremde in der deutschen Literatur um 1900, München 1988.
Gu, Hongming, Gu Hongming wenji [Gesammelte Werke von Gu Hongming], 2 Bde., Haikou 1996.
Gundert, H., Die evangelische Mission, ihre Länder, Völker und Arbeiten, 3. durchaus vermehrte Aufl., Calw/Stuttgart 1894.
Gundert, H., Die evangelische Mission, ihre Länder, Völker und Arbeiten, 4. durchaus vermehrte Aufl., bearbeitet von D. G. Kurze und F. Raeder, Calw/ Stuttgart 1903.
Gutheinz, L., China im Wandel. Das chinesische Denken im Umbruch seit dem 19. Jahrhundert, München 1985.
Gu, Weimin, Jidujiao yu jindai Zhongguo shehui [Das Christentum und die moderne Gesellschaft Chinas], Shanghai 1996.
Hammer, Karl, Weltmission und Kolonialismus. Sendungsideen des 19. Jahrhunderts im Konflikt, München 1978.
Hansen, Georg, Ethnozentrismus, Eurozentrismus, Teutozentrismus, Hagen 1993.

Happel, Julius, Literatur-Bericht: D. Faber, Prähistorisches China, in: ZMR 8, 1890, S. 246-247.
Happel, Julius, Zur Würdigung der missionarischen Thätigkeit E. Fabers in China, in: ZMR 1, 1886, S. 221-238.
Harbsmeier, Michael, Reisebeschreibungen als mentalitätsgeschichtlichen Quellen. Überlegungen zu einer historisch-anthropologischen Untersuchung frühneuzeitlicher deutscher Reisebeschreibungen, in: Maçzak, Antoni/Teuteberg, Hans Jürgen (Hrsg.), Reiseberichte als Quellen europäischer Kulturgeschichte. Aufgaben und Möglichkeiten der historischen Reiseforschung, Wolfenbüttel 1982, S. 1-31.
Hennig, Edwin, Württembergische Forschungsreisende der letzten anderthalb Jahrhunderte, Stuttgart 1953.
Henning, Friedrich-Wilhelm, Die Industrialisierung in Deutschland 1800-1914, Paderborn 1973.
Herrmann-Pillath, Carsten/Lackner, Michael (Hrsg.), Länderbericht China. Politik, Wirtschaft und Gesellschaft im chinesischen Kulturraum, Bonn 1998.
Hinz, Hans-Martin/Lind, Christoph (Hrsg.), Tsingtau. Ein Kapitel deutscher Kolonialgeschichte in China 1897-1914, Berlin: Deutsches historisches Museum 1998.
Hoffmann, Johannes, Stereotypen – Vorteile – Völkerbilder in Ost und West in Wissenschaft und Unterricht, Wiesbaden 1986.
Hoffmann, Rainer, Der Untergang des konfuzianischen China. Vom Mandschureich zur Volksrepublik, Wiesbaden 1980.
Hoffmann, Robert, Die neupietistische Missionsbewegung vor dem Hintergrund des sozialen Wandels um 1800, in: Archiv für Kulturgeschichte 59, 1977, S. 445-470.
Hollenweger, Walter J., Erweckung/Erweckungsbewegungen. III. Praktisch-Theologisch, in: Krause, Gerhard/Müller, Gerhard (Hrsg.), TRE, Bd. X, Berlin/New York 1982, S. 224-227.
Holsten, W., Missionen, deutsche I. EV. Missionen, in: Galling, Kurt (Hrsg.), RGG, 3. Aufl., Tübingen 1960, S.1001-1007.
Horstmann, Johannes (Hrsg.), Die Verschränkung von Innen-, Konfessions- und Kolonialpolitik im Deutschen Reich vor 1914, Schwerte 1987.
Hsia, Adrian, Deutsche Denker über China, Frankfurt a. M. 1985.
Hu, Shi, Zhongguo zhexueshi dagang juanshang. Diyipian: daoyan [Einleitung zur Geschichte der chinesischen Philosophie], in: Ge Maochun/Li Xingzhi (Hrsg.), Hu Shi zhexue sixiang ziliao xuan [Ausgewählte Aufsätze von Hu Shi betreffend seine philosophischen Gedanken], Shanghai 1981, S. 221-44.
Hu Shih, The Development of the Logical Method in Ancient China, London 1922.
Jacobs, Hans C., Reisen und Bürgertum. Eine Analyse deutscher Reiseberichte aus China im 19. Jahrhundert. Die Fremde als Spiegel der Heimat, Berlin 1995.

Jandesek, Reinhold, Das fremde China. Berichte europäischer Reisender des späten Mittelalters und der frühen Neuzeit, Pfaffenweiler 1992.
Jehle, Hiltgund/Ida, Pfeiffer, Weltreisende im 19. Jahrhundert. Zur Kulturgeschichte reisender Frauen, Münster 1989.
Jenkins, Paul, Kurze Geschichte der Basler Mission, Basel 1989.
Jenkins, Paul, Villagers as Missionaries: Wurtemberg Pietism as a 19th Century Missionary Movement, in: Missiology 8, 1980, S. 425-432.
Jing, Dexiang, Ein kurzes Gastspiel in China: Zur Ambivalenz der deutschen Kolonialgeschichte in der Provinz Schantung, in: Hinz, Hans-Martin/Lind, Christoph (Hrsg.), Tsingtau. Ein Kapitel deutscher Kolonialgeschichte in China 1897-1914, Berlin: Deutsches historisches Museum 1998, S. 203-207.
Kaelble, Hartmut u. a. (Hrsg.), Probleme der Modernisierung in Deutschland. Sozialhistorische Studien zum 19. und 20. Jahrhundert, Opladen 1978.
Kamphausen, K./Ustorf, W., Deutsche Missionsgeschichtsschreibung. Anamnese einer Fehlentwicklung, in: Verkündigung und Forschung 22, 1977, S. 2-57.
Kasper, Walter (Hrsg.), Lexikon für Theologie und Kirche, Freiburg i. Br. 1995.
Klein, Thoralf, Die Anfänge der deutschen protestantischen Mission in China 1864-1880. Kulturelle Mißverständnisse und kulturelle Konflikte, Magisterarbeit, Freiburg 1995.
Klimkeit, Hans-Joachim, Zur Einführung, in: Triebel, Johannes (Hrsg.), Der Missionar als Forscher. Beiträge christlicher Missionare zur Erforschung fremder Kulturen und Religionen, Gütersloh 1988, S. 9-16.
Köfler, Barbara, Die Begegnung mit dem Fremden. Eine Studie zu Mission und Ethnologie. Zum Wirken des Steyler Missionsordens "Societas Verbi Divini", Wien 1992.
König, Hans-Joachim u. a. (Hrsg.), Der europäische Beobachter außereuropäischer Kulturen. Zur Problematik der Wirklichkeitswahrnehmung, Berlin 1989.
Kramers, Robert P., China, in: Krause, Gerhard/Müller, Gerhard (Hrsg.), TRE, Bd. VII, Berlin/New York 1981, S. 747-760.
Kranz, Paul, Aus D. Ernst Faber's Leben, in: ZMR 16, 1901, S. 129-132.
Kranz, Paul, D. E. Faber. Ein Wortführer christlichen Glaubens, Heidelberg 1901.
Kranz, Paul, D. Ernst Faber als christlicher Apologet, in: ZMR 16, 1901, S. 161-173, 194-211, 225-242, 261-271.
Kranz, Paul, Die Missionspflicht des evangelischen Deutschlands in China, Berlin 1900.
Kriele, Eduard, Die Rheinische Mission in der Heimat, Barmen 1928.
Ku, Hungming, Der Geist des chinesischen Volkes und der Ausweg aus dem Kriege, Jena 1916.
Ku, Hungming, Chinas Verteidigung gegen europäische Ideen, Jena 1917.

Kuo, Heng-Yü, "Boxerbewegung", in: Franke, Wolfgang (Hrsg.), China Handbuch, Düsseldorf 1974, S. 175-178.
Kuo, Heng-yü (Hrsg.), Berlin und China. Dreihundert Jahre wechselvolle Beziehungen, Berlin 1987.
Kuo, Heng-yü (Hrsg.), Von der Kolonialpolitik zur Kooperation. Studien zur Geschichte der deutsch-chinesischen Beziehungen, München 1986.
Kuo, Heng-yü/Leutner, Mechthild (Hrsg.), Deutsch-chinesische Beziehungen in der Geschichte und Gegenwart, München 1990.
Kuo, Heng-yü/Leutner, Mechthild (Hrsg.), Deutschland und China. Beiträge des zweiten Internationalen Symposiums zur Geschichte der deutsch-chinesischen Beziehungen Berlin 1991, München 1994.
Lee, Thomas H. C. (Hrsg.), China and Europe. Images and Influences in Sixteenth to Eighteenth Centuries, Hongkong 1991.
Lehmann, Hellmut, 150 Jahre Berliner Mission, Erlangen 1974.
Lehmann, Hellmut, Pietismus und weltliche Ordnung in Wüttemberg vom 17. bis zum 20. Jahrhundert, Stuttgart 1969.
Leutner, Mechthild, Deutsche Vorstellungen über China und Chinesen und über die Rolle der Deutschen in China, 1890-1945, in: Kuo Heng-yü (Hrsg.), Von der Kolonialpolitik zur Kooperation. Studien zur Geschichte der deutsch-chinesischen Beziehungen, München 1986, S. 401-442.
Leutner, Mechthild, Hegemonie und Gleichrangigkeit in Darstellungen zu den deutsch-chinesischen Beziehungen, in: Leutner, Mechthild (Hrsg.), Politik, Wirtschaft, Kultur. Studien zu den deutsch-chinesischen Beziehungen, Münster 1996, S. 447-460.
Leutner, Mechthild, "Kebsweiber", gebundene Füße und "Verlust von Weiblichkeit": Bilder chinesischer Frauen von Marco Polo bis zur Gegenwart, in: Berliner China-Hefte, Nr. 16, Mai 1999, S. 79-95.
Leutner, Mechthild (Hrsg.), Politik, Wirtschaft, Kultur. Studien zu den deutsch-chinesischen Beziehungen, Münster 1996.
Leutner, Mechthild, Sinologie in Berlin. Die Durchsetzung einer wissenschaftlichen Disziplin zur Erschließung und zum Verständnis Chinas, in: Kuo, Hengyü (Hrsg.), Berlin und China. Dreihundert Jahre wechselvolle Beziehungen, Berlin 1987, S. 31-56.
Leutner, Mechthild, Weltanschauung – Wissenschaft – Gesellschaft. Überlegungen zu einer kritischen Sinologie, in: Berliner China-Hefte, Nr. 14, Feb. 1998, S. 3-14.
Leutner, Mechthild, "Yihetuan-Für Gerechtigkeit und Frieden". Boxeraufstand und Kolonialkrieg in China, in: Fin de siècle. Hundert Jahre Jahrhundertwende, Berlin 1986, S. 146-149.
Leutner, Mechthild/Yü-Dembski, Dagmar (Hrsg.), Exotik und Wirklichkeit. China in Reisebeschreibungen vom 17. Jahrhundert bis zur Gegenwart, München 1990.

Leutner, Mechthild/Yü-Dembski, Dagmar, "Kraftäusserung und Ausbreitung im Raum". Die "Öffnung" Chinas im 19. Jahrhundert, in: Leutner, Mechthild/Yü-Dembski, Dagmar (Hrsg.), Exotik und Wirklichkeit. China in Reisebeschreibungen vom 17. Jahrhundert bis zur Gegenwart, München 1990, S. 27-40.
Liao, Kuangsheng, Antiforeignism and Modernization in China, 1860-1980. Linkage between Domestic Politics and Foreign Policy, Hongkong 1984.
Li, Dezheng u. a., Baguo lianjun qin Hua shi [Die Geschichte der Aggression der Alliierten Truppen zur Niederschlagung des Boxeraufstandes in China], Jinan 1990.
Liebau, Heike, Missionsquellen als Gegenstand interdisziplinärer Forschungen, in: Wagner, Winfried (Hrsg.), Kolonien und Missionen. Referate des 3. Internationalen Kolonialgeschichtlichen Symposium 1993 in Bremen, Münster/Hamburg 1994, S. 380-392.
Li, Ming, Hanzi: Tongyi quanrenlei yuwen de zuijia xuanze [Chinesische Zeichenschrift ist die beste Wahl zur Vereinheitlichung von Sprachen der Menschheit], in: Xinhua wenzhai [Auszüge von Artikeln in China], Nr. 5, 1994, S. 165-167.
Lin, Zhiping, Jidujiao yu Zhongguo [Das Christentum und China], Taibei 1975.
Lin, Zhiping (Hrsg.), Jidujiao ruhua beiqishinian jinianji [Gedenkschrift zum 170jährigen Tritt des Christentums in China], Taibei 1977.
Lin, Zhiping (Hrsg.), Jindai Zhongguo yu Jidujiao lunwenji [Sammlung der Schriften über das moderne China und Christentum], Taibei 1981.
Lin, Zhiping (Hrsg.), Linian yu fuhao - Jidujiao yu xiandai Zhongguo xueshu yantaohui lunwenji [Ideal und Symbol. Sammlung der Schriften des Kolloqiums über Christentum und das moderne China], Taibei 1988.
Li, Rongyuan, Die Beziehungen zwischen China und Deutschland, Diss. Hamburg 1986.
Li, Zhigang, Jidujiao yu jindai Zhongguo lunwenji [Sammlung der Schriften über Christentum und das moderne China], Taibei 1988.
Li, Zhigang, Jidujiao zaoqi zaihua chuanjiao shi [Die früheste Geschichte der evangelischen Mission in China], Taibei 1985.
Liu, Shanzhang, Die Besetzung Jiaozhous durch das Deutsche Reich und die Herausbildung einer deutschen Einflußsphäre in Shandong, in: Kuo Heng-yü (Hrsg.), Von der Kolonialpolitik zur Kooperation. Studien zur Geschichte der deutsch-chinesischen Beziehungen, München 1986, S. 35-62.
Loh-john Ning-ning, Das Bild Chinas in der Literatur des wilhelminischen Deutschland, Diss. Pittsburgh 1982.
Loth, Heinrich, Reiseberichte über ferne Länder. Das Beispiel China, in: Höhle, Thomas (Hrsg.), Reiseliteratur im Umfeld der französischen Revolution. Kolloquium zur Reiseliteratur im Umfeld der französischen Revolution in Halberstadt 1985, Halle 1987, S. 134-138.

Lottes, Günther, China in European Political Thought 1750-1850, in: Lee, Thomas H. C. (Hrsg.), China and Europe. Images and Influences in Sixteenth to Eighteenth Centuries, Hongkong 1991, S. 65-89.
Lü, Shiqiang, Zhongguo guanshen fanjiao de yuanyin, 1860-1874 [Gründe der Antimissionskämpfe von Gelehrten-Beamten in China, 1860-1874], Taibei 1973.
Luo, Rongqu, Xiandaihua xinlun. Shijie yu Zhongguo de xiandaihua jincheng [Neue Ansichten über die Modernisierung. Der Modernisierungsprozeß in der Welt und in China], Beijing 1993.
Luo, Rongqu, Xiandaihua xinlun xupian. Dongya yu Zhongguo de xiandaihua jincheng [Fortsetzung von "Neuen Ansichten über die Modernisierung". Der Modernisierungsprozeß in Ostasien und in China], Beijing 1997.
Lutz, Jessie Gregory, Karl F. A. Gützlaff: Missionary Entrepreneur, in: Barnett, Suzanne Wilson/Fairbank, John King (Hrsg.), Christianity in China. Early Protestant Missionary Writings, Cambridge u. a. 1985, S. 61-87.
Lutz, Jessie Gregory/Lutz, Rolland Ray, Hakka Chinese Confront Protestant Christianity, 1850-1900. With the Autobiographies of Eight Hakka Christians and Commentary, New York/London 1998.
Macgillivray, A Century of Missions in China, Shanghai 1907.
Machetzki, Rüdiger, Das Chinabild der Deutschen, in: Ders. (Hrsg.), Deutsch-chinesische Beziehungen. Ein Handbuch, Hamburg 1982, S. 3-12.
Machetzki, Rüdiger (Hrsg.), Deutsch-chinesische Beziehungen. Ein Handbuch, Hamburg 1982.
Mackerras, Colin, Western Images of China, Hongkong u. a. 1989.
Maçzak, Antoni, Zu einigen vernachlässigten Fragen der Geschichtsschreibung über Reisen in der frühen Neuzeit, in: Maçzak, Antoni/Teuteberg, Hans Jürgen (Hrsg.), Reiseberichte als Quellen europäischer Kulturgeschichte. Aufgaben und Möglichkeiten der historischen Reiseforschung, Wolfenbuettel 1982, S. 315-323.
Maçzak, Antoni/Teuteberg, Hans Jürgen (Hrsg.), Reiseberichte als Quellen europäischer Kulturgeschichte. Aufgaben und Möglichkeiten der historischen Reiseforschung, Wolfenbuettel 1982.
Maier, Martin, Die Aufgaben eines Missionars in China, Basel 1905.
Mak, Ricardo K. S./Paau, Danny S. L. (Eds.), Sino-German Relations Since 1800: Multidisciplinary Explorations, Frankfurt a. M. 2000.
Mall, R. A., Begriff, Inhalt, Methode und Hermeneutik der interkulturellen Philosophie, in: Mall, R. A./Lohmar, D. (Hrsg.), Philosophische Grundlagen der Interkulturalität, Amsterdam 1993, S. 1-28.
Mall, R. A./Lohmar, D. (Hrsg.), Philosophische Grundlagen der Interkulturalität, Amsterdam 1993.
Malmqvist, Göran, Chinesische Religionen, in: Krause, Gerhard/Müller, Gerhard (Hrsg.), TRE, Band VII, Berlin/New York 1981, S. 760-782.

Marbach, Otto, 50 Jahre Ostasienmission. Ihr Werden und Wachsen, Zürich 1934.
Martin, Bernd, Die preußische Ostasienexpedition in China. Zur Vorgeschichte des Freundschafts-, Handels- und Schiffahrts-Vertrag vom 2. September 1861, in: Kuo Heng-yü/Leutner, Mechthild (Hrsg.), Deutsch-chinesische Beziehungen vom 19. Jahrhundert bis zur Gegenwart: Beiträge des Internationalen Symposiums in Berlin, München 1991, S. 209-240.
Mason, M. G., Western Concepts of China and the Chinese, 1840-1876, New York 1939.
Matthes, Joachim (Hrsg.), Zwischen den Kulturen? Die Sozialwissenschaften vor dem Problem des Kulturvergleichs, Göttingen 1992.
Meienberger, Norbert, China und die Fremden in Geschichte und Gegenwart, in: Schuster, Meinhard (Hrsg.), Die Begegnung mit dem Fremden. Wertungen und Wirkungen in Hochkulturen vom Altertum bis zur Gegenwart, Stuttgart/Leipzig 1996, S. 170-183.
Mende, Erling von, Einige Ansichten über die deutsche protestantische Mission in China bis zum Ersten Weltkrieg, in: Kuo Heng-yü (Hrsg.), Von der Kolonialpolitik zur Kooperation. Studien zur Geschichte der deutsch-chinesischen Beziehungen, München 1986, S. 377-400.
Mende, Erling von, Für Gott und Vaterland? Neue Sicht auf ein altes Land, in: Hinz, Hans-Martin/Lind, Christoph (Hrsg.), Tsingtau. Ein Kapitel deutscher Kolonialgeschichte in China 1897-1914, Berlin: Deutsches historisches Museum 1998, S. 60-71.
Menzel, Gustav, Die Rheinische Mission. Aus 150Jahren Missionsgeschichte, Wuppertal 1978.
Menzel, Ulrich, Jenseits des Ost-West-Konflikts, Braunschweig 1995.
Menzel, Ulrich, Theorie und Praxis des chinesischen Entwicklungsmodells. Ein Beitrag zum Konzept autozentrierter Entwicklung, Köln 1978.
Menzel, Ulrich, Wirtschaft und Politik im modernen China. Eine Sozial- und Wirtschaftsgeschichte von 1842 bis nach Maos Tod, Köln 1978.
Merkel, R. F., China und das Abendland im 17. und 18. Jahrhundert, in: Sinica 7, 1932, S. 129-135.
Merkel, R. F., Deutsche Chinaforscher, in: Archiv für Kulturgeschichte 34, 1952, S. 81-106.
Merkel, R. F., Herder und Hegel über China, in: Sinica 17, 1942, S. 5-26.
Mieck, Jija, Europäische Geschichte der frühen Neuzeit, 2. Aufl., Stuttgart u. a. 1977.
Mohanty, J. N., Den anderen verstehen, in: Mall, R. A./Lohmar, D. (Hrsg.), Philosophische Grundlagen der Interkulturalität, Amsterdam 1993, S. 115-122.
Mommsen, Wolfgang J., Das Ringen um den nationalen Staat. Die Gründung und der innere Ausbau des Deutschen Reiches unter Otto von Bismarck 1850 bis 1890, Berlin 1993.

Mommsen, Wolfgang J., Kolonialherrschaft und Imperialismus: Ein Blick zurück, in: Hinz, Hans-Martin/Lind, Christoph (Hrsg.), Tsingtau. Ein Kapitel deutscher Kolonialgeschichte in China 1897-1914, Berlin: Deutsches historisches Museum 1998, S. 208-213.
Mommsen, Wolfgang J., Imperialismustheorien, Göttingen 1980.
Moritzen, Niels-Peter, Koloniale Konzepte der protestantischen Mission, in: Bade, Klaus J. (Hrsg.), Imperialismus und Kolonialmission. Kaiserliches Deutschland und koloniales Imperium, Stuttgart/Wiesbaden 1984, S. 51-67.
Moritzen, Neils-Peter, Mission. VIII. Praktisch-theologisch, in: Müller, Gerhard (Hrsg.), TRE, Bd. XXIII, Berlin/New York 1994, S. 68-72.
Mouchard, Christel, Es drängte sie, die Welt zu sehen. Unentwegte Reisende des 19. Jahrhunderts, Hannover 1990.
Mühlhahn, Klaus, Herrschaft und Widerstand in der "Musterkolonie" Kiautschou: Interaktionen zwischen China und Deutschland, 1897-1914, Diss., Berlin 1998.
Mühlhahn, Klaus, Kolonialer Raum und symbolische Macht. Theoretische und methodische Überlegungen zur Analyse interkultureller Beziehungen am Beispiel des deutschen Pachtgebietes Jiaozhou (1897-1914), in: Leutner, Mechthild (Hrsg.), Politik, Wirtschaft, Kultur: Studien zu den deutsch-chinesischen Beziehungen, München 1996, S. 461-490.
Mühlhahn, Klaus, Meta-Sinologie-Theoretische Überlegungen zu den Grundlagen interkulturellen Verstehens, in: Newsletter Frauen und China 5, 1993, S. 3-11.
Mühlhahn, Klaus, Umkämpfte Geschichte: Darstellungen von Imperialismus und Kolonialismus in der chinabezogenen Geschichtswissenschaft am Beispiel von Kiautschou, in: Berliner China-Hefte, Nr. 12, Mai 1997, S. 1-10.
Müller, Wilhelm K., Matteo Riccis Beitrag zur Kenntnis der Religionen Chinas, in: Triebel, Johannes (Hrsg.), Der Missionar als Forscher. Beiträge christlicher Missionare zur Erforschung fremder Kulturen und Religionen, Gütersloh 1988, S. 130-154.
Mungello, David E., Confucianism in the Enlightenment: Antagonism and Collaboration between the Jesuits and the Philosophes, in: Lee, T. H. C. (Hrsg.), China and Europa. Images and Influences in Sixteenth to Eighteenth Centuries, Hongkong 1991, S. 99-127.
Mungello, David E., Leibniz and Confucianism. The Search for Accord, Honolulu 1977.
Neill, Stephen Charles, Geschichte der christlichen Mission, Hrsg. u. ergänzt v. Niels-Peter Moritzen, Erlangen 1974.
Nelson, Benjamin, Der Ursprung der Moderne. Vergleichende Studien zum Zivilisationsprozeß, übersetzt von Michael Bischof, Frankfurt a.M. 1977.
Nelson, Benjamin, Zivilisatorische Komplexe und interzivilisatorische Begegnungen, in: Ders., Der Ursprung der Moderne. Vergleichende Studien zum Zivilisationsprozeß, übersetzt von Michael Bischof, Frankfurt a. M. 1977, S. 58-93.

Niethammer, Lutz, Bürgerliche Gesellschaft in Deutschland. Historische Einblicke, Fragen, Perspektiven, Frankfurt a. M. 1990.
Nipperdey, Thomas, Deutsche Geschichte 1800-1866, München 1983.
Nipperdey, Thomas, Deutsche Geschichte 1866-1918, 2 Bde., München 1990-1992.
Nipperdey, Thomas, Gesellschaft, Kultur, Theorie. Gesammelte Aufsätze zur Neueren Geschichte, Göttingen 1976.
Nipperdey, Thomas, Verein als soziale Struktur in Deutschland im späten 18. und frühen 19. Jahrhundert. Eine Fallstudie zur Modernisierung, in: Ders., Gesellschaft, Kultur, Theorie. Gesammelte Aufsätze zur Neueren Geschichte, Göttingen 1976, S. 174-205.
Oehler, Wilhelm, China und die christliche Mission in Geschichte und Gegenwart, Stuttgart/Basel 1925.
Oehler, Wilhelm, Geschichte der deutschen evangelischen Mission. Erster Band, Frühzeit und Blüte der deutschen evangelischen Mission 1706-1885, Baden-Baden 1949.
Oehler, Wilhelm, Geschichte der deutschen evangelischen Mission. Zweiter Band, Reife und Bewährung der deutschen evangelischen Mission 1885-1950, Baden-Baden 1951.
Olpp, Gottlieb, Die ärztliche Mission und ihr größtes Arbeitsfeld. I. Teil: Die ärztliche Mission, ihre Begründung, Arbeitsmethode und Erfolg, Barmen 1909.
Osterhammel, Jürgen, China und die Weltgesellschaft. Vom 18. Jahrhundert bis in unsere Zeit, München 1989.
Osterhammel, Jürgen, China und der Westen im 19. Jahrhundert, in: Herrmann-Pillath, Carsten/Lackner, Michael (Hrsg.), Länderbericht China. Politik, Wirtschaft und Gesellschaft im chinesischen Kulturraum, Bonn 1998, S. 102-117.
Osterhammel, Jürgen, Die Entzauberung Asiens. Europa und die asiatischen Reiche im 18. Jahrhundert, München 1998.
Osterhammel, Jürgen, Distanzerfahrung. Darstellungsweisen des Fremden im 18. Jahrhundert, In: König, Hans-Joachim u. a. (Hrsg.), Der europaeische Beobachter außereuropäischer Kulutren. Zur Problematik der Wirklichkeitswahrnehmung, Berlin 1989, S. 9-42.
Osterhammel, Jürgen, Edward W. Said und die Orientalismus-Debatte. Ein Rückblick, in: Asien, Afrika, Lateinamerika 25, 1997, S. 597-607.
Osterhammel, Jürgen, Forschungsreise und Kolonialprogramm. Ferdinand von Richthofen und die Erschliessung Chinas im 19. Jahrhundert, in: Archiv für Kulturgeschichte 69, 1987, S. 150-195.
Osterhammel, Jürgen, Kolonialismus: Geschichte-Formen-Folgen, München 1995.
Osterhammel, Jürgen, Modernisierungstheorie und die Transformation Chinas 1800 bis 1945. Kritische Überlegungen zur historischen Soziologie, in: Saeculum 35, 1984, S. 31-72.

Otto, Walter F., Richard Wilhelm. Ein Bild seiner Persönlichkeit, in: Sinica 5, 1930, S. 57-71.
Paczensky, Gert von, Teurer Segen. Christliche Mission und Kolonialismus, München 1991.
Petri, Adolf, Die Ausbildung der evangelischen Heidenboten in Deutschland mit besonderer Berücksichtigung in Deutschland mit besonderer Berücksichtigung des Berliner Missionsseminars, Berlin 1873.
Pfister, Lauren F., Ernst Faber's Sinologische Orientalism, in: Mak, Ricardo K. S./Paau, Danny S. L. (Eds.), Sino-German Relations Since 1800: Multidisciplinary Explorations, Frankfurt a.M. 2000, S. 93-107.
Porter, Andrew, "Cultural Imperialism" and Protestant Missionary Enterprise, 1780-1914, in: The Journal of Imperial and Commonwealth History 25, 1997, S. 367-391.
Qiao, Zhiqiang, Zhongguo jindai shehuishi [Die soziale Geschichte Chinas in der Neuzeit], Beijing 1992.
Ratenhaf, Udo, Die Chinapolitik des deutschen Reichs 1871 bis 1945. Wirtschaft-Rüstung-Militär, Boppard 1987.
Rehbein, Jochen, Interkulturelle Kommunikation, Tübingen 1985.
Reichert, Folker E., Begegnungen mit China. Die Entdeckung Ostasiens im Mittelalter, Sigmaringen 1992.
Reinhard, Wolfgang, Christliche Mission und Dialektik des Kolonialismus, in: Historisches Jahrbuch 109, 1989, S. 353-370.
Reinhard, Wolfgang, Geschichte der europaeischen Expansion. Bd. 3, Die alte Welt seit 1818, Stuttgart u. a. 1988.
Reinhard, Wolfgang, Gelenkter Kulturwandel im siebzehnten Jahrhundert. Akkulturation in der Jesuitenmission als universalhistorisches Problem, in: HZ 223, 1976, S. 529-590.
Reinhard, Wolfgang (Hrsg.), Imperialistische Kontinuität und nationale Ungeduld im 19. Jahrhundert, Frankfurt a. M. 1991.
Rennstich, Karl, Die zwei Symbole des Kreuzes. Handel und Mission in China und Südostasien, Stuttgart 1988.
Rennstich, Karl, Rudolf Lechler, in: Neue Deutsche Biographie, Bd. 14, Berlin 1985, S. 28-29.
Rennstich, Karl, The Understanding of Mission, Civilization and Colonialism in the Basel Mission, in: Christensen, Torben/Hutchison, William R. (Hrsg.), Missionary Ideologies in the Imperialist Era: 1880-1920, Aarhus 1982, S. 94-103.
Richter, Julius, Das Werden des christlichen Kirche in China, Gütersloh 1928.
Richter, Julius, Evangelische Missionsgeschichte, Leipzig 1927.
Richter, Julius, Evangelische Missionslehre und Apologetik, Leipzig 1927.
Richter, Julius, Geschichte der Berliner Missionsgesellschaft (1824-1924), Berlin 1924.

Richthofen, Ferdinand von, China. Ergebnisse eigner Reisen und darauf gegründeter Studien, 5. Bde., Berlin 1877-1911.
Riegel, K. -G., Politische Modernisierung und kulturelle Identität. Neue Studien zum Strukturwandel der chinesischen Intelligenz, in: Neue politische Literatur 25, 1980, S. 26-42.
Rivinius, Karl Josef, Imperialistische Welt- und Missionspolitik, der Fall Kiautschou, in: Bade, Klaus J. (Hrsg.), Imperialismus und Kolonialmission. Kaiserliches Deutschland und koloniales Imperium, Wiesbaden 1984, S. 269-288.
Rivinius, Karl Josef, Das Interesse der Missionen an den deutschen Kolonien, in: Horstmann, Johannes (Hrsg.), Die Verschränkung von Innen- , Konfessions- und Kolonialpolitik im Deutschen Reich vor 1914, Schwerte 1987, S. 39-66.
Rivinius, Karl Josef, Mission unter diplomatischem Schutz – aufgezeigt am Beispiel Chinas. Hinführung zum Thema: Wesen und Dynamik der christlichen Mission, in: Neue Zeitschrift für Missionswissenschaft 44, 1988, S. 19-38.
Rivinius, Karl Josef, Weltlicher Schutz und Mission. Das deutsche Protektorat über die katholische Mission von Süd-Schantung, Köln/Wien 1987.
Rohden, L. von, Geschichte der Rheinischen Missionsgeschichte, 3. Aufl., Barmen 1888.
Rosenkranz, China IV C. Mission nach 1800, in: Galling, Kurt (Hrsg.), RGG, 3. Aufl., Tübingen 1957, S. 1666-1671.
Rosenkranz, Gerhard, Die christliche Mission. Geschichte und Theologie, München 1977.
Rosenkranz, Gerhard, Ernst Faber, in: Neue Deutsche Biographie, Bd. 4, Berlin 1959, S. 718-719.
Rügg, Willy, Die chinesische Revolution in der Berichterstattung der Basler Mission, Diss. Zürich 1988.
Rüsen, Jörn, Einleitung: Für eine interkulturelle Kommunikation in der Geschichte. Die Herausforderungen des Ethnozentrismus in der Moderne und die Antwort der Kulturwissenschaften, in: Ders. (Hrsg.), Die Vielfalt der Kulturen. Erinnerung, Geschichte, Identität, Frankfurt a. M. 1998, S. 12-36.
Rüsen, Jörn (Hrsg.), Die Vielfalt der Kulturen. Erinnerung, Geschichte, Identität, Frankfurt a. M. 1998.
Said, Edward W., Kultur und Imperialismus. Einbildungskraft und Politik im Zeitalter der Macht, Frankfurt a. M. 1994.
Said, Edward W., Orientalism, Frankfurt a. M. u. a. 1981.
Sauberzweig-Schmidt, Freuden und Leiden des Chinamissionars Hanspach, Berlin 1893.
Scharping, Thomas, Probleme der westlichen China-Forschung. Interessen, Quellen und Paradigmen, Köln 1988.
Schenda, Rudolf, Volk ohne Buch. Studien zur Sozialgeschichte der populären Lesestoffe 1770-1910, 3. Aufl., Frankfurt a. M. 1988.
Schindling, Anton, Absolutismus, in: LTK, Bd. 1, Freiburg u.a. 1993, S. 84-88.

Schlatter, Wilhelm, Die chinesische Fremden- und Christenverfolgung vom Sommer 1900, Basel 1901.
Schlatter, Wilhelm, Geschichte der Basler Mission 1815-1915. Bd. I: Die Heimatgeschichte der Basler Mission; Bd. II: Die Geschichte der Basler Mission in Indien und China, Basel 1916.
Schlatter, Wilhelm, Rudolf Lechler. Ein typisches Lebensbild aus der Basler Mission in China, Basel 1911.
Schlyter, Herman, Der China-Missionar Karl Gützlaff und seine Heimatbasis. Studien über das Interesse an der Mission des China-Pioniers Karl Gützlaff und über seinen Einsatz als Missionserwecker, Lund 1976.
Schlyter, Herman, Gützlaff, in: Neue Deutsche Biographie, Bd. 7, Berlin 1966, S. 292.
Schlyter, Herman, Karl Gützlaff als Missionar in China, Lund/Kopenhagen 1946.
Schmidt, Hans-Hermann, Daoismus, in: Goepper, Roger (Hrsg.), Das alte China. Geschichte und Kultur des Reiches der Mitte, München 1988, S. 201-215.
Schmidt-Glintzer, Helwig, Wachstum und Zerfall des kaiserlichen China, in: Herrmann-Pillath, Carsten/Lackner, Michael (Hrsg.), Länderbericht China. Politik, Wirtschaft und Gesellschaft im chinesischen Kulturraum, Bonn 1998, S. 79-101.
Schmidt-Glintzer, Helwig, China. Vielvölkerreich und Einheitsstaat, München 1997.
Schmidt, Peter, Buchmarkt, Verlagswesen und Zeitschriften, in: Glaser, Horst Alberecht (Hrsg.), Deutsche Literatur. Eine Sozialgeschichte, Bd. 5, Hamburg 1980, S. 74-92.
Schmidt, Vera, Deutsche Herrschaft in China. Von den Anfängen bis zum Ersten Weltkrieg, in: Machetzki, Rüdiger (Hrsg.), Deutsch-chinesische Beziehungen. Ein Handbuch, Hamburg 1982, S. 95-112.
Schüler, Wilhelm, Richard Wilhelms wissenschaftliches Werk, in: Sinica 5, 1930, S. 57-71.
Schulin, Ernst, Der Ausgriff Europas nach Übersee. Eine universalhistorische Skizze des Kolonialzeitalters, in: Saeculum 35, 1984, S. 73-85.
Schulin, Ernst, Die weltgeschichtliche Erfassung des Orients bei Hegel und Ranke, Göttingen 1958.
Schultze, Die ärztliche Mission in China, in: EMM 28, 1884, S. 28-40, 61-71, 97-106.
Schuster, Ingrid, China und Japan in der deutschen Literatur, 1890-1925, Bern 1977.
Schuster, Ingrid, Vorbilder und Zerrbilder. China und Japan im Spiegel der deutschen Literatur 1773-1890, Bern u. a. 1988.

Schuster, Meinhard, Die Begegnung mit dem Fremden. Wertungen und Wirkungen in Hochkulturen vom Altertum bis zur Gegenwart, Stuttgart/Leipzig 1996.
Searle, John R., Die Konstruktion der gesellschaftlichen Wirklichkeit. Zur Ontologie gesellschaftlicher Tatsachen, Frankfurt a. M. 1997.
Sellin, Volker, Mentalität und Mentalitätsgeschichte, in: HZ 241, 1985, S. 555-598.
Smith, Arthur H., Chinesische Charakterzüge. Deutsch frei bearbeitet von F. C. Dürbig, Würzburg 1900.
Sösemann, Bernd, Die sog. Hunnenrede Wilhelms II. Textkritische und interpretatorische Bemerkungen zur Ansprache des Kaisers vom 27. Juli 1900 in Bremerhaven, in: HZ 222, 1976, S. 342-358.
Sösemann, Bernd, Wir sollen sein ein einig Volk von Schlächtern. Hart auf hart machte dem Kaiser Spaß: Die "Hunnenrede" von Wilhelm II. leitete vor hundert Jahren das Ende der Monarchie ein, in: FAZ, 27. 07. 2000, S. 52.
Song, Zhonghuang, Zum Andenken an Richard Wilhelm, in: Kuo Heng-yü/Leutner, Mechthild (Hrsg.), Deutschland und China: Beiträge des Zweiten Internationalen Symposiums zur Geschichte der deutsch-chinesischen Beziehungen, Berlin 1991, München 1994, S. 215-224.
Sovik, A., Taiwan, in: Galling, Kurt (Hrsg.), RGG, Bd. 6, Tübingen 1986, S. 606-607.
Spence, Jonathan D., The Chan's Great Continent. China in Western Minds, New York/London 1998.
Spence, Jonathan D., The Search for Modern China, New York/London 1991.
Spuren, Hundert Jahre Ostasien-Mission, Stuttgart 1984.
Sperlich, Martin u.a. (Hrsg.), China und Europa. Chinaverständnis und Chinamode im 17. u. 18. Jahrhundert. Ausstellungskatalog, Berlin 1973.
Stange, O. H., Die deutsche Chinakunde, in: Deutsche Kultur im Leben der Völker 16, 1941, S. 49-56.
Stoecker, Helmuth, Deutschland und China im 19. Jahrhundert. Das Eindringen des deutschen Kapitalismus, Berlin 1958.
Strauß, von, Der chinesische Philosoph Lao-tse, ein Prophet aus Heiden, in: AMZ 1, 1874, S. 329-343.
Ström, Åke V., Mission. I. Religionsgeschichte, in: Müller, Gerhard (Hrsg.), TRE, Bd. XXIII, Berlin/New York 1994, S. 18-20.
Sumner, Folkways. A Study of the Sociological Importance of Usages, Manners, Customs, Mores, and Morals, New York 1959.
Sundermeier, Theo, Die Begegnung mit dem Anderen, Gütersloh 1991.
Sun, Lixin, Beinian jubian. Shijiu shiji Deyizhi de lishi he wenhua [Große Wandlungen in 100 Jahren. Deutsche Geschichte und Kultur im 19. Jahrhundert], Jinan 1994.
Sun, Lixin, Vom Missionar zum Sinologen. Ernst Faber und seine Studien zur chinesischen Kultur, in: Berliner China-Hefte, Nr. 17, Okt. 1999, S. 3-13.

Tao, Feiya/Liu, Tianlu, Jidu jiaohui yu jindai Shandong shehui [Christliche Kirche und die Gesellschaft Shandong in der modernen Zeit], Jinan 1994.
Tenbruck, Friedrich H., Was war der Kulturvergleich ehe es den Kulturvergleich gab? in: Matthes, Joachim (Hrsg.), Zwischen den Kulturen? Die Sozialwissenschaften vor dem Problem des Kulturvergleichs, Göttingen 1992, S. 13-36.
Tiele, C. P., Kompendium der Religionsgeschichte. Ein Handbuch zur Orientierung und zum Selbststudium. Übers. u. hrsg. v. F. W. T. Weber, Berlin 1880.
Tischhauser, Chr., Theol. Lehrer am Basler Missionsseminar, Geschichte der ev. Kirche Deutschlands in der ersten Hälfte des 19. Jahrhunderts, Basel 1900.
Treppte, Carmen, Das Fremde als Spiegel. Kolportagen zur interkulturellen Entwirrung, Weinheim/Basel 1992.
Triebel, Johannes (Hrsg.), Der Missionar als Forscher. Beiträge christlicher Missionare zur Erforschung fremder Kulturen und Religionen, Gütersloh 1988.
Ustorf, Werner, Missionswissenschaft, in: Müller, Gerhard (Hrsg.), TRE, Bd. XXIII, Berlin/New York 1994, S. 88-98.
Vierhaus, Rudolf, Die Rekonstruktion historischer Lebenswelten. Probleme moderner Kulturgeschichtsschreibung, in: Lehrmann, Hartmut (Hrsg.), Wege zu einer neuen Kulturgeschichte, Göttingen 1995, S. 7-28.
Wadel, E., Frauenleben im Reich der Mitte. Chinesische Frauen in Geschichte und Gegenwart, Reinbeck 1987.
Wagner, Herwig, Missionar, in: Fahlbusch, Erwin u.a. (Hrsg.), EKL, Bd. 3, Göttingen 1992, S. 444-445.
Wagner, Rudolf G., Neue Eliten und die Herausforderungen der Moderne, in: Herrmann-Pillath, Carsten/Lackner, Michael (Hrsg.), Länderbericht China. Politik, Wirtschaft und Gesellschaft im chinesischen Kulturraum, Bonn 1998, S. 118-134.
Wagner, Winfried (Hrsg.), Kolonien und Missionen. Referate des 3. Internationalen Kolonialgeschichtlichen Symposiums 1993 in Bremen, Münster/-Hamburg 1994.
Walker, Robert B. J., The Concept of Culture in the Theory of International Relations, in: Chay, Jongsuk (Hrsg.), Culture and International Relations, New York 1990, S. 5-12.
Walls, Andrew F., Kolonialismus, in: Müller, Gerhard (Hrsg.), TRE, Bd. XIX, Berlin/New York 1990, S. 363-369.
Walls, Andrew F., Mission. VI. Von der Reformationszeit bis zur Gegenwart, in: Müller, Gerhard (Hrsg.), TRE, Bd. XXIII, Berlin/New York 1994, S. 40-59.
Walravens, Hartmut, China illustrata. Das europäische Chinaverständnis im Spiegel des 16. bis 18. Jahrhunderts. Ausstellungskatalog, Wolfenbüttel 1987.
Wang, Lixin, Shijiu shiji zaihua Jidujiao de liangzhong chuanjiao zhengce [Zwei Missionsstrategien der christlichen Missionen in China im 19. Jahrhundert], in: Lishi yanjiu [Historische Erforschung], Nr. 3, 1996, S. 70-81.

Wang, Lixin, Wanqing zhongfu dui Jidujiao he Chuanjiaoshi de zhengce [Politik der später Qingregierung in bezug auf das Christentum und die Missionare], in: Jindaishi yanjiu [Studien zur neueren Geschichte], Nr. 3, 1996, S. 224-240.
Wang, Shuren, Einführung in die chinesische Weisheit, Hagen 1993.
Wang, Zhixin, Zhongguo Jidujiao shigang [Geschichte des Christentums in China], Hongkong 1940.
Wappenschmidt, Friederike, Chinesische Tapeten für Europa. Vom Rollbild zur Bildtapete, Berlin 1989.
Warneck, Gustav, Abriß einer Geschichte der protestantischen Missionen. Von der Reformation bis auf die Gegenwart. Mit einem Anhang über die katholischen Missionen, 9. Aufl., Berlin 1910.
Warneck, Gustav, Die chinesische Mission im Gerichte der deutschen Zeitungspresse, Berlin 1900.
Warneck, Gustav, Die evangelische Mission an der Wende zweier Jahrhunderte (1800 u. 1900), in: AMZ 27, 1900, S. 3-12.
Warneck, Gustav, Die Mission als Wissenschaft. I-II, in: AMZ 16, 1889, S. 397-407; 448-457.
Warneck, Gustav, Evangelische Missionslehre. Ein missionstheoretischer Versuch. Erste Abteilung: Die Gründung der Sendung, Gotha 1892.
Warneck, Gustav, Evangelische Missionslehre. Ein missionstheoretischer Versuch. Zweite Abteilung: Die Organe der Sendung, 2. Aufl., Gotha 1897.
Warneck, Gustav, Evangelische Missionslehre. Ein missionstheoretischer Versuch. Dritte Abteilung: Der Betrieb der Sendung. Erste Hälfte, Gotha 1897.
Warneck, Gustav, Evangelische Missionslehre. Ein missionstheoretischer Versuch. Dritte Abteilung: Der Betrieb der Sendung. Dritte Abteilung: Der Betrieb der Sendung. Zweite Hälfte: Die Missionsmittel, Gotha 1900.
Warren, Max, Social History and Christian Missions, London 1976.
Weggel, Oskar, China zwischen Revolution und Etikette, München 1981.
Wehler, Hans-Ulrich, Bismarck und der Imperialismus, Köln 1969.
Wehler, Hans-Ulrich, Deutsche Gesellschaftsgeschichte. Band 1: Vom Feudalismus des Alten Reiches bis zur Defensiven Modernisierung der Reformära 1700-1815, München 1987; Band 2: Von der Reformära bis zur industriellen und politischen "Deutschen Doppelrevolution" 1815-1845/49, München 1987; Band 3: Von der "Deutschen Doppelrevolution" bis zum Beginn des Ersten Weltkrieg 1849-1914, München 1995.
Westman, Kunt B./Sicard, H. V., Geschichte der christlichen Mission, München 1962.
Wiethoff, Bodo, Das Chinabild Johann Gottfried Herders, in: Asien. Tradition und Fortschritt. Festschrift für Prof. H. Hammitzsch, Wiesbaden 1971, S. 666-679.
Wiethoff, Bodo, Grundzüge der neueren chinesischen Geschichte, Darmstadt 1977.

Wilhelm, Salomone (Hrsg.), Richard Wilhelm. Der geistige Mittler zwischen China und Europa, Düsseldorf/Köln 1956.
Willeke, Bernward, Frühe Kontakte und christliche Mission in China, in: Kurzrock, Ruprecht (Hrsg.), China: Geschichte, Philosophie, Religion, Literatur, Technik, Berlin 1980, S. 71-79.
Williams, S. W., The Middle Kingdom, 2 Bde., 2. Aufl., New York 1883.
Wirth, Benedicta, Imperialistische Übersee- und Missionspolitik. Dargestellt am Beispiel Chinas, Münster 1968.
Witte, Johannes, Ostasien und Europa. Das Ringen zweier Weltkulturen, Tübingen 1914.
Wood, Frances, Marco Polo kam nicht bis China. Aus dem Englischen von Barbara Reitz und Bernhard Jendricke, München 1996.
Wu, Ziming/Tao, Feiya, Wanqing chuanjiaoshi dui Zhongguo wenhua de yanjiu [Studien zur chinesischen Kultur durch die Missionare in der späten Qing-Zeit], in: Wenshizhe [Literatur, Geschichte, Philosophie], Nr. 2, 1997, S. 53-59.
Wuttke, Adolf, Geschichte des Heidentums in Beziehung auf Religion, Wissen, Kunst, Sittlichkeit und Staatsleben: 1. Teil, Die ersten Stufen der Geschichte der Menschheit, Entwicklungsgeschichte der wilden Völker, sowie der Hunnen, der Mongolen des Mittelalters, der Mexikaner und Peruaner, Breslau 1852; 2. Teil, Das Geistesleben der Chinesen, Japaner und Indier, Breslau 1853.
Wylie, Alexander, Memorials of Protestant Missionaries to the Chinese: Giving a List of Their Publications, and Obituary Notices of the Deceased, Shanghai 1867 (Nachdruck Taipei 1967).
Xin, Jianfei, Shijie de Zhongguoguan [Das Chinabild in der Welt], Shanghai 1991.
Xing, Yuezhi, Xixue dongjian yu wanqingshehui [Verbreitung des westlichen Wissens nach Osten und die Gesellschaft des späteren Qingreichs], Shanghai 1994.
Yü, Wen-Tang, Die Deutsch-chinesischen Beziehungen von 1860-1880, Bochum 1981.
Zelinka, Udo, Imperialismus, in: LTK, Bd. 3, Freiburg u. a. 1995, S. 435.
Zimmermann, Peter (Hrsg.), "Interkulturelle Germanistik". Dialog der Kulturen auf Deutsch? Frankfurt a. M. u. a. 1989.
Zhang, Dainian/Cheng, Yishan, Zhongguo wenhua yu wenhualunzheng [Die Auseinandersetzungen mit der chinesischen Kultur], Beijing 1990.
Zhang, Guogang, Deguo de hanxue yanjiu [Die Sinologie in Deutschland], Beijing 1994.
Zhongguo shixuehui (Hrsg.), Wuxu bianfa [Die 100-Tage-Reform im Jahre 1898], Shanghai 1961.
Zhongguo shixuehui (Hrsg.), Yangwu yundong [Verwestlichungsbewegung], Shanghai 1961.
Zhongguo shixuehui (Hrsg.), Yihetuan [Boxeraufstand], Shanghai 1957.

Zhu, Jing (übersetzt und hrsg.), Yangjiaoshi kan Zhongguo Chaoting [Der chinesische Kaiserhof in den Augen der Missionare], Shanghai 1995.

Zhu, Jiulin, Deguo chuanjiaoshi Hua Zhian yu zhongxi wenhua jiaoliu [Der deutsche Missionar Ernst Faber und der kulturelle Austausch zwischen China und dem Westen], in: Jindai Zhongguo [Das moderne China], Nr. 6, 1996, S. 23-40-

Zhu, Maoduo, Anmerkungen zur Konzeption der "Kurzen Geschichte der chinesisch-deutschen Beziehungen", in: Leutner, Mechthild (Hrsg.), Politik, Wirtschaft, Kultur. Studien zu den deutsch-chinesischen Beziehungen, Münster 1996, S. 433-445.